EUROPA-FACHBUCHREIHE
für Chemieberufe

Technische Mathematik für Chemieberufe

Klaus Brink, Peter Ernst, Gerhard Fastert, Eckhard Ignatowitz

3. Auflage

VERLAG EUROPA-LEHRMITTEL · Nourney, Vollmer GmbH & Co. KG
Düsselberger Straße 23 · 42781 Haan-Gruiten

Europa-Nr.: 71314

Autoren:

Dr. Klaus Brink, StR	Leverkusen
Dipl.-Ing. Peter Ernst, OStR	Olfen
Gew.-Lehrer Gerhard Fastert, OStR	Stade
Dr. Eckhard Ignatowitz, StR	Waldbronn

Leitung des Arbeitskreises und Lektorat:
Dr. Eckhard Ignatowitz

Bildentwürfe: die Autoren

Bildbearbeitung:
Zeichenbüro des Verlags Europa-Lehrmittel, Leinfelden-Echterdingen

Foto des Buchtitelbildes: Mit freundlicher Genehmigung der Hoechst-AG/Frankfurt

Das vorliegende Buch wurde auf der Grundlage der neuen amtlichen Rechtschreibregeln erstellt.

3. Auflage 2001

Druck 5 4

Alle Drucke derselben Auflage sind parallel einsetzbar, da bis auf die Behebung von Druckfehlern untereinander unverändert.

ISBN 978-3-8085-7133-0

http://www.europa-lehrmittel.de
Satz: B. Krüger, Formel- und Tabellensatz • DTP, 42799 Leichlingen; http://www.bk-dtp.de
Druck: Media-Print Informationstechnologie, 33100 Paderborn

Vorwort

Das Buch TECHNISCHE MATHEMATIK FÜR CHEMIEBERUFE ist ein Lehr- und Übungsbuch für die schulische und betriebliche Ausbildung im Unterrichtsfach Technische Mathematik.

Es ist besonders für die Ausbildung in den Produktionsberufen der chemischen Industrie geeignet: Chemikanten, Chemiewerker und Chemiefacharbeiter. Darüber hinaus kann es für Ver- und Entsorger, Papiermacher, Färber, Chemisch-Reiniger und verschiedene Laborberufe verwendet werden.

Auch an Berufsfachschulen, Fachoberschulen, Meister-Fachschulen, Techniker-Fachschulen und bei Weiterbildungskursen in chemischen Produktionsbetrieben kann es hilfreich eingesetzt werden.

Das Buch vermittelt neben mathematischen Grundkenntnissen vor allem berufsbezogene fachmathematische Kenntnisse aus den Bereichen Chemie, Physik, Chemietechnik, Mess- und Steuerungstechnik.

Die Stoffauswahl basiert auf dem Rahmenlehrplan sowie den Lehrplänen der Bundesländer des Ausbildungsberufes Chemikant. Darüber hinaus wurden Ergänzungen für die anderen Berufe aufgenommen.

Die Kapitel des Buches lauten:

1 Mathematische Grundlagen und praktisches Rechnen
2 Allgemeine physikalische Berechnungen
3 Auswertung von Messwerten und Prozessdaten
4 Stöchiometrische Berechnungen
5 Rechnen mit Lösungen
6 Analytische Bestimmungen
7 Berechnungen zur Elektrizitätslehre
8 Berechnungen zur Wärmelehre
9 Berechnungen zur chemischen Technik
10 Mathematische Grundlagen der Informatik und Steuerungstechnik

Die Lerninhalte werden mit Hilfe eines einheitlichen methodischen Grundkonzepts vermittelt:

Nach einer kurzen Einführung in die theoretischen Sachverhalte werden die zur Berechnung erforderlichen Größengleichungen vorgestellt und die Einheiten der physikalischen Größen angegeben. Darauf folgt die ausführliche Darstellung des Rechengangs an ein oder zwei typischen Aufgabenbeispielen. Zum eigenständigen Üben steht eine umfangreiche Sammlung von Aufgaben zum gerade dargebotenen Lerninhalt zur Verfügung. Am Ende jedes Großkapitels folgt eine Zusammenstellung von gemischten Aufgaben, die zur Leistungskontrolle oder zur Prüfungsvorbereitung verwendet werden können.

Beim chemischen Rechnen werden als Lösungsmethode sowohl das Schlussrechnen als auch das Rechnen mit Größengleichungen eingeführt und in den Aufgabenbeispielen durchgerechnet.

Das Buch ist durchgängig auf die Verwendung von Taschenrechner und PC konzipiert. Es enthält im Anfangskapitel eine Einführung in das Rechnen mit dem Taschenrechner, das in den berufsspezifischen Kapiteln vertieft und ergänzt wird. Dabei wird das Runden und das Rechnen mit den signifikanten Ziffern im ganzen Buch konsequent berücksichtigt. Auch die Prozessdatenauswertung mit Tabellenkalkulationsprogrammen und die grafische Darstellung mit Computern werden an berufstypischen Beispielen geübt.

Zum Buch TECHNISCHE MATHEMATIK FÜR CHEMIEBERUFE gibt es ein Lösungsbuch, Europa-Nr. 71411, in dem für alle Aufgaben mindestens ein Lösungsweg mit Ergebnis durchgerechnet ist.

Inhaltsverzeichnis

1 Mathematische Grundlagen, praktisches Rechnen

Basis des Rechnens in der Chemie sind die grundlegenden mathematischen Rechnungsarten sowie deren praktische Anwendung mit dem Taschenrechner oder Computer.

1.1 Zahlenarten

Man unterscheidet verschiedene Zahlenarten:

	Beispiele
Die **natürlichen Zahlen** sind die zum Zählen benützten Zahlen. Es sind **positive ganze Zahlen** sowie die Null (0). Sie werden normalerweise ohne Pluszeichen (+) geschrieben.	0, 1, 2, 3, 4, …, 10, 11, 12, …, 37, …, 59, 60, 61; …, 107; …
Die **negativen ganzen Zahlen** erhält man durch Subtrahieren einer größeren natürlichen Zahl von einer kleineren natürlichen Zahl.	5 – 7 = –2; 15 – 29 = –14; –1, –2, –3, …, –18, –19, …
Die **ganzen Zahlen** umfassen die natürlichen Zahlen (positive ganze Zahlen) und die negativen ganzen Zahlen.	0, 1, 2, 3, 4, …, 71, 72, 73, … –1, –2, –3, –4, …, –21, –22, –23, …
Gebrochene Zahlen, auch **Bruchzahlen** genannt, sind Quotienten aus zwei ganzen Zahlen. Quotient ist der Name für einen Bruch, d. h. eine nicht ausgeführte Divisionsaufgabe ganzer Zahlen. Bruchzahlen können positiv und negativ sein.	$\frac{1}{2}, \frac{1}{3}, \frac{2}{3}, \frac{5}{3}, 1\frac{1}{6}, \frac{7}{9}, \dots$ $-\frac{1}{2}, -\frac{1}{3}, -\frac{5}{3}, -2\frac{1}{3}, -\frac{7}{9}, \dots$
Dezimalzahlen sind Zahlen mit einem Komma. Es können positive und negative Dezimalzahlen sein.	1,748, 0,250, –8,32, –2,0, –0,5, –7,8316, 4,57, 7,8, –3,942, …

Die ganzen Zahlen sind Dezimalzahlen mit einer Null (0) nach dem Komma.

Die bislang genannten Zahlen, also die natürlichen Zahlen, die ganzen Zahlen, die negativen Zahlen, die Bruchzahlen und die Dezimalzahlen, bezeichnet man insgesamt als **rationale Zahlen.**

Ferner gibt es noch eine weitere Gruppe von Zahlen, die **irrationalen Zahlen**. Zu ihnen gehören die **Wurzelzahlen** (z. B. $\sqrt{2}$) sowie die **transzendenten Zahlen** π (pi) und **e**. Es sind nichtperiodische Dezimalzahlen mit unendlich vielen Stellen.	$\sqrt{2}, \sqrt{3}, \sqrt{4}, \sqrt{5}, \sqrt{6}, \sqrt{7}, \dots$ $\pi = 3{,}1415927\dots$, $e = 2{,}7182818\dots$

Zahlenstrahl

Die Zahlen lassen sich außer durch Ziffern (z. B. 1,927) auch zeichnerisch auf einem Zahlenstrahl als Strecke darstellen **(Bild 7/1)**. Vom Nullpunkt aus nach rechts liegen die positiven Zahlen, nach links die negativen Zahlen.

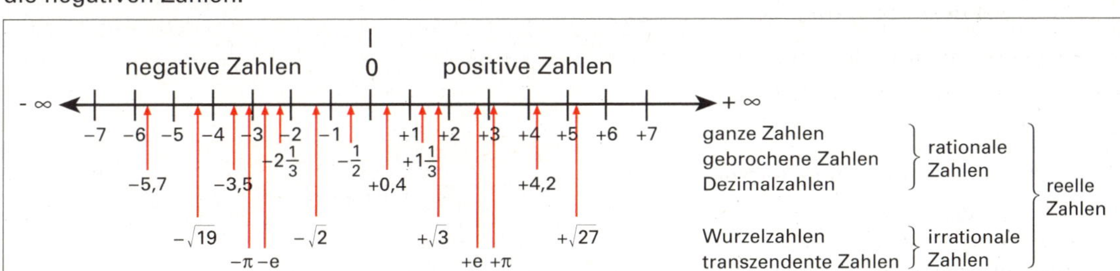

Bild 7/1: Zahlenarten und ihre Lage auf dem Zahlenstrahl

Allgemeine Zahlen, Variable

Neben den bestimmten Zahlen gibt es allgemeine Zahlen, auch Platzhalter oder Variable genannt. Sie werden mit Buchstaben benannt und stehen stellvertretend für eine Zahl.

In der allgemeinen Mathematik werden für die allgemeinen Zahlen die kleinen Buchstaben vom Anfang bzw. Ende des Alphabets verwendet.

In der technischen Mathematik benutzt man kleine oder große Buchstaben zur Benennung einer Variablen.

Beispiele

a, b, c, …, u, v, w, …, x, y, z

l, b, t, v, …, A, V, U, T, …

Beispiele: *l* Länge, *b* Breite, *t* Zeit, *T* thermodynamische Temperatur

Aufgaben zu 1.1 Zahlenarten

1. Zu welcher Zahlenart gehören folgende Zahlen: 0,7, −18, $\sqrt{3}$, 1/7, 0, −387, $-\pi$, −0,32 ?
2. Wo liegen auf dem Zahlenstrahl die Zahlen: $-3\frac{1}{3}$, 0,85, e, −0,25, $\sqrt{9}$, $\frac{2}{4}$, −3,50 ?

1.2 Größen, Einheiten, Zeichen, Formeln

Zur Anwendung der Zahlen für technische Berechnungen sind mathematische Grundbegriffe erforderlich.

Größen, Einheiten (Tabelle 8/1)

Mit einer physikalische Größe werden chemische, physikalische oder technische Eigenschaften beschrieben. Zu ihrer Kurzschreibweise benutzt man ein Formelzeichen.

Formelzeichen werden kursiv (Schrägschrift) gedruckt.

Beispiel: Die Länge einer Rohrleitung wird mit dem Formelzeichen *l* bezeichnet, der Durchmesser mit *d*.

Der Wert einer Größe besteht aus einem Zahlenwert und einer Einheit.

Die physikalische Größe wird mit einem Formelzeichen und die Einheit mit einem Einheitenzeichen angegeben.

Beispiel: Die Länge einer 3,40 Meter langen Rohrleitung wird angegeben mit: l = 3,40 m.

Es gibt 7 **Basisgrößen**, auf die sich alle Größen zurückführen lassen.

Umgekehrt können alle **abgeleiteten Größen** aus den Basisgrößen aufgebaut werden.

Da zu jeder Basisgröße eine Einheit gehört, gibt es 7 Basiseinheiten. Aus ihnen sind alle abgeleiteten Einheiten zusammengesetzt.

Tabelle 8/1: Größen und Einheiten

Physikalische Größen	Formelzeichen	Einheiten	Einheitenzeichen
Basisgrößen			
Länge	l	Meter	m
Masse	m	Kilogramm	kg
Stoffmenge	n	Mol	mol
Zeit	t	Sekunde	s
Thermodynamische Temperatur	T	Kelvin	K
Stromstärke	I	Ampere	A
Lichtstärke	I_v	Candela	cd
Abgeleitete Größen (Auswahl)			
Fläche	A	Quadratmeter	m^2
Volumen	V	Kubikmeter	m^3
Dichte	ϱ	Kilogramm pro Kubikmeter	kg/m^3
Geschwindigkeit	v	Meter pro Sekunde	m/s
Druck	p	Newton pro Quadratmeter	N/m^2
Arbeit	W	Joule	J

Mathematische Zeichen

Die mathematischen Zeichen dienen zur Kurzbezeichnung einer mathematischen Operation **(Tabelle 8/2)**.

Beispiel: Sollen zwei Zahlen miteinander multipliziert werden, so setzt man zwischen die Zahlen das Kurzzeichen für „multiplizieren" · ; z. B. 3 · 5.

Für Flächenformate und räumliche Abmessungen ist auch das Zeichen x zugelassen.

Beispiel: 3 m x 5 m.

Tabelle 8/2: Mathematische Zeichen

Zeichen	Bedeutung	Zeichen	Bedeutung
+, −	plus, minus	≙	entspricht
·, x	mal	<, >	kleiner, größer
:, –, /	geteilt durch, pro	≤, ≥	kleiner gleich, größer gleich
=, ≠	gleich, ungleich	Δ	Differenz
≈	beträgt rund	…	und so weiter

Formeln, Größengleichungen

In der technischen Mathematik werden die gesetzmäßigen Zusammenhänge durch Größen und mathematische Zeichen ausgedrückt. Diese Ausdrücke nennt man Größengleichungen oder Formeln.

Mit Hilfe von Größengleichungen lassen sich durch Umstellen und Auflösen die Größen berechnen (Seite 30).

Beispiele für Größengleichungen:

Fläche $A = l \cdot b$

Volumen $V = l \cdot b \cdot h$

Dichte $\varrho = \frac{m}{V}$

Geschwindigkeit $v = \frac{s}{t}$

Druck $p = \frac{F}{A}$

Aufgaben zu 1.2 Größen, Einheiten, Zeichen, Formeln

1. Welche Größe wird mit folgenden Formelzeichen benannt: $n, \vartheta, V, \varrho, p$?
2. Welches Einheitenzeichen haben die folgenden Einheiten: Meter, Mol, Kelvin, Ampere, Kubikmeter, Newton durch Quadratmeter, Meter durch Sekunde?
3. Schreiben Sie mit Formelzeichen: Die Dichte beträgt rund 1,27 kg/dm³.
4. Welche Zusammenhänge lassen sich aus den folgenden Größengleichungen ablesen: $m = \varrho \cdot V$, $s = v \cdot t$, $F = A \cdot p$, $V = A \cdot h$, $U = R \cdot I$

1.3 Grundrechnungsarten

Die vier Grundrechnungsarten sind: Addition, Subtraktion, Multiplikation, Division.

Addieren und Subtrahieren

Diese beiden Rechnungsarten werden wegen ihrer mathematischen Zeichen (+, –) auch als Strichrechnungen bezeichnet.

Beim **Addieren** (Zusammenzählen) werden die einzelnen Summanden zusammengezählt. Das Ergebnis heißt Summenwert oder Summe.

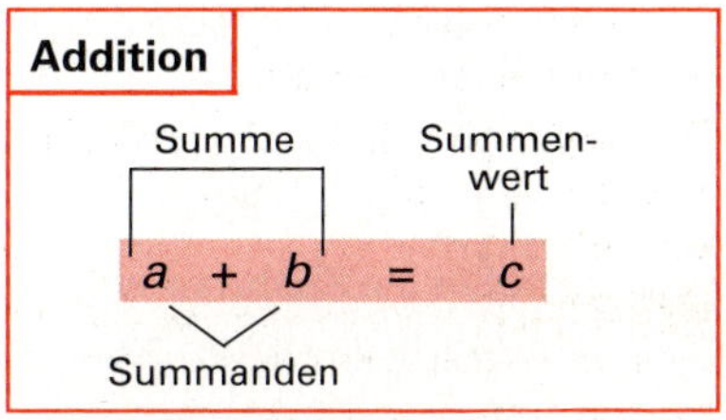

Beispiel mit bestimmten Zahlen:	3,75 + 8,36 = 12,11
Beispiel mit gleichartigen, allgemeinen Zahlen:	$5a + 12a = 17a$
Beispiele mit ungleichartigen Zahlen bzw. mit ungleichartigen Größen:	$3a + 4b + 7b + 2a = 5a + 11b$ 2 km + 19 m + 503 m = 2 km + 522 m

Beim **Subtrahieren** (Abziehen) zieht man von einer Zahl eine andere Zahl ab. Das Ergebnis ist der Differenzwert, einfach auch Differenz genannt.

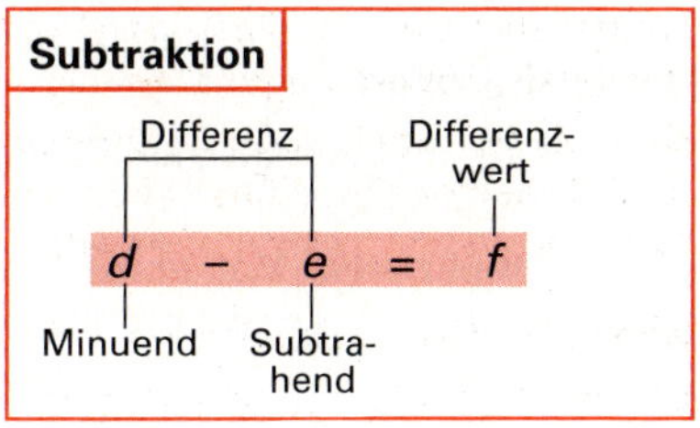

Beispiel mit bestimmten Zahlen:	23,84 – 9,13 = 14,71
Beispiel mit gleichartigen, allgemeinen Zahlen:	$6b - 9b = -3b$
Beispiele mit ungleichartigen Zahlen bzw. ungleichartigen Größen:	$5x - 2y + 3x - 4y = 8x - 6y$ $7\,m^3 + 9\,dm^3 - 5\,m^3 = 2\,m^3 + 9\,dm^3$

Rechenregeln zum Addieren und Subtrahieren

Nur gleichartige allgemeine Zahlen können addiert bzw. subtrahiert werden.

Beispiel: $8\,m^2 + 72\,cm^2 + 7{,}5\,m^2 - 23\,cm^2 = 15{,}5\,m^2 + 49\,cm^2$

Erläuterung: Nur die jeweils gleichartigen Größenglieder mit den Einheitenzeichen m² bzw. cm² werden zusammengefasst.

Die einzelnen Glieder in einer Strichrechnung können vertauscht werden (Kommutativgesetz).

Beispiele: $5 - 16 + 7 = -16 + 7 + 5 = -4$; $11x - 3x + 9x = 11x + 9x - 3x = 17x$

Erläuterung: Durch Vertauschen der Glieder kann die Aufgabe in eine für die Rechnung vorteilhafte Reihenfolge geordnet werden.

Einzelne Glieder können zu Teilsummen bzw. Teildifferenzen zusammengefasst werden (Assoziativgesetz).

Beispiele: $2 + 5 - 3 = 7 - 3 = 4$; $8u - 3v + 3u + 8v = 8u + 3u - 3v + 8v = 11u - 5v$

Klammern beim Addieren und Subtrahieren

Klammern, ( ) oder [ ], fassen Teilsummen bzw. Teildifferenzen zusammen. Das Vorzeichen der Glieder in der Klammer kann sich durch das Setzen oder Weglassen von Klammern ändern.

Steht ein + Zeichen vor einer Klammer, so kann man sie weglassen, ohne dass sich die Vorzeichen der Glieder in der Klammer ändern.

Beispiele: $25 + (5 - 3) = 25 + 5 - 3 = 27$; $7a + (3a - 9a) = 7a + 3a - 9a = 1a = a$

Steht ein – Zeichen vor einer Klammer, so muss man beim Weglassen der Klammer das Vorzeichen aller Glieder in der Klammer umkehren. Setzt man eine Klammer, vor der ein – Zeichen steht, so muss man ebenfalls das Vorzeichen aller Glieder, die in der Klammer stehen, umkehren.

Beispiel: $5x - (2x + 9a - 7b) = 5x - 2x - 9a + 7b$

Erläuterung: Das erste Glied der Klammer wird, falls es positiv ist, ohne + Zeichen geschrieben.

Aufgaben zu Addieren und Subtrahieren

1. Ermitteln Sie die Ergebnisse:
   a) $328 + 713 + 287 + 38 + 9 - 103$
   b) $59{,}30a - 27{,}53a + 7{,}83b - 21{,}04b$
2. Setzen Sie um das 2. bis 4. Glied eine Klammer:
   $8{,}3x - 7{,}8a + 2{,}5x - 9{,}2a$
3. Lassen Sie die Klammer weg:
   $25a - (36b - 19a - 11b - 12a)$
4. Ermitteln Sie die Maße l_1, l_2, l_{ges} der Rohrleitung (Maße in der Zeichnung in mm).

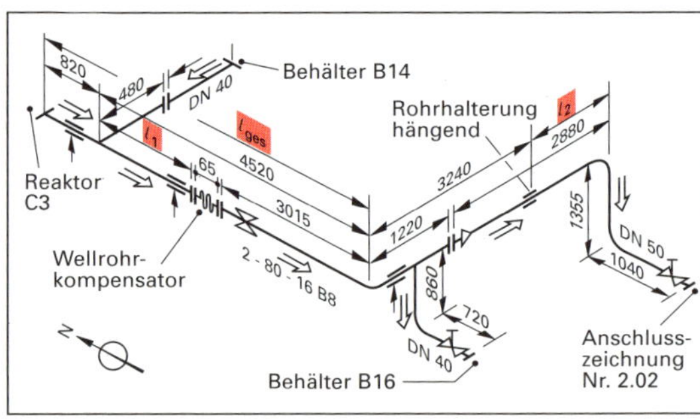

Multiplizieren

Wegen ihrer mathematischen Zeichen (· , :) werden die Multiplikation und die Division als Punktrechnungen bezeichnet.

Beim **Multiplizieren** (Malnehmen) werden die Faktoren miteinander malgenommen und ergeben den Produktwert.

Bei allgemeinen Zahlen kann das Malzeichen zwischen den Faktoren weggelassen werden.

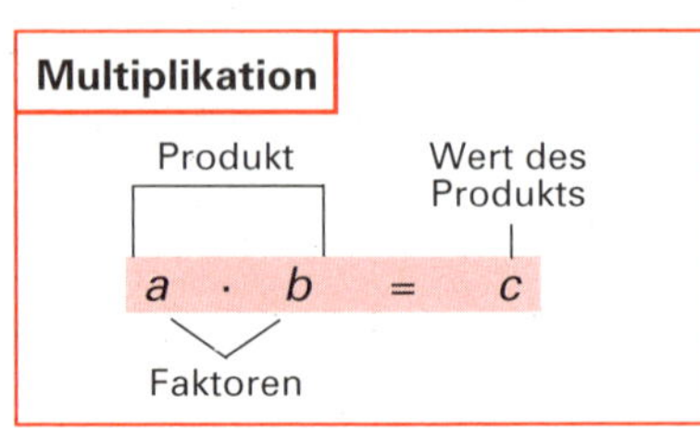

Beispiele: $2{,}3 \cdot a \cdot b \cdot c = 2{,}3\ a\ b\ c$; $3 \cdot \text{km} \cdot 2 = 6\ \text{km}$

Die Ziffer 1 wird nicht mitgeschrieben: **Beispiel:** $1a = a$

Ist ein Faktor 0, so ist das ganze Produkt 0.

Beispiel: $387a \cdot 0 = 0$

Die Faktoren können vertauscht werden. **Beispiel:** $x \cdot y \cdot z = y \cdot z \cdot x = z \cdot y \cdot x$

Teilprodukte lassen sich zusammenfassen. **Beispiel:** $5\ \text{m} \cdot 3\ \text{m} \cdot 2\ \text{m} = 30 \cdot \text{m} \cdot \text{m} \cdot \text{m} = 30 \cdot \text{m}^3 = 30\ \text{m}^3$

Vorzeichenregeln

Die Multiplikation von 2 Faktoren mit gleichen Vorzeichen ergibt ein positives Produkt.

+ mal + ⇒ + ; − mal − ⇒ +

Beispiele: $2 \cdot 3 = 6$; $a \cdot b = ab$; $(-7) \cdot (-3) = 21$; $(-8) \cdot (-x) = 8x$

Die Multiplikation von 2 Faktoren mit unterschiedlichen Vorzeichen ergibt ein negatives Produkt.

+ mal − ⇒ − ; − mal + ⇒ −

Beispiele: $5 \cdot (-2) = -10$; $(-6) \cdot 3 = -18$;
$a \cdot (-b) = -ab$; $(-4) \cdot \mathrm{m} = -4\,\mathrm{m}$

Klammern beim Multiplizieren

Ein Klammerausdruck wird mit einem Faktor multipliziert, indem man jedes Glied der Klammer mit dem Faktor multipliziert.

$a \cdot (b - c) = ab - ac$

Beispiele: $9 \cdot (7 - 3) = 9 \cdot 7 - 9 \cdot 3 = 63 - 27 = 36$;
$5 \cdot (3 + 2) = 5 \cdot 3 + 5 \cdot 2 = 25$

Zwei Klammerausdrücke werden multipliziert, indem jedes Glied der einen Klammer mit jedem Glied der anderen Klammer multipliziert wird.

$(a + b) \cdot (c - d) = ac - ad + bc - bd$

Beispiele: $(12 - 7) \cdot (3 + 5) = 12 \cdot 3 + 12 \cdot 5 - 7 \cdot 3 - 7 \cdot 5 = 36 + 60 - 21 - 35 = 40$
$(4a + 4b) \cdot (3x - 5y) = 12ax - 20ay + 12bx - 20by$

Bei Klammerausdrücken mit Zahlen wird zuerst der Zahlenwert der Klammer ermittelt und dann das Produkt berechnet.

Beispiele: $9 \cdot (7 - 3) = 9 \cdot 4 = 36$; $(12 - 7) \cdot (3 + 5) = 5 \cdot 8 = 40$

Ausklammern (Faktorisieren)

Haben mehrere Glieder einer Summe einen gemeinsamen Faktor, so kann er ausgeklammert werden. Die Summe wird dadurch in ein Produkt umgewandelt.

$ax + bx + cx = x \cdot (a + b + c)$

Beispiele: $19 \cdot 7 - 19 \cdot 5 = 19 \cdot (7 - 5) = 19 \cdot 2 = 38$;
$3\pi x + 3\pi y = 3\pi(x + y)$

Aufgaben zum Multiplizieren

1. Berechnen Sie die folgenden Ausdrücke:
   a) $(+3) \cdot (-15)$ b) $(+9) \cdot (+7)$
   c) $(-7) \cdot (-12)$ d) $(+5) \cdot 0$
   e) $(0) \cdot (-16)$ f) $(-3a) \cdot (+8b) \cdot (+2c)$
   g) $(+9x) \cdot (-4y)$ h) $(+13\,\mathrm{m}) \cdot (+4\,\mathrm{m}) \cdot (+2\,\mathrm{m})$

2. Führen Sie die Multiplikationen aus:
   a) $3\,(3a - 2b)$ b) $9\,(7u + 8v)$
   c) $(-5) \cdot (-4x - 7y)$ d) $(+16) \cdot (0) \cdot (4 + 32)$
   e) $(6c - 3d) \cdot (+2a)$ f) $-x\,(y - z)$
   g) $4uv\,(9r - 5s)$ h) $-(4ab + 7xy) \cdot (-12)$

3. Multiplizieren Sie die Ausdrücke:
   a) $(7s + 5r) \cdot (3l - 6k)$
   b) $5\,(3u - 4v) \cdot 8 \cdot (2w - 9x)$
   c) $(-4) \cdot (9w + 3x) \cdot (-3) \cdot (8y - 5z)$
   d) $11a\,(-3b + 2x) \cdot (4c - 5y)$

4. Welche Zahl liefert der Ausdruck, wenn für $x = 3$ und $y = 4$ gesetzt wird?
   $7\,(5 - 2x) \cdot (-4) \cdot (-3 + 6y)$

5. Klammern Sie aus:
   a) $2ab + 2ac + 2ad$ b) $\pi n r_1 + \pi n r_2$
   c) $-30rs + 20ls$ d) $\pi r_1^2 + \pi h^2$

Dividieren

Das Dividieren (Teilen) ist die Umkehrung des Multiplizierens.

Das : Zeichen und der Bruchstrich sind gleichbedeutend.

Der Ausdruck auf dem Bruchstrich heißt Zähler (Dividend), der Ausdruck unter dem Bruchstrich ist der Nenner (Divisor). Der gesamte Ausdruck heißt Quotient, sein Ergebnis der Quotientenwert.

Dividend und Divisor dürfen **nicht** vertauscht werden.

Ist der Divisor (Nenner) null, so hat der Quotient keinen bestimmten Wert, er kann nicht bestimmt werden.

Division

Quotient: $a : b$; Quotient: $\frac{a}{b}$

$$a : b = \frac{a}{b} = c$$

Dividend (a), Divisor (b), Wert des Quotienten (c)

Vorzeichen

Entsprechend den Vorzeichenregeln beim Multiplizieren (Seite 11) ergeben gleiche Vorzeichen bei Dividend und Divisor einen positiven Quotientenwert (+), ungleiche Vorzeichen von Dividend und Divisor ergeben einen negativen Quotientenwert (–).

Beispiele: $(+2) : (+3) = +2 : 3 = +\frac{2}{3}$; $\frac{-5}{-6} = +\frac{5}{6} = \frac{5}{6}$; $\frac{-4}{+7} = -\frac{4}{7}$; $\frac{+3}{-5} = -\frac{3}{5}$

$(-28) : (14) = -2$

Ein Klammerausdruck wird dividiert, indem jedes Glied in der Klammer mit dem Divisor geteilt wird. Bei Klammerausdrücken mit Zahlen kann auch zuerst der Zahlenwert der Klammer ermittelt und dann der Quotient errechnet werden.

$$(a-b) : x = a : x - b : x = \frac{a}{x} - \frac{b}{x}$$

Der Bruchstrich fasst die Ausdrücke auf und unter dem Bruchstrich zusammen, als ob sie von einer Klammer umschlossen wären.

$$\frac{a+b}{c} \cdot d = \frac{a \cdot d}{c} + \frac{b \cdot d}{c}$$

Beispiele: $\frac{36\,xyz - 24\,xuv}{6x} = \frac{36\,xyz}{6x} - \frac{24\,xuv}{6x} = 6yz - 4uv$

Kürzen, Erweitern

Beim **Kürzen** werden Zähler und Nenner durch die gleiche Zahl geteilt.

$$\frac{4\,ab}{6\,ac} = \frac{\not 4 \cdot \not a \cdot b \cdot 2}{\not 6 \cdot \not a \cdot c \cdot 3} = \frac{2\,b}{3\,c}$$

Beispiele: $\frac{16}{18} = \frac{2 \cdot 8}{2 \cdot 9} = \frac{8}{9}$; $\frac{72\text{ m}}{36} = \frac{\not 8 \cdot \not 9 \cdot \text{m} \cdot 2}{\not 4 \cdot \not 9} = 2\text{ m}$

Es können nur Faktoren gekürzt werden oder es müssen alle Summanden gekürzt werden.

$$\frac{ab + ac}{a} = \frac{\not a\,(b+c)}{\not a} = b + c$$

$$\frac{\not a b + \not a c}{\not a} = b + c$$

Beispiele: $\frac{-48\,xy}{36y} = \frac{-4 \cdot \not{12} \cdot x \cdot \not y}{3 \cdot \not{12} \cdot \not y} = -\frac{4}{3}x$

$$\frac{-45ax + 70\,bx + 50\,cx}{5\,xy} = \frac{\not 5 \not x\,(-9a + 14b + 10c)}{\not 5 \not x y} = \frac{-9a + 14\,b + 10\,c}{y}$$

Beim **Erweitern** werden Zähler und Nenner mit der gleichen Zahl (Erweiterungszahl) multipliziert.

$$b + c = \frac{(b+c)\,a}{a}$$

Beispiel: $\frac{9x - 2y}{5z}$ erweitern mit (-3) $\Rightarrow \frac{(9x-2y)\cdot(-3)}{5z \cdot (-3)} = \frac{-27x + 6y}{-15z}$

Aufgaben zum Dividieren

Berechnen Sie folgende Ausdrücke:

1. a) $63 : (-7)$ b) $(-64) : (-4)$ c) $(-91) : 13$ d) $\frac{105}{15}$ e) $\frac{-96}{8}$ d) $\frac{-132}{-11}$

2. a) $\dfrac{(-7)\cdot(18)}{12}$ b) $\dfrac{(11)\cdot(-14)}{(-7)}$ c) $\dfrac{(-9)\cdot(-18)}{(-36)}$

3. a) $(156-72):14$ b) $(391-144):(121-102)$

4. Kürzen Sie soweit als möglich:

a) $\dfrac{-12uv}{3v}$ b) $\dfrac{6a-3b}{3}$ c) $\dfrac{81xyz}{-9yz}$ d) $\dfrac{-187rs+153rs+34rs}{-17s}$ e) $\dfrac{21\cdot(-9)\cdot 4x}{(-35)\cdot(-2)}$

f) $\dfrac{-(x-5)}{(5-x)}$ g) $-\dfrac{(7x-y)\cdot(3+2b)}{-2b-3}$

5. Erweitern Sie a) $\dfrac{7a}{5b}$ mit (–3) b) $\dfrac{3x}{-8y}$ mit (–1)

1.4 Berechnen zusammengesetzter Ausdrücke (Termberechnungen)

Bei der Berechnung von Ausdrücken, die sowohl Additionen und Subtraktionen (Strichrechnungen + –) als auch Multiplikationen und Divisionen (Punktrechnungen · :) enthalten, gilt die Reihenfolge:

Punkt vor Strich, d. h., Punktrechnungen müssen vor den Strichrechnungen ausgeführt werden.

Beispiele: $5\cdot 7+65:13=35+5=40$; $\dfrac{21}{7}-\dfrac{48}{6}+(-3)\cdot(-9)=3-8+27=22$

$\dfrac{122-66}{8}\cdot 14=\dfrac{56}{8}\cdot 14=7\cdot 14=98$; $125:(+5)-(-80):(-4)=+25-20=5$

Enthält ein Ausdruck neben Punkt- und Strichrechnungen noch Klammern, so gilt:

Zuerst die Klammerausdrücke, dann die Punkt- und anschließend die Strichrechnungen ausführen.

Beispiele: $3\cdot(23-17)+12=3\cdot 6+12=18+12=30$

$5a\cdot(11b-8b)-2b\cdot(3a+4a)=5a\cdot 3b-2b\cdot 7a=15ab-14ab=ab$

$$\frac{7\cdot(23{,}2-23{,}3)}{(2{,}4+4{,}6)\cdot(-0{,}5)}=\frac{\not 7\cdot(-0{,}1)}{\not 7\cdot(-0{,}5)}=\frac{0{,}1}{0{,}5}=\frac{1}{5}=0{,}2$$

Bei ineinander verschachtelten Klammerausdrücken wird zuerst die innerste Klammer, dann die nächstäußere Klammer usw. ausgerechnet. $a-[b+(c-d)]=a-[b+c-d]=a-b-c+d$

Beispiel: $4ac+[(3a+7a)\cdot 5c+5ac]=4ac+[10a\cdot 5c+5ac]=4ac+50ac+5ac=59ac$

Enthält ein Ausdruck verschachtelte Klammern, Punktrechnungen und Strichrechnungen, so wird in der Reihenfolge – Klammerausdrücke – Punktrechnungen – Strichrechnungen – aufgelöst.

Innerhalb der Klammerausdrücke gilt ebenfalls: Punkt- vor Strichrechnungen.

Aufgaben zu 1.4 Berechnen zusammengesetzter Ausdrücke

1. a) $-4\cdot(0{,}2-3{,}2)+(14{,}5-8{,}5)\cdot(-0{,}1)$

   b) $12x\cdot(-3y)+(0{,}75x-0{,}50x)\cdot(+80)$

2. a) $\dfrac{(-2{,}5)\cdot(86-82)}{(1{,}3-0{,}8)\cdot(42-38)}$

   b) $\dfrac{222}{37}-\dfrac{0{,}125\cdot(-85+117)}{(0{,}4)\cdot(-8)\cdot(2{,}5)}$

3. a) $(23{,}8-21{,}3)\cdot\dfrac{2{,}14+0{,}86}{4{,}52-4\cdot 0{,}38}$

   b) $\dfrac{18{,}06-17{,}56}{0{,}25}+\dfrac{27}{3{,}2+5{,}8}-\dfrac{(0{,}2+2{,}8)\cdot(5{,}4-3{,}4)}{2{,}4\cdot 2{,}5}$

4. a) $2x-[5y-(3x-4y)+7x]-y$

   b) $4{,}5a\cdot[(2b-c)-c]-8a(c-b)$

   c) $[-0{,}2a-(1{,}7b-1{,}9a)]:\left[\dfrac{5{,}5a}{10}-0{,}85b+0{,}3a\right]$

5. a) $2\cdot[-2xy-(20a-12xy)]+5(2a-xy)$

   b) $0{,}3a\cdot\{5xy-(92x-87y)-(84y-82x)\}$

   c) $\{-9{,}5x+[(1{,}5x-4y)\cdot(0{,}5+6{,}5)]+29y\}\cdot\dfrac{1}{x+y}$

1.5 Bruchrechnen

Ein Bruch ist eine Divisionsaufgabe, die mit einem Bruchstrich geschrieben ist. Ein Bruch besteht aus dem Zähler und dem Nenner.

Jeden Bruch kann man in eine Dezimalzahl umrechnen, z. B. $\frac{1}{2} = 0{,}5$

Mit Brüchen wird bevorzugt bei Umwandlungen von Formeln gerechnet.

Benennungen

Zähler → a, Nenner → b: $\frac{a}{b} = c$

$\frac{a}{b}$: Bruch; c: Wert des Bruchs

Es gibt verschiedene **Brucharten**:

Brucharten	Beispiele	Merkmale
Echte Brüche	$\frac{1}{3}; \frac{5}{7}; \frac{2}{5}$	Zähler < Nenner
Unechte Brüche	$\frac{5}{3}; \frac{7}{3}; \frac{3}{2}$	Zähler ≥ Nenner Wert des Bruchs ≥ 1
Gemischte Zahlen	$1\frac{1}{2}; 3\frac{2}{3}$	Ganze Zahl und Bruch

Brucharten	Beispiele	Merkmale
Gleichnamige Brüche	$\frac{1}{7}; \frac{3}{7}; \frac{5}{7}$	Brüche mit gleichen Nennern
Ungleichnamige Brüche	$\frac{1}{3}; \frac{1}{5}; \frac{1}{6}$	Brüche mit ungleichen Nennern
Scheinbrüche	$\frac{3}{1}; \frac{6}{2}; \frac{10}{5}$	Der Wert des Bruchs ist eine ganze Zahl

Die Regeln des Kürzens und Erweiterns von Brüchen wurden bereits beim Dividieren genannt (S. 12).

- Das Kürzen dient meist zur Vereinfachung der weiteren Rechnung oder des Ergebnisses.
- Durch Erweitern wird der Bruch so umgeformt, wie es für die weitere Rechnung vorteilhaft ist.

Beispiele zum Kürzen: $\frac{7}{21} = \frac{\cancel{7}\ 1}{\cancel{21}\ 3} = \frac{1}{3}$; $\frac{8ab}{14a} = \frac{\cancel{8}\cancel{a}b\ 4}{\cancel{14}\cancel{a}\ 7} = \frac{4b}{7}$; $\frac{32a + 4ab}{6a} = \frac{4\cancel{a}\,(8+b)\cdot 2}{\cancel{6}\cancel{a}\cdot 3} = \frac{2\,(8+b)}{3}$

Beispiel zum Erweitern: $\frac{2a-3b}{2}$ erweitern auf den Nenner $10a$ $\Rightarrow$ $\frac{(2a-3b)\cdot 5a}{2\cdot 5a} = \frac{5a\,(2a-3b)}{10a}$

Addieren und Subtrahieren von Brüchen

Gleichnamige Brüche werden addiert bzw. subtrahiert, indem man die Zähler zusammenfasst und den gemeinsamen Nenner beibehält.

$$\frac{a}{x} + \frac{b}{x} - \frac{c}{x} = \frac{a+b-c}{x}$$

Beispiele: $\frac{1}{3} + \frac{5}{3} = \frac{6}{3}$; $\frac{3x}{5b} + \frac{7x}{5b} - \frac{4x}{5b} = \frac{3x + 7x - 4x}{5b} = \frac{6x}{5b}$

Brüche mit ungleichen Nennern (ungleichnamige Brüche) müssen vor dem Addieren bzw. Subtrahieren in Brüche mit gleichen Nennern (gleichnamige Brüche) umgewandelt werden und können erst dann zusammengefasst werden. Den gemeinsamen Nenner mehrerer Brüche nennt man **Hauptnenner**. Es ist das kleinste gemeinsame Vielfache, kurz das **kgV** der einzelnen Nenner.

Schema zur Ermittlung der Summe ungleichnamiger Brüche:

Beispiel: $\frac{3}{8} + \frac{5}{6} - \frac{7}{10}$

1. Zerlegung in Primzahlfaktoren

Nenner		Primzahlfaktoren
8	=	2 · 2 · 2
6	=	2 · 3
10	=	2 · 5
kgV	=	2 · 2 · 2 · 3 · 5 = **120**

2. Hauptnenner (kgV) bestimmen

Das kgV ist das Produkt der größten Anzahl jeder vorkommenden Primzahl.

(Primzahlen sind die kleinsten Faktoren, in die eine Zahl zerlegt werden kann.)

3. Erweiterungsfaktor der einzelnen Brüche bestimmen

120 : 8 = 15

120 : 6 = 20

120 : 10 = 12

4. Gleichnamigmachen der einzelnen Brüche durch Erweitern

$\frac{3\cdot 15}{8\cdot 15} + \frac{5\cdot 20}{6\cdot 20} - \frac{7\cdot 12}{10\cdot 12} =$

5. Addieren bzw. Subtrahieren der jetzt gleichnamigen Brüche

$\frac{45}{120} + \frac{100}{120} - \frac{84}{120} = \mathbf{\frac{61}{120}}$

Zusammenfassen mehrerer Brüche mit bestimmten und allgemeinen Zahlen

Beispiel:

$$\frac{3x}{2a} - \frac{2x}{9ab} + \frac{5x}{18b}$$

kgV bestimmen:

$$\begin{aligned} 2a &= 2 \cdot a \\ 9ab &= 3 \cdot 3 \cdot a \cdot b \\ 18b &= 2 \cdot 3 \cdot 3 \cdot b \\ \hline \text{kgV} &= 2 \cdot 3 \cdot 3 \cdot a \cdot b = 18ab \end{aligned}$$

Erweiterungsfaktor bestimmen:

$$\begin{aligned} 18ab : 2a &= 9b \\ 18ab : 9ab &= 2 \\ 18ab : 18b &= a \end{aligned}$$

Erweitern und Zusammenfassen:

$$\frac{3x \cdot 9b}{2a \cdot 9b} - \frac{2x \cdot 2}{9ab \cdot 2} + \frac{5x \cdot a}{18b \cdot a} = \frac{27bx}{18ab} - \frac{4x}{18ab} + \frac{5ax}{18ab} = \frac{x\,(27\ b - 4 + 5\ a)}{18ab} = \frac{x\,(5a + 27b - 4)}{18ab}$$

Aufgaben: Fassen Sie die folgenden Brüche zusammen

1. a) $\frac{2}{3} + \frac{1}{4} + \frac{5}{24}$ b) $\frac{14}{25} + \frac{23}{15} - \frac{1}{3} + \frac{2}{5}$ c) $\frac{8}{49} + \frac{6}{56} - \frac{3}{8}$ d) $3\,\frac{6}{25} - 18\,\frac{7}{10} + 24\,\frac{3}{5}$

2. a) $\frac{7x}{4a} + \frac{5x}{12b}$ b) $\frac{5u}{3bc} + \frac{7u}{12c} - \frac{5u}{18b}$ c) $\frac{8x + 4y}{4a + 6b} + \frac{9x}{9b + 6a} - \frac{5}{3}$

Multiplizieren von Brüchen

Brüche werden multipliziert, indem die Zähler miteinander und die Nenner miteinander multipliziert werden.

$$\frac{a}{b} \cdot \frac{c}{d} \cdot f = \frac{a \cdot c \cdot f}{b \cdot d}$$

Beispiele: $\frac{2}{5} \cdot \frac{2}{3} = \frac{4}{15}$; $\frac{3a}{x} \cdot \frac{4x}{y} \cdot \frac{5y}{3a} = \frac{\cancel{3a} \cdot 4\cancel{x} \cdot 5y}{\cancel{x} \cdot y \cdot \cancel{3a}} = 20$

Gemischte Zahlen werden miteinander multipliziert, indem sie zuerst in unechte Brüche umgewandelt und diese dann miteinander multipliziert werden.

Beispiel:

$$3\,\frac{1}{2} \cdot 5\,\frac{1}{3} = \frac{7}{2} \cdot \frac{16}{3} = \frac{112}{6} = \frac{56}{3}$$

Aufgaben: Multiplizieren Sie

a) $\frac{7}{6} \cdot \frac{3}{14}$ b) $\frac{11}{8} \cdot \frac{4}{22}$ c) $5 \cdot \frac{2}{3} \cdot \frac{3}{5}$ d) $1\,\frac{5}{6} \cdot 3\,\frac{6}{15}$ e) $\frac{9ab}{5y} \cdot \frac{15x}{12a}$

Dividieren von Brüchen

Ein Bruch wird durch einen 2. Bruch dividiert, indem der 1. Bruch mit dem Kehrwert des 2. Bruchs multipliziert wird. Ganze Zahlen haben den Nenner 1.

$$\frac{a}{b} : \frac{c}{d} = \frac{a}{b} \cdot \frac{d}{c} = \frac{ad}{bc}$$

Beispiele:

$\frac{3}{8} : \frac{5}{4} = \frac{3}{8} \cdot \frac{4}{5} = \frac{12}{40} = \frac{3}{10}$; $7 : \frac{7}{4} = \frac{7}{1} \cdot \frac{4}{7} = \frac{\cancel{7} \cdot 4}{1 \cdot \cancel{7}} = \frac{4}{1} = 4$

$\frac{1}{3} : 5 = \frac{1}{3} : \frac{5}{1} = \frac{1}{3} \cdot \frac{1}{5} = \frac{1}{15}$; $\frac{2x}{3y} : \frac{6a}{5b} = \frac{2x}{3y} \cdot \frac{5b}{6a} = \frac{2x \cdot 5b}{3y \cdot \cancel{6}a\,3} = \frac{5bx}{9ay}$

Aufgaben: Dividieren Sie

a) $\frac{1}{2} : \frac{1}{3}$ b) $\frac{7}{2} : \frac{16}{7}$ c) $\frac{9}{5} : \frac{12}{15}$ d) $3xy : \frac{1}{2}\,z$ e) $\frac{2x}{9y} : \frac{4x}{3y}$ f) $\frac{26ab}{33u} : \frac{13a}{22v}$

Aufgaben zu 1.5 Bruchrechnen

1. a) $14 \cdot \left(\frac{7}{12} + \frac{5}{8}\right)$ b) $42 \cdot \frac{7}{6} + \frac{9}{22}$ c) $\left(\frac{11}{15} - \frac{6}{10}\right) \cdot 8$ d) $\frac{5a - 3b}{6n} + \frac{5a - 3b}{3m}$

2. a) $4\,\frac{2}{3} \cdot 3\,\frac{8}{5}$ b) $\left(12 : 2\,\frac{2}{3}\right) : \frac{7}{9}$

3. a) $\frac{8x + 8y}{3r - 3s} : \frac{4x + 4y}{9r - 9s}$ b) $\frac{5x}{4} : \frac{20x}{16}$ c) $5\,\frac{1}{2} - \left(\frac{6}{5} - \frac{2}{10}\right) \cdot \left[5 : \left(\frac{21}{3} - \frac{10}{2}\right)\right]$

4. $\left(\frac{u + v}{l + k} + \frac{3\,(u + v)}{2\,(l + k)} - \frac{5\,(u - v)}{3\,(k + l)}\right) \cdot \frac{1}{2}$

1.6 Rechnen mit dem Taschenrechner

Der Taschenrechner ist heute das allgemein benutzte Hilfsmittel bei technischen und naturwissenschaftlichen Berechnungen.

Geeignet für den Unterricht und die berufliche Praxis sind Taschenrechner, die neben den vier Grundrechnungsarten die fortgeschrittenen Rechnungsarten Potenzieren, Radizieren und Logarithmieren sowie die Winkelfunktionen und einige Zusatzfunktionen wie Speicher, Prozent usw. bieten.

Für Fehlerberechnungen ist ein Rechner mit statistischen Funktionen hilfreich (Seite 76).

1.6.1 Funktion und Bedienung eines Taschenrechners

Das Bedienfeld eines Taschenrechners besteht aus der Anzeige, den Zifferntasten und den Funktionstasten **(Bild 16/1)**.

Durch Drücken der **Einschalttaste** [ON/C] wird der Rechner eingeschaltet und es erscheint eine 0 in der **Anzeige**. Die [ON/C]-Taste ist gleichzeitig eine **Einschalttaste** (ON = englisch ein) und eine **Löschtaste** (C von englisch clear = löschen). Bei eingeschaltetem Rechner bewirkt die [ON/C]-Taste das Löschen aller vorausgegangenen Ziffern und Operationen. Vor Beginn einer neuen Berechnung drückt man grundsätzlich die [ON/C]-Taste.

Die Zahlen werden mit den **Zifferntasten** [0] bis [9] und der **Dezimal-Kommataste** [.] in der Reihenfolge von links nach rechts eingegeben. Die Zahl π wird mit der Pi-Taste [π] aufgerufen. Durch Drücken der **Vorzeichenwechsel-Taste** [+/−] wird das Vorzeichen der in der Anzeige stehenden Zahl umgekehrt.

Mit den vier **Grundrechnungsarten-Tasten** [+], [−], [x] und [÷] werden die entsprechenden mathematischen Operationen durchgeführt. Durch Drücken der **Ergebnistaste** [=] erscheint das Ergebnis in der Anzeige.

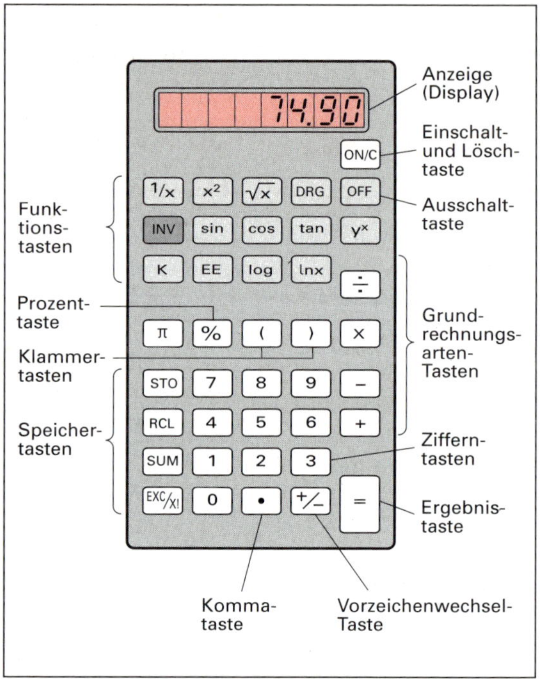

Bild 16/1: Bedienfeld eines Taschenrechners

Beispiel: Es ist zu berechnen 28,3 · 79,5

Eingabe	ON/C	2	8	.	3	x	7	9	.	5	=
Anzeige	0	2	8		.3		7	9		.5	2249.85

Der darstellbare Zahlenbereich eines Rechners, seine **Anzeigekapazität**, ist begrenzt und beträgt üblicherweise acht Ziffern. Werden Zahlen mit mehr Ziffern eingegeben oder hat das Ergebnis mehr als acht Ziffern, so erscheinen in der Anzeige nur die ersten 8 Ziffern der Zahl. Die letzte angezeigte Ziffer wird vom Rechner automatisch gerundet. Nullen am Ende von Dezimalzahlen werden im Rechenergebnis nicht angezeigt.

Beispiel: Es ist zu berechnen 827,52 · 766,35

Eingabe	ON/C	8	2	7	.	5	2	x	7	6	6	.	3	5	=
Anzeige	0	8	2	7		.5	2		7	6	6		.3	5	634169.95

Das exakte Ergebnis lautet 634169,952 (9 Ziffern). Der Rechner kann nur 8 Ziffern darstellen, die letzte Ziffer ist gerundet. Es wird 634169,95 angezeigt. Je nach Rechnerfabrikat rechnet er mit den gerundeten 8 Ziffern oder mit dem ungerundeten 9-ziffrigem Ergebnis weiter.

Die **Klammertasten** [( ] und [ )] fassen den von den Klammern umschlossenen Term zusammen.

Die **Prozenttaste** [%] dividiert die in der Anzeige stehende Zahl durch 100.

Die **Kehrwerttaste** [1/x] rechnet den Kehrwert der in der Anzeige stehenden Zahl aus.

Mit den **Speichertasten** [STO], [RCL], [SUM] und [EXC] können Zahlen (Daten) gespeichert, wieder aufgerufen, aufsummiert und ausgetauscht werden (siehe Seite 18 und 19).

Funktionstasten für fortgeschrittene mathematische Operationen sind z. B. Quadrat [x^2], Quadratwurzel [$\sqrt{x}$], x-te Potenz [y^x], natürlicher Logarithmus [lnx], dekadischer Logarithmus [log] und die Winkelfunktionen [sin], [cos], [tan].

Mit der Umkehrfunktion [INV] können die umgekehrten Potenz- und Logarithmusfunktionen, z. B. [INV] [log], berechnet werden.

Die Funktionstasten für die fortgeschrittenen mathematischen Operationen werden bei der Einführung der entsprechenden mathematischen Operationen erläutert.

1.6.2 Terme mit den Grundrechnungsarten

Beim Berechnen von Termen mit den Grundrechnungsarten werden die Zahlen und die mathematischen Operanden in der Schreibreihenfolge eingegeben. Mit der Ergebnistaste wird das Ergebnis angezeigt.

Addieren und Subtrahieren

Beispiel: 72,53 + 28,29 − 37,51

Eingabe	ON/C	7	2	.	5	3	+	2	8	.	2	9	−	3	7	.	5	1	=
Anzeige	0	7	2		5	3		2	8		.2	9	100.82	3	7		.5	1	**63.31**

Beispiel: 523,872 − 211,390 − 283,924

Eingabe	ON/C	523,872	−	211,390	−	283,924	=
Anzeige	0	523.872		211.390	312.482	283.924	**28.558**

Aufgaben

1. 7,594 − 12,82 + 3,429
2. 5680 + 1753 − 85244
3. − 4,352 + 7,683 − 1,920
4. 13,272 g − 8,493 g − 2,114 g
5. 7294 mm + 386 mm − 5613 mm

Multiplizieren und Dividieren

Beispiel: − 78,4 · 27,3 · 2,4

Eingabe	ON/C	78,4	+/−	×	27,3	×	2,4	=
Anzeige	0	78.4	− 78.4		27.3	−2140.32	2.4	**−5136.768**

Bemerkung: Das Betätigen der [+/−] -Taste kann vermieden werden, wenn man nach den Vorzeichenregeln des Rechnens (Seite 11) das Vorzeichen des Ergebnisses bestimmt und die Berechnung mit positiven Zahlen eintastet.

Beispiel: $\frac{28{,}3 \cdot 5{,}2}{(-2{,}7)}$ Die Multiplikation von 2 positiven Zahlen ergibt eine positive Zahl, dividiert durch eine negative Zahl wird ein negatives Ergebnis erhalten.

Eingabe	ON/C	28,3	×	5,2	÷	2,7	=
Anzeige	0	28.3		5.2	147.16	2.7	**54.503704**

⇒ **Ergebnis: −54,503704**

Beispiel: $\frac{42{,}6 \cdot 20{,}4}{12{,}8 \cdot 36{,}8}$ Vier positive Zahlen miteinander multipliziert und dividiert ergeben ein positives Ergebnis.

Eingabe	ON/C	42,6	÷	12,8	×	20,4	÷	36,8	=
Anzeige	0	42.6		12.8	3.328125	20.4	67.89375	36.8	**1.8449389**

Quotienten mit mehreren Faktoren (Bruchterme) werden berechnet, indem zuerst das Produkt im Zähler ausgerechnet und dann nacheinander durch alle Faktoren des Nenners dividiert wird.

Beispiel: $\dfrac{-530{,}8 \cdot (+17{,}0)}{(-26{,}5) \cdot (-68{,}4)}$ Drei negative und eine positive Zahl miteinander multipliziert bzw. dividiert ergeben ein negatives Ergebnis.

Eingabe	ON/C	530,8	×	17,0	÷	26,5	÷	68,4	=	+/–
Anzeige	0	530.8		17.0	9023.6	26.5	340.51321	68.4	4.9782633	**-4.9782633**

Bruchterme können auch durch abwechselndes Dividieren und Multiplizieren berechnet werden. Dadurch wird bei Zahlen mit vielen Ziffern das Überschreiten der Anzeigekapazität des Rechners vermieden.

Beispiel: $\dfrac{-530{,}8 \cdot (+17{,}0)}{(-26{,}5) \cdot (-68{,}4)}$ Es wird mit positiven Zahlen gerechnet. Das negative Ergebnis wird mit der +/–-Taste erhalten.

Eingabe	ON/C	530,8	÷	26,5	×	17,0	÷	68,4	=	+/–
Anzeige	0	530.8		26.5	20.030189	17.0	340.51321	68.4	4.9782633	**-4.9782633**

Aufgaben

1. $2813 \cdot 1{,}032$
2. $1 \cdot 2 \cdot 3 \cdot 4 \cdot 5 \cdot 6 \cdot 7 \cdot 8 \cdot 9 \cdot 10$
3. $(-17{,}5) \cdot (-29{,}3) \cdot (-7{,}8)$
4. $\dfrac{1135 \cdot 273}{1013 \cdot 298}$
5. $\dfrac{107{,}87 \cdot 4{,}83\%}{22{,}4}$
6. $\dfrac{1}{277 \cdot 7{,}5 \cdot 0{,}21}$
7. $\dfrac{(-52{,}2) \cdot 34}{270 \cdot (-0{,}62)}$

1.6.3 Kombinierte Strich- und Punktrechnungen

Terme, die Strich- und Punkt-Rechenoperationen enthalten, können mit dem Taschenrechner auf verschiedene Weise berechnet werden.

Berechnung mit Klammern

Benutzt man die Klammertasten, so kann man meistens gemäß der Schreibweise der Algebra eintasten. Teilweise muss der Term durch Setzen von Klammern eingabebereit gemacht werden.

Beispiel: $(5{,}1 \cdot 2{,}3 + 8{,}9) \cdot \left(\dfrac{6}{7} - 3\right)$ Dieser Term kann direkt eingetastet werden.

Eingabe	ON/C	(	5,1	×	2,3	+	8,9	)	×	(	6	÷	7	−	3	)	=
Anzeige	0		5.1		2.3	11.73	8.9	20.63			6		7	0.8571429	3	-2.1428571	**-44.207143**

Beispiel: $\dfrac{2{,}8 \cdot 1{,}2 + 7{,}6 \cdot 2{,}4}{9{,}2 \cdot 3{,}8 - 2{,}4}$ Durch Setzen von Klammern wird der Term eingabebereit gemacht:
((2,8 · 1,2) + (7,6 · 2,4)) : ((9,2 · 3,8) – 24)

Eingabe	ON/C	(	(	2,8	×	1,2	)	+	(	7,6	×	2,4	)	)	÷
Anzeige	0			2.8		1.2	3.36			7.6		2.4	18.24	21.6	

(	(	9,2	×	3,8	)	−	24	)	=
		9.2		3.8	34.96		24	10.96	**1.9708029**

Aufgaben

1. $(2{,}8 + 9{,}7 \cdot 5{,}2) \cdot (8{,}3 + 14{,}6)$
2. $\dfrac{7}{8} + 1{,}92 - \left[\dfrac{3}{4} + (72 + 28{,}4)\right]$
3. $\dfrac{28{,}37 \cdot 52{,}83}{765{,}92 - 308{,}24}$
4. $\dfrac{93{,}42 + 3{,}7 \cdot 4{,}8 \cdot 2{,}9 - 124}{44{,}1 \cdot 2{,}3}$
5. $\dfrac{0{,}74 \cdot 1{,}28 + 5{,}28 \cdot 0{,}18}{16{,}03 - 7{,}42 \cdot 2{,}02}$
6. $\dfrac{1 + \dfrac{1}{4}}{\dfrac{1}{8} + \dfrac{4}{5}}$
7. $\dfrac{1}{\dfrac{1}{2200} + \dfrac{0{,}006}{400}}$

Berechnung mit Speicherverwendung

Kombinierte Strich-/Punkt-Terme können auch mit Zuhilfenahme der Speichertasten berechnet werden. Man kann mit dem gewöhnlichen Speicher [STO] (von engl. store = Speicher) oder mit dem summierenden Speicher [SUM] arbeiten. Die [RCL]-Taste (von engl. recall = aufrufen) ruft den Speicherinhalt in die Anzeige.

Beispiel: $5 \cdot 8 + 3 \cdot 7$

Mit [STO]-Taste:

Eingabe	[ON/C]	5	[×]	8	[=]	[STO]	3	[×]	7	[+]	[RCL]	[=]
Anzeige	0	5		8	40		3		7	21	40	61

Mit [SUM]-Taste:

Eingabe	[ON/C]	5	[×]	8	[=]	[SUM]	3	[×]	7	[=]	[SUM]	[RCL]
Anzeige	0				40		3		7	21		61

Beispiel: $\frac{12}{13} + \frac{29}{7} - \frac{5}{9}$ Mit [SUM]-Taste:

Eingabe	[ON/C]	12	[÷]	13	[=]	[SUM]	29	[÷]	7	[=]	[SUM]	5	[÷]	9
Anzeige	0	12		13	0.9230769		29		7	4.1428571		5		9

[=]	[+/−]	[SUM]	[RCL]
0.5555556	-0.5555556		4.5103785

Aufgaben

1. $\frac{17}{2} + 2{,}4 + \frac{16}{7}$ 2. $\frac{37}{8} \cdot \pi - \frac{28}{3} + \frac{12}{5}$ 3. $\frac{29 + 32}{21 - 18} - \frac{7 + 82}{137 - 43}$ 4. $\frac{43{,}6}{32{,}4} - \frac{11{,}4}{8{,}2}$

Kehrwerte (Reziprokwerte) berechnen

Die Kehrwerttaste [1/x] vereinfacht die Berechnung von Termen mit Kehrwerten.

Beispiel: $\frac{1}{5} + \frac{1}{8}$

Eingabe	[ON/C]	5	[1/x]	[+]	8	[1/x]	[=]
Anzeige	0	5	0.2		8	0.125	0.325

Beispiel: $\frac{1}{5{,}2 + 3{,}6}$

Eingabe	[ON/C]	5,2	[+]	3,6	[=]	[1/x]
Anzeige	0	5.2		3.6	8.8	0.1136364

Aufgaben: 1. $\frac{1}{0{,}044} - \frac{1}{0{,}086}$ 2. $\frac{1}{5{,}3 \cdot 2{,}4 - 12{,}52}$ 3. $\frac{1}{7{,}83} - \frac{1}{2{,}52}$ 4. $\frac{3{,}7 \cdot 5{,}9}{7{,}3 \cdot 9{,}5}$

1.6.4 Günstige Tastenfolgen

Bei praktischen Berechnungen sollte angestrebt werden, das Ergebnis sicher und mit möglichst wenig Tastungen zu ermitteln. Möglichkeiten zur Einsparung von Tastungen sind:

Termumformungen

Durch Umstellungen, Ausklammern und Kürzen können Terme in eine günstige Form für das Rechnen mit dem Taschenrechner gebracht werden.

Beispiel: $2{,}75 \cdot 8{,}23 + 18 \cdot 2{,}4 \cdot 2{,}75 - 1{,}3 \cdot 2{,}75 \cdot 8$; Ausklammern ergibt: $\Rightarrow 2{,}75 \cdot (8{,}23 + 18 \cdot 2{,}4 - 1{,}3 \cdot 8)$

Speicherung

Vielstellige Dezimalzahlen und Zwischenergebnisse zur wiederholten Eingabe speichert man und ruft sie bei Bedarf mehrmals ab.

Beispiel: Berechnung der drei Terme: $\frac{7{,}35 \cdot 2{,}31}{8{,}5 \cdot 4{,}273}$; $\frac{0{,}54}{8{,}5 \cdot 4{,}273}$ und $\frac{3{,}6 \cdot 5{,}29}{8{,}5 \cdot 4{,}273}$

1. Term

Eingabe	ON/C	8,5	x	4,273	=	STO	7,35	x	2,31	÷	RCL	=
Anzeige	0	8.5		4.273	36.3205		7.35		2.31	16.9785	36.3205	**0.4674633**

2. Term

Eingabe	ON/C	0,54	÷	RCL	=
Anzeige	0	0.54		36.3205	**0.0148676**

Durch die Abspeicherung des gemeinsamen Nenners der drei Terme werden die Berechnungen des 2. und 3. Terms kürzer.

3. Term

Eingabe	ON/C	3,6	x	5,29	=	÷	RCL	=
Anzeige	0	3.6		5.29	19.044		36.3205	**0.524332**

Einsatz des summierenden Speichers

Bei vielmaligen Summierungen und mehrmaligem Einsatz der Kehrwert-Taste verwendet man vorteilhaft den summierenden Speicher.

Beispiel: $\frac{1}{2,4} + \frac{3}{8,5} + \frac{7}{12}$

Eingabe	ON/C	2,4	1/x	SUM	3	÷	8,5	=	SUM	7	÷	12	=	SUM	RCL
Anzeige	0	2.4	0.4166667		3		**8.5**	0.3529412		7		12	0.5833333		**1.3529412**

Aufgaben: Berechnen Sie mit möglichst günstiger Tastenfolge:

1. $34,06 + 8,2 - 8,2 \cdot 8,92 + 12 \cdot 8,2$
2. $\frac{31027 \cdot 8315}{24,391 \cdot 643,18}$; $\frac{782,3 \cdot 38,498}{24,391 \cdot 643,18}$; $\frac{8735,295}{24,391 \cdot 643,18}$
3. $\frac{\pi \cdot 128}{36} + \frac{2,7}{0,32} - \frac{1}{8}$
4. $1,47\,\pi \cdot 7,54 + 3,72 \cdot 27,4 \cdot \pi - 23,84 \cdot \frac{\pi}{6}$
5. $\frac{1}{8} + \frac{3}{24} - \frac{6}{48}$

1.6.5 Arbeitsbereich und Rechengenauigkeit der Taschenrechner

Die meisten Taschenrechner haben eine 8-stellige Anzeigekapazität. Der direkt darstellbare Zahlenbereich reicht von −99 999 999 bis −0,000 000 1 und von +0,000 000 1 bis +99 999 999 **(Bild 20/1)**.

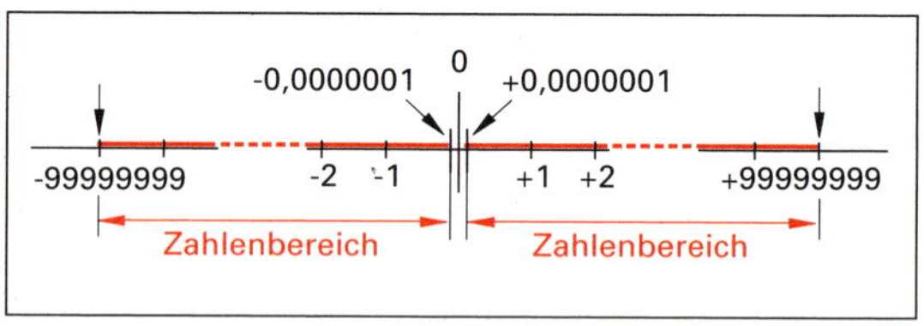

Bild 20/1: Zahlenbereiche eines Taschenrechners

Rechenergebnisse, die nicht mehr als 8 Stellen aufweisen, sind genau, z. B. 745,3892 (7 Stellen).

Rechenergebnisse, die mehr als 8 Stellen haben, werden nicht vollständig angezeigt, sondern nur die ersten 8 Ziffern; die letzte Ziffer ist auf- oder abgerundet, z. B. 54 823 · 9435,4 = 51 727 693. Mit diesem gerundeten 8-ziffrigen Zwischenergebnis oder mit dem ungerundeten 9-ziffrigen Zwischenergebnis rechnet der Taschenrechner weiter.

Rechenergebnisse, die größer als + 99 999 999 oder kleiner als − 99 999 999 sind, werden in exponentieller Schreibweise angezeigt.

Beispiel: 36 824 · 40 532,6 ⇒ Anzeige 1.4926 09 ⇒ Ergebnis: $1,4926 \cdot 10^9$ = 1 492 600 000.

Exponentialzahlen werden mit der EE-Taste geschrieben

Beispiel: $6,0221 \cdot 10^{23}$

Eingabe	ON/C	6,0221	EE	23
Anzeige	0	6.0221	6.0221 00	6.0221 23

Aufgaben: Berechnen Sie a) 42 589,7 · 28,3 · 775,8 b) $6,0221 \cdot 10^{23}$: 12,01115

1.7 Rechnen mit Potenzen

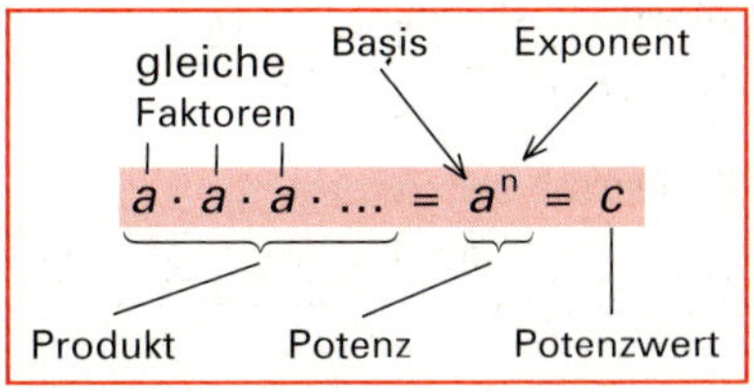

Besteht ein Produkt aus mehreren gleichen Faktoren, so kann es abgekürzt als Potenz geschrieben werden.

Der Exponent (Hochzahl) gibt an, wie viel Mal die Basis (Grundzahl) mit sich selbst multipliziert wird.

Beispiele: $2 \cdot 2 \cdot 2 \cdot 2 \cdot 2 = 2^5$ (gesprochen: 2 hoch 5)

$3^4 = 3 \cdot 3 \cdot 3 \cdot 3 = 81$

$V = l \cdot l \cdot l = l_3$ mit $l = 4$ cm $\Rightarrow$ $\boldsymbol{V} = (4\text{ cm})^3 = 4\text{ cm} \cdot 4\text{ cm} \cdot 4\text{ cm} = 4^3 \cdot \text{cm}^3 = \mathbf{64\ cm^3}$

$A = b \cdot b = b^2$ mit $b = 15$ m $\Rightarrow$ $\boldsymbol{A} = (15\text{ m})^2 = 15\text{ m} \cdot 15\text{ m} = 15 \cdot 15 \cdot \text{m} \cdot \text{m} = \mathbf{225\ m^2}$

Berechnen von Potenzzahlen mit dem Taschenrechner

Die Rechner haben eine Potenziertaste y^x, mit der Potenzwerte berechnet werden können.

Beispiel: Es ist zu berechnen: a) 7^5

Eingabe	ON/C	7	y^x	5	=
Anzeige	0	7		5	16807

b) $3{,}25^3$

Eingabe	ON/C	3,25	y^x	3	=
Anzeige	0	3.25		3	34.328125

Das Vorzeichen beim Potenzieren

Beispiele: $(+2)^2 = (+2) \cdot (+2) = +4$; $(+2)^3 = (+2) \cdot (+2) \cdot (+2) = +8$; usw.

$(-2)^2 = (-2) \cdot (-2) = +4$; $(-2)^3 = (-2) \cdot (-2) \cdot (-2) = -8$; $(-2)^4 = (-2) \cdot (-2) \cdot (-2) \cdot (-2) = +16$

Merke:
- Ist die Basis positiv, so ist der Potenzwert immer positiv.
- Ist die Basis negativ und der Exponent eine gerade Zahl, so ist der Potenzwert positiv.
- Ist die Basis negativ und der Exponent eine ungerade Zahl, so ist der Potenzwert negativ.

Potenzen mit negativem Exponenten

Eine Potenz mit negativem Exponenten (z. B. a^{-n}) kann auch als Kehrwert der gleichen Potenz mit positivem Exponenten geschrieben werden. Umgekehrt kann eine Potenz mit positivem Exponenten im Zähler eines Bruchs als Potenz mit negativem Exponenten im Nenner des Bruchs gesetzt werden.

$$a^{-n} = \frac{1}{a^n}; \quad \frac{a^x}{b^y} = \frac{b^{-y}}{a^{-x}}$$

Beispiele: $5^{-3} = \frac{1}{5^3} = \frac{1}{125} = 0{,}008$; $\frac{3^{-4}}{4^{-2}} = \frac{4^2}{3^4} = \frac{16}{81} \approx 0{,}1975$; $\frac{1}{\text{min}} = \text{min}^{-1}$;

Mit dem Taschenrechner können auch Potenzen mit negativem Exponenten direkt ausgerechnet werden.

Beispiel: 7^{-5}; *Lösung*:

Eingabe	ON/C	7	y^x	5	+/-	=
Anzeige	0	7		5	-5	0.0000595

Potenzen mit der Basis 10

Sehr große und sehr kleine Zahlen können als Vielfaches der Potenzen der Basis 10 (Zehnerpotenzen) geschrieben werden. Große positive Zahlen werden als Zehnerpotenzen mit positivem Exponenten ausgedrückt.

Beispiele: $100\,000\,000 = 10^8$; $7\,200\,000 = 7{,}2 \cdot 1\,000\,000 = 7{,}2 \cdot 10^6$

Sehr kleine Zahlen sind Zehnerpotenzen mit negativem Exponenten.

Beispiele: $0{,}0085 = 85 \cdot 10^{-4}$; $0{,}0002938 = 2938 \cdot 10^{-7} = 2{,}938 \cdot 10^{-4}$

Wird auf dem Taschenrechner mit sehr großen oder sehr kleinen Zahlen gerechnet und überschreitet das Rechenergebnis den Anzeigebereich des Rechners (Bild 20/1), dann wird das Ergebnis in Zehnerpotenzschreibweise angezeigt. Man spricht vom „Überlauf" der Anzeigekapazität.

Beispiel: 0,000 003 5 · 0,000 583 2

Lösung:

Eingabe	ON/C	0,0000035	×	0,0005832	=
Anzeige	0	0.0000035		0.0005832	2.0412 -09

Das Ergebnis lautet: $2{,}0412 \cdot 10^{-9}$

Potenzzahlen werden nur 5-stellig angezeigt.

Aufgaben

1. Schreiben Sie in Potenzform:
   a) $2l \cdot 4l \cdot 8l$ b) $2a \cdot 3b \cdot 2a \cdot 3b$
   c) 1,5 cm · 2,3 cm · 1,4 cm

2. Berechnen Sie den Potenzwert:
   a) $21^{2,5}$ b) $(-6{,}3)^3$
   c) $\left(\frac{1}{2}\right)^{-7}$ d) $2{,}4^{3,5}$

3. Schreiben Sie als Zehnerpotenz:
   a) 5 000 000 b) 0,0023
   c) 96 485 d) 0,000 082

4. Wandeln Sie in Dezimalzahlen um:
   a) $2{,}785 \cdot 10^5$ b) $6{,}02205 \cdot 10^{23}$
   c) $1{,}6022 \cdot 10^{-19}$

5. Berechnen Sie mit dem Taschenrechner:
   a) 871 938 · 25 734 b) 5398 · 224 · 9419
   c) 0,000 024 8 · 0,000 002 9

Addieren und Subtrahieren von Potenzen

Potenzen können addiert oder subtrahiert werden, wenn sie sowohl dieselbe Basis als auch denselben Exponenten haben.

$$x \cdot a^n + y \cdot a^n = (x + y) \cdot a^n$$

Addiert oder subtrahiert wird, indem die Beizahlen der gleichnamigen Potenzen addiert bzw. subtrahiert werden. Potenzausdrücke zuerst ordnen und dann die gleichnamigen Glieder zusammenfassen.

Beispiele: $9 \cdot 3^4 - 6 \cdot 3^4 + 2 \cdot 3^3 = (9-6) \cdot 3^4 + 2 \cdot 3^3 = 3 \cdot 3^4 + 2 \cdot 3^3$

$5a^3 - 7b^2 - 3a^3 + 12b^2 = 5a^3 - 3a^3 - 7b^2 + 12b^2 = (5-3)\,a^3 + (-7+12)\,b^2 = 2a^3 + 5b^2$

Aufgaben

a) $4r^3 + 12r^2 - 2r^3 + 3r^3 + 3r^2$ b) $12\,\text{m}^2 + 7\,\text{m}^3 - 7\,\text{m}^2 + 5\,\text{m}^3$ c) $6{,}2x^4 + 3{,}4y^2 + 7{,}5x^4 - 3{,}4y^2$

d) $2{,}8\pi r^2 h + \frac{5}{4}\pi r^3 - 1{,}75\pi r^3 + 2{,}2hr^2\pi$ e) $-14{,}3 \cdot 7^3 + 6{,}9 \cdot 11^4 + 1715 \cdot 7^{-3} + 1{,}1 \cdot 11^4 + 8{,}7 \cdot 7^3$

Multiplizieren von Potenzen

Potenzen mit gleicher Basis werden multipliziert, indem die Basis beibehalten und mit der Summe der Exponenten potenziert wird.

$$a^n \cdot a^m = a^{n+m}$$

Beispiele: $2^2 \cdot 2^3 = 2 \cdot 2 \cdot 2 \cdot 2 \cdot 2 = 2^5$ oder $2^2 \cdot 2^3 = 2^{(2+3)} = 2^5$

$10^7 \cdot 10^2 \cdot 10^{-5} = 10^{(7+2-5)} = 10^4 = 10\,000$

$3r^3 \cdot 5r^5 \cdot 2r^{-4} = 3 \cdot 5 \cdot 2 \cdot r^{(3+5-4)} = 30r^4$

Potenzen mit gleichen Exponenten werden multipliziert, indem ihre Basen multipliziert und der Exponent beibehalten wird.

$$a^n \cdot b^n = (a \cdot b)^n$$

Beispiele: $5^3 \cdot 2^3 = (5 \cdot 2)^3 = 10^3 = 1000$

$x^5 \cdot y^5 \cdot z^5 = (x \cdot y \cdot z)^5$; $0{,}25b^3 \cdot 35c^3 = 0{,}25 \cdot 35 \cdot (b \cdot c)^3 = 8{,}75 \cdot (b \cdot c)^3$

$\frac{4}{3}\pi r^3 \cdot 6s^3 = \left(\frac{4}{3}\pi 6\right) \cdot (r \cdot s)^3 = 8\pi(r \cdot s)^3$; $a^{3x} \cdot a^{2x} = a^{3x+2x} = a^{5x}$

Aufgaben

a) $x^5 \cdot x^{-3} \cdot x^2$ b) $0{,}4a^4 \cdot 0{,}5a^5$ c) $2{,}5 \cdot 10^5 \cdot 2{,}5 \cdot 10^{-2}$ d) $(r^3 - 2{,}5r^2) \cdot 2r^2$

e) $d^{0,5x} \cdot d^{7x+3}$ f) $x^{a-n} \cdot x^{a+n}$ g) $(r+s)^2 \cdot (r+s)^3$ h) $(x+y)^a \cdot (x+y)^b$

Dividieren von Potenzen

Potenzen mit gleicher Basis werden dividiert, indem die Basis beibehalten und mit der Differenz der Exponenten potenziert wird.

$$\frac{a^n}{a^m} = a^{n-m}$$

Beispiele: $\frac{2^6}{2^2} = \frac{2 \cdot 2 \cdot 2 \cdot 2 \cdot 2 \cdot 2}{2 \cdot 2} = 2 \cdot 2 \cdot 2 \cdot 2 = 2^4$ oder $\frac{2^6}{2^2} = 2^{6-2} = 2^4$

$\frac{m^5}{m^2} = m^{5-2} = m^3$; $\frac{(x+y)^3}{(x+y)^2} = (x+y)^{3-2} = (x+y)^1 = x + y$

Potenzen mit gleichen Exponenten werden dividiert, indem ihre Basen dividiert und der Exponent beibehalten wird.

$$\frac{a^n}{b^n} = \left(\frac{a}{b}\right)^n$$

Beispiele: $\frac{12^3}{10^3} = \left(\frac{12}{10}\right)^3 = \left(\frac{6}{5}\right)^3 = 1{,}728$; $x^5 : y^5 = \frac{x^5}{y^5} = \left(\frac{x}{y}\right)^5$

$\frac{(6r^2)^3}{(3r)^3} = \left(\frac{6r^2}{3r}\right)^3 = (2r)^3 = 2^3 \cdot r^3 = 8r^3$; $\frac{20a^3 \cdot 3y^4}{6x^4 \cdot 5b^3} = \frac{20 \cdot 3}{6 \cdot 5} \cdot \left(\frac{a}{b}\right)^3 \cdot \left(\frac{y}{x}\right)^4 = 2 \cdot \left(\frac{a}{b}\right)^3 \cdot \left(\frac{y}{x}\right)^4$

Aufgaben

1. $\frac{225^3}{15^3}$ 2. $\frac{780x^5}{39y^5}$ 3. $(xyz)^3 : (yz)^3$ 4. $\frac{2r^3}{3a^2} \cdot \frac{12a^2}{16r^3}$

5. $\frac{54 \cdot 17^4}{13^4 \cdot 378}$ 6. $\frac{n^3}{x^4} : \frac{n^3 \cdot x^4}{a}$ 7. $\left(\frac{1}{1+a}\right)^3 : \left(\frac{1-a}{1+a}\right)^3$ 8. $\frac{7{,}3^2 \cdot x^3 \cdot y^4}{x^2 \cdot y^3 \cdot 3{,}65^2}$

Sonderfälle bei Potenzen

Potenzen mit Basis 1. Beispiele: $1^2 = 1 \cdot 1 = 1$; $1^3 = 1 \cdot 1 \cdot 1 = 1$

$$1^n = 1$$

Merke: Jede Potenz mit der Basis 1 hat immer den Potenzwert 1.

Potenzen mit dem Exponent 0. Beispiel: $\frac{2^3}{2^3} = 2^{3-3} = 2^0 = 1$, da $\frac{2^3}{2^3} = \frac{8}{8} = 1$

$$a^0 = 1$$

Merke: Jede Potenz mit dem Exponent 0 hat den Wert 1.

Beispiele: $10^0 = 1$; $1000^0 = 1$; $x^0 = 1$

Aufgaben: a) 1^{1000} b) 1^{23} c) 15^0 d) $x^3 \cdot y^0 \cdot x^2$ e) $1^x \cdot x^0$ f) $a^1 \cdot a^0 \cdot 1^a$

Potenzieren von Potenzen

Potenzen werden potenziert, indem man die Exponenten multipliziert.

$$(a^m)^n = a^{m \cdot n}$$

Beispiele: $(3^2)^3 = 3^{2 \cdot 3} = 3^6 = 729$; $(r^2)^x = r^{2 \cdot x} = r^{2x}$

Aufgaben: a) $(5^3)^2$ b) $(10^3)^{-2}$ c) $(4^2 \cdot axy^2)^3$ d) $5 \cdot (u^2v^3)^5$ e) $(1^7)^2 \cdot (3^0)^3$

Potenzieren von Summen

Eine Summe oder eine Differenz wird potenziert, indem man die Potenz in ein Produkt umwandelt und ausrechnet.

Beispiele: $(2+5)^2 = 7^2 = 49$ oder $(2+5) \cdot (2+5) = 4 + 10 + 10 + 25 = 49$

Für allgemeine Zahlen:
$(a+b)^2 = (a+b) \cdot (a+b) = a^2 + ab + ab + b^2 = a^2 + 2ab + b^2$
$(a-b)^2 = (a-b) \cdot (a-b) = a^2 - ba - ab + b^2 = a^2 - 2ab + b^2$

Binomische Formeln

$$(a \pm b)^2 = a^2 \pm 2ab + b^2$$

Aufgaben: a) $(23-14)^5$ b) $(5+9)^4$ c) $(1{,}5+x)^2$ d) $(2u-2{,}5v)^2$ e) $(3x-u^2)^2$

Gemischte Aufgaben zu 1.7 Rechnen mit Potenzen

1. a) $\left(\frac{1}{3}\right)^3$ b) $\left(\frac{1}{2}\right)^{-2}$ c) $\frac{1}{32 \cdot 32^{-2}}$ d) $\frac{5x}{3y} \cdot \frac{12y^3}{20x^2}$ e) 5^{-2} f) 10^{-3}

2. a) $10^5 - 10^3$ b) $10^5 \cdot 10^3$ c) $10^5 : 10^3$ d) $10^5 \cdot 10^{-3}$ e) $10^5 : 10^{-3}$

3. a) $(-2)^3 \cdot (-2)^2$ b) $(-5)^{-2} \cdot (-3)^3$ c) $5{,}4 \cdot 10^4 + 2{,}6 \cdot 10^4$ d) $2{,}4 \cdot 10^3 \cdot 1{,}2 \cdot 10^2$

4. a) $\frac{1{,}5 \cdot 3^4}{0{,}75 \cdot 3^3}$ b) $\frac{3{,}2 \cdot 5^5}{4{,}8 \cdot 2^5}$ c) $(7^2)^3 \cdot \left(\frac{1}{7}\right)^3$ d) $(5-2^2)^3 \cdot \frac{(6 \cdot 9)^0}{1^{12}}$

5. a) $\frac{(3r)^x}{r^x}$ b) $39x^4 + 21y^3 - 15x^4 - 12x^3 - 11y^2 + 9y^3$ c) $\frac{3x}{2y} \cdot \frac{10y^5}{9x^{-2}}$

6. a) $10^5 \cdot \left(1 + \frac{7{,}5}{100}\right)^{10}$ b) $\frac{4}{3} \cdot \pi \cdot (5{,}3\,\text{m})^3$ c) $\frac{5a^4 b^3 c}{25a^3 b c^2}$ d) $(x + 2{,}5)^2$

1.8 Rechnen mit Wurzeln

Zur Erinnerung: Bei der Potenzrechnung (z. B. 5^2) ist sowohl die Basis (5) als auch der Exponent (2) bekannt; der Potenzwert (25) ist auszurechnen.

Beispiel Potenzieren:
$5^2 = 5 \cdot 5 = 25$

Beispiel Wurzelziehen:
$x^2 = 25; \quad x = ?$

Schreibweise mit Wurzelzeichen: $\sqrt[2]{25} = ?$

Lösung:
$\sqrt[2]{25} = 5, \quad \text{da } 5^2 = 25$

> Das Wurzelziehen, auch Radizieren genannt, ist die Umkehrung des Potenzierens.

Durch Wurzelziehen soll ermittelt werden, welche Zahl (x) z. B. ins Quadrat (Exponent 2) erhoben werden muss, um den Potenzwert (25) zu erhalten. Als Operatorzeichen für das Wurzelziehen verwendet man das Wurzelzeichen $\sqrt[2]{\ }$, kurz Wurzel genannt.

Beispiele: $\sqrt[2]{16} = ?$; *Lösung:* $\sqrt[2]{16} = 4$, da $4^2 = 16$
$\sqrt[2]{9} = ?$; *Lösung:* $\sqrt[2]{9} = 3$, da $3^2 = 9$

Ein Wurzelausdruck besteht aus dem Wurzelzeichen mit Wurzelexponent und der darunter stehenden Basis. Das Ergebnis ist der Wurzelwert.

Wurzelexponent — Wurzelzeichen
$\sqrt[n]{a} = c$
Basis (Radikant) — Wurzelwert

Einschränkung auf bestimmte Zahlen: Um Probleme beim Rechnen zu vermeiden, sollten die Basis a und der Wurzelwert c positive Zahlen und der Wurzelexponent n eine natürliche Zahl sein.

$a, c \geq 0$
$n \rightarrow$ natürliche Zahl

Verschiedene Wurzelexponenten

Da es bei Potenzen verschiedene Exponenten gibt (2, 3, 4, ...), gibt es auch Wurzeln mit verschiedenen Wurzelexponenten (2, 3, 4, ...).

Beispiel: Quadratwurzel
$\sqrt[2]{36} = \sqrt{36} = 6$
(sprich: Wurzel aus 36 ist 6)

Die einfachste Wurzel hat den Wurzelexponenten 2. Sie heißt Quadratwurzel oder einfach Wurzel. Beim Schreiben wird der Wurzelexponent 2 im Wurzelzeichen meist weggelassen: $\sqrt{\ }$.

Die Wurzel mit dem Wurzelexponenten 3 heißt Kubikwurzel oder 3. Wurzel.

Beispiel: Kubikwurzel
$\sqrt[3]{64} = 4 \quad (\text{da } 4^3 = 64)$
(sprich: Kubikwurzel oder 3. Wurzel aus 64 ist 4)

Ab dem Wurzelexponent 4 wird der Wurzelname nur noch mit dem Wurzelexponent gebildet, also 4. Wurzel ($\sqrt[4]{\ }$), 5. Wurzel ($\sqrt[5]{\ }$) usw.

Beispiel: 4. Wurzel
$\sqrt[4]{16} = 2 \quad (\text{da } 2^4 = 16)$

Außer bei 2 muss der Wurzelexponent immer geschrieben werden.

> Allgemein gilt die Definition: Die n-te Wurzel aus a ist diejenige Zahl c, deren n-te Potenz gleich a ist.

$\sqrt[n]{a} = c; \quad c^n = a$

z. B. $\sqrt[3]{64} = 4; \quad 4^3 = 64$

Da das Wurzelzeichen die Umkehrung des Potenzierens ist, heben sich Radizieren und nachfolgendes Potenzieren mit demselben Exponenten auf.

In umgekehrter Reihenfolge gilt das bei negativen Zahlen nicht immer.

$$\left(\sqrt[n]{a}\right)^n = a$$

Beispiel: $\left(\sqrt[3]{64}\right)^3 = (4)^3 = 64$

Berechnen von Wurzelzahlen

Für die am häufigsten gebrauchte Berechnung von Quadratwurzeln gibt es bei den Taschenrechnern eine Quadratwurzeltaste [√x].

Beispiele: Es sind zu berechnen: a) $\sqrt{529}$; b) $\sqrt{22{,}09}$

Lösung: a)

Eingabe	ON/C	529	√x
Anzeige	0	529	23

Lösung: b)

Eingabe	ON/C	22,09	√x
Anzeige	0	22.09	4.7

Wurzeln mit höheren Wurzelexponenten werden mit den Tasten [INV] [yˣ] berechnet.

Beispiel: $\sqrt[4]{39{,}0625}$ *Lösung:*

Eingabe	ON/C	39,0625	INV	yˣ	4	=
Anzeige	0	39.0625			4	2.5

Aufgaben

a) $\sqrt{2916}$ b) $\sqrt{56{,}5504}$ c) $\sqrt{0{,}04}$ d) $\sqrt[3]{54{,}872}$ e) $\sqrt[7]{62\,748\,517}$ f) $\sqrt[4]{0{,}0625}$

Wurzeln in Potenzschreibweise

Ein Wurzelausdruck kann auch in Potenzschreibweise geschrieben werden. Dem Wurzeloperator entspricht ein Potenzbruch.

Der Zähler des Potenzbruchs ist der Exponent der Basis und sein Nenner ist der Wurzelexponent.

$$\sqrt[n]{a} = \sqrt[n]{a^1} = a^{\frac{1}{n}}$$

Beispiel: $\sqrt[2]{2^4} = \sqrt{16} = 4$

In Potenzschreibweise: $\sqrt[2]{2^4} = 2^{\frac{4}{2}} = 2^2 = 4$

Beispiel: $\sqrt[3]{27} = 3$

Kann auch geschrieben werden:

$\sqrt[3]{27} = \sqrt[3]{3^3} = 3^{\frac{3}{3}} = 3^1 = 3$

Addieren und Subtrahieren von Wurzeln

Es können nur Wurzeln mit gleichen Wurzelexponenten und gleicher Basis (so genannte gleichnamige Wurzeln) addiert oder subtrahiert werden. Man klammert die gleichnamige Wurzel aus und addiert bzw. subtrahiert die Beizahlen (Koeffizienten).

$$x \cdot \sqrt[n]{a} + y \cdot \sqrt[n]{a} = (x+y) \cdot \sqrt[n]{a}$$

Beispiele: $5 \cdot \sqrt[3]{125} + 12 \cdot \sqrt[3]{125} - 14 \cdot \sqrt[3]{125} = (5+12-14) \cdot \sqrt[3]{125} = 3 \cdot \sqrt[3]{125} = 3 \cdot 5 = 15$

$1{,}4 \cdot \sqrt{ax} - 2{,}1 \cdot \sqrt{by} - 0{,}8 \cdot \sqrt{ax} + 1{,}5\sqrt{by} = (1{,}4-0{,}8) \cdot \sqrt{ax} + (-2{,}1+1{,}5)\sqrt{by} = 0{,}6\sqrt{ax} - 0{,}6\sqrt{by}$

Aufgaben: a) $4{,}3 \cdot \sqrt[3]{343} - 3{,}8 \cdot \sqrt[3]{343}$ b) $\sqrt[3]{y} + \sqrt[3]{y}$ c) $\sqrt[3]{a} + \sqrt[3]{b}$ d) $1\frac{1}{3}\sqrt{3} + 2\frac{2}{3}\sqrt{3} - 3\sqrt{3}$

Radizieren von Produkten

Ein Produkt wird radiziert, indem

- entweder der Produktwert radiziert wird
- oder jeder einzelne Faktor des Produkts radiziert wird.

$$\sqrt[n]{a \cdot b \cdot c} = \sqrt[n]{a} \cdot \sqrt[n]{b} \cdot \sqrt[n]{c}$$

Beispiele: $\sqrt{36 \cdot 81} = \sqrt{36} \cdot \sqrt{81} = 6 \cdot 9 = 54$; $\sqrt{49 \cdot x^2 y} = \sqrt{49} \cdot \sqrt{x^2} \cdot \sqrt{y} = 7 \cdot x\sqrt{y} = 7x\sqrt{y}$

$\sqrt[3]{125 \cdot 343 \cdot 27} = \sqrt[3]{125} \cdot \sqrt[3]{343} \cdot \sqrt[3]{27} = 5 \cdot 7 \cdot 3 = 105$; $\sqrt{3} \cdot \sqrt{3} = \sqrt{3 \cdot 3} = \sqrt{3^2} = 3$

Aufgaben: a) $\sqrt{1444 \cdot 729}$ b) $\sqrt{196 \cdot a^2 b^2 c^2}$ c) $\sqrt[3]{1331\, x^3 y^6}$ d) $\sqrt[4]{2401\, u^2 v^4 w^8}$

Radizieren von Quotienten (Brüchen)

Ein Quotient (Bruch) wird radiziert, indem

- entweder der Quotientenwert radiziert wird
- oder Zähler und Nenner getrennt radiziert werden.

$$\sqrt[n]{\frac{a}{b}} = \frac{\sqrt[n]{a}}{\sqrt[n]{b}}$$

Beispiele: $\sqrt{\frac{64}{16}} = \sqrt{4} = 2$ oder $\sqrt{\frac{64}{16}} = \frac{\sqrt{64}}{\sqrt{16}} = \frac{8}{4} = 2$

$\sqrt{\frac{121x^2}{100y^2}} = \frac{\sqrt{121x^2}}{\sqrt{100y^2}} = \frac{11x}{10y}$; $3\sqrt{\frac{1}{9}} = 3 \cdot \frac{\sqrt{1}}{\sqrt{9}} = 3 \cdot \frac{1}{3} = 1$; $\frac{\sqrt[3]{2560}}{\sqrt[3]{5}} = \sqrt[3]{\frac{2560}{5}} = \sqrt[3]{512} = 8$

Radizieren von Potenzen

Eine Potenz wird radiziert, indem man

- die Wurzel aus der Basis zieht und den Wurzelwert mit dem Exponenten der Basis potenziert oder
- die Wurzel in Potenzschreibweise umwandelt.

$$\sqrt[n]{a^x} = \left(\sqrt[n]{a}\right)^x; \quad \sqrt[n]{a^x} = a^{\frac{x}{n}}$$

Beispiel: $\sqrt{9^4} = \sqrt{9} \cdot \sqrt{9} \cdot \sqrt{9} \cdot \sqrt{9} = \left(\sqrt{9}\right)^4 = 3^4 = 81$ oder kürzer $= \left(\sqrt{9}\right)^4 = 3^4 = 81$

oder in Potenzschreibweise: $\sqrt{9^4} = \sqrt[2]{9^4} = 9^{\frac{4}{2}} = 9^2 = 81$

Aufgaben: Berechnen Sie auf verschiedene Weise:

a) $\sqrt{64^2}$ b) $\sqrt{4^4}$ c) $\sqrt[4]{81^6}$ d) $\sqrt[3]{\left(\frac{3}{7}\right)^6}$ e) $\sqrt[2]{\left(\frac{1}{2}\right)^8}$ f) $\sqrt[2]{\frac{16\,b^2\,c^4}{9a^2\,x^2}}$

Radizieren von Summen und Differenzen

Eine Summe oder eine Differenz kann nur radiziert werden, wenn vorher der Summenwert zahlenmäßig ausgerechnet oder zu einem Produkt zusammengefasst wurde.

$$\sqrt[n]{a+b} = \sqrt[n]{(a+b)}$$

Beispiele: $\sqrt{72-36} = \sqrt{36} = 6$; $\sqrt{289-145} = \sqrt{144} = 12$; $\sqrt[3]{81+44} = \sqrt[3]{125} = 5$

$\sqrt{39x^2y^2 + 25x^2y^2} = \sqrt{64x^2y^2} = 8xy$

$\sqrt[4]{92u^4v^8 - 11u^4v^8} = \sqrt[4]{(92-11) \cdot u^4v^8} = \sqrt[4]{81u^4v^8} = 3uv$

Aufgaben: a) $\sqrt{169+272}$ b) $\sqrt[3]{1003-274}$ c) $\sqrt{28{,}34+67{,}25}$ d) $\sqrt{37a^2b^2 + 12a^2b^2}$

Gemischte Aufgaben zu 1.8 Rechnen mit Wurzeln

1. Ziehen Sie die Wurzel der folgenden Ausdrücke:

a) $\sqrt{45796}$ b) $\sqrt{0{,}0065324}$ c) $\sqrt{1432{,}6225}$ d) $\sqrt[3]{39{,}785}$ e) $\sqrt[4]{42{,}424}$ f) $\sqrt{\pi}$

2. Berechnen Sie, nachdem Sie möglichst weit zusammengefasst haben:

a) $2{,}8 \cdot \sqrt{3} + 1{,}9 \cdot \sqrt{5} - 2{,}1 \cdot \sqrt{5} - 1{,}6\sqrt{3}$ b) $\frac{1}{5} \cdot \sqrt[3]{216} + \frac{2}{3} \cdot \sqrt[3]{125} - \frac{1}{2} \cdot \sqrt[3]{64}$ c) $\sqrt{10} \cdot \sqrt{22{,}5}$

d) $(7+4\sqrt{3}) \cdot (7-4\sqrt{3})$ e) $\sqrt{\frac{1}{9}}$ f) $\frac{5}{\sqrt[3]{343}}$ g) $\frac{7x \cdot \sqrt[3]{108}}{\sqrt[3]{4}}$ h) $\sqrt[3]{27^4}$ i) $125^{\frac{2}{3}}$

3. Vereinfachen Sie die Ausdrücke so weit wie möglich:

a) $\sqrt[3]{4a} \cdot \sqrt[3]{3a} \cdot \sqrt[3]{\frac{16}{3}a}$ b) $\sqrt{9r^2a} + r\sqrt{a}$ c) $\sqrt[3]{(2x+3y)^6}$ d) $\sqrt{\left(\frac{3{,}9\text{ m} - 2{,}7\text{ m}}{3}\right)^2 + (0{,}3\text{m})^2}$

1.9 Logarithmieren

Rechenarten bei Potenzausdrücken im Vergleich:

Potenzausdruck

Exponent ↘
Basis ⟶ $a^n = c$ ⟵ Potenzwert

z. B. $10^2 = 100$

Bei der **Potenzrechnung**:	berechnet wird der Potenzwert c:	$c = a^n$	z. B. $100 = 10^2$
Bei der **Wurzelrechnung**:	berechnet wird die Basis a:	$a = \sqrt[n]{c}$	z. B. $10 = \sqrt[2]{100}$
Beim **Logarithmieren**:	berechnet wird der Exponent n:	$n = \log_a b$	z. B. $2 = \log_{10} 100$

Der Logarithmus ist der Exponent (n), mit dem die Basis a potenziert werden muss, um den Numerus c (Potenzwert) zu erhalten. Man schreibt: $n = \log_a c$

Man spricht: n ist Logarithmus von c zur Basis a.

Numerus ↓
$$n = \log_a c$$
↑ Logarithmus ↖ Basis

Beispiele:

$\log_2 8 = 3$	da $2^3 = 8$;	$\log_2 32 = 5$	da $2^5 = 32$
$\log_3 9 = 2$	da $3^2 = 9$;	$\log_3 27 = 3$	da $3^3 = 27$
$\log_5 25 = 2$	da $5^2 = 25$;	$\log_5 125 = 3$	da $5^3 = 125$
$\log_{10} 10 = 1$	da $10^1 = 10$;	$\log_{10} 100 = 2$	da $10^2 = 100$
$\log_{10} 1000 = 3$	da $10^3 = 1000$	$\log_{10} 10\,000 = 4$	da $10^4 = 10\,000$
$\log_{10} 0{,}1 = -1$	da $10^{-1} = \frac{1}{10^1} = 0{,}1$	$\log_{10} 0{,}01 = -2$	da $10^{-2} = \frac{1}{10^{-2}} = 0{,}01$

Schlussfolgerung: Je nach Basis gibt es verschiedene Logarithmensysteme.

Logarithmensysteme

Das Logarithmensystem mit der Basis 10 ist rechnerisch am einfachsten zu handhaben und deshalb das in der Technik und der Berufswelt übliche Logarithmensystem.

Logarithmen der Basis 10 werden **dekadische Logarithmen** oder **Brigg'sche Logarithmen** genannt. Man schreibt sie entweder $\log_{10}$ oder vereinfachend nur **lg**. Auf der Rechnertastatur: [log].

In den Naturwissenschaften wird außerdem ein Logarithmensystem mit der Basis e (e = 2,71828...) angewandt: der so genannte **natürliche Logarithmus ln**. Rechnertaste [ln x].

Die Logarithmen der beiden Systeme können ineinander umgerechnet werden:

$$\lg x = 0{,}4342945 \cdot \ln x$$

1.9.1 Berechnen dekadischer Logarithmen

Die dekadischen Logarithmen der dekadischen Zahlen (1, 10, 100, 1000, ...) lassen sich leicht bestimmen, da diese Zahlen in ganzzahligen Zehnerpotenzen ausgedrückt werden können.

z. B.
$\lg 10 = 1$, da $10^1 = 10$
$\lg 100 = 2$, da $10^2 = 100$
$\lg 1 = 0$, da $10^0 = 1$
$\lg 0{,}1 = -1$, da $10^{-1} = \frac{1}{10} = 0{,}1$
$\lg 0{,}01 = -2$, da $10^{-2} = \frac{1}{100} = 0{,}01$

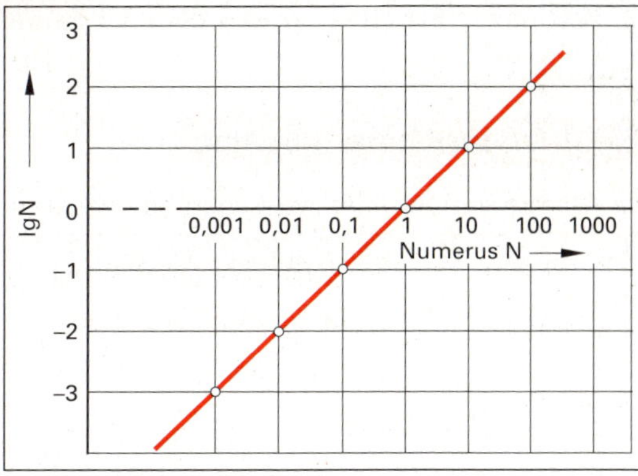

Bild 27/1: Numerus und Logarithmus

Trägt man die Zehnerpotenzen in einem Diagramm im gleichen Abstand auf der x-Achse auf, so liegen deren Logarithmen auf einer Geraden **(Bild 27/1)**.

Der Logarithmus von 1 bis 10 liegt zwischen 0 und 1. Strebt der Numerus → 0, so strebt der Logarithmus → – ∞. Der Logarithmus negativer Numeri ist nicht definiert.

Berechnen von Logarithmen mit dem Taschenrechner

In der Praxis werden die Logarithmen mit dem Taschenrechner berechnet. Er besitzt dazu eine Logarithmentaste [log]. Die zu logarithmierende Zahl wird eingegeben und dann die [log]-Taste gedrückt. Im Display erscheint der Logarithmus.

Beispiele:

lg 250				
Eingabe	[ON/C]	250	[log]
Anzeige	0	250	2.39794

lg 25			
Eingabe	[ON/C]	25	[log]
Anzeige	0	25	1.39794

lg 2,5			
Eingabe	[ON/C]	2,5	[log]
Anzeige	0	2.5	0.39794

lg 0,25			
Eingabe	[ON/C]	0,25	[log]
Anzeige	0	0.25	-0.60206

lg 0,025			
Eingabe	[ON/C]	0,025	[log]
Anzeige	0	0.025	- 1.60206

Zusammenfassung:

lg 250 = 2,39794

lg 25 = 1,39794

lg 2,5 = 0,39794

lg 0,25 = −0,60206 = 0,39794 − 1

lg 0,025 = −1,60206 = 0,39794 − 2

Folgerungen:

1. Die Zahl vor dem Komma (die Kennzahl) gibt die um 1 verminderte Ziffernzahl des Numerus an.
2. Bei einem Numerus kleiner 1 ist die nachgestellte negative Zahl gleich der Anzahl der Nullen vor der ersten Ziffer.
3. Für die gleiche Ziffernfolge des Numerus ist die Ziffernfolge des Logarithmus nach dem Komma immer gleich.

Berechnen des Numerus

Aus einem Logarithmuswert kann auch der Numerus zurückberechnet werden. Dazu benutzt man die Taschenrechner-Tasten [INV] [log].

Beispiel: lg $x = 2{,}5 \Rightarrow x = ?$

Eingabe	[ON/C]	2,5	[INV] [log]
Anzeige	0	2.5	316.22777

Aufgaben

1. Bestimmen Sie den Logarithmus folgender Zahlen
   a) 2320 b) 0,873 c) 11,3 d) 0,990 e) 0,01 f) 0,5352 g) 120 000
2. Bestimmen Sie den Numerus der Logarithmenwerte: a) 0,752 b) 1,369 c) 10,25

1.9.2 Logarithmengesetze

Die Gesetze zum Rechnen mit Logarithmenausdrücken ergeben sich aus den Potenzgesetzen (Seite 22).

Rechenart	Regel	Beispiele
Multiplizieren	$\lg (a \cdot b) = \lg a + \lg b$	$\lg (210 \cdot 38) = \lg 7980 = 3{,}9020029$ oder $\lg (210 \cdot 38) = \lg 210 + \lg 38 = 2{,}3222193 + 1{,}5797836$ $= 3{,}9020029$
Dividieren	$\lg \frac{a}{b} = \lg a - \lg b$	$\lg \frac{851}{23} = \lg 37 = 1{,}5682017$ oder $\lg \frac{851}{23} = \lg 851 - \lg 23 = 2{,}9299296 - 1{,}3617278$ $= 1{,}5682018$ (Abweichung bei der letzten Ziffer wegen rechnerinterner Rundung)

Rechenart	Regel	Beispiele
Potenzieren	$\lg a^n = n \cdot \lg a$	$\lg 12^{3,5} = \lg 5985{,}9676 = 3{,}7771344$ oder $\lg 12^{3,5} = 3{,}5 \cdot \lg 12 = 3{,}5 \cdot 1{,}0791812 = 3{,}7771344$
Radizieren	$\lg \sqrt[n]{a} = \frac{1}{n} \cdot \lg a$	$\lg \sqrt[3]{778{,}688} = \lg 9{,}2 = 0{,}963787$ oder $\lg \sqrt[3]{778{,}688} = \frac{1}{3} \cdot \lg 778{,}688 = \frac{1}{3} \cdot 2{,}8913635$ $= 0{,}9637878$

Aufgabe: Bestätigen Sie die Logarithmengesetze, indem Sie folgende Ausdrücke nach den beiden Schreibweisen des entsprechenden Logarithmusgesetzes berechnen.

a) $\lg (147 \cdot 717 \cdot 873)$ b) $\lg \dfrac{4{,}38 \cdot 2{,}19}{871 \cdot 2{,}52}$ c) $\lg (0{,}97^7 \cdot 2{,}82^{3,5})$ d) $\lg \sqrt[7]{920\,000}$

1.9.3 Logarithmen bei der pH-Wert-Berechnung

Der pH-Wert ist definiert als der negative dekadische Logarithmus des Zahlenwertes der Hydroniumionen-Konzentration $c(H_3O^+)$ in mol/L (Seite 193).

$$pH = -\lg c(H_3O^+)$$

pH-Wert-Berechnung aus der Hydroniumionen-Konzentration

Beispiele:

$c(H_3O^+) = 0{,}2$ mol/L $\rightarrow \lg c(H_3O^+) = \lg 0{,}2 = -0{,}69897$ $\rightarrow pH \approx 0{,}70$

$c(H_3O^+) = 7{,}3 \cdot 10^{-3}$ mol/L $\rightarrow \lg c(H_3O^+) = \lg (7{,}3 \cdot 10^{-3}) = -2{,}1367$* $\rightarrow pH \approx 2{,}14$

$c(H_3O^+) = 10^{-7}$ mol/L $\rightarrow \lg c(H_3O^+) = \lg 10^{-7} = -7$ $\rightarrow pH = 7$

$c(H_3O^+) = 5{,}2 \cdot 10^{-12}$ mol/L $\rightarrow \lg c(H_3O^+) = \lg (5{,}2 \cdot 10^{-12}) = \lg 5{,}2 + \lg 10^{-12}$
$= 0{,}7160033 + (-12) = -11{,}283997$ $\rightarrow pH \approx 11{,}3$

* Den Logarithmus einer Zehnerpotenzzahl bestimmt man mit der EE- und der log-Taste.

Beispiel: $\lg (7{,}3 \cdot 10^{-3})$

Eingabe	ON/C	7,3	EE	3	+/–	log
Anzeige	0	7.3	7.3 00	7.3 03	7.3 -03	-2.136700

Berechnung der Hydroniumionen-Konzentration aus dem pH-Wert

Umgekehrt kann aus dem pH-Wert die Hydroniumionen-Konzentration $c(H_3O^+)$ berechnet werden:

$$-pH = \lg c(H_3O^+) \rightarrow c(H_3O^+) = 10^{-pH}$$

Beispiel: pH = 5,6
$\rightarrow c(H_3O^+) = 10^{-5,6}$ mol/L

Eingabe	ON/C	10	y^x	5,6	+/–	=
Anzeige	0	10		5.6	-5.6	0.0000025

Ergebnis: $\mathbf{c(H_3O^+)} = 0{,}0000025$ mol/L $=$ **$2{,}5 \cdot 10^{-6}$ mol/L**

Aufgaben: Berechnen Sie aus der Hydroniumionen-Konzentration $c(H_3O^+)$ den pH-Wert bzw. aus dem pH-Wert die Hydroniumionen-Konzentration $c(H_3O^+)$.

a) $c(H_3O^+) = 0{,}04$ mol/L b) $c(H_3O^+) = 8{,}5 \cdot 10^{-12}$ mol/L c) $c(H_3O^+) = 6{,}83 \cdot 10^{-5}$ mol/L
d) pH = 2,67 e) pH = 7,51 f) pH = 3,7 g) pH = 10,2 h) pH = 0,94

1.10 Umstellen von Gleichungen

1.10.1 Bestimmungsgleichungen

Bestimmungsgleichungen sind Gleichungen mit einer gesuchten Größe (x, y, z usw.).

Beispiele für Bestimmungsgleichungen: $x + 3 = 5$ oder $2y - 8 = -4$ oder $5z = 10$

Zur Bestimmung der gesuchten Größe wird die Bestimmungsgleichung so umgestellt, dass die gesuchte Größe mit positivem Vorzeichen allein auf der linken Seite der Gleichung steht.

Je nach Gleichungsform kommen verschiedene Umformregeln zur Anwendung:

Gleichungen mit Summanden

Beispiele:

$$x + 3 = 5$$
$$x = 5 - 3$$
$$\mathbf{x = 2}$$

$$-x - 5 = 2$$
$$-x = 2 + 5$$
$$-x = 7 \quad |\cdot(-1)$$
$$\mathbf{x = -7}$$

Gleichungen mit Faktoren und Divisoren

Beispiele:

$$5z = 10$$
$$z = \frac{10}{5}$$
$$\mathbf{z = 2}$$

$$\frac{x}{3} = 12$$
$$x = 12 \cdot 3$$
$$\mathbf{x = 36}$$

Gemischte Gleichungen

Beispiele:

$$2y - 8 = -4$$
$$2y = -4 + 8$$
$$2y = +4$$
$$y = \frac{4}{2}$$
$$\mathbf{y = 2}$$

$$-\frac{x}{2} - 7 = 5$$
$$-\frac{x}{2} = 5 + 7$$
$$-\frac{x}{2} = 12$$
$$-x = 12 \cdot 2$$
$$-x = 24 \quad |\cdot(-1)$$
$$\mathbf{x = -24}$$

Gleichungen mit Potenzen oder Wurzeln

Beispiele:

$$x^2 = 9$$
$$x = \sqrt[2]{9}$$
$$\mathbf{x = 3}$$

$$\sqrt[2]{x} = 4$$
$$x = 4^3$$
$$\mathbf{x = 3}$$

$$2x^2 + 7 = 39$$
$$2x^2 = 39 - 7$$
$$2x^2 = 32$$
$$x^2 = \frac{32}{2}$$
$$x^2 = 16$$
$$x = \sqrt[2]{16}$$
$$\mathbf{x_1 = +4}$$
$$\mathbf{x_2 = -4}$$

$$\frac{x^3}{5} - 35 = -10$$
$$\frac{x^3}{5} = -10 + 35$$
$$\frac{x^3}{5} = 25$$
$$x^3 = 25 \cdot 5$$
$$x^3 = 125$$
$$x = \sqrt[3]{125}$$
$$\mathbf{x = 5}$$

Umformregeln

Wird ein Summand oder ein Subtrahend auf die andere Seite der Gleichung gebracht, so wird sein Vorzeichen umgekehrt.

Wird ein Faktor auf die andere Seite der Gleichung gebracht, so wird er dort in den Nenner gestellt.
Er wird zum Divisor.

Wird ein Divisor auf die andere Seite der Gleichung gestellt, so wird er dort in den Zähler gestellt.
Er wird zum Faktor.

Bei einer Bestimmungsgleichung mit Summanden bzw. Subtrahenden sowie Faktoren bzw. Divisoren wird zuerst der Summand oder Subtrahend auf die andere Seite der Gleichung gestellt.
Dann wird der Faktor bzw. der Divisor auf die andere Gleichungsseite gebracht.

Eine potenzierte Variable wird freigestellt, indem die andere Seite der Gleichung entsprechend radiziert wird.
Eine unter der Wurzel stehende Variable wird freigestellt, indem die andere Seite der Gleichung entsprechend potenziert wird.

Bei einer Bestimmungsgleichung mit Summanden, Subtrahenden, Faktoren, Divisoren, Potenzen und Wurzeln werden zuerst der Summand bzw. Subtrahend und dann die Faktoren und Divisoren auf die andere Seite der Gleichung gebracht.
Abschließend wird die potenzierte bzw. unter der Wurzel stehende Variable durch die umgekehrte Rechenart freigestellt.

Bringt man eine Größe einer Bestimmungsgleichung von der einen Seite auf die andere Seite der Gleichung, so erhält sie dort den umgekehrten Rechenbefehl.

Beispiele:

a) $\frac{x-42}{5} = 20$
$x - 42 = 20 \cdot 5$
$x = 100 + 42$
$\mathbf{x = 142}$

b) $\frac{5}{2x} + 3 = \frac{4}{x}$
$\frac{5}{2x} - \frac{4}{x} = -3$
$\frac{5-8}{2x} = -3$
$\frac{-3}{2x} = -3$
$-3 = -3 \cdot 2x$
$-3 = -6x$
$\mathbf{x = 0{,}5}$

Aufgaben: Lösen Sie die folgenden Bestimmungsgleichungen nach der Variablen auf:

1) $8{,}5x + 4{,}75 = 9$ 2) $\frac{3x}{7} = 12$ 3) $\frac{7}{x} = \frac{112}{8}$ 4) $\frac{23-x}{12} = 2$ 5) $\frac{x-2}{3} = \frac{x}{5}$

6) $\frac{15x}{6} + 2{,}2 = -7{,}8$ 7) $4x^2 - 69 = 31$ 8) $\sqrt{3x-2} = \sqrt{8x}$ 9) $(x+5)^2 = 8{,}1$

1.10.2 Größengleichungen

In der Chemie, der Physik und der Technik werden gesetzmäßige Zusammenhänge zwischen Größen mit **Größengleichungen**, einfach auch **Gleichungen** oder **Formeln** genannt, beschrieben.

Beispiel: Die Fläche eines Rechtecks A wird mit der Größengleichung $A = a \cdot b$ beschrieben.

Eine Größengleichung enthält mehrere Variablen. Sie kann nach jeder Variablen aufgelöst werden. Dazu wird die Größengleichung so umgeformt, dass die gesuchte Variable auf der linken Seite der Gleichung alleine und mit positivem Vorzeichen steht. Für die Umformung von Größengleichungen gelten die gleichen Regeln wie bei den Bestimmungsgleichungen (Seite 30).

Ist z. B. bei der Größengleichung $A = a \cdot b$ die Kantenlänge a gesucht, so formt man die Gleichung nach a um: $A = a \cdot b \quad \Rightarrow \quad a = \frac{A}{b}$

In die umgestellte Größengleichung werden die Größen mit Zahlenwert und Einheit eingesetzt und ausgerechnet, z. B. mit $A = 31{,}28\ \text{cm}^2$ und $b = 6{,}8\ \text{cm}$ folgt $a = \frac{31{,}28\ \text{cm}^2}{6{,}8\ \text{cm}} = 4{,}6\ \text{cm}$

Beispiele:

a) Kreisfläche

$A = \frac{\pi \cdot d^2}{4}$

gesucht ist d

$d^2 = \frac{A \cdot 4}{\pi}$

$d = \sqrt{\frac{4 \cdot A}{\pi}} = 2\sqrt{\frac{A}{\pi}}$

b) Wärmeenergie

$Q = c \cdot m \cdot \Delta\vartheta$

gesucht ist c

$\frac{Q}{m \cdot \Delta\vartheta} = c$

$c = \frac{Q}{m \cdot \Delta\vartheta}$

c) Allgemeine Gasgleichung

$p \cdot V = \frac{m}{M} \cdot R$

gesucht ist T

$\frac{p \cdot V \cdot M}{R \cdot m} = T$

$T = \frac{p \cdot V \cdot M}{R \cdot m}$

d) Mischungsgleichung (für Lösungen)

$m_1 \cdot w_1 + m_2 \cdot w_2 = m_M \cdot w_M$

gesucht ist m_2

$m_2 \cdot w_2 = m_M \cdot w_M - m_1 \cdot w_1$

$m_2 = \frac{m_M \cdot w_M - m_1 \cdot w_1}{w_2}$

e) Gesamtwiderstand zweier paralleler Widerstände

$\frac{1}{R_{ges}} = \frac{1}{R_1} + \frac{1}{R_2}$

gesucht ist R_1

$\frac{1}{R_1} = \frac{1}{R_{ges}} - \frac{1}{R_2}$

$R_1 = \frac{1}{\frac{1}{R_{ges}} - \frac{1}{R_2}}$

f) Wärmedurchgangszahl

$k = \frac{1}{\frac{1}{\alpha_1} + \frac{s}{\lambda} + \frac{1}{\alpha_2}}$

gesucht ist α_1

$\frac{1}{k} = \frac{1}{\alpha_1} + \frac{s}{\lambda} + \frac{1}{\alpha_2}$

$\frac{1}{\alpha_1} = \frac{1}{k} - \frac{s}{\lambda} - \frac{1}{\alpha_2}$

$\alpha_1 = \frac{1}{\frac{1}{k} - \frac{s}{\lambda} - \frac{1}{\alpha_2}}$

Aufgaben: Lösen Sie obige Gleichungen nach folgender Variablen auf:

1. Beispiel b) nach $\Delta\vartheta$ 2. Beispiel c) nach M 3. Beispiel e) nach R_2
4. Beispiel d) nach w_M 5. Beispiel f) nach α_2 6. Beispiel f) nach λ

1.11 Berechnungen mit dem Dreisatz

Zahlreiche Berechnungen aus der Anlagen- und Laborpraxis können durch **Dreisatz** bzw. **Schlussrechnung** gelöst werden. Hier sind insbesondere die stöchiometrischen Berechnungen (Kapitel 4), Berechnungen mit Lösungen (Kapitel 5) und analytische Berechnungen (Kapitel 6) zu nennen. Allerdings sollte auch bei diesen Berechnungen die Schlussrechnung das *Rechnen mit Größengleichung* nicht prinzipiell ersetzen. Wesentliches Merkmal aller chemischen und physikalischen Berechnungen ist das Verständnis für die auftretenden Größen, Abhängigkeiten zwischen den Größen sowie die Berücksichtigung der entsprechenden Einheiten.

Direkter Dreisatz

Der direkte Dreisatz bzw. die Schlussrechnung stellt die Beziehung zwischen zwei direkt proportionalen Größen her **(Bild 32/1)**. Das festgelegte Denkschema zur Berechnung wird an einem Beispiel beschrieben.

Beispiel 1: Durch Verbrennen von 32,0 g Schwefel S entstehen 22,4 L Schwefeldioxidgas SO_2. Wie viel Liter SO_2 entstehen bei der Verbrennung von 150 g Schwefel?

Lösung:

1. Satz: aus 32,0 g S entstehen 22,4 L SO_2

2. Satz: aus 1 g S entstehen $\frac{22,4}{32,0}$ L SO_2

3. Satz: aus 150 g S entstehen $\frac{22,4 \cdot 150}{32,0}$ L = **105 L SO_2**

Es entstehen 105 L SO_2 oder: ***V*(SO_2) = 105 L**

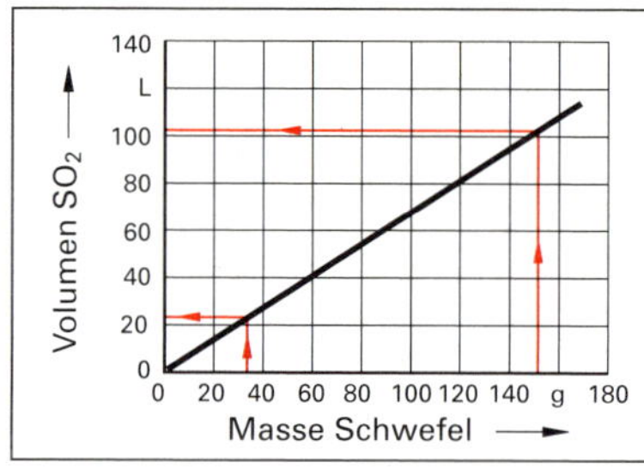

Bild 32/1: Abhängigkeit SO_2-Volumen zur verbrauchten Schwefelmasse

Im Schema des Dreisatzes wird im 2. Satz auf die *Einheit* geschlossen, im 3. Satz auf die gesuchte *Mehrheit* der Einheit. Dabei müssen die zusammengehörenden Größen jeweils auf der gleichen Seite des Satzes untereinander angeordnet werden, bei den Einheitenzeichen ist auf gleiche Dimension zu achten. Beim *direkten Dreisatz* **(Beispiel 1)** führt das Vergrößern ↑ (Verkleinern ↓) der Ausgangsgröße I (Schwefel S) zu einer Vergrößerung ↑ (Verkleinerung ↓) der Ausgangsgröße II (Schwefeldioxidgas SO_2).

Das Ergebnis eines Dreisatzes muss mit der entsprechenden Einheit versehen sein und es sollte die gesuchte Größe enthalten. Im 3. Satz des Dreisatzes kann anstelle des Quotienten die gesuchte Größe als Variable (Platzhalter, z.B. *x*, *y* usw.) eingesetzt werden. Der Quotient wird anschließend ausgerechnet.

Beispiel 2: 100 g Wasser von 20 °C lösen 36 g Natriumchlorid NaCl. Wie viel Gramm NaCl können bei gleicher Temperatur in 150 g Wasser gelöst werden **(Bild 32/2)**?

Lösung:

1. Satz: 100 g Wasser lösen 36 g NaCl

2. Satz: 1 g Wasser löst $\frac{36}{100}$ g NaCl

3. Satz: 150 g Wasser lösen *x* g NaCl

$\boldsymbol{x} = \frac{36 \cdot 150}{100}$ g = **54 g NaCl** oder: ***m*(NaCl) = 54 g**

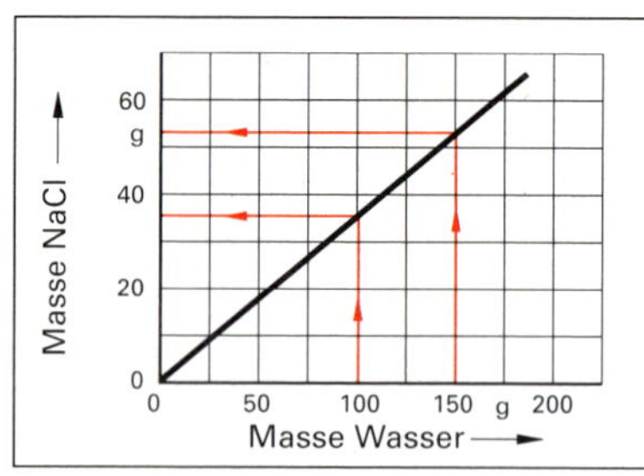

Bild 32/2: Gelöste NaCl-Masse in Masse Wasser

Aufgaben

1. Beim Glühen von 100 g Calciumcarbonat $CaCO_3$ entstehen 44 g Kohlenstoffdioxid CO_2. Welche Masse an $CaCO_3$ muss geglüht werden, wenn 800 kg CO_2 hergestellt werden sollen?
2. 7,55 g Rohkohle werden nach der Trocknung mit 6,24 g ausgewogen. Wie viel Tonnen Feuchtigkeit enthält ein Kohletransport mit 785 t Rohkohle?
3. In 80 g Ammoniumnitrat NH_4NO_3 sind 28 g Stickstoff N chemisch gebunden. Berechnen Sie die Masse an Stickstoff in 2,5 t Ammoniumnitrat.

Indirekter Dreisatz

Beim *umgekehrten (indirekten)* Dreisatz sind die beiden verbundenen Größen umgekehrt proportional **(Bild 33/1)**. Durch Vergrößern ↑ (Verkleinern ↓) der einen Größe verkleinert ↓ (vergrößert ↑) sich der Wert der zweiten Größe. Das Lösungsschema ist entsprechend wie beim direkten Dreisatz.

Beispiel 3: Zwei parallel geschaltete Kreiselpumpen füllen einen Säuretank in 6 Minuten. Welche Füllzeit ist erforderlich, wenn die Befüllung mit drei parallel arbeitenden Pumpen gleicher Leistung erfolgt?

Lösung:

1. Satz: 2 Pumpen benötigen 6 min
2. Satz: 1 Pumpe benötigt 6 min · 2
3. Satz: 3 Pumpen benötigen x min

$x = \frac{6 \cdot 2}{3}$ min = **4 min** oder: ***t*** **(3 Pumpen) = 4 min**

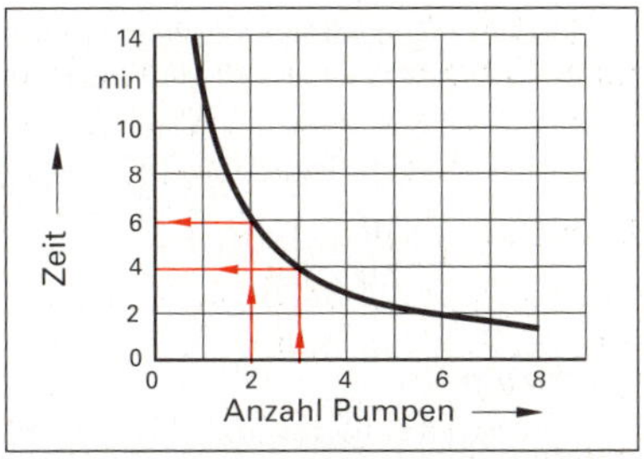

Bild 33/1: Abhängigkeit der Pumpzeit zur Anzahl eingesetzter Pumpen

Bei praktischen Berechnungen wird häufig auf den 2. Satz des Dreisatzes, den Schluss auf die *Einheit*, verzichtet. Man spricht vom *abgekürzten* Dreisatz oder auch von der **Schlussrechnung**.

Beispiel 4: Das Volumen einer Gasportion beträgt bei 2,5 bar 10 m^3. Wie groß ist das Volumen bei 7,5 bar unter gleicher Temperatur?

Lösung: Überlegung: Mit steigendem Druck wird das Volumen kleiner, deshalb *indirekter* Dreisatz.

1. Satz: bei 2,5 bar ist das Volumen 10 m^3
2. Satz: bei 7,5 bar ist das Volumen x m^3

bei 1 bar ist das Volumen 2,5 · 10 m^3
(**nicht** formulierter Gedankengang)

$x = \frac{2{,}5 \text{ bar} \cdot 10 \text{ m}^3}{7{,}5 \text{ bar}} = 3{,}3333 \text{ m}^3$ **Das Volumen beträgt 3,3 m^3 oder: $V \approx 3{,}3$ m^3**

Aufgabe

Ein Rührkessel hat ein Füllvolumen von 32,0 m^3 Reaktionsgut. Die monatliche Produktion erfordert 70 Chargen (Ansätze). Wie viele Chargen sind nötig, wenn der 32-m^3-Kessel durch einen neuen Kessel mit 40,0 m^3 Füllvolumen ersetzt wird?

1.12 Berechnungen mit Proportionen

Das Verhältnis zweier Zahlen (auch Quotient bezeichnet) wird durch einen Bruch oder durch ein Divisionszeichen angegeben,

z.B. $\frac{2}{5}$ oder 2 : 5 (gesprochen: 2 zu 5)

Der Wert eines Verhältnisses ändert sich nicht, wenn seine Zähler und Nenner bzw. Dividend und Divisor mit derselben Zahl multipliziert oder durch dieselbe Zahl dividiert werden,

z.B. $\frac{2}{5} = \frac{2 \cdot 3}{5 \cdot 3} = \frac{6}{15} = \frac{2:10}{5:10} = \frac{0{,}2}{0{,}5}$ oder 2 : 5 = 6 : 15 = 0,2 : 0,5

Zwei Verhältnisse mit dem gleichen Wert können gleichgesetzt werden. Es wird eine **Verhältnisgleichung** oder eine **Proportion** erhalten. Man liest: 2 zu 5 verhält sich wie 6 zu 15.

In der mit allgemeinen Größen formulierten Proportion $a : b = c : d$ werden a und d als *Außenglieder*, b und c als *Innenglieder* bezeichnet.

Außenglieder
$a : b = c : d$
Innenglieder

Nach der *Produktenregel* ist das Produkt der Innenglieder einer Proportion gleich dem Produkt der Außenglieder.

Für das Beispiel gilt: 2 · 15 = 5 · 6 = 30

Ist eine der Größen in einer Proportion unbekannt (= x), so kann die Proportion nach dieser unbekannten Größe umgestellt und diese berechnet werden.

Beispiel: $\frac{2}{5} = \frac{x}{15} \Rightarrow x = \frac{2 \cdot 15}{5} = 6$

Wie auch beim Dreisatz ist bei Berechnungen über Proportionen zu prüfen, ob die *vorhandene* und die *resultierende* Größe in *direkt* proportionaler oder *indirekt* proportionaler Abhängigkeit zueinander stehen.

Beispiel: Bei der Verbrennung von 12 g Kohlenstoff C entstehen 44 g Kohlenstoffdioxid CO_2. Welche Masse an CO_2 entsteht bei der Verbrennung von 78 g Kohlenstoff?

Lösung: Die Massen des vorhandenen Stoffes (C) und des entstehenden Stoffes (CO_2) verhalten sich *direkt* proportional (direkte Proportion), d.h., bei der Vermehrung des Ausgangsstoffes C wird auch der Endstoff CO_2 im gleichen Verhältnis zunehmen.

Es müssen sich also 12 g C zu 78 g C verhalten wie 44 g CO_2 zum gesuchten Wert x g CO_2.

$$\frac{12\text{ g}}{78\text{ g}} = \frac{44\text{ g}}{x} \quad \Rightarrow \quad x = \frac{44\text{ g} \cdot 78\text{ g}}{12\text{ g}} = \mathbf{286\text{ g}} \qquad m(CO_2) = \mathbf{286\text{ g}}$$

Aufgaben

1. In 286,1 g Kristallsoda $Na_2CO_3 \cdot 10\,H_2O$ sind 180 g Wasser H_2O als Kristallwasser gebunden. Wie viel Kilogramm Kristallsoda binden 500 kg Kristallwasser?
2. In 20 g Rohbauxit wurden auf Grund einer Bestimmung des Glühverlustes 480 mg Feuchtigkeit ermittelt. Berechnen Sie die Masse an Feuchtigkeit in 75 t Rohbauxit.

1.13 Rechnen mit Anteilen

Anteile sind Teile der Zahl 1, sie haben keine Einheit. Ihre Zahlenwerte liegen zwischen 0 und 1, die Summe aller Anteile der betreffenden Größe ergibt 1.

Anteile können auf Stoffportionen (Masse, Volumen, Stoffmenge, Teilchenzahl) oder andere physikalische Größen angewendet werden.

Häufig benötigt wird der **Massenanteil *w*** bei der Zusammensetzung chemischer Verbindungen (Kapitel 4.5.2) und von Mischphasen (Kapitel 5: Rechnen mit Lösungen).

Bei Gasgemischen ist der **Volumenanteil** φ (griechisch phi) eine wichtige Gehaltsgröße.

Die Berechnung von Anteilen kann durch Schlussrechnung, Aufstellen einer Proportion oder durch Größengleichungen erfolgen.

Bei geringen Anteilen können die Zahlenwerte auch mit höheren Faktoren multipliziert und mit einem Kennzeichen versehen werden. **Tabelle 34/1** verdeutlicht die Größenordnungen der gebräuchlichen Anteile. (Zur Veranschaulichung der Dimensionen siehe auch **Tabelle 144/1**.)

Tabelle 34/1: Größenangaben für Anteile				Beispiele	
Anteil – Größen	**bedeutet**	**Zeichen**	**Faktor**	**Masse 1 kg**	**Volumen 1 m³**
1 Prozent	hundertster Teil	%	10^{-2}	10 g	10 L
1 Promille	tausendster Teil	‰	10^{-3}	1 g	1 L
1 ppm (part per million)	millionster Teil	ppm	10^{-6}	0,001 g = 1 mg	0,001 L = 1 mL
1 ppb (part per billion, b für engl. Milliarde)	milliardster Teil	ppb	10^{-9}	0,001 mg = 1 µg	0,001 mL = 1 µL
1 ppt (part per trillion, t für engl. Billion)	billionster Teil	ppt	10^{-12}	0,001 µg = 1 ng	0,001 µL = 1 µL/L
1 ppq (part per quadrillion, q für engl. Billiarde)	billiardster Teil	ppq	10^{-15}	0,001 ng = 1 pg	0,001 nL = 1 µL/mL

Beispiel 1: Wie viel sind 5 % von 450?

Lösung:

a) Mit Hilfe des Faktors 10^{-2}:

$x = 5 \cdot 450 \cdot 10^{-2} = \mathbf{22{,}5}$

b) Durch Schlussrechnung:

100 % sind 450

5 % sind $\frac{450 \cdot 5\%}{100\%} = \mathbf{22{,}5}$

c) Durch Proportion:

$\frac{100}{5} = \frac{450}{x}$

$x = \frac{450 \cdot 5}{100} = \mathbf{22{,}5}$

Beispiel 2: Der Massenanteil von Natronlauge ($w(NaOH) = 0{,}0025$) ist in % und in ‰ anzugeben.

Lösung: $\mathbf{w(NaOH)} = 0{,}0025 \cdot 10^2 = \mathbf{0{,}25\,\%}$ $\mathbf{w(NaOH)} = 0{,}0025 \cdot 10^3 = \mathbf{2{,}5\,‰}$

Beispiel 3: Der MAK-Wert (**M**aximale **A**rbeitsplatz**k**onzentration gesundheitsgefährdender Stoffe) von Chlor ($\varphi(Cl_2) = 0{,}5$ ppm) ist als Dezimalbruch anzugeben.

Lösung: $\varphi\,\mathbf{(Cl_2)} = 0{,}5 \text{ ppm} = 0{,}5 \cdot 10^{-6} = \mathbf{0{,}000\,000\,5}$

Aufgaben

1. Geben Sie die folgenden Anteile jeweils in Prozent und Promille an.
   a) 0,234 b) 0,0029 c) 0,00073 d) 0,923 e) 0,000017 f) 0,0035 g) 0,000075
2. Wandeln Sie folgende Anteile in ppm um:
   a) 0,00062 b) 0,007 c) 0,0153 d) 0,0000035 e) 0,0000453 f) 0,0165 g) 0,25
3. Rechnen Sie die genannten Anteile in Dezimalzahlen um:
   a) 2,5‰ b) 1,75% c) 71,5 ppm d) 2400 ppm e) 375 ppb f) 425 ppm g) 1,5 ppt
4. 28,52 g Quarzsand werden geglüht. Nach dem Abkühlen wird eine Auswaage von 26,03 g erhalten. Welcher Masseverlust in Prozent ist eingetreten?

Gemischte Aufgaben zu 1 Mathematische Grundlagen und praktisches Rechnen

1. Multiplizieren Sie:
   a) $(-3a) \cdot (5b) \cdot (-2c)$ b) $23{,}94 \text{ m} - (-16{,}35 \text{ m}) - 3{,}22 \text{ m}$ c) $(5r + 3s) \cdot (2r - 4s)$
2. Klammern Sie aus: a) $9x^2a - 6xa^2 - 15x^2a^2$ b) $\frac{\pi}{4} h D^2 - \frac{d h^2 \pi}{4}$
3. Berechnen Sie folgende Ausdrücke:
   a) $\frac{(-287)}{(-7)}$ b) $\frac{\frac{\pi}{4}(D-d)^2}{\frac{D-d}{2}}$ c) $\frac{\frac{1}{4} a t^2}{\frac{2}{3} a t}$ d) $\frac{m_1 \cdot c_1 \cdot \vartheta_1 + m_1 \cdot c_1 \cdot \vartheta_2}{m_1 \cdot c_1 + m_1 \cdot c_1}$
   e) $\frac{7{,}82 \text{ g} + 6{,}93 \text{ g} + 7{,}57 \text{ g} + 7{,}34 \text{ g} + 7{,}69 \text{ g}}{5}$ f) $\frac{(36{,}1981 \text{ g} - 24{,}2561 \text{ g}) \cdot 0{,}9982 \text{ g/cm}^3}{36{,}1981 \text{ g} - 24{,}2561 \text{ g} - 54{,}7525 \text{ g} + 44{,}2595 \text{ g}}$
4. Wandeln Sie in Dezimalzahlen um: a) $\frac{8}{10}$ b) $\frac{314\,159}{100\,000}$ c) $\frac{66}{125}$ d) $\frac{2 \text{ m}^2}{9 \text{ m}}$
5. Bestimmen Sie die Unbekannte (mit dem Taschenrechner):
   a) $\frac{1}{R_{ges}} = \frac{1}{25\,\Omega} + \frac{1}{50\,\Omega} + \frac{1}{10\,\Omega}$ b) $k = \frac{1}{\frac{1}{25\,000} + \frac{0{,}0021}{70} + \frac{1}{12\,500}}$
   c) $V_h = \pi \cdot (1{,}52 \text{ m})^2 \cdot \left(3{,}64 \text{ m} - \frac{1{,}52 \text{ m}}{3}\right)$ d) $y_A = \frac{2{,}75 \cdot 0{,}05}{1 + 0{,}05\,(2{,}75 + 1)}$
6. Berechnen Sie: a) $\frac{5(u+v)}{(u+v) : 3a}$ b) $\frac{3-a}{7b} : \frac{a-3}{7b}$ c) $\left(-3\frac{1}{3}\right) : \left(8\frac{2}{5}\right)$

7. Berechnen Sie mit dem Taschenrechner mit möglichst günstiger Tastenfolge:

a) $\dfrac{27{,}35 \cdot 84{,}28 \cdot 2{,}73}{53{,}13 \cdot 102{,}04}$ b) $\dfrac{7{,}22 \cdot 2{,}91 + 3{,}88 \cdot 0{,}13}{12{,}81 - 6{,}25 \cdot 0{,}98}$ c) $\pi \cdot 2{,}5\,\text{m} \cdot 6{,}2\,\text{m} + \dfrac{\pi \cdot (2{,}5\,\text{m})^2}{2}$

d) $\dfrac{1}{23{,}4\,\Omega} + \dfrac{1}{18{,}3\,\Omega} + \dfrac{1}{6{,}9\,\Omega}$ e) $\dfrac{98 \cdot \pi}{12} + \dfrac{4{,}27}{0{,}85} - \dfrac{1}{2{,}3}$ f) $\dfrac{1}{\dfrac{1}{12\,400} + \dfrac{0{,}003}{55} + \dfrac{1}{6250}}$

8. Fassen Sie zusammen: a) $23 \cdot r^{2n+2} \cdot 2 \cdot r^{-(n+1)}$ b) $\dfrac{\pi \cdot h}{12} \cdot (D^5 + d^2 D^3 + D^4 \cdot d)$

c) $(7 \cdot x^n - 2x^n) : 6x^{n-2}$ d) $\dfrac{u^4 - u^3}{u^2 - u}$ e) $\pi h^2 \cdot r - \dfrac{\pi h^3}{3}$ f) $\dfrac{x^3}{y^5} \cdot \dfrac{x^2}{y^3} : \dfrac{x^4}{y^6}$

9. Berechnen Sie: a) $(-5{,}8)^3$ b) $4{,}5^{2{,}5}$ c) $\dfrac{8{,}9^3 \cdot 6{,}4^2}{0{,}82 \cdot 1{,}5^5}$ d) $3{,}2 \cdot 10^4 + 12{,}3 \cdot 10^3 + 0{,}45 \cdot 10^5$

10. Ermitteln Sie den Zahlenwert: a) $\sqrt{3{,}4225}$ b) $\sqrt[3]{143{,}87782}$ c) $\sqrt[7]{1{,}9487171}$

d) $s = \pm\sqrt{\dfrac{8{,}32^2 + 8{,}12^2 + 7{,}97^2 + 8{,}05^2 + 8{,}09^2}{4}}$ e) $V = 0{,}6 \cdot 2{,}3 \cdot \sqrt{2 \cdot 9{,}81 \cdot \left(5{,}7 + \dfrac{250\,000}{964 \cdot 9{,}81}\right)}$

11. Fassen Sie zusammen: a) $\sqrt{2{,}5} \cdot \sqrt{14{,}4}$ b) $5^{\frac{1}{2}} \cdot 5^{\frac{1}{3}}$ c) $\sqrt[4]{81 \cdot 10^4}$ d) $\left(\dfrac{1}{3}\right)^{\frac{1}{3}}$ e) $(ab^2)^{\frac{1}{2}}$

12. Bestimmen Sie den dekadischen Logarithmus der Zahlen:

a) 24 b) 7392 c) 100 d) 0,092 e) 10^5 f) 10^{-12} g) 22 493 h) $5{,}2 \cdot 10^{-4}$

i) $7{,}83 \cdot 10^5$ j) 0,35 k) $8{,}92 \cdot 10^{-11}$ l) $4{,}76 \cdot 10^{-12}$ m) $h = 18\,400\,\text{m} \cdot \lg \dfrac{1013\,\text{mbar}}{899\,\text{mbar}}$

13. Ermitteln Sie den Numerus der Logarithmen:

a) $\lg x = 2{,}8395$ b) $\lg x = 0{,}053$ c) $\lg x = -1{,}842$ d) $\lg x = -9{,}257$

14. Berechnen Sie aus der Hydroniumionen-Konzentration $c(H_3O^+)$ den pH-Wert:

a) $c(H_3O^+) = 2{,}59$ mol/L b) $c(H_3O^+) = 7{,}21 \cdot 10^{-9}$ mol/L c) $c(H_3O^+) = 0{,}83 \cdot 10^{-7}$ mol/L

15. Berechnen Sie aus dem pH-Wert die Hydroniumionen-Konzentration $c(H_3O^+)$:

a) pH = 5,8 b) pH = 9,4 c) pH = 2,8 d) pH = 11,3

16. Bestimmen Sie:

a) $\ln \pi$ b) $\ln 10$ c) $\ln 2{,}7182818$ d) $\ln 22\,026{,}466$ e) $\vartheta_m = \dfrac{38{,}9\,°\text{C} - 26{,}5\,°\text{C}}{\ln \dfrac{38{,}9\,°\text{C}}{26{,}5\,°\text{C}}}$

17. Formen Sie die folgenden Ausdrücke mit den Logarithmengesetzen um:

a) $\lg(9 \cdot 2 \cdot 7)$ b) $\lg \dfrac{1}{5}$ c) $\lg x^3$ d) $\lg \sqrt{xy}$ e) $\lg \dfrac{1}{1+x}$

18. Lösen Sie nach der Unbekannten auf:

a) $25 = 7t + 4$ b) $\frac{3}{4}x = 7{,}5 - 0{,}75\,x$ c) $3r - [2r - (2 - r)] = 5r - 7$ d) $7 = \frac{12 - x}{2a}$

19. Lösen Sie die Gleichungen nach der Unbekannten x auf:

a) $5x - 3x - 5 = 3$ b) $\frac{1}{x} = \frac{1}{r} + \frac{1}{s}$ c) $\frac{8u}{2x - v} = \frac{1}{2}$

20. Lösen Sie die folgenden Größengleichungen nach der geforderten Größe auf:

a) $e = \sqrt{l^2 + b^2}$; $l = ?$, $b = ?$ b) $V = \frac{\pi}{4} \cdot h(D^2 - d^2)$; $D = ?$, $d = ?$, $h = ?$

c) $s = \frac{1}{2}gt^2$; $t = ?$ d) $\frac{V_1}{T_1} = \frac{V_2}{T_2}$; $V_1 = ?, T_1 = ?, V_2 = ?, T_2 = ?$ e) $t = \frac{m}{\dot{A} \cdot V}$; $m = ?, V = ?$

f) $\frac{m_1}{m_2} = \frac{w_M - w_2}{w_1 - w_M}$; $w_M = ?$, $w_1 = ?$, $w_2 = ?$ g) $R_W = R_K \cdot (1 + \alpha \cdot \Delta\vartheta)$; $\Delta\vartheta = ?$, $\alpha = ?$

h) $\vartheta_m = \frac{m_1 \cdot c_1 \cdot \vartheta_1 + m_2 \cdot c_2 \cdot \vartheta_2}{m_1 \cdot c_1 + m_2 \cdot c_2}$; $m_1 = ?, \vartheta_1 = ?, c_1 = ?$ i) $d_i = 2 \cdot \sqrt{\frac{\dot{V}}{\pi \cdot v}}$; $V = ?, v = ?$

21. 16,0 g Methangas CH_4 haben ein Volumen von 22,4 L. Welches Volumen nehmen 125 kg Methangas bei gleichen Bedingungen ein?

22. Für eine Umsetzung werden 2,75 t reines Natriumchlorid NaCl benötigt. Das zur Verfügung stehende Rohsalz enthält pro Tonne 50 kg Nebenbestandteile. Von welcher Masse Rohsalz ist auszugehen?

23. Aus einem Abfüllbehälter werden 30 Gebinde zu je 50 L Inhalt gefüllt. Wie viele Gebinde zu je 60 L können mit dem gleichen Volumen vollständig gefüllt werden?

24. 25,00 mL einer Säureprobe verbrauchen bei der Titration 28,24 mL Natronlauge-Maßlösung. Welches Volumen der gleichen Lauge muss 32,50 mL Säure zugesetzt werden, um sie zu neutralisieren?

25. 25,0 g Natriumchlorid werden in 350 g Wasser gelöst. Wie groß ist der Massenanteil w(NaCl) in der NaCl-Lösung in Prozent?

26. 500 L Spiritus mit einem Alkohol-Volumenanteil φ(Ethanol) = 94,0% sollen hergestellt werden. Welches Volumen Ethanol (φ(Ethanol) = 96,0%) ist zu verdünnen?

27. Ein Kühlrohr hat eine Länge von 1,20 m und einen Innendurchmesser von 15 mm.
   a) Wie groß ist die Kühlfläche?
   b) Um welchen Anteil in Prozent verringert sich die Fläche, wenn sich der Innendurchmesser auf 12 mm verringert?

28. In einer Elektrolysezelle werden 750 kg Chlor elektrolytisch aus Kochsalzlösung erzeugt. 70,9 g gasförmiges Chlor nehmen ein Volumen von 22,4 L ein.
   a) Welches Volumen hat die Chlorportion?
   b) Um welchen Anteil nimmt das Chlorvolumen nach Verflüssigung ab, wenn 1,571 g flüssiges Chlor ein Volumen von 1,000 cm^3 hat?

29. Elektrolytisch erzeugtes Chlorgas hat einen Massenanteil von 5,0 ppm Wasser. Welche Masse Wasser ist in 20,0 t Chlorgas enthalten?

30. Der MAK-Wert für Schwefelwasserstoff H_2S beträgt 10 ppm. Welches Volumen an H_2S ist in einem Raumvolumen von 120 m^3 enthalten, wenn der MAK-Wert gerade erreicht ist?

2 Allgemeine physikalische Berechnungen

2.1 Größen, Einheiten, Vielfache, Bruchteile, Umrechnungen

Jede physikalische Größe ist ein Produkt aus einem Zahlenwert und einer Einheit.

Beim Rechnen mit physikalischen Größen sind die in Kapitel 1 genannten Rechenregeln zu beachten.

	Größe	=	Zahlenwert	·	Einheit
Beispiel:	l	=	5	·	m

Ist der Zahlenwert einer physikalischen Größe sehr groß oder sehr klein, so sollte er mit vergrößernden oder verkleinernden Vorsätzen oder in Potenzschreibweise geschrieben werden, um vorstellbare Zahlen zu erhalten **(Tabelle 38/1)**. Beispiel: $l = 5{,}3 \cdot 10^6$ mm = 5,3 km.

Tabelle 38/1: Vorsätze und Vorsatzzeichen für dezimale Teile und Vielfache von Einheiten

Vergrößernder/Verkleinernder Vorsatz Name	Kurzzeichen	Faktor	Potenzschreibweise	Beispiele			
Tera	T	1 000 000 000 000	10^{12}	1 Tt	= 1 Teratonne	= 10^{12}	Tonnen
Giga	G	1 000 000 000	10^{9}	1 GW	= 1 Gigawatt	= 10^{9}	Watt
Mega	M	1 000 000	10^{6}	1 MN	= 1 Meganewton	= 10^{6}	Newton
Kilo	k	1 000	10^{3}	1 kg	= 1 Kilogramm	= 10^{3}	Gramm
Hekto	h	100	10^{2}	1 hL	= 1 Hektoliter	= 10^{2}	Liter
Deka	da	10	10^{1}	1 dam	= 1 Dekameter	= 10^{1}	Meter
Dezi	d	0,1	10^{-1}	1 dm	= 1 Dezimeter	= 10^{-1}	Meter
Zenti	c	0,01	10^{-2}	1 cN	= 1 Zentinewton	= 10^{-2}	Newton
Milli	m	0,001	10^{-3}	1 mmol	= 1 Millimol	= 10^{-3}	Mol
Mikro	µ	0,000 001	10^{-6}	1 µL	= 1 Mikroliter	= 10^{-6}	Liter
Nano	n	0,000 000 001	10^{-9}	1 nm	= 1 Nanometer	= 10^{-9}	Meter
Pico	p	0,000 000 000 001	10^{-12}	1 pF	= 1 Picofarad	= 10^{-12}	Farad

Umrechnung von Einheiten

Beim Rechnen mit Größengleichungen müssen Einheiten häufig umgerechnet werden. Hierbei sind folgende Regeln zu beachten:

1. Beim Umrechnen von Längenmaßen beträgt die Umrechnungszahl 10. Die nächst kleinere Einheit ist um den Faktor 10 größer. Die nächst größere Einheit ist um den Faktor $^1/_{10}$ kleiner.

Beispiele: 1 m = 10 dm = 100 cm = 1000 mm
1 dm = 10 cm = 100 mm
1 cm = 10 mm

1 mm = 0,1 cm = 0,01 dm = 0,001 m
1 cm = 0,1 dm = 0,01 m
1 dm = 0,1 m

2. Beim Umrechnen von Flächenmaßen beträgt die Umrechnungszahl 100. Die nächst kleinere Einheit ist um den Faktor 100 größer. Die nächst größere Einheit ist um den Faktor $^1/_{100}$ kleiner.

Beispiele: 1 m² = 100 dm² = 10 000 cm² = 1 000 000 mm²
1 dm² = 100 cm² = 10 000 mm²
1 cm² = 100 mm²

1 mm² = 0,01 cm² = 0,0001 dm² = 0,000 001 m²
1 cm² = 0,01 dm² = 0,000 1 m²
1 dm² = 0,01 m²

3. Beim Umrechnen von Volumenmaßen beträgt die Umrechnungszahl 1000. Die nächst kleinere Einheit ist um den Faktor 1000 größer. Die nächst größere Einheit ist um den Faktor $^1/_{1000}$ kleiner.

Beispiele: 1 m³ = 1 000 dm³ = 1 000 000 cm³ = 1 000 000 000 mm³
1 dm³ = 1 000 cm³ = 1 000 000 mm³
1 cm³ = 1 000 mm³

1 mm³ = 0,001 cm³ = 0,000 001 dm³ = 0,000 000 001 m³
1 cm³ = 0,001 dm³ = 0,000 001 m³
1 dm³ = 0,001 m³

In der Chemie wird anstelle mit Kubikdezimeter (dm³) häufig mit Liter (L) und anstatt mit Kubikzentimeter (cm³) mit Milliliter (mL) gerechnet.

1 dm³ = 1 L
1 cm³ = 1 mL

Aufgaben zu 2.1 Größen, Einheiten, Vielfache, Bruchteile, Umrechnungen

1. Ergänzen Sie in nachstehender **Tabelle** die gesuchten Zahlen in den Größengleichungen.

Stoffeigenschaft	Größengleichung
a) Längenausdehnungskonstante α von Blei Pb	$\alpha\,(\text{Pb}) = \frac{29}{1\,000\,000} \cdot \frac{1}{\text{K}} = 29 \cdot 10^{\square}\,\frac{1}{\text{K}} = \boxed{0,\quad} \cdot \frac{1}{\text{K}}$
b) Teilchenzahl N_A in der Stoffmenge ein Mol	$N_A = 6023 \cdot 10^{20} = 6{,}023 \cdot 10^{\square} = 60{,}23 \cdot 10^{\square}$
c) Masse m des Wasserstoffatoms H	$m(\text{H}) = 0{,}000\,000\,000\,000\,000\,000\,000\,001\,674\ \text{g} = 1{,}674 \cdot 10^{\square}\ \text{g}$
d) Durchmesser d des Natriumatoms Na	$d(\text{Na}) = 18{,}6 \cdot 10^{-11}\ \text{m} = \square\ \text{pm} = \square\ \text{nm}$
e) Volumenausdehnungskonstante λ von Wasser	$\lambda\,(H_2O) = 0{,}002 \cdot \frac{1}{\text{K}} = 2 \cdot 10^{\square}\,\frac{1}{\text{K}} = \frac{2}{10^{\square}} \cdot \frac{1}{\text{K}}$
f) Verdampfungswärme r von Wasser	$r(H_2O) = 2\,256 \cdot \frac{\text{J}}{\text{g}} = \square\ \text{kJ/kg} = \square\ \text{kJ/g}$
g) Dichte ϱ der Luft	$\varrho\,(\text{Luft}) = 1{,}3\ \text{g/L} = \square\ \text{kg/m}^3 = \square\ \text{mg/mL}$
h) spezifischer Widerstand ϱ von Kupfer Cu bei 20 °C	$\varrho\,(\text{Cu}) = 0{,}017\ \frac{\Omega \cdot \text{mm}^2}{\text{m}} = \square\ \frac{\text{m}\Omega \cdot \text{mm}^2}{\text{m}} = \square \cdot 10^{-3}\ \frac{\text{m}\Omega \cdot \text{mm}^2}{\text{m}}$
i) Heizwert H von Wasserstoff H_2	$H(H_2) = 10\,900 \cdot \text{kJ/m}^3 = \square\ \text{kJ/L} = \square\ \text{J/L}$
j) mittlerer Temperaturbeiwert α von Platin Pt	$\alpha\,(\text{Pt}) = 0{,}0039 \cdot \frac{1}{\text{K}} = 3{,}9 \cdot 10^{\square}\,\frac{1}{\text{K}} = \frac{39}{\square} \cdot \frac{1}{\text{K}}$
k) Lichtgeschwindigkeit v im Vakuum	$v(\text{Licht}) = 299\,792\,485\ \text{m/s} = \square\ \text{km/h}$
l) Bindungslänge d der C≡C-Dreifachbindung in Alkinen	$d = 0{,}121\ \text{nm} = \square\ \text{pm} = 1{,}21 \cdot 10^{\square}\ \text{m}$

2. Aus einer mit einem Liter Kalilauge gefüllten Vorratsflasche werden folgende Volumina entnommen: 12 000 mm³, $0{,}6 \cdot 10^2\ \text{cm}^3$, 0,02 dm³, $1{,}7 \cdot 10^{-4}\ \text{m}^3$, 60 cm³, $1{,}2 \cdot 10^4\ \text{mm}^3$, $2 \cdot 10^{-2}\ \text{dm}^3$, 0,00017 m³. Wie viel Liter Kalilauge verbleiben in der Flasche?

3. Zur Herstellung von Drahtwiderständen werden von einem 1,000 m langen Konstantandraht folgende Stücke abgeschnitten: 1,2 dm, 60 mm, 0,08 m, 5 cm. Wie lang ist das Reststück?

4. Aus einem 1 m² großen Filtertuch werden folgende Stücke herausgeschnitten: $3 \cdot 10^3\ \text{cm}^2$, $2 \cdot 10^5\ \text{mm}^2$, 10 dm², 0,07 m², 1500 cm². Wie groß ist der Filtertuchverbrauch in Prozent?

5. Formulieren Sie die auf Seite 38 aufgeführten Beispiele zur Umrechnung von Längen, Flächen und Volumeneinheiten in Potenzschreibweise.

6. Ergänzen Sie bei den folgenden Größenwerten die vergrößernden bzw. verkleinernden Vorsätze und geben Sie den Exponenten in der Potenzschreibweise an.

a) $l = 10\,000\ \text{m} = 10\ ?\text{m} = 10^{?}\ \text{dm}$

b) $n = 100\ \text{mol} = 0{,}1\ ?\text{mol} = 10^{?}\ \text{mmol}$

c) $m = 0{,}1\ \text{kg} = 10\ ?\text{g} = 10^{?}\ \text{t}$

d) $V = 10\,000\ \text{cm}^3 = 0{,}1\ ?\text{L} = 10^{?}\ \text{m}^3$

e) $m = 1{,}3\ \text{t} = 1300\ ?\text{g} = 1{,}3 \cdot 10^{?}\ \text{mg}$

f) $A = 100\ \text{m}^2 = 0{,}0001\ ?\text{m}^2 = 10^{?}\ \text{cm}^2$

2.2 Berechnung von Längen, Flächen, Oberflächen und Volumina

2.2.1 Längenberechnung

Zur Messung von Längen muss die zu messende Länge mit einer bekannten Länge verglichen werden. Vergleichslängen sind Vielfache oder Teile des Meters oder das Meter selbst.

Die Länge l ist eine Basisgröße. Ihre Basiseinheit ist das Meter, Einheitenzeichen m.

Das Meter ist nach DIN 1301, Teil 1 wie folgt definiert: Ein Meter ist die Länge der Strecke, die das Licht im Vakuum während der Dauer von 1/299 792 458 Sekunden durchläuft.

In der betrieblichen Praxis verwendet man zum Messen verschiedene Maßstäbe (z. B. Bandmaßstab, Gliedermaßstab) oder Mess-Schieber (Schieblehre).

Durch Multiplikation oder Division der Basiseinheit werden dezimale Vielfache oder dezimale Teile des Meters abgeleitet. Aus dem Einheitenvorsatz geht das Vielfache oder der Teil der Basiseinheit hervor.

Maßstabrechnen

In technischen Zeichnungen sind Bauteile meist verkleinert dargestellt. Um die verkleinerte Zeichnung des Bauteils auf die gewünschte Größe zu bringen, muss es vergrößert werden. Dazu muss der Maßstab der Zeichnung bekannt sein. Der Maßstab M ist das Verhältnis von Zeichnungsgröße zu wirklicher Größe.

M = 1 : 10 bedeutet z. B., dass die Zeichnungsgröße 1 mm und die wirkliche Größe 10 · 1 mm = 10 mm = 1 cm beträgt.

$$\textbf{Maßstab} = \frac{\textbf{Zeichnungsgröße}}{\textbf{wirkliche Größe}}$$

Beispiel: M = 1 : 10 (M ↑ Maßstab; 1 ↑ Zeichnungsgröße; 10 ↓ wirkliche Größe)

Je nach Zeichnungsart sind verschiedene Größenangaben üblich:

- In Rohrleitungs- und Anlagenzeichnungen wird die Zeichnungsgröße in Zentimeter, die wirkliche Größe in Meter angegeben.
- In Bauzeichnungen sind die Maßzahlen Meter-Angaben.
- In Zeichnungen von Maschinenteilen sind die Maßzahlen Millimeter-Angaben.

Beispiel 1: Eine Heißdampf-Rohrleitung von 9,8 Meter Länge ist in einem Bauausführungsplan im Maßstab 1 : 50 aufzunehmen. Welche Abmessungen hat die Zeichnungsgröße?

Lösung:

$$\text{Maßstab} = \frac{\text{Zeichnungsgröße}}{\text{wirkliche Größe}} \Rightarrow \text{Zeichnungsgröße} = \text{wirkliche Größe} \cdot \text{Maßstab}$$

$$\textbf{Zeichnungsgröße} = 9{,}8\text{ m} \cdot \frac{1}{50} = 9{,}8 \cdot 10^3\text{ mm} \cdot \frac{1}{50} = \textbf{196 mm}$$

Beispiel 2: In einem Detailplan, Maßstab = 1 : 10, beträgt die Höhe eines Drehkolbengebläses 300 mm. Wie hoch ist das Drehkolbengebläse in Wirklichkeit?

Lösung:

$$\text{Maßstab} = \frac{\text{Zeichnungsgröße}}{\text{wirkliche Größe}} \Rightarrow \textbf{wirkliche Größe} = \frac{\text{Zeichnungsgröße}}{\text{Maßstab}} = \frac{0{,}300\text{ m}}{0{,}1} = \textbf{3,00 m}$$

Aufgaben zu 2.2.1 Längenberechnung

1. Eine Rohrleitung besteht aus einem Rohrabschnitt mit l = 325 cm, einem Kompensator mit l = 1,70 dm, einem Reduzierstück mit l = 200 mm sowie einem Schieber mit l = 0,25 m. Wie lang muss der zweite Rohrabschnitt sein, wenn die gesamte Länge der Rohrleitung 6,00 Meter betragen soll?
2. Ein Lagerraum für organische Grundchemikalien ist 10 Meter lang und 5 Meter breit. Wie groß ist die Zeichnungsgröße in einem Detailplan mit dem Maßstab M = 1 : 10, in einem Bauausführungsplan M = 1 : 25 und in einem Lageplan M = 1 : 500?

2.2.2 Umfangs- und Flächenberechnung

Die Flächengröße und der Umfang von Flächen werden mit den Größengleichungen aus **Tabelle 41/1** berechnet.

Tabelle 41/1: Berechnungsformeln geometrischer Flächen				
Geradlinig begrenzte Flächen			Bogenförmig begrenzte Flächen	
Quadrat	Rechteck	Dreieck	Kreis	Kreisring
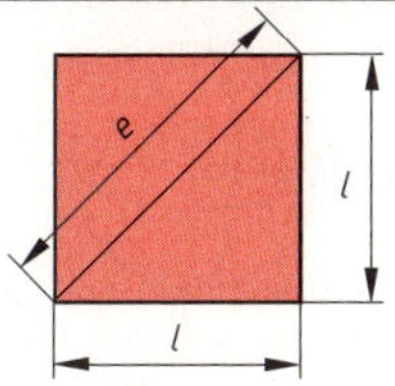	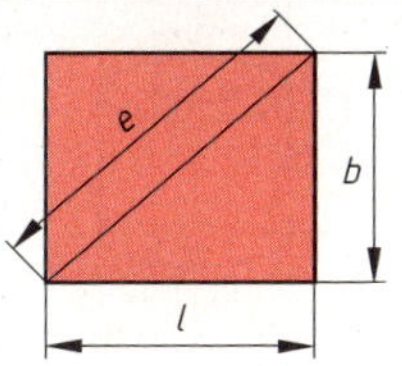	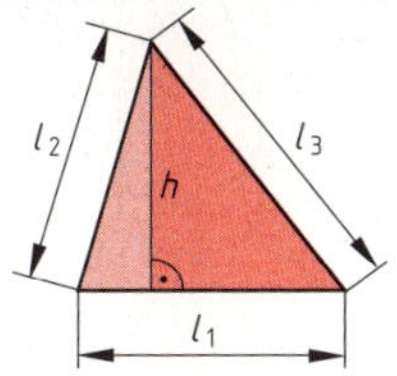	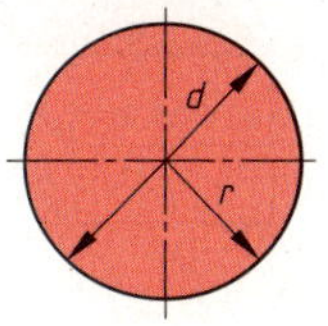	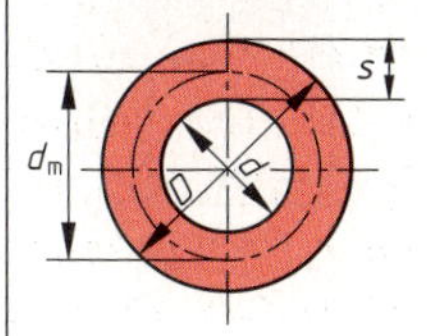
$A = l^2$ $e = \sqrt{2} \cdot l$ $U = 4 \cdot l$	$A = l \cdot b$ $e = \sqrt{l^2 + b^2}$ $U = 2\,(l + b)$	$A = \frac{l_1 \cdot h}{2}$ $U = l_1 + l_2 + l_3$	$A = \frac{\pi \cdot d^2}{4}$ $A = \pi \cdot r^2$ $U = \pi \cdot d$	$A = \frac{\pi}{4}\,(D^2 - d^2)$ $d_m = \frac{D + d}{2}$ $s = \frac{D - d}{2}$
A Fläche U Umfang l Länge s Dicke	e Diagonale b Breite π Kreiszahl pi h Höhe	d Innendurchmesser D Außendurchmesser d_m mittlerer Durchmesser r Radius		

Beispiel: Wie groß ist der Durchmesser eines Granuliertellers zum Aufbaugranulieren von Superphosphat, wenn die Tellerfläche 28,3 m² beträgt?

Lösung: $A = \frac{\pi \cdot d^2}{4} \Rightarrow \boldsymbol{d} = \sqrt{\frac{A \cdot 4}{\pi}} = \sqrt{\frac{28{,}3\ \text{m}^2 \cdot 4}{\pi}} \approx \mathbf{6{,}00\ m}$

Aufgaben zu 2.2.2 Umfangs- und Flächenberechnung

1. Wie viel Meter Rohrleitung werden benötigt, um zwölf 180°-Rohrbögen mit einem mittleren Durchmesser von 400 mm herzustellen?
2. Der Boden einer Kastennutsche von 2,5 m Länge und 1,5 m Breite soll mit einem Filtertuch ausgekleidet werden, dessen Kantenlänge 10 % größer ist als die Bodenmaße der Kastennutsche. Berechnen Sie die Fläche, den Umfang und die Länge der Diagonalen des Filtertuchs.
3. Wie groß ist der Verschnitt in Prozent, wenn aus einem quadratischen Filtertuch ein größtmögliches kreisrundes Filtertuch herausgeschnitten wird?
4. Wie groß sind Tellerdurchmesser und Umfang eines Planzellenfilters, wenn die Filterfläche 30 m² beträgt?
5. Wie groß ist die Dichtfläche einer PTFE-Dichtung, wenn ihr Außendurchmesser 5,0 cm und ihr Innendurchmesser 3,0 cm betragen?
6. Ein Rundkupferstab mit einem Durchmesser von 10 mm soll durch ein Stück Flachmaterial des gleichen Werkstoffs mit gleich großer Querschnittsfläche ersetzt werden. Wie dick muss das Werkstück sein, wenn es 15 mm breit ist?
7. Wie groß sind Umfang und Fläche des in Tabelle 41/1 wiedergegebenen Dreiecks? (Hinweis: Messen Sie in Tabelle 41/1 mit einem Maßstab auf 1 mm genau.)
8. Aus einem rechteckigen Filterpapier mit den Maßen l = 20 cm, b = 10 cm soll die größtmögliche Anzahl an Rundfiltern mit einem Durchmesser von d = 5 cm ausgeschnitten werden. Wie viele Rundfilter werden erhalten? Wie groß ist der Verschnitt in Prozent?

2.2.3 Oberflächen- und Volumenberechnung

Zur Berechnung der Oberflächen und der Volumina von geometrischen Körpern dienen die in **Tabelle 42/1** zusammengestellten Größengleichungen.

Tabelle 42/1: Berechnungsformeln geometrischer Körper

Würfel	Quader	Zylinder	Hohlzylinder	Kugel
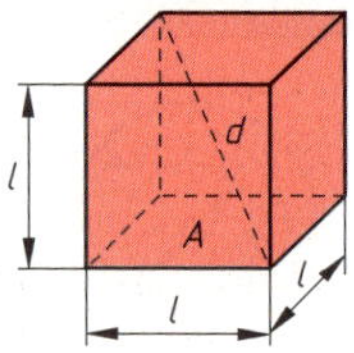	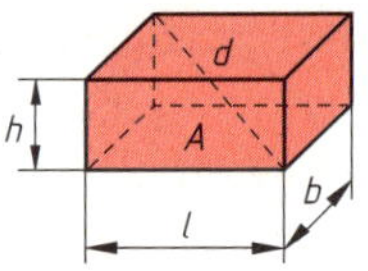	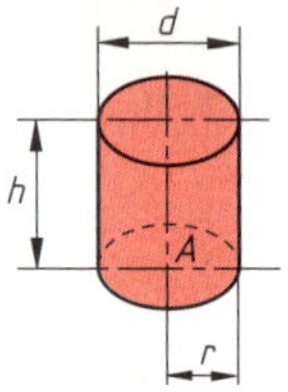	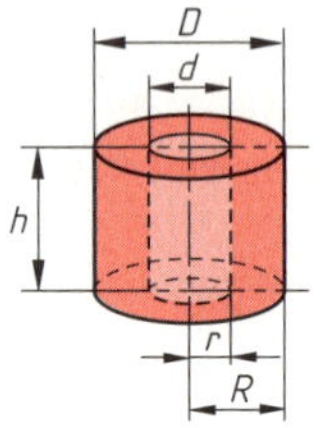	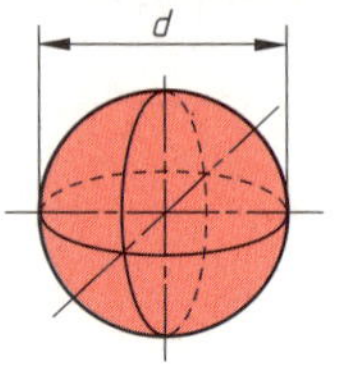
$V = A \cdot l$ $A_O = 6 \cdot l^2$	$V = l \cdot b \cdot h$ $A_O = 2\,(l \cdot b + l \cdot h + b \cdot h)$	$V = A \cdot h$ $V = \frac{\pi}{4} \cdot d^2 \cdot h$ $A_O = \pi d \cdot h + \frac{\pi d^2}{2}$	$V = \frac{\pi}{4} \cdot h\,(D^2 - d^2)$	$V = \frac{\pi d^3}{6}$ $A_O = \pi d^2$
V Volumen A Grundfläche	A_O Oberfläche l Länge	b Breite h Höhe	d, D Durchmesser r, R Radius	π Kreiszahl

Beispiel: Ein Rohrbündelwärmetauscher hat 354 Wärmeaustauschrohre mit einem Innendurchmesser von $d = 20{,}00$ mm und einer Länge von $l = 3000$ mm.

a) Wie groß ist die Kühlfläche in Quadratmeter?

b) Um wie viel Prozent vermindert sich die Kühlfläche, wenn sieben Wärmeaustauschrohre wegen Undichtigkeit zugeschweißt werden müssen?

Lösung:

a) $\boldsymbol{A}(354) = n \cdot d \cdot \pi \cdot l = 354 \cdot 0{,}0200\,\text{m} \cdot \pi \cdot 3{,}000\,\text{m} \approx \mathbf{66{,}7\,m^2}$

b) 354 Wärmeaustauschrohre haben eine Kühlfläche von 100 %
7 Wärmeaustauschrohre haben eine Kühlfläche von x%

$$\boldsymbol{x} = \frac{7 \cdot 100\%}{354} = \mathbf{2\%}$$

Aufgaben zu 2.2.3 Oberflächen- und Volumenberechnung

1. 750 Stahlkugeln mit einem Durchmesser von $d = 12$ mm für Pendelkugellager sollen verchromt werden. Wie groß ist die zu verchromende Fläche in Quadratdezimeter?

2. Ein senkrecht stehender zylindrischer Flüssigkeitstank ist fünf Meter hoch und hat einen Innendurchmesser von 2,5 Meter. Wie viel Prozent der Innenfläche werden von der Flüssigkeit benetzt, wenn die Füllhöhe drei Meter beträgt?

3. Wie viel Kubikmeter Flüssig-Butan sind in einem kugelförmigen Druckgasbehälter mit einem Innendurchmesser von $d = 12{,}0$ m enthalten, wenn er zu 75 % des Volumens gefüllt ist?

4. Wie viel Kubikmeter Rohöl lagern in einem zylinderförmigen Schwimmdachtank mit einem Innendurchmesser von $d = 20$ m, wenn die Füllhöhe $h = 10$ m beträgt?

5. Wie hoch stehen 150 L Quecksilber in einer Amalgamzelle mit den Innenmaßen 15 Meter Länge und 2 Meter Breite?

6. Wie viel Meter Kupferdraht mit einer Querschnittsfläche von $A = 0{,}75\,\text{mm}^2$ kann man aus einem Kupferwürfel von 2,5 cm Kantenlänge herstellen?

7. Wie groß ist die Volumenänderung an Quecksilber in einem Vorratsgefäß eines Thermometers, wenn sich die Höhe der Quecksilbersäule bei einer Temperaturänderung um 10 °C in der Kapillare ($d = 0{,}1$ mm) um 1 Zentimeter ändert?

2.3 Berechnung von Masse, Volumen und Dichte

Beim Umgang mit Stoffen, z.B. beim Herstellen von Lösungen oder bei chemischen Reaktionen, werden die Stoffportionen genau abgemessen. Dies ist erforderlich, um z.B. Lösungen mit bestimmten Konzentrationen zu erhalten oder weil Stoffportionen immer in bestimmten Stoffmengen-Verhältnissen miteinander reagieren.

Die **Quantität** einer Stoffportion kann durch die Masse oder das Volumen beschrieben werden.

Masse

Die Masse m ist eine Basisgröße mit der Basiseinheit Kilogramm (Einheitenkurzzeichen kg).

Ein Kilogramm ist die Masse des Internationalen Kilogrammprototyps (Urkilogramm). Es ist ein Platin-Iridium-Zylinder von 39,00 mm Höhe und 39,00 mm Durchmesser.

Die Masse einer Stoffportion wird durch Massenvergleich (Wägung) bestimmt. Befindet sich die Stoffportion in einem Gebinde, so bezeichnet man die ermittelte Masse als Bruttomasse. Dies ist die Gesamtmasse einer Ware einschließlich der Verpackung. Die Masse der Verpackung wird als Tara, die Masse der Stoffportion in der Verpackung als Nettomasse bezeichnet.

Bruttomasse = Nettomasse + Tara

Für Bruttomasse, Nettomasse und Tara werden die üblichen Masseneinheiten verwendet. Die Tara kann auch in Prozent der Bruttomasse angegeben werden.

Beispiel: Ein 10-L-Gebinde mit Aceton hat eine Bruttomasse von 9,34 kg.

a) Wie viel Kilogramm Aceton sind im Gebinde enthalten, wenn die Tara 1,43 kg beträgt?

b) Wie groß ist die Tara in Prozent?

Lösung: a) Nettomasse = Bruttomasse – Tara = 9,34 kg – 1,43 kg = **7,91 kg Aceton**

b) 9,34 kg entsprechen einer Tara von 100 %
1,43 kg entsprechen einer Tara von x %

$$\boldsymbol{x} = \frac{1{,}43\ \text{kg} \cdot 100\,\%}{9{,}34\ \text{kg}} \approx \mathbf{15{,}3\,\%\ Tara}$$

Volumen

Das Volumen V ist eine abgeleitete Größe mit der Einheit Kubikmeter (Einheitenzeichen m^3).

Die Bestimmung des Volumens einer Stoffportion erfolgt auf verschiedene Weise:

- bei geometrischen Körpern durch Berechnung (Seite 42);
- bei unregelmäßig geformten Feststoffen durch geeignete Verdrängungsmethoden oder durch Berechnung aus Masse und Dichte;
- bei Flüssigkeiten und Gasen durch Volumenmessgeräte, z.B. Messzylinder, Kolbenprober (Bild 57/1).

Dichte

Die Masse einer Stoffportion ist umso größer, je größer das Volumen der Stoffportion ist: $m \sim V$. Mit dem Proportionalitätsfaktor ϱ, der Dichte, wird aus der Proportionalität die Größengleichung: $m = \varrho \cdot V$.

Umgestellt nach ϱ erhält man die Definitionsgleichung der Dichte.

$$\text{Dichte } \varrho = \frac{m}{V}$$

Die Dichte ist die Masse eines Stoffes pro Volumeneinheit.

Die Dichte ist eine stoffspezifische Kenngröße. Sie wird meist mit der Einheit kg/m^3 oder g/cm^3 angegeben. Mit Hilfe der Dichte kann das Volumen einer Stoffportion bei gegebener Masse ($V = m/\varrho$) oder die Masse einer Stoffportion bei bekanntem Volumen ($m = \varrho \cdot V$) berechnet werden.

Beispiel: Wie viel Kubikzentimeter Wasser verdrängt eine massive Stahlkugel mit einer Masse von genau einem Kilogramm (ϱ(Stahl) = 7,84 g/cm^3)?

Lösung:

$$m = \varrho \cdot V \Rightarrow \boldsymbol{V} = \frac{m}{\varrho} = \frac{1{,}00\ \text{kg} \cdot 1000\ \text{cm}^3}{7{,}84\ \text{kg}} \approx \mathbf{128\ cm^3}$$

Aufgaben zu 2.3 Berechnung von Masse, Volumen und Dichte

1. Wie viel Kilogramm Chloroform ($\varrho(CHCl_3)$ = 1,489 g/cm^3) kann man in eine 0,5-L-Flasche füllen?
2. Wie viel Kubikzentimeter Wasser fließen aus einem Überlaufgefäß, wenn 250 g Zink-Granalien (ϱ(Zn) = 7,12 g/cm^3) zugegeben werden?

3. Ein Eisenblech wird einseitig mit einer Nickelschicht von 10 µm plattiert. Wie viel Gramm Nickel (ϱ(Ni) = 8,8 g/cm^3) werden pro Quadratmeter benötigt?

4. Eine Vorratsflasche mit Petrolether hat eine Bruttomasse von 1,64 kg bei einer Tara von 48,8 %. Wie viel Liter Petrolether (ϱ(Petrolether) = 0,84 g/cm^3) sind in der Flasche enthalten?

5. Wie groß ist der Volumenunterschied zwischen einer Tonne 1-Propanol (ϱ = 0,804 g/cm^3) und einer Tonne 2-Propanol (ϱ = 0,785 g/cm^3) bei konstanter Temperatur?

6. Welche Füllhöhe hat ein Schwimmdachtank mit einem Innendurchmesser von d = 24 m, in dem 4500 t Rohöl (ϱ = 0,81 g/cm^3) gelagert werden?

7. Wie viel 25-kg-Säcke werden zum Absacken von 10 m^3 Kalksteinmehl (ϱ = 1,2 g/cm^3) benötigt?

8. Wie viel Kilogramm Stahl (ϱ = 7,84 g/cm^3) wird pro Meter benötigt, wenn Stahlrohre mit einem Innendurchmesser von d = 10,0 mm und einem Außendurchmesser von d = 12,0 mm hergestellt werden sollen?

9. Welche Dichte hat die Platin-Iridium-Legierung des Urkilogramm-Zylinders ($d = h$ = 39,00 mm)?

10. Welche prozentuale Massenersparnis wird erzielt, wenn Kupfer durch Aluminium als Leiterwerkstoff ersetzt wird (ϱ(Cu) = 8,93 g/cm^3, ϱ(Al) = 2,72 g/cm^3)?

11. Wie groß ist der Dichteunterschied zwischen folgenden Kalilaugeportionen?

    Kalilauge I: V = 1,20 L, m = 1,30 kg und Kalilauge II: V = 12,0 mL, m = 18,1 g.

12. Von den fünf angegebenen metallischen Körpern bestehen zwei aus dem gleichen Material.

Körper	I	II	III	IV	V
Volumen	0,180 L	62,73 L	2,50 mL	0,00120 m^3	2,50 cm^3
Masse	489,6 g	850 kg	48250 mg	9,43 kg	6800 mg

    a) Welche Körper sind das?

    b) Aus welchem Material könnten die Körper bestehen?

13. Die Dichte von Chlorgas beträgt $\varrho(Cl_{2(g)})$ = 3,21 g/L. Flüssiges Chlor hingegen hat eine Dichte von $\varrho(Cl_{2(l)})$ = 1,57 kg/L. Welches Volumen nehmen 100 m^3 Chlorgas nach der Kondensation ein? Welche prozentuale Volumenverminderung wird durch die Kondensation erreicht?

14. Eine 50,0-L-Stickstoff-Gasstahlflasche hat eine Masse von 75,9 kg bei einer Tara von 64,6 kg. Welche Dichte hat der in der Gasstahlflasche enthaltene Stickstoff?

15. Ein 200-L-Rollreifenfass (Tara = 42,0 kg) ist mit Methanol ($\varrho(CH_3OH)$ = 0,792 g/cm^3) gefüllt. Wie groß ist die Bruttomasse des Fasses?

16. Wie viel Meter Kupferdraht mit einer Querschnittsfläche von 0,750 mm^2 lassen sich aus einem Kilogramm Elektrolytkupfer (ϱ(Cu) = 8,93 g/cm^3) ziehen?

17. Mit wie viel Liter Kondensat ($\varrho(H_2O_{(l)})$ = 1,00 g/cm^3) wird eine wässrige Natriumcarbonat-Lösung verdünnt, wenn sie mit 100 m^3 Wasserdampf ($\varrho(H_2O_{(g)})$ = 0,60 g/L) direkt aufgeheizt wird? Wie groß ist die Volumenverminderung bei der Kondensation in Prozent?

18. Die Volumenausdehnungskonstante von Quecksilber beträgt γ(Hg) = 1,81 · 10^{-4} · 1/K. Demzufolge dehnt sich ein Liter Quecksilber beim Erwärmen um ein Kelvin um 0,000181 Liter aus.

    a) Wie groß ist die Dichte des Quecksilbers bei 50,0 °C, wenn sie bei 18,0 °C 13,551 g/cm^3 beträgt?

    b) Wie groß ist die Volumenänderung in Prozent?

19. Die Schüttdichte (vergleiche Seite 253) von Soda beträgt ϱ(Soda) = 0,55 kg/L.

    a) Wie viel 25-kg-Säcke werden zum Absacken von 2,5 m^3 Soda benötigt?

    b) Wie groß ist die Bruttomasse einer Lieferung, wenn zum Palettieren zwei Paletten mit einer Masse von je 25 kg und Säcke mit einer Tara von 250 g verwendet werden?

2.4 Dichtebestimmung mit dem Pyknometer

Zur Bestimmung der Dichte einer Feststoffportion mit dem Pyknometer unter Verwendung einer Verdrängungsflüssigkeit sind folgende Wägungen durchzuführen **(Bild 45/1)**.

A) Pyknometer leer m_A	B) Pyknometer vollständig mit Flüssigkeit gefüllt m_B	C) Pyknometer teilweise mit der Substanzprobe gefüllt m_C	D) Pyknometer mit Substanz und Flüssigkeit gefüllt m_D

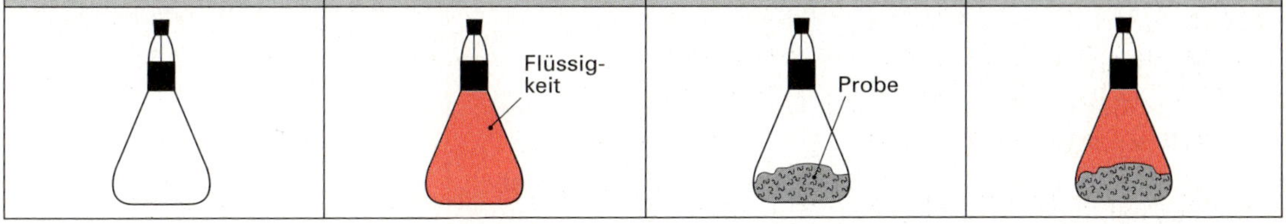

Bild 45/1: Wägungen zur Dichtebestimmung einer Feststoffportion mit dem Pyknometer

Eine Größengleichung für die Dichte der Probe ϱ(Probe) lässt sich mit folgenden Beziehungen herleiten:

1. Berechnung des Pyknometervolumens V(Pyk.): $V(\text{Pyk.}) = \dfrac{m(B) - m(A)}{\varrho(\text{Flü})}$
2. Berechnung der Masse der Probe m(Probe): $m(\text{Probe}) = m(C) - m(A)$
3. Berechnung des Volumens der Probe V(Probe): $V(\text{Probe}) = V(\text{Pyk.}) - \dfrac{m(D) - m(C)}{\varrho(\text{Flü})} = \dfrac{m(B) - m(A)}{\varrho(\text{Flü})} - \dfrac{m(D) - m(C)}{\varrho(\text{Flü})}$
4. Berechnung der Dichte der Probe ϱ(Probe): $\varrho(\text{Probe}) = \dfrac{m(\text{Probe})}{V(\text{Probe})} = \dfrac{m(C) - m(A)}{m(B) - m(A) - m(D) + m(C)} \cdot \varrho(\text{Flü.})$

Beispiel: Wie groß ist die Dichte von Kupferdrehspänen, wenn die Dichtebestimmung mit dem Pyknometer unter Verwendung von Wasser ($\varrho(H_2O) = 1{,}000\ \text{g/cm}^3$) folgende Wägungen ergibt:

A Pyknometer leer: 22,175 g, C Pyknometer mit Kupferdrehspänen: 37,673 g,

B Pyknometer mit Wasser: 46,835 g, D Pyknometer mit Kupferdrehspänen und Wasser: 60,597 g.

Lösung: $\varrho(\text{Cu}) = \dfrac{m(C) - m(A)}{m(B) - m(A) - m(D) + m(C)} \cdot \varrho(H_2O) = \dfrac{37{,}673\ \text{g} - 22{,}175\ \text{g}}{46{,}835\ \text{g} - 22{,}175\ \text{g} - 60{,}597\ \text{g} + 37{,}673\ \text{g}} \cdot 1{,}000\ \dfrac{\text{g}}{\text{cm}^3}$

$\boldsymbol{\varrho}(\textbf{Cu}) = \dfrac{15{,}498\ \text{g}}{1{,}736\ \text{g}} \cdot 1{,}000\ \dfrac{\text{g}}{\text{cm}^3} \approx 8{,}927\ \text{g/cm}^3$

Aufgaben zu 2.4 Dichtebestimmung mit dem Pyknometer

1. Wie groß ist die Dichte von Rohrzucker, wenn die Dichtebestimmung mit dem Pyknometer unter Verwendung von Cyclohexan als Verdrängungsflüssigkeit ($\varrho(C_6H_{12}) = 0{,}7791\ \text{g/cm}^3$) folgende Wägungen ergibt:

   A Pyknometer leer: 13,8792 g C Pyknometer mit Rohrzucker: 16,4470 g

   B Pyknometer mit Cyclohexan: 63,9531 g D Pyknometer mit Rohrzucker u. Cyclohexan: 65,2112 g

2. Die Dichtebestimmung von Kunststoff-Recyclaten unterschiedlicher Herkunft mittels eines Pyknometers mit einer Masse von m = 20,7316 g und einem Volumen von V = 25,2116 cm³ unter Verwendung von Wasser $\varrho(H_2O) = 0{,}9982\ \text{g/cm}^3$ ergab folgende Messwerte:

Kunststoff-Recyclat:	I	II	III	IV
Pyknometer mit Recyclat:	30,6531 g	31,1735 g	29,6375 g	31,4567 g
Pyknometer mit Wasser und Recyclat:	48,8973 g	49,2365 g	47,6539 g	49,8923 g

   Wie groß ist die Dichte der Kunststoff-Recyclate?

3. Bei der Dichtebestimmung eines Hydrauliköls mit Hilfe eines Pyknometers wurden bei einer Temperatur von ϑ = 20 °C folgende Messwerte erhalten: Pyknometer leer: m = 26,7349 g, Pyknometer mit Wasser: m = 52,5334 g, Pyknometer mit Hydrauliköl: m = 54,5649 g. Wie groß ist die Dichte des Hydrauliköls, wenn die Dichte des Wassers $\varrho(H_2O) = 0{,}9982\ \text{g/cm}^3$ beträgt?

2.5 Bewegungsvorgänge

Geradlinig gleichförmige Bewegung

In der Produktionstechnik müssen Stoffe bewegt werden. Wird dabei in gleichen Zeitabschnitten Δt immer die gleiche Wegstrecke Δs zurückgelegt **(Bild 46/1)**, so ist die Geschwindigkeit v konstant und es liegt eine gleichförmige Bewegung vor **(Bild 46/2)**.

Je größer die Geschwindigkeit ist,

- desto größer ist die in einem Zeitraum zurückgelegte Wegstrecke ($v \sim s$) und
- desto weniger Zeit wird zum Zurücklegen eines Streckenabschnitts benötigt ($v \sim 1/t$).

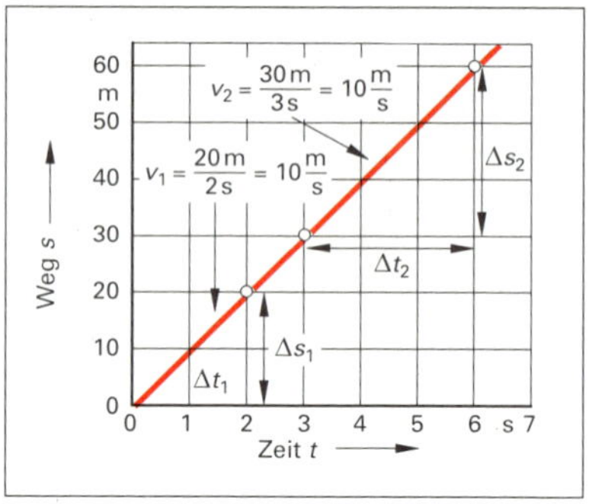

Bild 46/1: Weg/Zeit-Diagramm einer gleichförmigen Bewegung

Somit gilt für die geradlinig gleichförmige Bewegung:

$$\text{Geschwindigkeit} = \frac{\text{Weg}}{\text{Zeit}} \qquad v = \frac{s}{t}$$

Übliche Einheiten für die Geschwindigkeit sind m/s und km/h.

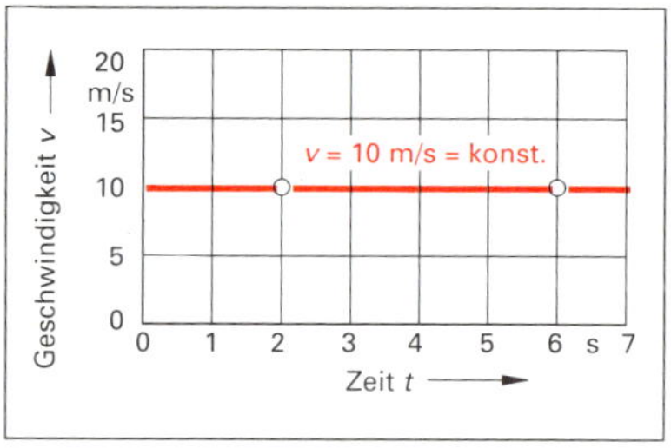

Bild 46/2: Geschwindigkeit/Zeit-Diagramm einer gleichförmigen Bewegung

Beispiel: Die Verweilzeit eines Granulats in der 100 Meter langen Rohrleitung einer Saugluftförderanlage beträgt 5,0 Sekunden. Wie groß ist die mittlere Strömungsgeschwindigkeit $\bar{v}$ in der Rohrleitung in m/s und in km/h?

Lösung: $\bar{\mathbf{v}} = \frac{s}{t} = \frac{100\text{ m}}{5{,}0\text{ s}} = 20\,\frac{\text{m}}{\text{s}} = \frac{20 \cdot 0{,}001\text{ km}}{\frac{1}{3600}\text{ h}} = 20 \cdot 3{,}6\,\frac{\text{km}}{\text{h}} = \mathbf{72\,\frac{km}{h}}$

Gleichförmige Kreisbewegung

Bei vielen Produktionsverfahren bewegen sich Anlagenteile auf kreisförmigen Bahnen. Dabei legt ein Punkt auf dieser Kreisbahn den Kreisumfang U zurück. Es ist: $U = \pi \cdot d$.

Seine Umfangsgeschwindigkeit beträgt: $v = \frac{s}{t} = \frac{U}{t} = \frac{\pi \cdot d}{t}$

Bei n Umdrehungen beträgt die Umfangsgeschwindigkeit: $v = \frac{U \cdot n}{t} = \frac{\pi \cdot d \cdot n}{t}$

$$\text{Umfangsgeschwindigkeit} \qquad v = \frac{\pi \cdot d \cdot n}{t}$$

Die Anzahl der Umdrehungen n pro Zeiteinheit t bezeichnet man als **Umdrehungsfrequenz** f. Sie hat die Einheit s^{-1} oder min^{-1}.

$$\text{Umdrehungsfrequenz} \qquad f = \frac{n}{t}$$

Unter Berücksichtigung der Umdrehungsfrequenz berechnet sich die Umfangsgeschwindigkeit zu: $v = \pi \cdot d \cdot \frac{n}{t} = \pi \cdot d \cdot f$

$$\text{Umfangsgeschwindigkeit} \qquad v = \pi \cdot d \cdot f$$

Beispiel 1: Das Laufrad einer Kreiselradpumpe hat einen Durchmesser von d = 300 mm. Es wird in direkter Kupplung von einem Drehstrom-Kurzschlussläufermotor angetrieben, dessen Nennumdrehungsfrequenz 10 % unterhalb der Synchronumdrehungsfrequenz von $f = 3000\text{ min}^{-1}$ liegt. Welche Umfangsgeschwindigkeit herrscht am äußeren Umfang des Laufrads der Kreiselradpumpe?

Lösung: $\mathbf{v} = \pi \cdot d \cdot f = \pi \cdot \frac{0{,}300\text{ m} \cdot 3000 \cdot 0{,}9}{\text{min}} \approx \mathbf{2545\text{ m/min}} \approx \mathbf{42{,}4\text{ m/s}} \approx \mathbf{153\text{ km/h}}$

Beispiel 2: Wie groß ist die Umdrehungsfrequenz der Trommel eines Vakuum-Trommelzellen-Filters zur Filtration von Aluminiumhydroxid, wenn der Filterkuchen durch Schaberabnahme mit einer Geschwindigkeit von 0,050 m/s abgeschält wird? Der Trommeldurchmesser des Filters beträgt 4000 mm.

Lösung: $v = \pi \cdot d \cdot f \Rightarrow \mathbf{f} = \frac{v}{\pi \cdot d} = \frac{0{,}050\text{ m/s}}{\pi \cdot 4{,}000\text{ m}} \approx 0{,}0040\text{ s}^{-1} \approx 0{,}0040 \cdot 60\text{ min}^{-1} \approx \mathbf{0{,}24\text{ min}^{-1}}$

Geradlinig beschleunigte Bewegung

Nimmt bei einer Bewegung die Geschwindigkeit in gleichen Zeitabschnitten um den gleichen Betrag zu (**Bild 47/1,** Mitte), so ist die Beschleunigung a konstant (Bild 47/1, unten). Es liegt eine gleichmäßig beschleunigte Bewegung vor.

Es werden demzufolge in gleichen Zeitabschnitten immer größere Wegstrecken zurückgelegt und für gleiche Wegstrecken wird immer weniger Zeit benötigt (Bild 47/1, oben).

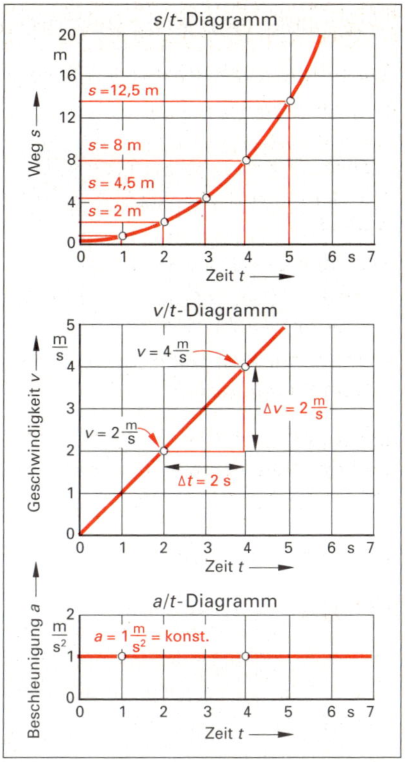

Bild 47/1: *s/t*-, *v/t*- und *a/t*-Diagramm der geradlinig beschleunigten Bewegung

Die **Beschleunigung *a*** ist umso größer,

- je größer die Geschwindigkeitsänderung Δv ist, die in einem Zeitabschnitt erreicht wird: $a \sim \Delta v$.
- je kleiner die Zeitspanne Δt ist, in der die Geschwindigkeitsänderung stattfindet: $a \sim 1/\Delta t$.

Es gilt:

$$\text{Beschleunigung} = \frac{\text{Geschwindigkeitsänderung}}{\text{Zeit}} \qquad a = \frac{\Delta v}{\Delta t}$$

Die Einheit der Beschleunigung ist m/s^2. Bei einer Beschleunigung von z. B. $3\ m/s^2$ wird die Geschwindigkeit in einer Sekunde um drei Meter pro Sekunde größer.

Der **freie Fall** ist eine gleichmäßig beschleunigte Bewegung mit der Fallbeschleunigung $g = 9{,}81\ m/s^2$.

Bei gleichmäßig beschleunigten Bewegungen aus der Ruhelage stehen zur Berechnung der zurückgelegten Wegstrecke mehrere Größengleichungen zur Verfügung. Mit der mittleren Geschwindigkeit v_m lassen sich eine Reihe von Gesetzmäßigkeiten der geradlinig beschleunigten Bewegung ableiten:

$v_m = \frac{s}{t} \Rightarrow s = v_m \cdot t$ mit $v_m = \frac{v}{2}$ folgt:

wird in $s = \frac{v}{2} \cdot t$ für $v = a \cdot t$ eingesetzt, so ergibt sich:

wird in $s = \frac{v}{2} \cdot t$ für $t = \frac{v}{a}$ eingesetzt, so gilt:

$$s = \frac{v}{2} \cdot t \qquad s = \frac{1}{2} \cdot a \cdot t^2 \qquad s = \frac{1}{2} \cdot \frac{v^2}{a}$$

Zurückgelegter Weg s bei der geradlinig beschleunigten Bewegung

Findet eine gleichmäßig beschleunigte Bewegung bei vorhandener Anfangsgeschwindigkeit v_0 statt, so berechnet sich der zurückgelegte Gesamtweg s aus dem Weg der gleichförmigen Bewegung $s_1 = v_0 \cdot t$ und dem Weg der beschleunigten Bewegung $s_2 = \frac{a}{2} \cdot t^2$.

$$s = v_0 \cdot t + \frac{a}{2} \cdot t^2$$

Zurückgelegter Weg s bei Anfangsgeschwindigkeit

Beispiel 1: Beim Durchfluss durch ein Reduzierstück wird eine Kühlsole in 0,1 Sekunden von 0,3 m/s auf 0,9 m/s beschleunigt. Wie groß ist die Beschleunigung? Wie lang ist der konische Teil des Reduzierstücks?

Lösung:

$$\mathbf{a} = \frac{\Delta v}{\Delta t} = \frac{0{,}6\ m/s}{0{,}1\ s} = \mathbf{6\ m/s^2}$$

$$\mathbf{s} = v_0 \cdot t + \frac{a}{2} \cdot t^2 = 0{,}3\ m/s \cdot 0{,}1\ s + \frac{6\ m/s^2}{2} \cdot 0{,}1^2 \cdot s^2 = 0{,}03\ m + 0{,}03\ m = 0{,}06\ m = \mathbf{6\ cm}$$

Beispiel 2: Bei der Rohrmontage fällt ein Schraubenschlüssel aus einer Höhe von 5 Metern von einer Rohrbrücke herab. Berechnen Sie die Fallzeit. (Die Fallbeschleunigung g soll näherungsweise $10\ m/s^2$ gesetzt werden.)

Lösung:

$$s = \frac{1}{2} \cdot g \cdot t^2 \Rightarrow \mathbf{t} = \sqrt{\frac{2 \cdot s}{g}} = \sqrt{\frac{2 \cdot 5\ m}{10\ m/s^2}} \approx \sqrt{1\ s^2} \approx \mathbf{1\ s}$$

Aufgaben zu 2.5 Bewegungsvorgänge

1. Rechnen Sie die in der Tabelle angegebenen Geschwindigkeitsangaben um.

Tabelle zu Aufgabe 1		
km/h	m/min	m/s
18		
	720	
		2,4

2. Kalkstein wird auf einem 25,0 Meter langen Gurtbandförderer mit einer Geschwindigkeit von 2,00 m/s in einen Drehrohrofen transportiert. Berechnen Sie die Verweilzeit des Kalksteins auf dem Gurtbandförderer.

3. Ein Laufkran hat eine Hubgeschwindigkeit von 7,8 m/min. Wie viel Sekunden benötigt er, um eine Welle 3,8 Meter hochzuheben?

4. Bei der Rohrmontage fällt ein Schraubenschlüssel aus einer Höhe von 6,5 Metern von einem Montagegerüst.
   a) Berechnen Sie die Fallzeit bis zum Aufprall.
   b) Wie groß ist die Geschwindigkeit des Schraubenschlüssels beim Aufprall?

5. Der große Zeiger einer Uhr in einer Messwarte ist von der Drehachse bis zur Spitze 18,0 cm lang. Wie groß ist die Geschwindigkeit an der Spitze des Zeigers in mm/min?

6. Ein Laufkran bewegt ein Pumpengehäuse mit einer Geschwindigkeit von 20,0 m/min in waagerechter Richtung. Die Hubgeschwindigkeit beträgt 5,0 m/min.
   a) Mit welcher resultierenden Geschwindigkeit bewegt sich die Last?
   b) Welche Wegstrecke legt die Last in 10 Sekunden zurück?

7. Ammoniumphosphat wird auf einem 20 Meter langen Gurtbandförderer mit einer Geschwindigkeit von 2,5 m/s von einer Absackanlage zu einem Sackpalettierer transportiert. Die 60 cm langen Säcke werden in Abständen von 5 Sekunden auf das Förderband gegeben.
   a) Wie groß ist die Verweilzeit der Säcke auf dem Gurtbandförderer?
   b) Wie groß ist der Abstand zwischen den Säcken auf dem Förderband?

8. Bei der Montage einer Kolonne zur Fraktionierung von Erdöl fällt eine Schraube vom Kolonnenkopf herab und schlägt nach drei Sekunden auf dem Erdboden auf.
   a) Welche Fallstrecke hat die Schraube in der dritten Sekunde zurückgelegt?
   b) Wie hoch ist die Kolonne bis zum Kolonnenkopf?

9. Mit welcher Geschwindigkeit schlägt ein Erzbrocken auf die 3,0 cm entfernte Prallplatte eines Hammerbrechers, wenn die am Rotor angebrachten Hämmer das Erz in 10^{-4} Sekunden auf eine Geschwindigkeit von 40 m/s beschleunigen?

10. Mit welcher Anfangsgeschwindigkeit wird der Filterkuchen aus einer horizontalen Schälzentrifuge mit einem Trommelinnendurchmesser von 800 mm herausgeschält, wenn die Filterkuchendicke 120 mm und die Umdrehungsfrequenz 1350 min^{-1} betragen?

11. Wie groß ist die Umlauffrequenz der Tragrolle (d = 50,0 mm) eines Gurtbandförderers, wenn sich das Förderband mit einer Geschwindigkeit von 1,50 m/s bewegt?

12. Im Laufrad einer Kreiselradpumpe wird Isobutanol von 12,0 m/s auf 25,0 m/s in 10^{-2} Sekunden beschleunigt. Berechnen Sie die Beschleunigung und die Beschleunigungsstrecke.

13. Stückgüter werden über eine leicht geneigte 80 Meter lange Rollenbahn von einer Verpackungsanlage zum Lager transportiert. Die Beschleunigung aus der Ruhelage beträgt 0,1 m/s^2.
    a) Welche Endgeschwindigkeit wird erreicht?
    b) Wie lange dauert der Transport auf der Rollenbahn?

2.6 Kräfte

Um den Bewegungszustand eines Körpers zu ändern, ist eine Kraft F erforderlich **(Bild 49/1)**. Die aufzuwendende Beschleunigungskraft F ist umso größer, je größer die Masse m des Körpers ($F \sim m$) und je größer die Beschleunigung a ist, die der Körper durch die Krafteinwirkung erfahren soll ($F \sim a$). Es gilt die Grundgleichung der Mechanik.

Grundgleichung der Mechanik
$F = m \cdot a$

Die abgeleitete Einheit für die Kraft ist das Newton, Einheitenkurzzeichen N.

$$1\,\text{N} = 1\,\frac{\text{kg} \cdot \text{m}}{\text{s}^2}$$

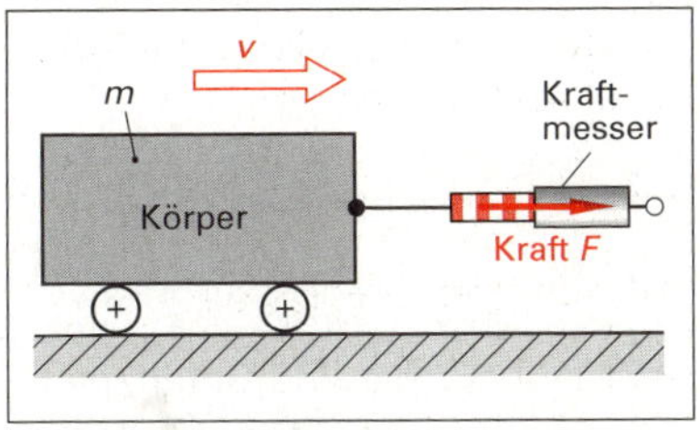

Bild 49/1: Beschleunigung eines Körpers

Beispiel 1: Welche Kraft ist erforderlich, um einen Körper mit der Masse 1 kg um 1 m/s² zu beschleunigen?

Lösung: Mit der Grundgleichung der Mechanik folgt $\boldsymbol{F} = m \cdot a = 1\,\text{kg} \cdot 1\,\frac{\text{m}}{\text{s}^2} = 1\,\frac{\text{kg} \cdot \text{m}}{\text{s}^2} = \mathbf{1\,N}$

Beispiel 2: Ein Portalhubwagen hat eine Gesamtmasse von 25,0 t. Er wird durch eine Kraft von 12,5 kN beschleunigt. Wie groß ist die dabei auftretende Beschleunigung?

Lösung: $\boldsymbol{F} = m \cdot a \;\Rightarrow\; \boldsymbol{a} = \frac{F}{m} = \frac{12{,}5 \cdot 10^3\,\text{kg} \cdot \text{m/s}^2}{25{,}0 \cdot 10^3\,\text{kg}} = \mathbf{0{,}500\,m/s^2}$

Gewichtskraft

Setzt man in die Grundgleichung der Mechanik $F = m \cdot a$ für die Beschleunigung a die auf der Erde auf alle Körper wirkende Fallbeschleunigung $g = 9{,}81\,\text{m/s}^2$, so lässt sich die Gewichtskraft F_G eines Körpers berechnen. Sie wird vereinfachend auch als Gewicht bezeichnet.

Gewichtskraft
$F_G = m \cdot g$ mit $g = 9{,}81\,\frac{\text{m}}{\text{s}^2} = 9{,}81\,\frac{\text{N}}{\text{kg}}$

Beispiel: Welche Kraft ist erforderlich, um einen Körper mit einer Masse von 100 g hochzuhalten?

Lösung: $\boldsymbol{F} = m \cdot g = 0{,}100\,\text{kg} \cdot 9{,}81\,\frac{\text{m}}{\text{s}^2} = 0{,}981\,\frac{\text{kg} \cdot \text{m}}{\text{s}^2} = \mathbf{0{,}981\,N}$

Geschwindigkeitsänderungskraft

Wird in die Grundgleichung der Mechanik für die Beschleunigung a die Größengleichung $a = \Delta v / \Delta t$ eingesetzt, so lässt sich die Kraft berechnen, die zur Geschwindigkeitsänderung (Beschleunigung oder Verzögerung) eines Körpers erforderlich ist.

Geschwindigkeitsänderungskraft
$F = \frac{m \cdot \Delta v}{\Delta t}$

Beispiel: Welche Kraft muss auf einen Körper mit der Masse 1 kg einwirken, damit er seine Geschwindigkeit innerhalb von einer Sekunde um 1 m/s ändert?

Lösung: $\boldsymbol{F} = \frac{m \cdot \Delta v}{\Delta t} = \frac{1\,\text{kg} \cdot 1\,\text{m/s}}{1\,\text{s}} = 1\,\frac{\text{kg} \cdot \text{m}}{\text{s}^2} = \mathbf{1\,N}$

Formänderungskraft

Die zur Verformung eines Körpers, z. B. einer Spiralfeder, erforderliche Kraft ist umso größer, je größer der Widerstand der Spiralfeder gegen ihre Formänderung ist ($F \sim D$) und je stärker die Feder gedehnt wird ($F \sim s$). Die Größengleichung für die Formänderungskraft heißt **Hooke'sches Gesetz**.

Hooke'sches Gesetz
$F = D \cdot s$

Der Widerstand einer Feder gegen ihre Formänderung wird auch als Federhärte bezeichnet und durch die Federkonstante D charakterisiert.

Beispiel: Zur Auslenkung der Rohrfeder in einem Rohrfedermanometer **(Bild 49/2)** ist eine Kraft von 1,5 N erforderlich. Wie groß ist die Federkonstante, wenn die Auslenkung 3,0 mm beträgt?

Lösung: $F = D \cdot s \;\Rightarrow\; \boldsymbol{D} = \frac{F}{s} = \frac{1{,}5\,\text{N}}{3{,}0\,\text{mm}} = \mathbf{0{,}50\,\frac{N}{mm}}$

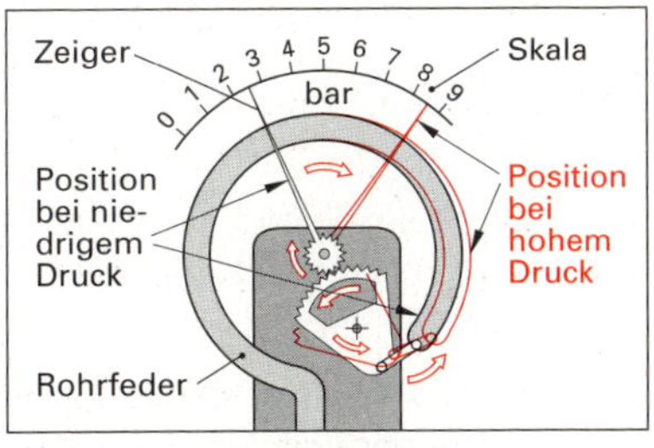

Bild 49/2: Rohrfedermanometer

Reibungskraft

Ist ein Körper durch eine Zugkraft F_Z beschleunigt worden, so bewegt er sich auf einer Unterlage nicht immer weiter mit konstanter Geschwindigkeit fort, wie man es eigentlich aufgrund seiner Trägheit erwarten könnte. Er wird durch eine Reibungskraft F_R gebremst **(Bild 50/1)**.

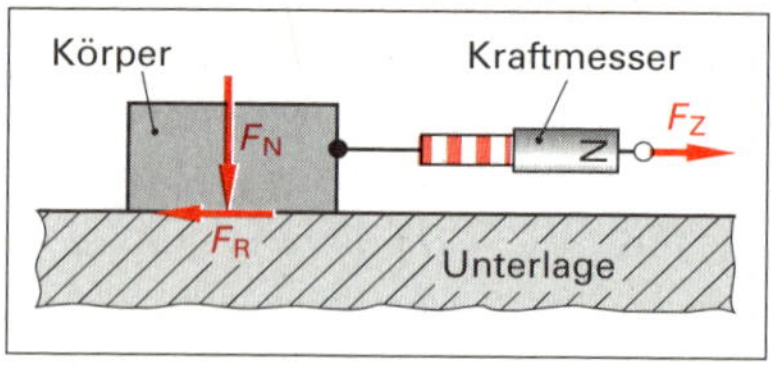

Bild 50/1: Reibungskraft

Die Reibungskraft ist umso größer, je größer die Normalkraft F_N des Körpers ist ($F_R \sim F_N$) und je größer die Reibungszahl μ zwischen Körper und Unterlage ist ($F_R \sim \mu$).

Die Größe der aufeinander reibenden Flächen hat **keinen** Einfluss auf die Reibungskraft.

Für die Größe der Reibungskraft F_R gilt das Reibungsgesetz:

Reibungsgesetz
$F_R = \mu \cdot F_N$

Die Normalkraft F_N ist die senkrecht auf die Unterlage wirkende Anpresskraft des Körpers. Bei einem unbelasteten, waagerecht auf einer Unterlage gleitenden Körper ist die Normalkraft F_N gleich der Gewichtskraft F_G des Körpers (Bild 50/1).

Die Größe der Reibungszahl μ ist von der Reibungsart (Haften, Gleiten, Rollen), von der Werkstoffpaarung und von der Oberflächenbeschaffenheit (rau, glatt) abhängig.

Je nachdem, ob die Bauteile aneinander haften, aufeinander gleiten oder abrollen, unterscheidet man Haftreibungszahlen μ_H, Gleitreibungszahlen μ_G und Rollreibungszahlen μ_R. Es gilt: $\mu_H > \mu_G > \mu_R$.

Die bei Fahrzeugen angegebenen Fahrwiderstandszahlen μ_F berücksichtigen z. B. neben der Rollreibung der Reifen auf der Fahrbahn noch die Lagerreibung in den Lagern der Räder.

Beispiel: Wie groß ist die Reibungskraft an einer Welle eines Turboverdichters mit Wälzlagerung (μ_R = 0,003), wenn die auf das Lager wirkende Normalkraft 1 kN beträgt?

Lösung: $\mathbf{F_R} = \mu_R \cdot F_N = 0{,}003 \cdot 10^3\ \text{N} = \mathbf{3\ N}$

Aufgaben zu 2.6 Kräfte

1. Berechnen Sie die Gewichtskraft eines mit Aceton gefüllten Fasses anhand folgender Angaben: Tara = 10,5 kg, d = 60,0 cm, h = 90,0 cm, ϱ(Aceton) = 0,791 g/cm^3.
2. Eine geradstirnige Passfeder aus Stahl (ϱ(Stahl) = 7,84 g/cm^3) hat folgende Abmessungen: l = 50 mm, $b = h$ = 10 mm. Wie groß ist die Gewichtskraft der Passfeder?
3. Welche Federkonstante muss die Schraubenfeder in einem Kraftmesser haben, wenn der Messbereich 10 N und die zur Verfügung stehende Skalenlänge 10 cm betragen?
4. Welche Kraft ist erforderlich, um einen mit schwerem Heizöl beladenen Kesselwagen mit einer Gesamtmasse von 50 Tonnen auf einer waagerechten Schienenstrecke in gleichförmiger Bewegung zu halten, wenn die Fahrwiderstandszahl μ_F = 0,005 beträgt?
5. Zur experimentellen Bestimmung der Gleitreibungszahl wurde für einen Körper mit der Masse m = 3,1 kg eine Gleitreibungskraft von F_G = 2,9 N gemessen. Berechnen Sie die Gleitreibungszahl.
6. Das Federbein eines Schwingförderers wird mit einer Kraft von 1,2 kN belastet. Wie groß ist die Auslenkung der Blattfeder, wenn die Federkonstante D = 40 N/mm beträgt?
7. Welche Beschleunigungskraft ist erforderlich, um 0,6 m^3 Eisenoxid-Pigment (ϱ = 0,8 kg/L) beim Anfahren eines Stetigförderers in 2,0 Sekunden auf eine Geschwindigkeit von v = 1,2 m/s zu beschleunigen?
8. Auf ein mit Glycol gefülltes Rollreifenfass mit einer Gesamtmasse von m = 260 kg wirkt eine Beschleunigungskraft von 130 N. Welche Beschleunigung erfährt das Fass?

2.7 Arbeit

Beim Umgang mit Stoffen, z.B. beim Heben einer Last, wird Arbeit verrichtet. Die Arbeit W steigt mit dem Kraftaufwand F ($W \sim F$) und mit dem in Kraftrichtung zurückgelegten Weg s ($W \sim s$). Es gilt $W = F \cdot s$.

Arbeit
$W = F \cdot s$

$[W] = 1\ \text{N} \cdot 1\ \text{m} = 1\ \text{N} \cdot \text{m} = \mathbf{1\ J}$

$\mathbf{1\ J = 1\ Ws}$; $\mathbf{1\ kWh = 3{,}6 \cdot 10^6\ J}$

Die abgeleitete Einheit der Arbeit ist das Joule, Einheitenzeichen J, oder die Wattsekunde, Einheitenzeichen Ws. Große Arbeitsbeträge gibt man in Kilowattstunden an, Einheitenzeichen kWh.

Beispiel: Es wird eine Arbeit von einem Joule verrichtet, wenn der Angriffspunkt der Kraft von einem Newton in Kraftrichtung um einen Meter verschoben wird.

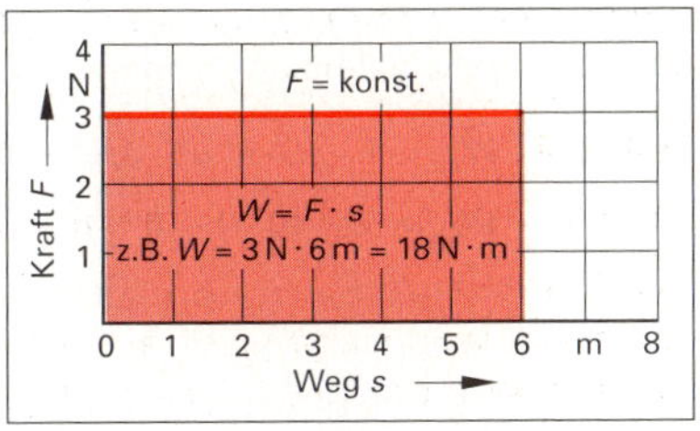

Bild 51/1: Arbeitsdiagramm

Im **Arbeitsdiagramm** (Kraft/Weg-Diagramm) stellt die Fläche, die von der Kraft und dem Weg gebildet wird, ein Maß für die verrichtete Arbeit dar **(Bild 51/1)**. Bei konstanter Kraft ergibt sich ein Rechteck mit der Fläche $W = F \cdot s$.

Hubarbeit

Setzt man in die Gleichung $W = F \cdot s$ für die Kraft F die Gewichtskraft $F_G = m \cdot g$ und für die Strecke s die Höhe h, so lässt sich die Hubarbeit W_H berechnen, die zum Heben einer Last erforderlich ist.

Hubarbeit
$W_H = F_G \cdot h = m \cdot g \cdot h$

Beispiel: Es wird eine Hubarbeit von ungefähr einem Joule verrichtet, wenn eine Last mit einer Masse von 100 g einen Meter hochgehoben wird ($g = 9{,}81\ \text{m/s}^2$).

$W_H = 0{,}100\ \text{kg} \cdot 9{,}81\ \text{m/s}^2 \cdot 1\ \text{m}$

$\mathbf{W_H} = 0{,}981 \frac{\text{kg} \cdot \text{m}}{\text{s}^2} \cdot \text{m} \approx 1\ \text{N} \cdot \text{m} \approx \mathbf{1\ J}$

Beschleunigungsarbeit

Wird in die Gleichung $W = F \cdot s$ die Beschleunigungskraft $F = m \cdot a$ und der bei der beschleunigten Bewegung zurückgelegte Weg $s = \frac{1}{2} \cdot a \cdot t^2$ eingesetzt, so erhält man $W = m \cdot a \cdot \frac{1}{2} \cdot a \cdot t^2$.

Mit $a = \frac{v}{t}$ folgt nach dem Kürzen eine Größengleichung zur Berechnung der Beschleunigungsarbeit W_B bei Beschleunigungsvorgängen aus der Ruhelage.

Beschleunigungsarbeit
$W_B = \frac{1}{2} \cdot m \cdot v^2$

Beispiel: Welche Beschleunigungsarbeit wird in einer horizontalen Rohrleitung beim Anfahren einer Kanalradpumpe verrichtet, wenn 150 kg Klärschlamm in der Rohrleitung auf 1,60 m/s beschleunigt werden?

Lösung: $\mathbf{W_B} = \frac{1}{2} \cdot m \cdot v^2 = \frac{1}{2} \cdot 150\ \text{kg} \cdot (1{,}60\ \text{m/s})^2 = 192 \frac{\text{kg} \cdot \text{m}^2}{\text{s}^2} = 192 \frac{\text{kg} \cdot \text{m}}{\text{s}^2} \cdot \text{m} = 192\ \text{N} \cdot \text{m}\ \mathbf{= 192\ J}$

Reibungsarbeit

Zu einer Größengleichung zur Berechnung der Reibungsarbeit W_R gelangt man, wenn in $W = F \cdot s$ für die Kraft F die Reibungskraft $F_R = \mu \cdot F_N$ eingesetzt wird.

Reibungsarbeit
$W_R = \mu \cdot F_N \cdot s$

Beispiel: Beim Verschieben einer mobilen Kreiselpumpenanlage beträgt die Reibungszahl $\mu = 0{,}02$.
Welche Reibungsarbeit ist zu verrichten, wenn die Pumpenanlage (m = 155 kg) 12 Meter waagerecht verschoben werden soll?

Lösung: $\mathbf{W_R} = \mu \cdot F_N \cdot s = \mu \cdot F_G \cdot s = \mu \cdot m \cdot g \cdot s = 0{,}02 \cdot 155\ \text{kg} \cdot 10\ \text{m/s}^2 \cdot 12\ \text{m} = 372 \frac{\text{kg} \cdot \text{m}^2}{\text{s}^2} = 372\ \text{N} \cdot \text{m} \approx \mathbf{0{,}4\ kJ}$

Spannarbeit

Beim Spannen einer Schraubenfeder wächst die Spannkraft mit dem Weg linear an. Die erforderliche Spannarbeit W_{Sp} wird im Arbeitsdiagramm **(Bild 52/1)** durch die Dreiecksfläche unter

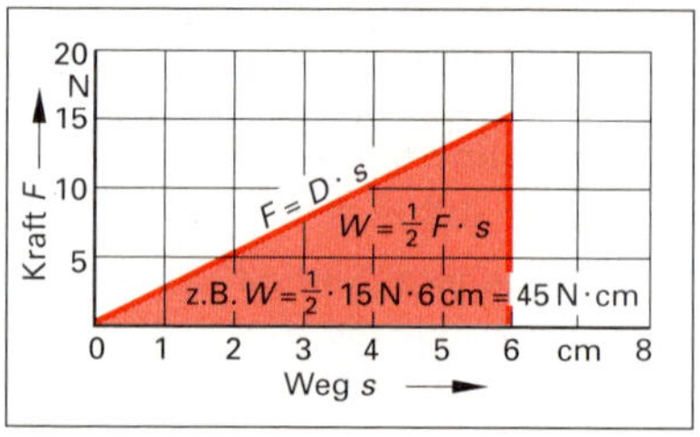

Bild 52/1: Spannarbeit

Beispiel: Welche Spannarbeit ist zu verrichten, wenn fünf Schraubenfedern mit einer Federkonstanten von jeweils D = 0,50 kN/mm am Steuerkopf eines Vakuum-Trommelzellenfilters um 12 mm vorgespannt werden?

Lösung: $W_{Sp} = n \cdot \frac{1}{2} D \cdot s^2 = 5 \cdot 0{,}5 \cdot 0{,}50 \, \frac{\text{kN}}{\text{mm}} \cdot 144 \, \text{mm}^2 = 180 \, \text{kN} \cdot \text{mm}$

$\boldsymbol{W_{Sp}} = 180 \cdot 10^3 \, \text{N} \cdot 10^{-3} \, \text{m} = 180 \, \text{N} \cdot \text{m} = 180 \, \text{J} \approx \mathbf{0{,}18 \, kJ}$

Spannarbeit
$W_{Sp} = \frac{1}{2} \cdot D \cdot s^2$

Aufgaben zu 2.7 Arbeit

1. Welche Hubarbeit muss eine Zahnradpumpe verrichten, um 5,4 m^3 Glycerin (ϱ = 1,260 g/cm^3) in einen 3,7 m hoch gelegenen Vorratstank zu pumpen?

2. Welche Hubarbeit ist erforderlich, um drei 25-kg-Säcke mit Calciumoxid von je 15 cm Höhe aufeinander zu stapeln?

3. Beim Beschicken eines Stetigförderers wird eine Beschleunigungsarbeit von 40,5 J pro Stückgut verrichtet, um das Stückgut auf eine Geschwindigkeit von v = 1,8 m/s zu beschleunigen. Wie groß ist die Masse des Stückgutes?

4. Eine Dickstoffpumpe fördert 2,0 m^3 Schlamm (ϱ = 2,8 g/cm^3) mit einer Strömungsgeschwindigkeit von 1,0 m/s in einen Absetzkasten. Welche Beschleunigungsarbeit ist dazu erforderlich?

5. Über einen Winkelhebel wird an einer Rückholfeder eine Spannarbeit von 25 J verrichtet. Wie stark wird die Feder ausgelenkt, wenn die Federkonstante D = 10 N/mm beträgt?

6. Eine Druckfeder in einem Drehschieberverdichter wird durch eine Spannarbeit von 0,50 J um s = 2,0 cm vorgespannt. Welche Spannkraft ist dazu erforderlich?

7. Welche Masse hat die Platte eines Plattenwärmetauschers, wenn das waagerechte Verschieben einer Platte im Stangenrahmen um 0,50 m bei einer Gleitreibungszahl von μ = 0,10 eine Reibungsarbeit von W_R = 6,0 J erfordert?

8. Die Bremsen eines mit Kalkstickstoff beladenen Güterwaggons (m = 45 t) verrichten eine Reibungsarbeit von 0,9 MJ, um ihn auf einer waagerechten Strecke zum Stehen zu bringen. Wie lang ist die Bremsstrecke, wenn die Fahrwiderstandszahl $\mu_F = 5 \cdot 10^{-3}$ beträgt?

9. Ein Lastenaufzug transportiert einen Hubwagen, der mit einer Palette mit Laborchemikalien beladen ist, nach unten. Die Gesamtmasse der Last beträgt 350 kg, die vom Aufzug aufgenommene Arbeit 42 kJ. Welche Strecke legt der Lastenaufzug zurück?

10. $150 \cdot 10^3$ m^3 Wasser verrichten an den Turbinen eines Wasserkraftwerks eine Arbeit von 60 MWh. Wie groß ist die Fallhöhe des Wassers, wenn die Strömungsverluste nicht berücksichtigt werden?

11. Der Elektromotor eines Stetigförderers verrichtet eine Arbeit von 1,2 kWh. Welche Masse an Aluminiumoxid Al_2O_3 kann damit über eine Höhendifferenz von 6,0 m transportiert werden, wenn die Reibungsverluste unberücksichtigt bleiben?

2.8 Leistung

Unter der mechanischen Leistung P wird die pro Zeiteinheit t verrichtete mechanische Arbeit W verstanden.

Mechanische Leistung $P = \frac{W}{t}$

Die abgeleitete Einheit der Leistung ist das Watt, Einheitenkurzzeichen W.

$$1\,\text{W} = 1\frac{\text{J}}{\text{s}} = 1\frac{\text{N} \cdot \text{m}}{\text{s}}$$

Analog zu den verschiedenen Arten der Arbeit (Seite 51) gibt es mehrere Leistungsarten.

Die **Hubleistung P_H** erhält man durch Einsetzen der Hubarbeit W_H in die Definitionsgleichung der Leistung:

$$P_H = \frac{W_H}{t} = \frac{F_G \cdot h}{t} = \frac{m \cdot g \cdot h}{t} = m \cdot g \cdot v = F_G \cdot v$$

Hubleistung $P_H = F_G \cdot v$

Die **Beschleunigungsleistung P_B** kann man ebenso ableiten:

$$P_B = \frac{W_B}{t} = \frac{F_B \cdot s}{t} = \frac{m \cdot a \cdot s}{t} = m \cdot a \cdot v = F_B \cdot v$$

Beschleunigungsleistung $P_B = F_B \cdot v$

Beispiel 1: Wie groß ist die Hubleistung einer Schneckentrogpumpe im Einlaufhebewerk einer Kläranlage, die pro Minute 120 Kubikmeter Abwasser (ϱ = 1,0 kg/L) 10 Meter hoch pumpt?

Lösung: $P_H = \frac{m \cdot g \cdot h}{t}$; mit $m = \varrho \cdot V$ folgt: $P_H = \frac{\varrho \cdot V \cdot g \cdot h}{t} = \frac{1000\,\text{kg} \cdot 120\,\text{m}^3 \cdot 10\,\text{m} \cdot 10\,\text{m}}{\text{m}^3 \cdot 60\,\text{s} \cdot \text{s}^2}$

$$\boldsymbol{P_H} = 2{,}0 \cdot 10^5\,\frac{\text{kg} \cdot \text{m}}{\text{s}^2} \cdot \frac{\text{m}}{\text{s}} = 2{,}0 \cdot 10^5\,\frac{\text{N} \cdot \text{m}}{\text{s}} = 2{,}0 \cdot 10^5\,\frac{\text{J}}{\text{s}} = 2{,}0 \cdot 10^5\,\text{W} = 200\,\text{kW} \approx \mathbf{0{,}20\,MW}$$

Beispiel 2: Ein Gabelstapler mit einer Eigenmasse von 1,2 Tonnen beschleunigt beim Transport einer Palette mit Kalkstickstoff (m = 600 kg) mit einer mittleren Beschleunigung von a = 1,2 m/s². Welche Beschleunigungsleistung ist zum Erreichen einer Geschwindigkeit von 30 km/h erforderlich?

Lösung: $\boldsymbol{P_B} = m \cdot a \cdot v = 1800\,\text{kg} \cdot 1{,}2\,\frac{\text{m}}{\text{s}^2} \cdot \frac{30 \cdot 10^3\,\text{m}}{3600\,\text{s}} = 18 \cdot 10^3\,\frac{\text{N} \cdot \text{m}}{\text{s}} = 18 \cdot 10^3\,\frac{\text{J}}{\text{s}} = 18 \cdot 10^3\,\text{W} = \mathbf{18\,kW}$

Aufgaben zu 2.8 Leistung

1. Ein Hochleistungs-Gurtbecherwerk in einer Schlackentrocknungsanlage hat eine Schöpfleistung von 20 kW. Mit welcher Kraft wird das Gurtband belastet, wenn die Bechergeschwindigkeit 1,5 m/s beträgt?

2. Wie groß ist die Hubleistung einer Axial-Kreiselradpumpe, die pro Stunde $28 \cdot 10^3$ m³ Kühlwasser in 18 Meter Höhe in einen Naturzug-Kühlturm einspeist?

3. Eine Innenzahnradpumpe mit einer Hubleistung von 4,2 kW soll Thermoöl mit einer Geschwindigkeit von 1,0 m/s in einen Rippenrohr-Wärmeaustauscher einspeisen. Wie groß ist das geförderte Volumen, wenn die Dichte des Thermoöls ϱ = 0,84 g/cm³ beträgt?

4. Zur Produktion von 2740 Tonnen Eisen pro Tag müssen einem 30 Meter hohen Hochofen 5480 Tonnen Eisenerz, 2750 Tonnen Kokskohle und 1360 Tonnen Kalkstein über einen Schrägaufzug zugeführt werden. Welche Hubleistung ist dafür erforderlich?

5. Ein Portalkran in einer Fertigungshalle für Turboverdichter hat eine Gesamtmasse von m = 3,6 t. Welche Strecke benötigt er, um in 3 Sekunden auf a = 0,2 m/s² zu beschleunigen, wenn seine Beschleunigungsleistung 1,2 kW beträgt?

6. Die Hubleistung einer Membranpumpe beträgt 2,0 kW. Wie viel Kubikmeter Oleum mit einer Dichte ϱ = 1,99 g/cm³ können damit pro Stunde in eine Absorptionskolonne in 15 Meter Höhe eingespeist werden?

2.9 Energie

Arbeit kann gespeichert werden. Die gespeicherte Arbeit wird als Arbeitsvermögen oder Energie bezeichnet. Im Gegensatz zur Arbeit, die einen Vorgang darstellt, beschreibt die Energie einen Zustand.

Für die Energie werden die gleichen Einheiten verwendet wie für die Arbeit, also J, Ws oder kWh.

Potenzielle Energie

Eine Last, die durch Hubarbeit gehoben wurde, besitzt gegenüber dem Zustand in der ursprünglichen Höhe potenzielle Energie (Lageenergie). Die potenzielle Energie W_{pot} ist so groß, wie die an der Last verrichtete Hubarbeit $W_H = m \cdot g \cdot h$.

Potenzielle Energie
$W_{pot} = m \cdot g \cdot h$

Beispiel: Um einen Aerozyklon zur Montage um 10 Meter zu heben, verrichtet ein Kran eine Hubarbeit von 25 kJ. Wie groß sind:

a) die Lageenergie des gehobenen Zyklons gegenüber der Ausgangslage,

b) die Masse des Zyklons?

Lösung: a) $\boldsymbol{W_H} = W_{pot} = \mathbf{25\ kJ}$

b) $W_{pot} = m \cdot g \cdot h \quad \Rightarrow \quad \boldsymbol{m} = \frac{W_{pot}}{g \cdot h} = \frac{25 \cdot 10^3\ \text{kg} \cdot \text{m/s}^2 \cdot \text{m}}{10\ \text{m/s}^2 \cdot 10\ \text{m}} = 250\ \text{kg} = \mathbf{0{,}25\ t}$

Kinetische Energie

Ein Körper, der sich mit der Geschwindigkeit v bewegt, besitzt kinetische Energie (Bewegungsenergie). Die kinetische Energie W_{kin} ist so groß, wie die am Körper verrichtete Beschleunigungsarbeit $W_B = 1/2 \cdot m \cdot v^2$.

Kinetische Energie
$W_{kin} = \frac{1}{2} \cdot m \cdot v^2$

Beispiel: Wie groß ist die kinetische Energie einer Stahlkugel (d = 35 mm, ϱ = 7,85 g/cm³) in einer Rohrkugelmühle zum Feinmahlen von Ilmenit, wenn sie mit einer Geschwindigkeit von 6,8 m/s auf das Mahlgut aufschlägt?

Lösung: $W_{kin} = \frac{1}{2} m \cdot v^2$ mit $m = \varrho \cdot V$ und $V = \frac{\pi}{6} \cdot d^3$ folgt: $W_{kin} = \frac{1}{2} \varrho \cdot \frac{\pi}{6} \cdot d^3 \cdot v^2 = \frac{\pi}{12} \cdot \varrho \cdot d^3 \cdot v^2$

$$\boldsymbol{W_{kin}} = \frac{\pi \cdot 7{,}85 \cdot \text{kg} \cdot 3{,}5^3 \cdot \text{cm}^3 \cdot 6{,}8^2 \cdot \text{m}^2}{12 \cdot 1000 \cdot \text{cm}^3 \cdot \text{s}^2} \approx 4{,}1 \frac{\text{kg} \cdot \text{m}^2}{\text{s}^2} \approx 4{,}1\ \text{N} \cdot \text{m} \approx \mathbf{4{,}1\ J}$$

Spannenergie

Beim Spannen einer Feder im elastischen Bereich speichert die Feder die zum Spannen erforderliche Arbeit $W_{Sp} = 1/2 \cdot D \cdot s^2$ in Form von Spannenergie. Die Spannenergie W_{Sp} wird auch als potenzielle Energie der Feder bezeichnet.

Spannenergie
$W_{Sp} = \frac{1}{2} \cdot D \cdot s^2$

Beispiel: Wie groß ist die Spannenergie einer Schraubenfeder (D = 300 N/mm) aus warm gewalztem Federstahl (60 SiCr 7) in einem federbelasteten Sicherheitseckventil, wenn die Druckfeder 12 mm gespannt wird?

Lösung: $\boldsymbol{W_{Sp}} = \frac{1}{2} \cdot D \cdot s^2 = \frac{1}{2} \cdot 300\ \frac{\text{N}}{\text{mm}} \cdot 144\ \text{mm}^2 = 21\,600\ \text{N} \cdot \text{mm} = 21{,}6\ \text{N} \cdot \text{m} \approx \mathbf{22\ J}$

Wärmeenergie

Beim Abbremsen eines Körpers wird die in ihm gespeicherte kinetische Energie in der Bremse in Wärmeenergie Q umgewandelt.

Die Wärmeenergie Q berechnet sich aus der Masse des erwärmten Körpers m, seiner Temperaturerhöhung $\Delta\vartheta$ und einem materialspezifischen Kennwert, der spezifischen Wärmekapazität c.

Wärmeenergie
$Q = c \cdot m \cdot \Delta\vartheta$

Beispiel: Beim Abbremsen eines Kraftfahrzeugs erwärmen sich die Bremsen um 43,0 Grad. Es ist: m_{Br} = 8,50 kg, c_{Br} = 0,460 kJ/(kg · K). Wie groß ist die freigesetzte Wärmeenergie?

Lösung: $\boldsymbol{Q} = c \cdot m \cdot \Delta\vartheta = 0{,}460\ \frac{\text{kJ}}{\text{kg} \cdot \text{K}} \cdot 8{,}50\ \text{kg} \cdot 43{,}0\ \text{K} \approx \mathbf{168\ kJ}$

Aufgaben zu 2.9 Energie

1. Ein Gurtbandförderer transportiert pro Stunde 12,5 m^3 Kalkstein ($\varrho(CaCO_3) = 2{,}7\,g/cm^3$) in einen Drehrohrofen. Die dabei verrichtete Hubarbeit beträgt 2,7 MJ.
   a) Wie groß ist die Förderhöhe?
   b) Wie groß ist der Zuwachs an potenzieller Energie?
2. Wie viel Kubikmeter Wasser müssen in einem Pumpspeicher-Kraftwerk pro Stunde in das 300 Meter höher gelegene Speicherbecken gepumpt werden, damit eine potenzielle Energie von 1,2 Terajoule (TJ) zur Stromerzeugung zur Verfügung steht?
3. Eine Kreiselradpumpe speist 650 L Waschwasser in 24 m Höhe in eine Waschkolonne. Um wie viel Kilojoule steigt dabei die potenzielle Energie der Waschflüssigkeit?
4. Welche Energie müssen die Bremsen eines mit Kerosin beladenen Kesselwagens mit einer Gesamtmasse von 50 t aufnehmen, wenn er aus einer Geschwindigkeit von 30 km/h, 60 km/h oder 90 km/h bis zum Stillstand abgebremst wird? Vergleichen Sie die berechneten Geschwindigkeiten mit den dazugehörenden Energien.
5. Ein mit Braunkohlenstaub beladener Eisenbahnwaggon mit einer Gesamtmasse von 40 t fährt mit einer Restgeschwindigkeit von 0,90 km/h gegen einen Prellbock. Um wie viel Zentimeter werden die Pufferfedern mit einer Federkonstante von $D = 10\,kN/cm$ zusammengedrückt?
6. Bei der unsachgemäßen Demontage eines Kugelventils schießt die Kugel mit einer Masse von 5,0 Gramm durch eine um 2,0 Zentimeter vorgespannte Schraubenfeder ($D = 4{,}0\,kN/m$) senkrecht in die Höhe.
   a) Welche Energie wird auf die Kugel übertragen? b) Wie hoch steigt die Kugel?
7. Durch eine Druckkraft von 1,600 kN wird eine Druckfeder in einem Reduzierventil um 1,5 cm zusammengedrückt. Wie groß ist die Spannenergie der verformten Feder?
8. Um wie viel Grad erwärmen sich die Bremsen des von 90 km/h abgebremsten Kesselwagens von Aufgabe 4, wenn ihre Masse 920 kg und ihre spezifische Wärmekapazität 0,48 kJ/(kg · K) betragen?

2.10 Wirkungsgrad

Bei der Energieumwandlung entstehen Energieverluste. Das Verhältnis von abgegebener Energie oder Leistung (W_{ab}, P_{ab}) zur zugeführten Energie oder Leistung (W_{zu}, P_{zu}) bezeichnet man als Wirkungsgrad η. Er ist eine dimensionslose Dezimalzahl, die auch in Prozent angegeben werden kann. Der Wirkungsgrad ist stets kleiner als 1 bzw. kleiner als 100 %.

Sind mehrere Maschinen an der Energieumwandlung beteiligt, so errechnet sich der Gesamtwirkungsgrad η_{ges} durch Multiplikation der einzelnen Wirkungsgrade.

Wirkungsgrad

$$\eta = \frac{W_{ab}}{W_{zu}} = \frac{P_{ab}}{P_{zu}}$$

Gesamtwirkungsgrad

$$\eta_{ges} = \eta_1 \cdot \eta_2 \cdot \eta_3$$

Beispiel 1: Bei einer Kreiselrad-Pumpenanlage **(Bild 55/1)**, die durch einen Elektromotor angetrieben wird, entstehen Verluste an verschiedenen Stellen:

- Im E-Motor durch Ummagnetisierungs-, Lüfterantriebs-, Lagerreibungs- und Ohm'sche Verluste: $\eta_E = 0{,}85$.
- In der Kreiselradpumpe durch innere Reibung in der geförderten Flüssigkeit sowie durch Reibungsverluste in den Lagern und Dichtungen: $\eta_P = 0{,}70$.

Der Gesamtwirkungsgrad der Pumpenanlage beträgt dann

$\eta_{ges} = \eta_E \cdot \eta_P = 0{,}85 \cdot 0{,}70 \approx \mathbf{0{,}60}$

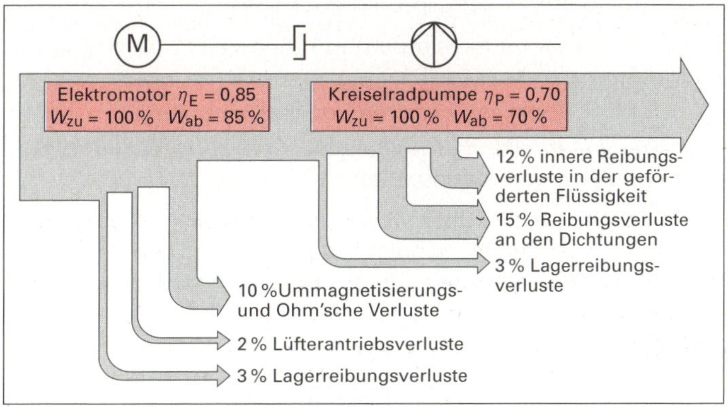

Bild 55/1: Energieverluste in einer Pumpenanlage

Beispiel 2: Welche elektrische Leistung nimmt ein Rührwerksmotor bei einem Wirkungsgrad von 85 % auf, wenn er an das Planetengetriebe eine mechanische Leistung von 6,8 kW abgibt?

Lösung: $\eta = \frac{P_{ab}}{P_{zu}} \Rightarrow \boldsymbol{P_{zu}} = \frac{P_{ab}}{\eta} = \frac{6{,}8\ \text{kW}}{0{,}85} = \mathbf{8{,}0\ kW}$

Aufgaben zu 2.10 Wirkungsgrad

1. **Bild 56/1** zeigt das Fließbild einer Zahnradpumpe, die über einen Drehstrommotor und ein Getriebe angetrieben wird. Wie groß ist der Wirkungsgrad des Getriebes, wenn der Gesamtwirkungsgrad der Pumpenanlage $\eta = 0{,}61$ beträgt und durch die Scheibenkupplungen praktisch keine Leistungsverluste auftreten?

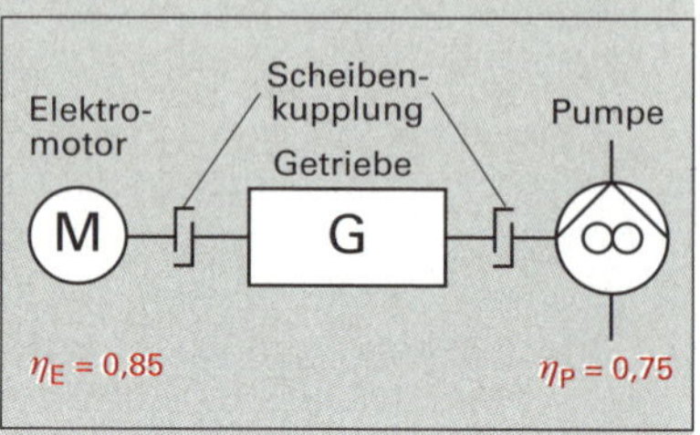

Bild 56/1: Aufgabe 1

2. An einer motorgetriebenen Spindelpresse werden folgende Leistungsdaten ermittelt:
   Vom Motor aufgenommene Leistung: P_{zu} = 10,5 kW.
   Vom Motor an das Getriebe abgegebene Leistung: P_{ab} = 8,4 kW.
   Vom Getriebe an die Spindel abgegebene Leistung: P_{ab} = 5,9 kW.
   Von der Spindel an den Stempel abgegebene Leistung: P_{ab} = 1,8 kW.
   Berechnen Sie die Einzelwirkungsgrade der Maschinenteile sowie den Gesamtwirkungsgrad der Spindelpresse.
3. Eine Kreiselradpumpe fördert pro Minute 2,5 m^3 VE-Wasser in einen 3,0 Meter hoch gelegenen Verdampfer. Welchen Wirkungsgrad hat die Pumpe, wenn die vom Drehstrommotor abgegebene Leistung 1,6 kW beträgt?
4. Ein Gurtbandförderer transportiert pro Stunde 100 Tonnen Bauxit über eine Höhe von 7,2 Meter in eine Mahlanlage. Berechnen Sie Förderleistung und den Wirkungsgrad des Stetigförderers, wenn der Antriebsmotor eine Leistung von 8,0 kW abgibt.
5. Bei einer hydraulischen Presse **(Bild 56/2)** zur Herstellung von Presslingen bringt der Hydraulikkolben eine mittlere Kraft von 80 kN bei einer mittleren Kolbengeschwindigkeit von 3,0 m/min auf. Wie groß ist:
   a) Die abgegebene Leistung der Stempelpresse?
   b) Die aufgenommene Leistung von Motor, Getriebe, Hydraulikpumpe und Stempelpresse?
   c) Der Gesamtwirkungsgrad der Anlage?

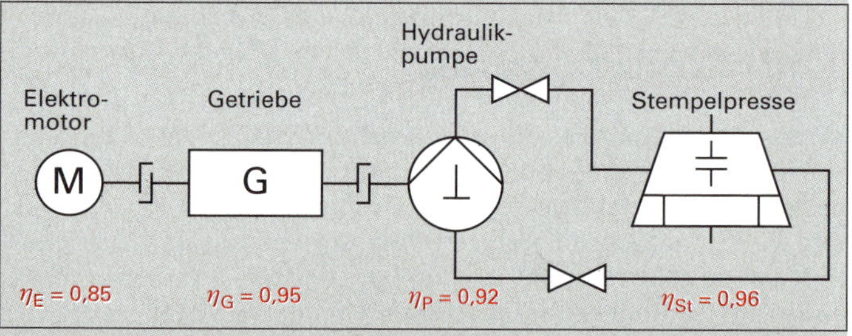

Bild 56/2: Hydraulische Presse (Aufgabe 5)

6. Eine Spaltrohrmotorpumpe nimmt eine elektrische Energie von 3,2 kWh aus dem Netz auf. Ihr Wirkungsgrad beträgt 70 %.
   a) Welche Hubarbeit kann die Pumpe verrichten?
   b) Wie viel Kubikmeter Kalilauge (ϱ(KOH) = 1,20 g/cm^3) können damit über eine Höhendifferenz von 2,4 m gefördert werden?
7. Eine einstufige Dickstoffpumpe soll pro Stunde 150 m^3 Waschwasser (ϱ = 1,1 g/cm^3) in den Einlaufkasten eines Lamelleneindickers einspeisen. Die Pumpe hat eine Leistungsaufnahme von 3,8 kW bei einem Wirkungsgrad von $\eta = 0{,}60$. Welche Förderhöhe kann theoretisch erreicht werden?
8. Ein Zahnradgetriebe nimmt eine mechanische Leistung von 32,2 kW auf und gibt 30,6 kW an einen Einschwingen-Backenbrecher ab.
   a) Wie groß ist die Verlustleistung?
   b) Berechnen Sie den Wirkungsgrad des Zahnradgetriebes.

2.11 Druck und Druckarten

Zur Kompression eines Gases ist eine Kraft erforderlich.

Beispiel: Drückt man auf den Kolben eines Kolbenprobers, so bewirkt die Kraft einen Druck p in der eingeschlossenen Gasportion (**Bild 57/1**).

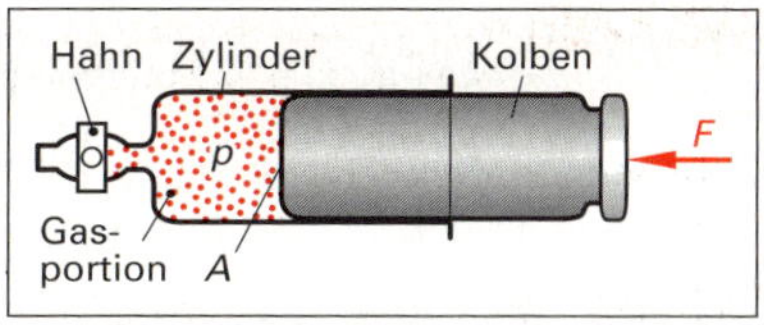

Bild 57/1: Kolbenprober

Der erzeugte Druck p ist umso größer, je größer die wirkende Kraft F ($p \sim F$) und je kleiner die wirksame Kolbenfläche A ist ($p \sim 1/A$). Somit lautet die Definitionsgleichung des Druckes $p = F/A$.

Da die Kraft die Einheit Newton und die Fläche die Einheit Quadratmeter hat, ergibt sich für den Druck die Einheit N/m^2. Man nennt sie **Pascal** (Einheitenzeichen: **Pa**).

Für größere Drücke wird das Hektopascal (Zeichen: hPa) oder das Bar (Einheitenzeichen: bar), für kleinere Drücke das Millibar (Einheitenzeichen: mbar) verwendet. Es gelten die nebenstehenden Umrechnungen.

Druckdefinition $p = \frac{F}{A}$

Umrechnung von Druckeinheiten
$1\ N/m^2 = 1\ Pa$
$100\,000\ Pa = 1\ bar = 10\ N/cm^2$
$1\ hPa = 100\ Pa = 1\ mbar$

Beispiel: Welche Presskraft erreicht eine hydraulische Presse bei einem Öldruck von 50 bar, wenn der wirksame Stempeldurchmesser 100 mm beträgt?

Lösung: $p = \frac{F}{A} \Rightarrow F = p \cdot A$ mit $A = \frac{\pi}{4} \cdot d^2$ folgt: $F = p \cdot \frac{\pi}{4} \cdot d^2 = 500\ \frac{N}{cm^2} \cdot \frac{\pi}{4} \cdot 100\ cm^2 \approx$ **39 kN**

Druckarten

Der **absolute Druck** p_{abs} ist der Druck gegenüber dem Druck null im luftleeren Raum (abs von lat. absolutes: losgelöst, unabhängig). Er kann jeden beliebigen Wert annehmen, der gleich oder größer als null ist (**Bild 57/2**).

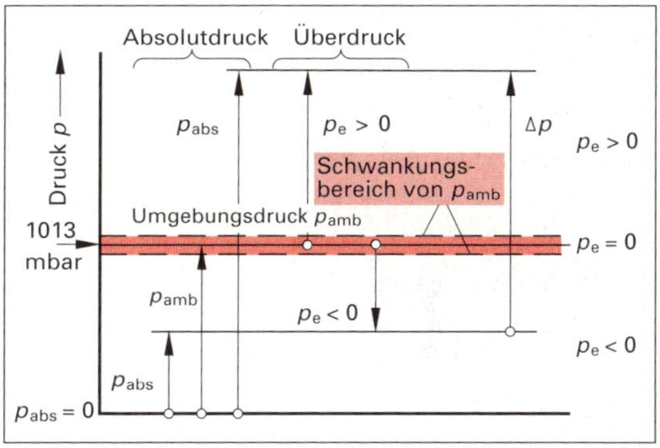

Bild 57/2: Druckarten

Der **Atmosphärendruck** p_{amb} (amb von lat. ambiens: umgebend) ist der zur Zeit der Messung am Messort herrschende Luftdruck. Er ist nicht konstant. Sein mittlerer Wert beträgt auf Meereshöhe 1013 mbar, sein Schwankungsbereich ist ca. 50 mbar (Bild 57/2).

Die Differenz zwischen dem absoluten Druck p_{abs} und dem jeweils herrschenden Atmosphärendruck p_{amb} wird als **Überdruck** p_e bezeichnet (e von lat. exedens: überschreitend).

Überdruck $p_e = p_{abs} - p_{amb}$

Der Überdruck p_e hat einen positiven Wert, wenn der Absolutdruck p_{abs} größer ist als der Atmosphärendruck p_{amb}. Er ist negativ, wenn der Absolutdruck p_{abs} kleiner ist als der Atmosphärendruck p_{amb}.

Beispiel: Wie groß ist in einem offenen Behälter der Überdruck p_e und der Absolutdruck p_{abs}, wenn der Umgebungsdruck p_{amb} = 1008 mbar beträgt?

Lösung: p_e = **0 bar**, da offener Behälter; $p_{abs} = p_e + p_{amb}$ = 0 bar + 1008 mbar = **1008 mbar**

Aufgaben zu 2.11 Druck und Druckarten

1. Der Überdruck in einer mit Wasserstoff gefüllten Gasstahlflasche beträgt p_e = 150 bar. Berechnen Sie den absoluten Druck bei einem Umgebungsdruck von $p_{amb} = 10\ N/cm^2$.
2. Wie groß ist der Druck im Saugrohr eines Turboverdichters, wenn der Luftdruck 1000 mbar und der absolute Druck 0,6 bar beträgt?
3. Welche Kraft wirkt auf den Kolben eines Hubkolbenverdichters, wenn das Auslassventil bei 320 bar öffnet und der Kolbendurchmesser 50 mm beträgt?
4. Mit welcher Kraft wird die Platte einer Kammerfilterpresse beidseitig belastet, wenn die wirksame Filterfläche 1,44 m^2 und der Filtrationsdruck 10,0 bar betragen?

2.12 Druck in Flüssigkeiten

In ruhenden Medien setzt sich der **Gesamtdruck p_{ges}** aus dem statischen Druck p_{stat} und dem hydrostatischen Druck p_h zusammen.

Der **statische Druck p_{stat}** entsteht durch die Presskraft *F*, die auf die Pressfläche *A* wirkt **(Bild 58/1)**.

Der **hydrostatische Druck p_h** wird durch die Gewichtskraft der Flüssigkeit hervorgerufen.

Er steigt bei konstanter Erdbeschleunigung mit der Dichte ($p_h \sim \varrho$) und der Füllhöhe der Flüssigkeit ($p_h \sim h$). Vom Durchmesser des Behälters ist der hydrostatische Druck unabhängig.

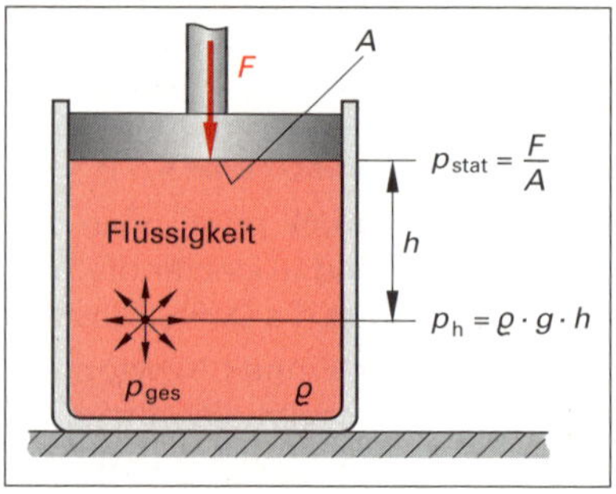

Bild 58/1: Druck im ruhenden Medium

Gesamtdruck
$p_{ges} = p_{stat} + p_h$

Statischer Druck
$p_{stat} = \frac{F}{A}$

Hydrostatischer Druck
$p_h = \varrho \cdot g \cdot h$

Beispiel: Ein Schwimmdachtank hat einen Innendurchmesser von 30,0 Meter. Er ist 10,0 Meter hoch mit Rohöl der Dichte ϱ = 870 kg/m³ gefüllt. Das Schwimmdach hat eine Masse von 10,0 Tonnen.

a) Wie groß ist der statische Druck, der durch das Schwimmdach hervorgerufen wird?

b) Wie groß ist der hydrostatische Druck am Boden des Tanks?

Lösung: a) $p_{stat} = \frac{F}{A}$ mit $F = m \cdot g$ und $A = \frac{\pi}{4} \cdot d^2$ folgt:

$$\boldsymbol{p_{stat}} = \frac{m \cdot g \cdot 4}{\pi \cdot d^2} = \frac{10{,}0 \cdot 10^3\ \text{kg} \cdot 9{,}81\ \text{m} \cdot 4}{\pi \cdot 30{,}0^2 \cdot \text{m}^2 \cdot \text{s}^2} \approx \mathbf{139\ N/m^2}$$

b) $$p_h = \varrho \cdot g \cdot h = \frac{870\ \text{kg} \cdot 9{,}81\ \text{m} \cdot 10{,}0\ \text{m}}{\text{m}^3 \cdot \text{s}^2} = 85\,347\ \text{N/m}^2$$

$$\boldsymbol{p_h} \approx \mathbf{0{,}853\ bar}$$

Hydraulische Presse

Eine hydraulische Presse dient zur Minderung oder Vergrößerung von Druckkräften. Der Druck in der Hydraulikflüssigkeit dehnt sich dabei in alle Richtungen gleichmäßig aus **(Bild 58/2)**. Da der statische Druck p_1 am Kraftkolben genauso groß ist, wie der Druck p_2 am Lastkolben, gilt: $p_1 = p_2 = p$ = konst.

Mit $p_1 = F_1/A_1$ und $p_2 = F_2/A_2$ folgt: $F_1/A_1 = F_2/A_2$ und damit:

$F_2 = \frac{A_2}{A_1} \cdot F_1$. Die Kraftvergrößerung entspricht dem Verhältnis der Flächen A_2/A_1.

Das vom Kraftkolben verdrängte Volumen an Hydraulikflüssigkeit ist $V_1 = A_1 \cdot s_1$. Da Flüssigkeiten nicht komprimierbar sind, muss dieses Volumen auch im Lastkolben verdrängt werden $V_1 = V_2 = A_2 \cdot s_2$.

Somit gilt: $A_1 \cdot s_1 = A_2 \cdot s_2$ und damit: $s_2 = \frac{A_1}{A_2} \cdot s_1$

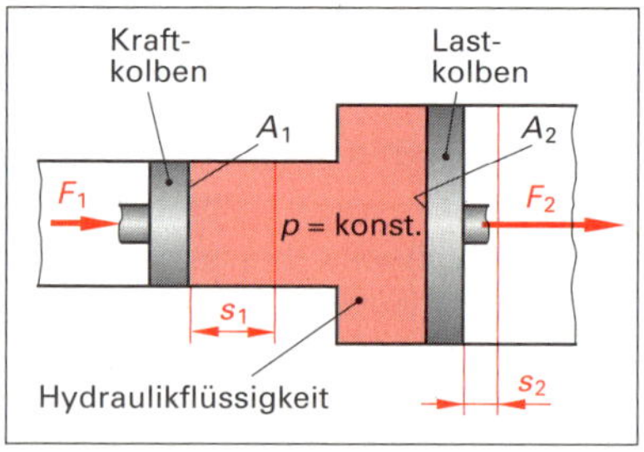

Bild 58/2: Hydraulische Presse

Hydraulische Presse
$\frac{F_1}{A_1} = \frac{F_2}{A_2}$; $A_1 \cdot s_1 = A_2 \cdot s_2$

Beispiel: Eine hydraulische Hebe- und Kippvorrichtung für Fässer hat einen Kraftkolbendurchmesser von d_K = 2,00 cm. Die Fläche des Lastkolbens beträgt A_L = 30,0 cm². Ein Fass mit Decalin (m_L = 250 kg) soll um h_L = 1,20 m angehoben werden. Berechnen Sie:

a) die notwendige Kraft F_K am Kraftkolben,

b) den Weg s_K am Kraftkolben,

c) den Druck in der Hydraulikflüssigkeit.

Lösung: a) $\frac{F_1}{A_1} = \frac{F_2}{A_2} \Rightarrow \frac{F_K}{A_K} = \frac{F_L}{A_L} \Rightarrow F_K = \frac{F_K \cdot A_K}{A_L}$ mit $F_L = m_L \cdot g$ und $A_K = \frac{\pi}{4} \cdot d_K^2$ folgt:

$$\boldsymbol{F_K} = \frac{m_L \cdot g \cdot \pi \cdot d_K^2}{A_L \cdot 4} = \frac{250\ \text{kg} \cdot 9{,}81\ \text{m} \cdot \pi \cdot 4{,}00\ \text{cm}^2}{30{,}0\ \text{cm}^2 \cdot \text{s}^2 \cdot 4} = \frac{250 \cdot 9{,}81 \cdot \pi \cdot 4{,}00}{30{,}0 \cdot 4} \cdot \frac{\text{kg} \cdot \text{m} \cdot \text{cm}^2}{\text{cm}^2 \cdot \text{s}^2} \approx \mathbf{257\ N}$$

b) $A_1 \cdot s_1 = A_2 \cdot s_2 \Rightarrow A_K \cdot s_K = A_L \cdot s_L \Rightarrow s_K = \frac{A_L \cdot s_L}{A_K}$ mit $A_K = \frac{\pi}{4} \cdot d_K^2$ folgt:

$$\boldsymbol{s_K} = \frac{A_L \cdot s_L \cdot 4}{\pi \cdot d_K^2} = \frac{30{,}0\ \text{cm}^2 \cdot 120\ \text{cm} \cdot 4}{\pi \cdot 4{,}00\ \text{cm}^2} \approx 1146\ \text{cm} \approx \mathbf{11{,}5\ m}$$

c) $p = \frac{F_L}{A_L}$ mit $F_L = m_L \cdot g$ folgt: $\boldsymbol{p} = \frac{m_L \cdot g}{A_L} = \frac{250\ \text{kg} \cdot 9{,}81\ \text{m}}{30{,}0\ \text{cm}^2 \cdot \text{s}^2} \approx 81{,}8\ \text{N/cm}^2 \approx \mathbf{8{,}18\ bar}$

Druckwandler

Ein Druckwandler dient zur Vergrößerung oder Verminderung des Druckes in zwei voneinander getrennten Leitungssystemen.

Der Druckwandler besteht aus zwei Druckölzylindern, die durch einen doppelseitigen Kolben mit zwei unterschiedlichen Durchmessern verbunden sind **(Bild 59/1)**.

Im Gleichgewicht wirken auf die beiden Kolbenflächen A_1 und A_2 gleich große Kräfte $F_1 = F_2$.

Mit $F_1 = p_1 \cdot A_1$ und $F_2 = p_2 \cdot A_2$ folgt die Größengleichung für den Druckwandler: $p_1 \cdot A_1 = p_2 \cdot A_2$

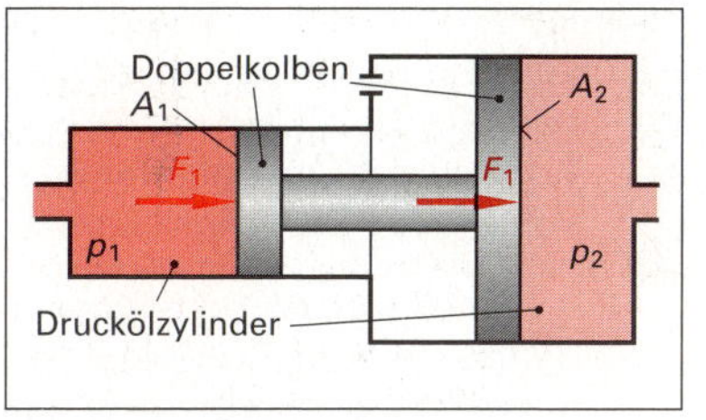

Bild 59/1: Druckwandler

Druckwandler
$p_1 \cdot A_1 = p_2 \cdot A_2$

Beispiel: Die beiden wirksamen Flächen des Kolbens eines Druckwandlers in einer Membranfilterpresse haben einen Durchmesser von d_1 = 50,0 mm und d_2 = 20,0 mm. Welcher Druck p_2 wird erzeugt, wenn in dem großen Zylinder der Druck p_1 = 2,00 bar beträgt?

Lösung: $p_1 \cdot A_1 = p_2 \cdot A_2 \Rightarrow p_2 = p_1 \cdot \frac{A_1}{A_2}$ mit $A_1 = \frac{\pi}{4} \cdot d_1^2$ und $A_2 = \frac{\pi}{4} \cdot d_2^2$ folgt: $p_2 = p_1 \cdot \frac{\frac{\pi}{4} \cdot d_1^2}{\frac{\pi}{4} \cdot d_2^2}$

$$\boldsymbol{p_2} = p_1 \cdot \frac{d_1^2}{d_2^2} = 2{,}00\ \text{bar} \cdot \frac{(50{,}0\ \text{mm})^2}{(20{,}0\ \text{mm})^2} = 2{,}00\ \text{bar} \cdot \frac{2500\ \text{mm}^2}{400\ \text{mm}^2} \approx \mathbf{12{,}5\ bar}$$

Auftriebskraft

Die Auftriebskraft F_A, die ein Körper mit der Gewichtskraft F_G in einer Flüssigkeit erfährt, ist so groß wie die Gewichtskraft F_{Fl} der von ihm verdrängten Flüssigkeit: $F_A = F_{Fl}$ **(Bild 59/2)**.

Mit $F_{Fl} = m_{Fl} \cdot g$ und $m_{Fl} = \varrho_{Fl} \cdot V$ folgt für den Auftrieb das **archimedische Gesetz**:

Auftrieb
$F_A = \varrho_{Fl} \cdot V \cdot g$

Die Größe V ist das Volumen des eingetauchten Körpers. Es ist mit dem Volumen der verdrängten Flüssigkeit identisch.

Die Restgewichtskraft F_R ist die Differenz aus der Gewichtskraft F_G des Körpers und der Auftriebskraft: $F_R = F_G - F_A$.

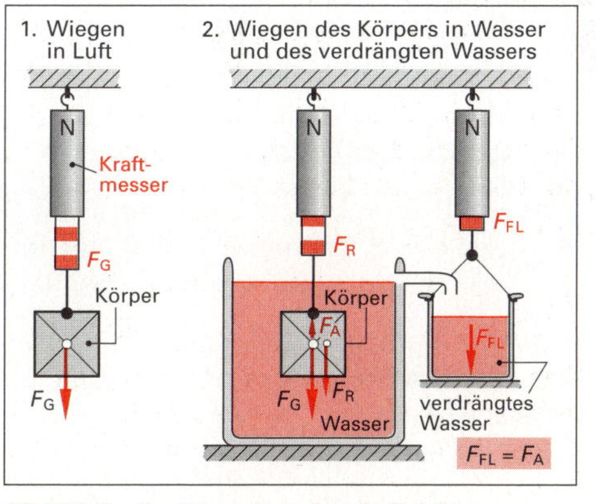

Bild 59/2: Bestimmung des Auftriebs

Beispiel: Welche Auftriebskraft erfährt eine Hohlkugel aus Edelstahl mit d = 10 cm in einem Schwimmerkondensatableiter **(Bild 59/3)**, wenn sie zur Hälfte in Kondensat (ϱ_{Fl} = 0,96 g/cm³) eintaucht?

Lösung: $F_A = \varrho_{Fl} \cdot V \cdot g$ mit $V = \frac{1}{2} V_{Kugel} = \frac{1}{2} \cdot \frac{4}{3} \cdot \pi \cdot r^3$ folgt:

$$F_A = \varrho_{Fl} \cdot \frac{2}{3} \cdot \pi \cdot r^3 \cdot g = 0{,}96\ \frac{\text{g}}{\text{cm}^3} \cdot \frac{2}{3} \cdot \pi \cdot 125\ \text{cm}^3 \cdot 9{,}81\ \frac{\text{m}}{\text{s}^2}$$

$$\boldsymbol{F_A} \approx 2466\ \frac{\text{g} \cdot \text{m}}{\text{s}^2} \approx 2{,}466\ \frac{\text{kg} \cdot \text{m}}{\text{s}^2} \approx \mathbf{2{,}5\ N}$$

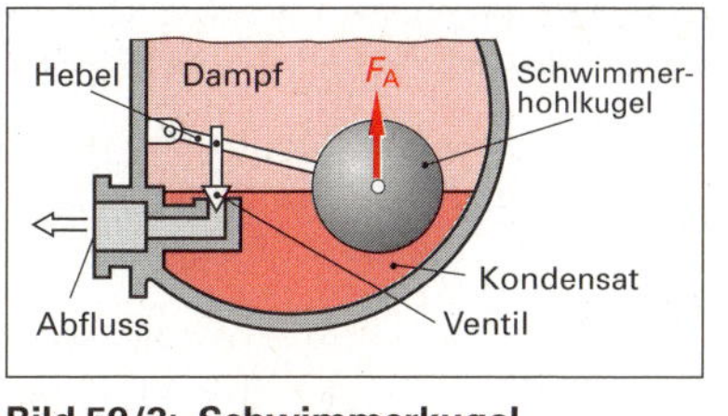

Bild 59/3: Schwimmerkugel eines Kondensatableiters

Aufgaben zu 2.12 Druck in Flüssigkeiten

1. Ergänzen Sie in **Tabelle 60/1** die fehlenden Druckangaben (gegebenenfalls in Potenzschreibweise).

Tabelle 60/1: Aufgabe 1

N/m^2	bar	Pa	mbar	N/cm^2	hPa
					10^{-2}
				10,13	
			1		
		10^7			
	0,1				
10					

2. Welche Schließkraft muss an einem federbelasteten Sicherheits-Eckventil eingestellt werden, das bei 20,0 bar öffnen soll, wenn die wirksame Ventilkegelfläche 125 mm^2 beträgt?

3. Ein zylindrischer Flüssigkeitstank hat einen Durchmesser von d = 2,50 m. Er enthält 10,0 m^3 Aceton mit einer Dichte von $\varrho(CH_3COCH_3)$ = 0,791 g/cm^3. Wie groß ist der Bodendruck im Behälter in bar, wenn in ihm ein Druck von p_e = 0,233 N/mm^2 herrscht?

4. In der Gasphase eines mit Dichlormethan gefüllten Behälters beträgt der Druck p_e = 453 mbar **(Bild 60/1)**. Zur Messung der Standhöhe durch Einperlen von Stickstoff ist ein Druck von p_E = 0,80 bar erforderlich. Wie viel Meter taucht das Einperlrohr in das Lösemittel ein, wenn die Dichte des Dichlormethans $\varrho(CH_2Cl_2)$ = 1,325 g/cm^3 beträgt?

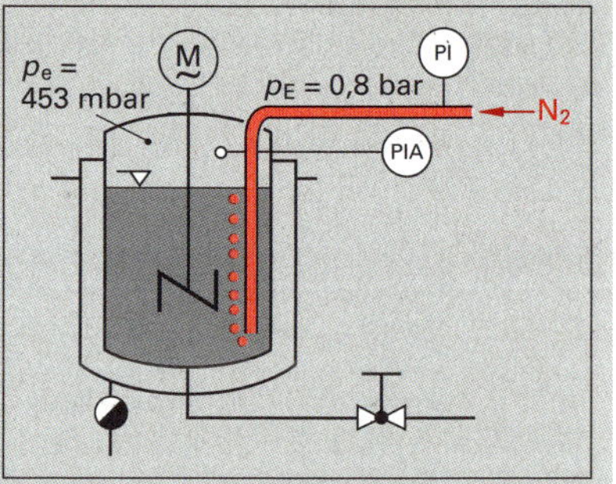

Bild 60/1: Aufgabe 4

5. Welcher hydrostatische Druck herrscht an der Düse eines Düsenseparators, wenn der wirksame Trommeldurchmesser 35,0 cm und die Dichte der Suspension 1,17 g/cm^3 betragen. Durch die Zentrifugalkraft wird das 9750-fache der Erdbeschleunigung erreicht.

6. In einem Schwerkraftabscheider soll eine wässrige Phase (ϱ = 1,12 g/cm^3) von einer organischen Phase (ϱ = 0,81 g/cm^3) getrennt werden. Das Gemisch steht 3,8 m über dem Ablaufventil. Die Trenngrenze liegt 2,0 m unterhalb der Oberfläche. Wie groß ist der Bodendruck, der durch das Flüssigkeitsgemisch hervorgerufen wird?

7. In welchem Verhältnis stehen bei einem Druckwandler die Drücke, wenn sich die Kolbendurchmesser wie $d_1 : d_2 = 1 : 3$ verhalten?

8. Ein Druckminderer reduziert einen Druck von p_1 = 5,0 bar auf p_2 = 20 N/cm^2. Wie groß ist das bei einer Kolbenbewegung hochdruckseitig verdrängte Flüssigkeitsvolumen, wenn niederdruckseitig 10 cm^3 verdrängt werden?

9. Das Verhältnis der Kolbendurchmesser an einer hydraulischen Presse beträgt $d_1 : d_2 = 1:4$. Welche Kraft muss am Kraftkolben wirken, wenn eine Presskraft von 160 kN erzeugt werden soll?

10. Eine Passfeder aus Stahl hat an der Luft eine Gewichtskraft von 1,45 N. Beim vollständigen Eintauchen in Wasser wird eine Restgewichtskraft von 1,26 N gemessen. Wie groß ist die Dichte des Stahls?

11. Wie tief taucht ein Eisenwürfel mit 10,0 mm Kantenlänge und einer Masse von 7,86 g in Quecksilber ($\varrho(Hg)$ = 13,55 g/cm^3) ein?

12. Um wie viel Millimeter wird der Lastkolben (d = 20,0 cm) an einer hydraulischen Presse bei einem Kolbenhub von 10,0 cm herausgedrückt, wenn die Querschnittsfläche des Pumpenkolbens 20,0 cm^2 beträgt?

13. Um wie viel Millimeter steigt der Wasserspiegel in einem Becherglas mit einem Innendurchmesser von 8,4 cm, wenn ein Holzwürfel (ϱ = 0,76 g/cm^3) mit einer Kantenlänge von 3,4 cm hineingegeben wird?

2.13 Druck in Gasen

Im Gegensatz zu Flüssigkeiten und Feststoffen sind Gase komprimierbar. Der Zustand einer Gasportion lässt sich durch die Zustandsgrößen Druck p, Volumen V und thermodynamische Temperatur T beschreiben. Beim Rechnen mit den Gasgesetzen ist generell die thermodynamische Temperatur T zu verwenden. Temperaturen in Grad Celsius (ϑ) müssen in Kelvin (K) umgerechnet werden.

Bei konstanter Stoffmenge n werden folgende Zustandsänderungen unterschieden:

1. Isotherme Zustandsänderung (T = konst.)

Wird das Volumen einer Gasportion verringert, so steigt der Druck im gleichen Verhältnis: $p \sim 1/V$.

Das Produkt aus zusammengehörenden Druck- und Volumenwertepaaren ist immer gleich: $p \cdot V$ = konst. Dieser Zusammenhang wird **Gesetz von Boyle-Mariotte** genannt.

Beispiel: Wird das Volumen einer Gasportion bei konstanter Temperatur T um die Hälfte verringert, so steigt der Druck auf das Doppelte **(Bild 61/1)**.

$$p_1 \cdot V_1 = p_2 \cdot V_2$$

Verdoppelung

$$2\ \text{bar} \cdot 10\ \text{L} = 4\ \text{bar} \cdot 5\ \text{L}$$

Halbierung

2. Isobare Zustandsänderung (p = konst.)

Mit steigender Temperatur T vergrößert sich das Volumen einer Gasportion: $V \sim T$.

Der Quotient aus zusammengehörenden Volumen- und Temperaturwertepaaren ist immer gleich groß:

V/T = konst. Dies ist das **Gesetz von Gay-Lussac.**

Beispiel: Wird die Temperatur T einer Gasportion bei konstantem Druck verdoppelt, so verdoppelt sich auch das Volumen **(Bild 61/2)**.

$$\frac{V_1}{T_1} = \frac{V_2}{T_2}$$

Verdoppelung

$$\frac{10\ \text{L}}{300\ \text{K}} = \frac{20\ \text{L}}{600\ \text{K}}$$

Verdoppelung

3. Isochore Zustandsänderung (V = konst.)

Mit steigender Temperatur T vergrößert sich der Druck einer Gasportion: $p \sim T$.

Auch hier ist der Quotient aus zusammengehörenden Druck- und Temperaturwertepaaren immer gleich groß: p/T = konst. Dies ist das **Gesetz von Amontons**:

Beispiel: Wird die Temperatur T einer Gasportion bei konstantem Volumen verdoppelt, so verdoppelt sich auch der Druck **(Bild 61/3)**.

$$\frac{p_1}{T_1} = \frac{p_2}{T_2}$$

Verdoppelung

$$\frac{2\ \text{bar}}{300\ \text{K}} = \frac{4\ \text{bar}}{600\ \text{K}}$$

Verdoppelung

Thermodynamische Temperatur
$\frac{T}{\text{K}} = \frac{\vartheta}{°\text{C}} + 273{,}15$

Boyle-Mariotte-Gesetz
$p_1 \cdot V_1 = p_2 \cdot V_2$ = konst.

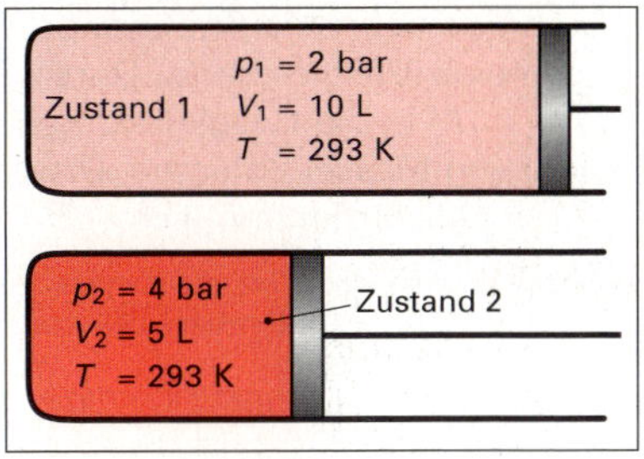

Bild 61/1: Beispiel zum Boyle-Mariotte-Gesetz

Gay-Lussac-Gesetz
$\frac{V_1}{T_1} = \frac{V_2}{T_2}$ = konst.

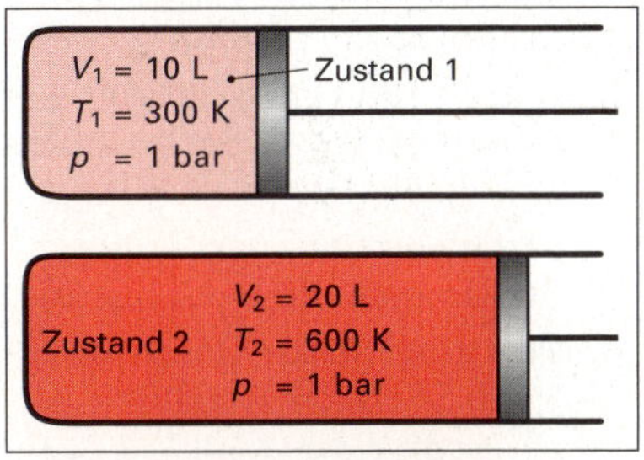

Bild 61/2: Beispiel zum Gay-Lussac-Gesetz

Amontons-Gesetz
$\frac{p_1}{T_1} = \frac{p_2}{T_2}$ = konst.

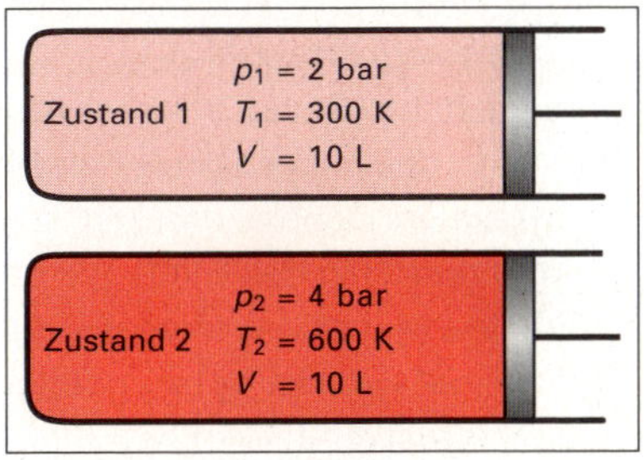

Bild 61/3: Beispiel zum Amontons-Gesetz

4. Allgemeine Zustandsänderung

Die drei Gasgesetze lassen sich zu einer **allgemeinen Zustandsgleichung der Gase** zusammenfassen. Sie beschreibt jede Zustandsänderung einer beliebigen Gasportion eines idealen Gases.

Da ein Mol jeder Gasart bei Normbedingungen (p_n = 1,013 bar, T_n = 273,15 K) praktisch das gleiche Volumen $V_{m,n}$ = 22,4 L/mol hat, ergibt der Ausdruck $\frac{p_n \cdot V_{m,n}}{T_n}$ eine für alle idealen Gase konstante Größe.

Sie wird als **allgemeine Gaskonstante *R*** bezeichnet.

Für eine beliebige Stoffmenge *n* eines Gases gilt die allgemeine Gasgleichung. Durch Einsetzen der Beziehung $n = m/M$ in die Gasgleichung sind beliebige Berechnungen von Masse, Volumen, Druck, Temperatur und Dichte einer Gasportion möglich.

Allgemeine Zustandsgleichung der Gase
$\frac{p_1 \cdot V_1}{T_1} = \frac{p_2 \cdot V_2}{T_2} = \text{konst.}$

Allgemeine Gaskonstante
$R = 0{,}0831 \frac{\text{bar L}}{\text{mol} \cdot \text{K}} = 8{,}31 \frac{\text{J}}{\text{mol} \cdot \text{K}}$

Allgemeine Gasgleichung
$p \cdot V = n \cdot R \cdot T = \frac{m}{M} \cdot R \cdot T$

Beispiel: Wie groß ist die Dichte von Stickstoff bei einer Temperatur von ϑ = 20 °C und einem Druck von p_{amb} = 1025 mbar? Die molare Masse des Stickstoffs beträgt $M(N_2)$ = 28,01 g/mol.

Lösung: $p \cdot V = \frac{m}{M} \cdot R \cdot T \Rightarrow \frac{m}{V} = \frac{p \cdot M}{R \cdot T}$; Da $\varrho = \frac{m}{V} \Rightarrow \varrho = \frac{p \cdot M}{R \cdot T}$

$$\varrho = \frac{p \cdot M}{R \cdot T} = \frac{1{,}025 \text{ bar} \cdot 28{,}01 \frac{\text{g}}{\text{mol}}}{0{,}0831 \frac{\text{bar} \cdot \text{L}}{\text{mol} \cdot \text{K}} \cdot 293{,}15 \text{ K}} = \frac{1{,}025 \text{ bar} \cdot 28{,}01 \text{ g} \cdot \text{mol} \cdot \text{K}}{0{,}0831 \text{ bar} \cdot \text{L} \cdot \text{mol} \cdot 293{,}15 \text{ K}} \approx \mathbf{1{,}18 \text{ g/L}}$$

Aufgaben zu 2.13 Druck in Gasen

1. Bei welcher Temperatur nimmt ein Gas das doppelte Volumen ein wie bei 20 °C, wenn der Druck konstant bleibt?
2. Welche Kraft wirkt auf eine Berstscheibe (d = 50 mm) an einem Autoklaven, wenn sie bei einem Druck von p_e = 25 bar anspricht?
3. Wie viel Kubikmeter Sauerstoff können bei konstanter Temperatur aus einer 50-L-Gasstahlflasche entnommen werden? Der Gasdruck in der Flasche wurde mit p_{abs} = 150 bar gemessen. Der Umgebungsdruck beträgt 1,01 bar.
4. Wie groß ist der Druck in einer 10-L-Gasstahlflasche, die bei einer Temperatur von ϑ = 20 °C 1,7 kg Stickstoff enthält?
5. Ein Axial-Turboverdichter in einem Stahlwerk verdichtet pro Stunde 434 000 m³ Hochofenwind von p_1 = 1,0 bar auf p_2 = 5,6 bar. Welches Endvolumen wird erreicht, wenn die Temperatur trotz Zwischenkühlung von 20 °C auf 70 °C ansteigt?
6. Auf welchen Wert fällt der Ausgangsdruck von 130 bar in einer 10-L-Gasstahlflasche, wenn ihr bei konstanter Temperatur 0,50 m³ Sauerstoff unter einem Druck von p_{amb} = 1,0 bar entnommen werden?
7. Zum Abpressen eines Rührkessels von 1000 L Inhalt wird eine 50-L-Pressluftflasche angeschlossen, in der sich Pressluft unter einem Druck von p_{abs} = 150 bar befindet. Welcher Druck wird im Rührkessel erreicht?
8. Berechnen Sie die Nutzmasse an Methan in einem Scheibengasbehälter mit folgenden Angaben:
   Masse des in der Scheibentasse befindlichen Öls: m(Öl) = 242,6 t
   Masse der Scheibe: m(Scheibe) = 330,0 t
   Hub zwischen den Endlagen der Scheibe: h = 67,2 m
   Molare Masse des Methans: $M(CH_4)$ = 16,0 g/mol
   Gastemperatur: ϑ = 16,0 °C
   Luftdruck: p_{amb} = 1010 mbar
   Durchmesser des Behälters: d = 53,3 m
9. Wie viel Gramm Wasserstoff von 18 °C wurden einer 20-L-Gasstahlflasche entnommen, wenn sich der Gasdruck von 150 bar auf 140 bar verringerte?
10. Welche physikalische Größe stellt das Produkt aus Druck und Volumen dar?

2.14 Sättigungsdampfdruck, Partialdruck

Sättigungsdampfdruck

Beim Verdampfen oder Verdunsten gehen Flüssigkeitsmoleküle ständig von der flüssigen Phase in die Gasphase über und umgekehrt, bis sich ein dynamischer Gleichgewichtszustand eingestellt hat **(Bild 63/1)**. Dann steigen genauso viele Moleküle aus der Flüssigkeit auf, wie von der Dampfphase in die Flüssigkeit zurückgelangen.

Der Druck, der im Gleichgewicht in der Dampfphase herrscht, wird als **Sättigungsdampfdruck p_s** bezeichnet. Er ist neben der Stoffart von der Temperatur abhängig **(Bild 63/2)**.

Der Sättigungsdampfdruck von Wasser beträgt bei 100 °C p_s = 1013 mbar (Atmosphärendruck).

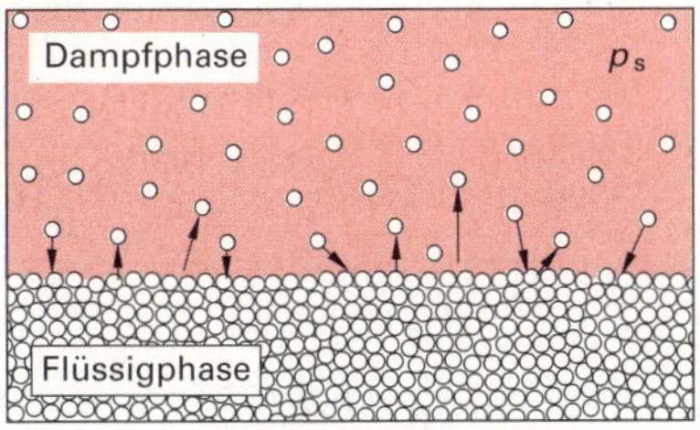

Bild 63/1: Flüssigkeit und Dampfphase im dynamischen Gleichgewicht

Partialdruck

In der betrieblichen Praxis kommen häufig Gasmischungen zum Einsatz, z. B. die Synthesegase $H_2 + Cl_2$, $CO + H_2$ oder $N_2 + 3\ H_2$.

Die Zusammensetzung eines Gasgemisches lässt sich nicht nur durch den Stoffmengenanteil χ (χ: griechischer Buchstabe Chi) der einzelnen Komponenten, z. B. (X), beschreiben (Seite 146). Sie ist auch abhängig vom Teildruck, mit dem die einzelnen Komponenten zum Gesamtdruck p_{ges} beitragen. In einem Gasgemisch erzeugt jede Komponente einen Teildruck, **Partialdruck** genannt, z. B. p(X).

Der Partialdruck entspricht dem Dampfdruck, den das Gas erzeugen würde, wenn es allein in der Gasphase vorläge und allein das gesamte Volumen V_{ges} erfüllen würde, den das gesamte Gas einnimmt. Jedes Gas in der Mischung verhält sich so, als wären die anderen Komponenten nicht vorhanden.

Der Gesamtdruck p_{ges} eines Gasgemisches ist demzufolge gleich der Summe der Partialdrücke p(X), p(Y), ... der Komponenten (X), (Y), ... Dieser Zusammenhang wird als **Dalton'sches Partialdruckgesetz** bezeichnet.

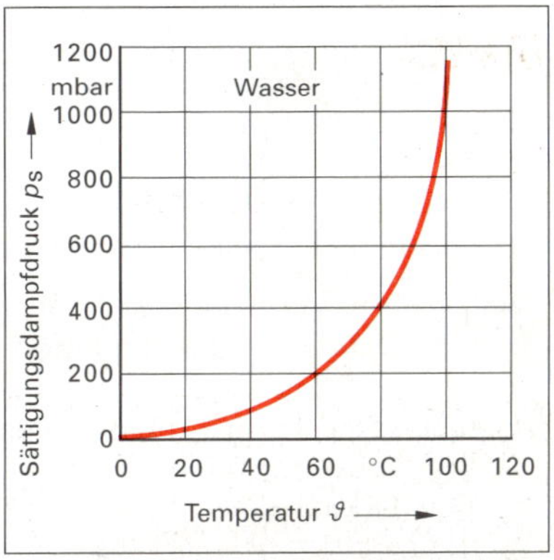

Bild 63/2: Sättigungsdampfdruckkurve von Wasser

Dalton'sches Partialdruckgesetz
$p_{ges} = p\,(X) + p\,(Y) + \ldots$

Beispiel: In der Atmosphäre hat der Sauerstoff den Partialdruck $p(O_2)$ = 0,2 bar und Stickstoff den Partialdruck $p(N_2)$ = 0,8 bar. Der Gesamtdruck p_{ges} berechnet sich zu:

$\boldsymbol{p_{ges}} = p_{amb} = p(O_2) + p(N_2) = 0{,}2\text{ bar} + 0{,}8\text{ bar} = \textbf{1 bar}$

Stoffmengenanteil

Der Stoffmengenanteil einer Gaskomponente χ(X) eines Gasgemisches berechnet sich mit den nebenstehenden Größengleichungen.

Da gleich große Gas-Stoffmengen bei gleicher Temperatur gleich große Volumina und gleich große Drücke besitzen, verhält sich die Teil-Stoffmenge n(X) zur gesamten Stoffmenge n_{ges} der Gasmischung wie der Partialdruck p(X) zum Gesamtdruck p_{ges} oder wie das Partialvolumen V(X) zum Gesamtvolumen V_{ges}.

Ein Mol aller Gase hat bei Normbedingungen praktisch das gleiche Volumen. Aus diesem Grund ist der Stoffmengenanteil χ(X) einer Gaskomponente X gleich dem Volumenanteil φ(X) (φ: griechischer Buchstabe Phi).

Größengleichungen für den Stoffmengenanteil einer Komponente (X) in einem Gasgemisch

$$\chi(X) = \frac{n(X)}{n_{ges}}$$

$$\chi(X) = \frac{p(X)}{p_{ges}}$$

$$\chi(X) = \frac{V(X)}{V_{ges}} = \varphi(X)$$

Beispiel: Bei der thermischen Zersetzung von Quecksilberoxid wurden 30,0 mL Sauerstoff über Wasser als Sperrflüssigkeit bei p_{amb} = 1030,2 mbar und ϑ = 20,5 °C aufgefangen **(Bild 64/1)**. Der Sättigungsdampfdruck des Wassers beträgt bei dieser Temperatur p_s (H_2O) = 24,2 mbar. Wie viel Milliliter trockener Sauerstoff sind im Standzylinder enthalten?

Lösung: $\chi(O_2) = \frac{p(O_2)}{p_{ges}} = \frac{V(O_2)}{V_{ges}} \Rightarrow V(O_2) = \frac{p(O_2) \cdot V_{ges}}{p_{ges}}$

mit $p(O_2) = p_{ges} - p_{H_2O}$ folgt: $V(O_2) = \frac{(p_{ges} - p_{H_2O}) \cdot V_{ges}}{p_{ges}}$

$$\boldsymbol{V(O_2)} = \frac{(1030{,}2 \text{ mbar} - 24{,}2 \text{ mbar}) \cdot 30{,}0 \text{ mL}}{1030{,}2 \text{ mbar}} \approx \mathbf{29{,}3\ mL}$$

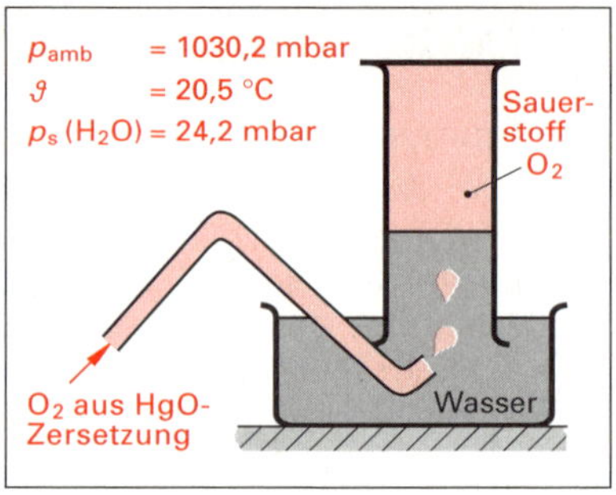

Bild 64/1: Auffangen einer Gasportion Sauerstoff

Aufgaben zu 2.14 Sättigungsdampfdruck, Partialdruck

1. Das bei der Ammoniaksynthese eingesetzte Synthesegas enthält folgende Volumenanteile: $\varphi(H_2)$ = 75 %, $\varphi(N_2)$ = 25 %. Berechnen Sie die Partialdrücke der beiden Komponenten bei einem Gesamtdruck von p_{ges} = 325 bar.
2. Bei der Hydrolyse von Aluminiumcarbid wurden 530 mL Methan über Wasser als Sperrflüssigkeit aufgefangen. Die Temperatur des Wassers betrug $\vartheta(H_2O)$ = 20 °C. Der Sättigungsdampfdruck des Wassers bei dieser Temperatur ist p_s = 23,4 mbar. Der Druck in der Gasmischung war gleich dem Umgebungsdruck p_{amb} = 1005,3 mbar. Welche Masse an Methan wurde freigesetzt?
3. In einem Amalgamzersetzer wird Natriumamalgam am Grafitkontakt zersetzt. Dabei entsteht Quecksilber, Natronlauge und pro Stunde 40 m³ feuchter Wasserstoff. Der Druck im Amalgamzersetzer beträgt aus sicherheitstechnischen Gründen p_e = 5,9 mbar, bei einem Luftdruck von p_{amb} = 998,5 mbar und einer Temperatur von ϑ = 75 °C im Zersetzer. Wie viel Kubikmeter trockener Wasserstoff entstehen pro Stunde, wenn der Sättigungsdampfdruck des Wassers bei dieser Temperatur $p_s(H_2O)$ = 407,8 mbar beträgt?
4. Zur Aufrechterhaltung des Vakuums an einem Vakuum-Bandfilter fördert eine Wasserringpumpe pro Stunde 1130 m³ Luft von ϑ(Luft) = 35 °C gegen einen Luftdruck von p_{amb} = 1040 mbar. Welcher Wasserverlust in Kilogramm ist saugseitig zu ergänzen, um den Wasserring in der Pumpe zu erhalten? Der Sättigungsdampfdruck des Wassers beträgt $p_s(H_2O$, 35 °C) = 56,2 mbar.
5. In einem Scheibengasbehälter steht Erdgas unter einem Druck von p_{abs} = 1050 mbar. Durch Analyse des Erdgases wurden folgende Volumenanteile ermittelt: $\varphi(CH_4)$ = 84%, $\varphi(C_2H_6)$ = 7%, $\varphi(N_2)$ = 8%, $\varphi(O_2)$ = 1%. Berechnen Sie den Partialdruck der Mischungspartner.

2.15 Luftfeuchtigkeit

In natürlicher Luft ist durch das Verdunsten von Wasser ein Wassergehalt vorhanden **(Bild 64/2)**, der Luftfeuchte oder Luftfeuchtigkeit genannt wird. Er ist von der Temperatur und vom Gleichgewichtszustand abhängig. Es gibt mehrere Kennwerte, um den Wassergehalt der Luft zu beschreiben.

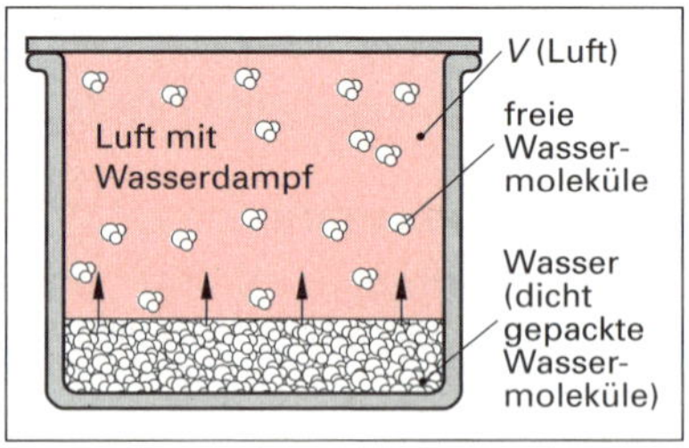

Bild 64/2: Luftfeuchtigkeit

Maximale Luftfeuchte $\boldsymbol{\beta(H_2O)_{max}}$ oder Sättigungsmenge heißt die Masse an Wasserdampf, die ein Kubikmeter Luft bei einer bestimmten Temperatur maximal aufnehmen kann. Sie wird in Gramm durch Kubikmeter (g/m³) angegeben (Bild 81/3).

Bei gegebenem Sättigungsdampfdruck p_s lässt sich die maximale Luftfeuchte $\beta(H_2O)_{max}$ auch mit Hilfe der allgemeinen Gasgleichung berechnen:

$$p \cdot V = \frac{m}{M} \cdot R \cdot T \Rightarrow \frac{m(H_2O)_{max}}{V(\text{Luft})} = \frac{p_S(H_2O) \cdot M(H_2O)}{R \cdot T} = \beta(H_2O)_{max}$$

Maximale Luftfeuchte
$\beta(H_2O)_{max} = \frac{m(H_2O)_{max}}{V(\text{Luft})}$
$\beta(H_2O)_{max} = \frac{p_S(H_2O) \cdot M(H_2O)}{R \cdot T}$

Beispiel: Wie groß ist die maximale Luftfeuchte, wenn der Sättigungsdampfdruck des Wassers bei 20 °C $p_s(H_2O) = 23{,}4$ mbar beträgt? (Molare Masse des Wassers $M(H_2O) = 18{,}02$ g/mol)

Lösung: $$\boldsymbol{\beta(H_2O)_{max}} = \frac{p_S(H_2O) \cdot M(H_2O)}{R \cdot T} = \frac{0{,}0234 \text{ bar} \cdot 18{,}02 \text{ g} \cdot \text{mol} \cdot \text{K}}{0{,}0831 \text{ bar} \cdot \text{L} \cdot \text{mol} \cdot 293 \text{ K}} \approx 0{,}0173 \text{ g/L} \approx \mathbf{17{,}3\ g/m^3}$$

Als **absolute Luftfeuchte** $\beta(H_2O)_{abs}$ bezeichnet man die tatsächliche Massenkonzentration an Wasserdampf, wenn Luft bei einer bestimmten Temperatur unvollständig mit Wasserdampf gesättigt ist.

Absolute Luftfeuchte
$\beta(H_2O)_{abs} = \frac{m(H_2O)_{abs}}{V(\text{Luft})}$

Wird feuchte Luft abgekühlt, so kann sie immer weniger Wasserdampf halten. Beim Taupunkt überschreitet die absolute Luftfeuchte die maximale Luftfeuchte und der überschüssige Wasserdampf wird in Form von Nebel oder Eiskristallen ausgeschieden.

Relative Luftfeuchte φ_r wird das Verhältnis der absoluten Luftfeuchte zur maximalen Luftfeuchte bei einer bestimmten Lufttemperatur genannt.

Man kann die relative Luftfeuchte φ_r auch aus dem Verhältnis von absoluter Masse ($m(H_2O)_{abs}$) zu maximaler Masse ($m(H_2O)_{max}$) an Wasserdampf in der Luftportion berechnen.

Falls die Sättigungsdampfdrücke des Wassers beim Taupunkt $p_s(H_2O)_T$ und bei Raumtemperatur $p_s(H_2O)_{RT}$ bekannt sind, errechnet sich die relative Luftfeuchte durch Division dieser Sättigungsdampfdrücke.

Relative Luftfeuchte
$\varphi_r = \frac{\beta(H_2O)_{abs}}{\beta(H_2O)_{max}}$
$\varphi_r = \frac{m(H_2O)_{abs}}{m(H_2O)_{max}}$
$\varphi_r = \frac{p_S(H_2O)_T}{p_S(H_2O)_{RT}}$

Die relative Luftfeuchte φ_r wird als Dezimalzahl oder in Prozent angegeben. Sie steigt bei Abkühlung einer Luftportion an, da die Sättigungsmenge kleiner wird.

Beispiel: Die relative Luftfeuchte in einem Labor mit einem Volumen von $V(\text{Luft}) = 70{,}0\ m^3$ beträgt bei $\vartheta = 22$ °C $\varphi_r = 45{,}0\%$. Der Sättigungsdampfdruck des Wassers beträgt bei dieser Temperatur $p_s(H_2O) = 26{,}43$ mbar. Wie viel Gramm Wasser befinden sich in der Raumluft des Labors?

Lösung: $$\varphi_r = \frac{m(H_2O)_{abs}}{m(H_2O)_{max}} \Rightarrow m(H_2O)_{abs} = \varphi_r \cdot m(H_2O)_{max} \text{ mit } m(H_2O)_{max} = \beta(H_2O)_{max} \cdot V(\text{Luft}) \text{ und}$$

$$\beta(H_2O)_{max} = \frac{p_S(H_2O) \cdot M(H_2O)}{R \cdot T} \quad \text{folgt: } m(H_2O)_{abs} = \varphi_r \cdot \frac{p_S(H_2O) \cdot M(H_2O)}{R \cdot T} \cdot V(\text{Luft})$$

$$\boldsymbol{m(H_2O)_{abs}} = 0{,}450 \cdot \frac{0{,}02643 \text{ bar} \cdot 18{,}02 \text{ g} \cdot 70{,}0 \cdot 10^3 \text{ L} \cdot \text{mol} \cdot \text{K}}{0{,}0831 \text{ bar} \cdot \text{L} \cdot \text{mol} \cdot 295 \text{ K}} \approx \mathbf{612\ g}$$

Aufgaben zu 2.15 Luftfeuchtigkeit

1. Wie groß ist die relative Luftfeuchte in einem Wirbelschichttrockner mit einer Innentemperatur von 80 °C, wenn der Taupunkt bei 70 °C liegt. Die Sättigungsdampfdrücke betragen: $p_s(H_2O, 70\ °C) = 311{,}6$ mbar, $p_s(H_2O, 80\ °C) = 473{,}6$ mbar.

2. Wie groß ist die maximale Luftfeuchte in einem Hochregallager bei 20 °C, wenn der Sättigungsdampfdruck bei dieser Temperatur $p_s(H_2O, 20\ °C) = 23{,}4$ mbar beträgt?

3. Wie viel Gramm Wasser kondensieren bei der Inbetriebnahme eines Kälteschranks mit einem Volumen von 280 L, wenn die Innentemperatur von 20 °C bei einer relativen Luftfeuchte von 85% auf 7 °C absinkt? $p_s(H_2O, 20\ °C) = 23{,}4$ mbar, $p_s(H_2O, 7\ °C) = 10{,}0$ mbar.

4. Wie groß ist die maximale Luftfeuchte in Milligramm pro Kubikmeter in einem Exsikkator über Calciumchlorid $CaCl_2$ als Trockenmittel bei 25 °C, wenn der Sättigungsdampfdruck des Wassers bei dieser Temperatur $p_s(H_2O) = 0{,}30$ mbar beträgt?

Gemischte Aufgaben zu 2 Allgemeine physikalische Berechnungen

1. Ein senkrecht hängendes Drahtseil darf maximal mit einer Zugkraft von 10,000 kN belastet werden. Es hat eine Masse von 150 kg. Berechnen Sie die Masse der Last, mit der das Tragseil am unteren Ende höchstens belastet werden darf.
2. Wie groß muss der Kolbenhub einer Hubkolbenpumpe sein, wenn sie pro Kolbenhub 20 dm^3 Cyclohexan in eine Pulsationskolonne pumpen soll? Der Kolbendurchmesser beträgt 400 mm.
3. Wie viel Kilogramm Stahl mit einer Dichte von 7,85 g/cm^3 werden benötigt, um 10 Stahlrohre von 10,0 m Länge, einem Innendurchmesser von 100 mm und einer Wandstärke von 10 mm herzustellen?
4. Ein Lamelleneindicker zur Klärung von Suspensionen hat 100 Lamellen von 2500 mm Länge und 1000 mm Breite. Wie groß ist die Absetzfläche in Quadratmeter?
5. Aus einem stehenden zylindrischen Tank mit den Innenmaßen h = 3,50 m und d = 1,50 m werden 500 L Natronlauge abgefüllt. Wie hoch ist der Flüssigkeitsstand nach der Entnahme, wenn der Tank vorher zu 70% gefüllt war?
6. Wie ändert sich die Dichte eines Gases, wenn der Druck bei konstanter Temperatur verdoppelt wird?
7. Ein Rührwerkbehälter soll mit 500 L Edelwasser gefüllt werden, um eine Natriumsulfat-Lösung herzustellen. Wie lange dauert der Füllvorgang, wenn das Zulaufrohr einen Innendurchmesser von 100 mm hat und die Strömungsgeschwindigkeit des zulaufenden Wassers 1,2 m/s beträgt?
8. Wie groß ist die mittlere Absetzzeit von Feststoffpartikeln in einem Rundeindicker von 4,0 m Tiefe, wenn die Absetzgeschwindigkeit 0,5 m/h beträgt und die zu trennende Suspension 0,5 m unterhalb der Flüssigkeitsoberfläche in den Eindicker eingespeist wird?
9. Ein Kesselwagen hat eine Eigengewichtskraft von 100 kN. Er ist mit 55 m^3 Flüssigschwefel (ϱ = 1,785 g/cm^3) beladen. Zur waagerechten Verschiebung des Kesselwagens ist eine Kraft von 5,5 kN erforderlich. Wie groß ist die Reibungszahl?
10. Eine Kreiselradpumpe nimmt eine Leistung von 500 W auf. Ihr Wirkungsgrad ist 69%. Sie fördert 800 L Ethanol (ϱ = 0,80 g/cm^3) über eine Höhendifferenz von 8,7 m in eine Bandfilteranlage. Welche Zeit ist dafür erforderlich?
11. Eine Membranpumpe verrichtet eine Hubarbeit von 1,5 kWh. Wie viel Kubikmeter Sole (ϱ = 1,2 g/cm^3) kann damit in einen 3,0 m hoch gelegenen Behälter gepumpt werden?
12. Ein Rührkessel mit einer Behälterfüllung von 10,00 m^3 wird 3,00 m hoch mit VE-Wasser gefüllt **(Bild 66/1)**. Kreiselradpumpen können das Wasser
    a) über ein Steigrohr von oben einströmen lassen,
    b) durch ein am Boden einmündendes Rohr in den Kessel drücken.

    Welche Arbeit ist in den beiden genannten Fällen zu verrichten?
13. Wie groß ist die Umfangsgeschwindigkeit der Brechwalze eines Walzenbrechers zur Zerkleinerung von Steinsalz, wenn seine Umdrehungsfrequenz 60 min^{-1} und sein Durchmesser 60 cm beträgt?

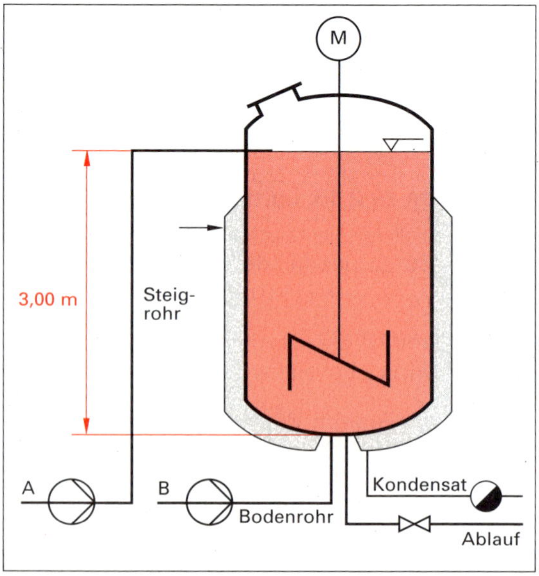

Bild 66/1: Aufgabe 12

14. Ein Kraftwagen fährt mit einer Geschwindigkeit von 50 km/h und wird dabei von einem Fahrzeug mit einer Geschwindigkeit von 60 km/h überholt. Die Fahrzeuge sind jeweils 4,0 m lang. Der gegenseitige Abstand der Kraftwagen beträgt vor und nach dem Überholen 25 m.

a) Wie lange dauert der Überholvorgang?

b) Welche Fahrstrecke legt der Überholer dabei zurück?

15. Welcher Druck p_e kann mit einer Wasserstrahlpumpe bei einer Wassertemperatur von $\vartheta(H_2O)$ = 9,0 °C höchstens erreicht werden, wenn der Sättigungsdampfdruck des Wassers bei dieser Temperatur $p_s(H_2O)$ = 11,5 mbar und der Umgebungsdruck p_{amb} = 1020 mbar beträgt?

16. In einem Glockengasbehälter mit einem Durchmesser von d = 12,0 m steht Erdgas unter einem Druck von p_{abs} = 1,5 bar. Welche Masse hat die Gasometerglocke, wenn der Umgebungsdruck p_{amb} = 1,0 bar beträgt?

17. Welcher Druck wird in einer 75 MN Titanschwammpresse erzeugt, wenn ein zylindrischer Pressling mit einem Durchmesser von 40,0 cm Durchmesser gepresst wird?

18. Ein zylindrischer Tank wird zur Überprüfung der Dichtigkeit mit einem Überdruck von 7,5 bar abgepresst. Der Tank hat einen Innendurchmesser von 2,0 m und ist an beiden Seiten durch Klöpperböden verschlossen **(Bild 67/1)**. Mit welcher Kraft werden die je 0,50 cm breiten Schweißnähte belastet?

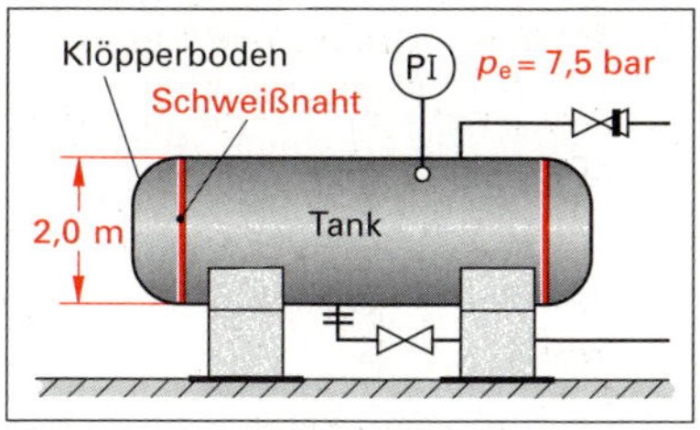

Bild 67/1: Aufgabe 18, Tank

19. Eine Stahlkugel in einem federbelasteten Sicherheitseckventil hat einen Durchmesser von 10,0 mm **(Bild 67/2)**. Die Druckfeder ist 20 mm vorgespannt und hat eine Federkonstante von D = 78 N/mm. Bei welchem Druck öffnet das Ventil, wenn die Stahlkugel mit einem Drittel ihrer Oberfläche gegen das unter Druck stehende Medium abdichtet?

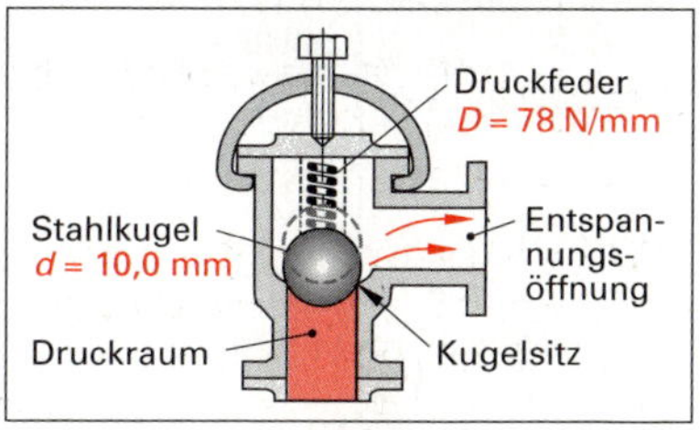

Bild 67/2: Sicherheitsventil

20. Die Masse an Ethin C_2H_2, die bei der Hydrolyse von Calciumcarbid entsteht, wurde zu 0,65 Gramm berechnet. Welches Volumen über Wasser hat das feuchte Gas ($p_s(H_2O)$ = 23,4 mbar), das bei ϑ = 20 °C und p_{amb} = 1018 mbar aufgefangen wird?

21. Bei der katalytischen Zersetzung einer Wasserstoffperoxid-Lösung mit Mangandioxid wurden 250 mL Sauerstoff bei ϑ = 20 °C und p_{amb} = 1010 mbar über Wasser als Sperrflüssigkeit entwickelt. Welche Masse in Milligramm und welches Volumen hat der Sauerstoff im feuchten Gas, wenn der Sättigungsdampfdruck des Wassers $p_s(H_2O)$ = 23,4 mbar beträgt?

22. An einer Schraubenfeder wurden durch Belastung mit unterschiedlichen Massen die in **Tabelle 67/1** wiedergegebenen Messergebnisse erzielt.

a) Stellen Sie die Messwerte in einem Kraft-Auslenkungs-Diagramm grafisch dar.

b) Extrapolieren Sie die Auslenkung bei einer Gewichtskraft von 3,3 N.

c) Interpolieren Sie die Masse bei einer Auslenkung von 4,8 cm.

d) Bestimmen Sie aus der Steigung des Graphen die Federkonstante D.

e) Tragen Sie den Graphen einer härteren und einer weicheren Feder qualitativ ins Diagramm ein.

Tabelle 67/1: Aufgabe 22

Masse in Gramm	Auslenkung in Zentimeter
50	2,7
100	4,3
150	5,6
200	8,6
250	11,3

23. Leiten Sie eine Größengleichung ab, mit der sich die Eintauchtiefe eines schwimmenden Körpers berechnen lässt.

24. Welche Hubkraft muss ein Hubstapler aufwenden, um eine Palette mit PVC-Granulat mit einer Masse von 250 kg in 4,0 Sekunden auf eine Hubgeschwindigkeit von 0,50 m/s zu bringen?

3 Auswertung von Messwerten und Prozessdaten

3.1 Messtechnik in der Chemie

Im Chemielabor und in Chemiebetrieben fallen viele Messwerte oder auch ganze Reihen von Prozessdaten an.

Die Erfassung der Messwerte und Prozessdaten sowie deren Auswertung ist eine wichtige Tätigkeit in der Chemieindustrie.

3.1.1 Grundbegriffe der Messtechnik

Durch einen experimentellen Vorgang, das Messen, wird der Wert einer Messgröße, auch Messwert genannt, ermittelt **(Bild 68/1)**. Der erhaltene Messwert ist das Vielfache einer Einheit.

> Messwerte weichen immer etwas vom tatsächlichen Wert der Messgröße ab.

Wichtige messtechnische Begriffe sind: die Anzeige, der Skalenteilungswert, der Messwert, das Messergebnis.

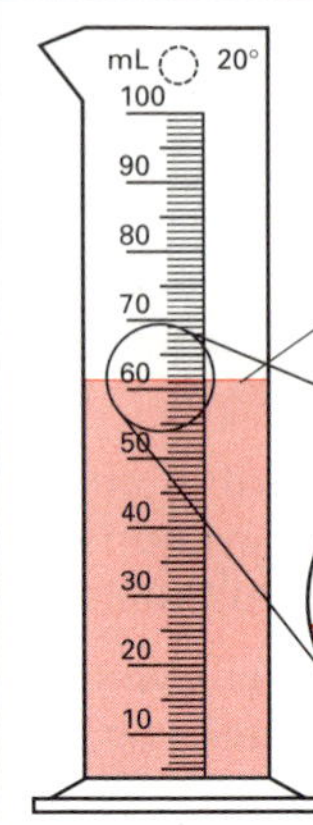

Bild 68/1: Bestimmung des Volumens mit dem Messzylinder

Messtechnische Begriffe	Kurzzeichen	Beispiele	Definition, Erklärung
Messgröße	*M*	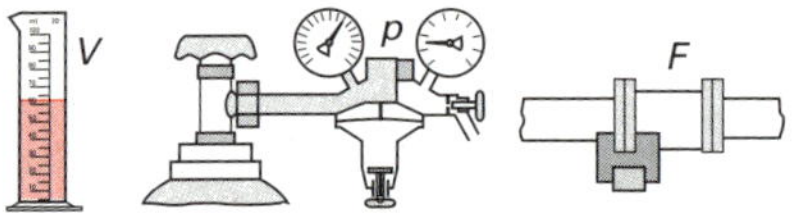	Die zu messende Größe, z. B. Volumen, Druck, Füllstand, Temperatur, Volumenstrom, usw.
Anzeige	*Az*	Skalenablesung 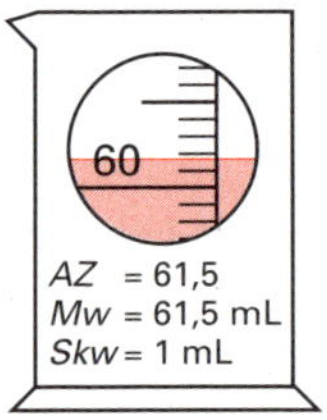 *AZ* = 61,5 *Mw* = 61,5 mL *Skw* = 1 mL	Der ablesbare Messwert.
Skalenablesung		Skalenanzeige  *AZ* = 26 *Mw* = 26 °C *Skw* = 2 °C	Ablesewert auf einer Strichskala.
Skalenanzeige			Analoge Anzeige auf einer Strichskala.
Ziffernanzeige			Digitale Anzeige auf einer Ziffernskala.
Skalenteilungswert	*Skw*		Änderung des Wertes der Messgröße, die eine Änderung der Anzeige um einen Skalenteil bewirkt. Der Skalenteilungswert hat die Einheit der Messgröße.
Ziffernschrittwert	*Zw*	Ziffernanzeige 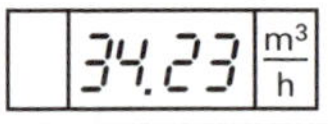 *AZ* = 34,23 *Mw* = 34,23 m³/h *Skw* = 0,01 m³/h	Der Ziffernschrittwert einer Ziffernskala entspricht dem Skalenteilungswert einer Strichskala.
Messwert	*Mw*	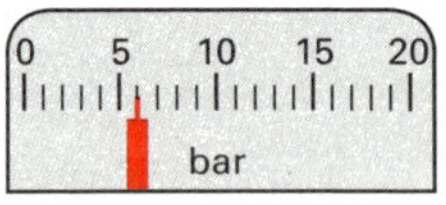 *AZ* = 6 *Mw* = 6 bar *Skw* = 1 bar	Ermittelter Wert der zu messenden Größe. Er wird aus der Anzeige ermittelt und besteht aus Zahlenwert und Einheit. Jeder Messwert ist mit einer Messunsicherheit behaftet.
Messbereich	*Meb*	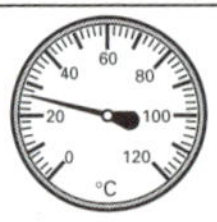 Messbereich: 0 bis 120 °C	Der Messbereich ist der Bereich von Messwerten, in dem gegebene Fehlergrenzen nicht überschritten werden.
Messunsicherheit	*u*	• Parallaxe • Temperatureinflüsse • Abnutzung oder Verschmutzung der Messgeräte	Zufällige und nicht korrigierbare, systematische Abweichungen.
Messergebnis	*y* oder das Kurzzeichen der Messgröße	für Einzelmessung: $y = Mw \pm u$ für Wiederholungsmessungen: $y = \bar{x} \pm u$	Das Messergebnis wird aus dem Messwert *Mw* (bzw. dem Mittelwert $\bar{x}$) und der Messunsicherheit ± *u* gebildet.

3.1.2 Unsicherheit von Messwerten

In Abhängigkeit vom Messverfahren, Messgerät und dem Messenden weichen Messungen derselben Größe voneinander ab. Auch bei gleichen wiederholten Messungen unter denselben Bedingungen treten Abweichungen auf: Die Messwerte streuen und machen den Messwert unsicher.

Die Unsicherheit der Messwerte kann durch die Bauart des Messgeräts und durch das Ablesen des Messgeräts verursacht werden.

Ablese-Unsicherheit u_A. Je nach Größe des Skalenteilungswerts *Skw* des Messgeräts kann der Messwert mit einer größeren oder kleineren Ablese-Unsicherheit behaftet sein.

Beispielsweise erlaubt die Gravur (Gradierung) des Messzylinders im Bild 68/1 die genaue Ablesung auf 1 mL; die Schätzung auf 0,5 mL ist unsicher: *Skw* = 1 mL, $u_A = \pm$ 0,5 m/L.

Die Skalenteilung des Manometers im Bild 71/2 erlaubt eine genaue Ablesung auf 0,5 bar. Die Schätzung auf 0,1 bar ist unsicher: *Skw* = 0,5 bar, $u_A = \pm$ 0,1 bar.

Messgeräte-Unsicherheit u_M. Jedes Messgerät hat eine konstruktionsbedingte, gerätespezifische Messunsicherheit u_M. Sie ist durch das physikalische Messprinzip und die innere Konstruktion des Messgerätes bedingt.

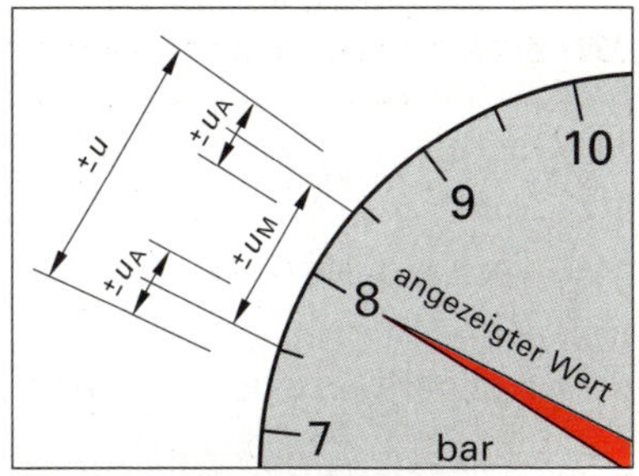

Bild 69/1: Unsicherheit eines Messwerts (Beispiel)

Gesamtunsicherheit *u*

Die Gesamtunsicherheit *u*, meist kurz nur **Unsicherheit** genannt, setzt sich aus den beiden Teilunsicherheiten durch Addition zusammen **(Bild 69/1)**.

Unsicherheit $u = u_M + u_A$

Die Unsicherheit eines Messgerätes wird durch eine Genauigkeitsklasse angegeben.

Die Genauigkeitsklasse gibt die Unsicherheit des Messgerätes in Prozent des Messbereichsendwertes an.

Beispiel 1: Ein Widerstandsthermometer hat einen Messbereich von 0 °C bis 120 °C und die Genauigkeitsklasse Kl 1,0. Dies bedeutet eine Messgeräteunsicherheit von 1% vom Messbereichsendwert.
$u = \pm$ 1% · 120 °C = ± 0,01 · 120 °C = **± 1,2 °C**

Beispiel 2: Ein Rohrfeder-Manometer der Genauigkeitsklasse 2,5 hat einen Messbereich von 0 bis 25 bar. Mit welcher Unsicherheit wird ein Messwert von 8 bar angezeigt?

Lösung: $u = \pm$ 2,5% · 25 bar = ± 0,625 bar ≈ ± 0,6; Messergebnis: **p = 8 bar ± 0,6 bar**

Geschätzte Messunsicherheit

Liegen für die Messunsicherheit eines Messgerätes keine Angaben vor, z. B. keine Genauigkeitsklasse, so lässt sich die Messunsicherheit schätzen.

Näherungsweise beträgt die Unsicherheit von Messergebnissen:

- bei Skalenablesung und Skalenanzeige: $u \approx \pm$ 1/2 · Skalenteilungswert *Skw*
- bei Ziffernanzeige: 2 Ziffernschrittwerte $u \approx \pm 2\,Zw$

Beispiele: Messzylinder mit *Skw* = 1 mL → $u \approx \pm$ 1/2 · *Skw* ≈ ± 1/2 · 1 mL ≈ ± 0,5 mL;
Rohrfeder-Manometer mit *Skw* = 0,5 bar → $u \approx \pm$ 0,25 bar; Laborwaage: *Zw* = 0,1 g → $u \approx \pm$ 0,2 g

Üblicherweise ist bei Messgeräten der Skalenteilungswert so gewählt, dass er der Unsicherheit des Messgerätes entspricht. Beim Messzylinder z. B. ist die Unsicherheit ± 0,5 mL ≙ 1/2 · Skalenteilungswert oder beim Rohrfeder-Manometer z. B. ist die Unsicherheit ± 0,25 bar ≙ 1/2 · Skalenteilungswert. Beim Ablesen der Skala eines Messgerätes macht es keinen Sinn, exakte Zwischenwerte zwischen den Skalenstrichen bestimmen zu wollen und zu benennen. Damit wird eine Genauigkeit des Messwertes vorgetäuscht, die gerätebedingt nicht vorliegt. Die Zwischenwerte sind unsichere Schätzwerte.

3.1.3 Messgenauigkeit im Labor und Chemiebetrieb

Die Anzahl der Ziffern bzw. die Dezimalstellen eines Messwertes, die anzugeben sind, richten sich nach dem Messverfahren sowie nach dessen Unsicherheit.

Umgekehrt lassen die angegebenen Dezimalstellen eines Messwertes auf das angewandte Messverfahren und damit auf seine Sicherheit (Genauigkeit) schließen.

Grundsätzlich gilt bei Messwerten für die Angabe von Dezimalstellen:

> Messwerte werden mit so viel Dezimalstellen angegeben, dass die vorletzte Ziffer sicher (genau) ist. Die letzte Ziffer ist geschätzt und damit unsicher.

Messzylinder

Die Gravur (Graduierung) des Messzylinders **(Bild 70/1)** gestattet die sichere Ablesung auf 1 mL und eine Schätzung auf 0,5 mL. Die vorletzte Ziffer des Messwertes (hier 1) ist sicher (genau), die letzte Ziffer (hier 5) ist unsicher.

Geschätzte Unsicherheit:
$1/2 \cdot Skw \rightarrow u \approx \pm\, 1/2 \cdot 1$ mL $\approx \pm\, 0{,}5$ mL

Messwert: 61,5 mL; Messergebnis: $V = 61{,}5$ mL $\pm\, 0{,}5$ mL

(Die geschätzte Unsicherheit von ± 0,5 mL entspricht der vom Messzylinder-Hersteller angegebenen Unsicherheit.)

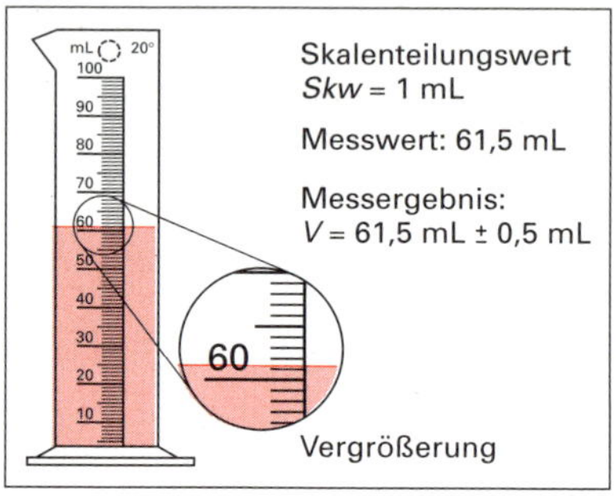

Bild 70/1: Unsicherheit beim 100 mL-Messzylinder

Laborwaage (Makrowaage)

Laborwaagen haben eine digitale Anzeige. Der Messbereich beträgt häufig 200 g, die Anzeige erfolgt z. B. auf 0,1 g oder 0,01 g. Sie haben eine Reproduzierbarkeit (Genauigkeit) von $\leq \pm\, 0{,}1$ g, $\leq 0{,}01$ g oder $\leq 0{,}001$ g.

Beispiel: Eine Laborwaage zeigt einen Messwert von 175,6 g an **(Bild 70/2)**.

Bei einer Reproduzierbarkeit von $\leq \pm\, 0{,}1$ g lautet das Messergebnis:

$m = 175{,}6$ g $\pm\, 0{,}1$ g

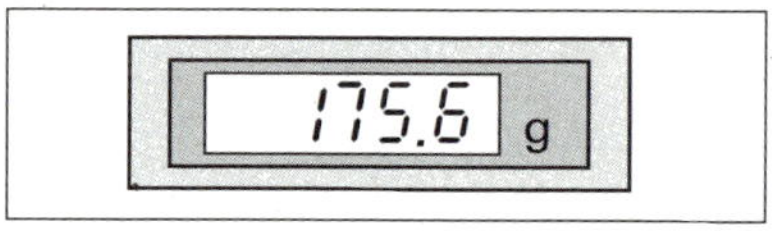

Bild 70/2: Anzeigefenster einer Laborwaage

Analysenwaage (Mikrowaage)

Analysenwaagen messen auf 1 mg oder 0,1 mg genau. Die 4. bzw. die 5. Dezimalstelle ist unsicher.

Beispiel: Die Wägung einer Probe ergibt auf der Analysenwaage eine Messwertanzeige von 74,2000 g **(Bild 70/3)**.

Die vorletzte Ziffer, d. h. die Milligramm-Null, ist sicher, die letzte Null ist unsicher.

(Achtung: Der Messwert 74,2000 g darf nicht zu 74,2 g oder 74,20000 g angegeben werden!)

Reproduzierbarkeit: $\leq \pm\, 0{,}0001$ g

Messergebnis: $m = 74{,}2000$ g $\pm\, 0{,}0001$ g

Bild 70/3: Anzeigefenster einer Analysenwaage

Bürette

Büretten mit 10 mL Inhalt der Klasse AS/A haben eine Fehlergrenze (Unsicherheit) von ± 0,02 mL.

Beispiel: Mit einer 10-mL-Bürette wird bei einer Titration ein Messwert von 8,64 mL Maßlösung abgelesen **(Bild 70/4)**.

Fehlergrenze: $u = \pm\, 0{,}02$ mL

Messergebnis: $V = 8{,}64$ mL $\pm\, 0{,}02$ mL

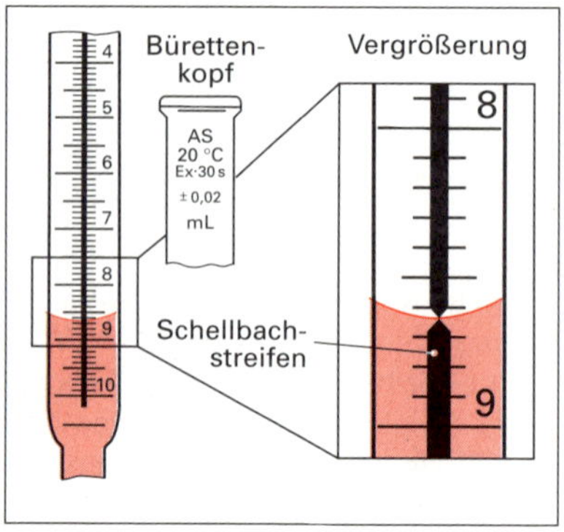

Bild 70/4: Ablesen einer Bürette

Förderbandwaage

Beispiel: Die Massenstromanzeige einer Förderbandwaage zeigt im Leitstand 1346,1 kg/h an **(Bild 71/1)**. Die abgelesene 6 ist sicher, die geschätzte Ziffer 1 ist unsicher. Wenn für die Förderbandwaage keine Genauigkeitsklasse angegeben ist, kann die Messunsicherheit geschätzt werden.

Geschätzte Unsicherheit:

$u \approx \pm 1/2\ Skw \rightarrow u \approx \pm 1/2 \cdot 1\ \text{kg/h} \approx \pm 0{,}5\ \text{kg/h}$

Messergebnis: $\dot{m} \approx 1346{,}1\ \text{kg/h} \pm 0{,}5\ \text{kg/h}$

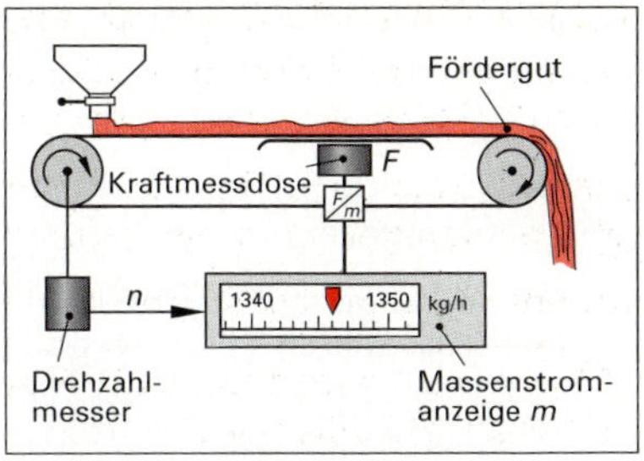

Bild 71/1: Anzeige einer Förderbandwaage

Manometer

Bei Manometern wird die Messgenauigkeit mit Genauigkeitsklassen angegeben.

Der Zahlenwert der Genauigkeitsklasse gibt die Messunsicherheit in Prozent vom Messbereichsendwert an.

Beispiel: Ein Rohrfeder-Manometer mit dem Messbereich 25 bar und der Genauigkeitsklasse 1,6 **(Bild 71/2)** zeigt einen Messwert von 8,0 bar an.

Messunsicherheit: $u = \pm 1{,}6\,\% \cdot 25\ \text{bar} = \pm 0{,}4\ \text{bar}$

Messergebnis: $p = 8{,}0\ \text{bar} \pm 0{,}4\ \text{bar}$

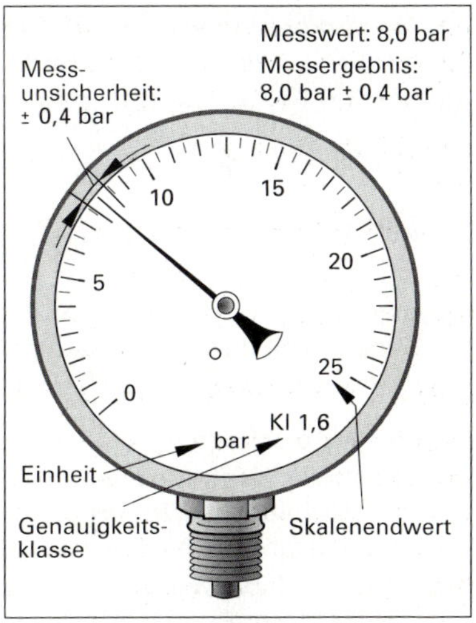

Bild 71/2: Rohrfeder-Manometer

Messgeräte mit elektrischem Signal und digitaler Anzeige

Für elektrische Feinmessgeräte sind die Genauigkeitsklassen 0,1, 0,2 sowie 0,5 und für elektrische Betriebsmessgeräte die Genauigkeitsklassen 1, 1,5 , 2,5 und 5 festgelegt.

Die Unsicherheit eines digital anzeigenden Messgerätes mit elektrischem Signal setzt sich aus der Messgeräte-Unsicherheit (in % des Messbereichendwerts) und der Anzeige-Unsicherheit (in Ziffernschrittwerten, Digit) zusammen.

Beispiel: Ein digitales Multimeter mit dem Messbereich 100,0 mV zeigt einen Messwert von 50,1 mV an **(Bild 71/3)**. Der Ziffernschrittwert ist 0,1 mV. Die Messunsicherheit des Gerätes ist mit ± 0,2 % ± 2 Digit angegeben.

Die Unsicherheit des Messwertes beträgt

$u = \pm 0{,}2\,\% \cdot 100{,}0\ \text{mV} \pm 2\ \text{Digit} = \pm 0{,}2\ \text{mV} \pm 2 \cdot 0{,}1\ \text{mV}$
$= \pm 0{,}2\ \text{mV} \pm 0{,}2\ \text{mV} = \pm 0{,}4\ \text{mV}$

Messergebnis: $U = 50{,}1\ \text{mV} \pm 0{,}4\ \text{mV}$

Bild 71/3: Digital angezeigter Messwert

Aufgaben zu Grundbegriffe der Messtechnik, Messunsicherheit

1. Ein Rohrfeder-Manometer soll abgelesen werden **(Bild 71/4)**.
   a) Geben Sie die Anzeige *Az*, den Messwert *Mw* und den Skalenteilungswert *Skw* an.
   b) Welche Genauigkeitsklasse hat das Manometer und welche Unsicherheit hat der angezeigte Messwert?
   c) Geben Sie das Messergebnis an.
2. Ein analog anzeigendes elektrisches Temperaturmessgerät der Genauigkeitsklasse 1,5 hat den Messbereich 0 bis 400 °C. Ermittelt wurden die Messwerte 20,3 °C, 180,7 °C und 380,2 °C.
   a) Mit welcher Unsicherheit *u* sind die Messwerte behaftet?
   b) Geben Sie die Messergebnisse an.

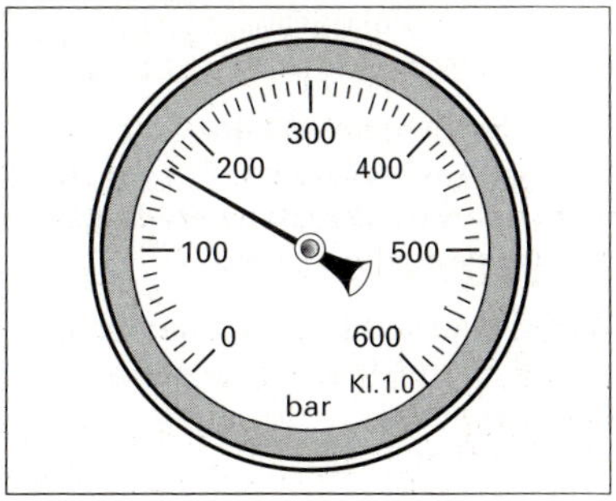

Bild 71/4: Aufgabe 1, Rohrfedermanometer

3. Der Messwert I = 160 A eines Amperemeters ist mit einer Unsicherheit von ± 5,0 A behaftet. Welcher Genauigkeitsklasse gehört das Messgerät an, wenn der Messbereich des Gerätes von 0 bis 200 A reicht?
4. Die Anzeige einer Temperatur erfolgt durch ein elektrisches Messinstrument der Genauigkeitsklasse 0,5 und dem Messbereich 0 bis 400 °C. Mit welcher Unsicherheit wird ein Messwert von 260 °C angezeigt?
5. Der Schwebekörper-Durchflussmesser zeigt nebenstehende Messstellung des Schwebekörpers **(Bild 72/1)**.
   a) Geben Sie die Anzeige, den Messwert und den Skalenteilungswert an.
   b) Welche geschätzte Messunsicherheit hat der Durchflussmesser?
   c) Wie lautet das Messergebnis?
6. Ein digital anzeigendes Messgerät mit dem Messbereich 0 bis 200 mA zeigt den Messwert 80 mA an. Die Unsicherheit des Gerätes ist mit ± 0,5 % ± 4 Digit angegeben.
   a) Wie groß ist die Messunsicherheit? (Ziffernschrittwert: 1 mA).
   b) Wie lautet das Messergebnis?

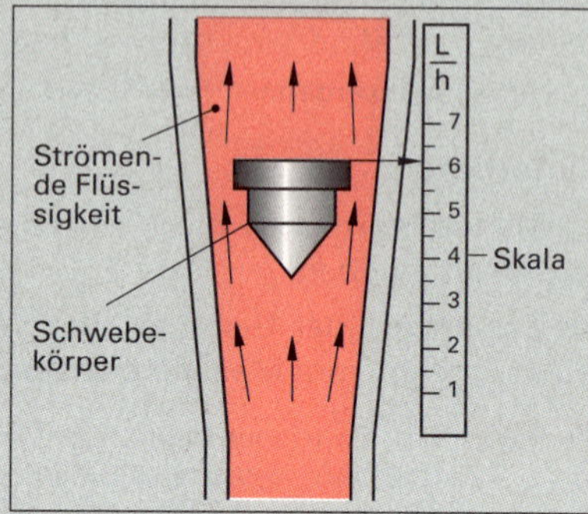

Bild 72/1: Aufgabe 5

3.2 Rechnen mit Messwerten

Messwerte oder Ergebnisse von Berechnungen mit Messwerten sind nur so genau anzugeben, als es die Genauigkeit des Messverfahrens erlaubt, mit dem die Messwerte erhalten wurden.

Beim Ablesen und beim Rechnen mit Messwerten benötigt man einige Fachausdrücke.

Signifikante Ziffern

Der Messwert eines Messgerätes wird mit einer bestimmten Ziffernzahl angezeigt oder abgelesen. Diese Ziffern werden signifikante Ziffern genannt. Vorne stehende Nullen sind keine signifikanten Ziffern, hinten stehende Nullen sind signifikante Ziffern, wenn es sich um Dezimalzahlen handelt.

Die verschiedenen Messgeräte ergeben Messwerte mit unterschiedlich vielen signifikanten Ziffern.

Beispiele: Bürette: V = 8,36 mL (drei signifikante Ziffern) Analysenwaage: m = 72,2140 g (sechs signifikante Ziffern) Analysenwaage: m = 0,0175 g (0,0: vorne stehende Nullen sind nicht signifikant; 175: drei signifikante Ziffern)

Die Anzahl der signifikanten Ziffern eines Messwertes darf nicht durch Weglassen einer 0 am Ende oder Anhängen einer 0 verändert werden. Es ist z.B. nicht erlaubt, den Messwert einer Analysenwaage (mit 0,1-mg-Anzeige) mit m = 74,214 g anzugeben oder den Messwert einer Analysenwaage (mit 0,1-mg-Anzeige) als m = 0,01750 g zu schreiben.

Runden

Beim Runden wird die Stellenzahl einer rechnerisch ermittelten Dezimalzahl mit vielen Dezimalstellen auf eine gewünschte Stellenzahl verringert. Man unterscheidet aufrunden und abrunden.

Liegt der Zahlenwert der Ziffer nach der Rundestelle zwischen 0 und 4, dann wird der Rundestellenwert beibehalten, d.h. es wird **abgerundet**.

Wenn der Zahlenwert der Ziffer zwischen 5 und 9 beträgt, dann wird der Rundestellenwert um eins erhöht, also **aufgerundet**.

Das gerundete Ergebnis wird durch ein Rundungszeichen ≈ gekennzeichnet.

Beispiel 1: Zu rundende Zahl: **24,2469** (Rundestelle: 2)

Gewünschte Ziffernzahl: 3 (24,2) – Diese Ziffer entscheidet über das Auf- oder Abrunden. Sie beträgt 4: also wird die davor stehende Ziffer beibehalten. – Diese Ziffern bleiben außer Betracht (69)

Die gerundete Zahl lautet: ≈ **24,2**

Beispiel 2: Zu rundende Zahl: **9,37481** (Rundestelle: 4)

Gewünschte Ziffernzahl: 4 (9,374) – Diese Ziffer entscheidet. Sie beträgt 8: also wird die davor stehende Ziffer um eins erhöht. – Diese Ziffer bleibt außer Betracht (1)

Die gerundete Zahl lautet: ≈ **9,375**

3.2.1 Rechnen mit Messwerten ohne angegebene Unsicherheit

Bei Messwerten ohne angegebene Unsicherheit gilt die vorletzte Stelle des Zahlenwertes als sicher (genau), während die letzte Stelle unsicher (ungenau) sein kann.

Beim Rechnen mit solchen Messwerten müssen einige Regeln beachtet werden.

Beim **Addieren und Subtrahieren** von Messwerten mit unterschiedlicher Anzahl an Kommastellen darf das Ergebnis nur mit so vielen Nachkommastellen angegeben werden, wie der Messwert mit der geringsten Zahl von Nachkommastellen besitzt.

Beispiel: Es werden 3 Stoffportionen zusammengegeben, deren Massen auf unterschiedlichen Waagen bestimmt wurden.
m_1 = 158,4 g, m_2 = 16,38 g, m_3 = 2,4072 g
Welches Ergebnis kann angegeben werden?

158,4	g
16,38	g
2,4072	g
177,1872	g

Lösung: Rein rechnerisch ergibt sich der Zahlenwert m = 177,1872 g. Das Ergebnis darf jedoch nur mit **einer** Nachkommastelle angegeben werden. Aufgerundet lautet das Ergenis $\boldsymbol{m} \approx$ **177,2 g**.

Beim **Multiplizieren und Dividieren** von Messweren mit unterschiedlicher Ziffernzahl ist das Ergebnis nur mit so vielen Ziffern anzugeben, wie der Messwert mit der kleinsten Anzahl signifikanter Ziffern besitzt.

Beispiel 1: Das Volumen eines rechteckigen Behälters mit den Innenmaßen a = 7,9 cm; b = 9,5 cm, c = 16,8 cm ist zu berechnen.

Lösung: Mit $V = a \cdot b \cdot c$ = 7,9 cm · 9,5 cm · 16,8 cm folgt mit dem Taschenrechner: V = 1260,84 cm³. Dieses Taschenrechner-Ergebnis täuscht eine Genauigkeit auf 6 Ziffern vor, die nicht existiert. Der Messwert mit der kleinsten Anzahl signifikanter Ziffern hat 2 Ziffern. Das Ergebnis darf also nur auf 2 Ziffern gerundet angegeben werden: $\boldsymbol{V} \approx \mathbf{1{,}3 \cdot 10^{-3}\ cm^3}$ oder $\boldsymbol{V} \approx \mathbf{1{,}3\ dm^3}$

Beispiel 2: Welche Masse haben 50,0 mL Schwefelsäure, deren Dichte zu ϱ = 1,203 g/mL bestimmt wurde?

Lösung: $\varrho = m/V \Rightarrow m = V \cdot \varrho$; rein rechnerisch ergibt sich m = 50,0 mL · 1,203 g/mL = 60,150 g
Die Volumenmessgröße 50,0 mL hat mit 3 signifikanten Ziffern gegenüber der Dichte mit 4 signifikanten Ziffern die geringere Genauigkeit. Das Ergebnis ist deshalb nur mit 3 Ziffern anzugeben. Das Rechenergebnis wird in der 3. Ziffer aufgerundet und lautet; m = 60,150 g ≈ **60,2 g.**

3.2.2 Rechnen mit Messwerten mit angegebener Unsicherheit

Werden Messwerte mit angegebenen Unsicherheiten addiert, subtrahiert, multipliziert, potenziert usw., dann pflanzen sich die Unsicherheiten fort.

Beim Addieren und Subtrahieren summieren sich die Unsicherheiten.

Beispiel : In einen Reaktionskessel werden V_1 = 3600 L Flüssigkeit gepumpt. Die Messunsicherheit des Volumenmessgerätes beträgt u_1 = ± 25 L. Anschließend werden über eine andere Leitung weitere 2400 L Flüssigkeit zugepumpt. Die Messunsicherheit des Volumenmessgerätes dieser Leitung beträgt u_2 = ± 15 L. Wie viel Liter Flüssigkeit befinden sich dann im Kessel und wie groß ist die Unsicherheit der Volumenangabe.

Lösung: Bei Additionen und Subtraktionen addieren sich die Unsicherheiten. Im vorliegenden Fall:
$\boldsymbol{V} = V_1 + V_2 + u_1 + u_2$ = 3600 L + 2400 L ± 25 L ± 15 L = **6000 L ± 40 L**

Das Beispiel zeigt, dass sich die Unsicherheiten der Messwerte nicht nur linear fortpflanzen, sondern dass die Unsicherheit des Rechenwertes größer wird.

Beim Multiplizieren, Potenzieren usw. pflanzen sich die Unsicherheiten nach zum Teil komplizierten Gesetzmäßigkeiten fort. Auf deren Berechnung wird hier nicht eingegangen.

Aufgaben zu 3.2. Rechnen mit Messwerten

1. Runden Sie die nachstehenden Größenwerte auf zwei Stellen nach dem Komma:
a) 0,2653 kg b) 6,7462 L c) 12,4454 g d) 12,99981 m² e) 4,4445 m f) 0,05495 g
2. Geben Sie das Rechenergebnis mit der richtigen Anzahl an Nachkommastellen an:
a) 12,65 t + 0,350 t b) 244,0 mL + 0,75 mL c) 960,3 g + 12,146 g d) 0,398 mol + 1,1 mol e) 0,125 m/s + 2,0 m/s f) 2,44 m + 1,2045 m g) 12,4 m³ + 3,049 m³
3. Die Dichte einer Schwefelsäure wurde zu ϱ = 1652 kg/m³ gemessen. Welche Masse hat eine Portion der Säure, die in ein 200-L-Fass abgefüllt wurde?

3.3 Auswertung von Messwertreihen

3.3.1 Arithmetischer Mittelwert $\bar{x}$

Der **arithmetische Mittelwert** $\bar{x}$, auch kurz **Mittelwert** genannt, wird erhalten, indem die einzelnen Messwerte x_1, x_2, ... x_n addiert und durch die Anzahl der Messwerte n dividiert wird.

$$\bar{x} = \frac{x_1 + x_2 + \ldots x_n}{n}$$

Beispiel 1: Bei einer Produktanalyse wurde die Titration als Fünffachbestimmung durchgeführt. Verbraucht wurden jeweils 24,35 mL, 24,30 mL, 24,34 mL, 24,40 mL und 24,45 mL Maßlösung. Welcher mittlere Verbrauch liegt vor?

Lösung: $$\bar{x} = \frac{x_1 + x_2 + x_3 + x_4 + x_5}{n} = \frac{(24,35 + 24,30 + 24,34 + 24,40 + 24,45)\text{ mL}}{5} = 24,368\text{ mL} \approx \mathbf{24,37\text{ mL}}$$

Beispiel 2: Berechnen Sie den Mittelwert der Volumina: 18,46 mL, 30,65 mL, 22,02 mL, 26,13 mL und 24,60 mL.

Lösung: $$\bar{x} = \frac{x_1 + x_2 + x_3 + x_4 + x_5}{n} = \frac{(18,46 + 30,65 + 22,02 + 26,13 + 24,60)\text{mL}}{5} = 24,372\text{ mL} \approx \mathbf{24,37\text{ mL}}$$

Ein Vergleich beider Beispiellösungen zeigt, dass beide Messwertreihen denselben Mittelwert 24,37 mL aufweisen. Es bestehen jedoch sehr unterschiedliche Abweichungen der Einzelwerte vom Mittelwert. Die Einzelwerte der Messreihe 1 liegen sehr dicht beieinander, während die Messwerte der Messreihe 2 sehr weit vom Mittelwert abweichen.

Der arithmetische Mittelwert gibt einen rechnerischen Mittelwert aller Messwerte an. Er macht keine Angaben über die Abweichung der einzelnen Messwerte voneinander.

3.3.2 Absoluter, relativer und prozentualer Fehler

Jeder *Messwert* einer Messgröße ist im allgemeinen mit Messfehlern behaftet und deshalb ungenau.

Der **absolute Fehler** ist die Differenz zwischen der Anzeige x und dem wahren Wert w **(Tabelle 74/1)**.

Beim **relativen Fehler** wird der absolute Fehler ins Verhältnis zum wahren Wert gesetzt.

Der **prozentuale Fehler** ist der relative Fehler in Prozent.

Meistens ist der wahre Wert w nicht bekannt.

Bei *Messreihen* wird der arithmetische Mittelwert meist als Bezugswert verwendet (Tabelle 74/1). Zur Berechnung der einzelnen Fehlerarten werden der größte vom Mittelwert abweichende Messwert x_{max} und der Mittelwert $\bar{x}$ in Beziehung gesetzt.

Tabelle 74/1: Fehlerarten

	Absoluter Fehler	Relativer Fehler	Prozentualer Fehler
Bei Einzel-Messwerten und Kenntnis des wahren Werts	Anzeige − wahrer Wert $x - w$	$\frac{\text{absoluter Fehler}}{\text{wahrer Wert}} = \frac{x - w}{w}$	$\frac{\text{absoluter Fehler}}{\text{wahrer Wert}} \cdot 100\%$
Bei Messreihen	$\pm\lvert x_{max} - \bar{x} \rvert$	$\frac{\text{absoluter Fehler}}{\bar{x}} = \frac{\pm\lvert x_{max} - \bar{x}\rvert}{\bar{x}}$	$\frac{\text{absoluter Fehler}}{\bar{x}} \cdot 100\%$
Beispiel 1 (siehe oben)	$\pm\lvert 24,45 - 24,37 \rvert$ mL $= \pm$ **0,08 mL**	$\pm\frac{0,08\text{ mL}}{24,37\text{ mL}} \approx \pm\mathbf{0,0033}$	$\pm\frac{0,08\text{ mL}}{24,37\text{ mL}} \cdot 100\% \approx \pm\mathbf{0,33\%}$
Beispiel 2 (siehe oben)	$\pm\lvert 30,65 - 24,37 \rvert$ mL $= \pm$ **6,28 mL**	$\pm\frac{6,28\text{ mL}}{24,37\text{ mL}} \approx \pm\mathbf{0,258}$	$\pm\frac{6,28\text{ mL}}{24,37\text{ mL}} \cdot 100\% \approx \pm\mathbf{25,8\%}$

Ein Vergleich der jeweiligen Fehler der Beispielrechnungen 1 und 2 zeigt, dass die Messreihen mit unterschiedlich großen Fehlern behaftet sind. Der größte vom Mittelwert abweichende Messwert der Messreihe 1 besitzt einen prozentualen Fehler von ± 0,33 %, der der Messreihe 2 einen Fehler von ± 25,8 %.

Die verschiedenen Fehlerarten machen bei Messreihen eine Angabe über die Abweichung des schlechtesten Messwerts vom Mittelwert. Sie geben jedoch keinen Hinweis über die Streuung der einzelnen Messwerte.

3.3.3 Standardabweichung, Normalverteilung

Quantitative Informationen zur Streuung von Einzelmesswerten einer Messreihe mit vielen Messwerten liefert die **Standardabweichung s**.

Sie wird auch Streuung oder mittlerer quadratischer Fehler genannt.

Die Berechnungsformel der Standardabweichung leitet sich aus der Wahrscheinlichkeitsrechnung, auch Statistik genannt, ab.

Standardabweichung $s = \pm \sqrt{\dfrac{f_1^2 + f_2^2 + \ldots + f_n^2}{n-1}}$

$f_1, f_2, \ldots f_n$: Abweichungen der Einzelmesswerte vom Mittelwert
z. B. $f_1 = x_1 - \bar{x}$, $f_2 = x_2 - \bar{x}$, usw.

n = Anzahl der Messwerte

Beispiel: Berechnung der Standardabweichungen der Messwertreihen aus Beispiel 1 und Beispiel 2 von Seite 74 oben (**Tabelle 75/1** und **Tabelle 75/2**).

Tabelle 75/1: Standardabweichung von Beispiel 1

Messwerte x_i mL	arithmetischer Mittelwert $\bar{x}$ mL	Abweichung vom Mittelwert $(x_i - \bar{x}) = f_i$ mL	Quadrat der Abweichung $(x_i - \bar{x})^2 = f_i^2$ mL²
24,35	24,37	−0,02	0,0004
24,30		−0,07	0,0049
24,34		−0,03	0,0009
24,40		0,03	0,0009
24,45		0,08	0,0064
	$\bar{x}_1 = 24{,}37$ mL	$\Sigma f_i^2 = 0{,}0135$ mL²	

$$s_1 = \pm \sqrt{\frac{f_1^2 + f_2^2 + f_3^2 + f_4^2 + f_5^2}{n-1}} = \sqrt{\frac{0{,}0135\text{ mL}^2}{5-1}}$$

$\mathbf{s_1} = \pm\, 0{,}05809475\text{ mL} \approx \pm\, \mathbf{0{,}06\text{ mL}}$

Tabelle 75/2: Standardabweichung von Beispiel 2

Messwerte x_i mL	arithmetischer Mittelwert $\bar{x}$ mL	Abweichung vom Mittelwert $(x_i - \bar{x}) = f_i$ mL	Quadrat der Abweichung $(x_i - \bar{x})^2 = f_i^2$ mL²
18,46	24,37	−5,91	34,928
30,65		6,28	39,438
22,02		−2,35	5,523
26,13		1,76	3,098
24,60		0,23	0,053
	$\bar{x}_1 = 24{,}37$ mL	$\Sigma f_i^2 = 83{,}040$ mL²	

$$s_2 = \pm \sqrt{\frac{f_1^2 + f_2^2 + f_3^2 + f_4^2 + f_5^2}{n-1}} = \sqrt{\frac{83{,}040\text{ mL}^2}{5-1}}$$

$\mathbf{s_2} = \pm\, 4{,}5563\text{ mL} \approx \pm\, \mathbf{4{,}56\text{ mL}}$

Das Messergebnis von Messwertreihen wird häufig mit dem Mittelwert $\bar{x}$ und der Standardabweichung s angegeben.

Messergebnis: $y = \bar{x} \pm s$

Beispiel 1: $y_1 = \bar{x}_1 \pm s_1 = 24{,}37$ mL ± 0,06 mL

Beispiel 2: $y_2 = \bar{x}_2 \pm s_2 = 24{,}37$ mL ± 4,56 mL

Vergleich der Messergebnisse y_1 und y_2:

Die Messwerte von Beispiel 1 schwanken nur geringfügig um den Mittelwert. Dies kommt in dem kleinen Wert der Standardabweichung $s_1 = \pm\, 0{,}06$ mL zum Ausdruck.

Die Messwerte von Beispiel 2 streuen stark um den Mittelwert. Die Standardabweichung $s_2 = \pm\, 4{,}56$ mL beträgt etwa 19 % des Mittelwertes $\bar{x}_2 = 24{,}37$ mL. Messreihen mit derart großer Standardabweichung sind für eine praktische Verwendung ungeeignet.

Relative Standardabweichung

Die Streuung einer Messreihe kann auch durch die relative Standardabweichung $\mathbf{s_r}$ gekennzeichnet werden. Die relative Standardabweichung s_r ist die auf den Mittelwert $\bar{x}$ bezogene Standardabweichung s. Sie wird auch **Variationskoeffizient** genannt und kann als Bruchzahl sowie als Prozentzahl angegeben werden.

Relative Standardabweichung

$$s_r = \frac{s}{\bar{x}} = \frac{s}{\bar{x}} \cdot 100\%$$

Beispiel: Welche relative Standardabweichung haben die Messreihen aus Beispiel 1 und 2 (Seite 74)?

Lösung:

$$\mathbf{s_{r1}} = \frac{s_1}{\bar{x}_1} = \frac{\pm\, 0{,}06\text{ mL}}{24{,}37\text{ mL}} = \pm\, 0{,}00246 \approx \pm\, 0{,}0025 = \pm\, \mathbf{0{,}25\%} \Rightarrow \text{Messergebnis: } y_1 = 24{,}37\text{ mL} \pm 0{,}25\%$$

$$\mathbf{s_{r2}} = \frac{s_2}{\bar{x}_2} = \frac{\pm\, 4{,}56\text{ mL}}{24{,}37\text{ mL}} \approx \pm\, 0{,}1871 \approx \pm\, \mathbf{18{,}71\%} \Rightarrow \text{Messergebnis: } y_2 = 24{,}37\text{ mL} \pm 18{,}71\%$$

Gauß'sche Normalverteilung

Eine anschauliche Darstellung der Standardabweichung s erhält man durch grafisches Auftragen der Häufigkeit der Messwerte in einem Diagramm **(Bild 76/1)**.

Das Diagramm hat als Abszisse die Messgröße x. In der Mitte der Abszisse liegt der arithmetische Mittelwert $\bar{x}$. Die Ordinate gibt die Häufigkeit der Messwerte in Prozent an.

Die glockenförmige Kurve erhält man, indem man links und rechts vom Mittelwert $\bar{x}$ die Häufigkeit der um jeweils ein bestimmtes Intervall vom Mittelwert abweichenden Messwerte aufträgt. Die Glockenkurve wird nach ihrem Erfinder **Gauß'sche Normalverteilungskurve** genannt.

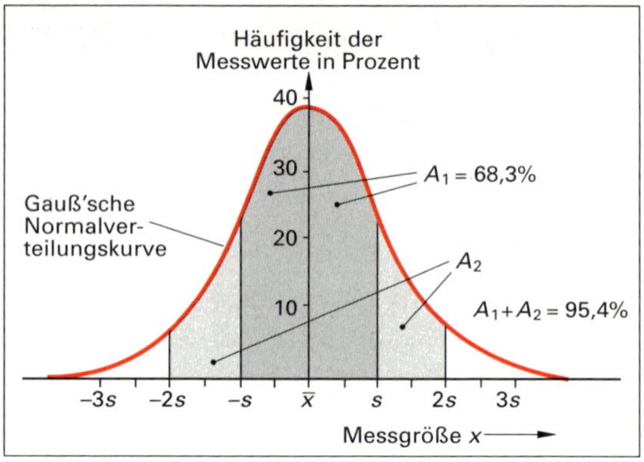

Bild 76/1: Gauß'sche Normalverteilung und Standardabweichung

Der errechnete Wert der Standardabweichung $\pm s$ begrenzt unter der Kurve die Fläche A_1. Diese Fläche A_1 um den Mittelwert $\bar{x}$ nimmt 68,3 % der Gesamtfläche unter der Glockenkurve ein, d. h., 68,3 % der Messwerte liegen innerhalb dieser Fläche und damit innerhalb der Standardabweichung $\pm s$.

Innerhalb der zweifachen Standardabweichung $\pm 2s$ liegen 95,4 % der Messwerte, innerhalb der dreifachen Standardabweichung $\pm 3s$ liegen 99,7 % der Messwerte.

3.3.4 Auswertung mit dem Taschenrechner

Da Mittelwerte, Standardabweichung usw. zur Beurteilung von Messwerten häufig gebraucht werden und ihre Berechnung aufwendig ist, haben viele Taschenrechner entsprechende Funktionstasten **(Bild 76/2)**. Mit ihr können die gesuchten statistischen Werte direkt abgerufen werden.

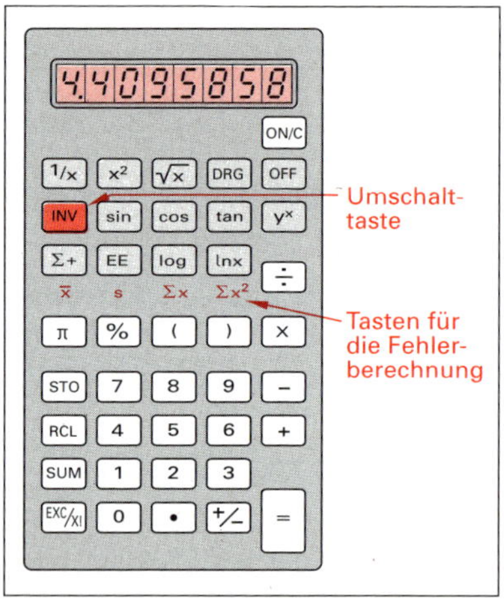

Bild 76/2: Taschenrechner mit Funktionstasten für Fehlerberechnungen

Beispiel: Der Mittelwert und die Standardabweichung soll unter Zuhilfenahme des Taschenrechners für folgende Messwerte berechnet werden: 145, 148, 140, 141, 146, 153, 144, 142, 139.

Lösung: Je nach Rechnerfabrikat müssen die statistischen Funktionen vor oder nach den Messwerten aufgerufen werden (siehe Bedienungsanleitung des Taschenrechners). **Beispiel:**

Eingabe	145 [Σ+]	148 [Σ+]	140 [Σ+]	usw.	[INV] [$\bar{x}$]	[INV] [s]
Anzeige	145 1	148 2	140 3	...	144.2	4.4095856

Der arithmetische Mittelwert ist $\bar{x}$ = 144,2, die Standardabweichung $s \approx \pm$ 4,4. Das Messergebnis lautet y = 144,2 ± 4,4 oder mit relativer Standardabweichung s_r ausgedrückt y = 144,2 ± 3,05 %.

Aufgaben zu 3.3 Auswertung von Messreihen

1. Zur Bestimmung der Viskosität einer Flüssigkeit mit dem Kugelfallviskosimeter nach Höppler wurden folgende Fallzeiten der Kugel gestoppt: 140,51 s; 141,84 s; 141,63 s; 140,66 s; 141,94 s; 140,91 s und 141,59 s.
   a) Berechnen Sie die mittlere Fallzeit, die Standardabweichung und die relative Standardabweichung.
   b) Geben Sie das Messergebnis an.
2. Berechnen Sie für die nachstehenden Messreihen den prozentualen Fehler, den Mittelwert, die Standardabweichung und den Variationskoeffizienten. Geben Sie jeweils das Messergebnis an.
   a) m in g: 2,6735; 2,6901; 2,7121; 2,6588; 2,6476; 2,6179; 2,7021
   b) U in mV: 176; 159; 182; 166; 163
   c) v in m/s: 0,98; 0,97; 1,03; 1,11; 1,05
   d) ϱ in g/cm³: 1,208; 1,192; 1,199; 1,212; 1,207; 1,202; 1,196

3.4 Darstellung von Messergebnissen

Messergebnisse werden zuerst meist in eine Wertetabelle eingetragen und dann in eine grafische Darstellung eingezeichnet. Gegebenenfalls werden die Zusammenhänge der Messgrößen nach einer Auswertung als Gleichung wiedergegeben.

3.4.1 Messwerte in Wertetabellen

Aufstellen einer Wertetabelle

Die einfachste Form, Zusammenhänge zwischen zwei oder mehr verschiedenen Größen darzustellen, ist mit der **Wertetabelle** möglich **(Bild 77/1)**.

Eine Tabelle enthält im Kopf den Titel und eine Zeile darunter die Größen und ihre Einheiten. In der 1. Spalte steht meist die Variable, z.B. die Zeit t. In der zweiten Spalte werden die Messwerte eingetragen und, in weiteren Spalten, aus den Messwerten errechnete Größen. Meist ist die Wertetabelle das direkte Protokoll einer Messreihe.

Durchflussvolumen und Volumenstrom in Abhängigkeit von der Zeit		
Zeit t min	Durchflussvolumen V m^3	Volumenstrom $\dot{V}$ m^3/min
10	1,4	0,14
20	3,0	0,15
30	4,8	0,16
36	5,4	0,15
48	6,7	0,14

Bild 77/1: Beispiel einer Wertetabelle

Berechnung von Zwischenwerten

Aus einer Wertetabelle können nur gemessene Werte direkt abgelesen werden. Zwischenwerte lassen sich durch Berechnen ermitteln. Man nennt dies **rechnerische Interpolation**.

Beispiel 1: Welches Durchflussvolumen ist aus den Werten der obigen Tabelle nach 40 min zu erwarten?

Lösung: Das gesuchte Durchflussvolumen nach t = 40 min liegt zwischen den Messwerten für t = 36 min und t = 48 min. Über eine Differenzbildung zu den Wertepaaren von t = 36 min und t = 48 min wird die Zunahme des Durchflussvolumens pro Zeiteinheit bestimmt:

Nach 48 min sind 6,7 m^3 durchgeflossen

nach 36 min sind 5,4 m^3 durchgeflossen

Differenz: Δt = 12 min; ΔV = 1,3 m^3 → Durchflussvolumen pro Zeiteinheit: $\frac{\Delta V}{\Delta t} = \frac{1{,}3\ m^3}{12\ min} = 0{,}108\ \frac{m^3}{min}$

→ in 4 min sind $0{,}108\ \frac{m^3}{min} \cdot 4\ min \approx 0{,}43\ m^3$ zusätzlich zugeflossen.

Das Durchflussvolumen von 5,4 m^3 (t = 36 min) hat sich in weiteren 4 min um 0,43 m^3 erhöht.

$\boldsymbol{V}\ (t = 40\ min) = 5{,}4\ m^3 + 0{,}43\ m^3 = 5{,}83\ m^3 \approx \mathbf{5{,}8\ m^3}$

Beispiel 2: 32,0%ige Schwefelsäure hat eine Dichte ϱ = 1,235 g/cm³, 35,0%ige Schwefelsäure eine Dichte von ϱ = 1,260 g/cm³. Welche Dichte hat eine 33,4%ige Schwefelsäure?

Lösung: 35,0 % Schwefelsäure → Dichte 1,260 g/cm³

32,0 % Schwefelsäure → Dichte 1,235 g/cm³

$\Delta w\,(H_2SO_4) = 3{,}0\%$ $\Delta \varrho = 0{,}025\ g/cm^3$ $\Rightarrow \frac{\Delta \varrho}{\Delta w\,(H_2SO_4)} = \frac{0{,}025\ g/cm^3}{3{,}0\%} = 0{,}00833\ \frac{g/cm^3}{\%}$

32,0 % Säure → Dichte 1,235 g/cm³

33,4 % Säure → $\varrho\ (33{,}4\%) = 1{,}235\ g/cm^3 + 1{,}4\% \cdot 0{,}00833\ \frac{g/cm^3}{\%} \approx \mathbf{1{,}247\ g/cm^3}$

Aufgabe zu 3.4.1 Messwerte in Wertetabellen

In ein Reaktionsgefäß wird eine Flüssigkeit gepumpt. Die jeweils gemessene Zeit in Sekunden und das zugeflossene Volumen in Liter wurden festgehalten (siehe unten). Sie sollen in eine Wertetabelle eingetragen werden. Außerdem ist der jeweilige Volumenstrom $\dot{V}$ zu berechnen und in der Tabelle aufzulisten.

a) Welches Volumen ist nach 45 s eingeströmt?

b) Nach welcher Zeit sind 260 L eingelaufen?

Volumen in L	60	100	200	250	280	300	320	350	390
Zeit in s	12,0	20,0	39,5	49,0	56,5	60,5	64,5	70,0	79,0

3.4.2 Grafische Darstellung von Messwerten

Grafische Darstellungen, auch Diagramme genannt, ermöglichen die anschauliche Wiedergabe von Messwerten. Meist erfolgt eine grafische Darstellung im **rechtwinkligen Koordinatensystem** (DIN 461). Ein gut angefertigtes Diagramm sagt oft mehr aus als viele Worte.

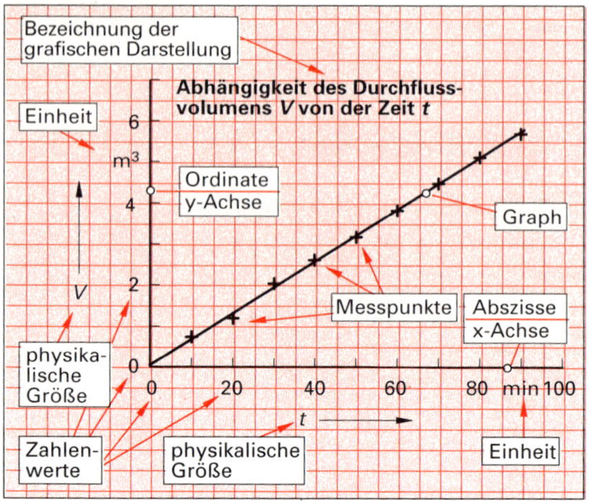

Bild 78/1: Normgerechte grafische Darstellung

1. Eine grafische Darstellung **(Bild 78/1)** enthält:
   - Eine **Abszisse** (waagrechte Achse) und eine **Ordinate** (senkrechte Achse)
   - Eine Beschriftung der Abszisse und Ordinate mit den physikalischen Größen, den Einheiten und Zahlenwerten
   - Die Bezeichnung der Darstellung
   - Die Messpunkte
   - Den aus den Messpunkten abgeleiteten Kurvenzug, auch **Graph** genannt.

   Die Pfeilspitze unter oder am Ende der **Abszisse** und der **Ordinate** zeigt in Richtung der anwachsenden Werte **(Bild 78/2)**. Die Achsenbezeichnungen sollen möglichst ohne Drehen des Blattes lesbar sein.

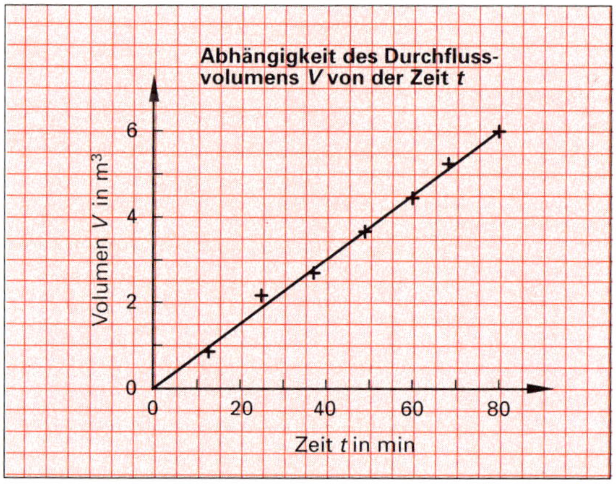

Bild 78/2: Ebenfalls mögliche Achsenbezeichnungen

2. Die unabhängig veränderliche Variable, z. B. die Zeit t, wird immer auf der Abszisse aufgetragen, die abhängige Variable, z. B. das Volumen V, immer auf der Ordinate.
3. Zum Zeichnen der Diagramme Bleistift oder Tuschefüller verwenden. Filzstifte oder Kugelschreiber sind weniger geeignet.
4. Durch die Wahl eines geeigneten Maßstabes kann eine blattfüllende grafische Darstellung im Hoch- oder Querformat erreicht werden.

Beispiel: Für die grafische Darstellung der Wertepaare aus der Tabelle von Seite 77 oben sind für die Zeitachse pro 10 min 4 cm, für die Volumenachse pro m³ 2 cm geeignet.

5. Für die Maßstabseinteilung der Achsen ist eine Einer-, Zweier-, Fünfer- oder Zehner-Teilung zu verwenden **(Bild 78/3)**. Ungeeignet ist eine Dreierteilung, da Zwischenwerte nicht oder nur sehr schlecht abgelesen werden können.
6. Für die Achseneinteilung werden ca. 2 mm lange Striche verwendet. Pro Zentimeter genügt ein Strich. Zugehörige Zahlen werden mittig zum Strich geschrieben.
7. Die Einheit der Größe wird meist zwischen die letzten beiden Ziffern der Achse geschrieben. Die Zahlen an der Achse selbst sind einheitenlos (Bild 78/1). Üblich ist auch das Anhängen der Einheit an die Größe, z. B. Zeit t in h (Bild 78/2), Spannung U in V usw. Möglich ist auch die Achsenbezeichnung in Bruchform, bei der die Größe durch die Einheit geteilt wird, z. B. I/A oder t/h usw.

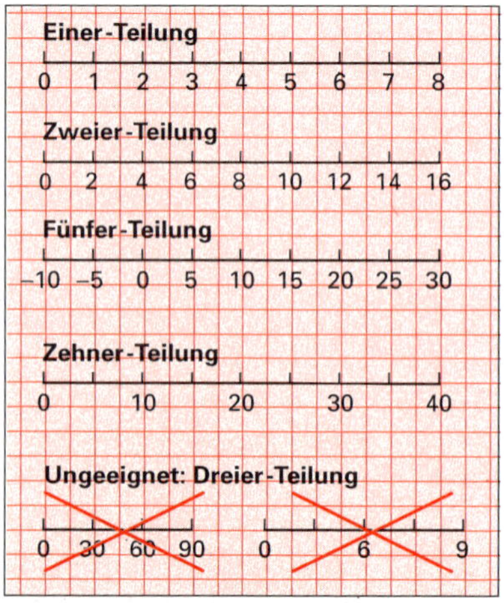

Bild 78/3: Maßstabseinteilung der Achsen

8. Die aus den Messwerten erhaltenen *Messpunkte* werden durch kleine Kreuze in das Diagramm eingetragen. Weitere Zeichen, z. B. Quadrate, Dreiecke, usw. kennzeichnen andere Messreihen im gleichen Diagramm **(Bild 79/1)**. Auch unterschiedliche Farben und Linienarten, z. B. Strichlinien, sind möglich.

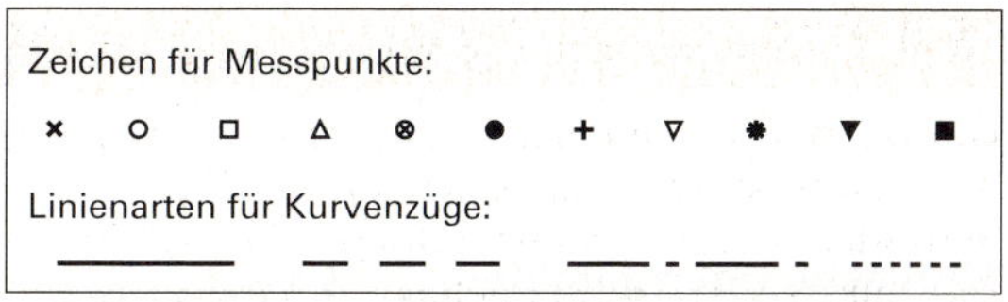

Bild 79/1: Zeichen und Linien für die Darstellung mehrerer Kurven in einem Diagramm

3.4.3 Zeichnen der Messwertkurven

Messpunkte, die linearen Gesetzmäßigkeiten gehorchen, werden durch eine **Ausgleichsgerade** verbunden **(Bild 79/2)**.

Als Ausgleichsgerade bezeichnet man diejenige Gerade, die durch möglichst viele der Messpunkte verläuft und bei der die Summe der Abstände, der nicht auf der Geraden liegenden Messpunkte, ein Minimum ist. Stark abseits liegende Punkte, sogenannte Ausreißer, bleiben unberücksichtigt. In der Praxis zeichnet man die Ausgleichsgerade nach Augenmaß und durch Probieren.

Messpunkte, die nichtlinearen Zusammenhängen gehorchen, werden mit einem Kurvenlineal zu einer **Ausgleichskurve** verbunden **(Bild 79/3)**. Der gezeichnete Kurvenzug soll möglichst viele Messpunkte umfassen oder ausgleichend zwischen den Messpunkten verlaufen. Er soll harmonisch aussehen und keine Knicke aufweisen.

Beispiel: Die Abhängigkeit des Volumens einer Gasportion vom Gasdruck wurde experimentell bestimmt und die Werte in eine Wertetabelle aufgenommen.

p in bar	1,00	0,82	1,10	1,20	1,50	2,00
V in m³	670	600	502	396	346	255

p in bar	2,50	3,00	4,00	5,00	5,25
V in m³	220	163	127	102	95,0

Stellen Sie das Ergebnis in einem *p*-*V*-Diagramm dar.

Lösung: **Bild 79/3**

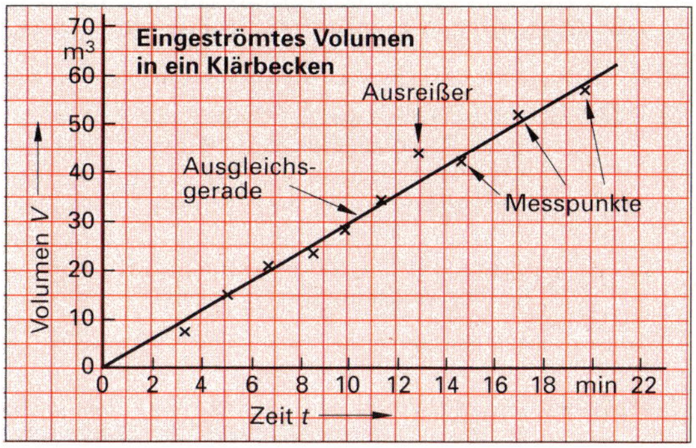

Bild 79/2: Ausgleichsgerade

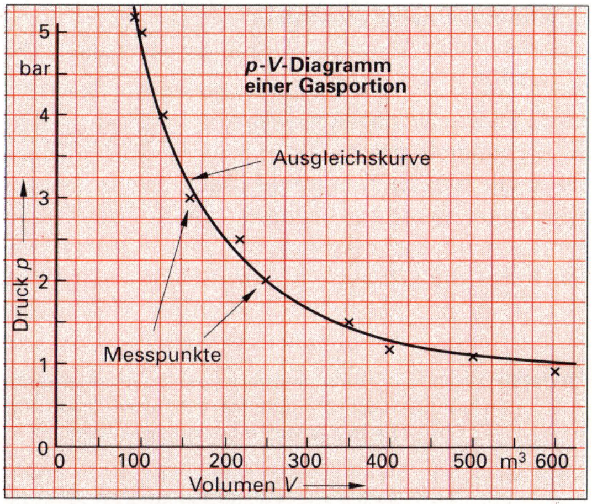

Bild 79/3: Ausgleichskurve

Aufgaben zu 3.4.2 Grafische Darstellung von Messwerten und 3.4.3 Messwertkurven

1. Die Dichte von Wasser wurde bei verschiedenen Temperaturen gemessen und in eine Wertetabelle übertragen. Erstellen Sie das Dichte-Temperatur-Diagramm, tragen Sie dort die Messwerte ein und zeichnen Sie die Messwertkurve.

Temperatur in °C	0,00	1,00	2,00	3,00	3,50	4,00	4,50	5,00	6,00	7,00	8,00	9,00
Dichte in kg/m³	999,84	999,90	999,94	999,96	999,97	999,97	999,97	999,96	999,94	999,90	999,85	999,78

2. Bei einer chemischen Reaktion nimmt die Anfangskonzentration von 8,50 mol/L alle 12 s um 1,20 mol ab. Erstellen Sie die Wertetabelle und das Konzentrations-Zeit-Diagramm.

3. Nach dem Hooke'schen Gesetz $\Delta l = l \cdot F/(E \cdot A)$ nimmt die Länge eines Probekörpers proportional zur dehnenden Kraft F zu. Welche Längenzunahmen sind bei einem Werkstoff mit dem Elastizitätsmodul $E = 2{,}10 \cdot 10^5$ N/mm² zu erwarten, wenn der Probekörper $l = 100$ mm lang, die Querschnittsfläche $A = 10{,}0$ mm² groß und die Zugkraft von 0 bis 2100 N stetig angestiegen ist?

3.4.4 Arbeiten mit Diagrammen in der Chemietechnik

Werden Messwerte in ein Diagramm übertragen, gibt der Graph diese anschaulich wieder.

Grafische Interpolation

Aus einer gezeichneten Kurve lassen sich durch grafische Interpolation beliebige Zwischenwerte unmittelbar ablesen. Die Genauigkeit der abgelesenen Messgröße ist vom Zeichenmaßstab abhängig.

Beispiel 1: Mit einem Thermoelement wurden in einem Reaktionsbehälter 8,3 mV Thermospannung gemessen. Zur Ermittlung der Temperatur aus der Thermospannung steht die Kalibrierkurve des Thermoelements zur Verfügung **(Bild 80/1)**. Welche Reaktionstemperatur liegt vor?

Lösung: aus Bild 80/1: zu U = 8,3 mV ⇒ **ϑ = 153 °C**

Beispiel 2: Wie groß ist die Thermospannung U, wenn das Thermoelement 120 °C anzeigt?

Lösung: aus Bild 80/1: zu ϑ = 120 °C ⇒ **U = 6,5 mV**

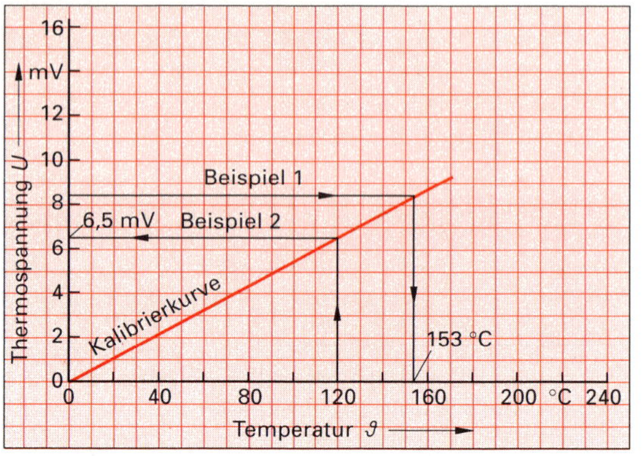

Bild 80/1: Interpolieren mit der Kalibrierkurve eines Thermoelements

Grafische Extrapolation

Soll ein Wert bestimmt werden, der außerhalb des durch die Messwerte festgelegten Graphen liegt, kann der gesuchte Wert durch Extrapolieren erhalten werden. Die Extrapolation liefert jedoch nur dann brauchbare Ergebnisse, wenn davon ausgegangen werden kann, dass die Funktion über die Messwerte hinaus stetig verläuft. Bei der grafischen Extrapolation wird der Graph entsprechend dem vorherigen Kurvenverlauf verlängert (Strichlinie in Bild 80/2).

Beispiel 3: Die Thermospannung des Thermoelements aus Beispiel 1 beträgt bei einer Messung U = 11,4 mV. Welche Temperatur liegt vor?

Lösung: Die Kalibrierkurve (Bild 80/1) wird verlängert **(Bild 80/2)** und der gesuchte Wert zu 11,4 mV abgelesen: **ϑ = 208 °C.**

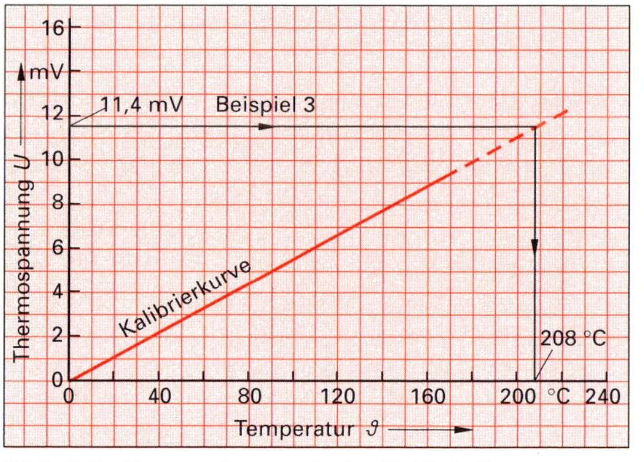

Bild 80/2: Extrapolieren mit der Kalibrierkurve eines Thermoelements

Nicht lineare Kalibrierkurven

Auch bei nicht linearen Kalibrierkurven kann interpoliert und extrapoliert werden. Die Genauigkeit der ermittelten Zwischenwerte ist jedoch eingeschränkt.

Beispiel 4: Für die Durchflussmessung ($\dot{V}$) mit einer Messblende steht eine Kalibrierkurve zur Verfügung **(Bild 80/3)**. Sie gibt den Volumenstrom $\dot{V}$ in Abhängigkeit vom Wirkdruck Δp wieder.

Wie groß ist der Volumenstrom $\dot{V}$, wenn der Wirkdruck Δp zu 220 hPa angezeigt wird?

Lösung: Der Graph wird mit dem Kurvenlineal entsprechend der Kalibrierkurve verlängert (Bild 80/3). Der gesuchte Wert zu 220 hPa wird abgelesen: **$\dot{V}$ = 7,4 m³/h.**

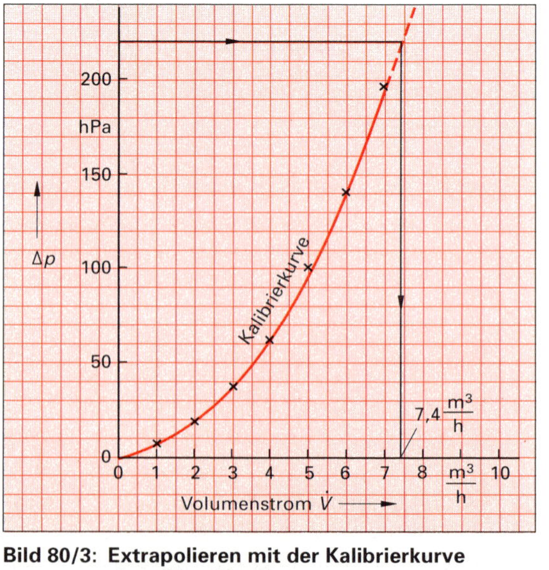

Bild 80/3: Extrapolieren mit der Kalibrierkurve einer Messblende

Aufgaben zu 3.4.4
Arbeiten mit Diagrammen

1. Die Dichte von Natriumhydroxidlösungen ist vom Massenanteil an NaOH abhängig.
   Folgende Werte können aus einem Tabellenbuch entnommen werden:

w(NaOH) in %	26,02	28,80	30,20	32,10	35,01
Dichte ϱ in kg/m³	1285	1315	1330	1350	1380

   a) Zeichnen Sie ein w-ϱ-Diagramm.
   b) Ermitteln Sie grafisch die Dichten zu $w_1 = 27{,}0\,\%$; $w_2 = 30{,}80\,\%$; $w_3 = 35{,}50\,\%$.
   c) Ermitteln Sie grafisch die NaOH-Massenanteile zu $\varrho_1 = 1300\ \text{kg/m}^3$, $\varrho_2 = 1356\ \text{kg/m}^3$.
2. Der Druckverlust in Rohrleitungen ist von der Strömungsart (Re-Zahl) und vom Widerstandsbeiwert λ abhängig (Seite 245).
   Bestimmen Sie aus **Bild 81/1**
   a) den Rohrwiderstandsbeiwert λ für die Reynoldszahl Re = 1200,
   b) für ein glattes Rohr den Widerstandsbeiwert λ bei Re = 80 000,
   c) für ein raues Rohr den Widerstandsbeiwert λ bei Re = 10 000.
3. Kreiselpumpen liefern bei konstanter Drehzahl mit zunehmender Förderhöhe einen abnehmenden Förderstrom $\dot{V}$ **(Bild 81/2)**.
   a) Welcher Förderstrom $\dot{V}$ stellt sich bei einer Förderhöhe von 25 m, 35 m und 45 m ein?
   b) Welcher Förderstrom ergäbe sich, wenn die Förderhöhe 20 m betragen würde?
4. Die Masse des Wasserdampfs, die von Luft maximal aufgenommen werden kann, ist von der Temperatur abhängig **(Bild 81/3)**.
   Welche Wassermasse kann die Luft pro m³ jeweils zusätzlich aufnehmen, wenn die Temperatur um je 10 °C erhöht wird und von –5 °C, +5 °C, 15 °C und 25 °C ausgegangen wird?
5. Die Reaktionsgeschwindigkeit v und die Konzentration c einer Reaktion wurden in einer Wertetabelle erfasst. (Siehe unterhalb Bild 81/3)
   a) Zeichnen Sie ein v-c-Diagramm.
   b) Ermitteln Sie die Reaktionsgeschwindigkeit für $c_1 = 0{,}5$ mol/L und $c_2 = 1{,}5$ mol/L.

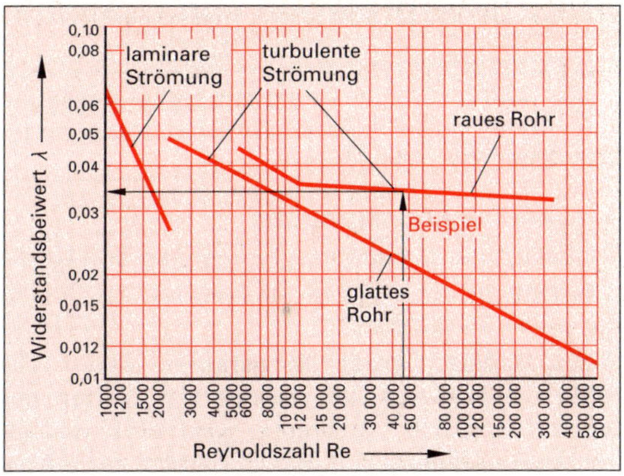

Bild 81/1: Rohrwiderstandsbeiwerte zur Druckverlustermittlung in Rohrleitungen

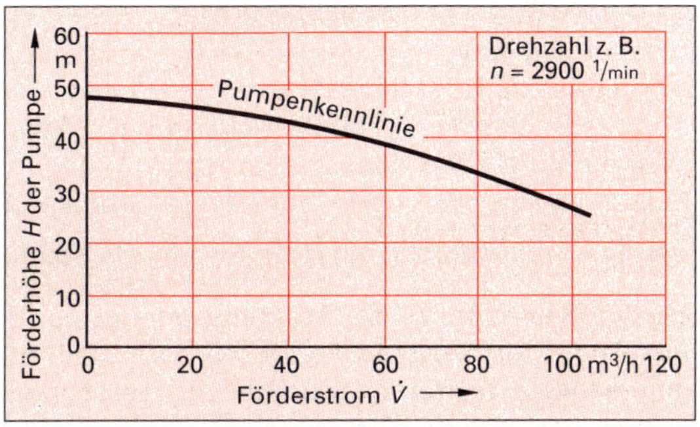

Bild 81/2: Kennlinie einer Kreiselradpumpe

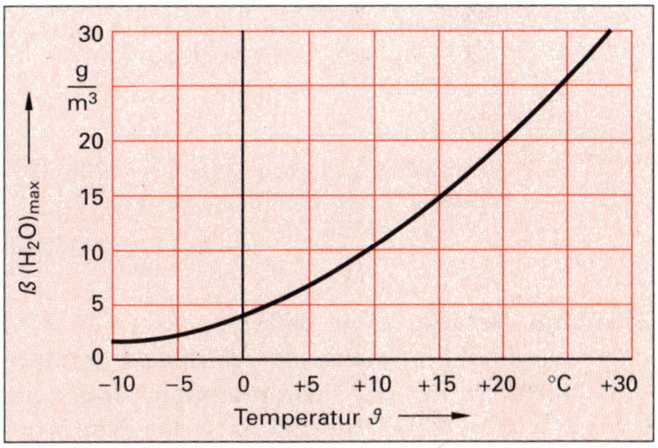

Bild 81/3: Sättigungs-Wasserdampfmasse in Luft

v in mol/s	0	0,1	0,2	0,3	0,4	0,5	0,6
c in mol/L	0	0,2	0,4	0,6	0,8	1,0	1,2

6. Der Druckverlust in Rohrleitungen kann mit der Gleichung $\Delta p = \lambda \cdot \frac{l}{d_i} \cdot \frac{\varrho}{2} \cdot \overline{v}^2$ berechnet werden.
   In einer Rohrleitung mit dem Rohrinnendurchmesser $d_i = 800$ mm, der Rohrlänge $l = 140$ m und dem Rohrwiderstandsbeiwert $\lambda = 0{,}036$ strömt eine Flüssigkeit mit der Dichte $\varrho = 880\ \text{kg/m}^3$.
   a) Stellen Sie in einer Wertetabelle für den Bereich von $\overline{v} = 0$ m/s bis $\overline{v} = 2{,}4$ m/s in 0,2-m/s-Abständen den Druckverlust der Strömungsgeschwindigkeit gegenüber.
   b) Zeichnen Sie den Graph und extrapolieren Sie den Druckverlust für $\overline{v} = 2{,}5$ m/s.

3.4.5 Interpretation von Graphen

Mit der Interpretation, d. h. der Deutung von Graphen, sind qualitative und quantitative Aussagen zur Abhängigkeit zweier Größen voneinander möglich.

Lineare Funktionsgraphen

Im Falle einer Geraden als Funktionsgraph ist die Deutung am einfachsten. Es werden verschiedene Fälle unterschieden:

Achsparallele Gerade (Konstante). Bleibt der Wert der Funktion bei veränderten Werten der Variablen gleich (konstant), wird eine waagerechte Gerade erhalten. Sie ist parallel zur x-Achse (Abszisse) und wird durch die Funktion $\boldsymbol{y = b_1}$ beschrieben **(Bild 82/1)**. Die achsparallele Gerade schneidet die Ordinate im Punkt b_1.

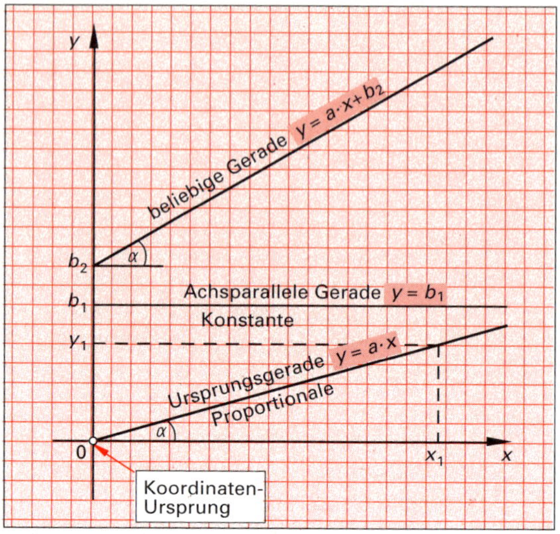

Bild 82/1: Geraden im Koordinatensystem

Ursprungsgerade. Schneiden sich die beiden Achsen des Koordinatensystems jeweils bei null, heißt der Schnittpunkt „Ursprung". Geraden, die durch den Koordinatenursprung gehen, heißen Ursprungsgerade oder Proportionale (Bild 82/1). Sie entsprechen der Funktion $\boldsymbol{y = a \cdot x}$.

a ist der Proportionalitätsfaktor. Er gibt die Steigung der Geraden an: $a = \frac{y_1}{x_1} = \frac{y_2}{x_2} = \ldots = \frac{y}{x} = \tan \alpha$.

Für die Bestimmung der Steigung genügt bei der Ursprungsgeraden die Kenntnis eines x/y-Wertepaares aus der Messreihe oder aus dem Diagramm. Mit der Steigung können weitere y-Werte zu vorgegebenen x-Werten oder umgekehrt berechnet werden.

Beispiel: Eine Ursprungsgerade geht durch den Punkt P (0,7/3,5).

a) Zeichnen Sie die Ursprungsgerade in ein passend gewähltes Diagramm.

b) Welcher y-Wert gehört zu $x = 1{,}2$?

Lösung: a) **Bild 82/2**

b) entweder aus dem Diagramm (Bild 82/2) ablesen oder rechnerisch ermitteln:

$$a = \frac{y}{x} = \frac{3{,}5}{0{,}7} = 5\,; \quad \boldsymbol{y} = a \cdot x = 5 \cdot 1{,}2 = \boldsymbol{6{,}0}$$

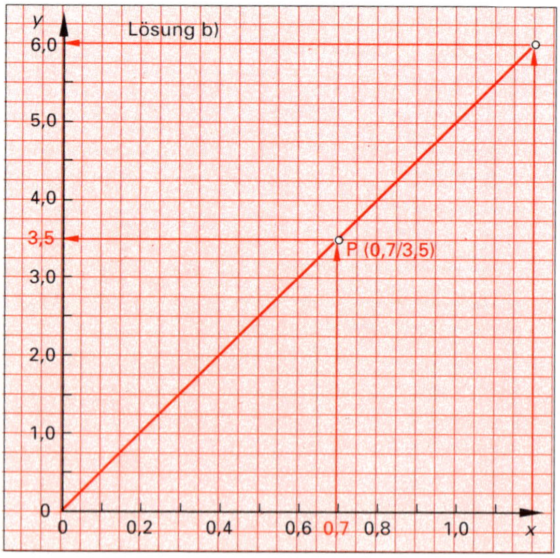

Bild 82/2: Lösung zu Beispiel 1

Beliebige Gerade. Eine beliebige Gerade wird durch die Funktion $\boldsymbol{y = a \cdot x + b}$, der so genannten **Normalform der Geradengleichung**, beschrieben (Bild 82/1). Hierbei ist a der Proportionalitätsfaktor und b der Ordinatenabschnitt. Die lineare Funktion setzt sich aus einer Konstanten und einer Proportionalen zusammen.

Jede Gerade ist durch zwei Punkte festgelegt. Die Beziehung zur Bestimmung der Geradengleichung mit den Punkten $P_1(x_1/y_1)$ und $P_2(x_2/y_2)$ lautet: $y = \frac{y_2 - y_1}{x_2 - x_1}(x - x_1) + y_1$

Beispiel 1: Durch die Punkte $P_1(2/3)$ und $P_2(-2/1)$ soll eine Gerade gelegt werden. Wie lautet die Normalform der Geradengleichung?

Lösung:

$$y = \frac{y_2 - y_1}{x_2 - x_1}(x - x_1) + y_1 = \frac{1-3}{-2-2}(x-2) + 3 = \frac{1}{2} \cdot (x-2) + 3 = \frac{1}{2}x - 1 + 3 \Rightarrow \boldsymbol{y = \frac{1}{2}x + 2}$$

Beispiel 2: Bei einer chemischen Reaktion nimmt die Konzentration c linear mit der Zeit t ab. In einem Konzentrations-Zeit-Diagramm mit $a = -2$ mol/(L · h) und $b = 8$ mol/L soll der Reaktionsverlauf dargestellt werden.

Lösung: Die Funktionsgleichung der Konzentration c in Abhängigkeit von der Zeit t lautet allgemein $c = a \cdot t + b$. Mit den Werten für a und b folgt: $\boldsymbol{c = -2 \frac{\textbf{mol}}{\textbf{L} \cdot \textbf{h}} \cdot t + 8}$ **mol/L**

Zu ausgewählten t-Werten werden die zugehörigen c-Werte errechnet, in eine Wertetabelle eingetragen und dann in ein Diagramm eingezeichnet **(Bild 83/1)**.

t in h	0	1	2	3	4
c in mol/L	8	6	4	2	0

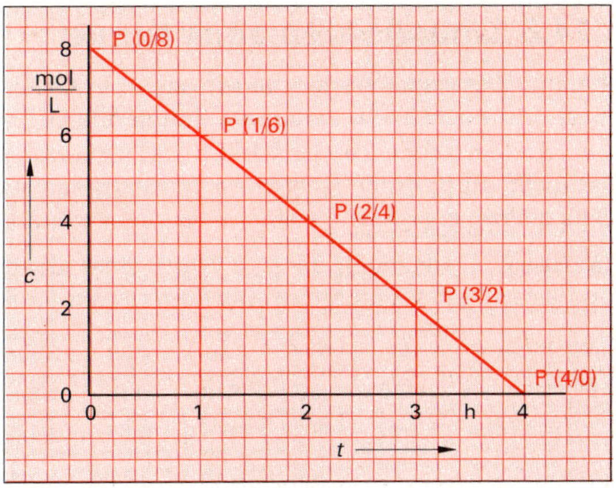

Bild 83/1: Lösung zu Beispiel 2

Nicht lineare Funktionsgraphen

Häufig treten Funktionen auf, bei denen sich die beiden Größen nicht proportional zueinander verhalten. Für die Aufstellung dieser Funktionsgleichungen ist neben dem mathematischen Fachwissen viel Erfahrung erforderlich.

In **Bild 83/2** sind einige typische Funktionsgraphen dargestellt.

Die Abhängigkeit der Reaktionsgeschwindigkeit von der Konzentration wird z. B. von einer **Parabel** (Funktionstyp $y = x^2$) beschrieben.

Exponentialfunktionen (Funktionstyp $y = e^x$) und **Logarithmusfunktionen** (Funktionstyp $y = \lg x$) beschreiben z. B. die Zeitabhängigkeit der Konzentration bei Bioreaktionen.

Durch Ändern einer oder beider Koordinateneinteilungen ist es oft möglich, nicht lineare Kurvenzüge in Geraden zu überführen (Seite 84). Damit vereinfacht sich die Deutung der Graphen.

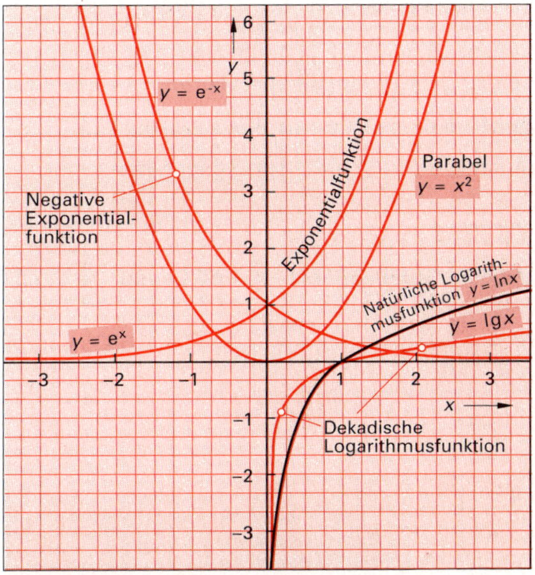

Bild 83/2: Nicht lineare Funktionsgraphen

Aufgaben zur Interpretation von Graphen

1. Erstellen Sie ein Schaubild für den Zusammenhang zwischen der Zugkraft F und der Verlängerung s einer Stahlfeder. Die Federkonstante D beträgt 22,0 N/m, die Kraft F maximal 4 N (Hooke'sches Gesetz: $F = D \cdot s$).
2. Die Strömungsgeschwindigkeit v eines Fluids in einem Rohr ist bei $\dot{V}$ = konstant umgekehrt proportional zur Querschnittsfläche A des Rohres: $v = \dot{V}/A$. Stellen Sie für $\dot{V}$ = 10 L/s die Abhängigkeit der Strömungsgeschwindigkeit von der Fläche und vom Durchmesser in einem Diagramm bis v_{max} = 2,5 m/s dar.
3. Bestimmen Sie für die Geraden im nebenstehenden Diagramm **(Bild 83/3)** die Steigung a und den Ordinatenabschnitt b. Geben Sie jeweils die Funktionsgleichungen an.

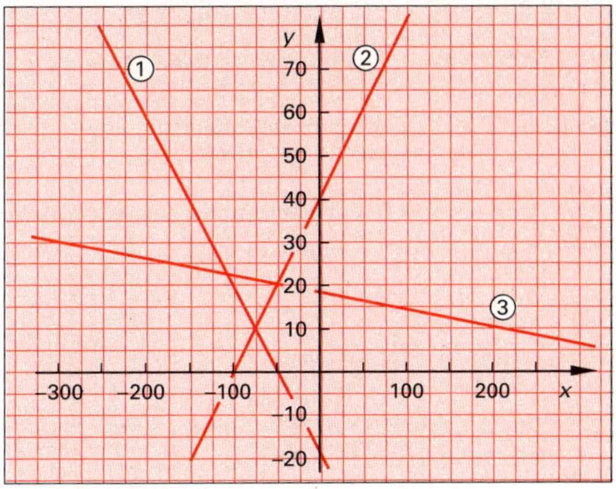

Bild 83/3: Aufgabe 3

3.4.6 Linearisieren einer Kurve

Lineare Zusammenhänge lassen sich relativ einfach durch eine Funktionsgleichung beschreiben (Seite 82). Nicht linear zusammenhängende Größen sind komplizierter darstellbar.

Um die einfachen Möglichkeiten der Erfassung von Zusammenhängen aus Geraden zu nutzen, versucht man, durch geeignete Maßnahmen nicht lineare Kurvenzüge in Geraden überzuführen. Dies gelingt in einigen Fällen z. B. durch Ändern einer oder beider Koordinatengrößen.

Beispiel: Darstellung der *p*-*V*-Werte einer Gasportion eines idealen Gases in einem *p*-*V*-Diagramm und einem 1/*p*-*V*-Diagramm. Bestimmen der Funktionsgleichung zwischen *V* und *p*.

p in mbar	50	62,5	80	100	150	200	300	400	500	625	800	1000
V in L	100	80	62,5	50	33,3	25	16,7	12,5	10	8	6,3	5
1/*p* in 1/mbar	0,02	0,016	0,0125	0,01	0,0067	0,005	0,0033	0,0025	0,002	0,0016	0,0013	0,001

Werden die Wertepaare in ein *p*-*V*-Diagramm eingetragen und miteinander verbunden, wird ein nicht linearer Kurvenzug erhalten, für den zunächst keine Funktionsgleichung aufgestellt werden kann **(Bild 84/1)**.

Werden die *p*-Werte jedoch in 1/*p*-Werte umgeformt und in einem 1/*p*-*V*-Diagramm aufgetragen **(Bild 84/2)**, wird ein linearer Zusammenhang erhalten. Die Wertepaare miteinander verbunden ergeben eine Ursprungsgerade. Hieraus kann die Proportionalität $1/p \sim V$ abgeleitet werden.

Die Funktionsgleichung der Geraden kann mit einem Punkt der Geraden (x_1/y_1) und der Bestimmungsgleichung für Ursprungsgeraden $y = a \cdot x = \frac{y_1}{x_1} \cdot x$ bestimmt werden.

Für das $V - \frac{1}{p}$ – Diagramm lautet die Ursprungsgerade $V = \frac{V_1}{1/p_1} \cdot \frac{1}{p}$

Mit dem Geradenpunkt $V_1 = 50\ \text{L}$ und $\frac{1}{p_1} = 0{,}010\ \frac{1}{\text{mbar}}$ folgt die Geradengleichung:

$$V = \frac{V_1}{1/p_1} \cdot \frac{1}{p} = \frac{50\ \text{L}}{0{,}010 \cdot 1/\text{mbar}} \cdot \frac{1}{p} = 5000\ \text{L} \cdot \text{mbar} \cdot \frac{1}{p} \quad \Rightarrow \quad \mathbf{V = 5000\ L \cdot mbar \cdot \frac{1}{p}}$$

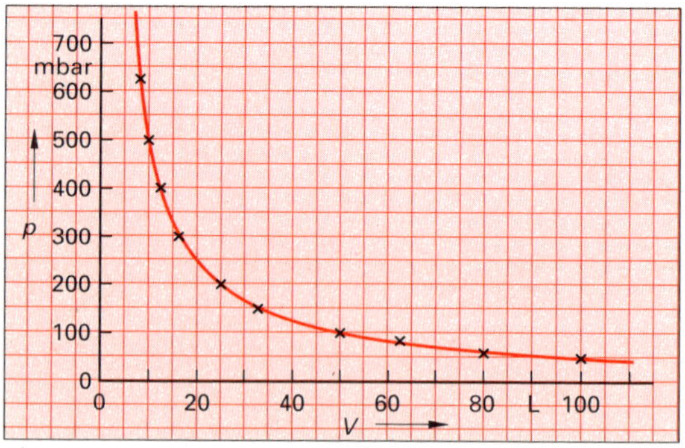

Bild 84/1: ***p*-*V*-Diagramm einer Gasportion eines idealen Gases (Beispiel von oben)**

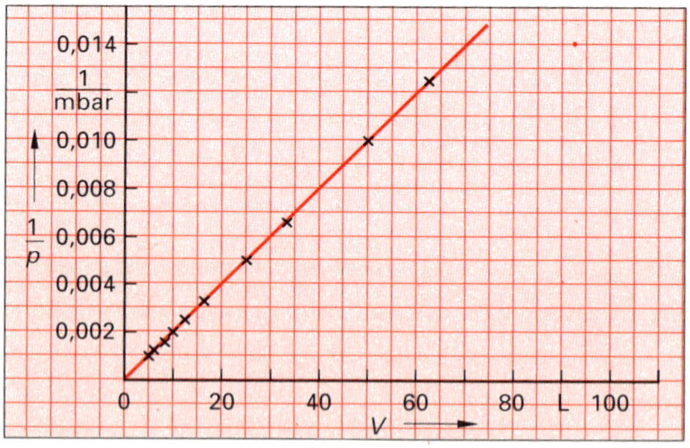

Bild 84/2: **1/*p*-*V*-Diagramm der Gasportion von Bild 84/1**

Aufgabe zu 3.4.6 Linearisieren einer Kurve

Aus einer Messreihe werden für das Volumen *V* und den Druck *p* die folgenden Wertepaare erhalten:

p in bar	220	200	180	150	120	100	80	65	52	40	25	20	15	10	5
V in L	1	1,1	1,2	1,47	1,83	2,2	2,75	3,38	4,23	5,5	8,8	11	14,7	22	44

a) Zeichnen Sie das *p*-*V*-Diagramm.

b) Linearisieren Sie den Graphen, indem die Wertetabelle durch 1/*p*-Werte ergänzt und ein 1/*p*-*V*-Diagramm gezeichnet wird.

c) Welche Volumina können für 7 bar, 30 bar und 1 bar grafisch extrapoliert werden?

3.4.7 Verwendung grafischer Papiere

Für die grafische Darstellung von Prozessdatenreihen werden verschiedene grafische Papiere eingesetzt. Sie enthalten meist ein farbiges Liniennetz.

Das **Millimeterpapier** hat zwei linear eingeteilte Achsen **(Bild 85/1)**. Die Abszisse (x-Achse) und die Ordinate (y-Achse) schneiden sich im Punkt $x = 0$ und $y = 0$. Der Abstand der einzelnen Linien im Gitternetz ist gleich und beträgt jeweils 1 mm.

Im **Einfach-Logarithmen-Papier** (auch halblogarithmisches Papier oder Expotentialpapier genannt) ist eine Achse (z. B. die x-Achse) linear im Millimeterraster und die andere Achse (z. B. die y-Achse) logarithmisch geteilt **(Bild 85/2)**. Die Koordinaten schneiden sich im Punkt $x = 0$ und $y = 1$ oder bei umgekehrter Achsenteilung bei $x = 1$ und $y = 0$.

Beim **Doppelt-Logarithmen-Papier** (Potenzpapier) sind beide Achsen logarithmisch geteilt **(Bild 85/3)**. Der Koordinatenschnittpunkt ist bei $x = 1$ und $y = 1$.

Papiere mit logarithmischer Einteilung werden eingesetzt, wenn die Zahlenwerte über mehrere Zehnerpotenzen gehen oder entsprechende Funktionen linearisiert werden sollen.

Eine wesentliche Hilfe zum Erstellen von Funktionsgraphen in den unterschiedlichen grafischen Papieren ist der Einsatz des Computers unter Verwendung handelsüblicher Programme. Sie erlauben es recht einfach, eingegebene Funktionen in den unterschiedlichen grafischen Papieren abzubilden und auszudrucken. Funktionen sind dann sehr rasch als Geraden zu erkennen.

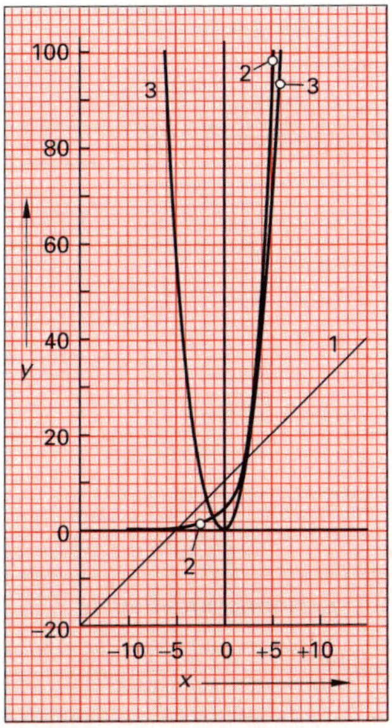

Bild 85/1: Graphen auf Millimeterpapier

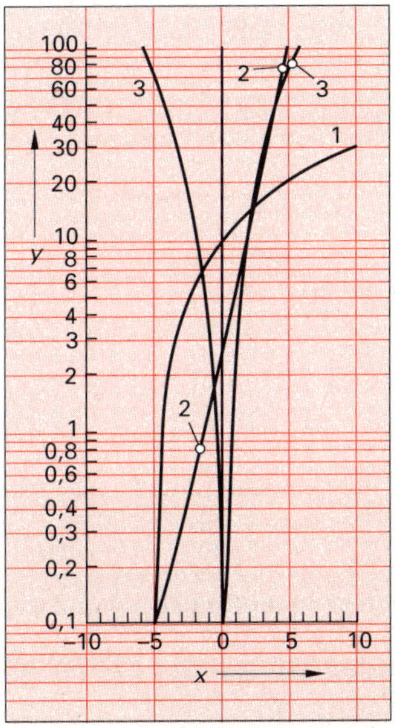

Bild 85/2: Graphen auf Einfach-Logarithmen-Papier

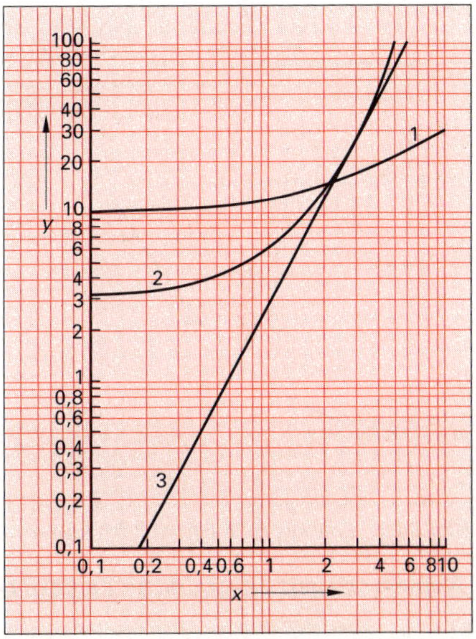

Bild 85/3: Graphen auf Doppelt-Logarithmen-Papier

Beispiel 1: Die drei Funktionen $y = a \cdot x + b$ (1) $y = c \cdot a^x$ (2) $y = c \cdot x^a$ (3) sollen in den drei Papieren grafisch dargestellt werden. Für die Konstanten wird $a = 2$, $b = 10$ und $c = 3$ gesetzt.

Lösung: Für vorgegebene x-Werte werden die y-Werte errechnet **(Tabelle 85/1)**. Die zugehörigen Graphen sind in den Bildern 85/1, 85/2 und 85/3 eingezeichnet. Die Funktionsgleichung (1) ist auf Millimeterpapier eine Gerade, die Funktionsgleichung (2) auf einfachlogarithmischem Papier eine Gerade und die Funktionsgleichung (3) auf doppeltlogarithmischem Papier eine Gerade.

Die Geraden lassen eine einfache und genaue Interpolation und auch Extrapolation zu.

Tabelle 85/1: Beispiel 1

x	$y = ax + b$ $y(1)$	$y = c \cdot a^x$ $y(2)$	$y = c \cdot x^a$ $y(3)$
0	10	3	0
1	12	6	3
2	14	12	12
3	16	24	27
4	18	48	48
5	20	96	75

Schwierigkeiten bereitet das Ablesen an den nicht linear eingeteilten Koordinaten. So ist bei den logarithmisch eingeteilten Achsen etwas Übung zum Eintragen und Ablesen erforderlich. Die Zahl 3 liegt etwa in der Mitte eines Zehnerpotenzbereiches und die Zahl 5 bei 70 % einer linearen Einteilung **(Bild 86/1)**.

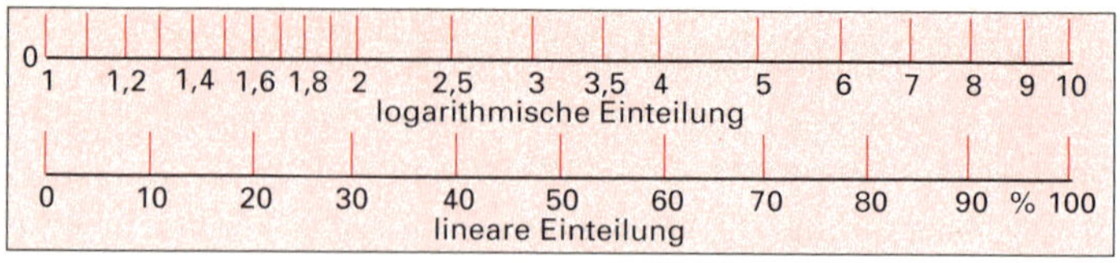

Bild 86/1: Gegenüberstellung einer logarithmischen und einer linearen Einteilung einer Koordinate

Beispiel 2: Beschriften Sie eine logarithmische Koordinateneinteilung, die beginnend bei 0,1 über 3 Zehnerpotenzen reicht.

Lösung: siehe **Bild 86/2**

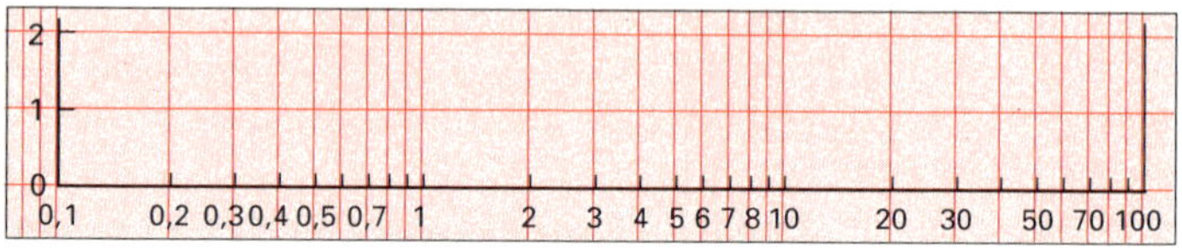

Bild 86/2: Lösung zu Beispiel 2

Beispiel 3: Das Geschwindigkeitsgesetz für eine Reaktion 2. Ordnung wurde zu $v = k \cdot c^2$ bestimmt. Die Geschwindigkeitskonstante k für diese Reaktion beträgt $k = 0{,}85$ L/(mol · s), die Anfangskonzentration $c_0 = 2{,}0$ mol/L.

a) Der Funktionsgraph soll gezeichnet und linearisiert werden.

b) Extrapolieren Sie den Wert für die Reaktionsgeschwindigkeit für $c = 2{,}5$ mol/L.

Lösung: a) Mit dem Rechner werden die Funktionsgraphen zur Funktion $v = k \cdot c^2 = 0{,}85\, c^2 \cdot$ L/(mol · s) für $c \leq 2{,}0$ mol/L ausgerechnet und in die verschiedenen Papiere gezeichnet **(Bild 86/3)**. Der Funktionsgraph ist im doppeltlogarithmischen Papier eine Gerade.

b) Die Gerade im doppeltlogarithmischen Papier wird verlängert und bei $c = 2{,}5$ mol/L die zugehörige Reaktionsgeschwindigkeit zu $v = 5{,}3$ mol/(L · s) abgelesen.

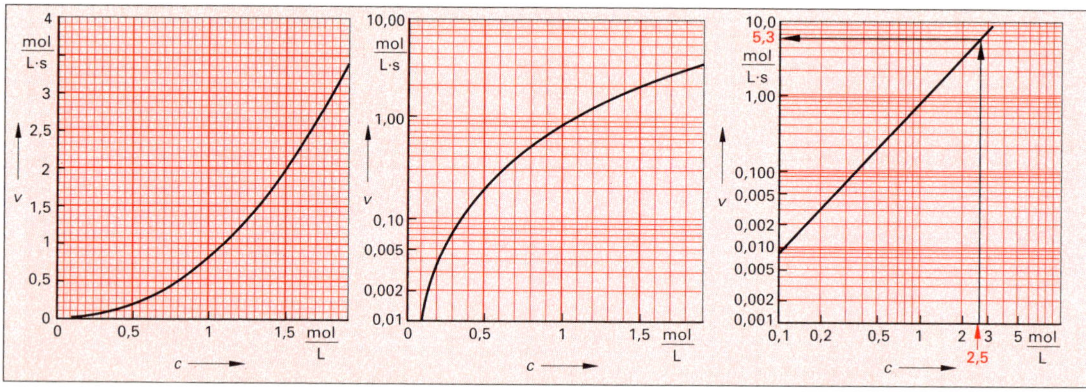

Bild 86/3: Lösung zu Beispiel 3 im linearen, einfach logarithmischen und doppeltlogarithmischen Papier

Kopiervorlagen für grafische Papiere befinden sich auf den Seiten 302 bis 305.

Aufgaben zu 3.4.7 Verwendung grafischer Papiere

1. Eine Reaktion 2. Ordnung verläuft nach dem Gesetz $v = k \cdot c^2$. Die Geschwindigkeitskonstante ist $k = 0{,}04$ L/(mol · s), die Anfangskonzentration $c_0 = 1{,}0$ mol/L. Zeichnen und linearisieren Sie die Funktionsgraphen. Bestimmen Sie anschließend die Konzentration c zu $v = 0{,}01$ und $0{,}045$ mol/(L · s).
2. Ein Gussstück von 1000 °C soll an der Luft abgekühlt werden. Für die Abkühlung gilt die Funktionsgleichung $\vartheta = 1000 \cdot e^{-t/10}$ Hierin ist die Zeit t in h einzusetzen. Nach welcher Zeit ist das Gussstück a) auf 400 °C, b) auf 200 °C und c) auf 20 °C abgekühlt, wenn die Außentemperatur 0 °C beträgt?
3. Für eine Gleichgewichtsreaktion A + B $\rightleftharpoons$ C wurde die Abhängigkeit der umgesetzten Edukte (Ausgangsstoffe) von der Zeit t untersucht. Die Zusammenhänge konnten durch die Gleichung $U = 0{,}8 \cdot (1 - e^{-10 \cdot t})$ beschrieben werden. (In der Gleichung ist t in h einzusetzen.)
   a) Stellen Sie die Abhängigkeit des Umsatzes U von der Zeit t grafisch dar.
   b) Wie viel Prozent der Edukte haben sich im Gleichgewichtszustand umgesetzt?
   c) Nach wie viel Minuten sind 50 % bzw. 75 % der Edukte umgesetzt?

3.5 Prozessdatenauswertung und Darstellung mit Rechnern

In der chemischen Produktion und im Chemielabor hat sich die Computertechnik zu einem unverzichtbaren Bestandteil bei der Erfassung und Verarbeitung von Prozessdaten entwickelt.

Sowohl bei der kontinuierlichen Produktion als auch beim Chargenbetrieb (Batch-Betrieb) wird eine große Zahl von Prozessdaten in Bruchteilen von Sekunden erfasst, verarbeitet und zur Steuerung, Regelung und Überwachung der Prozesse genutzt. Die Kommunikation mit dem Prozess in der Chemieanlage erfolgt in modernen Prozessleitsystemen mit sehr kompakten Beobachtungs- und Bedieneinheiten. Hier können Fließbilder aufgerufen, Betriebsgrößenwerte eingeblendet, grafisch dargestellt und bei Bedarf über Drucker ausgegeben werden.

Im Chemielabor übernimmt der Rechner sowohl die Steuerung von Analysenabläufen als auch die Aufnahme und Auswertung der Messwerte sowie die Dokumentation der Analysenergebnisse in tabellarischer oder grafisch aufbereiteter Form. Vernetzte Rechnersysteme bieten in der Produktionstechnik und im Labor vielfältige Möglichkeiten der Datenkommunikation.

3.5.1 Grafische Aufbereitung von Prozessdaten, Diagrammarten

Tabellarische Angaben über die zeitliche Entwicklung von Prozessgrößen (Trends), wie z.B. Volumenströme, Qualitätsabweichungen eines Produkts vom Standard oder Zusammensetzungen von Mischungen, ermöglichen meist keine schnell erfassbare und anschauliche Übersicht (Seite 77).

Von Hand erstellte Messwertkurven (Seite 79) lassen bei geeigneter Darstellung eine Gesetzmäßigkeit zwischen zwei Größen recht gut erkennen.

Mit dem Computer können aus Prozessdaten oder Messwerten weitere grafische Darstellungen (engl. Charts) entwickelt werden. Vor allem bei Veränderungen von Größen und dem Vergleich unterschiedlicher Größen verhelfen sie zu einem raschen Überblick.

Software in Form von Tabellenkalkulationsprogrammen bzw. speziellen Programmen für Präsentationsgrafiken bieten dazu unterschiedliche **Diagrammtypen**[1] an. Sie weichen zum Teil von der Diagrammdarstellung nach DIN 461 ab (Seite 78).

Ein Diagramm stellt Daten weniger präzise dar, als es die reinen Zahlen einer Tabelle können. Durch geschickte Formatierung kann der optische Eindruck bewusst oder unbewusst verfälscht werden. So ist es die Aufgabe des Software-Bedieners, für die vorliegenden Daten eine geeignete, aussagefähige Form zu finden.

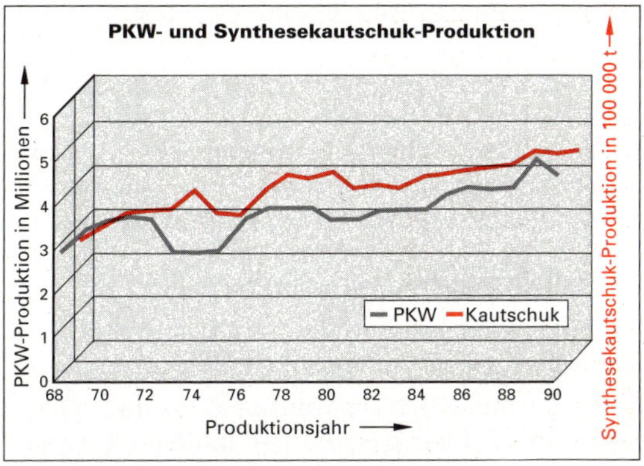

Bild 87/1: Liniendiagramm in 3D-Form

Liniendiagramme

Sie sind gut geeignet für die Darstellung zeitlicher Veränderungen von Prozessgrößen (Trends) **(Bild 87/1** und **Bild 87/2)** und für die Darstellung von Messkurven. Die Eintragung mehrerer Linien in ein Diagramm ermöglicht auch Vergleiche zwischen mehreren Größen. Abweichungen vom Standard werden rasch sichtbar bei Überlagerung mit gespeicherten Standarddiagrammen.

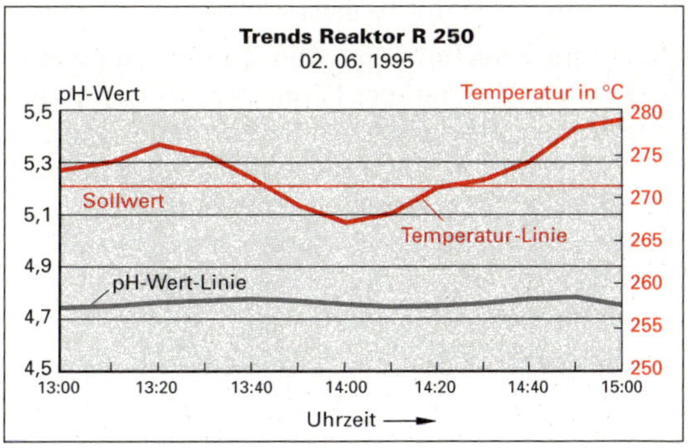

Bild 87/2: Liniendiagramm als Trend

[1] Die Diagramme wurden mit Harvard Graphics für Windows angefertigt.

Säulendiagramme

Mit Säulendiagrammen **(Bild 88/1)** können Daten unterschiedlicher Prozessgrößen verglichen werden. Sie verdeutlichen aber auch gut die zeitliche Veränderung einer oder mehrerer Größen.

Balkendiagramme

Bei Balkendiagrammen werden die Datenreihen als waagrechte Balken dargestellt. Sie haben die gleiche Aussage wie ein Säulendiagramm.

Punktdiagramme

Punktdiagramme **(Bild 88/2)** dienen zur Darstellung möglicher Zusammenhänge innerhalb einer Datenreihen. Sie geben insbesondere Auskunft über mögliche Streuungen und sind auch zur Darstellung von Messreihen geeignet. Die Punkte können zu einer Ausgleichskurve verbunden werden. Dadurch wird die Streuung innerhalb der Datenreihen, d.h. Abweichungen von einer Gesetzmäßigkeit, deutlich.

Kreisdiagramme

Kreisdiagramme **(Bild 88/3a)** erlauben nur die Darstellung **einer** Datenreihe. Sie sind gut geeignet, Anteile von Elementen einer Gesamtheit darzustellen, z.B. bei der Zusammensetzung von Mischungen. Wichtige Elemente können dabei besonders hervorgehoben oder ihre Zusammensetzung aufgeschlüsselt werden **(Bild 88/3b)**.

Gestaltung von Diagrammen

Bei der Gestaltung von Diagrammen können unbeabsichtigt viele Fehler entstehen.

Zunächst muss der Diagrammtyp zu den darzustellenden Zahlen passen. Für zeitliche Entwicklungen sind Säulen- oder Liniendiagramme, für Mischungen Kreisdiagramme besser geeignet. Es dürfen nicht zu viele Datenreihen in einem Diagramm dargestellt werden.

Die Programme erlauben die Einbindung einer Vielzahl von Elementen: Legenden, Achsen, Gitternetzlinien, Pfeile u.a. Der Informationsgehalt eines Diagramms sollte nicht durch Überladung mit diesen Elementen verschleiert werden. Besonders wichtig ist dabei eine deutliche Beschriftung der Achsen mit sinnvoller Achseneinteilung sowie ein geeigneter Maßstab.

Innerhalb eines Diagramms sind nur wenige Schriftarten zu verwenden, auf verspielte Schriften sollte verzichtet werden. Trotz der vielfältigen Möglichkeiten, ein Diagramm beliebig im drei-dimensionalen Raum zu positionieren (3D), ist dieser Effekt nur sehr sparsam einzusetzen.

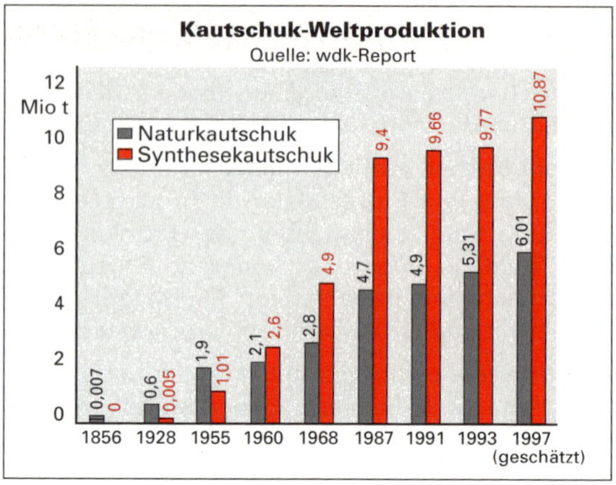

Bild 88/1: Säulendiagramm mit Legende

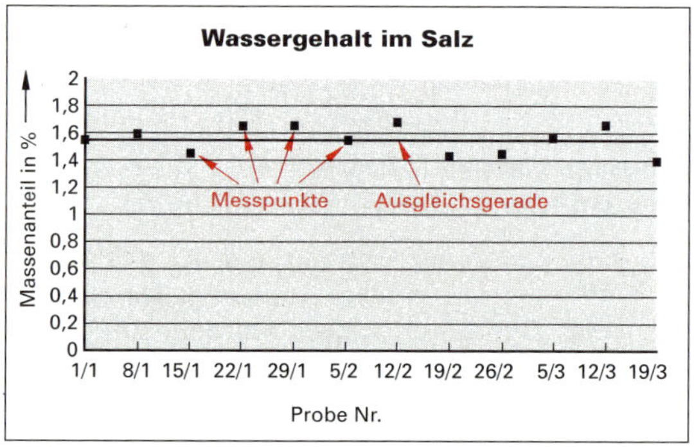

Bild 88/2: Punktdiagramm

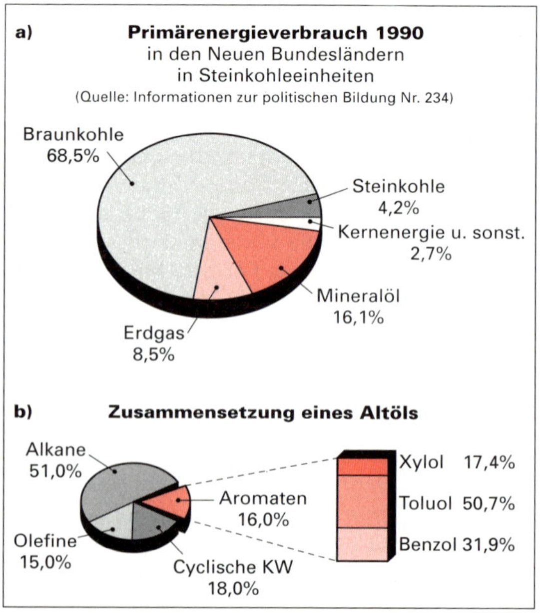

Bild 88/3: Kreisdiagramme

3.5.2 Datenauswertung mit Tabellenkalkulationsprogrammen

Tabellenkalkulationsprogramme bieten umfangreiche Möglichkeiten zur Berechnung und Auswertung von Datenreihen: Daten lassen sich in Tabellen erfassen, verwalten und rechnerisch verknüpfen. Darüber hinaus ermöglicht moderne Tabellenkalkulationssoftware auch die optische Aufbereitung der Daten zu Präsentationsgrafiken.

Ein Tabellenkalkulationsprogramm erzeugt auf dem Bildschirm ein elektronisches Arbeitsblatt[1]. Das Arbeitsblatt ist in Form eines Rechenblattes aufgebaut, das in Spalten und Zeilen geordnet ist **(Bild 89/1).** Am oberen Rand der Tabelle ist die Einteilung der Spalten mit fortlaufenden Buchstaben vorgegeben (A,B,C,...), am seitlichen linken Rand werden die Zeilen in Ziffern gezählt (1,2,3....).

Jedes Feld des Arbeitsblattes, auch Zelle genannt, ist durch einen Spalten-Buchstaben und eine Zeilen-Nummer festgelegt, z.B. das Feld in der Spalte A und Zeile 1 mit A1.

In jedem Feld können Daten, Text oder Berechnungsformeln stehen.

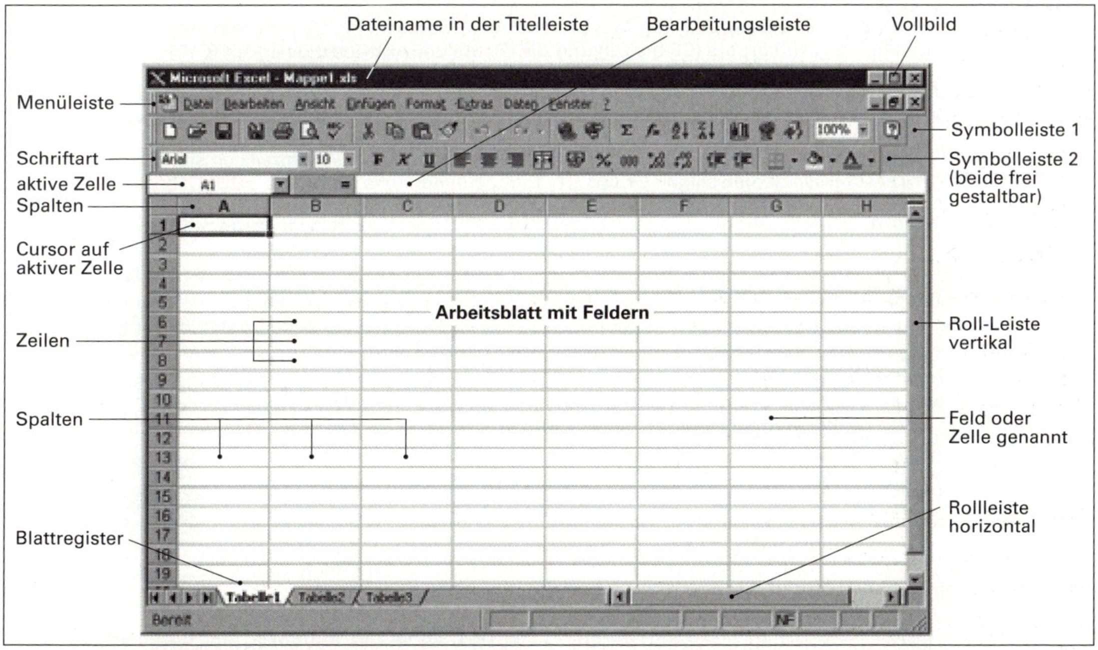

Bild 89/1: Monitorbild der Tabellenkalkulation EXCEL

Am Kopf des Bildschirmfensters befinden sich die Titelleiste, die Menüleiste, die Symbolleisten 1 und 2 sowie die Bearbeitungsleiste.

In der **Titelleiste** stehen der Dateiname und rechts drei Schaltflächen für die Bildschirmdarstellung.

In der Menüleiste erscheinen die verschiedenen Befehlsmenüs, die das Programm (z.B. Excel) anbietet. Diese werden durch Anklicken mit der linken Maustaste aktiviert.

Unter der **Menüleiste** sind zwei Leisten mit Schaltflächensymbolen. Die **Standardsymbolleiste** enthält Symbole für Vorgänge, die besonders häufig anfallen und viele Befehle aus der Menüleiste ersetzen: *Datei öffnen, Datei speichern, Datei drucken, Diagramm einfügen.* Darunter ist die **Formatsymbolleiste** eingeblendet, die Symbole für die *Schrift* und das *Zahlenformat* enthält. Die Symbolleisten sind durch den Benutzer individuell gestaltbar. Es können aus den über 200 verfügbaren Symbolen des Programms aber auch neue Symbolleisten angelegt werden. Beide Vorgänge erfolgen durch die Option *Extras – Anpassen.* Die Symbolleisten sind über *Ansicht – Symbolleisten* ausblendbar oder frei im Bildschirmfenster platzierbar.

In der **Bearbeitungsleiste** steht im ersten Feld die aktive Zelle (hier aktiv: **A1).** Im zweiten Feld erfolgt die Eingabe der Daten, der Texte und der Berechnungsformeln.

1 Das dargestellte und die folgenden Rechenblätter wurden mit MICROSOFT EXCEL 97 erzeugt,

Beispiel 1: **Auswertung einer Versuchsreihe mit Tabellenkalkulation (Excel)**

In einer Versuchsreihe wird die Dichte von Polymer-Prüfkörpern aus unterschiedlichen Ansätzen mit einer hydrostatischen Waage bestimmt. Dabei wurden nebenstehende Messwerte erhalten **(Tabelle 90/1)**.

Tabelle 90/1: Messwerte der Dichtebestimmung von Polymer-Prüfkörpern

Mess-reihe	Masse m_K des Körpers	Scheinbare Masse m_S des Körpers in Wasser
1	4,876 g	0,763 g
2	5,134 g	0,813 g
3	4,463 g	0,677 g
4	4,967 g	0,745 g
5	5,114 g	0,796 g
Dichte des Wassers: 0,9982 g/cm³		

Die Messwerte sollen mit einem Tabellenkalkulationsprogramm erfasst werden. Zu diesem Zweck ist eine Eingabemaske zu erstellen. Mit der Berechnungsformel

$\varrho_K = \frac{m_K \cdot \varrho_{Fl}}{m_K - m_S}$ ist die Festkörperdichte zu bestimmen.

Lösung **(Bild 90/1):**

1. Eingabe des Titels der Auswertung und der Spaltenüberschriften. Als *Eingabefelder* werden vorgesehen:

   Die Nummer der Messreihe (A5 bis A9), die Masse des Prüfkörpers (B5 bis B9), die scheinbare Masse des in Flüssigkeit eingetauchten Prüfkörpers (C5 bis C9) und die Dichte der Auftriebsflüssigkeit (C10).

2. *Ausgabefelder* für die errechneten Einzeldichten sind die Felder D5 bis D9, hier sind die Berechnungsformeln einzutragen. In Feld D11 steht das Endergebnis der Dichtebestimmung als arithmetischer Mittelwert.

3. Eingabe der *Berechnungsformel* für die Einzeldichte in Feld D5. Anstelle der Größenzeichen stehen in der Berechnungsformel die Zelladressen der jeweiligen Größe. Der Eintrag in der Zelle D5 lautet: **=B5*C10/(B5-C5)**.

4. *Übertragen der Formel* auf die übrigen Ergebnisfelder D6 bis D9. Excel bietet zwei Lösungswege.
   Methode 1:

   ⇒ Markieren der Zelle D5 durch linken Mausklick, Ablage des Zellinhalts mit *Bearbeiten – Kopieren* in die Zwischenablage. Nach Mausklick auf das Zielfeld D6 und Überstreichen der Felder bis D9 mit gehaltener Maustaste folgt *Bearbeiten – Einfügen.* Excel ändert dabei automatisch die Zelladressen in der Formel.

   ⇒ Allerdings ändert Excel dabei auch die Adresse von Feld C10. Die Dichte der Auftriebsflüssigkeit ist aber für alle Berechnungen gleich und darf bei der Übertragung nicht verändert werden, Deshalb muss das Feld C10 in der Formel als **absoluter Bezug** formatiert werden. Dies geschieht durch Voranstellen des $-Zeichens vor das Zeilen- und Spaltenkennzeichen von C10. Die Formel in Zelle D5 lautet: **=B5*$C$10/(B5-C5)**.

   Methode 2:

   ⇒ Linker Mausklick auf das Feld D5 mit der zu kopierenden Formel.

   ⇒ Nach Bewegung des Mauszeigers auf die rechte untere Zellenecke erscheint ein Kreuz (siehe Abbildung). Nach linken Mausklick auf dieses Kreuz und Ziehen mit gehaltener Maustaste nach unten wird die Formel in die darunterliegenden Zellen kopiert. Dieses Prinzip ist auch auf horizontal benachbarte Zellen anwendbar.

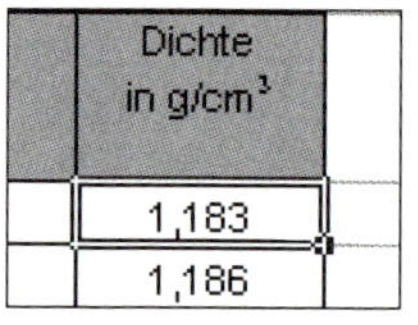

5. *Ausgabe des Ergebnisses der Dichtebestimmung* in Zelle D11: Es ist der Mittelwert der Einzelergebnisse in D5 bis D9. Die Berechnung kann mit Hilfe der Formel: **=Summe(D5:D9)/5** erfolgen.

   Für die Mittelwertberechnung bietet Excel aber auch eine entsprechende Funktion unter den statistischen Berechnungen an: Nach Mausklick auf Zelle D5 und *Einfügen – Funktion – Statistik – Mittelwert* wird ein Fenster eingeblendet, das zur Eingabe der Zelladressen für die Mittelwertberechnung auffordert: **D5:D9**.

   Nach Bestätigung von *Ende* ist der Formeleintrag abgeschlossen. Der Eintrag in D5 lautet: **=Mittelwert(D5:D9)**

6. Abschließend ist die Zahl der Dezimalstellen in den Ergebnissen festzulegen: Nach Mausklick auf das Ergebnisfeld folgt:
   Format – Zellen – Zahlen – Zahl – Dezimalstellen: 3 – OK.

   Ein linker Mausklick auf eines der nebenstehenden Dezimalstellensymbole in der Formatsymbolleiste bewirkt die gleiche Formatierung.

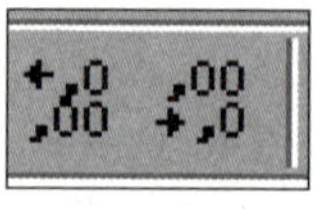

7. In der Tabelle sind weitere Formatierungen der Eintragungen möglich: Zentrieren der Spalteninhalte, fettgedruckte oder kursive Textteile. Die Tabelle kann mit Linien und Rahmen versehen und anschließend gespeichert oder ausgedruckt werden.

	A	B	C	D
1				
2	**Bestimmung der Dichte von Festkörpern**			
3				
4	Messreihe	Masse des Körpers in g	scheinbare Masse des eingetauchten Körpers in g	Dichte in g/cm³
5	1	4,876	0,763	1,183
6	2	5,134	0,813	1,186
7	3	4,463	0,677	1,177
8	4	4,967	0,745	1,174
9	5	5,114	0,796	1,182
10	Dichte der Flüssigkeit in g/mL:		0,9982	
11	**Dichte der Probe in g/cm³:**			**1,181**

Bild 90/1: Excel-Tabelle mit Auswertung

Aufgaben zu 2.5.2 Datenauswertung mit Tabellenkalkulationsprogrammen

1. Erstellen Sie mit einem Tabellenkalkulationsprogramm für die Auswertung der Pyknometer-Dichtebestimmung einer Flüssigkeit eine Eingabemaske und werten Sie die Bestimmung mit den nachfolgenden Messwerten aus. Dichte von Wasser bei 20 °C: ϱ = 0,9982 g/mL

Pyknometer leer	24,3978 g	24,3972 g	24,3975 g
Pyknometer mit Wasser von 20 °C	49,3875 g	49,3868 g	49,3866 g
Pyknometer mit Probe bei 20 °C	54,6511 g	54,6533 g	54,6499 g

2. Bei der Bestimmung der Dichte eines wasserunlöslichen Granulats wurden nachfolgenden Messwerte erhalten. Erstellen Sie mit Hilfe eines Tabellenkalkulationsprogrammes eine Eingabemaske und werten Sie die Bestimmung aus. Die Auswertung ist so zu gestalten, dass die Flüssigkeitsdichte als Variable eingegeben werden kann. Dichte von Wasser bei 20 °C: ϱ = 0,9982 g/mL

Pyknometer leer	24,2561 g	24,7855 g	24,3377 g
Pyknometer mit Probe	36,1981 g	36,4897 g	35,4562 g
Pyknometer mit Flüssigkeit	44,2595 g	44,8593 g	44,4697 g
Pyknometer mit Probe und Flüssigkeit	54,7525 g	55,1435 g	54,2387 g

3.5.3 Auswertung einer Siebanalyse

Die Siebanalyse (Körnungsanalyse) liefert durch Sieben eines körnigen Haufwerkes in einer Prüfsiebmaschine Aussagen über die Partikelgröße und deren Verteilung im Haufwerk (Ausführliche Beschreibung der Siebanalyse Seite 268).

Die Gestaltung der Eingabemaske **(Bild 91/1)** orientiert sich an den Messwerten der Siebanalyse und den gewünschten Ausgabewerten. Die Eingabefelder für die Messdaten sind zur besseren Orientierung grau, die Ergebnis-Ausgabefelder (E2, G5, G9, G11 und G14) rot unterlegt.

Notwendige **Eingaben** für die Maske sind in Spalte A die **Siebmaschenweiten,** in Spalte E und F die festgelegten **Spezifikationen.** Die Zahlenwerte für die **Rückstände *R*** der einzelnen Prüfsiebe, d.h. die Messwerte sind in die grau unterlegten Zellen B5 bis B14 eingetragen.

	A	B	C	D	E	F	G
1				Siebanalyse			
2	Probe:	RM D5042		Einwaage:	103,0 g	Datum:	02.08.00
3	Kornklassen	Rückstand	Rückstand	Rückstands-	Spezifikation		% nach
4	in mm	*R* in g	*R* in %	summe in %			Spezifikation
5	> 1,00	0,5	0,5 %	0,5 %	> 1,00 mm	max. 5 %	0,5 %
6	0,80 - 1,00	8,78	8,5 %	9,0 %			
7	0,63 - 0,80	27,56	26,8 %	35,8 %			
8	0,50 - 0,63	28,6	27,8 %	63,6 %			
9	0,40 - 0,50	19,27	18,7 %	82,3 %	0,4 - 1,0 mm	60 - 95 %	81,8 %
10	0,315 - 0,40	9,03	8,8 %	91,0 %			
11	0,25 - 0,315	4,16	4,0 %	95,1 %	0,25 - 0,40 mm	2 - 25 %	12,8 %
12	0,20 - 0,25	2,23	2,2 %	97,2 %			
13	0,125 - 0,20	1,93	1,9 %	99,1 %			
14	< 0,125	0,91	0,9 %	100,0 %	< 0,125 mm	max. 4 %	0,9 %

Bild 91/1: Eingabemaske mit Messwerten und ausgewerteter Siebanalyse

Zelle **E2** enthält die Summe der Rückstände, sie ergibt die **Einwaage:** **=Summe(B5:B14)**

Der Betrag wird mit *Format – Zellen – Zahlen – Zahl* auf eine Dezimalstellen gerundet und mit dem Einheitenzeichen "g" formatiert (siehe Tabelle 90/1): **0,0 "g"**

In der Spalte C (C5 bis C14) sind die Rückstände der Einzelsiebe in Anteile umgerechnet. Die Zelle E2 ist in der Formel zur Berechnung des Rückstands als **absoluter Bezug** formatiert. Der Eintrag in Zelle **C5** lautet: **=(B5/$E$2)**

Durch Mausklick in der Symbolleiste erhält das Ergebnis das Prozentformat; mit den nebenstehenden Symbolen ist die Anzahl der Dezimalstellen (eine) festzulegen.

Spalte D enthält die **Rückstandssummen** der Siebrückstandsanteile. Sie sind ein wichtiges Kriterium für die grafische Auswertung der Zusammensetzung eines Haufwerkes (Bild 73/2).

Der Formeleintrag von Zelle **D10** steht beispielhaft für die Inhalte der Zellen D5 bis D14:

=Summe(D9+C10)

In Spalte G erfolgt der Abgleich der ermittelten Kornklassenanteile mit den in Spalte E und D festgelegten Spezifikationen. Dies bedeutet folgende Einträge für die betroffenen Zellen:

G5: **=C5** G9: **=Summe(C6:C9)** G11: **=Summe(C10:C11)** G14: **=C14**

Bei der vorliegenden Siebanalyse liegen alle Kornklassen innerhalb der festgelegten Spezifikation.

Weichen Analysenergebnisse von vorgegebenen Sollwerten ab, so kann dies durch eine entsprechende Formatierung der Ergebnisfelder optisch hervorgehoben werden, beispielsweise durch farbige Darstellung der Zahlenwerte oder durch einen farbigen Zellenhintergrund.

Die entsprechende Formatierung für Zelle **G9** lautet:

Format – Bedingte Formatierung – Zellwert ist – nicht zwischen – 60 – und 95 – Format – Muster / OK – OK

In der Farbtafel ist der Zellenhintergrund festzulegen, der bei Werten außerhalb des Bereiches zwischen 60 und 95 % optisch die Abweichung von der Spezifikation signalisiert.

Mit der Option ... *Format – Schrift* anstelle von ... *Format – Muster* ist bei Abweichung von der Spezifikation eine farbige Schriftausgabe statt des farbigen Zellenhintergrundes wählbar.

In Tabelle 92/1 sind einige Formatierungsvarianten für einen Zelleninhalt mit EXCEL zusammengestellt.

Tabelle 92/1: Hinweise zur Formatierung von Zelleninhalten mit Excel

Formatierung	*Format – Zellen – Zahlen – Zahl ...*	Ausgabe-Beispiel
Ziffer 23,23 mit der Einheit mL ausgeben	*Benutzerdefiniert* – Eingabe: 0,00 "mL"	23,23 mL
Ziffer 2,345 mit der Einheit cm^2 ausgeben	*Benutzerdefiniert* – Eingabe: 0,000 "cm^2" (Eingabe der Ziffer 2 mit den Tasten AltGr + 2)	2,345 cm^2
Ziffer 2,34 mit der Einheit g/cm^3 ausgeben	*Benutzerdefiniert* – Eingabe: 0,00 "g/cm^3" (Eingabe der Ziffer 3 mit den Tasten AltGr + 3)	2,34 g/cm^3
Keine Ausgabe bei Ergebnis Null	*Benutzerdefiniert* – Eingabe: ###0,0;###0,0; (das Zeichen # ist Platzhalter für eine Ziffer)	Ergebnis außer 0 mit einer Dezimalstelle
Dezimalzahlen nach dem Komma ausrichten (die Zellen rechtsbündig formatieren)	*Benutzerdefiniert* – Eingabe: 0,0??? (0??? für Ziffern mit maximal 4 Dezimalstellen)	23,4423 1845,98 2,3

3.5.4 Grafische Auswertung einer Siebanalyse

Die Diagramme dienen der grafischen Veranschaulichung der Zahlenwerte der Siebanalyse. Dabei bleibt das Diagramm jeweils mit den Originaldaten der Siebanalyse verbunden, Änderungen von Messwerten oder Siebmaschenweiten in der Tabelle wirken sich sofort auf die Grafik aus. Die Einbettung der Diagramme geschieht mit Excel entweder neben oder unterhalb der Tabelle oder auf einem eigenen Arbeitsblatt in der Arbeitsmappe.

Bei der Siebanalyse verschaffen Säulen-, Balken-, Punkt- oder Liniendiagramme einen raschen Überblick über die Korngrößen und die Korngrößenverteilung innerhalb eines Haufwerkes.

Den nachfolgenden Diagrammen liegen die Messwerte der Siebanalyse von Seite 78 zugrunde. Als Diagrammtyp wurde das Säulendiagramm gewählt **(Bild 93/1 und 93/2)**.

Im **Kornverteilungsdiagramm (Bild 93/1)** ist der Rückstand (Spalte C) über der Siebmaschenweite (Kornklasse, Spalte A) aufgetragen.

Zur Erstellung des Kornverteilungsdiagramms werden mit der linken Maustaste bei gedrückter Strg-Taste die Datenbereiche für das Diagramm markiert: **Zelle A5:A14** und **Zelle C5:C14**.

Das Diagramm kann alternativ über den *Diagrammassistenten* in der Standardsymbolleiste (siehe Symbol rechts) oder die Option *Einfügen – Diagramm – Auswahl Säulendiagramm* und anschließend mit der in den **Bildern 93/3 a und b** skizzierte Schrittfolge formatiert und eingefügt werden. Eine Legende ist in diesem Diagramm nicht erforderlich.

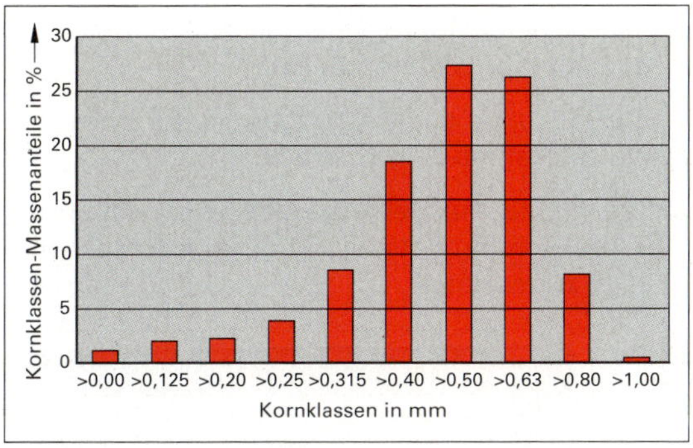

Bild 93/1: Kornverteilungsdiagramm

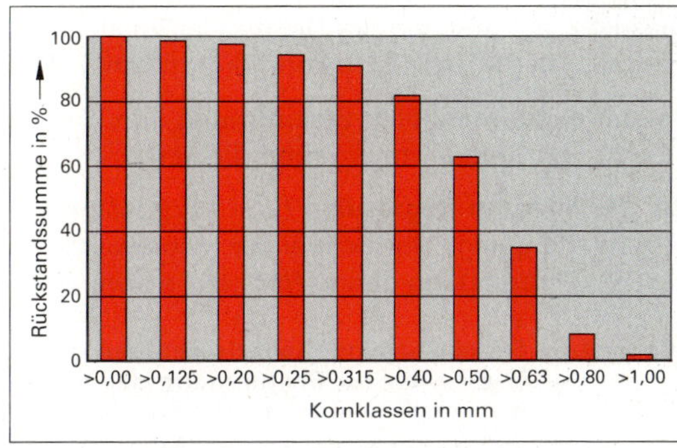

Bild 93/2: Rückstandssummendiagramm

Nach linkem Mausklick auf die x-Achse und anschließendem Rechtsklick sind nach der Option: *Achse formatieren - Skalierung - Rubriken in umgekehrter Reihenfolge* die Kornklassen in der gewünschten aufsteigenden Reihenfolge formatiert. Diagrammposition und -größe sind durch linken Mausklick auf die Diagrammfläche veränderbar.

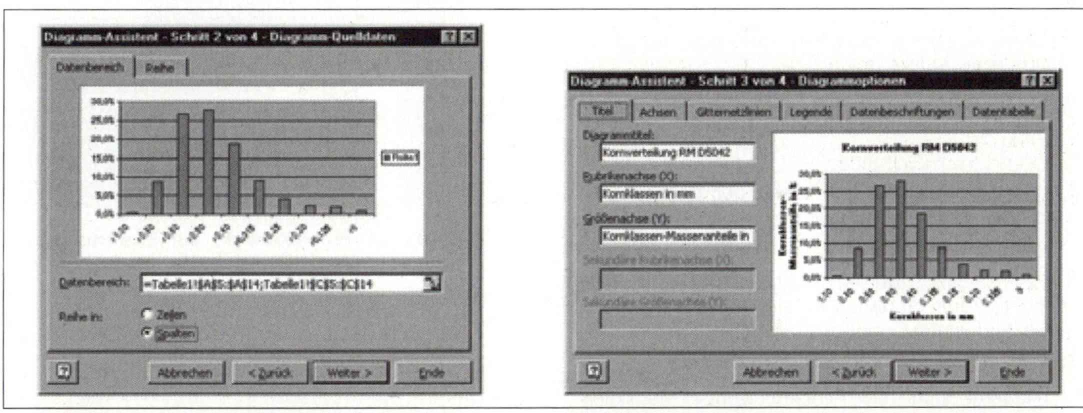

a) Festlegung der Datenbereiche **b) Eingabe von Titel und Achsenbeschriftungen**

Bild 72/3: Erstellen eines Säulendiagramms mit Hilfe des Diagrammassistenten von Excel

Nach Doppelklick oder linken / rechten Mausklick gilt dies auch für die Schriftgröße und Formatierung der Achsen, des Diagrammtitels und die farbliche Gestaltung der Diagrammflächen.

Entsprechend der beschriebenen Reihenfolge beim Kornverteilungsdiagramm ist anschließend bei der Erstellung des **Rückstandssummendiagramms** vorzugehen **(Bild 93/2)**. Hier sind als Datenbereiche die Zellen **A5:A14** und **D5:D14** zu kennzeichnen.

Aufgabe zu 3.5.3 Auswertung einer Siebanalyse

Werten Sie mit einem Tabellenkalkulationsprogramm die nebenstehenden Daten einer Siebanalyse nach den Vorgaben von Bild 91/1 sowie Bild 93/1 und 93/2 aus. Überprüfen Sie in der Auswertung, ob das Haufwerk die nachfolgende Kundenspezifikation erfüllt:

Maximal 7% darf kleiner als 0,5 mm sein, 22 bis 52% soll zwischen 1 und 5 mm und maximal 10% größer als 10 mm sein.

Formatieren Sie außerhalb der Spezifikation liegende Werte mit roter Schrift. Probebezeichnung: RF-245-3

Kornklassen in mm	Rückstand in g
> 16	1,4
> 10	4,6
> 5	19,5
> 2	21,7
> 1	9,3
> 0,5	3,8
< 0,5	2,6

3.5.5 Auswertung von Analysen mit linearer Regression

Häufig unterliegen die Messgrößen einer Messreihe physikalischen Gesetzmäßigkeiten, bei denen zwischen den abhängigen *y*-Werten und den *x*-Werten, ein linearer Zusammenhang besteht (vgl. S. 82).

Dies ist z. B. zwischen der Dichte, der Löslichkeit, der elektrischen Leitfähigkeit, dem Brechungsindex (Refraktometrie), der Extinktion (Fotometrie) und dem Gehalt einer Lösung der Fall.

Bei der experimentellen Bestimmung von Gehaltsgröße unterliegen die Messungen häufig zufälligen Fehlern. Im Diagramm ergeben die verbundenen Messwerte deshalb keine Gerade.

Bei der **linearen Regression** (von Regression = Ersatz) wird eine **Ausgleichsgerade** so zwischen die Messwerte gelegt, dass dabei die rechnerisch geringste Abweichung entsteht. Mit dieser Ausgleichsgerade werden dann den *x*-Werten die abhängigen *y*-Werte zugeordnet.

Beispiel: **Erstellung einer Kalibriergeraden durch lineare Regression zur Bestimmung des Ethanol-Volumenanteils eines Methanol-Ethanol-Gemisches.**

Bild 94/1 zeigt die Eingabemaske eines Tabellenkalkulationsprogrammes mit den Dichte-Messwerten der Gehaltsbestimmung eines Methanol-Ethanol-Gemisches.

In die grau unterlegten Zellen **B5** bis **B10** sind die gemessenen Zahlenwerte der Dichten von Lösungen bekannter Gemisch-Zusammensetzung eingetragen.

Zur grafischen Regressionsanalyse der Messreihe wird ein *x*-*y*-Diagramm eingefügt (Bild 94/2) und eine Ausgleichsgerade durch die Messpunkte gelegt.

Das Einfügen des Diagramms folgt nach Maus-Markierung der Datenreihen **A5:A10** und **B5:B10** über die Option:

Einfügen – Diagramm – Punkt (xy) – Spalten.

Nach linkem Mausklick auf einen der Datenpunkte im Diagramm und rechten Mausklick folgt die Option:

Trendlinie hinzufügen – Typ linear

Ein linker Mausklick auf das Register *Optionen* öffnet ein Fenster mit weiteren Angaben für die Ausgabe der Regressionsanalyse, hier ist die Option zu wählen:

Formel im Diagramm darstellen.

Abschließend sind nach linkem Doppel-Mausklick auf die Trendlinie über das Register *Muster* die *Linienart, Linienbreite* und *Linienfarbe* festzulegen.

Die Funktionsgleichung der Ausgleichsgeraden lautet: $\boldsymbol{y = a \cdot x + b}$ (vergl. Seite 82), wobei $\boldsymbol{a}$ der Steigungsfaktor und $\boldsymbol{b}$ der Ordinatenachsenabschnitt ist.

Mit Hilfe der Funktionsgleichung der Ausgleichsgeraden, die im Diagramm von Bild 94/2 eingeblendet ist, kann durch Umformen der Gleichung nach *x* und Eingabe der Größe *y* (= gemessener Dichtewert der Probe) die Größe *x* (= gesuchter Volumenanteil) berechnet werden. Aus $y = 0{,}000709\ x + 0{,}7095$ wird durch Umformen erhalten:

$$x = \frac{y - b}{a} = \frac{y - 0{,}7095}{0{,}000709}.$$

Der entpsrechende Formeleintrag in Zelle C11 zur Auswertung des Messwertes von Probe 1 (Zelle B11) lautet:

=((B11-0,7095)/0,000709).

	A	B	C
3 4	Volumenanteil φ(Ethanol) in %	Dichte in g/mL gemessen	Dichte in g/mL aus Regression
5	0	0,711	
6	20	0,724	
7	40	0,735	
8	60	0,752	
9	80	0,767	
10	100	0,781	
11	Probe 1	0,737	39,1
12	Probe 2	0,743	47,7
13	Probe 3	0,727	24,9
14	Probe 4	0,719	13,4
15	Probe 5	0,722	17,7

Bild 94/1: Eingabemaske zur Ermittlung der Ausgleichsgeraden und Auswertung von 5 Problemlösungen

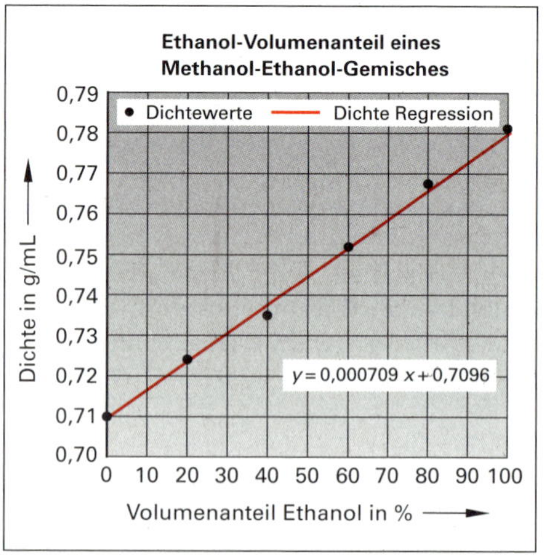

Bild 94/2: *x*-*y*-Diagramm mit Trendlinie

Aufgabe:

Ermitteln Sie nach dem Schema von Bild 94/1 und Bild 94/2 die Ethanol-Volumenanteile für folgende Dichte-Messwerte: a) 0,740 g/cm³, b) 0,758 g/cm³, c) 0,762 g/cm³, d) 0,771 g/cm³.

Gemischte Aufgaben zu

3 Auswertung von Messwerten und Prozessdaten

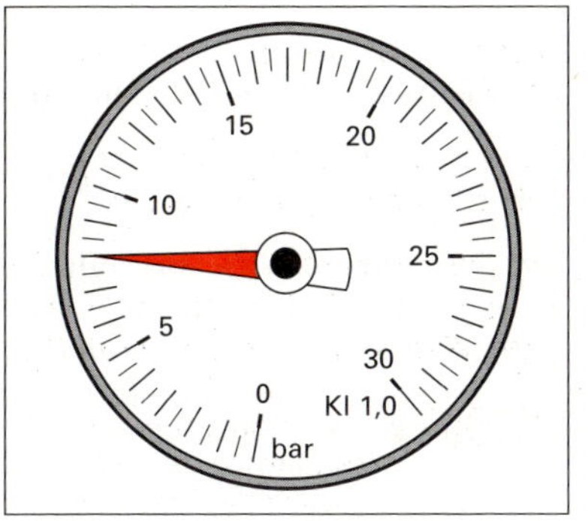

Bild 95/1: Anzeigendes Manometer

1. Das während des Messvorgangs dargestellte Rohrfedermanometer **(Bild 95/1)** hat die Genauigkeitsklasse 1,0.
   a) Geben Sie die Anzeige, den Messwert und den Skalenteilungswert an.
   b) Mit welcher Unsicherheit ist der Messwert behaftet?

2. Ein elektrisches Messgerät hat einen Messbereich von 0 bis 250 °C. Gemessen wurde die Temperatur 142 °C mit einer Messunsicherheit von ± 1,5 °C.
   Zu welcher Genauigkeitsklasse gehört das Messgerät?

3. Der Messbereich einer Bandwaagenanzeige reicht bis 1500 kg/h, der Skalenteilungswert ist 10 kg. Für die Waage liegt keine Angabe zur Genauigkeitsklasse vor.
   a) Welche geschätzte Messunsicherheit haben die Messwerte?
   b) Wie lautet das Messergebnis bei einem Messwert von 1240 kg?

4. Der Messbereich eines digital anzeigenden Messinstrumentes von 0 bis 400 °C ist mit einer Unsicherheit von 1 % ± 2 Digit angegeben. Gemessen wurden 312 °C.
   Wie groß ist die Messunsicherheit des Messwertes?

5. Ein Reaktionsbehälter hat drei Rohrzuläufe, durch die mit 3 Pumpen Flüssigkeiten zugeführt werden. Der Förderstrom der Pumpen ist $\dot{V}_1$ = 1,24 L/s, $\dot{V}_2$ = 0,35 L/s und $\dot{V}_3$ = 0,90 L/s. Die Pumpen 1 und 2 haben eine Fördergenauigkeit von ± 10 mL/s, die Pumpe 3 eine Genauigkeit von 5 mL/s.
   a) Welcher Förderstrom fließt pro Sekunde zu, wenn alle drei Rohre geöffnet sind?
   b) Mit welcher Unsicherheit ist der Förderstrom anzugeben?

6. Wandeln Sie die nachstehenden Größenwerte in die Größenwerte mit dem angegebenen Einheitenzeichen um:
   a) 1230 cm in m b) 4685 dm^2 in m^2 c) 56 826 mg in g d) 0,862 L/s in m^3/h
   e) 0,765 g/mL in kg/m^3
   Geben Sie die Ergebnisse gerundet auf eine Stelle nach dem Komma an.

7. Runden Sie die Rechenergebnisse auf die richtige Ziffernzahl:
   a) 12,06 g/mL · 66 mL b) 1620 kg : 812 kg/m^3 c) 12,4 m · π d) 632 m^2 : π e) 960,4 t · 0,35
   f) 720 mL : 0,65 g) 1,013 bar · 22,41 L/273 °C h) 2,04 mol^2/L^2 : 0,00036 L/mol

8. Die Dichte einer Natronlauge wurde zu ϱ = 1,188 g/mL gemessen.
   a) Welche Masse haben 212 mL der Lauge?
   b) Welcher Zahlenwert sollte sinnvollerweise angegeben werden?

9. Aus der Messreihe mit den Einzelwerten 13 460, 14 005, 13 866, 13 798, 13 901, 13 578, 13 620, 13 102 und 13 824 soll bestimmt werden:
   a) der arithmetische Mittelwert
   b) der absolute, relative und prozentuale Fehler
   c) die Standardabweichung

10. Berechnen Sie für die nachstehenden Messreihen den Mittelwert $\bar{x}$, die Standardabweichung s und den Variationskoeffizienten s_r:
    a) Impulse pro Zeiteinheit: 1578, 1602, 1599, 1609, 1648, 1605, 1582, 1555, 1589
    b) Masse in mg: 468,2; 465,9; 469,2; 468,8; 469,0
    c) pH-Wert: 9,35; 9,35; 9,32; 9,45; 9,26; 9,38; 9,89

d) Volumenstrom in kg/h: 2240, 2270, 2195, 2200, 2265, 2295, 2225

e) Spannung in mV: 86,0; 82,6; 85,8; 87,0; 86,4; 85,7; 86,1; 85,8; 85,9

f) Volumen in mL: 25,6; 25,2; 25,7; 25,1; 24,2

11. 68,0 °Fahrenheit entsprechen einer Temperatur von 20,0 °Celsius, 310 °F einer Temperatur von 154 °C. Bestimmen Sie durch rechnerische Interpolation den °F-Wert von 105 °C.

12. Eine 17,58%ige Salpetersäure hat eine Dichte von ϱ = 1,100 g/mL, eine 29,25%ige Salpetersäure die Dichte ϱ = 1,175 g/mL. Welche Dichte hat eine 27,00%ige Salpetersäure, Linearität der Abhängigkeit der Dichte von dem Gehalt vorausgesetzt?

13. Eine konzentrierte Natriumnitratlösung enthält 7,60 mol/L $NaNO_3$. Die Dichte beträgt ϱ = 1,38 g/cm³. Wie viel mol/L $NaNO_3$ enthält eine Lösung mit der Dichte 1,24 g/cm³?

14. Ethin hat im Normzustand eine Dichte von 1170,9 g/m³, Methan eine Dichte von 716,8 g/m³. Welche Dichte hat ein Methan-Ethin-Gemisch mit einem Volumenanteil von 12,0 % Ethin?

15. Für ein Thermoelement soll im Bereich zwischen 0 °C und 1600 °C eine Kalibrierkurve erstellt werden. Bei 400 °C wurde eine Spannung von 3,2 mV, bei 1600 °C von 16,6 mV gemessen. Welche Thermospannung ist bei 0 °C vorhanden, Linearität vorausgesetzt?

16. a) Die Prozessdaten *V* und *t* der Aufgabe von Seite 77 unten sollen in ein Diagramm eingezeichnet werden.

b) Extrapolieren Sie das Volumen zur Zeit t = 94 s aus dem erstellten Diagramm.

c) Liegt eine gleichmäßige Volumenzugabe vor? Begründen Sie.

17. Bei der Rektifikation werden so genannte Gleichgewichtsdiagramme benötigt (Seite 277). Die *x*- und *y*-Werte in diesen Diagrammen liegen zwischen 0 und 1.

Mit vorgegebenen *x*-Werten lassen sich nach der Formel $y = \frac{\alpha \cdot x}{1 + x(\alpha - 1)}$ die *y*-Werte berechnen.

a) Stellen Sie mit $\alpha = 2$, $\alpha = 5$ und $\alpha = 25$ drei Wertetabellen für $y(\alpha = 2)$, $y(\alpha = 5)$ und $y(\alpha = 25)$ auf.

b) Tragen Sie die *x*/*y*-Wertepaare in ein *y*-*x*-Diagramm ein und zeichnen Sie die Kurvenzüge.

18. Für ideale Gase ist bei gleicher Temperatur das Produkt aus Druck und Volumen konstant: $p \cdot V$ = konst. Gemessen wurde bei p = 620 mbar das Volumen V = 2,40 L.

a) Erstellen Sie für den Bereich von 0 bis 1100 mbar eine Wertetabelle und das zugehörige *p*-*V*-Diagramm.

b) Ermitteln Sie grafisch die zugehörigen Werte für p = 800 mbar sowie für V = 1,0 L.

19. Die Anzahl der Zusammenstöße *Z* zwischen Reaktionspartnern ist temperaturabhängig (*T*) und gehorcht der Beziehung $Z \sim \sqrt{T}$. Hierin ist *Z* die Anzahl der Zusammenstöße und *T* die Temperatur in K.

Zeigen Sie in einem *Z*-*T*-Diagramm, wie sich die Zahl der Zusammenstöße mit zunehmender Temperatur ändert. Wählen Sie als Temperaturbereiche:

a) 0 °C bis 1000 °C b) –273 °C bis 0 °C.

20. Die Strömungsgeschwindigkeit in einem Rohr folgt der Gleichung: $v = \frac{4\dot{V}}{\pi d^2}$. Hierin ist $\dot{V}$ der Volumenstrom in m³/s und *d* der Rohrinnendurchmesser in Meter.

a) Zeigen Sie in einem Diagramm, wie sich der Volumenstrom mit dem Rohrdurchmesser ändert. Die Strömungsgeschwindigkeit ist konstant v = 1,2 m/s.

b) Zeigen Sie in einem zweiten Diagramm, wie sich die Strömungsgeschwindigkeit *v* mit dem Rohrdurchmesser ändert, wenn der Volumenstrom konstant $\dot{V} = 6{,}00 \cdot 10^{-3}$ m³/s beträgt.

21. Die Reaktionsgeschwindigkeit v ist abhängig von der Reaktionsordnung. Allgemein gilt $v = k \cdot c^x$. Hierin ist c die Stoffmengenkonzentration, z. B. in mol/L, k die Geschwindigkeitskonstante und x die Reaktionsordnung.

   a) Stellen Sie in einem Geschwindigkeits-Konzentrations-Diagramm (v-c-Diagramm) die Abhängigkeit der Reaktionsgeschwindigkeit von der Konzentration für die Reaktionsordnungen 0, 1, 2 und 3 dar. Die Geschwindigkeitskonstante beträgt 0,01.

   b) Versuchen Sie die Graphen zu linearisieren, indem Sie sie in Diagrammen mit dazu geeigneten Koordinatenteilungen einzeichnen.

22. Das Siedegleichgewicht Benzol-Toluol folgt der Beziehung $y = \frac{\alpha \cdot x}{1 + x\,(\alpha - 1)}$. Hierin ist x der Stoffmengenanteil des Leichtersiedenden in der Flüssigphase und y der Stoffmengenanteil des Leichtersiedenden in der Gasphase. Die relative Flüchtigkeit wurde für das Gemisch zu $\alpha = 2{,}4$ bestimmt.

   a) Erstellen Sie eine Wertetabelle für x-y-Wertepaare.

      Hinweis: Wählen Sie die x-Werte 0, 0,1 0,2, 0,3 … 0,9 und 1.

   b) Zeichnen Sie ein y-x-Diagramm mit dem Funktionsgraphen sowie der Diagonalen $y = x$.

   c) Welche Stoffmengenanteile y können aus dem Diagramm für $x = 0{,}20$ und $x = 0{,}95$ abgelesen werden?

   d) Mit welcher Zusammensetzung x der Flüssigphase steht die Dampfphase mit $y = 0{,}64$ im Gleichgewicht?

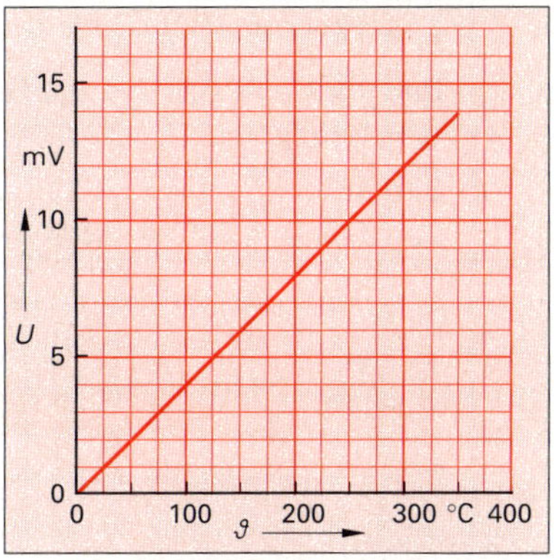

Bild 97/1: Kalibrierkurve eines NiCr-Ni-Thermoelements

23. Die Kalibrierkurve eines NiCr-Ni-Thermoelements ist in **Bild 97/1** abgebildet.

   a) Welche Messtemperatur kann bei einer Spannung von 6,2 mV und welche bei 15,0 mV abgelesen werden?

   b) Geben Sie die zu 220 °C und 380 °C gehörige Thermospannung an.

   c) Stellen Sie die Funktionsgleichung für die Kalbrierkurve auf.

24. In **Bild 97/2** sind die Gleichgewichtsdiagramme verschiedener idealer Zweistoffgemische mit den relativen Flüchtigkeiten (Trennfaktoren) $\alpha_1 = 1{,}5$, $\alpha_2 = 4$, $\alpha_3 = 15$ und $\alpha_4 = 150$ eingezeichnet.

   a) Bestimmen Sie den Anteil des Leichtersieders in der jeweiligen Gasphase, wenn der Leichtersieder in der Flüssigphase zu $x_1 = 0{,}10$ bzw. $x_2 = 0{,}80$ vorhanden ist.

   b) Welcher Anteil des Leichtersieders steht mit der Flüssigphase im Gleichgewicht, wenn der Leichtsiederanteil im Dampf $y_1 = 0{,}10$; $y_2 = 0{,}55$ und $y_3 = 0{,}95$ ist?

25. Bei der Kernspaltung von Uran $^{235}_{92}U$ werden von einem Uranatom drei Neutronen freigesetzt. Treffen diese Neutronen auf einen anderen U-235-Kern, wird dieser ebenfalls gespalten und gleichzeitig werden auch hier 3 Neutronen abgespalten.

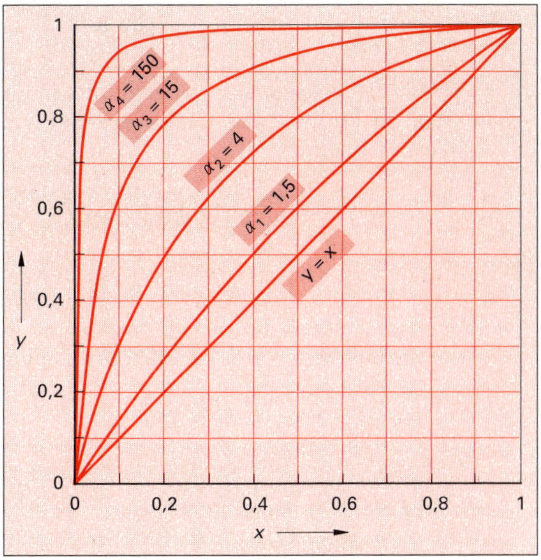

Bild 97/2: Gleichgewichtsdiagramme verschiedener Zweistoffgemische

a) Wie viel Neutronen stehen nach der insgesamt 11. Kettenreaktion zur Verfügung?

b) Stellen Sie Ihr Ergebnis in verschiedenen grafischen Papieren dar.

26. Nach 1600 Jahren ist die Hälfte des radioaktiven Elements Radium $^{226}_{88}Ra$ zerfallen **(Bild 98/1)**. Dies entspricht der Halbwertszeit. Wie viel Halbwertszeiten sind mindestens erforderlich, um weniger als 5% spaltbares Radium vorliegen zu haben?

27. Suchen Sie aus den unten stehenden Diagrammen jeweils den fehlenden Wert auf:

a) **Bild 98/2**: $x_1 = 1{,}5$; $x_2 = 3{,}1$; $x_3 = 4{,}0$; $y_4 = 0{,}8$; $y_5 = 2{,}0$; $y_6 = 8{,}5$; $y_7 = 55$

b) **Bild 98/3**: $x_1 = 0{,}6$; $x_2 = 7{,}4$; $x_3 = 9{,}0$; $y_4 = 1{,}05$; $y_5 = 0{,}11$; $y_6 = 0{,}55$; $y_7 = 0{,}08$

c) **Bild 98/4**: $x_1 = 14$; $x_2 = 20$; $x_3 = 23$; $x_4 = 30$; $y_5 = 125$; $y_6 = 800$; $y_7 = 8\,000$; $y_8 = 80\,000$

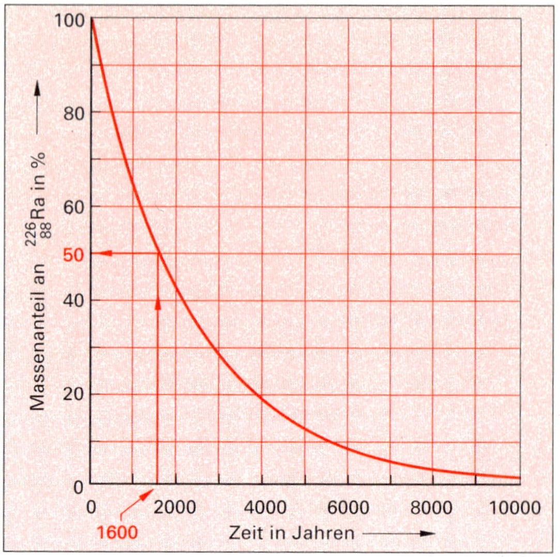

Bild 98/1: Radioaktiver Zerfall von $^{226}_{88}Ra$

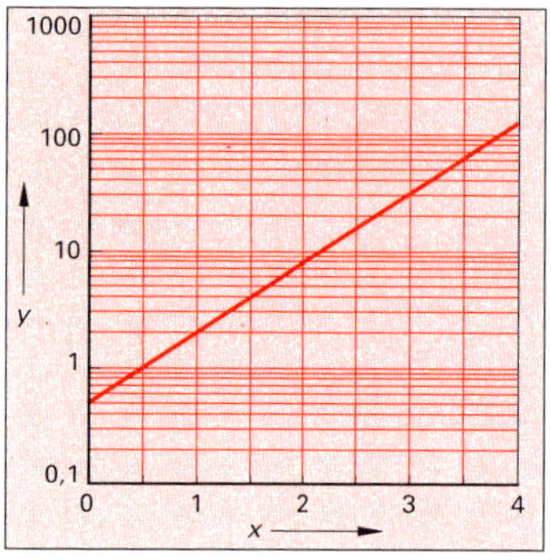

Bild 98/2

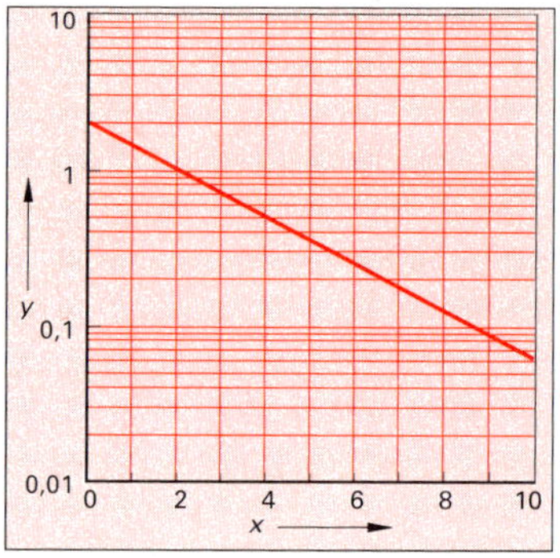

Bild 98/3

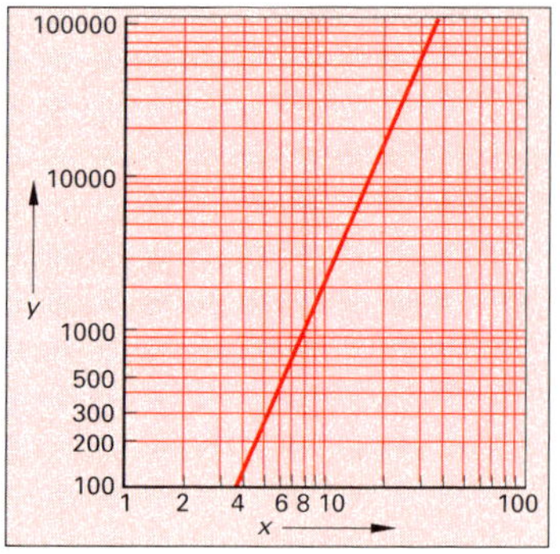

Bild 98/4

28. Im Frühjahr 1994 wurde in einer Studie folgende Zusammensetzung des Hausmülls der Kommune Güstrow ermittelt (als Massenanteile): Wertstoffe 33%, kompostierbare Stoffe 31%, Problemabfälle 1%, Restmüll 35%.

Stellen Sie die Zusammensetzung in einem **Kreisdiagramm** mit der Überschrift *Verwertungspotenzial von Hausmüll in Güstrow* dar.

29. Die Nachrüstung von Großfeuerungsanlagen mit Rauchgasentschwefelungs- und Entstickungsanlagen wurde in den alten Bundesländern bis 1991 weitgehend abgeschlossen. Dies führte zu einer erheblichen Reduzierung der Emissionen an SO_2 und NO_x aus den Kraftwerken der öffentlichen Stromversorgung. **Tabelle 98/1** zeigt die Entwicklung der Emissionen seit 1982.

Stellen Sie die Entwicklung der Emissionen in einem **Säulendiagramm** dar.

Tabelle 98/1: Schadstoff-Emissionen aus Kraftwerken der öffentlichen Stromversorgung in Mio. t
Alte Bundesländer (Quelle: Umweltbericht 1992 – Umweltbundesamt)

	1982	1986	1991
Schwefeldioxid SO_2	1,55	1,15	0,18
Stickoxide NO_x	0,74	0,65	0,21

30. Bei der **Siebanalyse** eines Schüttgutes werden auf den Sieben die nebenstehenden Rückstände gemessen **(Tabelle 99/1)**.

a) Ermitteln Sie mit Hilfe eines Tabellenkalkulationsprogramms die Rückstandssumme und die Durchgangssumme in %.

b) Ermitteln Sie mit Hilfe des Programms, ob maximal 7,0% des eingewogenen Haufwerks größer als 300 µm sind, 45% bis 65% zwischen 160 µm und 300 µm liegen und maximal 5,0% kleiner als 40 µm sind.

c) Stellen Sie mit Hilfe des Programms das Kornverteilungsdichtediagramm und das Rückstandssummendiagramm jeweils als Säulendiagramm dar.

Tabelle 99/1: Messwerte der Siebanalyse von Aufgabe 30

Kornklassenbreite in µm	Rückstand in g
> 400	0
300...400	6,6
250...300	11,5
200...250	16,7
160...200	18,2
100...160	26,5
40...100	14,8
< 40	3,6

31. Der Massenanteil w (Aceton) im Kopfprodukt Aceton/Wasser einer Rektifiziersäule soll durch Refraktometrie, d.h. **Messung der Brechzahl**[1] n_D^{20} (auch **Brechungsindex** genannt), bestimmt werden. Zur Erstellung der Kalibrierungskurve wird zunächst die Brechzahl n_D^{20} von Aceton/Wasser-Lösungen bekannter Zusammensetzung mit einem ABBÉ-Refraktometer bestimmt. In **Tabelle 99/2** sind die Aceton-Massenanteile und die zugehörigen Messwerte aufgeführt, darunter die Brechzahlen von 5 Proben.

a) Erstellen Sie mit einem Tabellenkalkulationsprogramm ein Arbeitsblatt für die aufgeführten Messwerte.

b) Führen Sie eine Regressionsanalyse durch.

c) Erstellen Sie unter der Regressionsanalyse eine Eingabemaske für die Auswertung der Acetongehalte. Ermitteln Sie mit Hilfe der Regressionsdaten die Aceton-Massenanteile der 5 Proben in Prozent mit 2 Nachkommastellen.

d) Erstellen Sie für die Messpunkte der Kalibrierungskurve ein x-y-Diagramm und tragen Sie die Ausgleichsgerade ein (s. Bild 93/1).

Tabelle 99/2: Messwerte für die Refraktometrie von Aufgabe 31

Massenanteil w(Aceton) in %	Brechungsindex n_D^{20}
95	1,35758
96	1,35779
97	1,35810
98	1,35831
99	1,35862
100	1,35884
Probe 1	1,35762
Probe 2	1,35794
Probe 3	1,35851
Probe 4	1,35859
Probe 5	1,35861

32. Aus den Daten der **Elementaranalyse** kann die empirische Formel einer Verbindung bestimmt werden. Die Ermittlung der molaren Masse ermöglicht anschließend die Angabe der Summenformel (Berechnung der Elementaranalyse Seite 118).

a) Für die Auswertung der Elementaranalyse einer leicht verdampfbaren Verbindung aus den Elementen C, H und O ist mit Hilfe eines Tabellenkalkulationsprogramms eine Eingabemaske zu erstellen.

b) Mit ihrer Hilfe ist aus den Messwerten nachstehender Analyse die Summenformel der Probesubstanz zu ermitteln.

Als **Eingabefelder** (grau unterlegt) sind vorzusehen: Die *Einwaage an Probesubstanz* für die Verbrennung, die *Auswaagen an Kohlenstoffdioxid* und *Wasser*, die *Einwaage an Probesubstanz* für die Bestimmung der molaren Masse nach Victor Meyer, das ermittelte *Gasvolumen*, die *Temperatur* und der *Druck* des Gases.

Als **Ausgabefelder** sind vorzusehen: Die *Massen der Elemente C, H und O*, das *Stoffmengenverhältnis* der drei Elemente, die *empirische Formel der Verbindung*, die *molare Masse*, die *Summenformel* der Verbindung.

Messwerte:

Einwaage verbrannte Substanz: 100 mg, Auswaagen: $m(CO_2)$ = 238 mg, $m(H_2O)$ = 121 mg, Einwaage verdampfte Substanz: 150 mg, Gasvolumen: 52,8 mL, ϑ = 20 °C, p = 935 mbar.

[1] n_D^{20} bedeutet Brechungsindex bei 20 °C, gemessen unter Verwendung des gelben Lichts einer Natriumdampflampe (D-Linie).

4 Stöchiometrische Berechnungen

Stöchiometrische Berechnungen befassen sich mit den **Stoffportionen** von Elementen und chemischen Verbindungen in chemischen Reaktionen. Eine Stoffportion ist ein abgegrenzter Materiebereich, der aus einem Stoff oder mehreren Stoffen bestehen kann.

Zur Kennzeichnung einer Stoffportion sind Angaben über ihre *Qualität* und über ihre *Quantität* notwendig. Zur qualitativen und quantitativen Beschreibung von Verbindungen verwendet man chemische Formeln. Sie beschreiben die in einer Verbindung enthaltenen Elemente durch einfache Zahlenverhältnisse.

Eine Stoffportion kann beschrieben werden:

- **qualitativ,** d.h. *woraus* der Stoff besteht, durch die Bezeichnung des Stoffes,
- **quantitativ,** d.h. um *wie viel* Stoff es sich handelt, durch geeignete physikalische Größen wie die Masse *m*, das Volumen *V*, die Teilchenzahl *N* oder die Stoffmenge *n*. Man nennt diese Größen auch **Quantitäten** einer Stoffportion.

4.1 Grundgesetze der Chemie

Basis aller stöchiometrischen Berechnungen sind die **Grundgesetze der Chemie**:

- Das **Gesetz von der Erhaltung der Masse**: Bei chemischen Reaktionen ist die Gesamtmasse der Ausgangsstoffe (Edukte) gleich der Gesamtmasse der Endstoffe (Produkte).

  Beispiel: 5,6 g Eisen Fe reagieren mit 3,2 g Schwefel S zu 5,6 g + 3,2 g = 8,8 g Eisensulfid FeS

- Das **Gesetz der konstanten und multiplen Proportionen**: In chemischen Verbindungen liegen die gebundenen Elemente in festgelegten Massenverhältnissen vor; die Anzahl der gebundenen Atome ist dabei stets ganzzahlig.

Beispiel 1: Die Elemente Wasserstoff H und Chlor Cl verbinden sich zu Chlorwasserstoff stets im Massenverhältnis 1 g H : 35,4 g Cl.

In der Verbindung Chlorwasserstoff ist das Verbindungsverhältnis der Atome stets
1 Atom H : 1 Atom Cl, Formel der Verbindung: HCl

Beispiel 2: Die Elemente Aluminium Al und Sauerstoff O verbinden sich zu Aluminiumoxid stets im Massenverhältnis 53,96 g Al : 92 g O.

In der Verbindung Aluminiumoxid ist das Verbindungsverhältnis der Atome stets
2 Atome Al : 3 Atome O, Formel der Verbindung: Al_2O_3

4.2 Chemische Elemente

Atome, Elementarteilchen

Eine Stoffportion besteht aus einer unvorstellbar großen Anzahl von Atomen, Molekülen oder Formeleinheiten.

Die Atome selbst bestehen aus Atombausteinen, **Elementarteilchen** genannt, die im Vergleich zum Atomdurchmesser in einem sehr kleinen Massezentrum (Atomkern) und einem fast masselosen, den Kern umgebenden Raum (Atomhülle) angeordnet sind **(Bild 100/1)**.

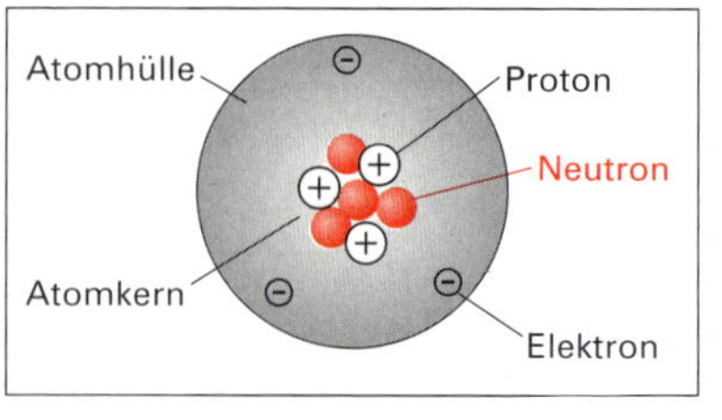

Bild 100/1: Aufbau eines Lithiumatoms

Im Atomkern befinden sich die Nukleonen: positiv geladene **Protonen** und ungeladene **Neutronen**. Die Atomhülle wird von den **Elektronen** gebildet, die den Kern umkreisen (Bild 100/1).

In **Tabelle 100/1** sind wichtige Eigenschaften der Elementarteilchen dargestellt.

Tabelle 100/1: Eigenschaften von Elementarteilchen

Elementarteilchen	Symbol	Ladung	Masse in g	relative Atommasse in *u*
Proton	p	+1	$1{,}6725 \cdot 10^{-24}$	1,007276
Neutron	n	0	$1{,}6792 \cdot 10^{-24}$	1,008665
Elektron	e	−1	$0{,}000592 \cdot 10^{-24}$	0,000592

Isotopenschreibweise eines Elements

Beispiel: Lithiumatom von Bild 100/1

Die *Protonenzahl* $Z = 3$ legt die Stellung des Elements im Periodensystem fest, sie wird auch als *Kernladungszahl* oder *Ordnungszahl* bezeichnet. In der Isotopenschreibweise steht sie links unterhalb vor dem Elementsymbol: $_{3}\mathrm{Li}$

Aus der Summe der Protonenzahl Z und der *Neutronenzahl* N ergibt sich die *Nukleonenzahl* A (auch als *Massenzahl* bezeichnet): $A = Z + N$. Sie wird links oberhalb vor dem Elementsymbol angegeben: $^{7}_{3}\mathrm{Li}$

Vollständige Isotopenschreibweise eines Lithiumatoms:

Nukleonenzahl (Massenzahl)
$^{7}_{3}\mathrm{Li}$ ← Elementsymbol
Protonenzahl (Ordnungszahl)

Atome, die durch ihre Symbole exakt im Aufbau des Kerns beschrieben sind, wie z. B. $^{1}_{1}\mathrm{H}$, $^{12}_{6}\mathrm{C}$, $^{16}_{8}\mathrm{O}$ und $^{235}_{92}\mathrm{U}$, werden als **Nuklide** bezeichnet. Ist keine Ladung angegeben, so stimmen Protonenzahl und Elektronenzahl überein, es liegen neutrale **Atome** vor.

Beispiel 1: Aus welchen und wie vielen Elementarteilchen ist das Nuklid $^{23}_{11}\mathrm{Na}$ aufgebaut?

Lösung: Protonenzahl $Z = \mathbf{11}$

Da ein neutrales Atom vorliegt, ist die Protonenzahl = Elektronenzahl: **11** Elektronen

Neutronenzahl = Nukleonenzahl – Protonenzahl $\Rightarrow$ $\boldsymbol{N} = A - Z = 23 - 11 = \mathbf{12}$ Neutronen

Beispiel 2: Ein neutrales Nuklid mit 19 Protonen und 21 Neutronen ist in der Isotopenschreibweise darzustellen.

Lösung: Nukleonenzahl = Protonenzahl + Neutronenzahl $\Rightarrow$ $\boldsymbol{A} = Z + N = 19 + 21 = \mathbf{40}$; $\Rightarrow$ Formelsymbol: $\mathbf{^{40}_{19}K}$

Relative Atommasse *u*

Die absolute Masse der Elementarteilchen ist sehr gering. Ein Proton hat z. B. die unvorstellbar kleine Masse $1{,}6725 \cdot 10^{-24}$ g. Deshalb wurde die atomare Masseneinheit *u* eingeführt:

1 *u* ist der zwölfte Teil der Masse eines $^{12}\mathrm{C}$-Atoms (Seite 107). Mit den Angaben in Tabelle 100/1 lässt sich aus der Summe der relativen Atommassen der Elementarteilchen die relative Atommasse von Atomen berechnen.

Beispiel: Welche Masse in *u* hat ein Lithiumatom $^{7}_{3}\mathrm{Li}$, aufgebaut aus 3 Protonen, 4 Neutronen und 3 Elektronen?

Lösung: $\boldsymbol{m}\,\mathbf{(Li)} = 3 \cdot 1{,}007276\,u + 4 \cdot 1{,}008665\,u + 3 \cdot 0{,}000592\,u = \mathbf{7{,}058264}\,\boldsymbol{u}$

Ionen

Bei unterschiedlicher Anzahl von Protonen und Elektronen liegen „geladene Atome" vor, sie werden als **Ionen** bezeichnet. **Kationen** nennt man positiv geladene Ionen, sie entstehen aus Atomen durch Abgabe von Elektronen. Als **Anionen** werden negativ geladene Ionen bezeichnet, sie entstehen aus Atomen durch Aufnahme von Elektronen.

Beispiel 1: Aus einem Kupferatom Cu mit 34 Neutronen werden 2 Elektronen abgespalten. Stellen Sie diesen Vorgang und das entstehende Ion in der Isotopenschreibweise dar.

Lösung: $^{63}_{29}\mathrm{Cu} - 2e \longrightarrow \mathbf{^{63}_{29}Cu^{2+}}$

Beispiel 2: Aus welchen und wie vielen Elementarteilchen ist das Nuklid $^{56}_{26}\mathrm{Fe}^{2+}$ aufgebaut?

Lösung: Protonenzahl $Z = \mathbf{26}$

Da ein zweifach positiv geladenes Kation vorliegt, ist die Elektronenzahl $Z - 2 = 26 - 2 = \mathbf{24}$

Neutronenzahl $N = A - Z = 56 - 26 = \mathbf{30}$

Isotope

20 der derzeit bekannten 112 Elemente sind **Reinelemente**, sie bestehen aus nur einer Nuklidart (Atomsorte). Beispiele für Reinelemente sind $^{23}_{11}\mathrm{Na}$ Natrium, $^{19}_{9}\mathrm{F}$ Fluor, $^{27}_{13}\mathrm{Al}$ Aluminium und $^{127}_{53}\mathrm{I}$ Iod.

Alle übrigen Elemente sind **Mischelemente**, d. h. Isotopengemische, wie z. B. Wasserstoff **(Tabelle 102/1)**. Bei ihnen liegen mehrere Nuklide mit gleicher Protonenzahl vor, die Neutronenzahl und damit die Masse unterscheidet sich. In den chemischen Eigenschaften unterscheiden sich die Isotope eines Elements nicht.

Isotope sind die Nuklide des gleichen Elements. Sie haben eine unterschiedliche Neutronenzahl.

Tabelle 102/1: Isotope des Elements Wasserstoff $_{1}H$			
Isotop	$^{1}_{1}H$	$^{2}_{1}H$	$^{3}_{1}H$
Bezeichnung	leichter Wasserstoff	schwerer Wasserstoff oder Deuterium	überschwerer Wasserstoff oder Tritium (radioaktiv)
Elementarteilchen	1 Proton, 1 Elektron 0 Neutronen	1 Proton, 1 Elektron 1 Neutron	1 Proton, 1 Elektron 2 Neutronen
Natürliche Häufigkeit im Wasserstoff	99,9844 %	0,0156 %	~ 10^{-16} %

Aufgaben zu 4.2 Chemische Elemente

1. Kohlenstoff hat die stabilen Isotope $^{12}_{6}C$, $^{13}_{6}C$ und $^{14}_{6}C$. Aus welchen und wie vielen Elementarteilchen sind jeweils die drei Kohlenstoff-Isotope aufgebaut?
2. Eisen hat die Kernladungszahl $Z = 26$, seine natürlichen Isotope besitzen 28, 30, 31 und 32 Neutronen. Geben Sie die Isotope des Eisens in der Isotopenschreibweise an.
3. Geben Sie den Aufbau der folgenden Atome an:
   a) $^{35}_{17}Cl$ b) $^{238}_{92}U$ c) $^{37}_{17}Cl$ d) $^{63}_{29}Cu$ e) $^{17}_{8}O$ f) $^{27}_{13}Al$
4. Welche der folgenden Nuklide sind Isotope eines Elements? Ersetzen Sie die Variable X durch das entsprechende Elementsymbol.
   a) $^{40}_{20}X$ $^{40}_{18}X$ $^{40}_{19}X$ $^{36}_{18}X$ $^{36}_{16}X$ $^{42}_{20}X$ $^{41}_{19}X$ b) $^{50}_{23}X$ $^{50}_{24}X$ $^{112}_{50}X$ $^{115}_{50}X$ $^{50}_{22}X$ $^{51}_{23}X$ $^{52}_{24}X$
5. Von den folgenden Nukliden werden jeweils Elektronen abgespalten oder aufgenommen. Geben Sie die entstehenden Nuklide in der Isotopenschreibweise an:
   a) $^{23}_{11}Na - 1e \longrightarrow$ b) $^{64}_{30}Zn - 2e \longrightarrow$ c) $^{16}_{8}O^{2-} - 2e \longrightarrow$
   d) $^{32}_{16}S + 2e \longrightarrow$ e) $^{56}_{26}Fe^{2+} - 1e \longrightarrow$ f) $^{208}_{82}Pb^{4+} + 2e \longrightarrow$
6. Aus welchen Elementarteilchen sind die folgenden Ionen aufgebaut?
   a) $^{35}_{17}Cl^{1-}$ b) $^{17}_{8}O^{2-}$ c) $^{37}_{17}Cl^{1-}$ d) $^{63}_{29}Cu^{2+}$ e) $^{208}_{82}Pb^{4+}$ f) $^{27}_{13}Al^{3+}$

4.3 Kernreaktionen

Bei einer **Kernumwandlung** wird durch Veränderung der Nukleonenzahl das vorhandene Nuklid in ein anderes Nuklid umgewandelt.

Kernreaktionen werden entweder mit einer **kernchemischen Gleichung** (in Isotopenschreibweise) beschrieben oder mit einer **Kurzschreibweise** dargestellt.

Beispiel 1: Der radioaktive Kohlenstoff ^{14}C bildet sich in der Atmosphäre aus Stickstoff ^{14}N durch Reaktion mit den Neutronen der Höhenstrahlung.
Stellen Sie den Vorgang durch eine kernchemische Gleichung und in Kurzschreibweise dar.

Lösung: Kernchemische Gleichung: $^{14}_{7}N + ^{1}_{0}n \longrightarrow ^{14}_{6}C + ^{1}_{1}p$; Kurzschreibweise: $^{14}N\,(n, p)\,^{14}C$

Beispiel 2: Beschießt man Aluminium ^{27}Al mit Protonen, so werden α-Teilchen (= Heliumkerne $^{4}_{2}\alpha$) ausgesandt. Stellen Sie den Vorgang durch eine kernchemische Reaktionsgleichung in Isotopenschreibweise und in Kurzschreibweise dar.

Lösung: Die Summe der Nukleonen und der Kernladungszahlen muss auf beiden Seiten der Gleichung übereinstimmen: Es entsteht ein Magnesiumnuklid ^{24}Mg.
Kernchemische Gleichung: $^{27}_{13}Al + ^{1}_{1}p \longrightarrow ^{24}_{12}Mg + ^{4}_{2}\alpha$; Kurzschreibweise: $^{27}Al\,(p, \alpha)\,^{24}Mg$

Bei der **Kernspaltung** werden Atomkerne mit großer Massenzahl mit Neutronen beschossen. Dabei spaltet sich der schwere Atomkern in zwei mittelschwere Kerne und zwei oder drei Neutronen. Dieser Vorgang ist mit sehr großer Energieabgabe verbunden, die zur Energieerzeugung in Kernreaktoren genutzt wird. Technisch von großer Bedeutung ist die Spaltung von Uran-235.

Beispiel: Bei der Spaltung von Uran ^{235}U durch ein Neutron zerfällt der Urankern in einen Bariumkern ^{145}Ba, einen Kryptonkern ^{88}Kr und drei Neutronen. Der Vorgang ist in einer Isotopengleichung darzustellen.

Lösung: $^{235}_{92}U + ^{1}_{0}n \longrightarrow ^{145}_{56}Ba + ^{88}_{36}Kr + 3\,^{1}_{0}n$ + Energie

Bei der **Kernfusion** verschmelzen zwei Atomkerne kleiner Masse zu einem Atomkern größerer Masse. Dieser Vorgang ist wie die Kernspaltung mit einer Freisetzung von sehr viel Energie verbunden.

Beispiel: Ein Deuteriumkern ^{2}H und ein Tritiumkern ^{3}H verschmelzen zu einem Heliumkern ^{4}He unter Freisetzung eines Neutrons. Der Fusionsvorgang ist in einer Isotopengleichung darzustellen.

Lösung: $^{2}_{1}H + ^{3}_{1}H \longrightarrow ^{4}_{2}He + ^{1}_{0}n$ + Energie

Bei der **natürlichen Radioaktivität** findet eine spontane Kernumwandlung instabiler Nuklide unter Aussendung von α- oder **β-Teilchen** statt. Beide Strahlenarten können von energiereicher γ-Strahlung begleitet sein. α-Teilchen sind Heliumkerne $^{4}_{2}\alpha$. β-Teilchen werden durch Elektronen gebildet, die im Kern durch Zerfall eines Neutrons in ein Proton und ein Elektron entstehen. Das Elektron wird emittiert.

Entstehung der β-Strahlung: $^{1}_{0}n \longrightarrow ^{0}_{-1}e + ^{1}_{1}p$ oder $^{1}_{0}n \longrightarrow ^{0}_{-1}\beta + ^{1}_{1}p$

Beispiel 1: Thorium ^{230}Th zerfällt unter Aussendung von α-Strahlung. Der Zerfall ist in einer Isotopengleichung darzustellen.

Lösung: $^{230}_{90}Th \longrightarrow ^{226}_{88}Ra + ^{4}_{2}\alpha$ Die Nukleonenzahl verringert sich um 4, die Kernladungszahl verringert sich um 2.

Beispiel 2: Blei ^{214}Pb zerfällt unter Aussendung von β-Strahlung. Der Zerfall ist in einer Isotopengleichung darzustellen.

Lösung: $^{214}_{82}Pb \longrightarrow ^{214}_{83}Bi + ^{0}_{-1}\beta$ Die Nukleonenzahl verringert sich nicht, die Kernladungszahl vergrößert sich um 1.

Aufgaben zu 4.3 Kernreaktionen

1. Vervollständigen Sie die kernchemischen Gleichungen (in Kurzschreibweise) für folgende künstliche Kernumwandlungen:
   a) ^{11}B (n, α) ? b) ^{6}Li (?, α) ^{3}H c) ? (α, n) ^{242}Cm d) ^{209}Bi (α, ?) ^{211}At
2. Trifft ein energiearmes Neutron auf einen Uranatomkern ^{235}U, führt dies unter Energieabgabe zu einer Spaltung des Kerns in ein Bromnuklid ^{87}Br unter Emission von zwei Neutronen und einem weiteren, zu ermittelnden Nuklid. Geben Sie für die Kernspaltung die Isotopengleichung an.
3. Beim α-Zerfall des radioaktiven Isotops $^{226}_{88}Ra$ entsteht ein Radon-Isotop. Geben Sie den Zerfall in einer Isotopengleichung an.
4. Das radioaktive Wasserstoff-Isotop Tritium ^{3}H wandelt sich durch β-Zerfall in einen stabilen Kern um. Geben Sie den Zerfall in einer Isotopengleichung an.
5. Beim Zerfall des radioaktiven Isotops $^{90}_{38}Sr$ entsteht das Isotop $^{90}_{39}Y$. Welche Strahlung wird dabei ausgesandt? Überprüfen Sie anhand der Zerfallsgleichung.
6. Der radioaktive Kohlenstoff ^{14}C wird in der Atmosphäre aus Stickstoff ^{14}N und einem Neutron der Höhenstrahlung gebildet. Das Kohlenstoff-Isotop ^{14}C zerfällt unter Aussendung von β-Strahlung. Stellen Sie die Bildung und den Zerfall des ^{14}C jeweils in einer Isotopengleichung dar.
7. Das natürliche Uran ^{238}U zerfällt in einer Reihe von α- und β-Zerfallsschritten in stabiles Blei ^{206}Pb.
   a) Ermitteln Sie *rechnerisch* Art und Anzahl der Zerfallsschritte.
   b) Entwickeln Sie eine allgemeine Berechnungsformel für die Anzahl der α- und β-Zerfälle einer Zerfallsreihe.

4.4 Chemische Formeln

Chemische Elemente werden durch festgelegte **Symbole** gekennzeichnet, die im Periodensystem der Elemente angegeben sind.

Die **Formeln der Moleküle** und Teilchenverbände sind aus den Symbolen der beteiligten Elemente zusammengesetzt. Die Anzahl mehrfach vorkommender Atome eines Elements wird durch einen tief gestellten **Index** hinter dem betreffenden Elementsymbol gekennzeichnet. **Beispiele:**

Kohlenstoff C	Wasserstoff H_2	Wasser H_2O	Natriumcarbonat Na_2CO_3	Ethan C_2H_6

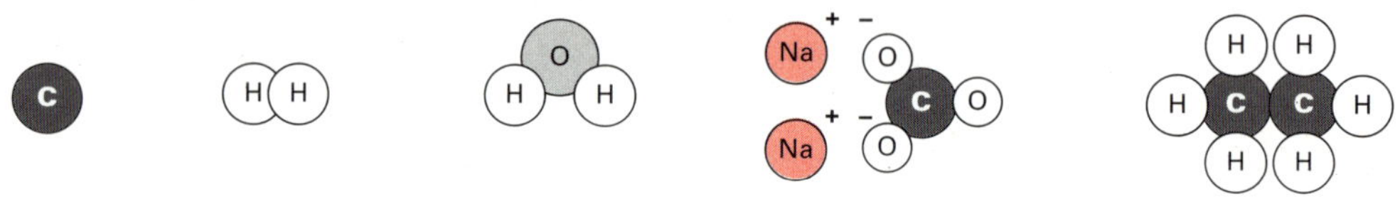

1 Atom C	Wasserstoffmolekül aus 2 Atomen H	Wassermolekül aus 1 Atom O und 2 Atomen H	Teilchenverband Na_2CO_3 aus 1 Atom C 3 Atomen O 2 Atomen Na	Ethanmolekül aus 2 Atomen C und 6 Atomen H

Wird bei einer chemischen Umsetzung eine Verbindung oder ein Element mehrfach benötigt, so wird dies durch einen der Formel vorangestellten **Koeffizienten** kenntlich gemacht. Diese Ziffer wird auch als stöchiometrischer Koeffizient bezeichnet.

Beispiele: $3\ H_2O$ bedeutet 3 Moleküle Wasser mit $3 \cdot 2 = 6$ Wasserstoffatomen und 3 Sauerstoffatomen
$4\ H_2SO_4$ bedeutet 4 Moleküle Schwefelsäure mit $4 \cdot 2 = 8$ Wasserstoffatomen und 4 Sulfatgruppen SO_4
$3\ CaCl_2$ bedeutet 3 Formeleinheiten Calciumchlorid mit 3 Calcium-Ionen und $3 \cdot 2 = 6$ Chlorid-Ionen.

Tritt eine Atomgruppe in einem Molekül oder in einer Formeleinheit mehrfach auf, dann wird diese in Klammern gesetzt und die Anzahl der Gruppen als Index an die Klammer geschrieben.

Calciumhydroxid z.B. enthält formal ein Teilchen Ca, 2 Teilchen H und 2 Teilchen O. In der basisch reagierenden Verbindung liegen die Wasserstoff- und Sauerstoffatome in zwei Hydroxidgruppen OH vor. Die Formel wird daher nicht CaO_2H_2 geschrieben, sondern $Ca(OH)_2$.

Ähnliches gilt für organische Verbindungen, wie z. B. Ethansäure (Essigsäure). In ihren Formeln werden funktionelle Gruppen, d. h. Gruppen, welche das chemische Verhalten der Verbindung maßgeblich bestimmen, zu Gruppen zusammengefasst. Die funktionelle Gruppe der Ethansäure ist die COOH-Gruppe, auch Carboxylgruppe genannt. Die Formel für Ethansäure lautet: CH_3COOH.

Beispiele:

Bariumnitrat $Ba(NO_3)_2$
1 Barium-Ion Ba^{2+}
2 Nitrat-Gruppen bestehend aus insgesamt:
2 Atomen Stickstoff N und
$2 \cdot 3 = 6$ Atomen Sauerstoff O

Aluminiumsulfat $Al_2(SO_4)_3$
2 Aluminium-Ionen Al^{3+}
3 Sulfat-Gruppe bestehend aus insgesamt:
3 Atomen Schwefel S und
$3 \cdot 4 = 12$ Atomen Sauerstoff O

Essigsäure CH_3COOH
1 Methylgruppe CH_3 bestehend aus
1 Atom Kohlenstoff C und
3 Atomen Wasserstoff H
1 Carboxylgruppe COOH bestehend aus
1 Atom Kohlenstoff C,
2 Atomen Sauerstoff O und
1 Atom Wasserstoff H

Kristallwasserhaltige Verbindungen

Eine Besonderheit stellen kristallwasserhaltige Verbindungen dar. Sie binden beim Auskristallisieren eine stoffspezifische Zahl von Wassermolekülen als Hydrat-Wasser („Kristallwasser“) in das Kristallgitter ein. Das Kristallwasser wird, durch einen Punkt getrennt, dem Formelsymbol der Verbindung nachgestellt.

Beispiele: Kristallines Kupfersulfat enthält pro Formeleinheit 5 Moleküle Kristallwasser.
Formel für Kupfersulfat-5-Hydrat: $\mathbf{CuSO_4 \cdot 5\ H_2O}$

Kristallines Eisensulfat enthält pro Formeleinheit 7 Moleküle Kristallwasser.
Formel für Eisensulfat-7-Hydrat: $\mathbf{FeSO_4 \cdot 7\ H_2O}$

Werden kristallwasserhaltige Verbindungen in Wasser gelöst, dann muss beim Herstellen der Lösung bedacht werden, dass nur der wasserfreie Anteil der gelösten Stoffportion als gelöster Reinstoff angesehen werden kann (Seite 108).

Aufgaben zu 4.4 Chemische Formeln

Durch welche Symbole oder Formeln werden die folgenden Teilchen beschrieben:

a) zwei Moleküle Salpetersäure
b) eine Formeleinheit Kupfersulfat
c) drei Atome Eisen
d) ein Molekül Propan
e) eine Formeleinheit Calciumcarbonat
f) drei Moleküle Iod

4.5 Quantitäten von Stoffportionen

Die Quantität (Menge) einer Stoffportion lässt sich mit mehreren Größen angeben.

4.5.1 Masse *m*

Die am einfachsten zu messende Quantität einer festen oder flüssigen Stoffportion ist die Masse *m*. Sie wird durch Wiegen der Stoffportion bestimmt.

SI-Einheit der Masse ist das Kilogramm (Einheitenzeichen kg).

In der Praxis wird häufig für kleine Stoffportionen das Gramm (g) oder Milligramm (mg) und für größere Stoffportionen die Tonne (t) verwendet:

$1\,g = 10^3\,mg$
$1\,kg = 10^3\,g$
$1\,t = 10^3\,kg$

4.5.2 Stoffmenge *n* (X)

Chemische Reaktionen laufen in festen Teilchenzahlverhältnissen ab. Da die Teilchen sehr klein sind, hat man in der **Stoffmenge *n*** eine bestimmte Anzahl von Teilchen festgelegt.

Die SI-Basiseinheit für die Stoffmenge *n* ist das Mol (Einheitenzeichen mol).

> 1 Mol eines Stoffes enthält $6{,}022 \cdot 10^{23}$ Teilchen. Die pro Mol eines Stoffes enthaltene Teilchenzahl $N_A = 6{,}022 \cdot 10^{23}$ **1/mol** wird als **Avogadro-Konstante** bezeichnet.

> Das Mol ist die Stoffmenge einer Stoffportion, die aus ebenso vielen Teilchen besteht, wie Atome in 0,012 kg des Kohlenstoffnuklids ^{12}C enthalten sind.

Bei der Benutzung der Einheit Mol müssen die Einzelteilchen der Stoffportion genannt werden. Es können Atome, Moleküle, Ionen, Protonen sowie andere Teilchen oder auch Gruppen sein.

Beispiele für Stoffmengenangaben:

Stoffportion 1: $n(C) = 1$ mol enthält $6{,}022 \cdot 10^{23}$ Kohlenstoffatome
Stoffportion 2: $n(H_2O) = 1$ kmol enthält $10^3 \cdot 6{,}022 \cdot 10^{23} = 6{,}022 \cdot 10^{26}$ Wassermoleküle
Stoffportion 3: $n(Ca^{2+}) = 1$ mmol enthält $10^{-3} \cdot 6{,}022 \cdot 10^{23} = 6{,}022 \cdot 10^{20}$ Calcium-Ionen
Stoffportion 4: $n(NO_3^-) = 1$ mol enthält $6{,}022 \cdot 10^{23}$ Nitrat-Ionen
Stoffportion 5: $n(H_2) = 1$ mol enthält $6{,}022 \cdot 10^{23}$ Wasserstoffmoleküle

Die in einer Stoffmenge des Stoffes X enthaltene Anzahl Stoffteilchen *N* (X) lässt sich mit Hilfe der Avogadro-Konstanten berechnen:

> Teilchenzahl = Stoffmenge · Avogadro-Konstante
> Teilchenzahl $N(X) = n(X) \cdot N_A$

Beispiel: Wie viele Moleküle sind in der Stoffportion 2 mol Wasser H_2O enthalten?

Lösung: $N(H_2O) = n(H_2O) \cdot N_A = 2\,mol \cdot 6{,}022 \cdot 10^{23}\,1/mol = 1{,}2044 \cdot 10^{24}$ Moleküle
Das sind 1 204 400 000 000 000 000 000 000 Wassermoleküle

4.5.3 Molare Masse *M* (X)

Die Stoffmenge *n* ist als Teilchenzahl definiert. Aus der darin enthaltenen, unvorstellbar großen Anzahl von Teilchen wird deutlich, dass Stoffmengen praktisch nicht durch Zählen, sondern durch Wiegen, oder bei Gasen durch Volumenmessung, bestimmt werden müssen.

Da jedes Stoffteilchen eine stoffspezifische Masse besitzt, kann man eine Beziehung zwischen der Masse *m* (X) eines Stoffteilchens und der Stoffmenge *n* (X) herstellen. Der Quotient aus beiden Größen wird als **molare Masse *M* (X)** bezeichnet.

> Die molare Masse *M* (X) entspricht der Masse, welche die Stoffmenge 1 mol des Stoffes X aufweist.

Grundgleichung der Stöchiometrie:

$$\text{Molare Masse} = \frac{\text{Masse einer Stoffportion}}{\text{Stoffmenge der Stoffportion}} \qquad M(X) = \frac{m(X)}{n(X)}$$

Die abgeleitete Einheit der molaren Masse *M* ist kg/mol, in der Praxis werden meist die Einheiten g/mol oder $g \cdot mol^{-1}$ verwendet.

Die molare Masse von Atomen wurde experimentell (massenspektroskopisch) bestimmt und liegt für die Elemente in sehr unterschiedlicher Genauigkeit vor. Molare Massen können aus Tabellenwerken entnommen werden. **Tabelle 106/1** zeigt die molare Masse einiger häufiger Elemente.

Die molare Masse von Verbindungen oder Atomgruppen berechnet sich als Summe der molaren Massen der in der Verbindung enthaltenen Atome. Für die meisten praktischen Berechnungen ist eine Rechengenauigkeit mit auf zwei Dezimalstellen gerundeten molaren Massen hinreichend genau.

Tabelle 106/1: Molare Massen

Element	Symbol	*M* in g/mol
Wasserstoff	H	1,00794
Kohlenstoff	C	12,01115
Stickstoff	N	14,00674
Sauerstoff	O	15,9994
Natrium	Na	22,989768
Aluminium	Al	26,981539
Magnesium	Mg	24,3050
Schwefel	S	32,066
Chlor	Cl	35,4527
Kalium	K	39,0983
Calcium	Ca	40,078
Kupfer	Cu	63,546
Blei	Pb	207,2

Beispiele: **Sauerstoffgas** liegt in O_2-Molekülen vor

$M(O_2) = 2 \cdot 15{,}9994\ \text{g/mol} = 31{,}9998\ \text{g/mol}$

$\boldsymbol{M(O_2) \approx 32{,}00\ \text{g/mol}}$

Wasser: $M(H_2O) = 2 \cdot M(H) + M(O)$

$= 2 \cdot 1{,}00794\ \text{g/mol} + 15{,}9994\ \text{g/mol} = 18{,}01528\ \text{g/mol}$

$\boldsymbol{M(H_2O) \approx 18{,}02\ \text{g/mol}}$

Die molare Masse von Ionen wird bei praktischen Berechnungen den entsprechenden Massen der Atome oder Gruppen, aus denen sie entstanden sind, gleichgesetzt.

Beispiele: Eisen-Ion: $M(Fe^{2+}) = 55{,}847\ \text{g/mol}$ Schwefel-Ion: $M(S^{2-}) = 32{,}066\ \text{g/mol}$

Berechnungen mit molaren Massen

Hinweis: Es wird zunächst mit dem vielstelligen Wert der molaren Massen gerechnet. Das Ergebnis wird auf 2 Dezimalstellen gerundet.

Beispiel 1: Für Calciumcarbonat $CaCO_3$ ist die molare Masse *M* zu berechnen (Rundungsregeln beachten).

Lösung: $M(CaCO_3) = M(Ca) + M(C) + 3 \cdot M(O)$

$$\begin{aligned} M(Ca) &= 40{,}078\ \text{g/mol} \\ +\ M(C) &= 12{,}01115\ \text{g/mol} \\ +\ 3 \cdot M(O) &= 3 \cdot 15{,}9994\ \text{g/mol} \\ \hline \boldsymbol{M(CaCO_3)} &= 100{,}08735\ \text{g/mol} \approx \boldsymbol{100{,}09\ \text{g/mol}} \end{aligned}$$

Beispiel 2: Für das Sulfation SO_4^{2-} ist unter Berücksichtigung der Rundungsregeln die molare Masse *M* zu berechnen.

Lösung: $M(SO_4^{2-}) = M(S) + 4 \cdot M(O) + 2 \cdot M(e^-)$

$$\begin{aligned} M(S) &= 32{,}066\ \text{g/mol} \\ +\ 4 \cdot M(O) &= 4 \cdot 15{,}9994\ \text{g/mol} \\ +\ 2 \cdot M(e) &= 2 \cdot 0{,}0005486\ \text{g/mol} \\ \hline \boldsymbol{M(SO_4^{2-})} &= 96{,}0646972\ \text{g/mol} \approx \boldsymbol{96{,}06\ \text{g/mol}} \end{aligned}$$

An diesem Beispiel wird deutlich, dass die molare Masse der Elektronen im praktischen Rechnen keine Rolle spielt und vernachlässigt werden kann.

Beispiel 3: Welche Masse hat die Stoffmenge 0,400 mol Calciumoxid CaO?

Lösung: mit $M(CaO) = 56{,}08\ \text{g/mol}$

$$M(CaO) = \frac{m(CaO)}{n(CaO)} \Rightarrow \boldsymbol{m(CaO)} = M(CaO) \cdot n(CaO) = 56{,}08\ \frac{\text{g}}{\text{mol}} \cdot 0{,}400\ \text{mol} = 22{,}432\ \text{g} \approx \boldsymbol{22{,}4\ \text{g}}$$

Beispiel 4: Welche Stoffmenge $n(H_2SO_4)$ ist in 250 g Schwefelsäure enthalten?

Lösung: mit $M(H_2SO_4) = 98{,}08\ \text{g/mol}$

$$M(H_2SO_4) = \frac{m(H_2SO_4)}{n(H_2SO_4)} \Rightarrow \boldsymbol{n(H_2SO_4)} = \frac{m(H_2SO_4)}{M(H_2SO_4)} = \frac{250\ \text{g}}{98{,}08\ \text{g/mol}} = 2{,}5489\ \text{mol} \approx \boldsymbol{2{,}55\ \text{mol}}$$

4.5.4 Atomare Masseneinheit *u*

Die absolute Masse m eines Teilchens X wird erhalten durch Division der molaren Masse M durch die in dieser Stoffportion enthaltene Teilchenzahl N_A.

$$m(X) = \frac{M(X)}{N_A}$$

Beispiel: Welche Masse hat ein Wasserstoffatom?

Lösung: $$\mathbf{m(H)} = \frac{M(H)}{N_A} = \frac{1{,}00794\ \text{g/mol}}{6{,}022 \cdot 10^{23}\ 1/\text{mol}} = \mathbf{1{,}6738 \cdot 10^{-24}\ g}$$

Um das Rechnen mit derart kleinen Zahlen zu vermeiden, wurde die **atomare Masseneinheit** *u* eingeführt:

1 *u* ist der zwölfte Teil der Masse eines ^{12}C-Nuklids $$1u = \frac{1}{12} \cdot m(^{12}C)$$

Mit $m(X) = \frac{M(X)}{N_A}$ erhält man für 1 *u* die absolute Masse:

$$\mathbf{1u} = \frac{12{,}00\ \text{g/mol}}{12 \cdot N_A} = \frac{12{,}00\ \text{g/mol}}{12 \cdot 6{,}022 \cdot 10^{23}\ 1/\text{mol}} = \mathbf{1{,}6606 \cdot 10^{-24}\ g}$$

Die Masse m eines Teilchens X, angegeben in der atomaren Masseneinheit *u*, hat den gleichen Zahlenwert wie die molare Masse M (X) dieses Teilchens:

$m(H) = 1{,}00794\ u$ $\qquad$ $M(H) = 1{,}00794$ g/mol

Für das praktische Rechnen hat die Einheit *u* keine Bedeutung.

Aufgaben zu 4.5 Quantitäten von Stoffportionen

1. Berechnen Sie die Stoffmengen folgender Stoffportionen:
   a) 35 g Aluminium Al
   b) 2,55 mg Silber Ag
   c) 2,500 g Gold Au
   d) 50,0 g Wasserstoff H_2
   e) 2,20 t Chlorgas Cl_2
   f) 150 µg Kohlenstoff C
2. Berechnen Sie die molaren Massen der Verbindungen unter Berücksichtigung der Rundungsregeln:
   a) $NiCl_2$ Nickelchlorid
   b) Al_2O_3 Aluminiumoxid
   c) $Ca(OH)_2$ Calciumhydroxid
   d) NO_3^- Nitrat-Ion
   e) $Al_2(SO_4)_3$ Aluminiumsulfat
   f) $Na_2CO_3 \cdot 10\ H_2O$ Natriumcarbonat-10-Hydrat (Kristallsoda)
   g) $KAl(SO_4)_2 \cdot 12\ H_2O$ Kaliumaluminiumsulfat-12-Hydrat (Alaun)
   h) CH_3COO^- Acetat-Ion (Ethanat-Ion)
3. Berechnen Sie die Masse folgender Stoffportionen:
   a) 2,50 mol Natrium Na
   b) 1,30 mmol Calcium-Ionen Ca^{2+}
   c) 3,0 kmol Cyclohexan C_6H_{12}
   d) 5,20 mol Chlor Cl_2
   e) 5,5 kmol Kupfer Cu
   f) 2,0 mmol Nitrat-Ionen NO_3^-
   g) 55,0 mol Sauerstoff O_2
   h) 0,005 mol Platin Pt
   i) 1,75 mol Schwefelsäure H_2SO_4
4. Berechnen Sie die Stoffmengen von
   a) 20,0 g Wasser H_2O
   b) 500 kg Benzol C_6H_6
   c) 5,20 kg Kaliumnitrat KNO_3
   d) 150 g Schwefelsäure H_2SO_4
   e) 50 mg Calcium-Ionen Ca^{2+}
   f) 2,50 mg Sulfat-Ionen SO_4^{2-}
   g) 122 g Essigsäure CH_3COOH
   h) 200 kg Nitrobenzol $C_6H_5NO_2$
   i) 220 mg Calciumhydroxid $Ca(OH)_2$
5. Berechnen Sie die Massen von
   a) 5,5 mol Kaliumcarbonat K_2CO_3
   b) 0,25 mol Calciumhydroxid $Ca(OH)_2$
   c) 3,5 mmol Magnesium-Ionen Mg^{2+}
   d) 2,00 mol Salpetersäure HNO_3
   e) 2,5 mmol Kupfersulfat-5-Hydrat $CuSO_4 \cdot 5\ H_2O$
   f) 0,45 mol Zinksulfat-7-Hydrat $ZnSO_4 \cdot 7\ H_2O$
6. Wie viele Atome sind in 1,0 kg Eisen enthalten?
7. Wie viele Moleküle enthalten 200 mg reine Schwefelsäure, $w(H_2SO_4) = 100\,\%$?
8. Wie viele Wassermoleküle enthalten 2,0 Liter Wasser von 20 °C?
   Die Dichte beträgt $\varrho = 0{,}9982\ \text{g/cm}^3$.

4.6 Zusammensetzung von Elementen und Verbindungen

4.6.1 Isotopengemische

Die Mehrzahl der in der Natur vorkommenden Elemente sind Mischelemente (Isotopengemische). Die in Tabellenbüchern und im Periodensystem der Elemente angegebenen Atommassen dieser Elemente sind demnach durchschnittliche Atommassen aller natürlich vorkommenden Isotope unter Berücksichtigung ihrer Häufigkeit. Diese können bei Kenntnis von Häufigkeit und exakter Masse jedes Isotops mit Hilfe der **Mischungsgleichung** berechnet werden.

Mischungsgleichung für n Isotope:

$$m(X) = m_1 \cdot w_1 + m_2 \cdot w_2 + \ldots m_n \cdot w_n$$

Mit m_n der Atommasse des Isotops n, w_n dem Massenanteil des Isotops n (als Bruchteil von 1, z. B. 0,75) ergibt sich m (X) die durchschnittliche Atommasse des Elements X.

Beispiel: Berechnung der Atommasse des Elements Stickstoff $_7N$. Der natürlich vorkommende Stickstoff besteht aus den Nukliden $^{14}_{7}N$ mit 14,003074 u (w = 99,635%) und $^{15}_{7}N$ mit 15,00011 u (w = 0,365%).

Lösung: mit $m_1 = 14{,}003074\ u$, $w_1 = 0{,}99635$, $m_2 = 15{,}00011\ u$, $w_2 = 0{,}00365$

$m(N) = m_1 \cdot w_1 + m_2 \cdot w_2$

$\boldsymbol{m}$ **(N)** $= 14{,}003074\ u \cdot 0{,}99635 + 15{,}00011\ u \cdot 0{,}00365\ m(N) = \mathbf{14{,}0067}\ \boldsymbol{u}$

4.6.2 Massenanteile in Verbindungen

Aus der Formel einer chemischen Verbindung und den bekannten Atommassen bzw. molaren Massen der beteiligten Elemente M (X) kann der **Massenanteil** w (X) der beteiligten Elemente X oder auch von Atomgruppen berechnet werden. Der Faktor a steht für die Anzahl der Teilchen X.

$$\text{Massenanteil (Element)} = \frac{a \cdot \text{Molare Masse (Element)}}{\text{Molare Masse (Verbindung)}}$$

$$w(X) = \frac{a(X) \cdot M(X)}{M(\text{Verbindung})}$$

Als Quotient zweier gleicher Größen hat der Massenanteil w keine Einheit. Er wird üblicherweise als Bruchteil von 1 (z. B. 0,75 g/1 g = 0,75) oder in Prozent (z. B. 75 g/100 g = 0,75 = 75%) angegeben.

Beispiel 1: Welche Massenanteile w(Al) und w(O) hat Aluminiumoxid Al_2O_3?

Lösung: mit M(Al) = 26,98 g/mol und M(O) = 16,00 g/mol ergibt sich $M(Al_2O_3)$ = 101,96 g/mol, a (Al) = 2, a (O) = 3

$$\boldsymbol{w}\,\mathbf{(Al)} = \frac{a(Al) \cdot M(Al)}{M(Al_2O_3)} = \frac{2 \cdot 26{,}98\ g/mol}{101{,}96\ g/mol} = 2{,}52922 \approx \mathbf{52{,}92\%}$$

$$\boldsymbol{w}\,\mathbf{(O)} = \frac{a(O) \cdot M(O)}{M(Al_2O_3)} = \frac{3 \cdot 16{,}00\ g/mol}{101{,}96\ g/mol} = 0{,}47077 \approx \mathbf{47{,}08\%}$$

Lösungsweg mit Schlussrechnung:

101,96 g Al_2O_3 enthalten 2 · 26,98 g Al
100 g Al_2O_3 enthalten x g Al

$$x = \frac{2 \cdot 26{,}98\ g \cdot 100\ g}{101{,}96\ g} \approx 52{,}92\ \text{g pro 100 g} \approx \mathbf{52{,}92\%\ Al}$$

101,96 g Al_2O_3 enthalten 3 · 16,00 g O
100 g Al_2O_3 enthalten y g O

$$y = \frac{3 \cdot 16{,}00\ g \cdot 100\ g}{101{,}96\ g} \approx 47{,}08\ \text{g pro 100 g} \approx \mathbf{47{,}08\%\ O}$$

Beispiel 2: Welchen Massenanteil an Kristallwasser w (H_2O) hat Eisensulfat-7-Hydrat $FeSO_4 \cdot 7\ H_2O$?

Lösung: mit M (Fe) = 55,85 g/mol, M (O) = 16,00 g/mol, M (S) = 32,07 g/mol, M (H) = 1,01 g/mol, $a(H_2O)$ = 7 ergibt sich $M(FeSO_4 \cdot 7\ H_2O)$ = 278,02 g/mol

$$\boldsymbol{w}\mathbf{(H_2O)} = \frac{a(H_2O) \cdot M(H_2O)}{M(FeSO_4 \cdot 7\ H_2O)} = \frac{7 \cdot 18{,}02\ g/mol}{278{,}02\ g/mol} = 0{,}45370 \approx \mathbf{45{,}37\%}$$

Beispiel 3: Welchen Nitrat-Massenanteil w (NO_3^-) enthält Natriumnitrat $NaNO_3$?

Lösung: mit $M(NaNO_3)$ = 85,0 g/mol, $M(NO_3^-)$ = 62,0 g/mol , $a(NO_3^-)$ = 1

$$\boldsymbol{w}\mathbf{(NaNO_3)} = \frac{a(NO^-_3) \cdot M(NO_3)}{M(NaNO_3)} = \frac{1 \cdot 62{,}0\ g/mol}{85{,}0\ g/mol} = 0{,}72941 \approx \mathbf{72{,}9\%}$$

4.6.3 Gehalt in chemischen Verbindungen

Aus der Formel einer chemischen Verbindung mit den bekannten molaren Massen der beteiligten Elemente lässt sich der Gehalt eines Elements X oder einer Atomgruppe X berechnen:

$$m(X) = \frac{m(\text{Verb.}) \cdot a(X) \cdot M(X)}{M(\text{Verb.})}$$

Beispiel 1: Wie viel kg Stickstoff enthalten 1000 kg des Düngers Ammoniumnitrat NH_4NO_3?

Lösung: mit $M(N) = 14{,}01$ g/mol, $M(H) = 1{,}008$ g/mol, $M(O) = 16{,}00$ g/mol, $a(N) = 2$ ergibt sich $M(NH_4NO_3) = 80{,}04$ g/mol

$$\boldsymbol{m}(\mathbf{N}) = \frac{m(NH_4NO_3) \cdot a(N) \cdot M(N)}{M(NH_4NO_3)} = \frac{1000\text{ kg} \cdot 2 \cdot 14{,}01\text{ g/mol}}{80{,}04\text{ g/mol}} = 350{,}074\text{ kg} \approx \mathbf{350{,}1\ kg}$$

Beispiel 2: Welche Masse an Natriumnitrat $NaNO_3$ ist erforderlich, um 1,50 t Nitrat NO_3^- zu erhalten?

Lösung: mit $M(Na) = 22{,}99$ g/mol, $M(N) = 14{,}01$ g/mol, $M(O) = 16{,}00$ g/mol, $a(NO_3^-) = 1$ ergibt sich $M(NaNO_3) = 85{,}00$ g/mol

$$m(NO_3^-) = \frac{a(NO_3^-) \cdot m(NaNO_3) \cdot M(NO_3^-)}{M(NaNO_3)} \Rightarrow m(NaNO_3) = \frac{m(NO_3^-) \cdot M(NaNO_3)}{M(NO_3^-) \cdot a(NO_3^-)}$$

$$\boldsymbol{m}(\mathbf{NO_3^-}) = \frac{1500\text{ kg} \cdot 85{,}00\text{ g/mol}}{62{,}00\text{ g/mol} \cdot 1} = 2056{,}4516\text{ kg} \approx \mathbf{2{,}06\ t}$$

Beispiel 3: Wie viel Tonnen Kupferkies mit einem Massenanteil $w(CuFeS_2) = 5{,}00\,\%$ müssen zur Herstellung von 500 kg Kupfer verarbeitet werden?

Lösung: mit $M(Cu) = 63{,}55$ g/mol, $M(Fe) = 55{,}85$ g/mol, $M(S) = 32{,}07$ g/mol ergibt sich $M(CuFeS_2) = 183{,}54$ g/mol, $a(Cu) = 1$

$$m(Cu) = \frac{a(Cu) \cdot m(CuFeS_2) \cdot M(Cu)}{M(CuFeS_2)} \Rightarrow m(NaNO_3) = \frac{m(Cu) \cdot M(CuFeS_2)}{M(Cu) \cdot a(Cu)}$$

$$m(CuFeS_2) = \frac{500\text{ kg} \cdot 183{,}54\text{ g/mol}}{62{,}00\text{ g/mol} \cdot 1} = 1444\text{ kg reines } CuFeS_2$$

5,00 g $CuFeS_2$ sind in 100 g Kupferkies
1444 kg $CuFeS_2$ sind in x kg Kupferkies

$$\boldsymbol{m}(\textbf{Kupferkies}) = \frac{100\text{ g} \cdot 1444\text{ kg}}{5{,}00\text{ g}} = 28\,880\text{ kg} \approx \mathbf{28{,}9\ t}$$

Aufgaben zu 4.6 Zusammensetzung von Elementen und Verbindungen

1. Natürlich vorkommendes Bor $_5B$ besteht zu 19,902 % aus dem Isotop $^{10}_{5}B$ mit der molaren Masse 10,0129 g/mol und zu 80,092 % aus dem Isotop $^{11}_{5}B$ mit der molaren Masse 11,0093 g/mol. Wie groß ist die molare Masse des Elements Bor?
2. Natürlicher Kohlenstoff besteht aus den Isotopen $^{12}_{6}C$ mit der molaren Masse 12,0000 g/mol und $^{13}_{6}C$ mit der molaren Masse 13,0034 g/mol (das Vorkommen von $^{14}_{6}C$ ist vernachlässigbar gering). Die mittlere molare Masse des Elements C beträgt 12,01115 g/mol. Wie ist die Zusammensetzung dieses Isotopengemisches?
3. Berechnen Sie die Massenanteile $w(X)$ der Elemente in nachstehenden Verbindungen:
   a) Schwefelsäure H_2SO_4 c) Aluminiumsulfat $Al_2(SO_4)_3$ e) Ammoniumdichromat $(NH_4)_2Cr_2O_7$
   b) Bariumhydroxid $Ba(OH)_2$ d) Ethanol C_2H_5OH f) Calciumsulfat-Halbhydrat $CaSO_4 \cdot {}^1/_2\,H_2O$
4. Welchen Massenanteil Kristallwasser enthalten die Verbindungen?
   a) Natriumcarbonat-10-Hydrat $Na_2CO_3 \cdot 10\,H_2O$ b) Calciumsulfat-2-Hydrat (Gips) $CaSO_4 \cdot 2\,H_2O$
5. Wie viel t Carbonat CO_3^{2-} enthalten 2,50 t Kalkstein mit einem Massenanteil $w(CaCO_3) = 83{,}54\,\%$?
6. Die Analyse eines Bauxit ergab einen Massenanteil $w(AlO(OH)) = 63{,}0\,\%$.
   a) Welchen Massenanteil $w(Al)$ hat der Bauxit?
   b) Wie viel Tonnen metallisches Aluminium können aus 700 000 t Bauxit gewonnen werden?
7. Welche Masse an Chlor ist in 750 Liter Trichlormethan (Chloroform) $CHCl_3$ der Dichte $\varrho = 1{,}489$ g/cm³ chemisch gebunden?

8. Welche Masse gebrannter Kalk (Calciumoxid CaO) kann theoretisch aus 2,0 t Kalkstein mit $w(CaCO_3) = 84{,}5\,\%$ gewonnen werden?

9. Welche Masse an Chlorgas Cl_2 lässt sich theoretisch durch Elektrolyse von 2,50 t einer Natriumchlorid-Sole mit einem Massenanteil $w(NaCl) = 23{,}5\,\%$ erzeugen?

10. Wie viel Tonnen gebundener Phosphor P sind in 775 t Calciumphosphat $Ca_3(PO_4)_2$ enthalten?

11. Wie viel Kilogramm chemisch gebundener Phosphor sind in 2250 kg Tierknochen enthalten, wenn die Knochensubstanz einen Massenanteil Calciumphosphat $w(Ca_3(PO_4)_2 = 56{,}0\,\%$ enthält?

12. Wie viel Kilogramm chemisch gebundener Schwefel sind in 500 L Schwefelsäure-Lösung der Dichte $\varrho = 1{,}30\ g/cm^3$ mit einem Massenanteil $w(H_2SO_4) = 40{,}0\,\%$ enthalten?

13. Wie viel Kilogramm chemisch gebundener Stickstoff sind in 25,0 m^3 Salpetersäure-Lösung HNO_3 der Dichte $\varrho = 1{,}250\ g/cm^3$ mit einem Massenanteil $w(HNO_3) = 50{,}0\,\%$ enthalten?

14. Polyvinylchlorid PVC, ein Thermoplast, wird aus dem Monomer Monochlorethen (Vinylchlorid VC) $H_2C{=}CHCl$ polymerisiert. Bei der Verbrennung von PVC-Abfällen entsteht im Abgas Chlorwasserstoffgas HCl (Hydrogenchlorid). Welche Masse an HCl kann theoretisch bei der Verbrennung von 5,0 t PVC-Abfällen entstehen?

15. Eine Düngermischung enthält 300 kg Harnstoff $CO(NH_2)_2$, 200 kg Kaliumnitrat KNO_3 und 500 kg Calciumdihydrogenphosphat $Ca(H_2PO_4)_2$. Wie groß sind die Massen und die Massenanteile an chemisch gebundenem Stickstoff N, Kalium K und Phosphor P in der Mischung?

16. Welche Masse an Kalkstein mit $w(CaCO_3) = 89{,}5\,\%$ muss theoretisch calciniert werden, damit 5,50 t Kohlenstoffdioxid CO_2 entstehen?

17. Wie viel Kilogramm eines technischen Harnstoffs mit einem Massenanteil $w(CO(NH_2)_2) = 98{,}55\,\%$ müssen verfügbar sein, wenn darin 1250 kg chemisch gebundener Stickstoff enthalten sein sollen?

18. Wie viel Kubikmeter Sole mit $w(NaCl) = 24{,}0\,\%$ und der Dichte $\varrho = 1{,}1804\ g/cm^3$ müssen theoretisch elektrolysiert werden, um 1,5 m^3 flüssiges Chlor der Dichte $\varrho = 1{,}5705\ g/cm^3$ zu erzeugen?

19. Aus 1000 kg Chromeisenerz ($FeO \cdot Cr_2O_3$) werden durch Reduktion 75,0 kg reines Chrom Cr erhalten. Welchen Massenanteil an Chrom hat das Erz?

20. Wie viel Kilogramm Schwefeldioxid SO_2 entstehen beim Abrösten von 250 t Eisenkies mit $w(FeS_2) = 21{,}5\,\%$?

21. Welchen Massenanteil an Brom enthält der in Kalisalzlagern vorkommende Ausgangsstoff für die Bromgewinnung Bromcarnallit $KBr \cdot MgBr_2 \cdot 6\,H_2O$?

22. Die Analyse eines Kalksteins ergibt eine Zusammensetzung $w(CaCO_3) = 93{,}5\,\%$ und $w(MgCO_3) = 5{,}4\,\%$, der Rest besteht aus Verunreinigungen. Wie viel Tonnen gebrannter Kalk CaO und wie viel m^3 Kohlenstoffdioxid CO_2 werden durch Calcinierung von 500 t Kalkstein erhalten?

23. Die Zusammensetzung eines durch Flotation angereicherten Erzes beträgt: $w(PbS) = 83{,}72\,\%$, $w(ZnS) = 14{,}97\,\%$, $w(Ag) = 1{,}30\,\%$ und $w(Au) = 0{,}025\,\%$. Welche Massen an Pb, Zn, Ag und Au können aus 7,50 t Erz theoretisch hergestellt werden?

24. 5,00 t Mischdünger enthalten 3,25 t Calciumnitrat $Ca(NO_3)_2$, 750 kg Harnstoff $CO(NH_2)_2$ und 1,00 t Ammoniumnitrat NH_4NO_3. Wie viel chemisch gebundener Stickstoff wird aus der Mischung im Boden freigesetzt?

25. Wie viel Kubikmeter einer Salzsäure ($w(HCl) = 32{,}14\,\%$, $\varrho = 1{,}160\ g/cm^3$) müssen theoretisch elektrolysiert werden, damit 2,50 t Chlorgas Cl_2 erzeugt werden?

26. Im Dünger Kalkammonsalpeter soll der Massenanteil $w(N) = 21{,}0\,\%$ betragen. In welchem Verhältnis müssen Ammoniumnitrat NH_4NO_3 und Calciumcarbonat $CaCO_3$ gemischt werden, damit dieser Massenanteil erreicht wird?

4.7 Volumen von Gasportionen

4.7.1 Molares Volumen

Gase nehmen im Gegensatz zu festen und flüssigen Stoffen jeden ihnen zur Verfügung gestellten Raum ein. Die Stoffteilchen haben verhältnismäßig große Abstände, bewegen sich regellos und stoßen unaufhörlich aneinander und gegen die Gefäßwand. Mit steigender Temperatur nimmt die Bewegung zu. Wenn das zur Verfügung stehende Volumen unverändert bleibt, steigt der Druck, da die Gasteilchen heftiger gegen die Gefäßwand prallen.

Der erzeugte Druck ist von der Stoffart des Gases unabhängig, weil sich Gasteilchen mit geringer Masse, z.B. Wasserstoff H_2, sehr schnell bewegen und Gasteilchen mit größerer Masse, z.B. Sauerstoff O_2, entsprechend langsamer. Da die kinetische Energie der Gasteilchen bei gleicher Temperatur gleich ist, erboxen sie sich folglich das gleiche Volumen.

> Diese Gesetzmäßigkeit ist auch als das **Gesetz von Avogadro** bekannt. Es besagt:
> Gleiche Gasvolumina enthalten bei gleicher Temperatur und gleichem Druck die gleiche Anzahl von Teilchen, unabhängig von der Stoffart des Gases.

Das **molare Volumen** V_m ist ein stoffmengenbezogenes Volumen mit der Einheit L/mol. Es entspricht dem Volumen, das 1 mol eines Gases X einnimmt.

> Molares Volumen $V_m = \frac{V(X)}{n(X)}$

Aus dem Gesetz von Avogadro folgt: Ein Mol eines beliebigen Gases nimmt bei einem bestimmten Druck und einer bestimmten Temperatur, z. B. bei Normbedingungen, ein bestimmtes Volumen ein. Dieses Volumen ist von der *Stoffart* des Gases *unabhängig*.

Die **Normbedingungen NB**, auch als Normzustand NZ bezeichnet, sind mit dem **Normdruck p_n = 1,013 bar** und der **Normtemperatur T_n = 273,15 K** (gerundet 273 K) festgelegt.

Das molare Volumen bei Normbedingungen $V_{m,n}$ beträgt 22,41384 L/mol, abgerundet 22,41 L/mol.

> 1 mol eines idealen Gases nimmt bei Normbedingungen ein Volumen von $V_{m,n}$ = 22,41 L/mol ein.

Das molare Volumen $V_{m,n}$ von 22,41 L/mol gilt nur für ideale Gase. Alle ein- und zweiatomigen Gase, wie z. B. die Edelgase, Wasserstoff, Stickstoff, Sauerstoff, verhalten sich näherungsweise wie ideale Gase. Ferner gilt es näherungsweise für andere weitgehend unpolare Stoffe, wie CH_4, CO, NO, bei hohen Temperaturen und niedrigen Drücken **(Bild 111/1)**.

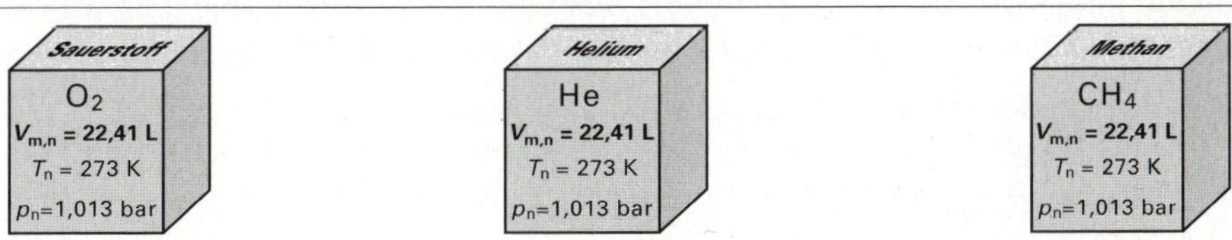

1 mol Sauerstoffgas O_2 enthält $6{,}022 \cdot 10^{23}$ Moleküle und hat die molare Masse 31,99 g/mol

1 mol Heliumgas He enthält $6{,}022 \cdot 10^{23}$ Atome und hat die molare Masse 4,0026 g/mol

1 mol Methangas CH_4 enthält $6{,}022 \cdot 10^{23}$ Moleküle und hat die molare Masse 16,043 g/mol

Bild 111/1: Molares Volumen einiger Gase

Ideale Gase, reale Gase

Bei **idealen** Gasen wird von der Modellvorstellung ausgegangen, dass zwischen den Gasteilchen keine Anziehungskräfte wirken. Für alle in der Natur vorkommenden Gase trifft diese Idealvorstellung nicht zu, sie sind demnach **reale** Gase. Ihr molares Volumen weicht vom exakten Wert $V_{m,n}$ = 22,41383 L/mol mehr oder weniger stark ab. Die Werte betragen z. B. für Sauerstoff $V_{m,n}(O_2)$ = 22,394 L/mol, für Chlor $V_{m,n}(Cl_2)$ = 22,064 L/mol.

In der Regel ist für praktische Berechnungen der gerundete Wert $V_{m,n}$ = 22,41 L/mol hinreichend genau.

4.7.2 Gasportionen bei Normbedingungen

Mit Hilfe der Beziehungen für das molare Volumen V_m und die Stoffmenge n sind Berechnungen zwischen den verschiedenen Quantitäten Stoffmenge n, Masse m und Volumen V von Gasportionen möglich.

$$V_m = \frac{V(X)}{n(X)}$$

$$n(X) = \frac{m(X)}{M(X)}$$

Berechnung des Volumens einer Gasportion

Beispiel 1: Welches Volumen nehmen 3,50 mol Chlorgas Cl_2 bei Normbedingungen ein?

Lösung: $V_{m,n} = \frac{V(Cl_2)}{n(Cl_2)} \Rightarrow \boldsymbol{V(Cl_2)} = V_{m,n} \cdot n(Cl_2) = 22{,}41\,L/mol \cdot 3{,}50\,mol = 78{,}435\,L \approx \mathbf{78{,}4\,L}$

Beispiel 2: Welches Volumen haben 0,80 kg Sauerstoffgas bei Normbedingungen?

Lösung: mit $M(O_2) = 32{,}0\,g/mol$ und $V_{m,n} = 22{,}41\,L/mol$

$V_{m,n} = \frac{V(O_2)}{n(O_2)} \Rightarrow V(O_2) = V_{m,n} \cdot n(O_2)$ mit $n(O_2) = \frac{m(O_2)}{M(O_2)}$ ergibt sich

$\boldsymbol{V(O_2)} = V_{m,n} \cdot \frac{m(O_2)}{M(O_2)} = 22{,}41\,L/mol \cdot \frac{800\,g}{32{,}0\,g/mol} = 560{,}25\,L \approx \mathbf{560\,L}$

Berechnung der Masse einer Gasportion

Beispiel: Welche Masse haben 5000 L Ammoniakgas NH_3 bei Normbedingungen?

Lösung: mit $M(NH_3) = 17{,}03\,g/mol$

$V_{m,n} = \frac{V(NH_3)}{n(NH_3)} \Rightarrow n(NH_3) = \frac{V(NH_3)}{V_{m,n}}$ $\quad n(NH_3) = \frac{m(NH_3)}{M(NH_3)} \Rightarrow m(NH_3) = n(NH_3) \cdot M(NH_3)$

$\boldsymbol{m(NH_3)} = \frac{V(NH_3)}{V_{m,n}} \cdot M(NH_3) = \frac{5000\,L}{22{,}41\,L/mol} \cdot 17{,}03\,g/mol = 3799{,}643\,mol \approx \mathbf{3800\,g}$

Berechnung der Stoffmenge einer Gasportion

Beispiel: Welche Stoffmenge enthalten 2,500 m³ Methangas CH_4 bei Normbedingungen?

Lösung: $V_{m,n} = \frac{V(CH_4)}{n(CH_4)} \Rightarrow \boldsymbol{n(CH_4)} = \frac{V(CH_4)}{V_{m,n}} = \frac{2500\,L}{22{,}41\,L/mol} = 111{,}55734\,mol \approx \mathbf{111{,}6\,mol}$

Aufgaben zu 4.7.2 Gasportionen bei Normbedingungen

1. Berechnen Sie das Volumen folgender Gasportionen bei Normbedingungen.
   a) 2,50 mol Ammoniak NH_3
   b) 76,5 g Methan CH_4
   c) 2,0 mmol Chlor Cl_2
   d) 250 mg Ammoniak NH_3
   e) 5,50 kmol Schwefeldioxid SO_2
   f) 12,5 kg Chlorwasserstoff HCl
2. Welche Massen haben folgende Gasportionen bei Normbedingungen?
   a) 358,5 L Kohlenstoffdioxid CO_2
   b) 250 mL Wasserstoffgas H_2
   c) 2,80 m³ Ethin C_2H_2
   d) 1200 L Stickstoff N_2
3. Eine Gasstahlflasche enthält 550,0 g Chlor im verflüssigten Zustand. Wie viel Liter Gas können bei Normbedingungen entnommen werden, wenn das Flaschenvolumen 5,00 L beträgt?
4. Welche Masse an H_2 verbleibt in einer 20-L-Stahlflasche, wenn sie bei NB „entleert" wird?
5. Wie viele Moleküle Sauerstoff sind in einem Gasbehälter von 500 L bei NB enthalten?
6. Wie viel Kubikmeter Kohlenstoffdioxid CO_2 wurde einer Gasstahlflasche bei Normbedingungen entnommen, wenn vor der Entnahme eine Masse von 34,70 kg und nach der Gasentnahme eine Masse von 32,05 kg festgestellt wurde?
7. Berechnen Sie die Stoffmengen folgender Gasportionen bei Normbedingungen:
   a) 800 L Kohlenstoffmonoxid CO
   b) 250 m³ Ethen C_2H_4
   c) 420 mL Schwefelwasserstoff H_2S
   d) 225 L Monochlormethan CH_3Cl

4.7.3 Gasportionen bei beliebigen Bedingungen

Liegen Gase nicht bei Normbedingungen vor, dann muss der Einfluss von Temperatur und Druck auf das Volumen rechnerisch berücksichtigt werden. Die Umrechnung der Gaszustände kann mit Hilfe der **Zustandsgleichung der Gase** erfolgen. Sie beschreibt quantitativ den Zusammenhang zwischen Volumen, Druck und Temperatur bei idealen Gasen.

Der Index 1 beschreibt den Gaszustand 1, der Index 2 den Gaszustand 2. Mit dem Index n wird der Zustand des Gases bei **Normbedingungen** beschrieben:

p_n = 1,013 bar = 1013 mbar = 1013 hPa (Normdruck)

T_n = 273 K (Normtemperatur, $\Rightarrow \vartheta = 0$ °C)

V_n Volumen des Gases bei Normbedingungen NB

Zustandsgleichung der Gase
$\frac{p_1 \cdot V_1}{T_1} = \frac{p_2 \cdot V_2}{T_2} = \frac{p_n \cdot V_n}{T_n}$

Wird die Zustandsgleichung der Gase auf 1 mol des Gases bezogen, so ergibt sich für alle Gase mit $V_{m,n}$ = 22,41 L/mol für den Term $\frac{p_n \cdot V_n}{T_n}$ eine für alle Gase unveränderliche Größe. Sie wird als molare oder **allgemeine Gaskonstante *R*** bezeichnet.

Rechnerisch ergibt sich für *R* mit den eingesetzten exakten Werten der Norm-Normbedingungen für 1 mol:

$$\boldsymbol{R} = \frac{p_n \cdot V_{m,n}}{T_n} = \frac{1{,}01325 \text{ bar} \cdot 22{,}41383 \text{ L}}{273{,}15 \text{ K} \cdot \text{mol}} = \mathbf{0{,}08314} \; \frac{\textbf{bar} \cdot \textbf{L}}{\textbf{K} \cdot \textbf{mol}}$$

Die Zustandsgleichung der Gase für 1 mol eines idealen Gases lautet dann:

$$R = \frac{p_n \cdot V_{m,n}}{T_n} = \frac{p \cdot V}{T} \Rightarrow p \cdot V = R \cdot T$$

Für eine beliebige Stoffmenge *n* eines idealen Gases gilt: $p \cdot V = n \cdot R \cdot T$

Diese Gleichung besagt, dass das Produkt aus Druck und Volumen eines Gases bei vorgegebener Temperatur nur von der Stoffmenge *n* eines Gases, also von der Anzahl der Gasteilchen, abhängig ist. Die Stoffart des Gases beeinflusst das Produkt nicht.

Durch Einsetzen der Beziehung $n = m/M$ wird die **allgemeine Gasgleichung** erhalten.

Mit Hilfe dieser allgemeinen Gasgleichung sind Berechnungen der Massen, Volumina und molaren Massen von Gasen bei beliebigen Bedingungen möglich.

Allgemeine Gasgleichung
$p \cdot V = n \cdot R \cdot T = \frac{m \cdot R \cdot T}{M}$

Beispiel: Welches Volumen nehmen 120 g Chlorgas bei 25 °C und 980 mbar ein?

Lösung: mit $M(Cl_2)$ = 70,91 g/mol, $m(Cl_2)$ = 120 g, p = 0,980 bar, $T = \vartheta + 273$ = 25 + 273 = 298 K

$$p \cdot V = \frac{m \cdot R \cdot T}{M} \Rightarrow \boldsymbol{V(Cl_2)} = \frac{m \cdot R \cdot T}{p \cdot M} = \frac{120 \text{ g} \cdot 0{,}08314 \frac{\text{bar} \cdot \text{L}}{\text{K} \cdot \text{mol}} \cdot 298 \text{ K}}{0{,}980 \text{ bar} \cdot 70{,}91 \frac{\text{g}}{\text{mol}}} = 42{,}78327 \text{ L} \approx \mathbf{42{,}8 \text{ L}}$$

Aufgaben zu 4.7.3 Gasportionen bei beliebigen Bedingungen

1. Berechnen Sie die Volumen folgender Gasportionen:
   a) 2,13 kg Chlor Cl_2 bei 75 °C und 1,85 bar
   b) 25 mg Propen C_3H_6 bei 120 °C und 2,0 bar
   c) 1,65 t Ethan C_2H_6 bei 52 °C und 5,5 bar
   d) 250 kg Ammoniak NH_3 bei 450 °C und 250 bar
2. Berechnen Sie die Masse folgender Gasportionen:
   a) 50 m³ Stickstoff N_2 bei 150 bar und 55 °C
   b) 500 L Ethen C_2H_4 bei 800 mbar und 15 °C
3. Welche Masse Wasser wurde verdampft, wenn der Dampf bei 110 °C und 1020 mbar ein Volumen von 2,5 m³ einnimmt?
4. Durch Luftverflüssigung und anschließende Rektifikation entstehen 500 kg Sauerstoff. Wie viele Druckflaschen von 20 L können mit einem Fülldruck von 200 bar bei 20 °C damit gefüllt werden?
5. 100 m³ Stickstoff stehen bei – 45 °C unter 3,0 bar Druck. Welches Volumen an flüssigem Stickstoff wird aus dieser Gasportion erhalten? Dichte des verflüssigten Stickstoffs ϱ = 0,812 g/cm³.
6. Wie viel Kubikmeter Wasserstoffgas werden einer Stahlflasche von 40 L Inhalt bei konstanter Temperatur entnommen, wenn der Flaschendruck während der Entnahme von 125 bar auf 82 bar sinkt? Der Umgebungsdruck beträgt 989 mbar.

4.7.4 Bestimmung der molaren Masse

Bei Gasen und leicht verdampfbaren Stoffen lässt sich die molare Masse M nach Methoden ermitteln, die auf der Anwendung der allgemeinen Gasgleichung beruhen.

Das zu bestimmende Gas wird in ein evakuiertes Gefäß mit bekanntem Volumen gefüllt und ausgewogen.

Leicht verdampfbare Flüssigkeiten werden genau eingewogen und in einer geschlossenen Apparatur mit angeschlossenem Volumenmessgefäß (Kolbenprober) verdampft **(Bild 114/1)**.

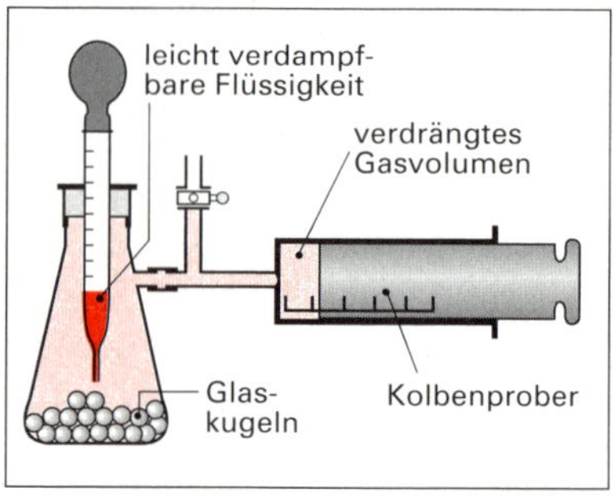

Bild 114/1: Bestimmung der molaren Masse nach Victor Meyer

Aus dem verdrängten Gasvolumen V, der Masse der Gasportion m, der Gastemperatur T und dem Gasdruck p kann seine molare Masse M berechnet werden.

Dazu löst man die allgemeine Gasgleichung nach der molaren Masse M auf.

$$M = \frac{m \cdot R \cdot T}{p \cdot V}$$

Beispiel: 0,230 g einer leicht verdampfbaren Flüssigkeit werden bei 1010 mbar und 18 °C verdampft. Das Gas verdrängt ein Volumen von 120 mL. Welche molare Masse M hat die untersuchte Flüssigkeit?

Lösung: $$\boldsymbol{M} = \frac{m \cdot R \cdot T}{p \cdot V} = \frac{0{,}230\ \text{g} \cdot 0{,}08314\ \frac{\text{bar} \cdot \text{L}}{\text{K} \cdot \text{mol}} \cdot 291\ \text{K}}{1{,}010\ \text{bar} \cdot 0{,}120\ \text{L}} \approx \mathbf{45{,}9\ g/mol}$$

Aufgaben zu 4.7.4 Bestimmung der molaren Masse

1. 0,4411 g eines Kohlenwasserstoffes nehmen im Gaszustand bei 980 mbar und 38 °C ein Volumen von 264 mL ein. Wie groß ist die molare Masse der Probe?
2. 236 mg eines Gases nehmen bei 1127 mbar und 31,0 °C ein Volumen von 304 mL ein. Welche molare Masse hat das Gas?
3. 0,283 g einer organischen Verbindung wurden verdampft. Bei einer Temperatur von 18 °C und einem Druck von 1025 hPa entstand ein Volumen von 95,4 mL. Welcher der folgenden Stoffe wurde untersucht: a) Pentan C_5H_{12} b) Penten C_5H_{10} oder c) Pentin C_5H_8?

4.7.5 Dichte der Gase

Das Volumen der Gase ist stark druck- und temperaturabhängig. Da die Dichte ϱ das Verhältnis von Masse zum Volumen ist, muss ein Gas nach dem Komprimieren wegen des geringen Volumens und der größeren Zahl von Gasmolekülen pro Volumeneinheit eine höhere Dichte aufweisen.

Daraus folgt: Die Dichte ϱ ist bei gleichbleibender Temperatur dem Druck *direkt* und dem Volumen *umgekehrt* proportional:

$$\frac{\varrho_n}{\varrho_1} = \frac{p_n}{p_1} = \frac{V_1}{V_n}$$

In der Gleichung wird mit ϱ_n die Dichte und mit V_n das Volumen bei Normdruck p_n und Normtemperatur T_n angegeben. ϱ_1 ist die Dichte und V_1 das Volumen beim Druck p_1.

Verknüpft mit der Zustandsgleichung der Gase $\frac{p_n \cdot V_n}{T_n} = \frac{p_1 \cdot V_1}{T_1}$ ergibt sich: $\frac{\varrho_1}{\varrho_n} = \frac{p_1}{p_n} \cdot \frac{T_n}{T_1} \Rightarrow$

$$\varrho_1 = \frac{p_1 \cdot \varrho_n \cdot T_n}{p_n \cdot T_1}$$

Die Dichte fester und flüssiger Stoffe wird in g/cm³ oder g/mL angegeben. Mit dieser Einheit würden Gase sehr niedrige Dichten erhalten, z.B. für Luft bei Normbedingungen ϱ = 0,001293 g/cm³. Daher wird die Dichte der Gase, die stets auf Normbedingungen bezogen wird, in g/L oder kg/m³ angegeben, z.B. ϱ (Luft) = 1,293 g/L.

Beispiel: Welche Dichte hat Kohlenstoffdioxid CO_2 bei 22,0 °C und 985 mbar?
Die Dichte bei Normbedingungen beträgt $\varrho(CO_2)$ = 1,9769 g/L

Lösung: $$\boldsymbol{\varrho_1} = \frac{p_1 \cdot \varrho_n \cdot T_n}{p_n \cdot T_1} = \frac{985\ \text{mbar} \cdot 1{,}9769\ \text{g/L} \cdot 273\ \text{K}}{1013\ \text{mbar} \cdot 295\ \text{K}} = 1{,}7789024\ \text{g/L} \approx \mathbf{1{,}78\ g/L}$$

Gasdichte und molare Masse

Nach dem Gesetz von Avogadro enthalten gleiche Volumina aller Gase unter gleichen Bedingungen die gleiche Anzahl von Teilchen. Sind M_1 und M_2 die molaren Massen zweier Gase, die beide im gleichen Volumen unter gleichen Bedingungen n mol Teilchen enthalten, dann sind die Massen beider Gase $n \cdot M_1$ und $n \cdot M_2$. Die Massen beider Gase können aus ihrem Volumen V (für beide gleich) und den Dichten zu $V \cdot \varrho_1$ und $V \cdot \varrho_2$ berechnet werden.

Daher ist: $n \cdot M_1 = V \cdot \varrho_1$ und: $n \cdot M_2 = V \cdot \varrho_2$

Durch Gleichsetzen und Kürzen erhält man eine Größengleichung zwischen den molaren Massen und den Dichten zweier Gase.

Sie besagt: Die molaren Massen zweier Gase verhalten sich wie ihre Dichten.

$$\frac{M_1}{M_2} = \frac{\varrho_1}{\varrho_2}$$

Beispiel: Berechnen Sie die scheinbare molare Masse von Luft, wenn ihre Dichte $\varrho = 1{,}293$ g/L beträgt. $\varrho_n(O_2) = 1{,}429$ g/L

Lösung: $$\frac{M(\text{Luft})}{M(O_2)} = \frac{\varrho(\text{Luft})}{\varrho(O_2)} \Rightarrow \boldsymbol{M}\,\textbf{(Luft)} = \frac{\varrho(\text{Luft}) \cdot M(O_2)}{\varrho(O_2)} = \frac{1{,}293\ \text{g/L} \cdot 31{,}99\ \frac{\text{g}}{\text{mol}}}{1{,}429\ \text{g/L}} = 28{,}9454\ \frac{\text{g}}{\text{mol}} \approx \mathbf{28{,}95\ \frac{g}{mol}}$$

Aufgaben zu 4.7.5 Dichte der Gase

1. Berechnen Sie die Dichten folgender Gase bei Normbedingungen.
   a) Kohlenstoffdioxid CO_2 b) Methan CH_4 c) Schwefelwasserstoff H_2S d) Ethen C_2H_4
2. Berechnen Sie die Dichte von Schwefeldioxid SO_2 bei 12 °C und 957 mbar. Die Dichte bei Normbedingungen beträgt $\varrho(SO_2) = 2{,}9263$ g/L.
3. Berechnen Sie die Dichte von Luft bei 25 °C und 995,5 mbar, wenn die Dichte bei Normbedingungen $\varrho(\text{Luft}) = 1{,}293$ g/L beträgt.

Gemischte Aufgaben zu 4.7 Volumen von Gasportionen

1. Welche Masse haben 6,30 m^3 Kohlenstoffdioxid von 1,3 bar und 22 °C?
2. Berechnen Sie das Volumen von 2,50 t Chlorgas unter 5,50 bar und 135 °C.
3. Ein zylindrischer Behälter von 2,5 m Durchmesser und 6,4 m Höhe ist mit Propen C_3H_6 von 32 °C unter einem Druck von 25 bar gefüllt. Welche Masse an Propen enthält der Behälter?
4. Welche Masse haben 150 m^3 Sauerstoff bei Normbedingungen?
5. Das Synthesegas bei der Ammoniak-Synthese wird von 1,0 bar und 15 °C auf 350 bar komprimiert und auf 450 °C erwärmt. Um wie viel Prozent ändert sich das Volumen gegenüber dem Ausgangsvolumen?
6. Ein Kompressor saugt Gas unter 1,25 bar und mit 27 °C an. Er kann pro Stunde 10 000 m^3 Gas verdichten. Welches Volumen an verdichtetem Gas gibt der Kompressor pro Stunde ab, wenn es auf 50,0 bar verdichtet wird und sich auf 47 °C erwärmt?
7. Welche Masse Ethin C_2H_2 enthält eine Stahlflasche von 40 Liter Inhalt bei 20 °C und 6,5 bar?
8. Einer 50-Liter-Gasstahlflasche mit Wasserstoff unter 180 bar werden bei 1025 mbar Umgebungsdruck bei konstanter Temperatur 2,25 m^3 Gas entnommen. Welchen Druck zeigt das Flaschenmanometer nach der Entnahme?
9. 1500 m^3 Chlorgas bei Normbedingungen werden verflüssigt.
   a) Wie viel m^3 flüssiges Chlor der Dichte $\varrho = 1{,}5705\ \text{g/cm}^3$ entstehen aus der Gasportion?
   b) Welche Volumenabnahme in Prozent tritt bei der Verflüssigung ein?
10. Eine Stahlflasche von 20 Liter Inhalt enthält bei 28 °C 2,25 kg Sauerstoff. Welchen Druck zeigt das Flaschenmanometer an?
11. Welche Dichten haben: a) Sauerstoff bei 20 °C unter 1000 mbar b) Chlor bei 80 °C und 5,0 bar
    c) Kohlenstoffmonoxid bei NB d) Propen C_3H_6 bei 25 bar und 450 °C?

4.8 Empirische Formel und Summenformel

Um die chemische Zusammensetzung einer unbekannten Verbindung eindeutig zu bestimmen, sind mehrere experimentelle Schritte und, mit den gewonnenen Daten, Berechnungen erforderlich:

- Durch **qualitative Analyse** werden die vorhandenen Atomarten (Elemente) ermittelt.
- Durch **quantitative Analyse** (auch Elementaranalyse genannt) werden die Massen und die Massenanteile der beteiligten Atomarten bestimmt.
- Durch ein Experiment **(Seite 114)** und anschließendes Berechnen wird die **molare Masse** ermittelt.
- Durch **Strukturaufklärung** werden, insbesondere bei organischen Verbindungen, funktionelle Gruppen identifiziert.

Empirische Formel

Die empirische Formel stellt die einfachste Formel einer chemischen Verbindung dar. In ihr wird nur das Verhältnis der einzelnen Atome in kleinstmöglichen Zahlen zum Ausdruck gebracht. Dieses Atomverhältnis entspricht dem Verhältnis der Stoffmengen der Elemente in der Verbindung.

Beispiele für empirische Formeln: C_1H_3 $Fe_1O_{1,5}$ $Na_1S_1O_{1,5}$ $Pb_1O_{1,333}$

Summenformel

In der Summenformel ist dagegen die tatsächliche, ganzzahlige Anzahl der einzelnen Atome angegeben, die in der Verbindung enthalten sind. Die Summenformel ist gleich oder ein ganzzahliges Vielfaches der empirischen Formel. Zur Ermittlung der Summenformel muss die molare Masse der betreffenden Verbindung bestimmt werden.

Beispiele für Summenformeln: C_2H_6 Fe_2O_3 $Na_2S_2O_3$ Pb_3O_4

4.8.1 Berechnung der empirischen Formel einer Verbindung

Aus den durch die quantitative Analyse ermittelten Massen oder Massenanteilen der Atomarten einer Verbindung kann das Stoffmengenverhältnis berechnet und daraus die empirische Formel ermittelt werden. Der Rechengang entspricht einer Umkehrung der Berechnung des Massenanteils $w(X)$ der Elemente **(Seite 108)**. Er wird im Folgenden an konkreten Beispielen erläutert:

Beispiel 1: Durch Elementaranalyse einer Kohlenwasserstoff-Verbindung wurden die Massenanteile $w(C) = 74{,}87\,\%$ und $w(H) = 25{,}13\,\%$ bestimmt. Welche empirische Formel hat die Verbindung?

Lösung: Molare Massen: $M(C) = 12{,}011$ g/mol, $M(H) = 1{,}008$ g/mol.

Man geht von 100 g der Verbindung aus. Die Massenanteile in Prozent ergeben dann direkt die Massen der Elemente in Gramm: In 100 g Probe sind 74,87 g C und 25,13 g H enthalten.

$$n(C) = \frac{m(C)}{M(C)} = \frac{74{,}87\text{ g}}{12{,}011\text{ g/mol}} = 6{,}233\text{ mol} \qquad n(H) = \frac{m(H)}{M(H)} = \frac{25{,}13\text{ g}}{1{,}008\text{ g/mol}} = 24{,}931\text{ mol}$$

Um das kleinstmögliche Verhältnis der Stoffmengen zu erhalten, wird durch die kleinste der berechneten Zahlen dividiert (= 6,233).

6,233 mol C : 6,233 = 1 mol C
24,931 mol H : 6,233 = 4 mol H

$\Rightarrow$ Die Verbindung hat die empirische Formel: $\mathbf{C_1H_4}$

Beispiel 2: Die Elementaranalyse einer organischen Verbindung aus C, H und O ergibt bei 0,113 g Einwaage an Probesubstanz 0,0770 g C und 0,01334 g H. Sauerstoff wird nicht quantitativ bestimmt. Berechnen Sie die empirische Formel der Verbindung.

Lösung: Molare Massen: $M(C) = 12{,}011$ g/mol, $M(H) = 1{,}008$ g/mol, $M(O) = 16{,}00$ g/mol.

Die experimentell nicht bestimmte Masse Sauerstoff ergibt sich als Differenz:

$$m(O) = m(\text{Substanz}) - (m(C) + m(H)) = 0{,}113\text{ g} - (0{,}0770\text{ g} + 0{,}01334\text{ g}) = 0{,}02096\text{ g}$$

Aus den Massen $m(C)$, $m(H)$ und $m(O)$ können die Massenanteile $w(C)$, $w(H)$ und $w(O)$ berechnet werden. Der weitere Lösungsweg ergibt sich wie in Beispiel 1. Das Stoffmengenverhältnis kann aber auch direkt aus den Massen der Elementaranalyse berechnet werden:

$$n(C) = \frac{m(C)}{M(C)} = \frac{0{,}0770\ g}{12{,}011\ g/mol} = 0{,}00641\ mol \qquad n(H) = \frac{m(H)}{M(H)} = \frac{0{,}01334\ g}{1{,}008\ g/mol} = 0{,}01323\ mol$$

$$n(O) = \frac{m(O)}{M(O)} = \frac{0{,}02096\ g}{16{,}00\ g/mol} = 0{,}00131\ mol$$

Division der Stoffmengen durch die kleinste berechnete Zahl (= 0,00131) ergibt:

0,00641 mol C : 0,00131 = 4,893 mol C ≈ 5 mol C
0,01323 mol H : 0,00131 = 10,099 mol H ≈ 10 mol H
0,00131 mol O : 0,00131 = 1 mol O

Die empirische Formel lautet **$C_5H_{10}O_1$**

Aufgaben zu 4.8.1 Empirische Formel einer Verbindung

1. Welche empirische Formel haben die Verbindungen mit folgenden Zusammensetzungen:
   a) $w(K) = 28{,}22\,\%$, $w(Cl) = 25{,}59\,\%$ und $w(O) = 46{,}19\,\%$
   b) $w(Na) = 32{,}86\,\%$, $w(Al) = 12{,}85\,\%$ und $w(F) = 54{,}29\,\%$
   c) $w(Fe) = 36{,}67\,\%$, $w(S) = 21{,}11\,\%$ und $w(O) = 42{,}13\,\%$
   d) $w(C) = 52{,}13\,\%$, $w(H) = 13{,}13\,\%$ und $w(O) = 34{,}74\,\%$
   e) $w(H_2O) = 50{,}01\,\%$, $w(S) = 12{,}69\,\%$, $w(O) = 19{,}04\,\%$ und $w(Na) = 18{,}25\,\%$
   f) $m(Cu) = 2{,}385$ g, $m(O) = 0{,}300$ g
   g) $m(Pb) = 1{,}7385$ g, $m(Cr) = 0{,}4363$ g, $m(O) = 0{,}5370$ g
   h) $w(K) = 7{,}83\,\%$, $w(Cr) = 10{,}41\,\%$, $w(SO_4^{2-}) = 38{,}47\,\%$ und $w(H_2O) = 43{,}29\,\%$ Kristallwasser

4.8.2 Berechnung der Summenformel

Um aus der empirischen Formel (dem kleinstmöglichen Stoffmengenverhältnis der beteiligten Atomarten) die Summenformel zu berechnen, muss die molare Masse der untersuchten Substanz experimentell bestimmt werden.

Für Gase und leicht verdampfbare Flüssigkeiten kann die Bestimmung nach dem Prinzip von Avogadro durchgeführt werden (Seite 114).

Für feste Stoffe können Methoden herangezogen werden, welche auf der Erhöhung des Siedepunktes (Kryoskopie) oder der Senkung des Erstarrungspunktes (Ebullioskopie) eines reinen Lösemittels nach Lösen einer bestimmten Stoffportion der Probesubstanz beruhen.

Die Ermittlung der Summenformel wird im Folgenden an konkreten Beispielen erläutert:

Beispiel 1: Bei der Verbindung in Beispiel 1 von Seite 116 wurde eine molare Masse von $M(exp) = 16{,}04$ g/mol bestimmt, die empirische Formel lautete C_1H_4. Welche Summenformel hat die Verbindung?

Lösung: Aus der empirischen Formel kann ihre molare Masse $M(emp)$ ermittelt werden:

$M(emp) = 1 \cdot M(C) + 4 \cdot M(H) = 16{,}04$ g/mol

Der Erweiterungsfaktor berechnet sich nach: $F = \frac{M(exp)}{M(emp)} = \frac{16{,}04\ g/mol}{16{,}04\ g/mol} = 1$

Die Summenformel entspricht damit der empirischen Formel: **C_1H_4**

Beispiel 2: Bei der Verbindung in Beispiel 2 von Seite 116 wurde eine molare Masse von $M(exp) = 172{,}3$ g/mol bestimmt, die empirische Formel lautete $C_5H_{10}O_1$. Welche Summenformel hat die Verbindung?

Lösung: Aus der empirischen Formel kann ihre molare Masse $M(emp)$ ermittelt werden:

$M(emp) = 5 \cdot M(C) + 10 \cdot M(H) + 1 \cdot M(O) = 86{,}14$ g/mol

Der Erweiterungsfaktor berechnet sich nach: $F = \frac{M(exp)}{M(emp)} = \frac{172{,}3\ g/mol}{86{,}14\ g/mol} \approx 2$

Die empirische Formel $C_5H_{10}O_1$ muss mit dem Faktor 2 erweitert werden: Die Summenformel lautet **$C_{10}H_{20}O_2$**

Bei bekannten Massenanteilen der Elemente und molarer Masse der unbekannten Verbindung kann das Stoffmengenverhältnis in der Summenformel ohne den Umweg über die empirische Formel berechnet werden:

Beispiel: Durch Analyse einer Verbindung wurden die Massenanteile $w(\text{Na}) = 19{,}31\,\%$, $w(\text{S}) = 26{,}93\,\%$ und $w(\text{O}) = 53{,}76\,\%$ ermittelt. Die Bestimmung der molaren Masse ergab $M(\text{exp}) = 238{,}1$ g/mol. Welche Summenformel hat die Verbindung?

Lösung: Molare Massen $M(\text{Na}) = 22{,}99$ g/mol, $M(\text{S}) = 32{,}07$ g/mol, $M(\text{O}) = 16{,}00$ g/mol.
mit $w(\text{Na}) = 0{,}1931$, $w(\text{S}) = 0{,}2693$ und $w(\text{O}) = 0{,}5376$ ergibt sich das Stoffmengenverhältnis:

$$\chi(\text{Na}) = \frac{w(\text{Na}) \cdot M(\text{exp})}{M(\text{Na})} = \frac{0{,}1931 \cdot 238{,}1\,\text{g/mol}}{22{,}99\,\text{g/mol}} = 1{,}999 \approx 2$$

$$\chi(\text{S}) = \frac{w(\text{S}) \cdot M(\text{exp})}{M(\text{S})} = \frac{0{,}2693 \cdot 238{,}1\,\text{g/mol}}{32{,}07\,\text{g/mol}} = 1{,}999 \approx 2$$

$$\chi(\text{O}) = \frac{w(\text{O}) \cdot M(\text{exp})}{M(\text{O})} = \frac{0{,}5376 \cdot 238{,}1\,\text{g/mol}}{16{,}00\,\text{g/mol}} = 8$$

Die Summenformel lautet: $\mathbf{Na_2S_2O_8}$

Aufgaben zu 4.8.2 Berechnung der Summenformel

1. Welche Summenformeln haben die Verbindungen mit folgender Zusammensetzung:
   a) $w(\text{Ca}) = 38{,}70\,\%$, $w(\text{P}) = 20{,}00\,\%$ und $w(\text{O}) = 41{,}30\,\%$ $M = 310{,}2$ g/mol
   b) $w(\text{C}) = 39{,}99\,\%$, $w(\text{H}) = 6{,}72\,\%$ und $w(\text{O}) = 53{,}30\,\%$ $M = 60{,}02$ g/mol
2. Bei der Analyse einer organischen Verbindung wurden $w(\text{C}) = 55{,}98\,\%$, $w(\text{H}) = 8{,}05\,\%$ und Sauerstoff gefunden. Wie lautet die empirische Formel der Verbindung, welche einfachste Summenformel ergibt sich daraus?
3. Bei der Analyse von 2,500 g einer organischen Verbindung aus C, H und O ergab sich die folgende Zusammensetzung: $m(\text{C}) = 1{,}3628$ g, $m(\text{H}) = 0{,}229$ g, Rest Sauerstoff.
   Bei der Bestimmung der molaren Masse nahmen 0,8617 g Probesubstanz bei 103 °C und 1,245 bar ein Volumen von 245,5 mL ein. Berechnen Sie die Summenformel der untersuchten Verbindung.

4.8.3 Ermittlung der Summenformel mit der Elementaranalyse

Die Elementaranalyse ist eine quantitative Bestimmung der Elemente in einer organischen Verbindung. Aus den für die Elemente der Verbindung getrennt durchgeführten Analysen werden die Massen und daraus die Massenanteile der Elemente erhalten.

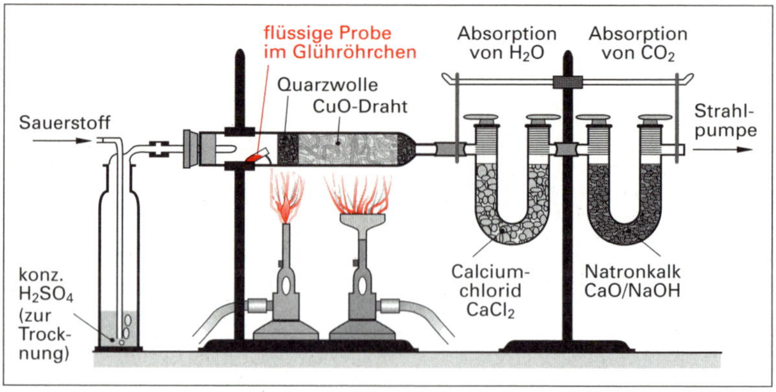

Bild 118/1: Quantitative Elementaranalyse einer organischen Flüssigkeit

Organische Verbindungen, die aus C, H und O bestehen, können z. B. im Laborversuch in einem Verbrennungsrohr durch Kupfer(II)-oxid CuO oxidiert werden **(Bild 118/1)**. Es entstehen Kohlenstoffdioxid CO_2 und Wasser H_2O.

Das Kohlenstoffdioxidgas CO_2 wird in Natronkalk, der Wasserdampf H_2O von Magnesiumperchlorat oder Calciumchlorid absorbiert.

Die Bestimmung der Massen erfolgt durch Differenzwägung der Absorptionsrohre. Aus den ermittelten Massen an CO_2 und H_2O können die in der analysierten Verbindung vorliegenden Massen an C, H und O berechnet werden. Daraus werden dann die empirische Formel und die Summenformel ermittelt.

Beispiel: In einer organischen Flüssigkeit wurden die Elemente C, H und O nachgewiesen. Bei der Bestimmung der molaren Masse nach Victor Meyer (Seite 114) verdrängten 0,347 g Probesubstanz bei 25 °C und 1,024 bar ein Volumen von 182 mL. Die Elementaranalyse erbrachte folgende **Wägeergebnisse**:

Einwaage Probesubstanz:	3,403 g		
Einwaage $CaCl_2$-Absorptionsrohr:	56,278 g	Einwaage Natronkalk-Absorptionsrohr:	44,372 g
Auswaage $CaCl_2$-Absorptionsrohr:	60,274 g	Auswaage Natronkalk-Absorptionsrohr:	50,884 g

Berechnen Sie die Summenformel der Verbindung.

Lösung: Berechnung der in der Probe enthaltenen Masse C aus dem gebildeten Kohlendioxid CO_2:

Masse CO_2: $m(CO_2) = 50{,}884\text{ g} - 44{,}372\text{ g} = 6{,}512\text{ g}$

Masse C: 44,010 g CO_2 enthalten 12,011 g C
6,512 g CO_2 enthalten x g C

$$x = \frac{12{,}011\text{ g} \cdot 6{,}512\text{ g}}{44{,}010\text{ g}} = 1{,}777\text{ g C}$$

Masse H_2O: $m(H_2O) = 60{,}274\text{ g} - 56{,}278\text{ g} = 3{,}996\text{ g}$

Masse H: 18,016 g H_2O enthalten 2,016 g H
3,996 g H_2O enthalten y g H

$$y = \frac{2{,}016\text{ g} \cdot 3{,}996\text{ g}}{18{,}016\text{ g}} = 0{,}447\text{ g H}$$

Die Masse des nicht quantitativ bestimmten Sauerstoffs ergibt sich als Differenz:
$m(O) = m(\text{Probe}) - (m(C) + m(H)) = 1{,}179\text{ g}$

Berechnung der molaren Masse:

$$M(\text{exp}) = \frac{m \cdot R \cdot T}{p \cdot V} = \frac{0{,}347\text{ g} \cdot 0{,}08314\,\frac{\text{bar} \cdot \text{L}}{\text{mol} \cdot \text{K}} \cdot 298\text{ K}}{1{,}024\text{ bar} \cdot 0{,}182\text{ L}} = 46{,}130\text{ g/mol}$$

Berechnung des Stoffmengenverhältnisses:

$$n(C) = \frac{1{,}777\text{ g}}{12{,}011\text{ g/mol}} = 0{,}148\text{ mol},\quad n(H) = \frac{0{,}447\text{ g}}{1{,}008\text{ g/mol}} = 0{,}443\text{ mol},\quad n(O) = \frac{1{,}179\text{ g}}{16{,}00\text{ g/mol}} = 0{,}047\text{ mol}$$

Berechnung der empirischen Formel:

0,148 mol C : 0,047 = 2 mol
0,443 mol H : 0,047 = 5,986 mol ≈ 6 mol
0,047 mol O : 0,047 = 1 mol

Empirische Formel: $C_2H_6O_1$

Ermittlung des Erweiterungsfaktors:

$$F = \frac{M(\text{exp})}{M(\text{emp})} = \frac{46{,}13\text{ g/mol}}{46{,}07\text{ g/mol}} \approx 1$$

Die Summenformel ist identisch mit der empirischen Formel: $\mathbf{C_2H_6O_1}$

Aufgaben zu 4.8.3 Ermittlung der Summenformel mit der Elementaranalyse

1. Die Elementaranalyse einer organischen Verbindung ergab aus 132,5 mg Probesubstanz 312 mg Kohlenstoffdioxid CO_2 und 85,2 mg Wasser H_2O, Sauerstoff wurde nur qualitativ nachgewiesen. Die molare Masse wurde zu M = 112,1 g/mol bestimmt. Welche Summenformel hat die Verbindung?
2. Die Elementaranalyse einer aus Kohlenstoff, Wasserstoff und Schwefel bestehenden Verbindung ergab aus 150 mg Probesubstanz 137,5 g Kohlenstoffdioxid, 112,5 mg Wasser und 306,2 mg Schwefelsäure H_2SO_4. Für die Bestimmung der molaren Masse wurden 150 mg Substanz vollständig verdampft und ergaben bei 18 °C und 990 mbar ein Volumen von 76,4 mL. Welche Summenformel hat die Verbindung?

Gemischte Aufgaben zu 4.8 Empirische Formel, Summenformel

1. Die Analyse einer Substanz ergibt folgende Daten: $w(H)$ = 5,15 %, $w(C)$ = 61,29 %, $w(N)$ = 10,22 % und $w(O)$ = 23,34 %. Ermitteln Sie aus den Versuchsdaten die empirische Formel der Verbindung.
2. 100 mg einer Verbindung aus Kohlenstoff, Wasserstoff und Sauerstoff ergeben bei der Oxidation 238 mg Kohlenstoffdioxid und 122 mg Wasser. Bei der Bestimmung der molaren Masse entsteht aus 150 mg Substanz bei 935 mbar und 20 °C ein Volumen von 52,8 mL. Berechnen Sie die empirische Formel und die Summenformel der untersuchten Substanz.
3. Eine organische Verbindung enthält die Elemente Kohlenstoff, Wasserstoff und Schwefel. 200 mg der Verbindung ergeben nach Oxidation bei 24 °C und 1032 mbar ein Volumen von 154 mL Kohlenstoffdioxid, 76,9 mL Schwefeldioxid sowie 174 mg Wasser. Bei der Bestimmung der molaren Masse nehmen 150,0 mg der Verbindung bei 18 °C und 990 mbar ein Volumen von 59 mL ein. Berechnen Sie die Summenformel der Verbindung.

4.9 Rechnen mit Reaktionsgleichungen

4.9.1 Reaktionsgleichungen

Chemische Reaktionen werden nach DIN 32642 durch Reaktionsgleichungen beschrieben. Sie stellen das Reaktionsgeschehen kurz und übersichtlich in Form von Formeln und Symbolen dar **(Bild 120/1)**.

$$\underbrace{A + B}_{\text{Edukte}} \xrightarrow[\text{Temperatur}]{\text{Druck}} \underbrace{C + D}_{\text{Produkte}}$$

Bild 120/1: Grundform einer chemischen Reaktionsgleichung

In Reaktionsgleichungen erscheinen auf beiden Seiten die gleichen Atome in gleicher Anzahl, aber in unterschiedlicher Gruppierung.

Die Reaktionsgleichung enthält auf der linken Seite die Ausgangsstoffe (Edukte) und auf der rechten Seite die Endstoffe (Produkte). Der Reaktionspfeil gibt die Richtung der Reaktion an.

Bei Gleichgewichtsreaktionen verwendet man einen Doppelpfeil **(Bild 120/2)**. Es sind meist Reaktionen in wässriger Lösung oder in der Gasphase, die in Abhängigkeit von den Reaktionsbedingungen sowohl von links nach rechts als auch von rechts nach links verlaufen können.

Über bzw. unter dem Reaktionspfeil werden die zur Durchführung der Reaktion erforderlichen Reaktionsbedingungen (Druck, Temperatur, Lösemittel, Katalysator) angegeben. Hinter der Reaktionsgleichung können, durch einen senkrechten Strich abgetrennt, Angaben zur Energieänderung erfolgen (Bild 120/2).

Bei Gleichgewichtsreaktionen liegen Produkte und nicht umgesetzte Edukte nebeneinander vor.

$$N_2 + 3\,H_2 \underset{400\ °C,\ 300\ bar}{\overset{Fe}{\rightleftharpoons}} 2\,NH_3 \mid \Delta H_R = -92\ kJ$$

Eisenkatalysierte Gleichgewichtsreaktion, die bei einer Temperatur von 400 °C und einem Druck von 300 bar abläuft. Pro Formelumsatz, d.h. bezogen auf die Bildung von 2 mol NH_3, werden 92 kJ Wärmeenergie freigesetzt.

$$NH_3 + H_2O \rightleftharpoons NH_4^+ + OH^-$$

Das Gleichgewicht der Reaktion liegt auf der Seite der Edukte.

$$CaCO_3 + 2\,NaCl \not\longrightarrow Na_2CO_3 + CaCl_2$$

Es erfolgt keine Reaktion im Sinne der Reaktionsgleichung.

Bild 120/2: Bedeutung von Reaktionspfeilen in Reaktionsgleichungen

Unterschiedlich lange Reaktionspfeile kennzeichnen die Lage des Gleichgewichts.

Läuft eine chemische Reaktion nicht im Sinne der Reaktionsgleichung ab, so streicht man den Reaktionspfeil durch.

4.9.2 Symbole, Formeln und Ziffern in Reaktionsgleichungen

In Reaktionsgleichungen verwendet man eine Kurzschreibweise mit Symbolen, Formeln, Zahlen und Abkürzungen.

Die **Formeln** setzen sich aus den verschiedenen **Symbolen** der Atome zusammen **(Bild 120/3)**.

Nach dem Symbol tiefgestellte Zahlen, die **Indizes**, geben die Zahl der in der Stoffart gebundenen Atome wieder. Beträgt der Index 1, so wird er nicht geschrieben.

Beispiel: Das Symbol NH_3 bedeutet ein Molekül Ammoniak, bestehend aus einem Atom Stickstoff und drei Atomen Wasserstoff.

Zahlen vor den Symbolen oder Formeln, die **Koeffizienten**, geben die Anzahl der Atome, Moleküle oder Formeleinheiten an. Der Koeffizient 1 wird nicht geschrieben.

Beispiel:
Cl_2 : 1 Molekül Chlor Cl_2
4 Na : 4 Atome Natrium Na
3 $CaCO_3$: 3 Formeleinheiten Calciumcarbonat $CaCO_3$

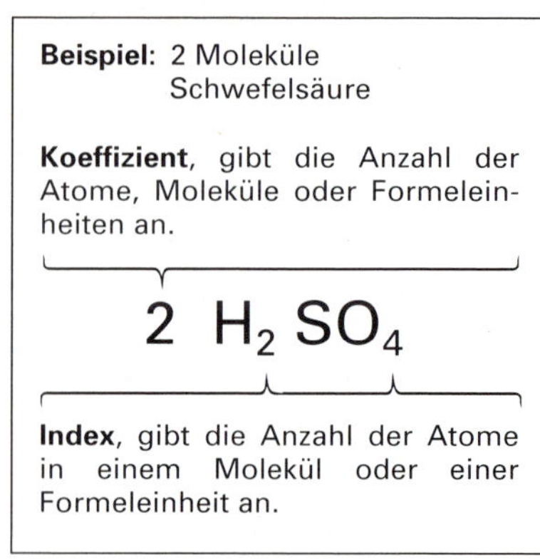

Bild 120/3: Bedeutung von Index und Koeffizient in chemischen Formeln und Reaktionsgleichungen

In der Chemie laufen chemische Reaktionen häufig in wässriger Lösung ab. Bei diesen Ionenreaktionen werden die Teilchen, die in Wasser als Ionen vorliegen, in Ionenform geschrieben. Überwiegend undissoziierte Teilchen, z. B. schwer lösliche Salze, werden nicht in Ionenform geschrieben **(Bild 121/1)**.

Beispiele:

Na_2CO_3 bedeutet eine Formeleinheit Natriumcarbonat (Soda) bestehend aus zwei Natrium-Ionen Na^+ und einem Carbonat-Ion CO_3^{2-}.

$CaCl_2$ bedeutet eine Formeleinheit Calciumchlorid bestehend aus einem Calcium-Ion Ca^{2+} und zwei Chlorid-Ionen Cl^-.

Um den Aggregatzustand der reagierenden Stoffe in Reaktionsgleichungen eindeutig zu kennzeichnen, werden Kurzzeichen als Index in Klammern hinter die Formel gesetzt **(Bild 121/2)**. Als Abkürzung dienen die Anfangsbuchstaben der entsprechenden englischen Worte:

(s) fest (solid)
(l) flüssig (liquid)
(g) gasig (gaseous)

Soll in der Reaktionsgleichung zum Ausdruck kommen, dass die Ionen hydratisiert sind, so wird der Index (aq) (von lateinisch: aqua = Wasser) verwendet.

$$Na_2CO_3 \xrightarrow{H_2O} 2\,Na^+ + CO_3^{2-}$$

$$CaCl_2 \xrightarrow{H_2O} Ca^{2+} + 2\,Cl^-$$

$$H_2SO_4 + H_2O \longrightarrow H_3O^+ + HSO_4^-$$

$$Ba^{2+} + 2\,Cl^- + 2\,Na^+ + SO_4^{2-} \longrightarrow$$
$$\longrightarrow BaSO_4 + 2\,Na^+ + 2\,Cl^-$$

Bild 121/1: Reaktionsgleichungen in Ionenschreibweise

$$NH_{3(g)} + HCl_{(g)} \longrightarrow NH_4Cl_{(s)}$$

$$Ba^{2+}_{(aq)} + SO^{2-}_{4\,(aq)} \longrightarrow BaSO_{4(s)}$$

$$2\,HgO_{(s)} \longrightarrow 2\,Hg_{(l)} + O_{2(g)}$$

$$HCl_{(g)} + H_2O_{(l)} \longrightarrow H_3O^+_{(aq)} + Cl^-_{(aq)}$$

Bild 121/2: Reaktionsgleichungen unter Berücksichtigung von Aggregatzuständen und Hydratationsvorgängen

Aufgaben zu 4.9.2 Symbole, Formeln und Zahlen in Reaktionsgleichungen

1. Geben Sie die Bedeutung der folgenden Symbole und Formeln an und nennen Sie den Aggregatzustand (Bezug: p = 1013 mbar, ϑ = 20 °C) der Stoffe, die keine Ionen sind: $2\,Br_2$, $4\,Hg$, $2\,NH_4^+$, CH_4, $2\,HNO_3$, $BaSO_4$, HCO_3^-, $Ca(OH)_2$, C_6H_6, $2\,Zn$, $2\,Fe^{3+}$, $3\,KF$, CO, $2\,AlCl_3$, NO_3^-, $4\,CaO$, $3\,Ar$, N_2, SO_3, $4\,Cu^+$, Al_2O_3, $2\,H_2S$, $NaOH$, O_2, $2\,CN^-$, $2\,PCl_3$.
2. Durch welche Symbole oder Formeln werden die folgenden Teilchen beschrieben?
   a) zwei Moleküle Phosphortrichlorid
   b) zwei Cyanid-Ionen
   c) ein Molekül Sauerstoff
   d) eine Formeleinheit Natriumhydroxid
   e) zwei Moleküle Schwefelwasserstoff
   f) eine Formeleinheit Aluminiumhydroxid
   g) vier einfach geladene Kupfer-Ionen
   h) ein Molekül Schwefel(VI)-oxid
   i) ein Molekül Stickstoff
   j) drei Atome Argon
   k) vier Formeleinheiten Calciumoxid
   l) ein Nitrat-Ion
   m) zwei Formeleinheiten Aluminiumchlorid
   n) ein Molekül Kohlenstoffmonoxid
   o) drei Formeleinheiten Kaliumfluorid
   p) zwei dreifach geladene Eisen-Ionen
   q) zwei Atome Zink
   r) ein Molekül Benzol
   s) eine Formeleinheit Calciumhydroxid
   t) ein Hydrogencarbonat-Ion
   u) eine Formeleinheit Bariumsulfat
   v) zwei Moleküle Stickstoff(V)-säure
   w) ein Molekül Methan
   x) zwei Ammonium-Ionen
   y) vier Atome Quecksilber
   z) zwei Moleküle Brom
3. Beschreiben Sie die Zusammensetzung folgender Formeleinheiten bzw. Moleküle und Ionen: $KMnO_4$, SF_6, HS^-, $Pb(NO_3)_2$, P_4, $Al_2(SO_4)_3$, C_2H_5OH, $Ca(HCO_3)_2$, $(NH_4)H_2PO_4$, CH_3Cl, $Na_2S_2O_3$, S_8, SiO_2, HCO_3^-, $H_2PO_4^-$.

4.9.3 Aufstellen von Reaktionsgleichungen

Dem Aufstellen von Reaktionsgleichungen liegen die folgenden Regeln zugrunde:

- Das Prinzip von der Erhaltung der Elemente. Es besagt: Die auf der linken Seite der Reaktionsgleichung genannten Elemente müssen auch auf der rechten Seite erscheinen.

$$Fe + S \longrightarrow FeS$$

- Das Prinzip von der Erhaltung der Anzahl der Atome. Es lautet: Die Anzahl der Atome der einzelnen an der Reaktion beteiligten Stoffe muss auf der linken und rechten Seite der Reaktionsgleichung gleich groß sein.

$$4\,NH_3 + 5\,O_2 \longrightarrow 4\,NO + 6\,H_2O$$

Stoffbilanz links: 4 N, 12 H, 10 O — Stoffbilanz rechts: 4 N, 12 H, 10 O

- Das Prinzip von der Erhaltung der Ladung: Die Summe der Ladungen muss vor und nach der Reaktion gleich groß sein.

$$CO_3^{2-} + H_2O \rightleftharpoons HCO_3^- + OH^-$$

Ladungsbilanz links: zwei negative Ladungen — Ladungsbilanz rechts: zwei negative Ladungen

- Das Prinzip von der Erhaltung der Redoxäquivalente: Die Zahl der abgegebenen und aufgenommenen Elektronen muss gleich sein.

$$Cu^{2+} + Fe \longrightarrow Fe^{2+} + Cu$$

- In Reaktionsgleichungen werden bevorzugt die kleinstmöglichen ganzzahligen Beträge stöchiometrischer Koeffizienten verwendet.

$$2\,C_6H_6 + 15\,O_2 \longrightarrow 12\,CO_2 + 6\,H_2O$$

Das **Aufstellen einer Reaktionsgleichung** erfolgt in mehreren Einzelschritten:

1. Zum Aufstellen von Reaktionsgleichungen ist die Kenntnis der richtigen Symbole und Formeln der Ausgangsstoffe sowie der Reaktionsprodukte erforderlich. Aus diesem Grund wird im ersten Schritt eine Reaktionsgleichung ohne stöchiometrische Koeffizienten aufgestellt.
2. In einem zweiten Schritt muss die Reaktionsgleichung durch Einfügen der stöchiometrischen Koeffizienten rechnerisch ausgeglichen (bilanziert) werden.

   In den meisten Fällen, insbesondere bei einfachen Redoxreaktionen und doppelten Umsetzungen, kann man die Koeffizienten durch einfache Überlegungen und unter Beachtung der oben angegebenen Regeln finden. Es hat sich als zweckmäßig erwiesen, beim Ausgleichen mit dem Element zu beginnen, das in den einzelnen Formeln und auf jeder Seite der Reaktionsgleichung nur einmal vertreten ist und in der geringsten Anzahl vorkommt. Es dient als Leitelement. Ausgehend vom Leitelement werden die anderen Elemente oder Atomgruppen nacheinander bilanziert.
3. Zum Schluss wird in einer Probe die Anzahl der einzelnen Atomsorten auf der linken und rechten Seite der Reaktionsgleichung verglichen. Bei Reaktionen mit molekularen Gasen (O_2, N_2, Cl_2 usw.), bei denen die kleinste Einheit das Molekül ist, ist es mitunter sinnvoll, diese Moleküle in der noch nicht ausgeglichenen Reaktionsgleichung in atomarer Form zu schreiben. Durch Verdoppeln aller Koeffizienten am Ende der Bilanzierung erhält man die endgültige Reaktionsgleichung mit molekularen Gasen.

Die folgenden Beispiele zeigen den Gedankengang auf, der zum Auffinden der richtigen stöchiometrischen Koeffizienten verfolgt werden muss.

Beispiel 1: Formulierung der Reaktionsgleichung zur vollständigen Verbrennung von Methan.

Lösung: 1. Schritt: Methan CH_4 verbrennt mit Sauerstoff O_2 zu Kohlenstoffdioxid CO_2 und Wasser H_2O. Unbilanzierte Reaktionsgleichung: $CH_4 + O_2 \longrightarrow CO_2 + H_2O$

2. Schritt: Leitelement für die Bilanzierung ist Kohlenstoff.

- Aus einem Molekül CH_4 entsteht ein Molekül CO_2. ⇒ Koeffizienten bei CH_4 und CO_2: **1**
- Kohlenstoff ist im Methan-Molekül mit 4 Wasserstoffatomen verbunden und verbrennt demzufolge zu zwei Wassermolekülen. ⇒ Koeffizient bei H_2O: **2**
- Da die Produkte insgesamt vier chemisch gebundene Sauerstoffatome enthalten, erfordert die Verbrennung zwei Moleküle Sauerstoff. ⇒ Koeffizient bei O_2: **2**

Ergebnis: $\mathbf{CH_4 + 2\,O_2 \longrightarrow CO_2 + 2\,H_2O}$

3. Probe: Stoffbilanz links: 1 C, 4 H, 4 O, Stoffbilanz rechts: 1 C, 4 H, 4 O

Beispiel 2: Formulierung der Reaktionsgleichung zur Reaktion von Aluminiumhydroxid mit Salzsäure.

Lösung:

1. Schritt: Aluminiumhydroxid $Al(OH)_3$ reagiert mit Salzsäure HCl unter Bildung von Aluminiumchlorid $AlCl_3$ und Wasser H_2O. Die unbilanzierte Reaktionsgleichung lautet:
$Al(OH)_3 + HCl \longrightarrow AlCl_3 + H_2O$. Leitelement für die Bilanzierung ist Aluminium.

2. Schritt: Zur Bildung einer Formeleinheit $AlCl_3$ sind 3 HCl-Moleküle erforderlich. ⇒ Koeffizient bei HCl: **3**. 3 Sauerstoffatome in den Hydroxid-Gruppen erfordern 3 Wassermoleküle. ⇒ Koeffizient bei H_2O: **3.** (Alternativ: 3 H-Atome im $Al(OH)_3$ und 3 H-Atome im HCl erfordern 3 H_2O-Moleküle. ⇒ Koeffizient bei H_2O: **3**)

Ergebnis: $\mathbf{Al(OH)_3 + 3\,HCl \longrightarrow AlCl_3 + 3\,H_2O}$

3. Probe: Stoffbilanz links: 1 Al, 3 O, 6 H, 3 Cl; Stoffbilanz rechts: 1 Al, 3 O, 6 H, 3 Cl.

Beispiel 3: Pyrit FeS_2, Bestandteil eines sulfidischen Eisenerzes, reagiert beim Rösten unter Sauerstoffzufuhr O_2 zu Eisen(III)-oxid Fe_2O_3 und Schwefeldioxid SO_2. Die Reaktionsgleichung ist zu formulieren.

Lösung:

1. Schritt: Die unbilanzierte Reaktionsgleichung lautet: $FeS_2 + O \longrightarrow Fe_2O_3 + SO_2$.
Leitelement ist Eisen.

2. Schritt: 2 Fe im Fe_2O_3 erfordern 2 FeS_2. ⇒ Koeffizient bei FeS_2: **2**
4 S aus 2 FeS_2 erfordern 4 SO_2. ⇒ Koeffizient bei SO_2: **4**
3 O im Fe_2O_3 und 8 O aus 4 SO_2 erfordern 11 O. ⇒ Koeffizient bei O_2: **5 ½**
Zwischenergebnis: $2\,FeS_2 + 5\tfrac{1}{2}\,O_2 \longrightarrow Fe_2O_3 + 4\,SO_2$.
Durch Verdoppeln aller Koeffizienten ergibt sich eine ganze Zahl als Koeffizient für molekularen Sauerstoff.

Ergebnis: $\mathbf{4\,FeS_2 + 11\,O_2 \longrightarrow 2\,Fe_2O_3 + 8\,SO_2}$.

3. Probe: Stoffbilanz links: 4 Fe, 8 S, 22 O; Stoffbilanz rechts: 4 Fe, 8 S, 22 O.

Beispiel 4: Aluminium Al reagiert mit Hydronium-Ionen H_3O^+ unter Bildung von Aluminium-Ionen Al^{3+}, Wasser H_2O und Wasserstoff H_2. Es ist die Reaktionsgleichung mit Angabe der Aggregat- bzw. Hydratationszustände zu formulieren.

Lösung:

1. Schritt: Die unbilanzierte Reaktionsgleichung lautet: $Al + H_3O^+ \longrightarrow Al^{3+} + H_2O + H$.
Leitelement für die Bilanzierung ist Aluminium.

2. Schritt: Ein dreifach positiv geladenes Aluminium-Ion erfordert 3 einfach positiv geladene Hydronium-Ionen. ⇒ Koeffizient bei H_3O^+: **3.**
Drei Hydronium-Ionen reagieren zu 3 Wassermolekülen und 3 Wasserstoffatomen. ⇒ Koeffizienten bei H_2O und H: jeweils **3.**
Zwischenergebnis: $Al + 3\,H_3O^+ \longrightarrow Al^{3+} + 3\,H_2O + 3\,H$
Durch Verdoppeln aller Koeffizienten ergibt sich die korrekte Reaktionsgleichung mit molekularem Wasserstoff.

Ergebnis: $\mathbf{2\,Al_{(s)} + 6\,H_3O^+_{(aq)} \longrightarrow 2\,Al^{3+}_{(aq)} + 6\,H_2O_{(l)} + 3\,H_{2(g)}}$.

3. Probe: Stoffbilanz links: 2 Al, 18 H, 6 O; Stoffbilanz rechts: 2 Al, 18 H, 6 O.
Ladungsbilanz links: 6^+; Ladungsbilanz rechts: 6^+.

Beispiel 5: Formulierung der Reaktionsgleichung zur Reaktion von Calciumphosphat $Ca_3(PO_4)_2$ mit Schwefelsäure H_2SO_4.

Lösung:

1. Schritt: Die unbilanzierte Reaktionsgleichung lautet: $Ca_3(PO_4)_2 + H_2SO_4 \longrightarrow CaSO_4 + H_3PO_4$.
Leitelement für die Bilanzierung ist Calcium.

2. Schritt: 3 Calcium-Ionen im $Ca_3(PO_4)_2$ erfordern 3 Formeleinheiten $CaSO_4$.
⇒ Koeffizient bei $CaSO_4$: **3**
2 Posphat-Ionen im $Ca_3(PO_4)_2$ erfordern 2 Moleküle H_3PO_4. ⇒ Koeffizient bei H_3PO_4. **2**
3 Sulfat-Ionen im $CaSO_4$ erfordern 3 Moleküle H_2SO_4. ⇒ Koeffizient bei H_2SO_4: **3**

Ergebnis: $\mathbf{Ca_3(PO_4)_2 + 3\,H_2SO_4 \longrightarrow 3\,CaSO_4 + 2\,H_3PO_4}$.

3. Probe: Stoffbilanz links: 3 Ca, 2 P, 20 O, 6 H, 3 S; Stoffbilanz rechts: 3 Ca, 2 P, 20 O, 6 H, 3 S.

Aufgaben zu 4.9.3 Aufstellen von Reaktionsgleichungen

1. Erstellen Sie die Reaktionsgleichungen zur Bildung folgender Verbindungen aus den Elementen:

a) Schwefeltrioxid SO_3	b) Phosphor(V)-oxid P_2O_5	c) Eisen(III)-oxid Fe_2O_3
d) Aluminiumbromid $AlBr_3$	e) Ammoniak NH_3	f) Phosphortrichlorid PCl_3
g) Calciumoxid CaO	h) Wasser H_2O	i) Calciumnitrid Ca_3N_2
j) Kohlenstoffmonoxid CO	k) Schwefelwasserstoff H_2S	l) Hydrogenchlorid HCl
m) Schwefelhexafluorid SF_6	n) Natriumperoxid Na_2O_2	o) Kaliumsulfid K_2S

2. Die Kohlenwasserstoffe: a) Propan C_3H_8, b) Butan C_4H_{10}, c) Oktan C_8H_{18}, d) Ethin C_2H_2, e) Benzol C_6H_6 sowie die Alkohole: f) Methanol CH_3OH und g) Ethanol C_2H_5OH verbrennen mit Sauerstoff O_2 zu Kohlenstoffdioxid CO_2 und Wasser H_2O. Formulieren Sie die Reaktionsgleichungen.

3. Die Basen: a) Kaliumhydroxid KOH, b) Calciumhydroxid $Ca(OH)_2$ und c) Aluminiumhydroxid $Al(OH)_3$ werden jeweils mit Salpetersäure HNO_3, Schwefelsäure H_2SO_4 und Phosphorsäure H_3PO_4 neutralisiert. Formulieren Sie die Reaktionsgleichungen als Stoff- und Ionengleichungen.

4. Ergänzen Sie in den Reaktionsgleichungen die stöchiometrischen Koeffizienten:

a)	$Na_2CO_3 \cdot 10\,H_2O$	+	HCl	$\longrightarrow$	NaCl	+	H_2O	+	CO_2
b)	Fe_2O_3	+	H_2SO_4	$\longrightarrow$	$Fe_2(SO_4)_3$	+	H_2O		
c)	Ca_3N_2	+	H_2O	$\longrightarrow$	$Ca(OH)_2$	+	NH_3		
d)	$Ca_3(PO_4)_2$	+	SiO_2	$\longrightarrow$	$CaSiO_3$	+	P_2O_5		
e)	P_4	+	Br_2	$\longrightarrow$	PBr_3				
f)	CH_4	+	Cl_2	$\longrightarrow$	$CHCl_3$	+	HCl		
g)	Ca	+	H_2O	$\longrightarrow$	$Ca(OH)_2$	+	H_2		
h)	Mg	+	H_3O^+	$\longrightarrow$	Mg^{2+}	+	H_2	+	H_2O
i)	PCl_5	+	P_2O_5	$\longrightarrow$	$POCl_3$				
j)	$Ca_3(PO_4)_2$	+	H_3PO_4	$\longrightarrow$	$Ca(H_2PO_4)_2$				

5. Phosphorsäure H_3PO_4 kann durch Nassaufschluss von Apatit $Ca_5(PO_4)_3F$ mit Salpetersäure HNO_3 nach dem Odda-Verfahren erhalten werden. Als Nebenprodukte entstehen Calciumnitrat $Ca(NO_3)_2$ und Fluorwasserstoff HF. Letzterer reagiert mit dem im Apatit enthaltenen Siliciumdioxid SiO_2 in einer Nebenreaktion zu Hexafluorokieselsäure H_2SiF_6 und Wasser. Formulieren Sie die Reaktionsgleichungen.

6. Die Herstellung von Salpetersäure HNO_3 nach dem Ostwald-Verfahren verläuft in drei Schritten:
   a) Zuerst wird Ammoniak NH_3 mit Luftsauerstoff an Platinnetzen katalytisch zu Wasserdampf und Stickstoffmonoxid NO verbrannt.
   b) Das Stickstoffmonoxid setzt sich weiter mit Luftsauerstoff zu Stickstoffdioxid NO_2 um.
   c) Anschließende Absorption mit Wasser liefert Salpetersäure und Stickstoffmonoxid, was im Kreislauf wieder der Aufoxidation zugeführt wird.

   Formulieren Sie die Reaktionsgleichungen.

7. Formulieren Sie die Stoff- und Ionengleichungen zu den folgenden Nachweisreaktionen:
   a) Nachweis der Sulfat-Ionen im Kaliumsulfat K_2SO_4 durch eine Bariumchlorid-Lösung $BaCl_2$.
   b) Nachweis der Carbonat-Ionen im Natriumcarbonat Na_2CO_3 durch eine Calciumhydroxid-Lösung $Ca(OH)_2$.
   c) Nachweis der Chlorid-Ionen im Magnesiumchlorid $MgCl_2$ durch eine Silbernitrat-Lösung $AgNO_3$.

4.9.4 Oxidationszahlen

Bei einfachen Redox-Reaktionen zwischen Atomen und Ionen, z. B. $Fe + Cu^{2+} \longrightarrow Cu + Fe^{2+}$, ist an Hand der Ionenladung leicht erkennbar, welche Elektronenübergänge ablaufen.

Wenn aber an einer Redox-Reaktion Moleküle oder geladene Atomgruppen, wie z. B. SO_3^{2-}, MnO_4^-, beteiligt sind, lassen sich aus dem Reaktionsverlauf und aus der Reaktionsgleichung die Elektronenübergänge nur schwer erkennen.

Hilfreich ist dann die **Oxidationszahl**. Mit Hilfe der Oxidationszahl lassen sich Redox-Vorgänge und komplizierte Redox-Gleichungen leichter verfolgen bzw. formulieren (Seite 127).

> Die Oxidationszahl eines Elementes in einer chemischen Einheit (Formel) gibt nach DIN 32 640 die Ladung an, die ein Atom des Elementes haben würde, wenn die Elektronen jeder Bindung an diesem Atom dem jeweils elektronegativeren Atom zugeordnet werden.

Ein Maß, für die Fähigkeit eines Atoms, Bindungselektronen anzuziehen, ist die **Elektronegativität**.

Die Elektronegativitätswerte der wichtigsten Hauptgruppenelemente sind in **Tabelle 125/1** wiedergegeben.

Die Oxidationszahlen werden, um sie besser von der Ionenladung unterscheiden zu können, in römischen Ziffern mit vorangestelltem Plus- oder Minuszeichen über das Elementsymbol in der Formel geschrieben.

Gibt man den Namen der Verbindung an, so ist die Oxidationszahl (ohne Plus- oder Minuszeichen) Bestandteil des Namens.

Tabelle 125/1: Elektronegativitätswerte

1	H 2,1	II	III	IV	V	VI	VII
2	Li 1,0	Be 1,5	B 2,0	C 2,5	N 3,0	O 3,5	F 4,0
3	Na 0,9	Mg 1,2	Al 1,5	Si 1,8	P 2,1	S 2,5	Cl 3,0
4	K 0,8	Ca 1,0	Ga 1,6	Ge 1,8	As 2,0	Se 2,4	Br 2,8
5	Rb 0,8	Sr 1,0	In 1,7	Sn 1,8	Sb 1,9	Te 2,1	I 2,5

Beispiele: $H\overset{+V}{N}O_3$ Stickstoff(V)-säure, $\overset{+V}{P}Cl_5$ Phosphor(V)-chlorid, $\overset{+II}{C}O$ Kohlenstoff(II)-oxid

Beim Umgang mit Oxidationszahlen sind die nachfolgenden Regeln zu beachten. Eine weiter oben stehende Regel hat dabei Vorrang gegenüber einer weiter unten stehenden.

1. Elemente haben immer die Oxidationszahl Null. Besteht ein Element aus Molekülen, so erhält jedes Atom die Oxidationszahl Null.
   $\overset{0}{Na}$, $\overset{0}{Ca}$, $\overset{0}{Si}$, $\overset{0}{N}_2$, $\overset{0}{P}_4$, $\overset{0}{S}_8$, $\overset{0}{F}_2$
2. Fluor hat immer die Oxidationszahl –I.
   $Na\overset{-I}{F}$, $C_2\overset{-I}{F}_4$, $H\overset{-I}{F}$, $O\overset{-I}{F}_2$, $NO_2\overset{-I}{F}$, $S\overset{-I}{F}_6$
3. Metalle sowie Bor und Silicium haben immer positive Oxidationszahlen. In den ersten drei Hauptgruppen des Periodensystems der Elemente stimmen die Oxidationszahlen mit der Hauptgruppennummer überein.
   $\overset{+I}{Cs}F$, $\overset{+II}{Mg}O$, $\overset{+III}{B}_2O_3$, $\overset{+IV}{Si}O_2$, $\overset{+III}{Fe}_2O_3$, $\overset{+IV}{Pb}O_2$
4. Wasserstoff hat immer die Oxidationszahl +I, außer wenn er mit Metallen zu Metallhydriden verbunden ist. Dann beträgt die Oxidationszahl –I.
   $\overset{+I}{H}_2SO_3$, $\overset{+I}{H}_2S$, $N\overset{+I}{H}_3$, $C\overset{+I}{H}_4$, $Na\overset{-I}{H}$, $LiAl\overset{-I}{H}_4$, $Ca\overset{-I}{H}_2$
5. Sauerstoff hat in der Regel die Oxidationszahl –II, außer in Peroxiden, wo sie –I beträgt.
   $HN\overset{-II}{O}_3$, $C\overset{-II}{O}_2$, $Fe_2\overset{-II}{O}_3$, $Ba\overset{-I}{O}_2$, $H_2\overset{-I}{O}_2$, $Na_2\overset{-I}{O}_2$
6. Halogene haben in Halogeniden immer die Oxidationszahl –I.
   $Li\overset{-I}{F}$, $Al\overset{-I}{Br}_3$, $K\overset{-I}{I}$, $Ca\overset{-I}{Cl}_2$
7. Bei einatomigen Ionen ist die Oxidationszahl gleich der elektrischen Ladung der Ionen.
   $\overset{-II}{O}^{2-}$, $\overset{-I}{I}^-$, $\overset{+II}{Zn}^{2+}$, $\overset{+I}{Cu}^+$, $\overset{+III}{Al}^{3+}$, $\overset{+II}{Mg}^{2+}$, $\overset{+I}{K}^+$
8. Die Summe der Oxidationszahlen aller Atome in einer Stoffart entspricht der Ladung des Teilchens. Bei neutralen Teilchen ist sie gleich Null, bei Ionen gleich der Ionenladung.
   $\overset{+I}{H}_2\overset{-II}{S}$: $2 \cdot (+1) - 2 = 2 - 2 = 0$
   $\overset{+I}{H}_2\overset{+V}{P}\overset{-II}{O}_4^-$: $2 \cdot (+1) + 5 - 8 = 2 + 5 - 8 = -1$

Zur **Bestimmung der Oxidationszahl** (abgekürzt: OZ) in Molekülen oder Ionen mit kovalenten Bindungen wird jede Bindung vollständig dem elektronegativeren Atom zugeordnet.

In dem nebenstehenden Beispiel H_2SO_4 ergibt sich die OZ des Schwefels aus der Summe der Oxidationszahlen des Wasserstoffs und des Sauerstoffs.

Wenn zwei Atome mit gleicher Elektronegativität miteinander verbunden sind, wie z. B. beim H_2O_2, dann wird das Elektronenpaar zur Berechnung der OZ zwischen den beiden Atomen geteilt. Dies gilt insbesondere in der organischen Chemie für C-C-Bindungen in Kohlenwasserstoffen und deren Derivate.

Im nebenstehenden Beispiel (Ethen) berechnet sich die OZ des Kohlenstoffs, indem man die Summe der Oxidationszahlen des Wasserstoffs durch zwei teilt. Die OZ des Kohlenstoffs ist negativ, da er das elektronegativere Element ist.

Im Beispiel Ethanol haben die H-Atome die OZ +I, das O-Atom die OZ –II. Somit ergibt sich für das C-Atom der Methylgruppe die OZ –III und für das C-Atom der Methylengruppe die OZ –I.

Schwefelsäure +I +VI +II H_2SO_4	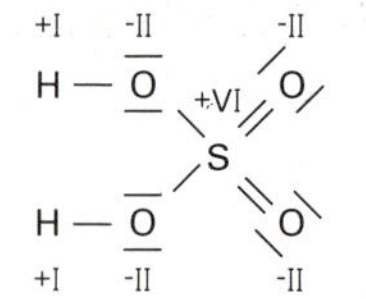
Wasserstoffperoxid +I -I H_2O_2	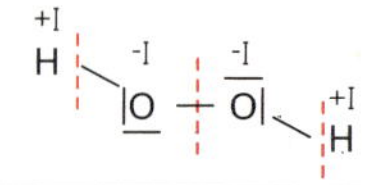
Ethen -II +I C_2H_4	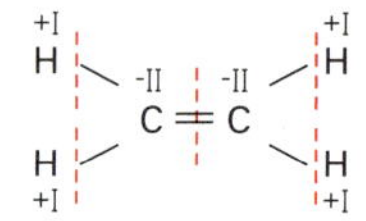
Ethanol -III +I -I +I -II +I CH_3CH_2OH	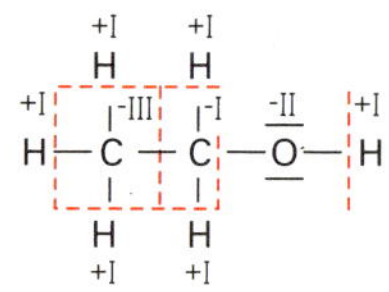

Aufgaben zu 4.9.4 Oxidationszahlen

1. Ermitteln Sie die fehlenden Oxidationszahlen der Atome, zu den in den Regeln 2 bis 6 angegebenen Beispielen von Seite 125.
2. Ermitteln Sie die Oxidationszahlen aller Atome in den folgenden Salzen:

   a) $KMnO_4$ b) $K_2Cr_2O_7$ c) $Fe_2(SO_4)_3$ d) $Na_2S_2O_3$ e) $Ca(OCl)_2$
   f) Ca_3P_2 g) $Ca(HS)_2$ h) $Ca_3(PO_4)_2$ i) $Fe(NH_4)(SO_4)_2$ j) CaH_2
   k) $CaSiO_3$ l) Cr_2O_3 m) $Fe_3(PO_4)_2$ n) $Cu(NO_3)_2$ o) KNO_2
   p) KHS q) Mg_3N_2 r) NH_4Cl s) Na_2SO_3 t) Na_2CO_3

3. Bestimmen Sie die Oxidationszahlen aller Atome außer Wasserstoff in den folgenden Molekülen:

   a) HNO_2 b) H_2PO_3 c) P_4O_{10} d) C_6H_6 e) $HClO_4$
   f) CO_2 g) HBr h) ClO_2 i) NF_3 j) NO_2Cl
   k) SO_3 l) N_2O_3 m) $POCl_3$ n) N_2O o) Br_2
   p) N_2O_5 q) SO_2Cl_2 r) C_2H_6 s) F_2 t) SCl_2

4. Bestimmen Sie mit Hilfe der Oxidationszahlen die Ionenladung folgender Ionen:

   a) H_2PO_4 b) ClO_4 c) HCO_3 d) S e) NH_4
   f) CN g) HPO_4 h) HS i) NO_3 j) H_3O
   k) CO_3 l) $Al(H_2O)_6$ m) PO_4 n) $Al(OH)_4$ o) NH_3OH
   p) O q) $Cu(NH_3)_4$ r) OH s) HSO_4 t) SO_4

5. Bestimmen Sie die Oxidationszahlen aller Atome außer Wasserstoff in den folgenden organischen Verbindungen. Geben Sie gegebenenfalls die Ionenladung an.

   a) C_6H_{12} b) CH_3-CH_3 c) $CH_3-\underline{N}H_2$ d) $CH_3-\underline{\overline{O}}H$ e) $CH_3-CH=CH_2$
   f) $CH_3-CH_2-CH_3$ g) $CH_3-CH_2-NH_3$ h) CH_3Cl i) $HC\equiv CH$ j) $CH_3-\underline{\overline{O}}-CH_2-CH_3$
   k) $(CH_3)_2C=\overline{\underline{O}}$ l) $CH_3-CH_2-C(=\overline{\underline{O}})-\underline{\overline{O}}-H$ m) $CH_3-CH_2-C(=\overline{\underline{O}})-H$ n) $CH_3-C(=\overline{\underline{O}})-\underline{\overline{O}}|$ o) $CH_3-C(=\overline{\underline{O}})-\underline{\overline{O}}H$

4.9.5 Aufstellen von Redox-Gleichungen

Redox-Reaktionen sind chemische Reaktionen mit Elektronenübertragung. Sie beinhalten eine **Red**uktion und eine **Ox**idation, woraus sich der Name **Redox-Reaktion** herleitet **(Bild 127/1)**.

Bei der **Oxidation** werden von einem Stoff Elektronen abgegeben, er wird oxidiert. Da Elektronen negativ geladen sind, wird die Oxidationszahl dadurch größer. Der Stoff, der die Elektronen aufnimmt, wird als Oxidationsmittel bezeichnet.

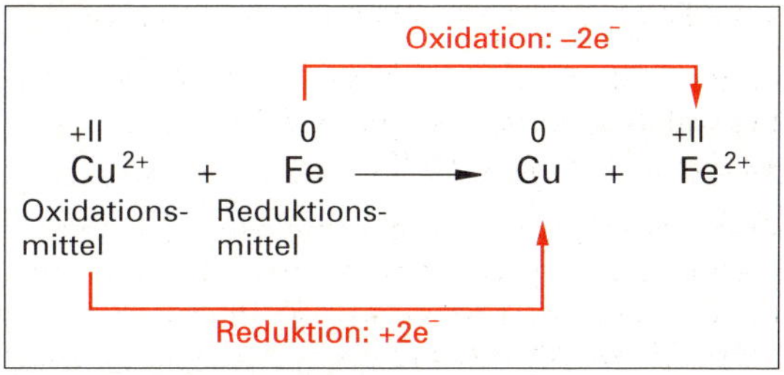

Bild 127/1: Redox-Reaktion

Bei der **Reduktion** werden von einem Stoff Elektronen aufgenommen, er wird reduziert. Dabei wird die Oxidationszahl kleiner. Der Stoff, der die Elektronen abgibt, wird als Reduktionsmittel bezeichnet.

In Redox-Reaktionen können die gesuchten stöchiometrischen Koeffizienten oftmals leichter über die Elektronenbilanz als über die Stoffbilanz bestimmt werden. Dabei ist es mit Hilfe der Oxidationszahlen (Seite 125) möglich, auch schwierige Redox-Gleichungen aufzustellen.

An Beispielen wird gezeigt, wie man zweckmäßigerweise vorgeht:

Beispiel 1:

Kupfer löst sich in Salpetersäure HNO_3 unter Gasentwicklung. Dabei werden Kupfer(II)-nitrat, Stickstoff(II)-oxid und Wasser gebildet. Wie lautet die Stoff- und Ionengleichung?

Lösung:

1. Zuerst wird die nicht stöchiometrische Reaktionsgleichung erstellt, in der die Edukte und Produkte enthalten sind.

$$Cu + HNO_3 \longrightarrow Cu(NO_3)_2 + NO + H_2O$$

2. Anschließend werden die Oxidationszahlen der in den Edukten und Produkten vorhandenen Atome ermittelt.

$$\overset{0}{Cu} + \overset{+I\,+V\,-II}{HNO_3} \longrightarrow \overset{+I\quad+V\,-II}{Cu(NO_3)_2} + \overset{+II\,-II}{NO} + \overset{+I\,-II}{H_2O}$$

3. Durch Überprüfung der Oxidationszahlen auf Veränderungen wird festgestellt, welcher Stoff oxidiert und welcher reduziert wurde.

Reduktion: $+3\,e^-$

$$\overset{0}{Cu} + H\overset{+V}{N}O_3 \longrightarrow \overset{+II}{Cu}(NO_3)_2 + \overset{+II}{N}O + H_2O$$

Oxidation: $-2\,e^-$

4. Ausgleich der Elektronenbilanz durch Erweiterung mit dem kleinsten gemeinsamen Vielfachen (kgV). Das kgV beträgt im Beispiel 2 · 3 = 6. Es müssen 6 Elektronen übertragen werden.

$2 \cdot (3\,e^-) = +6\,e^-$

$$\mathbf{3}\,Cu + HNO_3 \longrightarrow Cu(NO_3)_2 + \mathbf{2}\,NO + H_2O$$

$3 \cdot (-2\,e^-) = -6\,e^-$

5. Zum Schluss werden die restlichen Atome bilanziert (Seite 122).

3 Cu-Atome erfordern **3** Formeleinheiten $Cu(NO_3)_2$
$2 \cdot 3$ NO_3^--Ionen und 2 NO-Moleküle erfordern **8** Moleküle HNO_3
8 Moleküle Salpetersäure erfordern **4** Moleküle Wasser.

6. Als Ergebnis erhält man eine Stoffgleichung: $\mathbf{3\,Cu + 8\,HNO_3 \longrightarrow 3\,Cu(NO_3)_2 + 2\,NO + 4\,H_2O}$

7. Aus der Stoffgleichung lässt sich durch Dissoziation und ggf. Protolyse der Teilchen nach dem Kürzen gleicher Teilchen die Ionengleichung ermitteln.

Dissoziation:

$$3\,Cu + 8\,H^+ + 8\,NO_3^- \longrightarrow 3\,Cu^{2+} + 6\,NO_3^- + 2\,NO + 4\,H_2O$$

Protolyse:

$$3\,Cu + 8\,H_3O^+ + 8\,NO_3^- \longrightarrow 3\,Cu^{2+} + 6\,NO_3^- + 2\,NO + 12\,H_2O$$

Kürzen:

$$\mathbf{3\,Cu + 8\,H_3O^+ + 2\,NO_3^- \longrightarrow 3\,Cu^{2+} + 2\,NO + 12\,H_2O}$$

8. Am Ende wird in einer Probe überprüft, ob das Gesetz von der Erhaltung der Anzahl der Atome und der Ladungen (vgl. S. 122) erfüllt ist.

Stoffbilanz links:	Stoffbilanz rechts:
3 Cu, 24 H, 14 O, 2 N	3 Cu, 24 H, 14 O, 2 N
Ladungsbilanz links:	Ladungsbilanz rechts:
$8 \cdot (+1) + 2 \cdot (-1) = 6$	$3 \cdot (+2) = 6$

Beispiel 2:

Kaliumpermanganat reagiert in schwefelsaurer Lösung mit einer Natriumnitrit-Lösung zu Mangansulfat und Natriumnitrat. Dabei werden Kaliumsulfat und Wasser gebildet. Wie lautet die Redox-Gleichung?

Lösung:

1. Nichtstöchiometrische Reaktionsgleichung

$$NaNO_2 + KMnO_4 + H_2SO_4 \longrightarrow NaNO_3 + MnSO_4 + K_2SO_4 + H_2O$$

2. Eintragen der Oxidationszahlen:

$$\overset{+I\ +III\ -II}{NaNO_2} + \overset{+I\ +VII\ -II}{KMnO_4} + \overset{+I\ +VI\ -II}{H_2SO_4} \longrightarrow \overset{+I\ +V\ -II}{NaNO_3} + \overset{+II\ +VI\ -II}{MnSO_4} + \overset{+I\ +VI\ -II}{K_2SO_4} + \overset{+I\ -II}{H_2O}$$

3. Überprüfung auf Veränderungen:

Oxidation: – 2 e⁻

$$Na\overset{+III}{N}O_2 + K\overset{+VII}{Mn}O_4 + H_2SO_4 \longrightarrow Na\overset{+V}{N}O_3 + \overset{+II}{Mn}SO_4 + K_2SO_4 + H_2O$$

Reduktion: + 5 e⁻

4. Elektronenbilanz:

5 · (– 2 e⁻) = – 10 e⁻

$$\mathbf{5}\ NaNO_2 + \mathbf{2}\ KMnO_4 + H_2SO_4 \longrightarrow NaNO_3 + MnSO_4 + K_2SO_4 + H_2O$$

2 · (+5 e⁻) = +10 e⁻

5. Atombilanz:

5 Formeleinheiten $NaNO_2$ erfordern **fünf** Formeleinheiten $NaNO_3$
2 Formeleinheiten $KMnO_4$ erfordern **eine** Formeleinheit K_2SO_4 und **zwei** Formeleinheiten $MnSO_4$
3 Sulfat-Ionen auf der rechten Seite erfordern **drei** Moleküle H_2SO_4
3 H_2SO_4-Moleküle erfordern **drei** Moleküle H_2O

6. Stoffgleichung:

$$5\,NaNO_2 + 2\,KMnO_4 + 3\,H_2SO_4 \longrightarrow 5\,NaNO_3 + 2\,MnSO_4 + K_2SO_4 + 3\,H_2O$$

7. Ermittlung der Ionengleichung:

Dissoziation:

$$5\,Na^+ + 5\,NO_2^- + 2\,K^+ + 2\,MnO_4^- + 6\,H^+ + 3\,SO_4^{2-} \longrightarrow 5\,Na^+ + 5\,NO_3^- + 2\,Mn^{2+} + 2\,SO_4^{2-} + 2\,K^+ + SO_4^{2-} + 3\,H_2O$$

Protolyse:

$$5\,Na^+ + 5\,NO_2^- + 2\,K^+ + 2\,MnO_4^- + 6\,H_3O^+ + 3\,SO_4^{2-} \longrightarrow 5\,Na^+ + 5\,NO_3^- + 2\,Mn^{2+} + 2\,SO_4^{2-} + 2\,K^+ + SO_4^{2-} + 9\,H_2O$$

Kürzung:

$$\mathbf{5\,NO_2^- + 2\,MnO_4^- + 6\,H_3O^+ \longrightarrow 5\,NO_3^- + 2\,Mn^{2+} + 9\,H_2O}$$

8. Probe:

Stoffbilanz links:	Stoffbilanz rechts:
5 N, 24 O, 2 Mn, 18 H	5 N, 24 O, 2 Mn, 18 H
Ladungsbilanz links:	Ladungsbilanz rechts:
$5 \cdot (-1) + 2 \cdot (-1) + 6 \cdot (+1) = -1$	$5 \cdot (-1) + 2 \cdot (+2) = -1$

Beispiel 3: Ethanol reagiert in schwefelsaurer Lösung mit Kaliumdichromat zu Ethanal und Chrom(III)-sulfat. Als Nebenprodukte werden Kaliumsulfat und Wasser gebildet. Wie lautet die Reaktionsgleichung?

Lösung: 1. Die nichtstöchiometrische Reaktionsgleichung lautet:

$$CH_3{-}CH_2{-}OH + K_2Cr_2O_7 + H_2SO_4 \longrightarrow CH_3{-}CHO + Cr_2(SO_4)_3 + K_2SO_4 + H_2O$$

2. Oxidationszahlen:

$$\overset{-III}{C}H_3{-}\overset{-I}{C}H_2{-}\overset{-II}{O}H + \overset{+I}{K_2}\overset{+VI}{Cr_2}\overset{-II}{O_7} + H_2\overset{+VI}{S}\overset{-II}{O_4} \longrightarrow \overset{-III}{C}H_3{-}\overset{+I}{C}H\overset{-II}{O} + \overset{+III}{Cr_2}(\overset{+VI}{S}\overset{-II}{O_4})_3 + \overset{+I}{K_2}\overset{+VI}{S}\overset{-II}{O_4} + H_2\overset{-II}{O}$$

3. Veränderungen:

Oxidation: −2 e⁻

$$CH_3{-}\overset{-I}{C}H_2{-}OH + K_2\overset{+VI}{Cr_2}O_7 + H_2SO_4 \longrightarrow CH_3{-}\overset{+I}{C}HO + \overset{+III}{Cr_2}(SO_4)_3 + K_2SO_4 + H_2O$$

Reduktion: 3 e⁻

4. Elektronenbilanz:

$3 \cdot (-2)\ e^- = -6\ e^-$

$$3\ CH_3{-}CH_2{-}OH + K_2Cr_2O_7 + H_2SO_4 \longrightarrow 3\ CH_3{-}CHO + Cr_2(SO_4)_3 + K_2SO_4 + H_2O$$

$2 \cdot (+3)\ e^- = +6\ e^-$

5. Atombilanz: 1 Formeleinheit $K_2Cr_2O_7$ erfordert **1** Formeleinheit $Cr_2(SO_4)_3$ und **1** Formeleinheit K_2SO_4
4 SO_4^{2-}-Gruppen auf der rechten Seite erfordern **4** Moleküle H_2SO_4
7 gebundene Sauerstoffatome im $K_2Cr_2O_7$ erfordern **7** Moleküle H_2O

6. Stoffgleichung:

$$3\ CH_3{-}CH_2{-}OH + K_2Cr_2O_7 + 4\ H_2SO_4 \longrightarrow 3\ CH_3{-}CHO + Cr_2(SO_4)_3 + K_2SO_4 + 7\ H_2O$$

7. Ermittlung der Ionengleichung:

Dissoziation:

$$3\,C_2H_5OH + 2\,K^+ + Cr_2O_7^{2-} + 8\,H^+ + 4\,SO_4^{2-} \longrightarrow 3\,CH_3CHO + 2\,Cr^{3+} + 3\,SO_4^{2-} + 2\,K^+ + SO_4^{2-} + 7\,H_2O$$

Protolyse:

$$3\,C_2H_5OH + 2\,K^+ + Cr_2O_7^{2-} + 8\,H_3O^+ + 4\,SO_4^{2-} \longrightarrow 3\,CH_3CHO + 2\,Cr^{3+} + 3\,SO_4^{2-} + 2\,K^+ + SO_4^{2-} + 15\,H_2O$$

Kürzung:

$$3\,C_2H_5OH + Cr_2O_7^{2-} + 8\,H_3O^+ \longrightarrow 3\,CH_3CHO + 2\,Cr^{3+} + 15\,H_2O$$

8. Probe:

Stoffbilanz links: 6 C, 42 H, 2 Cr, 18 O — Stoffbilanz rechts: 6 C, 42 H, 2 Cr, 18 O
Ladungsbilanz links: $1 \cdot (-2) + 8 \cdot (+1) = +6$ — Ladungsbilanz rechts: $2 \cdot (+3) = +6$

Aufgaben zu 4.9.5 Aufstellen von Redox-Gleichungen

1. Formulieren Sie zu den folgenden Redox-Vorgängen die Reaktionsgleichungen:
   a) Beim Laden eines Bleiakkumulators bildet sich aus dem Blei(II)-sulfat an den Elektroden Blei und Blei(IV)-oxid, wobei die Konzentration an Schwefelsäure zunimmt.
   b) In Kalilauge gelöstes Kaliumnitrat reagiert mit Zinkpulver beim Erwärmen unter Bildung von Ammoniak und Kalium-trihydroxo-zinkat(II), $K[Zn(OH)_3]$.
   c) Bei der Reaktion einer heißen verdünnten Methansäure HCOOH mit einer schwefelsauren Kaliumpermanganat-Lösung ($KMnO_4$) werden unter CO_2-Entwicklung und Entfärbung Mn^{2+}-Ionen gebildet.
   d) Chrom(III)-oxid reagiert mit Kaliumnitrat und Soda Na_2CO_3 in der Schmelze unter Bildung von Natriumchromat Na_2CrO_4, Kaliumnitrit und Kohlenstoffdioxid.
   e) Eisen(II)-sulfat wird in schwefelsaurer Kaliumpermanganat-Lösung zu Eisen(III)-sulfat oxidiert, wobei die Permanganat-Lösung unter Bildung von Mangan(II)-sulfat entfärbt wird.

2. Ergänzen Sie die Reaktionskoeffizienten in den folgenden Redox-Gleichungen:
   a) $KMnO_4 + H_2O_2 + H_2SO_4 \longrightarrow MnSO_4 + K_2SO_4 + H_2O + O_2$
   b) $Cr^{3+} + H_2O_2 + OH^- \longrightarrow CrO_4^{2-} + H_2O$
   c) $Cr_2O_7^{2-} + SO_3^{2-} + H_3O^+ \longrightarrow Cr^{3+} + SO_4^{2-} + H_2O$
   d) $BrO_3^- + Fe^{2+} + H_3O^+ \longrightarrow Br^- + Fe^{3+} + H_2O$
   e) $Ca_3(PO_4)_2 + C + SiO_2 \longrightarrow CaSiO_3 + CO + P$

Gemischte Aufgaben zu 4.9 Rechnen mit Reaktionsgleichungen

1. Die Herstellung von Aluminium verläuft in vier Reaktionsschritten:
   a) Zuerst wird der Bauxit, der neben Aluminiumhydroxid $Al(OH)_3$ auch noch Fremdoxide wie Fe_2O_3, SiO_2 und TiO_2 enthält, mit Natronlauge NaOH aufgeschlossen. Hierbei entsteht Natriumaluminat $Na[Al(OH)_4]$. Die Fremdoxide bleiben ungelöst.
   b) Durch Verdünnen mit Wasser, Abkühlen und Impfen der Natriumaluminatlösung fällt reines Aluminiumhydroxid aus.
   c) Das Aluminiumhydroxid wird filtriert, getrocknet und durch Glühen im Drehrohrofen zu Aluminiumoxid Al_2O_3 und Wasser umgesetzt.
   d) Zum Schluss wird das Aluminiumoxid mittels Schmelzfluss-Elektrolyse durch Kohlenstoff zu elementarem Aluminium reduziert. Dabei entsteht Kohlenstoffmonoxid CO und Kohlenstoffdioxid CO_2.

   Formulieren Sie die Reaktionsgleichungen.

2. Die Herstellung von Hydrazin nach dem Raschig-Verfahren verläuft in drei Teilschritten:
   a) Zuerst werden Natronlauge NaOH und Chlor Cl_2 zu Natriumhypochlorit NaOCl umgesetzt. Als Nebenprodukte entstehen Natriumchlorid NaCl und Wasser.
   b) In einem zweiten Reaktionsschritt reagiert Ammoniak NH_3 mit dem entstehenden Natriumhypochlorit zu Chloramin NH_2Cl unter Rückbildung von Natronlauge.
   c) Die alkalische Chloramin-Lösung wird anschließend mit Ammoniak unter Bildung von Hydrazin N_2H_4 umgesetzt.

   Formulieren Sie die Reaktionsgleichungen zu den einzelnen Teilschritten.

3. Zur Laborsynthese von Chlorgas wird in einem Gasentwickler konzentrierte Salzsäure HCl auf festes Kaliumpermanganat getropft. Als Nebenprodukte werden Manganchlorid $MnCl_2$, Kaliumchlorid KCl und Wasser gebildet. Wie lautet die Reaktionsgleichung?

4. Bei der Soda-Herstellung nach dem Solvay-Verfahren laufen die nachfolgend aufgeführten Verfahrensschritte ab. Dazu sind die einzelnen Reaktionsgleichungen zu formulieren.
   a) In eine Natriumchlorid-Lösung wird zuerst Ammoniak NH_3 und anschließend Kohlenstoff(IV)-oxid CO_2 eingeleitet, wobei Natriumhydrogencarbonat $NaHCO_3$ und Ammoniumchlorid NH_4Cl entstehen.
   b) Das Natriumhydrogencarbonat wird abfiltriert und calciniert, wobei es sich bei 180 °C in Soda Na_2CO_3 umwandelt.
   c) Das Kohlenstoffdioxid aus der Calcinierung wird wieder in den Prozess zurückgeführt. Die Hauptmasse des zur Reaktion benötigten Kohlenstoffdioxids entsteht jedoch beim Brennen von Kalkstein $CaCO_3$ und der damit verbundenen Verbrennung von Kohle.
   d) Der beim Kalkbrennen entstehende Kalk CaO ergibt mit Wasser Kalkmilch $Ca(OH)_2$, die zum Freisetzen des Ammoniaks aus der Ammoniumchlorid-Lösung benötigt wird.

5. Stellen Sie die Reaktionsgleichung für den explosionsartigen Zerfall von Nitroglycerin $C_3H_5N_3O_9$ auf. Bei der Explosion entstehen als gasförmige Reaktionsprodukte: Sauerstoff O_2, Stickstoff N_2, Kohlenstoffdioxid CO_2 und Wasserdampf H_2O.

6. Aceton $CH_3{-}CO{-}CH_3$ reagiert in alkalischer wässriger Lösung mit Iod I_2 zu Iodoform CHI_3. Dabei werden Acetat-Ionen CH_3COO^- und Iodid-Ionen I^- gebildet. Wie lautet die Reaktionsgleichung?

7. Zur Laborsynthese von Anilin $C_6H_5{-}NH_2$ wird Nitrobenzol $C_6H_5{-}NO_2$ mit Zink in verdünnter Salzsäure HCl umgesetzt. Stellen Sie die Reaktionsgleichung auf. Das Zink liegt nach der Reaktion als Chlorid $ZnCl_2$, das Anilin als Hydrochlorid $C_6H_5{-}NH_3Cl$ vor.

8. Wie lautet die allgemeine Reaktionsgleichung zur vollständigen Verbrennung eines Kohlenwasserstoffes mit der allgemeinen Summenformel C_nH_{2n+2}?

4.10 Umsatzberechnung

4.10.1 Umsatzberechnung bei reinen Stoffen

Die in einer Reaktionsgleichung verwendeten Symbole und Formeln haben neben einer qualitativen auch eine quantitative Bedeutung.

Aus der Reaktionsgleichung zur Synthese des Wassers aus den Elementen lassen sich beispielsweise folgende Aussagen ableiten:

		$2\,H_2$	+			O_2	$\longrightarrow$			$2\,H_2O$
		Wasserstoff	und			Sauerstoff	reagieren zu			Wasser
2	Moleküle	Wasserstoff	und	1	Molekül	Sauerstoff	reagieren zu	2	Molekülen	Wasser
2	Mol	Wasserstoff	und	1	Mol	Sauerstoff	reagieren zu	2	Mol	Wasser
44,8	Liter	Wasserstoff	und	22,4	Liter	Sauerstoff	reagieren zu	44,8	Liter	Wasserdampf (nach Avogrado)
4	Gramm	Wasserstoff	und	32	Gramm	Sauerstoff	reagieren zu	36	Gramm	Wasser

Die letzte Aussage ist auch als Gesetz von der Erhaltung der Masse bekannt (Seite 100). Sie wird zunächst unter folgenden Voraussetzungen zur Umsatzberechnung herangezogen: Die Reaktion muss mit vollkommen reinen Stoffen durchgeführt werden sowie vollständig (quantitativ) und ohne Nebenreaktionen ablaufen.

Beispiel: Wie viel Gramm Phosphor(V)-oxid P_4O_{10} entstehen bei der Verbrennung von 20 g weißem Phosphor?

Lösung:

1. Aufstellen der Reaktionsgleichung, gegebene und gesuchte Größen unterstreichen: $\underline{P_4} + 5\,O_2 \longrightarrow \underline{P_4O_{10}}$
2. Angabe der molaren Massen: $M\,(P) = 30{,}97\,g/mol$, $M\,(P_4O_{10}) = 283{,}89\,g/mol$
3. Berechnung durch Schlussrechnung: $4 \cdot 30{,}97$ g P reagieren zu $283{,}89$ g P_4O_{10}
   20 g P reagieren zu x g P_4O_{10} $\Rightarrow x = \dfrac{20\,g \cdot 283{,}89\,g}{4 \cdot 30{,}97\,g} = 45{,}83\,g\,P_4O_{10}$

   $\boldsymbol{m\,(P_4O_{10}) \approx 46\,g}$

Das Verhältnis der Koeffizienten der entsprechenden Stoffe in der Reaktionsgleichung ist gleich dem Verhältnis der bei einer Reaktion umgesetzten Stoffmengen. Da ferner die Massenverhältnisse zweier sich zu einer Verbindung vereinigenden Stoffe konstant sind (Gesetz der konstanten Proportionen, Seite 100), lassen sich Stoffumsätze auch über Proportionen berechnen:

$$\frac{m(X_1)}{m(X_2)} = \text{konst.}$$

Mit der Grundgleichung der Stöchiometrie (Seite 105) $m\,(X) = n\,(X) \cdot M\,(X)$ folgt die nebenstehende Stoffumsatzgleichung.

Stoffumsatzgleichung

$$\frac{m(X_1)}{m(X_2)} = \frac{n(X_1) \cdot M(X_1)}{n(X2) \cdot M\,(X_2)}$$

Mit dieser Gleichung lässt sich z. B. die Masse $m\,(X_1)$ des Stoffes X_1 bei gegebener Masse $m\,(X_2)$ des Stoffes X_2 berechnen, wenn die molaren Massen $M\,(X_1)$ und $M\,(X_2)$ der Stoffe X_1 und X_2 bekannt sind. Das Stoffmengenverhältnis $n\,(X_1)/n\,(X_2)$ lässt sich direkt aus der Reaktionsgleichung ablesen. Es entspricht dem Verhältnis der Reaktionskoeffizienten.

Beispiel: Ermittlung des Stoffumsatzes anhand des oben angegebenen Beispiels über Proportionen.

Lösung:

$$\frac{m(Pl)}{m(P_4O_{10})} = \frac{n(P) \cdot M(P_4O_{10})}{n(P_4O_{10}) \cdot M(P_4O_{10})}$$

$$\Rightarrow \boldsymbol{m(P_4O_{10})} = \frac{m(P) \cdot n\,(P_4O_{10}) \cdot M\,(P_4O_{10})}{n(P) \cdot M(P)} = \frac{20\,g \cdot 1\,mol \cdot 283{,}89\,g/mol}{4\,mol \cdot 30{,}97\,g/mol} \approx \boldsymbol{46\,g}$$

Aufgaben zu 4.10.1 Umsatzberechnung bei reinen Stoffen

1. Eisenpulver reagiert mit Schwefelblüte beim Erhitzen unter Bildung von Eisensulfid. Wie viel Gramm Eisensulfid können aus 5,0 g Eisenpulver hergestellt werden?

   $$Fe + S \longrightarrow FeS$$

2. Wie viel Gramm Quecksilber entstehen bei der thermischen Zersetzung von 1,25 g Quecksilberoxid?

   $$2\,HgO \longrightarrow 2\,Hg + O_2$$

3. Wie viel Gramm Kupfer können durch Reduktion von 1,376 g Kupfer(II)-oxid mit Wasserstoff gewonnen werden?

   $$CuO + H_2 \longrightarrow Cu + H_2O$$

4. Wie viel Gramm Kesselstein entstehen, wenn ein Kubikmeter Wasser mit einer temporären Härte von $c\,(Ca(HCO_3)_2) = 2{,}3\,mmol/L$ zum Sieden erhitzt wird?

   $$Ca(HCO_3)_2 \longrightarrow CaCO_3 + CO_2 + H_2O$$

5. Phosphor(V)-oxidchlorid wird in der chemischen Technik durch Oxidation von Phosphortrichlorid mit reinem Sauerstoff in praktisch quantitativer Ausbeute hergestellt. Wie viel Tonnen Phosphortrichlorid werden täglich umgesetzt, wenn 40 t Phosphoroxidchlorid pro Tag zu produzieren sind?

   $$2\,PCl_3 + O_2 \longrightarrow 2\,POCl_3$$

6. Aluminium wird durch Schmelzflusselektrolyse von Aluminiumoxid hergestellt das in einer Kryolithschmelze gelöst ist. Als Elektrodenmaterial dient Kohlenstoff. Wie groß ist der Elektrodenverbrauch pro Kilogramm Aluminium?

   $$Al_2O_3 + 2\,C \longrightarrow 2\,Al + CO_2 + CO$$

7. Wie viel Kilogramm Soda entstehen beim Calcinieren von einer Tonne Natriumhydrogencarbonat?

   $$2\,NaHCO_3 \longrightarrow Na_2CO_3 + CO_2 + H_2O$$

8. 25 kg gebrannter Kalk werden „gelöscht". Wie viel Kilogramm Löschkalk entstehen dabei?

   $$CaO + H_2O \longrightarrow Ca(OH)_2$$

9. Eine Ammoniak-Syntheseanlage produziert pro Stunde 60 t Ammoniak. Wie viel Tonnen Stickstoff und Wasserstoff werden dazu benötigt?

   $$N_2 + 3\,H_2 \longrightarrow 2\,NH_3$$

10. Wie viel Gramm Chlorwasserstoff entstehen bei der Reaktion von 10 g Natriumchlorid mit Schwefelsäure?

    $$2\,NaCl + H_2SO_4 \longrightarrow Na_2SO_4 + 2\,HCl$$

11. Anilin wird durch katalytische Gasphasenhydrierung von Nitrobenzol in praktisch quantitativer Ausbeute hergestellt. Wie viel Kubikmeter Nitrobenzol ($\varrho = 1{,}20\,g/cm^3$) müssen umgesetzt werden, wenn pro Stunde 15,0 t Anilin produziert werden sollen?

    $$C_6H_5NO_2 + 3\,H_2 \longrightarrow C_6H_5NH_2 + 2\,H_2O$$

12. Wie viel Tonnen Benzolsulfonsäure entstehen bei der Sulfonierung von 100 t Benzol mit Oleum?

    $$C_6H_6 + SO_3 \longrightarrow C_6H_5SO_3H$$

13. Wie viel Tonnen Schwefelwasserstoff müssen verbrannt werden, um 100 t Schwefel herzustellen?

    $$2\,H_2S + O_2 \longrightarrow 2\,H_2O + 2\,S$$

14. Von 12 g Aluminium werden 25 % mit Brom zu Aluminiumbromid oxidiert. Wie groß ist die Massenzunahme in Gramm?

    $$2\,Al + 3\,Br_2 \longrightarrow 2\,AlBr_3$$

4.10.2 Umsatzberechnung bei verunreinigten oder gelösten Stoffen

Chemische Reaktionen werden bevorzugt in Lösung oder in der Gasphase durchgeführt. Der Reaktionsablauf wird dadurch begünstigt, da die gelösten Teilchen wegen der größeren Beweglichkeit häufiger und heftiger zusammenstoßen können.

In der chemischen Technik kommen ferner technische Produkte zum Einsatz, die mit anderen Substanzen verunreinigt sind. Dies muss bei der Umsatzberechnung durch eine Gehaltsberechnung berücksichtigt werden (Seite 143).

An Beispielen wird der Rechengang aufgezeigt:

Beispiel 1: Wie viel Gramm Fluorwasserstoff entstehen bei der Reaktion von 20 g Flussspat mit einem Massenanteil an Calciumfluorid von $w(CaF_2) = 96\,\%$ mit Schwefelsäure?

Lösung durch Schlussrechnung:

1. Aufstellen der Reaktionsgleichung: $CaF_2 + H_2SO_4 \longrightarrow CaSO_4 + 2\,HF$
2. Angabe der molaren Massen: $M(CaF_2) = 78{,}08\text{ g/mol}$, $M(HF) = 20{,}01\text{ g/mol}$
3. Berechnung der Masse an Calciumfluorid, CaF_2, im Flussspat:

   100 g Flussspat enthalten 96 g CaF_2
   20 g Flussspat enthalten x g CaF_2

   $$\Rightarrow \quad x = \frac{20\text{ g} \cdot 96\text{ g}}{100\text{ g}} = 19{,}2\text{ g } CaF_2$$

   $m(CaF_2) = 19{,}2\text{ g}$

4. Umsatzberechnung:

   78,08 g CaF_2 reagieren zu $2 \cdot 20{,}01$ g HF
   19,2 g CaF_2 reagieren zu x g HF

   $$\Rightarrow \quad x = \frac{19{,}2\text{ g} \cdot 20{,}01\text{ g}}{78{,}08\text{ g}} = 9{,}841\text{ g HF}$$

   $\boldsymbol{m(HF) \approx 9{,}8\text{ g}}$

Lösung über Proportionen:

$$\frac{m(CaF_2)}{m(HF)} = \frac{n(CaF_2) \cdot M(CaF_2)}{n(HF) \cdot M(HF)} \quad \text{mit } m(CaF_2) = w(CaF_2) \cdot m(\text{Flussspat}) \text{ folgt:}$$

$$\frac{w(CaF_2) \cdot m(\text{Flussspat})}{m(HF)} = \frac{n(CaF_2) \cdot M(CaF_2)}{n(HF) \cdot M(HF)} \quad \Rightarrow \quad m(HF) = \frac{w(CaF_2) \cdot m(\text{Flussspat}) \cdot n(HF) \cdot M(HF)}{n(CaF_2) \cdot M(CaF_2)}$$

$$\boldsymbol{m(HF)} = \frac{0{,}96 \cdot 20\text{ g} \cdot 2\text{ mol} \cdot 20{,}01\text{ g/mol}}{1\text{ mol} \cdot 78{,}08\text{ g/mol}} = 9{,}841\text{ g} \approx \boldsymbol{9{,}8\text{ g}}$$

Beispiel 2: Wie viel Gramm Salzsäure mit einem Massenanteil von $w(HCl) = 30\,\%$ sind erforderlich, um 2,5 g Calciumcarbonat aufzulösen?

Lösung durch Schlussrechnung:

1. Aufstellen der Reaktionsgleichung: $\underline{CaCO_3} + \underline{2\,HCl} \longrightarrow CaCl_2 + CO_2 + H_2O$
2. Angabe der molaren Massen: $M(CaCO_3) = 100{,}09\text{ g/mol}$, $M(HCl) = 36{,}46\text{ g/mol}$
3. Umsatzberechnung:

   100,09 g $CaCO_3$ werden von $2 \cdot 36{,}46$ g HCl gelöst
   2,5 g $CaCO_3$ werden von x g HCl gelöst

   $$\Rightarrow \quad x = \frac{2{,}5\text{ g} \cdot 2 \cdot 36{,}46\text{ g}}{100{,}09\text{ g}} \approx 1{,}82\text{ g HCl}$$

   $m(HCl) \approx 1{,}82\text{ g}$

4. Berechnung der erforderlichen Masse an HCl-Lösung:

   30 g HCl sind in 100 g HCl-Lsg. gelöst
   1,82 g HCl sind in x g HCl-Lsg. gelöst

   $$\Rightarrow \quad x = \frac{1{,}82\text{ g} \cdot 100\text{ g}}{30\text{ g}} \approx 6{,}1\text{ g HCl-Lsg.}$$

   $\boldsymbol{m(\text{HCl-Lsg.}) \approx 6{,}1\text{ g}}$

Lösung über Proportionen:

$$\frac{m(CaCO_3)}{m(HCl)} = \frac{n(CaCO_3) \cdot M(CaCO_3)}{n(HCl) \cdot M(HCl)} \quad \text{mit } m(HCl) = w(HCl) \cdot m(\text{HCl-Lsg.}) \text{ folgt:}$$

$$\frac{m(CaCO_3)}{w(HCl) \cdot m(\text{HCl-Lsg.})} = \frac{n(CaCO_3) \cdot M(CaCO_3)}{n(HCl) \cdot M(HCl)} \quad \Rightarrow \quad m(\text{HCl-Lsg.}) = \frac{m(CaCO_3) \cdot n(HCl) \cdot M(HCl)}{w(HCl) \cdot n(CaCO_3) \cdot M(CaCO_3)}$$

$$\boldsymbol{m(\text{HCl-Lsg.})} = \frac{2{,}5\text{ g} \cdot 2\text{ mol} \cdot 36{,}46\text{ g/mol}}{0{,}30 \cdot 1\text{ mol} \cdot 100{,}09\text{ g/mol}} \approx \boldsymbol{6{,}1\text{ g}}$$

Beispiel 3: Wie viel Gramm Wasser sind erforderlich, wenn aus 15 g Phosphor(V)-oxid eine Phosphorsäure mit einem Massenanteil von $w(H_3PO_4) = 30\,\%$ hergestellt werden soll?

Lösung durch Schlussrechnung:

1. Aufstellen der Reaktionsgleichung: $\underline{P_4O_{10}} + \underline{6\,H_2O} \longrightarrow \underline{4\,H_3PO_4}$

2. Angabe der molaren Massen: $M(P_4O_{10}) = 283{,}89$ g/mol, $M(H_2O) = 18{,}02$ g/mol
   $M(H_3PO_4) = 98{,}00$ g/mol

3. Umsatzberechnung: 283,89 g P_4O_{10} reagieren mit 6 · 18,02 g H_2O zu 4 · 98,00 g H_3PO_4
   15 g P_4O_{10} reagieren mit x g H_2O zu y g H_3PO_4

$$x = \frac{15\,\text{g} \cdot 6 \cdot 18{,}02\,\text{g}}{283{,}89\,\text{g}} \approx 5{,}71\,\text{g}\,H_2O \qquad y = \frac{15\,\text{g} \cdot 4 \cdot 98{,}00\,\text{g}}{283{,}89\,\text{g}} \approx 20{,}71\,\text{g}\,H_3PO_4$$

$$m(H_2O) \approx 5{,}71\,\text{g} \qquad m(H_3PO_4) \approx 20{,}71\,\text{g}$$

4. Berechnung der Wasserportion, die zum Verdünnen benötigt wird:

   30 g H_3PO_4 sind in 70 g H_2O gelöst
   20,71 g H_3PO_4 sind in x g H_2O gelöst

$$\Rightarrow \quad x = \frac{20{,}71\,\text{g} \cdot 70\,\text{g}}{30\,\text{g}} \approx 48{,}32\,\text{g}\,H_2O$$

$$m(H_2O) \approx 48{,}32\,\text{g}$$

5. Berechnung der insgesamt benötigten Wasserportion:

   m (gesamt) = m (H_2O für die Reaktion) + m (H_2O zum Verdünnen)
   ***m* (gesamt)** ≈ 5,71 g H_2O + 48,32 g H_2O ≈ 54,03 g H_2O ≈ **54 g H_2O**

Alternativer Rechengang durch Schlussrechnung:

1. Umsatzberechnung:

   283,89 g P_4O_{10} reagieren zu 4 · 98,00 g H_3PO_4
   15 g P_4O_{10} reagieren zu x g H_3PO_4

$$\Rightarrow \quad x = \frac{15\,\text{g} \cdot 4 \cdot 98{,}00\,\text{g}}{283{,}89\,\text{g}} \approx 20{,}71\,\text{g}\,H_3PO_4$$

$$m(H_3PO_4) \approx 20{,}71\,\text{g}$$

2. Gehaltsberechnung:

   30 g H_3PO_4 sind in 100 g H_3PO_4-Lsg. gelöst
   20,71 g H_3PO_4 sind in x g H_3PO_4-Lsg. gelöst

$$\Rightarrow \quad y = \frac{100\,\text{g} \cdot 20{,}71\,\text{g}}{30\,\text{g}} \approx 69{,}03\,\text{g}\,H_3PO_4\text{-Lösung}$$

$$m(H_3PO_4\text{-Lsg.}) \approx 69{,}03\,\text{g}$$

3. Berechnung der Masse an Wasser in der Phosphorsäure-Lösung:

   ***m* (H_2O)** = m (H_3PO_4-Lsg.) – m (P_4O_{10}) ≈ 69,03 g – 15 g ≈ 54,03 g ≈ **54 g**

Lösung über Proportionen:

$$\frac{m(P_4O_{19})}{m(H_3PO_4)} = \frac{n(P_4O_{10}) \cdot M(P_4O_{10})}{n(H_3PO_4) \cdot M(H_3PO_4)} \quad \text{mit } m(H_3PO_4) = w(H_3PO_4) \cdot m(H_3PO_4\text{ – Lsg.}) \text{ folgt:}$$

$$\frac{m(P_4O_{10})}{w(H_3PO_4) \cdot m(H_3PO_4\text{ – Lsg.})} = \frac{n(P_4O_{10}) \cdot M(P_4O_{10})}{n(H_3PO_4) \cdot M(H_3PO_4)}$$

$$\Rightarrow m(H_3PO_4\text{ – Lsg.}) = \frac{m(P_4O_{10}) \cdot n(H_3PO_4) \cdot M(H_3PO_4)}{w(H_3PO_4) \cdot n(P_4O_{10}) \cdot M(P_4O_{10})}$$

$$m(H_3PO_4\text{ – Lsg.}) = \frac{15\,\text{g} \cdot 4\,\text{mol} \cdot 98{,}00\,\text{g/mol}}{0{,}3 \cdot 1\,\text{mol} \cdot 283{,}89\,\text{g/mol}} \approx 69{,}04\,\text{g}$$

$$\mathbf{m(H_2O)} = m(H_3PO_4\text{ – Lsg.}) - m(P_4O_{10}) \approx 69{,}04\,\text{g} - 15\,\text{g} \approx 54{,}04\,\text{g} \approx \mathbf{54\,g}$$

Aufgaben zu 4.10.2 Umsatzberechnung bei verunreinigten oder gelösten Stoffen

1. Zur Bestimmung des Massenanteils an Natriumchlorid im Steinsalz werden 1,376 g Steinsalz in Wasser gelöst, mit Salpetersäure angesäuert und anschließend mit einem Überschuss an Silbernitrat-Lösung versetzt, wobei Silberchlorid ausfällt. Der gewaschene und getrocknete Niederschlag hat eine Masse von 3,282 g. Berechnen Sie den Massenanteil an Natriumchlorid im Steinsalz.

$$NaCl + AgNO_3 \longrightarrow AgCl + NaNO_3$$

2. 3,2 g Phosphor (V)-oxid werden vorsichtig in 50,0 g Wasser gelöst. Wie groß ist der Massenanteil an Phosphorsäure in der gebildeten Phosphorsäure-Lösung?

$$P_4O_{10} + 6\,H_2O \longrightarrow 4\,H_3PO_4$$

3. Wie viel Kubikzentimeter Salzsäure (w(HCl) = 25 %, ϱ (HCl) = 1,123 g/mL) sind zur Neutralisation von 10 mL Natronlauge (w(NaOH) = 30 %, ϱ (NaOH) = 1,325 g/mL) erforderlich?

$$NaOH + HCl \longrightarrow NaCl + H_2O$$

4. Bei der Alkali-Chlorid-Elektrolyse beträgt der Volumenstrom an Sole pro Elektrolysezelle 3,5 m^3/h. Die Massenkonzentration an Natriumchlorid in der Sole wird im Verlauf der Elektrolyse von 280 g/L auf 235 g/L gesenkt. Wie viel Tonnen Chlor werden täglich aus 156 in Reihe geschalteten Elektrolysezellen produziert?

$$2\,NaCl + 2\,H_2O \longrightarrow 2\,NaOH + H_2 + Cl_2$$

5. Wie viel Kilogramm Natronlauge (w(NaOH) = 50 %) entstehen bei der Zersetzung von einer Tonne Natriumamalgam (w(Na) = 0,3 %)?

$$2\,Na + 2\,H_2O \longrightarrow 2\,NaOH + H_2$$

6. Der Massenanteil an Calciumcyanamid in einem technischen Kalkstickstoff-Dünger beträgt 90 %. Wie viel Kilogramm Ammoniak werden aus 25 kg Kalkstickstoff-Dünger durch Reaktion mit Wasser im Erdboden freigesetzt?

$$CaCN_2 + 3\,H_2O \longrightarrow CaCO_3 + 2\,NH_3$$

7. 5,0 cm^3 Chlorsulfonsäure (ϱ = 1,720 g/cm^3) wurden vorsichtig in 100 cm^3 Wasser eingetragen. Wie viel Gramm Natronlauge (w(NaOH) = 20 %) wird zur vollständigen Neutralisation der Lösung benötigt?

$$HSO_3Cl + H_2O \longrightarrow H_2SO_4 + HCl$$

8. Die Gesamthärte eines Brauchwassers wurde zu c(Ca^{2+}) = 4,5 mmol/L bestimmt. Wie viel Kilogramm Soda benötigt man, um 10 m^3 des Brauchwassers durch Fällung zu enthärten?

$$Ca^{2+} + Na_2CO_3 \longrightarrow CaCO_3 + 2\,Na^+$$

9. Bei der Reaktion von Natrium mit Wasser wurden 200 g Natronlauge mit einem Massenanteil von w(NaOH) = 1,2 % erhalten. Wie viel Gramm Natrium haben sich zu Natronlauge umgesetzt?

$$2\,Na + 2\,H_2O \longrightarrow 2\,NaOH + H_2$$

10. In eine Natronlauge (w(NaOH) = 20 %) wird Kohlenstoffdioxid eingeleitet. Wie groß ist der Massenanteil an Natriumcarbonat in der entstehenden Sodalösung?

$$2\,NaOH + CO_2 \longrightarrow Na_2CO_3 + H_2O$$

11. 175 t Schwefelsäure mit einem Massenanteil von w(H_2SO_4) = 98 % sollen in einem Gegenstromabsorber in Oleum mit w(SO_3) = 30 % überführt werden. Wie viel Tonnen SO_3 müssen absorbiert werden?

$$SO_3 + H_2O \longrightarrow H_2SO_4$$

12. Zur Rauchgasentschwefelung in einem 750 MW Kohlekraftwerk werden pro Stunde 170 t Kalkmilch mit mit einem Massenanteil von w($Ca(OH)_2$) = 5,0 % benötigt. Wie viel Tonnen gebrannter Kalk mit w(CaO) = 90 % müssen gelöscht werden?

$$CaO + H_2O \longrightarrow Ca(OH)_2$$

4.10.3 Umsatzberechnung bei Gasreaktionen

Gasreaktionen sind chemische Reaktionen, die in der Gasphase ablaufen oder Reaktionen, an denen Gase beteiligt sind.

Als Grundlage für die quantitative Erfassung des Stoffumsatzes dient auch hier die Reaktionsgleichung. Die Umrechnung der Massen *m*, Stoffmengen *n* und Volumina *V* erfolgt durch die Grundgleichung der Stöchiometrie (Seite 105) sowie durch die Definitionsgleichung für das molare Volumen $V_{m,n}$ (Seite 111).

Das molare Volumen $V_{m,n}$ eines idealen Gases ist von der Gasart unabhängig und beträgt bei Normbedingungen ($T_n = 273{,}15$ K, $p_n = 1{,}013$ bar) $V_{m,0} = 22{,}41$ L/mol.

Weicht der Gaszustand von den Normbedingungen ab, so muss dies mit Hilfe der Zustandsgleichung der Gase oder mittels der allgemeinen Gasgleichung (Seite 113) berücksichtigt werden.

Grundgleichung der Stöchiometrie
$M(X) = \frac{m(X)}{n(X)}$
Molares Volumen
$V_{m,n} = \frac{V_n(X)}{n(X)}$
Zustandsgleichung der Gase
$\frac{p_n \cdot V_n}{T_n} = \frac{p_1 \cdot V_1}{T_1}$
Allgemeine Gasgleichung
$p \cdot V = \frac{m \cdot R \cdot T}{M}$

Beispiel 1: Wie viel Kubikzentimeter Sauerstoff entstehen bei der thermischen Zersetzung von 1,25 g Quecksilberoxid unter Normbedingungen?

Lösung durch Schlussrechnung:

1. Aufstellen der Reaktionsgleichung: $\underline{2\,HgO_{(s)}} \longrightarrow 2\,Hg_{(l)} + \underline{O_{2(g)}}$
2. Angabe der molaren Massen: $M(HgO) = 216{,}59$ g/mol
3. Umsatzberechnung:
   2 · 216,59 g HgO bilden 22,41 L O_2
   1,25 g HgO bilden *x* L O_2

$$\Rightarrow \quad x = \frac{1{,}25\text{ g} \cdot 22{,}41\text{ L}}{2 \cdot 216{,}59\text{ g}} = 0{,}0647\text{ L } O_2$$

$$\mathbf{V_n(O_2) \approx 64{,}7\ cm^3}$$

Lösung über Proportionen:

$$\frac{m(O_2)}{m(HgO)} = \frac{n(O_2) \cdot M(O_2)}{n(HgO) \cdot M(HgO)} = \frac{1}{2} \cdot \frac{M(O_2)}{M(HgO)} \quad \Rightarrow \quad \frac{m(O_2)}{M(O_2)} = \frac{1}{2} \cdot \frac{m(HgO)}{M(HgO)} \quad \Rightarrow \quad n(O_2) = \frac{1}{2} \cdot \frac{m(HgO)}{M(HgO)}$$

mit $V_n(O_2) = n(O_2) \cdot V_{m,0}$ folgt:

$$\mathbf{V_n(O_2)} = \frac{1}{2} \cdot \frac{m(HgO)}{M(HgO)} \cdot V_{m,0} = \frac{1{,}25\text{ g} \cdot 22{,}41\text{ L/mol}}{2 \cdot 216{,}59\text{ g/mol}} \approx 0{,}0647\text{ L} \approx \mathbf{64{,}7\ cm^3}$$

Beispiel 2: Welches Volumen an Wasserstoff entsteht beim Auflösen von 1,30 g Zink in Salzsäure bei einer Temperatur von 21 °C und einem Druck von 1086 mbar?

Lösung durch Schlussrechnung:

1. Aufstellen der Reaktionsgleichung: $\underline{Zn} + 2\,HCl \longrightarrow ZnCl_2 + \underline{H_2}$
2. Angabe der molaren Massen: $M(Zn) = 65{,}38$ g/mol
3. Umsatzberechnung: 65,38 g Zn bilden 22,41 L H_2
   1,30 g Zn bilden *x* L H_2

$$x = \frac{1{,}30\text{ g} \cdot 22{,}41\text{ L}}{65{,}38\text{ g}} = 0{,}44565\text{ L } H_2$$

$$V(H_2) \approx 0{,}4456\text{ L}$$

4. Umrechnung des Wasserstoff-Volumens auf Reaktionsbedingungen durch die Zustandsgleichung:

$$\frac{p_1 \cdot V_1}{T_1} = \frac{p_n \cdot V_n}{T_n} \quad \Rightarrow \quad \mathbf{V_1} = \frac{p_n \cdot V_n \cdot T_1}{T_n \cdot p_1} = \frac{1013\text{ mbar} \cdot 0{,}4456\text{ L} \cdot 294\text{ K}}{273\text{ K} \cdot 1086\text{ mbar}} \approx \mathbf{0{,}45\ L}$$

Lösung durch Proportionen:

$$\frac{m(H_2)}{m(Zn)} = \frac{n(H_2) \cdot M(H_2)}{n(Zn) \cdot M(Zn)} \quad \text{mit } n(H_2) = n(Zn) \text{ folgt:} \quad \frac{m(H_2)}{m(Zn)} = \frac{M(H_2)}{M(Zn)} \quad \Rightarrow \quad \frac{m(H_2)}{M(H_2)} = \frac{m(Zn)}{M(Zn)}$$

$$V(H_2) = \frac{m \cdot R \cdot T}{M \cdot p} = \frac{m(H_2) \cdot R \cdot T}{M(H_2) \cdot p} = \frac{m(Zn) \cdot R \cdot T}{M(Zn) \cdot p} \quad \text{mit } R = 0{,}08314 \frac{\text{bar} \cdot \text{L}}{\text{K} \cdot \text{mol}}$$

$$\boldsymbol{V(H_2)} = \frac{1{,}30\ \text{g} \cdot 0{,}08314\ \text{bar} \cdot \text{L} \cdot 294\ \text{K}}{65{,}38\ \text{g/mol} \cdot 1{,}086\ \text{bar} \cdot \text{K} \cdot \text{mol}} \approx \mathbf{0{,}45\ L}$$

Aufgaben zu 4.10.3 Umsatzberechnung bei Gasreaktionen

1. Bei der Alkalichlorid-Elektrolyse nach dem Amalgamverfahren werden pro Liter Sole 36,2 g Natriumchlorid elektrolysiert. Wie viel Kubikmeter Wasserstoff entstehen im Amalgamzersetzer bei einer Temperatur von 25 °C und einem Druck von 1,156 bar, wenn 10 Kubikmeter Sole durch die Elektrolysezellen geflossen sind?

   $$2\ NaCl + 2\ H_2O \xrightarrow{\text{elektrische Energie}} 2\ NaOH + H_2 + Cl_2$$

2. Bei der Verbrennung von Heizöl mit einer Dichte von $\varrho = 0{,}83\ g/cm^3$ entstehen pro Kubikmeter Heizöl 5,0 m^3 Schwefeldioxid. Das Volumen der Gasportion wurde bei einer Temperatur von 213 °C und einem Druck von 1052 mbar gemessen. Wie groß ist der Massenanteil an Schwefel im Heizöl? $S + O_2 \longrightarrow SO_2$

3. Für den Springbrunnenversuch wird bei einer Temperatur von $\vartheta = 20\ °C$ und einem Druck von $p_{amb} = 1003\ mbar$ ein Liter Chlorwasserstoffgas benötigt. Wie viel Gramm Natriumchlorid müssen dazu mindestens mit Schwefelsäure umgesetzt werden?

   $$2\ NaCl + H_2SO_4 \longrightarrow Na_2SO_4 + 2\ HCl$$

4. Eine Salzsäure-Elektrolyseanlage produziert aus 240 in Reihe geschalteten Diaphragma-Elektrolysezellen täglich, umgerechnet auf Normbedingungen, $25 \cdot 10^3\ m^3$ Chlorgas. Die Ausbeute ist quantitativ. Der Massenanteil an Hydrogenchlorid wird beim Elektrolysieren der Salzsäure von 22 % auf 18 % verringert.

   $$2\ HCl \xrightarrow{\text{elektrische Energie}} H_2 + Cl_2$$

   a) Wie viel Tonnen Salzsäure mit einem Massenanteil von $w(HCl) = 22\ \%$ müssen täglich durch die Elektrolysezellen geleitet werden?

   b) Wie viel Kubikmeter flüssiges Chlor werden täglich produziert ($\varrho(Cl_2) = 1{,}57\ g/cm^3$)?

5. Eine Salpetersäureanlage synthetisiert täglich $2 \cdot 10^3$ t Salpetersäure mit $w(HNO_3) = 70\ \%$.

   a) Welches Volumen an Ammoniak im Normzustand ist dazu erforderlich?

   b) Welches Volumen an Luft im Normzustand wird benötigt, wenn die Luft einen Volumenanteil an Sauerstoff von $\varphi(O_2) \approx 20\ \%$ hat?

   Gesamtreaktion: $NH_3 + 2\ O_2 \longrightarrow HNO_3 + H_2O$

6. Bei der Salzsäure-Produktion reagiert das aus Wasserstoff und Chlor bestehende Synthesegas in einem Reaktor: $H_2 + Cl_2 \longrightarrow 2\ HCl$

   Nach der Zwischenkühlung liefert die anschließende Gegenstromabsorption mit Edelwasser eine Salzsäure mit einem Massenanteil von $w(HCl) = 38\ \%$. Die Umsetzung verläuft quantitativ. Aus Sicherheitsgründen wird mit einem Wasserstoffüberschuss von 10 % gearbeitet.

   Wie viel Kubikmeter Synthesegas (Normzustand) müssen stündlich verbrannt werden, um 3,3 t/h Salzsäure mit einem Massenanteil von $w(HCl) = 38\ \%$ herzustellen?

7. Bei der Reaktion von Calciumcarbid mit Wasser wurden aus 1,50 g Calciumcarbid 422 mL Ethin erhalten. Das Volumen der Gasportion konnte bei einer Temperatur von $\vartheta = 20\ °C$ und einem Druck von $p_{amb} = 1080\ mbar$ gemessen werden. Wie groß ist der Massenanteil $w(CaC_2)$ im Calciumcarbid? $CaC_2 + 2\ H_2O \longrightarrow C_2H_2 + Ca(OH)_2$

4.10.4 Ausbeute- und Umsatzberechnung

Eine Vielzahl von chemischen Stoffen setzt sich nicht quantitativ (vollständig) zu den Reaktionsprodukten um, die aufgrund stöchiometrischer Berechnungen erwartet werden.

Die Ursachen für diese Umsatzverluste sind:

- unerwünschte Nebenreaktionen,
- unvermeidbare Verluste bei der Aufarbeitung der Reaktionsprodukte,
- unvollständiger Reaktionsablauf z. B. bei Gleichgewichtsreaktionen,
- ein nichtstöchiometrisches Stoffmengenverhältnis der Ausgangsstoffe, z. B. durch Verunreinigungen.

Maßnahmen zur Vermeidung dieser Umsatzverluste sind:

1. Vermeidung von Nebenreaktionen durch Optimierung der Reaktionsbedingungen. Einsatz von selektiven Katalysatoren, die im Wesentlichen nur die Reaktionsgeschwindigkeit der Hauptreaktion beschleunigen.
2. Vollständige Aufarbeitung der Reaktionsprodukte durch geeignete verfahrenstechnische Grundoperationen.
3. Verschiebung des Gleichgewichts der Reaktion auf die Seite der Produkte durch Variation von Druck und/oder Temperatur bei Gasreaktionen. Durch Entfernung von Produkten aus dem Reaktionsgeschehen oder durch Zugabe von Edukten lässt sich ebenfalls das Gleichgewicht auf die Produktseite verschieben und damit der Umsatz vergrößern.
4. Ist der Reinstoff-Massenanteil einer Lösung oder der Massenanteil an Verunreinigungen in einem Rohstoff bekannt, so kann durch den Einsatz einer entsprechend größeren Stoffportion dem Umsatzverlust entgegengewirkt werden.

Ausbeute

Der Begriff Ausbeute wird im zweifachen Sinn verwandt. Mit Ausbeute bezeichnet man allgemein die bei einer chemischen Reaktion tatsächlich entstehende Masse m (X) an Produkt X.

Ausbeute (Wirkungsgrad)
$\eta(X) = \frac{m(X)}{m_{ber}(X)} = \frac{n(X)}{n_{ber}(X)} = \frac{V(X)}{V_{ber}(X)}$

Im erweiterten Sinn ist die Ausbeute η der Wirkungsgrad einer chemischen Reaktion. Man berechnet die Ausbeute η als Quotient aus der tatsächlich entstandenen Produktmasse m (X) und der theoretisch durch stöchiometrische Überlegungen berechneten Produktmasse m_{ber} (X).

Die Ausbeute η wird als Dezimalzahl oder in Prozent angegeben. Bezugsgrößen können neben der Masse m, auch die Stoffmenge n oder das Volumen V sein. Bei kontinuierlich ablaufenden Prozessen lassen sich die Ausbeuten auch auf Stoffströme ($\dot{m}$, $\dot{n}$, $\dot{V}$) beziehen.

Zur Berechnung der Gesamtausbeute η_{ges} bei mehrstufigen Synthesen werden die Einzelausbeuten multipliziert. Die Gesamtausbeute einer chemischen Reaktion ist stets kleiner als die kleinste Einzelausbeute.

Gesamtausbeute mehrstufiger Reaktionen
$\eta_{ges} = \eta_1 \cdot \eta_2 \cdot \eta_3 \dots$

Beispiel 1: Bei der Methanolsynthese wird die Ausbeute bei einmaligem Durchgang des aus Kohlenstoffmonoxid und Wasserstoff bestehenden Synthesegases durch den Reaktor auf 15 % beschränkt. Sonst werden unerwünschte Nebenreaktionen durch zu starken Temperaturanstieg begünstigt.

Wie viel Tonnen Methanol können dem Kreislauf pro Stunde entzogen werden, wenn die theoretische Ausbeute 80 t/h beträgt?

Lösung: $\eta(CH_3OH) = \frac{\dot{m}(CH_3OH)}{\dot{m}_{ber}(CH_3OH)} \Rightarrow \mathbf{\dot{m}(CH_3OH)} = \eta(CH_3OH) \cdot \dot{m}_{ber}(CH_3OH) = 0{,}15 \cdot 80\ t/h = \mathbf{12\ t/h}$

Beispiel 2: Wie groß ist die Gesamtausbeute beim Doppelkontaktverfahren zur Herstellung von Schwefelsäure, wenn bei der Schwefelverbrennung eine Ausbeute von 99,7 %, bei der Aufoxidation des Schwefeldioxids zu Schwefeltrioxid eine Ausbeute von 97,0 % und bei der anschließenden Absorption des Schwefeltrioxids in Oleum eine Ausbeute von 99,6 % erreicht wird?

Lösung: $\eta_{ges} = \eta_1 \cdot \eta_2 \cdot \eta_3 = 0{,}997 \cdot 0{,}97 \cdot 0{,}996 \approx \mathbf{0{,}963} \approx \mathbf{96{,}3\ \%}$

Beispiel 3: Wie viel Kilogramm Bauxit mit dem Massenanteil $w(Al_2O_3) = 60\,\%$ müssen eingesetzt werden, wenn 100 kg Aluminium hergestellt werden sollen? Die Gesamtausbeute des Prozesses beträgt 70 %.

Lösung durch Schlussrechnung:

1. Aufstellen der Reaktionsgleichung: $\underline{Al_2O_3} + 2\,C \longrightarrow \underline{2\,Al} + CO_2 + CO$
2. Angabe der molaren Massen: $M(Al_2O_3) = 101{,}96\,g/mol$, $M(Al) = 26{,}98\,g/mol$
3. Berechnung der stöchiometrisch benötigten Masse an Aluminiumoxid:
   $2 \cdot 26{,}98$ kg Al entstehen aus $101{,}96$ kg Al_2O_3
   100 kg Al entstehen aus x kg Al_2O_3
   $$x = \frac{100\,kg \cdot 101{,}96\,kg}{2 \cdot 26{,}98\,kg} \approx 188{,}95\,kg\ Al_2O_3$$
   $$m(Al_2O_3) \approx 188{,}95\,kg$$
4. Berechnung der Masse an Al_2O_3 unter Berücksichtigung der Ausbeute:
   Bei 100%iger Ausbeute sind $188{,}95$ kg Al_2O_3 einzusetzen.
   Bei 1%iger Ausbeute sind $100 \cdot 188{,}95$ kg Al_2O_3 einzusetzen.
   Bei 70%iger Ausbeute sind $\dfrac{100 \cdot 188{,}95\,kg}{70} \approx 269{,}93$ kg Al_2O_3 einzusetzen.
5. Berechnung der Masse an Bauxit, in der $269{,}93$ kg Al_2O_3 enthalten sind:
   60 kg Al_2O_3 sind in 100 kg Bauxit enthalten
   $269{,}93$ kg Al_2O_3 sind in x kg Bauxit enthalten
   $$\Rightarrow \quad x = \frac{269{,}93\,kg \cdot 100\,kg}{60\,kg} \approx 449{,}9\,kg\ \text{Bauxit}$$
   $$\boldsymbol{m(\text{Bauxit}) \approx 0{,}45\,t}$$

Lösung über Proportionen:

1. Berechnung der stöchiometrisch benötigten Masse an Aluminiumoxid:
   $$\frac{m(Al_2O_3)}{m(Al)} = \frac{n(Al_2O_3) \cdot M(Al_2O_3)}{n(Al) \cdot M(Al)} \Rightarrow m(Al_2O_3) = \frac{m(Al) \cdot n(Al_2O_3) \cdot M(Al_2O_3)}{n(Al) \cdot M(Al)} \quad \text{(Gleichung 1)}$$
2. Berechnung der Masse an Aluminiumoxid unter Berücksichtigung der Ausbeute:
   $$\eta(Al) = \frac{m(Al_2O_3)}{m_{ber}(Al_2O_3)} \Rightarrow m_{ber}(Al_2O_3) = \frac{m(Al_2O_3)}{\eta(Al)} \quad \text{(Gleichung 2)}$$
3. Berechnung der Masse an Bauxit, in der die Masse an Al_2O_3 unter Berücksichtigung der Ausbeute enthalten ist:
   $$w(Al_2O_3) = \frac{m_{ber}(Al_2O_3)}{m(\text{Bauxit})} \Rightarrow m(\text{Bauxit}) = \frac{m_{ber}(Al_2O_3)}{w(Al_2O_3)} \quad \text{(Gleichung 3)}$$
4. Nach dem Einsetzen von Gleichung 2 und 1 in Gleichung 3 erhält man:
   $$m(\text{Bauxit}) = \frac{m_{ber}(Al_2O_3)}{w(Al_2O_3)} = \frac{m(Al_2O_3)}{w(Al_2O_3) \cdot \eta(Al)} = \frac{m(Al) \cdot n(Al_2O_3) \cdot M(Al_2O_3)}{w(Al_2O_3) \cdot \eta(Al) \cdot n(Al) \cdot M(Al)}$$
   $$\boldsymbol{m(\text{Bauxit})} = \frac{100\,kg \cdot 1\,mol \cdot 101{,}96\,g/mol}{0{,}60 \cdot 0{,}70 \cdot 2\,mol \cdot 26{,}98\,g/mol} = 449{,}9\,kg \approx \boldsymbol{0{,}45\,t}$$

Umsatz

Als Umsatz $U(X)$ bezeichnet man die auf die Ausgangsmasse $m_0(X)$ bezogene Masse an Stoff X, die im Verlauf einer Reaktion verbraucht wird. Man berechnet ihn, indem von der Ausgangsmasse $m_0(X)$ die Masse $m(X)$ des Stoffes X nach der Reaktion abgezogen wird und durch die Ausgangsmasse teilt.

Anstatt mit Massen kann der Umsatz auch als Verhältnis der Stoffmengen berechnet werden.

Bei Gasreaktionen kann man ihn aus dem Verhältnis der Volumen ermitteln.

Umsatz
$U(X) = \dfrac{m_0(X) - m(X)}{m_0(X)} = \dfrac{n_0(X) - n(X)}{n_0(X)}$

Umsatz bei Gasreaktionen mit Volumenangabe
$U(X) = \dfrac{V_0(X) - V(X)}{V_0(X)}$

Beispiel: Ein Zinkblech ($m(Zn) = 12{,}4\,g$) wird in ein Becherglas mit verdünnter Salzsäure gestellt. Die Masse des Zinkblechs beträgt nach einer Reaktionszeit von 4,5 min nur noch 8,2 g. Wie groß ist der Umsatz an Zink?

Lösung: $$\boldsymbol{U(Zn)} = \frac{m_0(Zn) - m(Zn)}{m_0(Zn)} = \frac{12{,}4\,g - 8{,}2\,g}{12{,}4} = \frac{4{,}2\,g}{12{,}4\,g} \approx \boldsymbol{0{,}34} \approx \boldsymbol{34\,\%}$$

Aufgaben zu 4.10.4 Ausbeute- und Umsatzberechnung

1. Die Gesamtausbeute eines Farbstoffzwischenprodukts beträgt 50 %. Zur Synthese sind drei Reaktionsschritte erforderlich. Im ersten und dritten Reaktionsschritt wurde eine Ausbeute von 70 % bzw. 75 % erzielt. Wie groß war die Ausbeute im zweiten Reaktionsschritt?

2. Eine Natriumchlorid-Sole verlässt die Elektrolysezelle mit einer Massenkonzentration von β (NaCl) = 235 g/L. Der Natriumchlorid-Umsatz beträgt 16 %. Wie groß war die Ausgangs-Massenkonzentration der Sole?

3. Bei der Veresterung von Essigsäure mit Ethanol beträgt der Umsatz an Ethanol 75 %. Wie viel Gramm Ethanol mit einer Dichte von ϱ (C_2H_5OH) = 0,80 g/cm^3 liegen nach der Reaktion im Reaktionsgemisch vor, wenn 50 mL Ethanol eingesetzt wurden?

4. Beim Kontaktverfahren zur Herstellung von Schwefelsäure erfolgt die Oxidation von Schwefeldioxid zu Schwefeltrioxid am Hordenkontaktkatalysator. Zur Steigerung des Umsatzes wird das aus SO_2 und Sauerstoff bestehende Gasgemisch unter Zwischenkühlung mehrmals durch die Horden geleitet. Bei einer Ausgangskonzentration von φ (SO_2) = 10 % werden in den einzelnen Horden die nebenstehenden Gesamtumsätze an SO_2 erzielt **(Tabelle 140/1)**. Wie groß ist der Volumenanteil an SO_2 im Gasgemisch nach der Oxidation in den einzelnen Horden?

Tabelle 140/1: Gesamtumsätze

Horde	Gesamtumsatz in %
I	60
II	90
III	93

5. Wie viel Gramm Kaliumnitrat müssen thermisch zersetzt werden, wenn bei nur 96%iger Ausbeute 0,50 L Sauerstoff (bei Normbedingungen) hergestellt werden sollen?

$$2\,KNO_3 \longrightarrow 2\,KNO_2 + O_2$$

6. Beim Verbrennen von 20,0 t Schwefel entstehen 39,8 t Schwefeldioxid. Berechnen Sie die Ausbeute in Prozent.

$$S + O_2 \longrightarrow SO_2$$

7. Chrom wird durch Reduktion von Chrom(III)-oxid mit Aluminium hergestellt, wobei Aluminiumoxid entsteht. Wie viel Kilogramm Chrom werden pro Tonne Chrom(III)-oxid erhalten, wenn die Ausbeute 87,0 % beträgt?

$$Cr_2O_3 + 2\,Al \longrightarrow Al_2O_3 + 2\,Cr$$

8. Weißer Phosphor wird elektrochemisch durch Reduktion mit Kohlenstoff hergestellt. Wie viel Tonnen Apatit mit einem Massenanteil an Calciumfluorophosphat von w ($Ca_5(PO_4)_3F$) = 82 % sind pro Tonne Elementarphosphor erforderlich, wenn die Ausbeute 92 % beträgt?

$$2\,Ca_5(PO_4)_3F + 15\,C + 8\,SiO_2 \longrightarrow 6\,P + 15\,CO + 6\,CaSiO_3 + Ca_4Si_2O_7F_2$$

9. Zur Herstellung von Styrol wird Ethylbenzol in Rohrbündelreaktoren katalytisch dehydriert. Wie viel Tonnen Ethylbenzol müssen eingesetzt werden, wenn pro Stunde 10 t Styrol hergestellt werden sollen? Die Ausbeute beträgt 90 %.

$$C_6H_5{-}CH_2{-}CH_3 \longrightarrow C_6H_5{-}CH{=}CH_2 + H_2$$

10. Bei der Reaktion von 1,2 g Aluminiumcarbid (w (Al_4C_3) = 94 %) mit Wasser wurden 490 mL Methan gebildet. Das Volumen der getrockneten Gasportion wurde bei 22 °C und 1020 mbar bestimmt. Wie groß ist die Ausbeute an Methan in Prozent?

$$Al_4C_3 + 12\,H_2O \longrightarrow 4\,Al(OH)_3 + 3\,CH_4$$

11. Chlorbenzol wird mit 65%iger Ausbeute zu para-Nitrochlorbenzol umgesetzt. Wie viel Tonnen Chlorbenzol müssen eingesetzt werden, wenn täglich 50 t para-Nitrochlorbenzol produziert werden sollen?

$$C_6H_5Cl + HNO_3 \longrightarrow Cl{-}C_6H_4{-}NO_2 + H_2O$$

Gemischte Aufgaben zu 4.10 Umsatzberechnung

1. 1,253 g Kupfer(II)-oxid werden in einem Quarzrohr mit Wasserstoff zu elementarem Kupfer reduziert.

   $$CuO + H_2 \longrightarrow Cu + H_2O$$

   a) Wie viel Liter Wasserstoff werden bei 20 °C und 1150 mbar benötigt, wenn mit einem Überschuss an Wasserstoff von 30 % gearbeitet wird?

   b) Der Wasserstoff wird einer 1-Liter-Druckgasflasche bei einer Temperatur von 20 °C und einem Flaschendruck von 150,0 bar entnommen. Welcher Druck stellt sich nach der Gasentnahme in der Druckgasflasche ein?

2. Ein 750-MW-Kraftwerk hat einen Kohlebedarf von 245 t/h. Bei der Kohleverbrennung entstehen 11,0 m^3 Rauchgase pro Kilogramm Kohle. Die Entfernung des Schwefeldioxids im Rauchgas erfolgt durch Gegenstromabsorption in Absorptionskolonnen mittels einer Kalkstein-Suspension. Dabei wird Calciumsulfit gebildet. Anschließend wird das Calciumsulfit mit Luftsauerstoff in wässriger Lösung zum Calciumsulfat oxidiert.

   $$CaCO_3 + SO_2 \longrightarrow CaSO_3 + CO_2, \qquad 2\,CaSO_3 + O_2 \longrightarrow 2\,CaSO_4$$

   a) Das Rauchgas soll von 3100 mg SO_2 pro Kubikmeter auf den zulässigen Grenzwert von 400 mg/m^3 entschwefelt werden. Wie viel Tonnen Kalkstein mit einem Massenanteil von $w(CaCO_3) = 90{,}0\,\%$ sind dazu täglich erforderlich?

   b) Wie viel Tonnen Gips ($CaSO_4 \cdot 2\,H_2O$) fallen täglich an?

3. Bei der Herstellung von Methanol setzt sich das aus Kohlenstoff(II)-oxid und Wasserstoff bestehende Synthesegas bei einmaligem Durchgang durch den Reaktor zu 14 % in Methanol um.

   $$CO + 2\,H_2 \longrightarrow CH_3OH$$

   Wie viel Tonnen Methanol erhält man pro Stunde, wenn $300 \cdot 10^3\,m^3$ Synthesegas durch den Reaktor strömen?

4. Formaldehyd HCHO wird katalytisch durch Oxidation von Methanol in der Gasphase hergestellt. Die Ausbeute beträgt 94 %.

   $$2\,CH_3OH + O_2 \longrightarrow 2\,HCHO + 2\,H_2O$$

   Wie viel Kubikmeter Methanol mit der Dichte $\varrho(CH_3OH) = 0{,}792\,t/m^3$ müssen pro Stunde oxidiert werden, um 50 t/h Formaldehyd-Lösung mit $w(HCHO) = 37\,\%$ herzustellen?

5. Eine Salpetersäurefabrik produziert am Tag $1{,}5 \cdot 10^3$ t Salpetersäure mit $w(HNO_3) = 100\,\%$.

   a) Wie viel Tonnen Ammoniak sind dafür erforderlich, wenn die Gesamtreaktion praktisch quantitativ nach folgender Gesamtgleichung verläuft?

   $$NH_3 + 2\,O_2 \longrightarrow HNO_3 + H_2O$$

   b) Bei der Oxidation dienen Platinnetze als Katalysatoren. Durch Verdampfung und mechanischen Abrieb werden pro Tonne Salpetersäure 200 mg Platin verbraucht, wovon 80,0 % durch Absorption zurückgewonnen werden.

   Berechnen Sie den Platinverlust in Euro, wenn ein Kilogramm Platin 22 000,00 € kostet.

6. 300 Kubikmeter Abluft sollen in einer Gegenstrom-Absorptionsanlage gereinigt werden. Die Abluft hat folgende Volumenanteile: $\varphi(H_2S) = 1{,}24\,\%$, $\varphi(HCl) = 1{,}60\,\%$. Bei der Absorption in Kalilauge ($w(KOH) = 15{,}0\,\%$, $\varrho(KOH) = 1{,}135\,g/cm^3$) werden Kaliumchlorid und Kaliumhydrogensulfid gebildet.

   $$HCl + KOH \longrightarrow KCl + H_2O, \qquad H_2S + KOH \longrightarrow KHS + H_2O$$

   Wie viel Liter Kalilauge sind erforderlich, wenn mit einem KOH-Überschuss von 30,0 % gearbeitet wird?

7. Soda wird nach dem Solvay-Verfahren hergestellt. Die Ausbeute bei der Herstellung von Natriumhydrogencarbonat beträgt 75 %. Die anschließende Calcinierung verläuft praktisch quantitativ.

   $$2\,NaCl + 2\,CO_2 + 2\,NH_3 + 2\,H_2O \longrightarrow 2\,NaHCO_3 + 2\,NH_4Cl; \quad 2\,NaHCO_3 \longrightarrow Na_2CO_3 + H_2O + CO_2$$

   Wie viel Tonnen Steinsalz mit einem Massenanteil von $w(NaCl) = 95\,\%$ sind einzusetzen, wenn pro Stunde 60 t Soda synthetisiert werden sollen?

8. Wie viel Tonnen Ammoniak müssen pro Tonne hergestelltem Hydrazinhydrat $N_2H_4 \cdot H_2O$ zur Reaktion gebracht werden, wenn die Gesamtausbeute 70 % beträgt?

$$2\,NaOH + Cl_2 + 2\,NH_3 \longrightarrow N_2H_4 \cdot H_2O + 2\,NaCl + H_2O$$

9. Fluorwasserstoff wird in Drehrohröfen aus Säurespat durch Reaktion mit Schwefelsäure in 94,0 %iger Ausbeute hergestellt.

$$CaF_2 + H_2SO_4 \longrightarrow 2\,HF + CaSO_4$$

a) Wie viel Tonnen Säurespat mit einem Massenanteil an Calciumfluorid von $w(CaF_2) = 97{,}0\,\%$ sind erforderlich, wenn pro Drehrohrofen täglich 40,0 t Fluorwasserstoff hergestellt werden sollen?

b) Wie viel Tonnen Roherz mit $w(CaF_2) = 45{,}0\,\%$ müssen täglich durch Flotation aufbereitet werden, um den Säurespat herzustellen?

c) Wie viel Tonnen Schwefelsäure ($w(H_2SO_4) = 98{,}0\,\%$) werden benötigt, wenn mit einem Schwefelsäureüberschuss von 5,0 % gearbeitet wird?

10. Bei der Flusssäureproduktion fallen täglich 432 Tonnen Anhydrit an. Er enthält verfahrenstechnisch bedingt einen Massenanteil an Schwefelsäure von $w(H_2SO_4) = 1{,}5\,\%$. Um die Restschwefelsäure zu neutralisieren, wird dem Anhydrid sofort nach Verlassen des Drehrohrofens in einer Mischschnecke Calciumoxid zudosiert.

$$CaO + H_2SO_4 \longrightarrow CaSO_4 + H_2O$$

a) Wie viel Tonnen gebrannter Kalk mit $w(CaO) = 98\,\%$ werden täglich benötigt?

b) Wie viel Tonnen Anhydrid werden täglich produziert?

11. Schwefelsäure ($w(H_2SO_4) = 10\,\%$) wird durch eine Portion Kristallsoda neutralisiert.

$$Na_2CO_3 \cdot 10\,H_2O + H_2SO_4 \longrightarrow Na_2SO_4 + 11\,H_2O + CO_2$$

Wie groß ist der Massenanteil an Natriumsulfat in der entstehenden Lösung?

12. Phosphorpentachlorid wird kontinuierlich durch Chlorierung von Phosphortrichlorid in 99,5%iger Ausbeute hergestellt.

$$PCl_3 + Cl_2 \longrightarrow PCl_5$$

Wie viel Tonnen Phosphortrichlorid sind pro Tag erforderlich, wenn 200 t/d Phosphorpentachlorid hergestellt werden sollen?

13. In 150 t Schwefelsäure-Lösung mit $w(H_2SO_4) = 98\,\%$ werden 60 t Schwefeltrioxid gelöst.

$$SO_3 + H_2O \longrightarrow H_2SO_4$$

Berechnen Sie den Massenanteil an Schwefeltrioxid im Oleum nach der Absorption.

14. Wie groß ist der Massenanteil an Natriumsulfit in einer Natriumsulfit-Lösung, wenn man eine Natronlauge ($w(NaOH) = 10\,\%$) mit Schwefeldioxid umsetzt?

$$2\,NaOH + SO_2 \longrightarrow Na_2SO_3 + H_2O$$

15. Die Synthese von Phosphortrichlorid erfolgt kontinuierlich durch Chlorierung von weißem Phosphor in 99,5%iger Ausbeute.

$$P_4 + 6\,Cl_2 \longrightarrow 4\,PCl_3$$

Welche Massen an Ausgangsstoffen sind für die Synthese von 100 t Phosphortrichlorid pro Tag erforderlich?

16. Wie viel Tonnen Oleum ($w(SO_3) = 25\,\%$) müssen mit Wasser umgesetzt werden, wenn 25 m^3 Schwefelsäure ($w(H_2SO_4) = 50\,\%$, $\varrho(H_2SO_4) = 1{,}4\,t/m^3$) hergestellt werden sollen?

$$SO_3 + H_2O \longrightarrow H_2SO_4$$

17. Bei der Reinigung eines schwefelwasserstoffhaltigen Abgases werden aus 50 m^3 Abgas (Normzustand) 5,0 kg Schwefel gewonnen.

$$2\,H_2S + O_2 \longrightarrow 2\,S + 2\,H_2O$$

Wie groß ist der Volumenanteil $\varphi(H_2S)$ in Prozent, wenn die Schwefelausbeute 90 % beträgt?

5 Rechnen mit Mischphasen

Phasen sind homogene feste, flüssige oder gasförmige Stoffportionen aus einem oder mehreren Stoffen. Enthält eine Phase mehrere Stoffe, wird sie Mischphase genannt.

- Gasförmige Mischphasen bezeichnet man auch als **Gasgemische**.
- Flüssige Mischphasen bezeichnet man als **Lösungen**.
- Feste Mischphasen bezeichnet man als **Feststoffgemische** oder bei Metallen als **Legierungen**.

In der Chemie spielen die flüssigen Mischphasen, vor allem die Lösungen, eine besonders wichtige Rolle. Chemische Reaktionen werden in der Chemieanlage und im Labor bevorzugt in der Flüssigkeits- oder Gasphase durchgeführt. Die Stoffteilchen der reagierenden Stoffe besitzen darin eine größere Teilchenbeweglichkeit, sodass sie häufiger und heftiger zusammenstoßen. Lösevorgänge und chemische Reaktionen verlaufen somit rascher.

5.1 Gehaltsgrößen von Mischphasen

Der Ausdruck **Gehalt** wird heute nur noch als Oberbegriff bei der **qualitativen** Beschreibung der Zusammensetzung einer Mischphase verwendet, z. B. sagt man: Der Salzgehalt wurde durch Abdampfen erhöht.

Die **Begriffe** zur **quantitativen** Beschreibung des Gehalts von Mischphasen sind:

Anteil **Konzentration** und **Verhältnis**

Dabei werden die in der Mischphase enthaltenen Komponenten mit Hilfe der Größen:

Masse *m* **Volumen *V*** oder **Stoffmenge *n*** zueinander in Beziehung gesetzt.

Anteile sind Quotienten aus einer der Größen Masse *m*, Volumen *V* oder Stoffmenge *n* einer Stoffportion und der Summe der gleichdimensionalen Größen aller Stoffe der Mischphase.

Konzentrationen sind Quotienten aus einer der Größen Masse *m*, Volumen *V* oder Stoffmenge *n* einer Stoffportion und dem Volumen *V* der Mischphase.

Verhältnisse sind Quotienten aus einer der Größen Masse *m*, Volumen *V* oder Stoffmenge *n* für eine Stoffportion und der jeweils gleichdimensionalen Größe der anderen Stoffportion der Mischphase.

In der folgenden Übersicht sind die Definitionen der Gehaltsgrößen – Anteile, Konzentrationen und Verhältnisse – zusammengestellt **(Tabelle 143/1)**.

Es werden folgende Abkürzungen verwendet: (Lm) Lösemittel, (Lsg) Lösung, (X) gelöster Stoff (Komponente).

Tabelle 143/1: Definitionen der Gehaltsgrößen

→ Bezugsgröße ↓ Gehaltsgröße	Masse *m* (X)	Volumen *V* (X)	Stoffmenge *n* (X)
Anteile	Massenanteil *w* (X) $w(X) = \frac{m(X)}{m(Lm) + m(X)}$	Volumenanteil *φ* (X) $\varphi(X) = \frac{V(X)}{V(Lm) + V(X)}$	Stoffmengenanteil *χ* (X) $\chi(X) = \frac{n(X)}{n(Lm) + n(X)}$
Konzentrationen	Massenkonzentration *β* (X) $\beta(X) = \frac{m(X)}{V(Lsg)}$	Volumenkonzentration *σ* (X) $\sigma(X) = \frac{V(X)}{V(Lsg)}$	Stoffmengenkonzentration *c* (X) $c(X) = \frac{n(X)}{V(Lsg)}$
Verhältnisse	Massenverhältnis *ζ* (X) z. B. Löslichkeit *L* $L(X) = \frac{m_{max}(X)}{m(Lm)}$	Volumenverhältnis *ψ* (X) $\psi(X) = \frac{V(X)}{V(Lm)}$	Stoffmengenverhältnis *r* (X) $r(X) = \frac{n(X)}{n(Lm)}$

Die nachfolgenden Berechnungen befassen sich mit den in der chemischen Produktion und Laborpraxis am häufigsten verwendeten Gehaltsgrößen Massenanteil w, Volumenanteil φ, Stoffmengenanteil χ (griech. Chi), Massenkonzentration β, Volumenkonzentration σ, Stoffmengenkonzentration c und Löslichkeit L.

5.1.1 Massenanteil *w*

Massenanteil $w(\mathrm{X}) = \dfrac{m(\mathrm{X})}{m(\mathrm{Lsg})}$

Der **Massenanteil *w* (X)** einer Komponente X ist der Quotient aus der Masse *m* (X) dieser Komponente und der Masse *m* (Lsg) der Lösung.

Beispiel 1 (Bild 144/1): Löst man 500 g NaCl in 2,0 kg Wasser, so beträgt die Masse der entstehenden Lösung $m(\mathrm{Lsg}) = 500\ \mathrm{g} + 2000\ \mathrm{g} = 2500\ \mathrm{g}$.

Der Massenanteil *w* (NaCl) beträgt dann in der Lösung:

$$\boldsymbol{w}\textbf{(NaCl)} = \frac{m(\mathrm{NaCl})}{m(\mathrm{NaCl\text{-}Lösung})} = \frac{500\ \mathrm{g}}{2500\ \mathrm{g}} = 0{,}20 = \mathbf{20\%}$$

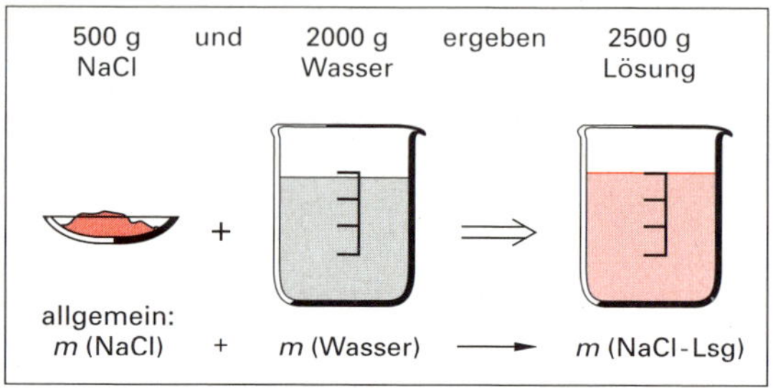

Bild 144/1: Größen zur Bestimmung des Massenanteils *w*

Der Massenanteil kann mit *gleichen* Einheiten (g/g, kg/kg u.a.) oder *ungleichen* Einheiten (mg/g = g/kg, mg/kg, µg/kg u.a.) für die Zähler- und Nennergröße angegeben werden.

Die Größe *w* kann auch als Bruchteil einer Stoffportion angegeben werden, z.B. als Bruchteil der Zahl 1. Beispiel: $w = 0{,}75$ entspricht 0,75 g gelöster Stoff in 1 g Lösung.

Darüber hinaus gibt es weitere, mögliche Angaben für Massenanteile **(Tabelle 144/1)**.

Tabelle 144/1: Gehaltsangaben für Massenanteile					
in % Prozent ⇒ Teile pro 100 Teile	in ‰ Promille ⇒ Teile pro 10^3 Teile	in ppm parts p. million ⇒ Teile pro 10^6 Teile	in ppb parts p. billion ⇒ Teile pro 10^9 Teile	in ppt parts p. trillion ⇒ Teile pro 10^{12} Teile	in ppq parts p. quadrillion ⇒ Teile pro 10^{15} Teile
Beispiel: Der Massenanteil *w* (Zucker) in Wasser (1 L = 1 kg) beträgt nach Lösen **eines Zuckerwürfels** (*m* = 2,7 g) in:					
0,27 L ≙ 2 Tassen  *w* = 1% = 1 g / 100 g	2,7 L ≙ 2,7 Flaschen  *w* = 1 ‰ = 1 g / 1000 g = 1 g / 1 kg	2 700 L ≙ Tankwagen  *w* = 1 ppm = 1 mg / 1 kg = 1 g / 1000 kg	2,7 Mio. L ≙ eine Tankerladung 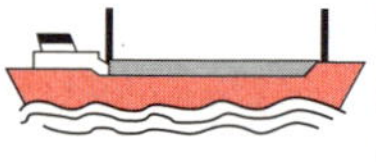 *w* = 1 ppb = 1 µg / 1 kg = 1 mg / 1000 kg	2,7 Milliarden L ≙ Stauseefüllung 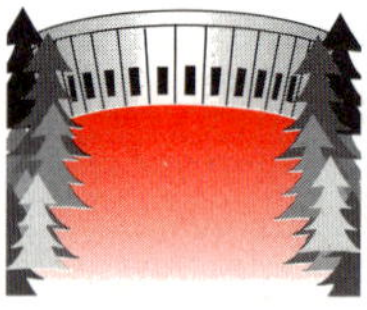 *w* = 1 ppt = 1 ng / 1 kg = 1 µg / 1000 kg	2,7 Billionen L ≙ Starnberger See  *w* = 1 ppq = 1 pg / 1 kg = 1 µg / 1000 t

Wird eine Gehaltsangabe in Prozent angegeben, so ist damit stets ein **Anteil** des Stoffes X gemeint, z.B. Gramm gelöste Substanz in 100 g Lösung oder Milliliter gelöste Substanz in 100 mL Lösung.

So sind z.B. in einer Natriumchloridlösung mit einem Massenanteil von $w(\mathrm{NaCl}) = 0{,}05 = 5\%$ in 100 g Lösung 5 g gelöstes NaCl und 95 g Lösemittel (Wasser) enthalten.

Beispiel 2: Wie viel Gramm Kaliumhydroxid KOH sind in 500 g Kalilauge enthalten, die einen Massenanteil *w* (KOH) = 23,38 % besitzt?

Lösung: $w(\mathrm{KOH}) = \dfrac{m(\mathrm{KOH})}{m(\mathrm{Lsg})} \Rightarrow \boldsymbol{m}\textbf{(KOH)} = w(\mathrm{KOH}) \cdot m(\mathrm{Lsg}) = 0{,}2338 \cdot 500\ \mathrm{g} = 116{,}9\ \mathrm{g} \approx \mathbf{117\ g}$

Aufgaben zu 5.1.1 Massenanteil *w*

1. In 550 kg Wasser werden 200 kg Natriumsulfat Na_2SO_4 gelöst. Welchen Massenanteil $w(Na_2SO_4)$ hat die Lösung in Prozent?
2. 2,50 t Natronlauge aus Diaphragmazellen der Alkalichlorid-Elektrolyse mit $w(NaOH) = 12{,}50\,\%$ werden eingedampft. Wie viel Kilogramm Natriumhydroxid NaOH können gewonnen werden?
3. Welche Massen an Natriumchlorid und Wasser sind zur Herstellung von 2,30 t einer Sole mit einem Massenanteil $w(NaCl) = 26{,}1\,\%$ zur Elektrolyse in Membranzellen nötig?
4. 5,5 kg Calciumchlorid-6-Hydrat $CaCl_2 \cdot 6\,H_2O$ werden in 80 kg Wasser gelöst. Berechnen Sie den Massenanteil $w(CaCl_2)$ in der Lösung.
5. Wie viel Kilogramm Kristallsoda (Natriumcarbonat-10-Hydrat) $Na_2CO_3 \cdot 10\,H_2O$ sind einzuwiegen, wenn 50,0 kg einer Sodalösung mit einem Massenanteil $w(Na_2CO_3) = 2{,}50\,\%$ entstehen sollen?
6. Eine Ammoniaklösung der Dichte $\varrho = 0{,}940\ kg/dm^3$ enthält in 250 L Lösung 35,3 kg Ammoniak. Welchen Massenanteil $w(NH_3)$ in Prozent hat die Lösung?

5.1.2 Volumenanteil φ

Der **Volumenanteil φ (X)** einer Komponente X ist der Quotient aus dem Volumen $V(X)$ dieser Komponente und der Summe der Volumina des Lösemittels $V(Lm)$ und $V(X)$ der Komponente. (φ: griechischer Buchstabe Phi)

Die Gleichung kann auf mehrere Komponenten erweitert werden.

Volumenanteil $$\varphi(X) = \frac{V(X)}{V(Lm) + V(X)}$$

Beispiel 1 **(Bild 145/1):**
500 mL Benzol werden mit 200 mL Toluol gemischt. Welchen Volumenanteil φ (Benzol) hat die Lösung?

$$\boldsymbol{\varphi}\textbf{(Benzol)} = \frac{V(\text{Benzol})}{V(\text{Benzol}) + V(\text{Toluol})} = \frac{500\ \text{mL}}{700\ \text{mL}}$$
$$= 0{,}7142857 \approx \mathbf{71{,}4\,\%}$$

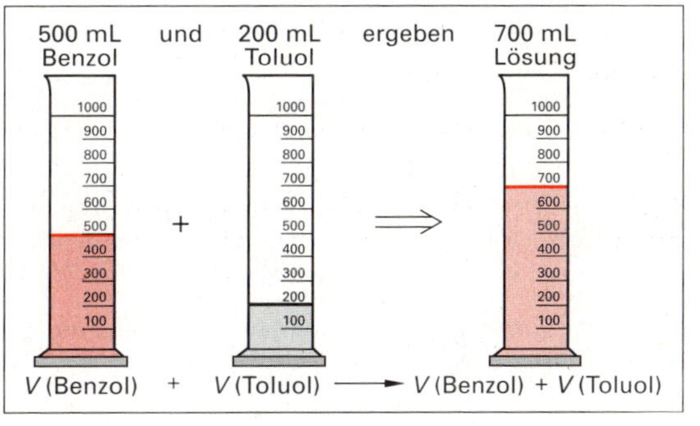

Bild 145/1: Größen zur Bestimmung des Volumenanteils φ

Der Volumenanteil φ kann, vergleichbar wie beim Massenanteil *w* (Seite 144), mit gleichen Einheiten (z.B. L/L, mL/mL u.a.) oder ungleichen Einheiten (z.B. mL/L, mL/m^3 u.a.) angegeben werden.

Entsprechend kann φ auch als Bruchteil von 1, in Prozent % (z.B. φ (Ethanol) = 96 % entspricht 96 mL Ethanol in 100 mL Lösung), ferner in Promille ‰ (≙ mL/L), in ppm (≙ mL/m^3), ppb oder ppt angegeben werden (vergleiche Tabelle 144/1). Ein Volumenanteil in %, ‰ oder ppm ist eindeutig durch das Größenzeichen φ zu kennzeichnen.

Beispiel 2: Der MAK-Wert (**M**aximale **A**rbeitsplatz-**K**onzentration) für Chlor beträgt $\varphi(Cl_2) = 0{,}5$ ppm. Wie viel mL Chlorgas darf 1,0 Liter Atemluft am Arbeitsplatz maximal enthalten?

Lösung: $\varphi(Cl_2) = 0{,}5\ \text{ppm} = 0{,}5\ mL/m^3$ $\quad \boldsymbol{\varphi}\,\mathbf{(Cl_2)} = \frac{V(Cl_2)}{V(\text{Luft})} = \frac{0{,}5\ \text{mL}}{1{,}0\ m^3} = \frac{0{,}5\ \text{mL}}{1000\ \text{L}} = \mathbf{0{,}5\ \mu L/L}$

Anmerkung: Da es beim Mischen von Flüssigkeiten häufig zur Volumenkontraktion kommt, sollte der Volumenanteil nur für Flüssigkeitsgemische ohne Volumenänderung und für Gasgemische verwendet werden. Eine geeignete, volumenbezogene Gehaltsangabe für Flüssigkeitsgemische ist die Volumenkonzentration σ (Seite 150).

Aufgaben zu 5.1.2 Volumenanteil φ

1. In 1,0 m^3 Luft sind 0,30 L Kohlenstoffdioxid CO_2. Welchen Volumenanteil $\varphi(CO_2)$ in ppm hat Luft?
2. Aus 500 m^3 eines Gasgemisches wurde das Kohlenstoffdioxid ausgewaschen. Nach der Gaswäsche verblieben noch 475 m^3 Restgas. Welchen Volumenanteil $\varphi(CO_2)$ hatte das Gasgemisch?
3. Welches Erdölvolumen mit einem Volumenanteil φ(Benzin) = 21,3 % muss eine Raffinerie stündlich durchsetzen, wenn 25,0 m^3 Benzin produziert werden sollen?

5.1.3 Stoffmengenanteil χ

Der **Stoffmengenanteil** χ **(X)** einer Komponente X ist der Quotient aus der Stoffmenge n (X) dieser Komponente und der Summe der Stoffmengen des Lösemittels n (Lm) und der Komponente n (X). (χ: griechischer Buchstabe Chi)

Stoffmengenanteil $\chi(X) = \dfrac{n(X)}{n(Lm) + n(X)}$

(Früher Molanteil oder Molenbruch genannt)

Die Gleichung kann auf mehrere Komponenten erweitert werden.

Der Stoffmengenanteil χ kann, vergleichbar mit w und φ, in gleichen Einheiten (mol/mol) oder ungleichen Einheiten (mmol/mol) angegeben werden (Seite 144). Zur Anwendung kommen die Angaben %, ‰, ppm.

Beispiel 1 **(Bild 146/1):**
Ein Reaktionsgemisch enthält 78,00 g Benzol C_6H_6 und 23,00 g Methylbenzol (Toluol) C_7H_8. Wie groß sind die Stoffmengenanteile der Komponenten?

Lösung: M (Benzol) = 78,11 g/mol,
M (Toluol) = 92,14 g/mol

$$n(C_6H_6) = \frac{m(C_6H_6)}{M(C_6H_6)} = \frac{78{,}00\ g}{78{,}11\ g/mol} \approx 0{,}9986\ mol$$

$$n(C_7H_8) = \frac{n(C_7H_8)}{M(C_7H_8)} = \frac{23{,}00\ g}{92{,}14\ g/mol} \approx 0{,}2496\ mol$$

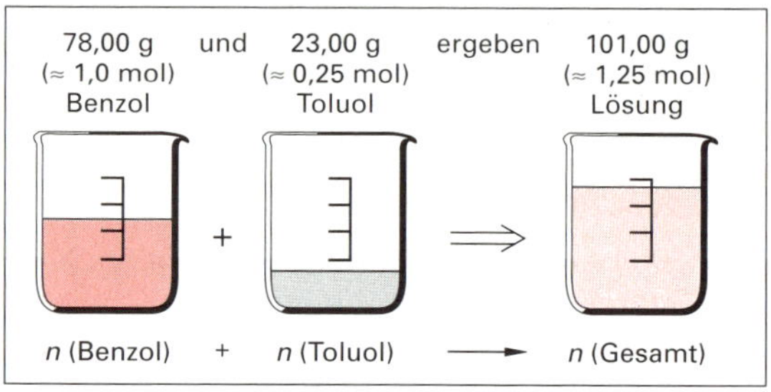

Bild 146/1: Größen zur Bestimmung des Stoffmengenanteils χ

$$\boldsymbol{\chi}\textbf{(Benzol)} = \frac{n(C_6H_6)}{n(C_6H_6) + n(C_7H_8)} = \frac{0{,}9986\ mol}{0{,}9986\ mol + 0{,}2496\ mol} = 0{,}8000 = \mathbf{80{,}00\,\%}$$

$$\boldsymbol{\chi}\textbf{(Toluol)} = 100\,\% - \chi(\text{Benzol}) = 100\,\% - 80{,}00\,\% = \mathbf{20{,}00\,\%}$$

Beispiel 2: 800 Liter eines Gasgemisches bei Normbedingungen enthalten 550 L Propen C_3H_6, 150 L Chlorgas Cl_2 und 100 L Chlorwasserstoff HCl. Welche Stoffmengenanteile liegen vor?

Lösung: Bei Normbedingungen beträgt das molare Volumen idealer Gase $V_{m,n}$ = 22,41 L/mol.

$$V_{m,n} = \frac{V(X)}{n(X)} \Rightarrow n(X) = \frac{V(X)}{V_{m,n}} \qquad n(C_3H_6) = \frac{550\ L}{22{,}41\ L/mol} \approx 24{,}54\ mol$$

$$n(Cl_2) = \frac{150\ L}{22{,}41\ L/mol} = 6{,}69\ mol \qquad n(HCl) = \frac{100\ L}{22{,}41\ L/mol} \approx 4{,}46\ mol$$

$$\chi(\mathbf{C_3H_6}) = \frac{24{,}54\ mol}{24{,}54\ mol + 6{,}69\ mol + 4{,}46\ mol} = \frac{24{,}54\ mol}{35{,}69\ mol} = 0{,}6876 \approx \mathbf{68{,}8\,\%}$$

$$\chi(\mathbf{Cl_2}) = \frac{6{,}69\ mol}{35{,}69\ mol} = 0{,}18745 \approx \mathbf{18{,}7\,\%}; \qquad \chi(\mathbf{HCl}) = \frac{4{,}46\ mol}{35{,}69\ mol} = 0{,}1250 \approx \mathbf{12{,}5\,\%}$$

Kontrollrechnung: $\chi(C_3H_6) + \chi(Cl_2) + \chi(HCl)$ = 68,8 % + 18,7 % + 12,5 % = 100 %

Aufgaben zu 5.1.3 Stoffmengenanteil χ

1. Ein Gasgemisch besteht im Normzustand aus 0,50 L Kohlenstoffmonoxid CO, 2,50 L Sauerstoff O_2 und 8,00 L Stickstoff N_2. Berechnen Sie die Stoffmengenanteile in Prozent.
2. Ein Gemisch enthält 550 kg Benzol C_6H_6, 350 kg Toluol C_7H_8 und 80,0 kg m-Xylol C_8H_{10}. Welche Stoffmengenanteile enthält das Gemisch jeweils?
3. Ein Alkohol-Wasser-Gemisch besteht aus 2,15 mol Wasser und 3,58 mol Ethanol. Wie groß sind die Stoffmengenanteile der Gemischbestandteile?
4. 12,5 g Essigsäure CH_3COOH werden in 100 g Wasser gelöst. Welchen Stoffmengenanteil hat die Essigsäure-Lösung?
5. 250 mL Ethanol der Dichte 0,7895 g/cm³ und 300 mL Methanol der Dichte 0,7915 g/cm³ werden gemischt. Welche Stoffmengenanteile der Alkohole enthält die Mischung?

5.1.4 Umrechnung der verschiedenen Anteile

In der chemischen Praxis tritt häufig der Fall auf, dass der Gehalt einer Mischphase, z. B. einer Lösung, in **einer** Anteil-Gehaltsgröße bekannt ist. Zur weiteren Berechnung benötigt man die Gehaltsgröße jedoch in einer **anderen** Anteil-Gehaltsgröße.

Beispiel: Von einem Flüssigkeitsgemisch ist der Massenanteil $w(X)$ bekannt. Zur Destillation des Gemisches wird sein Gehalt als Stoffmengenanteil $\chi(X)$ benötigt. Die Umrechnung der verschiedenen Anteil-Gehaltsgrößen kann grundsätzlich auf zwei Arten durchgeführt werden:

1. Umrechnung über Bezugs-Stoffportionen und Quantitäten

Hierbei ermittelt man für Bezugs-Stoffportionen (z. B. 100 g, 1 L, 1 mol) die benötigten Quantitäten (m, M, n, ϱ, V, ...) und berechnet dann mit den Definitionsgleichungen die geforderten Anteile-Gehaltsgrößen.

Beispiel: Von einem Xylol/Toluol-Gemisch ist der Massenanteil des Xylols bekannt: $w(\text{Xylol}) = 0{,}140$. Es sollen die Stoffmengenanteile des Flüssigkeitsgemisches berechnet werden.

Lösung: $w(\text{Xylol}) = 0{,}140 = 14{,}0\ \% \quad \Rightarrow \quad w(\text{Toluol}) = 0{,}860 = 86{,}0\ \%$

$M(\text{Xylol}) = 106{,}2\ \text{g/mol}, \quad M(\text{Toluol}) = 92{,}14\ \text{g/mol}$

In 100 g des Gemisches sind 14,0 g Xylol und 86,0 g Toluol. Darin sind die Stoffmengen enthalten:

$$n(\text{Xylol}) = \frac{m(\text{Xylol})}{M(\text{Xylol})} = \frac{14{,}0\ \text{g}}{106{,}2\ \text{g}} = 0{,}1318\ \text{mol} \qquad n(\text{Toluol}) = \frac{m(\text{Toluol})}{M(\text{Toluol})} = \frac{86{,}0\ \text{g}}{92{,}14\ \text{g}} = 0{,}9333\ \text{mol}$$

Mit der Definitionsgleichung der Stoffmengenanteile folgt dann:

$$\chi(\textbf{Xylol}) = \frac{n(\text{Xylol})}{n(\text{Xylol}) + n(\text{Toluol})} = \frac{0{,}1318\ \text{mol}}{0{,}1318\ \text{mol} + 0{,}9333\ \text{mol}} = 0{,}1237 \approx \mathbf{12{,}4\,\%}$$

$$\chi(\textbf{Toluol}) = \frac{n(\text{Toluol})}{n(\text{Xylol}) + n(\text{Toluol})} = \frac{0{,}9333\ \text{mol}}{0{,}1318\ \text{mol} + 0{,}9333\ \text{mol}} = 0{,}8762 \approx \mathbf{87{,}6\,\%}$$

2. Umrechnung mit Berechnungsformeln

Die in obigem Beispiel durchgeführte Berechnung lässt sich auch allgemein in Formeln ausdrücken und führt zu einer Berechnungsformel zwischen Massenanteil $w(X)$ und Stoffmengenanteil $\chi(X)$:

$$\chi(X) = \frac{w(X)}{M(X) \cdot \dfrac{1}{M(\text{Lsg})}}$$

$$\frac{1}{M(\text{Lsg})} = \frac{w(X)}{M(X)} + \frac{w(\text{Lm})}{M(\text{Lm})}$$

Auch für die Umrechnung der anderen Anteil-Gehaltsgrößen erhält man entsprechende Umrechnungsformeln. Alle Umrechnungsformeln zwischen Anteil-Gehaltsgrößen lassen sich anschaulich in einem Umrechnungskreis darstellen **(Bild 147/1)**.

Daraus können die Umrechnungsformeln zwischen zwei Anteil-Gehaltsgrößen abgelesen werden. Dazu sucht man die geforderten Anteil-Gehaltsgrößen im Umrechnungskreis und geht von der bekannten Anteil-Gehaltsgröße in Richtung der geforderten Gehaltsgröße. Verläuft dieser Weg **in Pfeilrichtung**, so wird die bekannte Gehaltsgröße mit dem in diesem Kästchen stehenden Faktor **multipliziert**.

Beispiel 1: bekannte Gehaltsgröße: $\chi(X)$
gesuchte Gehaltsgröße: $w(X)$

$$w(X) = \chi(X) \cdot \frac{M(X)}{M(\text{Lsg})}, \text{ mit } M(\text{Lsg}) = \chi(X) \cdot M(X) + \chi(\text{Lm}) \cdot M(\text{Lm})$$

Verläuft der Weg von der bekannten zur geforderten Gehaltsgröße **entgegen der Pfeilrichtung**, so wird die bekannte Größe durch den Faktor **dividiert**.

Beispiel 2: bekannte Gehaltsgröße: $w(X)$
gesuchte Gehaltsgröße: $\varphi(X)$

$$\varphi(X) = \frac{w(X)}{\dfrac{\varrho(X)}{\varrho(\text{Lsg})}} = \frac{w(X) \cdot \varrho(\text{Lsg})}{\varrho(X)}$$

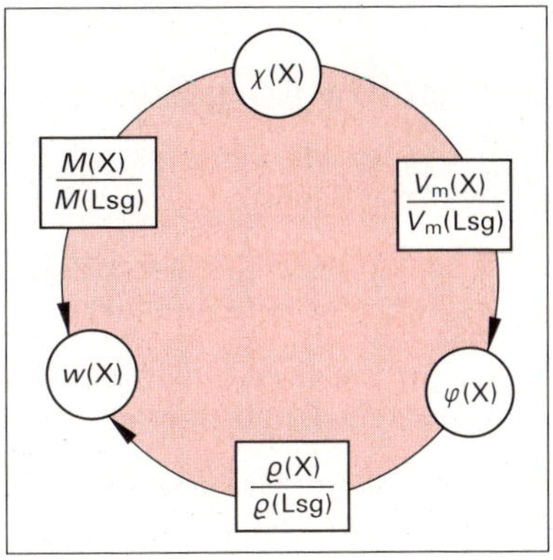

Bild 147/1: Anteile-Umrechnungskreis

Beispiel 3: Von einem Xylol/Toluol-Gemisch ist der Massenanteil des Xylol bekannt: $w(\text{Xylol}) = 0{,}140$. Es sollen die Stoffmengenanteile des Flüssigkeitsgemisches berechnet werden n(Xylol ≙ Xy, Toluol ≙ To).

Lösung: Aus Bild 147/1 wird die folgende Umrechnungsformel abgelesen und darin die Werte eingesetzt:

$$\chi(\text{Xy}) = \frac{w(\text{Xy})}{M(\text{Xy}) \cdot \dfrac{1}{M(\text{Lsg})}} = \frac{w(\text{Xy})}{M(\text{Xy}) \cdot \left(\dfrac{w(\text{Xy})}{M(\text{Xy})} + \dfrac{w(\text{To})}{M(\text{To})}\right)} = \frac{0{,}140}{106{,}2\,\dfrac{\text{g}}{\text{mol}} \cdot \left(\dfrac{0{,}140}{106{,}2\text{ g/mol}} + \dfrac{0{,}860}{92{,}14\text{ g/mol}}\right)}$$

χ **(Xylol) = 0,12378 ≈ 12,4 %**

$$\chi(\text{To}) = \frac{w(\text{To})}{M(\text{To}) \cdot \dfrac{1}{M(\text{Lsg})}} = \frac{w(\text{To})}{M(\text{To}) \cdot \left(\dfrac{w(\text{To})}{M(\text{To})} + \dfrac{w(\text{Xy})}{M(\text{Xy})}\right)} = \frac{0{,}860}{92{,}14\,\dfrac{\text{g}}{\text{mol}} \cdot \left(\dfrac{0{,}860}{92{,}14\text{ g/mol}} + \dfrac{0{,}140}{106{,}2\text{ g/mol}}\right)}$$

χ **(Toluol) = 0,87621 ≈ 87,6 %**

Aufgaben zu 5.1.4 Umrechnung der verschiedenen Anteile

1. Ein Gemisch enthält die Stoffmengenanteile $\chi(CO_2) = 70{,}0\ \%$ und $\chi(SO_2) = 30{,}0\ \%$. Wie groß ist der Massenanteil $w(CO_2)$ im Gemisch?
2. Eine wässrige Lösung von 2-Propanol hat die Dichte $\varrho = 0{,}945\ \text{g/cm}^3$ und einen Volumenanteil $\varphi(\text{Propanol}) = 40{,}0\ \%$. Wie groß ist der Propanol-Massenanteil, wenn die Dichte des reinen Alkohols $0{,}784\ \text{g/cm}^3$ beträgt?
3. Welchen Volumenanteil φ(Methanol) hat eine wässrige Methanol-Lösung mit $w(CH_3OH) = 42{,}73\ \%$? Dichten bei 20 °C: $\varrho(\text{Methanol}) = 0{,}7923\ \text{g/cm}^3$, $\varrho(\text{Lösung}) = 0{,}9271\ \text{g/cm}^3$, $\varrho(\text{Wasser}) = 0{,}9982\ \text{g/cm}^3$.
4. In einem Waschturm fallen täglich 7,50 t Harnstoff-Lösung mit einem Massenanteil $w(CON_2H_4) = 6{,}50\ \%$ an. Welchen Stoffmengenanteil an Harnstoff enthält die Lösung?
5. Das Synthesegemisch für die Ammoniak-Synthese enthält 0,0355 mol/L Wasserstoff H_2 und 0,0113 mol/L Stickstoff N_2. Welche Massenanteile der Ausgangsstoffe liegen vor?
6. Die Analyse eines Kalksteins ergab die Massenanteile $w(CaCO_3) = 87{,}5\ \%$, $w(CaSO_4) = 7{,}4\ \%$ und $w(CaCl_2) = 5{,}1\ \%$. Berechnen Sie die Stoffmengenanteile der drei Bestandteile.
7. In der Absorptionskolonne einer Salpetersäureanlage fällt Salpetersäure mit einem Massenanteil $w(HNO_3) = 50{,}5\ \%$ an. Welchen Salpetersäure-Volumenanteil hat die Lösung?
   Dichten bei 20 °C: $\varrho(\text{Lsg}) = 1{,}310\ \text{g/cm}^3$, $\varrho(HNO_3, 100\ \%) = 1{,}513\ \text{g/cm}^3$.
8. Ein Aceton/Wasser-Gemisch enthält einen Stoffmengenanteil $\chi(\text{Aceton}) = 14{,}5\ \%$. Wie groß ist der Aceton-Massenanteil?

Gemischte Aufgaben zu 5.1.1 bis 5.1.4 Rechnen mit Anteilen

1. In 1,85 kg wässriger Essigsäure-Lösung sind 258 g Essigsäure gelöst. Wie groß ist der Massenanteil der Säure?
2. In 58,0 g wässriger Benzoesäure-Lösung sind 280 mg Benzoesäure gelöst. Berechnen Sie den Massenanteil w (Säure) der Lösung.
3. 600 kg Kaliumhydroxid KOH werden in 3,40 t Wasser gelöst. Wie groß ist der Massenanteil w (KOH) in der entstehenden Kalilauge in Prozent?
4. Eine Calciumchlorid-Lösung hat einen Massenanteil von $w(CaCl_2) = 8{,}00\ \%$. Wie viel Gramm Salz enthalten 280 g dieser Lösung?
5. Wie viel Kilogramm Natriumsulfat mit 2,50 % Feuchtigkeit und wie viel Kilogramm Wasser benötigt man zur Herstellung von 1250 kg einer Natriumsulfat-Lösung mit $w(Na_2SO_4) = 18{,}2\ \%$?

6. 250 kg Kaliumcarbonat sollen zu einer Lösung mit einem Massenanteil $w(K_2CO_3)$ = 3,5 % verarbeitet werden. In wie viel Kilogramm Wasser muss das Carbonat eingetragen werden?

7. Wie viel Kilogramm festes Kaliumhydroxid sind zu lösen, wenn 500 L Kalilauge der Dichte 1,100 g/cm^3 mit einem KOH-Massenanteil von 11,0 % hergestellt werden sollen?

8. In einem Lösebehälter werden 311 kg Steinsalz (w(NaCl) = 97,5 %) in 886 kg Wasser gelöst. Welchen Natriumchlorid-Massenanteil hat die Sole?

9. 850 g Natriumcarbonat (Soda) mit w(Soda) = 96,5 % sollen in Wasser zu einer Lösung mit einem Massenanteil w(Soda) = 18,5 % aufgelöst werden. Wie viel Kilogramm Wasser sind vorzulegen?

10. Wie viel Kilogramm Eisen(II)-sulfat-Lösung mit einem Eisensulfat-Massenanteil $w(FeSO_4)$ = 12,5 % wird erhalten, wenn 250 kg Eisen(II)-sulfat-7-Hydrat $FeSO_4 \cdot 7\ H_2O$ in einem Rührkessel in Wasser gelöst werden?

11. In 560 g Natriumsulfat-Lösung sind 81,0 g $Na_2SO_4 \cdot 10\ H_2O$ gelöst. Wie groß ist der Massenanteil $w(Na_2SO_4)$ der Lösung?

12. Herzustellen sind 2,84 m^3 Natronlauge mit einem Massenanteil w(NaOH) = 8,1 % und einer Dichte ϱ = 1,081 g/mL. Wie viel Kilogramm NaOH mit 3,5 % Feuchtigkeitsanteil sind einzuwiegen?

13. 500 Liter Salzlösung der Dichte 1,100 g/cm^3 enthalten 275 kg gelöstes Salz. Welchen Massenanteil w(Salz) in Prozent hat die Lösung?

14. Wie viel Kilogramm Natriumhydroxid NaOH sind in 1,25 m^3 Natronlauge der Dichte ϱ = 1,430 g/cm^3 enthalten, deren Massenanteil w(NaOH) = 40,0 % beträgt?

15. Aus dem Rauchgas einer Reststoff-Verwertungsanlage (RVA) werden 1540 m^3 Chlorwasserstoffgas (Hydrogenchlorid) HCl unter Normbedingungen in 10,0 m^3 Wasser absorbiert. Welchen Massenanteil w(HCl) hat die entstehende Säurelösung?

16. 52,3 m^3 Ammoniakgas (ϑ = 14 °C, p = 985 mbar) werden in Wasser absorbiert, wobei eine Ammoniaklösung ($w(NH_3)$ = 25,0 %, ϱ = 0,906 g/mL) entsteht. Wie viele Gebinde mit einem Füllvolumen von 2,50 L können mit dem Produkt gefüllt werden?

17. 80,0 kg Acetophenon (Methylphenylketon) werden in 2000 L Ethanol der Dichte ϱ = 0,790 g/cm^3 gelöst. Welchen Massenanteil w(Acetophenon) hat die Lösung?

18. In einer Anlage sind 150 Kanister mit je 25 L Ammoniaklösung ($w(NH_3)$ = 22,1 %, ϱ = 0,918 g/cm^3) abzufüllen. Wie viel Kubikmeter NH_3-Gas (p = 1,107 bar, ϑ = 25 °C) sind einzuleiten, wie viel Wasser ist vorzulegen?

19. Das Synthesegasgemisch einer Ammoniakanlage enthält 2,60 m^3 N_2, 5,35 m^3 H_2 und 40,50 m^3 NH_3. Berechnen Sie die Volumenanteile der drei Gemisch-Bestandteile.

20. 1,80 kg Isopropanol (ϱ = 0,785 g/cm^3) und 4,65 kg Isobutanol (ϱ = 0,803 g/cm^3) werden gemischt. Wie groß ist der Volumenanteil φ(Isopropanol)?

21. Ein Gasgemisch enthält unter Normbedingungen 500 kg Methan CH_4 und 300 kg Ethan C_2H_6. Wie groß ist der Volumenanteil $\varphi(CH_4)$?

22. Ein Gemisch aus Benzol C_6H_6 und Toluol $C_6H_5CH_3$ hat einen Massenanteil w(Benzol) = 20,5 %. Welcher Volumenanteil φ(Benzol) liegt vor? $\varrho(C_6H_6)$ = 0,879 g/cm^3, $\varrho(C_6H_5CH_3)$ = 0,867 g/cm^3.

23. Eine Lösung enthält 75,0 L Methanol CH_3OH der Dichte ϱ = 0,791 g/cm^3 und 450 L Butanol, C_4H_9OH, der Dichte ϱ = 0,810 g/cm^3. Berechnen Sie den Stoffmengenanteil $\chi(CH_3OH)$.

24. Ein Ethanol/Glycerin-Gemisch hat einen Volumenanteil φ(Ethanol) = 48,4 %. Welcher Stoffmengenanteil χ(Ethanol) liegt vor? $\varrho(C_2H_5OH)$ = 0,791 g/cm^3, $\varrho(C_3H_5(OH)_3)$ = 1,260 g/cm^3.

25. Ein Gemisch aus Chlorbenzol C_6H_5Cl und Benzol C_6H_6 hat einen Massenanteil $w(C_6H_5Cl)$ = 45,2 %. Welchem Stoffmengenanteil $\chi(C_6H_5Cl)$ entspricht das?

5.1.5 Massenkonzentration β

Die **Massenkonzentration** β**(X)** einer Komponente X ist der Quotient aus der Masse m(X) dieser Komponente und dem Volumen V(Lsg) der Lösung. (β: griechischer Buchstabe Beta)

Massenkonzentration $\beta(\text{X}) = \dfrac{m(\text{X})}{V(\text{Lsg})}$

Beispiel 1 **(Bild 150/1):**

15,0 g Eisen(II)-sulfat werden in Wasser gelöst und auf 500 mL Lösung aufgefüllt.

Die Massenkonzentration β ($FeSO_4$) beträgt dann:

$$\beta(\mathbf{FeSO_4}) = \frac{m(\text{FeSO}_4)}{V(\text{Lsg})} = \frac{15{,}0\ \text{g}}{500\ \text{mL}} = 0{,}03\ \text{g/mL} = \mathbf{30{,}0\ g/L}$$

Einheiten der Massenkonzentration β können sein: kg/m^3, g/L, g/m^3, mg/L u.a.

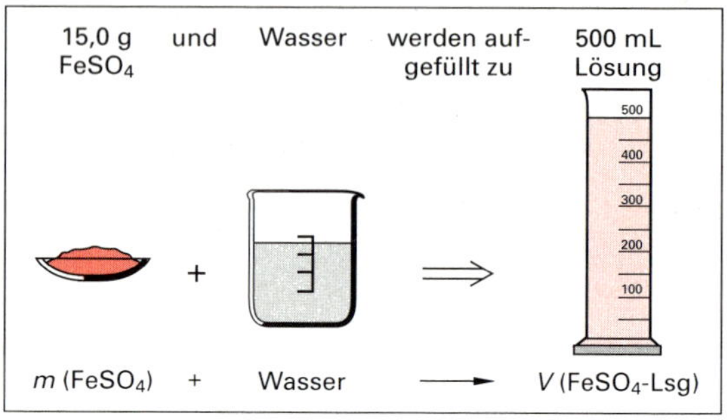

Bild 150/1: Größen zur Bestimmung der Massenkonzentration β

Beispiel 2: 150 mg Natriumnitrat $NaNO_3$ werden in Wasser gelöst und im Messkolben auf 2,00 L aufgefüllt. Welche Massenkonzentration β (NO_3^-) weist die Lösung auf?

Lösung: $M(\text{NO}_3^-) = 62{,}00$ g/mol, $M(\text{NaNO}_3) = 84{,}99$ g/mol

$$m(\text{NO}_3^-) = \frac{M(\text{NO}_3^-) \cdot m(\text{NaNO}_3)}{M(\text{NaNO}_3)} = \frac{62{,}00\ \text{g/mol} \cdot 150\ \text{mg}}{84{,}99\ \text{g/mol}} = 109{,}42\ \text{mg}$$

$$\beta(\mathbf{NO_3^-}) = \frac{m(\text{NO}_3^-)}{V(\text{Lsg})} = \frac{109{,}42\ \text{mg}}{2{,}00\ \text{L}} = 54{,}71\ \text{mg/L} \approx \mathbf{54{,}7\ mg/L}$$

Beispiel 3: Wie viel Gramm Salzlösung mit einem Massenanteil w(Salz) = 12,0 % müssen auf ein Volumen von 500 mL verdünnt werden, wenn die Lösung eine Massenkonzentration β(Salz) = 22,5 g/L haben soll?

Lösung:

$$\beta(\text{Salz}) = \frac{m(\text{Salz})}{V(\text{Lsg})} \Rightarrow m(\text{Salz}) = \beta(\text{Salz}) \cdot V(\text{Lsg}) = 22{,}5\ \text{g/L} \cdot 0{,}500\ \text{L} = 11{,}25\ \text{g Salz}$$

Berechnung der erforderlichen Masse an Lösung:

$$w(\text{Salz}) = \frac{m(\text{Salz})}{m(\text{Lsg})} \Rightarrow \mathbf{m(Lsg)} = \frac{m(\text{Salz})}{w(\text{Salz})} = \frac{11{,}25\ \text{g}}{0{,}120} = 93{,}75\ \text{g} \approx \mathbf{93{,}8\ g}$$

Aufgaben zu 5.1.5 Massenkonzentration β

1. In 500 mL wässriger Fructose-Lösung sind 125 mg Fructose enthalten. Berechnen Sie die Massenkonzentration β (Fructose) in g/L.
2. Aus Membranzellen der Alkalichlorid-Elektrolyse verlässt Dünnsole die Zellen mit einer Massenkonzentration β (NaCl) = 283 g/L. Sie soll durch Zusatz von festem NaCl auf 311 g/L aufkonzentriert werden. Wie viel Kilogramm NaCl sind 1,50 m^3 der Dünnsole zuzusetzen?
3. Durch Eindampfen von 1000 kg Natronlauge der Dichte 1,525 g/cm^3 werden 500 kg Natriumhydroxid NaOH erhalten. Welche Massenkonzentration β (NaOH) hat die Lauge?
4. Berechnen Sie die Massenkonzentration β (Cu) einer Lösung, die durch Lösen von 12,5 g Kupfersulfat $CuSO_4$ und anschließendes Auffüllen auf 2,0 L im Messkolben erhalten wird.
5. Die Massenkonzentration an Chlorgas in einer Abluft beträgt β (Cl_2) = 0,25 mg/L. Welche Masse an Chlorgas ist in 50,0 m^3 Abluft enthalten.
6. Das Rauchgas einer Großfeuerungsanlage darf nach der TA Luft einen Grenzwert von 400 mg/m^3 Schwefeldioxid SO_2 nicht überschreiten. Welche Masse an SO_2 wird maximal pro Stunde von einem Kraftwerk emittiert, wenn es bei der Verfeuerung von Steinkohle $2{,}5 \cdot 10^6$ m^3 Rauchgas pro Stunde erzeugt?
7. Wie viel Gramm Salpetersäure mit einem Massenanteil w (HNO_3) = 25 % müssen auf 5,0 L verdünnt werden, wenn die verdünnte Säure eine Massenkonzentration β (HNO_3) = 50 g/L haben soll?

5.1.6 Volumenkonzentration σ

Die **Volumenkonzentration** σ**(X)** einer Komponente X ist der Quotient aus dem Volumen $V(X)$ dieser Komponente und dem Volumen $V(Lsg)$ der Lösung. (σ: griechischer Buchstabe Sigma)

Volumenkonzentration $\quad \sigma(X) = \dfrac{V(X)}{V(Lsg)}$

Beispiel 1 (Bild 151/1):

Welche Volumenkonzentration σ(Ethanol) hat eine wässrige Lösung von Ethanol, die in 500 mL Lösung 480 mL Ethanol enthält?

$$\sigma(\text{Ethanol}) = \frac{V(\text{Ethanol})}{V(\text{Lsg})} = \frac{480\ \text{mL}}{500\ \text{mL}} = 0{,}960 = \mathbf{96{,}0\,\%}$$

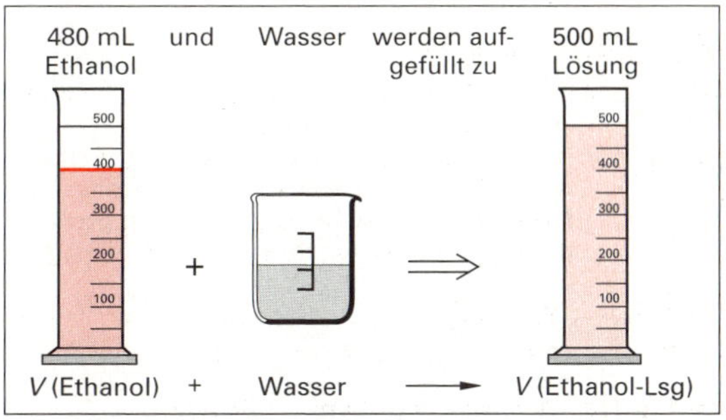

Bild 151/1: Größen zur Bestimmung der Volumenkonzentration σ

Die Volumenkonzentration σ kann mit den gleichen Einheiten angegeben werden, wie der Volumenanteil:

L/L, $\quad$ L/100 L = mL/100 mL = $10^{-2} \triangleq$ %

mL/L $\quad = 10^{-3} \triangleq$ ‰

mL/m^3 $= 10^{-6} \triangleq$ ppm

Eine Volumenkonzentration in %, ‰ oder ppm ist eindeutig mit der Größenangabe σ zu kennzeichnen.

Anmerkung: Beim ebenfalls verwendeten Volumenanteil $\varphi(X)$ wird als Gesamtvolumen der Lösung die Summe der Volumina der Einzelkomponenten $V(X) + V(Lm)$ herangezogen. Bei der Volumenkonzentration $\sigma(X)$ hingegen wird mit dem tatsächlichen Gesamtvolumen der Flüssigkeit gerechnet, d.h. es wird eine beim Mischen von Flüssigkeiten häufig auftretende Volumenkontraktion (= Volumenverminderung) bzw. die seltener auftretende Volumendilatation (= Volumenvergrößerung) berücksichtigt. Bei Lösungen sollte deshalb bevorzugt die Volumenkonzentration $\sigma(X)$ als Gehaltsgröße verwendet werden. Da bei Gasgemischen $\sigma = \varphi$, kann dort wahlweise σ oder φ verwendet werden.

Beispiel 2: Wie viel Liter Methanol und wie viel Liter Wasser werden zur Herstellung von 800 L einer Lösung mit einer Volumenkonzentration σ (Methanol) = 46,0 % benötigt?

Dichten bei 15 °C: $\varrho(\text{Lsg}) = 0{,}9389$ g/mL, $\varrho(\text{Methanol}) = 0{,}7958$ g/mL, $\varrho(\text{Wasser}) = 0{,}9991$ g/mL

Lösung:

m(Lösung): $\varrho(\text{Lsg}) = \dfrac{m(\text{Lsg})}{V(\text{Lsg})} \Rightarrow m(\text{Lsg}) = \varrho(\text{Lsg}) \cdot V(\text{Lsg}) = 0{,}9389\ \text{kg/dm}^3 \cdot 800\ \text{L} = 751{,}1\ \text{kg}$

$V(CH_3OH)$: $\sigma(CH_3OH) = \dfrac{V(CH_3OH)}{V(\text{Lsg})} \Rightarrow \mathbf{V(CH_3OH)} = \sigma(CH_3OH) \cdot V(\text{Lsg}) = 0{,}460 \cdot 800\ \text{L} = \mathbf{368\ L}$

$m(CH_3OH)$: $\varrho(CH_3OH) = \dfrac{m(CH_3OH)}{V(CH_3OH)} \Rightarrow m(M) = \varrho(M) \cdot V(M) = 0{,}7958\ \text{kg/dm}^3 \cdot 368\ \text{L} = 292{,}8\ \text{kg}$

$m(H_2O)$: $m(H_2O) = m(\text{Lsg}) - m(CH_3OH) = 751{,}1\ \text{kg} - 292{,}8\ \text{kg} = 458{,}3\ \text{kg}$

$V(H_2O)$: $\varrho(H_2O) = \dfrac{m(H_2O)}{V(H_2O)} \Rightarrow \mathbf{V(H_2O)} = \dfrac{m(H_2O)}{\varrho(H_2O)} = \dfrac{458{,}3\ \text{kg}}{0{,}9991\ \text{kg/dm}^3} = 458{,}7\ \text{L} \approx \mathbf{459\ L}$

Aufgaben zu 5.1.6 Volumenkonzentration σ

1. In 2,50 m^3 wässriger Propanol-Lösung sind 200 Liter Propanol enthalten. Wie groß ist σ(Propanol)?
2. 350 Liter Ameisensäure-Lösung haben eine Volumenkonzentration $\sigma(HCOOH)$ = 24,3 %. Welches Volumen an Ameisensäure HCOOH enthält die Lösung?
3. Eine Lösung von 1-Butanol in Ethanol hat die Volumenkonzentration σ(Butanol) = 25,2 %, die Lösung enthält 240 Liter Butanol. Berechnen Sie das Gesamtvolumen der Lösung.
4. Aus 212 Liter eines Aceton/Ester-Gemisches werden 110 Liter Aceton abdestilliert. Der Sumpf weist eine Volumenkonzentration σ(Aceton) = 6,4 % auf. Wie groß war σ(Aceton) im Ausgangsgemisch?
5. Eine wässrige Lösung von 2-Propanol hat die Volumenkonzentration σ(Propanol) = 12,5 %. Welche Masse Propanol der Dichte ϱ(20 °C) = 0,785 kg/dm^3 ist in 800 Liter der Lösung enthalten?
6. 500 Liter einer Lösung von Ethanol in Wasser enthalten 125 Liter Ethanol. Berechnen Sie die Volumenkonzentration σ(Ethanol) und das Volumen des Lösemittels.
   Dichten bei 20 °C: $\varrho(\text{Lsg}) = 0{,}9670$ g/mL, $\varrho(\text{Ethanol}) = 0{,}7892$ g/mL, $\varrho(\text{Wasser}) = 0{,}9982$ g/mL.

5.1.7 Stoffmengenkonzentration *c*, Äquivalentkonzentration

Die **Stoffmengenkonzentration *c* (X)** einer Komponente X ist der Quotient aus der Stoffmenge *n* (X) dieser Komponente und dem Volumen *V* (Lsg) der Lösung. *c* (X) wird auch als **Molarität** bezeichnet.

Stoffmengenkonzentration $c(\text{X}) = \dfrac{n(\text{X})}{V(\text{Lsg})}$

Im Zusammenhang mit dem Größenzeichen *c* kann die Stoffmengenkonzentration vereinfacht auch als *Konzentration* bezeichnet werden.

Beispiel 1 **(Bild 152/1):** 20,0 g Natriumhydroxid NaOH werden im Messkolben mit Wasser zu 500 mL Natronlauge aufgefüllt. Wie groß ist die Stoffmengenkonzentration *c* (NaOH)?

Lösung: Mit *M* (NaOH) = 40,0 g/mol beträgt die Stoffmenge

$$n(\text{NaOH}) = \frac{m(\text{NaOH})}{M(\text{NaOH})} = \frac{20{,}0\ \text{g}}{40{,}0\ \text{g}} = 0{,}50\ \text{mol}$$

$$\boldsymbol{c(\text{NaOH})} = \frac{n(\text{NaOH})}{V(\text{Lsg})} = \frac{0{,}50\ \text{mol}}{0{,}50\ \text{L}} = \mathbf{1{,}0\ mol/L}$$

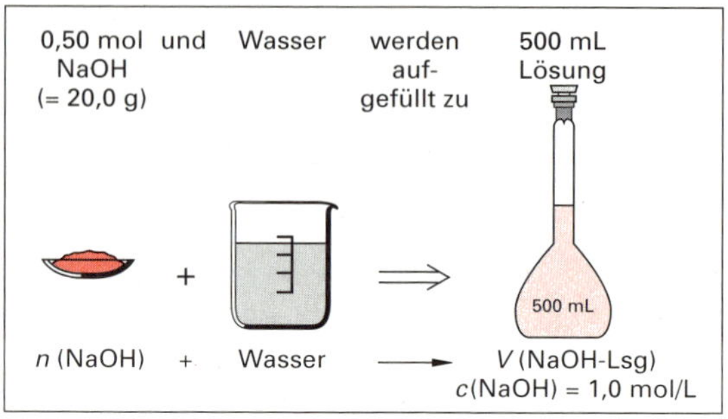

Bild 152/1: Größen zur Bestimmung der Stoffmengenkonzentration *c*

Einheiten der Stoffmengenkonzentration *c* können sein: mol/m^3, mol/L, mmol/L.

Beispiel 2: Es sollen 5,0 L Silbernitrat-Lösung der Stoffmengenkonzentration $c(\text{AgNO}_3) = 0{,}10\ \text{mol/L}$ hergestellt werden. Wie viel Gramm Silbernitrat AgNO_3 sind einzuwiegen? $M(\text{AgNO}_3) = 169{,}873\ \text{g/mol}$

$$c(\text{AgNO}_3) = \frac{n(\text{AgNO}_3)}{V(\text{Lsg})} \Rightarrow n(\text{AgNO}_3) = c(\text{AgNO}_3) \cdot V(\text{Lsg}) = 0{,}10\ \text{mol/L} \cdot 5{,}0\ \text{L} = 0{,}50\ \text{mol}$$

$$n(\text{AgNO}_3) = \frac{m(\text{AgNO}_3)}{M(\text{Lsg})} \Rightarrow \boldsymbol{m(\text{AgNO}_3)} = n(\text{AgNO}_3) \cdot M(\text{AgNO}_3) = 0{,}50\ \text{mol} \cdot 169{,}873\ \text{g/mol} = 84{,}936\ \text{g} \approx \mathbf{85{,}0\ g}$$

Äquivalentkonzentration

Äquivalentkonzentration $c(1/z^*\ \text{X}) = \dfrac{n(1/z^*\ \text{X})}{V(\text{Lsg})}$

Für einen Stoffmengengehalt kann auch das **Äquivalentteilchen** zugrunde gelegt werden. Man erhält die **Äquivalentkonzentration** $c(1/z^*\text{X})$. Das chemische Äquivalent eines Teilchens (Atom, Ion, Molekül, Atomgruppe) ist der *z*-te Bruchteil des Teilchens, wobei *z* eine ganze Zahl ist und die stöchiometrische Wertigkeit bzw. die Veränderung der Oxidationszahl bei Redox-Reaktionen darstellt. Für die symbolische Darstellung von Äquivalentteilchen wird der Bruch $1/z^*$ dem Symbol des Teilchens X vorangestellt, z. B. $c(^1/_2\,\text{H}_2\text{SO}_4)$. Der Stoffmengengehalt bezieht sich dann auf die vorhandenen wirksamen Teilchen der Lösung (z. B. H^+-Ionen, OH^--Ionen, Elektronen), beim Beispiel der Schwefelsäure auf die H^+-Ionen. Zwischen der Stoffmenge *n* (X) der Teilchen X in einer Stoffportion und der Stoffmenge $n(1/z^*\text{X})$ seiner Äquivalentteilchen besteht die Beziehung: $n(1/z^*\text{X}) = z^* \cdot n(\text{X})$.

Beispiele:

	Äquivalentkonzentration			Stoffmengenkonzentration
a)	$c(^1/_2\,\text{H}_2\text{SO}_4) = 0{,}1\ \text{mol/L}$	bedeutet $\boldsymbol{c(\text{H}^+)} = \mathbf{0{,}1\ mol/L}$	entspricht	$c(\text{H}_2\text{SO}_4) = {^1/_2} \cdot 0{,}1\ \text{mol/L} = \mathbf{0{,}05\ mol/L}$
b)	$c(^1/_3\,\text{H}_3\text{PO}_4) = 0{,}1\ \text{mol/L}$	bedeutet $\boldsymbol{c(\text{H}^+)} = \mathbf{0{,}1\ mol/L}$	entspricht	$c(\text{H}_3\text{PO}_4) = {^1/_3} \cdot 0{,}1\ \text{mol/L} = \mathbf{0{,}0333\ mol/L}$
c)	$c(^1/_2\,\text{Ca(OH)}_2) = 0{,}1\ \text{mol/L}$	bedeutet $\boldsymbol{c(\text{OH}^-)} = \mathbf{0{,}1\ mol/L}$	entspricht	$c(\text{Ca(OH)}_2) = {^1/_2} \cdot 0{,}1\ \text{mol/L} = \mathbf{0{,}05\ mol/L}$
d)	$c(^1/_5\,\text{KMnO}_4) = 0{,}1\ \text{mol/L}$	bedeutet $\boldsymbol{c(\text{e}^-)} = \mathbf{0{,}1\ mol/L}$	entspricht	$c(\text{KMnO}_4) = {^1/_5} \cdot 0{,}1\ \text{mol/L} = \mathbf{0{,}02\ mol/L}$

Aufgaben zu 5.1.7 Stoffmengenkonzentration *c* und Äquivalentkonzentration

1. Welche Stoffmengenkonzentration *c* (NaCl) hat eine Natriumchlorid-Lösung, die durch Lösen von 15,00 g NaCl und anschließendes Auffüllen im Messkolben auf 500 mL erhalten wird?
2. 250 mL Salzsäure ($w(\text{HCl}) = 32{,}14\ \%$, $\varrho(20\ °\text{C}) = 1{,}160\ \text{g/cm}^3$) werden mit Wasser im Messkolben auf 5,00 L aufgefüllt. Welche Stoffmengenkonzentration *c* (HCl) hat die Lösung?
3. Es sollen 5,0 L Schwefelsäure ($c(^1/_2\,\text{H}_2\text{SO}_4) = 0{,}20\ \text{mol/L}$) hergestellt werden. Zur Verfügung steht eine Schwefelsäure mit $w(\text{H}_2\text{SO}_4) = 96{,}0\ \%$. Wie viel Gramm dieser Säure sind einzuwiegen?

5.1.8 Umrechnen der verschiedenen Konzentrationen

1. Umrechnung über Quantitäten

Beispiel 1: Eine Natronlauge hat die Massenkonzentration β(NaOH) = 22,50 g/L. Berechnen Sie die Stoffmengenkonzentration c (NaOH).

Lösung: Berechnung der Stoffmenge mit Hilfe der molaren Masse M (NaOH) = 40,00 g/mol:

$$n(\mathrm{NaOH}) = \frac{m(\mathrm{NaOH})}{M(\mathrm{NaOH})} = \frac{22{,}50\ \mathrm{g}}{40{,}00\ \mathrm{g/mol}} = 0{,}5625\ \mathrm{mol}$$

$$\mathbf{c(NaOH)} = \frac{n(\mathrm{NaOH})}{V(\mathrm{Lsg})} = \frac{0{,}5625\ \mathrm{mol}}{1{,}00\ \mathrm{L}} = \mathbf{0{,}5625\ mol/L}$$

2. Umrechnung mit Berechnungsformeln

Zwischen den Gehaltsgrößen -*Massenkonzentration* β(X), -*Volumenkonzentration* σ(X) und -*Stoffmengenkonzentration* c(X) bestehen formelmäßige Zusammenhänge, die übersichtlich in einem Konzentrations-Umrechnungskreis dargestellt werden **(Bild 153/1)**.

Daraus können die Umrechnungsformeln abgelesen werden:

Hierzu wird die bekannte Konzentration mit dem Umrechnungsfaktor **multipliziert**, wenn der Weg zur zu berechnenden Konzentration **in Pfeilrichtung** verläuft.

Beispiel: Bekannte Konzentration c (X), zu berechnende Konzentration σ (X).

$$\sigma(\mathrm{X}) = c(\mathrm{X}) \cdot V_{\mathrm{m}}(\mathrm{X})$$

Ist der Weg von der bekannten Konzentration zur zu berechnenden Konzentration **entgegen der Pfeilrichtung**, so wird die bekannte Größe durch den Umrechnungsfaktor **dividiert**.

Beispiel: Bekannte Konzentration β (X), zu berechnende Konzentration σ (X).

$$\sigma(\mathrm{X}) = \beta(\mathrm{X}) \cdot \frac{1}{\varrho(\mathrm{X})}$$

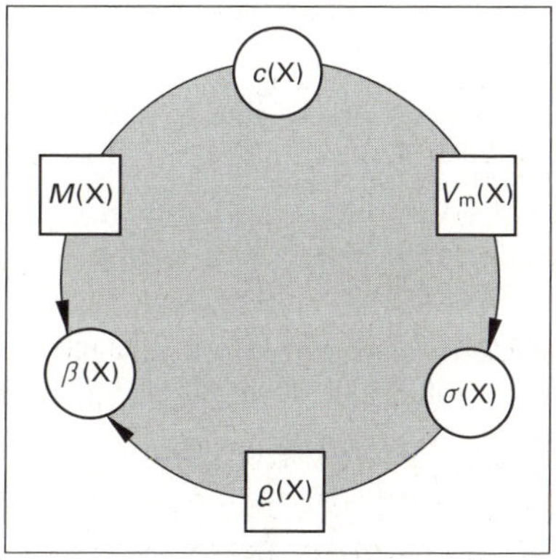

Bild 153/1: Konzentrations-Umrechnungskreis

Beispiel 1: Eine Natronlauge hat die Massenkonzentration β(NaOH) = 22,50 g/L. Berechnen Sie die Stoffmengenkonzentration c (NaOH).

Lösung: Aus Bild 153/1 wird folgende Umrechnungsformel abgelesen:

$$\mathbf{c(NaOH)} = \beta(\mathrm{NaOH}) \cdot \frac{1}{M(\mathrm{NaOH})} = 22{,}50\ \mathrm{g/L} \cdot \frac{1}{40{,}00\ \mathrm{g/mol}} \approx \mathbf{0{,}563\ mol/L}$$

Aufgaben zu 5.1.8 Umrechnen der verschiedenen Konzentrationen

1. Berechnen Sie die Massenkonzentration einer Natriumthiosulfat-Lösung der Stoffmengenkonzentration $c(Na_2S_2O_3)$ = 0,20 mol/L in g/dm³.
2. Welche Stoffmengenkonzentration c (NaCl) hat eine Kochsalzlösung der Massenkonzentration β (NaCl) = 0,25 g/L?
3. Welche Massenkonzentration hat eine Salzsäure der Stoffmengenkonzentration c (HCl) = 0,50 mol/L?
4. Eine Kalilauge hat die Massenkonzentration β (KOH) = 30,2 g/L. Berechnen Sie die Stoffmengenkonzentration der Lauge.
5. Eine Wasserprobe hat eine Stoffmengenkonzentration $c(Ca^{2+})$ = 1,01 mmol/L. Berechnen Sie die Massenkonzentration $\beta(Ca^{2+})$.
6. Wie groß ist die Stoffmengenkonzentration einer wässrigen Acetonlösung mit der Volumenkonzentration $\sigma(CH_3\text{-}CO\text{-}CH_3)$ = 30,4 %? ϱ (Aceton) = 0,786 g/mL, M (Aceton) = 58,1 g/mol.

Gemischte Aufgaben zu 5.1.5 bis 5.1.8 Rechnen mit Konzentrationen

1. 7,00 L Salzlösung enthalten 616,5 g KCl. Berechnen Sie die Massenkonzentration $\beta(KCl)$.
2. Die Massenkonzentration von Schwefeldioxidgas in Luft beträgt $\beta(SO_2) = 0{,}005$ mg/L. Berechnen Sie die Masse des Schwefeldioxidgases in 105 000 m³ Luft.
3. In 480 L Calciumchlorid-Lösung sind 32,5 kg Calciumchlorid $CaCl_2$ gelöst. Wie groß sind die Massenkonzentrationen $\beta(CaCl_2)$ und $\beta(Cl^-)$?
4. 350 kg Natronlauge der Dichte $\varrho = 1{,}370$ g/cm³ enthalten 119 kg Natriumhydroxid. Wie groß sind die Massenkonzentrationen $\beta(NaOH)$ und $\beta(Na^+)$?
5. Die TA Luft schreibt für Großfeuerungsanlagen einen Grenzwert von 200 mg/m³ NO_x im Rauchgas vor. Wie viel Tonnen Stickoxide NO_x werden von einem Kraftwerk mit einem Volumenstrom von 2 200 000 m³/h Rauchgas pro Tag maximal emittiert?
6. Wie viel Liter Benzol/Toluol-Gemisch mit einer Massenkonzentration $\beta(C_6H_6) = 250$ g/L kann man aus 500 L Benzol der Dichte $\varrho = 0{,}879$ g/cm³ herstellen?
7. Ein Gasgemisch enthält 500 m³ Ammoniakgas. Die Massenkonzentration beträgt $\beta(NH_3) = 0{,}15$ g/L. Welchen Raum nimmt das Gasgemisch ein a) bei Normbedingungen, b) bei 450 °C und 250 bar?
8. In einer Abluft sind in 250 m³ Gas 7,0 L Kohlenstoffmonoxid CO enthalten. Berechnen Sie, ob der MAK-Wert von 30 ppm überschritten wird.
9. Benzin darf maximal eine Volumenkonzentration σ(Benzol) = 5,0 % ($\varrho = 0{,}879$ g/cm³) enthalten. Welche Masse des klopffesten, aber cancerogenen C_6H_6 ist maximal in 50 L Tankfüllung enthalten?
10. Ein Alkoholgemisch der Dichte $\varrho = 0{,}791$ g/cm³ hat eine Volumenkonzentration $\sigma(C_2H_5OH) = 400$ mL/L. Welches Volumen an Ethanol ist in 175 kg dieses Gemisches enthalten?
11. Ein Hexan/Heptan-Gemisch hat eine Volumenkonzentration $\sigma(C_6H_{14}) = 0{,}360$ L/L. Welche Masse an Hexan der Dichte $\varrho = 0{,}659$ g/cm³ ist in 1,58 m³ des Gemisches enthalten?
12. Die Massenkonzentration eines Aceton/Wasser-Gemisches beträgt β(Aceton) = 385 g/L. Wie groß ist die Volumenkonzentration σ(Aceton)? Dichte Aceton $\varrho = 0{,}791$ g/cm³.
13. 275 L wässrige Ethanol-Lösung enthalten 15 mol Ethanol. Welche Stoffmengenkonzentration c(Ethanol) enthält die Mischphase?
14. 180 L Calciumchlorid-Lösung enthalten 126 g Calciumchlorid. Welche Konzentrationen $c(CaCl_2)$ und $c(Ca^{2+})$ enthält die Mischung? Welcher Gesamthärte in mmol Ca^{2+}/L Lösung entspricht das?
15. 350 kg Natronlauge ($\varrho = 1{,}370$ g/cm³) enthalten 112 kg NaOH. Welche Stoffmengenkonzentrationen $c(NaOH)$ und $c(OH^-)$ hat die Lösung?
16. Eine Wasserprobe hat eine Gesamthärte von 2,34 mmol/L Calciumionen. Wie viel Gramm Calcium-Ionen liegen in 2,50 m³ des untersuchten Wassers vor?
17. Eine Schwefelsäure-Lösung hat eine Äquivalentkonzentration $c(\frac{1}{2}\ H_2SO_4) = 2{,}50$ mol/L. Wie groß ist die Stoffmengenkonzentration $c(H_2SO_4)$?
18. Welche Äquivalentkonzentration $c(\frac{1}{2}\ Ca^{2+})$ hat eine Calciumchloridlösung der Stoffmengenkonzentration $c(CaCl_2) = 2{,}0$ mol/L?
19. Ein Gemisch aus Propantriol (Glycerin) der Dichte $\varrho = 1{,}260$ g/cm³ und Wasser hat eine Volumenkonzentration σ(Glycerin) = 362,5 mL/L. Welche Konzentration c(Glycerin) hat die Mischung?
20. Eine Phosphorsäure-Lösung hat eine Massenkonzentration $\beta(H_3PO_4) = 292{,}5$ g/L. Wie groß ist die Stoffmengenkonzentration $c(H_3PO_4)$ der Lösung?
21. 500 L Methanol/Butanol-Gemisch enthalten 75,0 L Methanol der Dichte $\varrho = 0{,}791$ g/cm³. Welche Stoffmengenkonzentration c(Methanol) hat das Alkoholgemisch?
22. Ein Pentan-Hexan-Gemisch ($\varrho = 0{,}6425$ g/cm³) enthält in 200 kg Gemisch 62,5 kg Pentan. Welche Stoffmengenkonzentration c(Pentan) hat das Kohlenwasserstoffgemisch?

5.1.9 Löslichkeit *L*

Die **Löslichkeit** L **(X, ϑ)** eines Stoffes gibt an, wie viel Gramm des reinen, wasserfreien Stoffes X maximal bei der angegebenen Temperatur ϑ in 100 g eines Lösemittels Lm gelöst werden können.

$$\text{Löslichkeit} \qquad L(\mathrm{X}, \vartheta) = \frac{m_{max}(\mathrm{X})}{m(\mathrm{Lm})} = \frac{m_{max}(\mathrm{X})}{100\ \mathrm{g(Lm)}}$$

Die Löslichkeit ist ein **Massenverhältnis**, sie wird in der Regel auf 100 g Lösemittel Lm bezogen.

Achtung: Es ist besonders der Unterschied zwischen der **Löslichkeit** L (X) (= Gramm maximal lösbarer Substanz in 100 g *Lösemittel*) und dem **Massenanteil** w (X) (= Gramm gelöste Substanz in 100 g *Lösung*) zu beachten.

Die Temperaturabhängigkeit der Löslichkeit L von Stoffen wird in Löslichkeits-Temperatur-Diagrammen dargestellt **(Bild 155/1)**. Dort sind die Bereiche der ungesättigten, gesättigten und übersättigten Lösung zu unterscheiden. Die **Sättigungs-Lösekurve** gibt die Löslichkeit L (X, ϑ) des Stoffes bei den entsprechenden Temperaturen an.

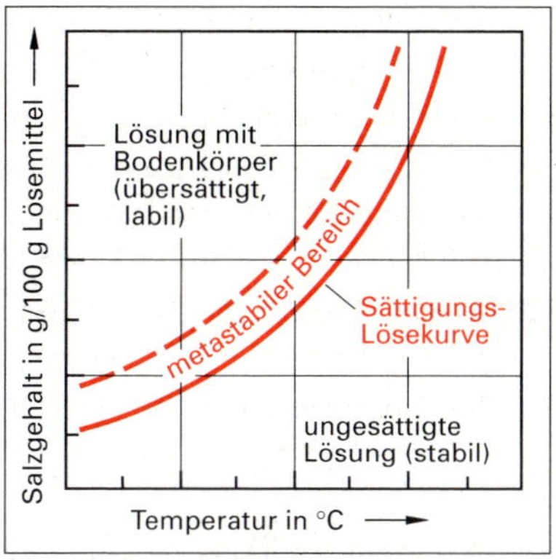

Bild 155/1: Löslichkeits-Temperatur-Diagramm

Im Bereich der **übersättigten** Lösung kommt es zur Auskristallisation, d.h. zur Bildung eines Bodenkörpers.

Der Bereich unmittelbar oberhalb der Sättigungs-Lösekurve wird als **metastabiler Bereich** bezeichnet. In diesem Bereich erfolgt keine spontane Kristallbildung. Erst nach Zusatz von Impfkristallen oder durch Kratzen an der Gefäßinnenwand bilden sich bei langsamer Kristallisationsgeschwindigkeit relativ große Kristalle, die leicht von der übrigen Mutterlauge abgetrennt werden können.

Im übersättigten Bereich (oberhalb des metastabilen Bereichs) bilden sich spontan Kristallisationskeime, die zu rascher Kristallbildung mit kleinen Kristallen führen.

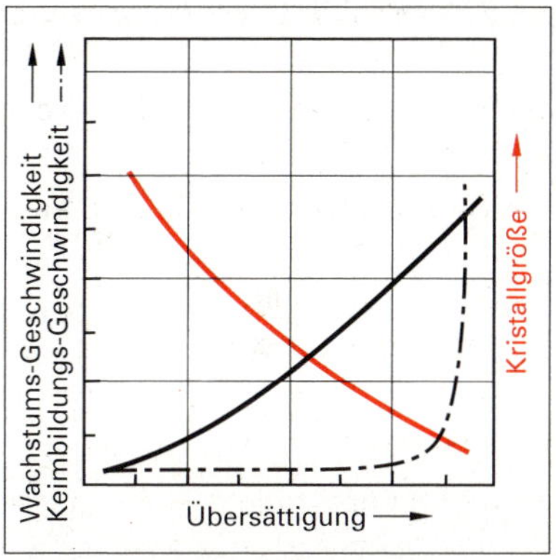

Bild 155/2: Kristallbildung und Kristallgröße

Bild 155/2 zeigt in Abhängigkeit vom Grad der Übersättigung:

- die *Keimbildungsgeschwindigkeit* (—·—·—)
- die *Wachstumsgeschwindigkeit* (——)
- die *Kristallgröße* (—— rot)

Die Abhängigkeit der Löslichkeit von Salzen mit der Temperatur ist sehr unterschiedlich **(Bild 155/3)**:

Bei $(NH_4)_2SO_4$ und KCl sowie vor allem bei KNO_3 nimmt die Löslichkeit mit zunehmender Temperatur sehr stark zu: Diese Salze können aus einer heißgesättigten Lösung durch Abkühlung und dadurch bedingte Auskristallisation mit hoher Ausbeute gewonnen werden.

(Kühl-Kristallisation, waagrechter Linkspfeil ⇐ in Bild 155/3)

Bei NaCl ändert sich die Löslichkeit kaum mit veränderter Temperatur: Aus einer gesättigten Lösung kann NaCl praktisch nicht durch Kühlkristallisation, sondern nur durch Abdampfen des Lösemittels gewonnen werden.

(Verdampfungs-Kristallisation, Nachoben-Pfeil ⇑ in Bild 155/3).

Bei Na_2SO_3 nimmt die Löslichkeit mit steigender Temperatur ab: es ist durch Erhitzen zur Kristallisation zu bringen.

(Erhitzungs-Kristallisation, Rechtspfeil ⇒ in Bild 155/3).

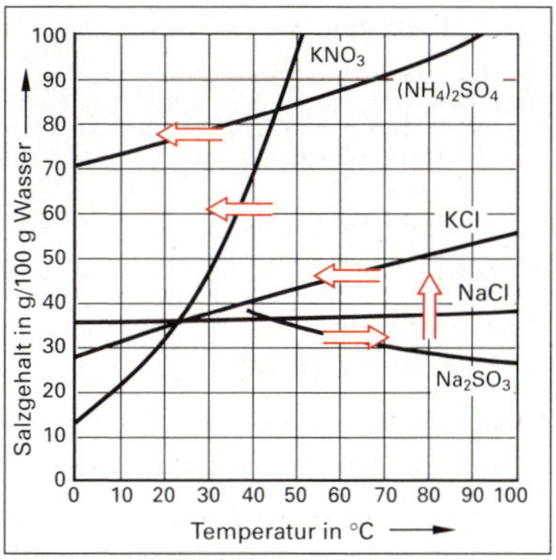

Bild 155/3: Löslichkeits-Kurven von Salzen und Kristallisationsmöglichkeiten

Beispiel 1: Die Löslichkeit von Natriumchlorid NaCl beträgt L (NaCl, 20 °C) = 35,8 g/100 g Wasser. Wie viel Kilogramm Natriumchlorid sind in 2,00 t Wasser von 20 °C löslich?

Lösung: $L(\text{NaCl}, 20\ °\text{C}) = \dfrac{m(\text{NaCl})}{m(\text{Lm})} \Rightarrow \boldsymbol{m}(\textbf{NaCl}) = L(\text{NaCl}) \cdot m(\text{Lm}) = \dfrac{35{,}8\ \text{g} \cdot 2000\ \text{kg}}{100\ \text{g}} = \textbf{717 kg}$

Beispiel 2: 500 g einer bei 80 °C gesättigten Lösung von Calciumchlorid $CaCl_2$ werden auf 20 °C abgekühlt. Wie viel Gramm $CaCl_2$ kristallisieren als Bodenkörper aus?

Löslichkeiten gemäß **Tabelle 156/1**: L ($CaCl_2$, 80 °C) = 149,4 g/100 g, L ($CaCl_2$, 20 °C) = 73,9 g/100 g

Lösung: Bei 80 °C sind 149,4 g $CaCl_2$ in 100 g Wasser gelöst, das entspricht 249,4 g Lösung

Bei 20 °C sind 73,9 g $CaCl_2$ in 100 g Wasser gelöst, das entspricht 173,9 g Lösung

Die Masse an Lösemittel (100 g) bleibt beim Abkühlen unverändert:

Aus 249 g Lösung kristallisieren 249,4 g – 173,9 g = 75,5 g $CaCl_2$ aus. ⇒ Schlussrechnung:

aus 249,4 g Lsg krist. 75,5 g $CaCl_2$ aus

aus 500 g Lsg krist. x g $CaCl_2$ aus

$x = \boldsymbol{m}(\mathbf{CaCl_2}) = \dfrac{500\ \text{g} \cdot 75{,}5\ \text{g}}{249{,}4\ \text{g}} = 151{,}363\ \text{g} \approx \mathbf{151{,}3\ g}$

Beispiel 3: Eine bei 20 °C gesättigte Lösung von Kaliumchlorat $KClO_3$ hat einen Massenanteil w ($KClO_3$) = 6,8 %. Berechnen Sie die Löslichkeit von $KClO_3$ bei dieser Temperatur.

Lösung: Bei einem Massenanteil von 6,8 % enthalten 100 g Lösung 6,8 g $KClO_3$ und 93,2 g Wasser.

93,2 g Wasser enthalten 6,8 g $KClO_3$

100 g Wasser enthalten x g $KClO_3$

$x = \boldsymbol{L}(\mathbf{KClO_3}) = \dfrac{6{,}8\ \text{g} \cdot 100\ \text{g}}{93{,}2\ \text{g}} \approx \mathbf{7{,}30\ g/100\ g\ H_2O}$

Tabelle 156/1: Löslichkeit einiger Salze in Wasser (Gramm reine Substanz in 100 g Wasser)

ϑ in °C	**10**	**20**	**30**	**40**	**50**	**60**	**80**	**100**
Gelöster Stoff X	***L* (X) in g/100 g Wasser**							
$AgNO_3$	159,4	219,2	281,7	334,8	400	471,1	651,9	1023,6
$BaCl_2$	33,3	35,1	38,2	40,8	43,6	46,2	52	58,7
$Ba(OH)_2$	2,56	3,48	6,05	8,58	13,2	21,2	115	171
$CaCl_2$	65,3	73,9	102	127,2	135	138,1	149,4	157,7
$Ca(OH)_2$	0,125	0,118	0,109	0,100	0,092	0,083	0,066	0,052
$CuSO_4 \cdot 5\,H_2O$	17,6	20,8	20,4	29,0	33,3	39,1	56	73,6
$FeSO_4 \cdot 7\,H_2O$	20,5	26,6	33,0	40,3	47,6	55,0	43,8	31,6
KCl	31,2	34,2	37,3	40,3	43,1	45,6	51,0	56,2
KNO_3	21,5	31,6	45,6	64,0	85,7	110	169	245,2
NaCl	35,7	35,8	36,1	36,4	36,7	37,0	38,0	39,2
Na_2CO_3	12,4	21,8	39,7	48,8	47,4	46,0	44,1	44,1
$NaHCO_3$	8,11	9,41	11,1	12,6	14,4	15,9	19,7	23,7
NH_4Cl	33,3	37,2	41,4	45,8	50,4	55,3	65,6	77,3

Aufgaben zu 5.1.9 Löslichkeit *L*

1. Welche Massen Reinsubstanz können in folgenden Wasserportionen von 20 °C gerade gelöst werden, ohne dass ein Bodenkörper auskristallisiert?
   a) Na_2CO_3 in 200 g Wasser b) NH_4Cl in 5,00 kg Wasser c) $FeSO_4$ in 5,50 t Wasser
2. Welche Massen an gelöster Substanz enthalten folgende gesättigte Lösungen:
   a) 800 g $Ca(OH)_2$-Lösung bei 40 °C b) 2,00 kg KCl-Lösung bei 60 °C
   c) 5,00 t $NaHCO_3$-Lösung bei 80 °C d) 200 g $AgNO_3$-Lösung bei 20 °C
3. 200 kg einer bei 20 °C über dem Bodenkörper stehenden Natriumchlorid-Lösung werden auf 60 °C erwärmt. Welche Masse an NaCl geht zusätzlich in Lösung?
4. In 500 kg Wasser von 50 °C werden 600 kg Kaliumnitrat KNO_3 eingetragen. Berechnen Sie, wie viel Kilogramm KNO_3 nicht gelöst werden.
5. 2,00 t einer bei 100 °C gesättigten Lösung von Natriumcarbonat Na_2CO_3 werden auf 10 °C abgekühlt. Wie viel Kilogramm Na_2CO_3 kristallisieren aus?

5.2 Umrechnen der Gehaltsgrößen: Anteile ⇔ Konzentrationen ⇔ Löslichkeit

Genau so, wie es möglich ist, die verschiedenen Anteile ineinander umzurechnen (Seite 147) oder die verschiedenen Konzentrationen ineinander umzuwandeln (Seite 153), kann man auch Anteile in Konzentrationen und umgekehrt oder die Löslichkeit in Anteile usw. umrechnen.

Eine Umrechnungstabelle der Gehaltsgrößen befindet sich auf Seite 162.

5.2.1 Umrechnungsmöglichkeiten

Die Umrechnungen der Gehaltsgrößen – *Anteile* ⇔ *Konzentrationen* ⇔ *Löslichkeit* – ist wie bei den Anteile- oder Konzentrationsumrechnungen grundsätzlich auf zwei Arten möglich.

1. Umrechnung über Bezugs-Stoffportionen und Quantitäten

Hierbei ermittelt man für die Bezugs-Stoffportionen (z. B. 100 g, 1 L, 1 mol, ...) die benötigten Quantitäten (m, M, n, ϱ, V, ...) und berechnet mit den Definitionsgleichungen die geforderten Gehaltsgrößen.

Diese Umrechnungsmethode ist die herkömmlich gebräuchlichere und gründet sich auf einen logisch entwickelnden Rechengang, sie ist teilweise jedoch recht umfangreich.

2. Umrechnung mit Berechnungsformeln

Zwischen den Anteil-Gehaltsgrößen und den Konzentrations-Gehaltsgrößen bestehen formelmäßige Zusammenhänge, die übersichtlich in einem Umrechnungs-Zylinder dargestellt werden **(Bild 157/1)**.

Daraus können die Umrechnungsformeln abgelesen werden. Die Umrechnung der Anteile erfolgt im Umrechnungskreis des Zylinderdeckels (siehe auch Seite 147), die Umrechnung der Konzentrationen im Umrechnungskreis des Zylinderbodens (siehe auch Seite 153).

Umrechnungen zwischen Anteilen und Konzentrationen werden mit den Beziehungen zwischen dem Anteile-Umrechnungskreis und dem Konzentrationskreis ausgeführt. Hierbei wird nach demselben Schema verfahren wie bei Umrechnungen im Umrechnungskreis (Beschreibung siehe Seite 147).

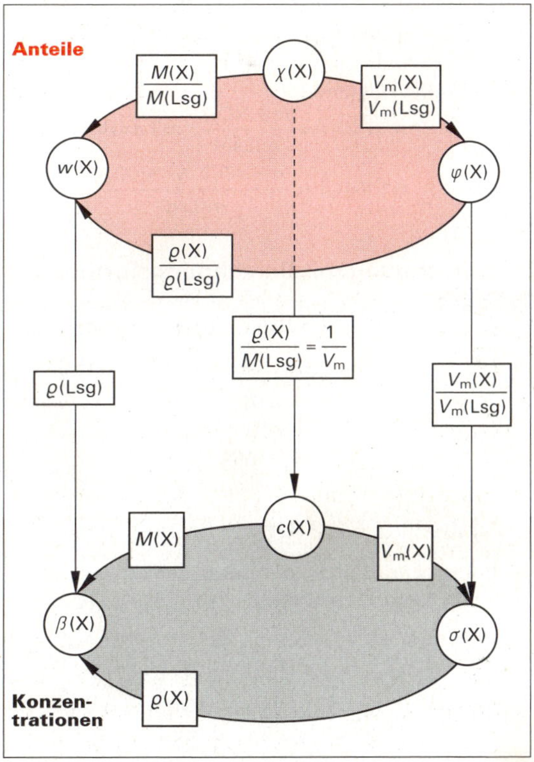

Bild 157/1: Anteile-Konzentrationen-Umrechnungs-Zylinder

Beispiele:

1. Umrechnung von Massenanteil $w(X)$ in Massenkonzentration $\beta(X)$:

$$\beta(X) = w(X) \cdot \varrho(Lsg)$$

2. Umrechnung von Massenanteil $w(X)$ in Stoffmengenkonzentration $c(X)$:

$$c(X) = w(X) \cdot \varrho(Lsg) \cdot \frac{1}{M(X)}$$

3. Umrechnung von Stoffmengenanteil $\chi(X)$ in Volumenkonzentration $\sigma(X)$:

$$\sigma(X) = \chi(X) \cdot \frac{\varrho(Lsg)}{M(Lsg)} \cdot V_m(X)$$

4. Umrechnung von Stoffmengenanteil $\chi(X)$ in Massenkonzentration $\beta(X)$:

$$\beta(X) = \chi(X) \cdot \frac{M(X)}{M(Lsg)} \cdot \varrho(Lsg)$$

5. Umrechnung von Volumenkonzentration $\sigma(X)$ in Massenanteil $w(X)$:

$$w(X) = \sigma(X) \cdot \varrho(X) \frac{1}{\varrho(Lsg)}$$

5.2.2 Umrechnung: Massenanteil w (X) ⇔ Stoffmengenkonzentration c (X)

1. Umrechnung über Bezugs-Stoffportionen und Quantitäten

Voraussetzung für Umrechnungen zwischen Anteilen und Konzentrationen ist die Kenntnis der Dichte der Lösungen. Am zweckmäßigsten ist es, von einem Lösungsvolumen von 1 L auszugehen. Mit Hilfe der bekannten molaren Masse M (X) der gelösten Substanz kann die gelöste Stoffportion berechnet werden.

Beispiel 1: Berechnen Sie die Stoffmengenkonzentration $c(H_2SO_4)$ einer Schwefelsäure mit dem Massenanteil $w(H_2SO_4) = 10{,}56\ \%$ und der Dichte ϱ (20 °C) = 1,070 g/cm³.

Lösung: Die Masse von 1 L Lösung beträgt $\varrho = m/V \Rightarrow m = \varrho \cdot V = 1{,}070\ g/cm^3 \cdot 1000\ cm^3 = 1070\ g$

In 1 L Lösung vorhandene Masse Schwefelsäure:

$$w(H_2SO_4) = \frac{m(H_2SO_4)}{m(Lsg)} \Rightarrow m(H_2SO_4) = w(H_2SO_4) \cdot m(Lsg) = 0{,}1056 \cdot 1070\ g = 113{,}0\ g$$

Mit der molaren Masse $M(H_2SO_4) = 98{,}079\ g/mol$ ergibt sich die Stoffmenge in 1 L zu:

$$n(H_2SO_4) = \frac{m(H_2SO_4)}{M(H_2SO_4)} = \frac{113{,}0\ g}{98{,}079\ g/mol} = 1{,}152\ mol$$

Damit ist die Stoffmengenkonzentration $\boldsymbol{c(H_2SO_4) = 1{,}152\ mol/L}$

Beispiel 2: Welchen Massenanteil $w(HNO_3)$ hat eine Salpetersäure der Stoffmengenkonzentration $c(HNO_3) = 0{,}945\ mol/L$ und der Dichte $\varrho = 1{,}030\ g/cm^3$?

Lösung: Masse von 1 L Lösung: $m(Lsg) = \varrho \cdot V = 1{,}030\ g/cm^3 \cdot 1\ L = 1{,}030\ g/cm^3 \cdot 1000\ cm^3 = 1030\ g$
darin enthaltene Stoffmenge Salpetersäure: $n(HNO_3) = 0{,}945\ mol$

Mit der molaren Masse $M(HNO_3) = 63{,}01\ g/mol$ ergibt sich die gelöste Masse an HNO_3 zu:

$$n(HNO_3) = \frac{m(HNO_3)}{M(HNO_3)} \Rightarrow m(HNO_3) = n(HNO_3) \cdot M(HNO_3) = 0{,}945\ mol \cdot 63{,}01\ g/mol = 59{,}544\ g$$

$$\boldsymbol{w(HNO_3)} = \frac{m(HNO_3)}{m(Lsg)} = \frac{59{,}544\ g}{1030\ g} = 0{,}057809 \approx \boldsymbol{5{,}78\ \%}$$

Alternativer Lösungsweg:

$$w(HNO_3) = \frac{m(HNO_3)}{m(Lsg)};\ \text{mit } m(HNO_3) = n(HNO_3) \cdot M(HNO_3) \text{ folgt:}$$

$$\boldsymbol{w(HNO_3)} = \frac{n(HNO_3) \cdot M(HNO_3)}{m(Lsg)} = \frac{0{,}945\ mol \cdot 63{,}01\ g/mol}{1030\ g} = 0{,}057809 \approx \boldsymbol{5{,}78\ \%}$$

2. Umrechnung mit Berechnungsformel

Beispiel 1: Berechnen Sie die Stoffmengenkonzentration $c(H_2SO_4)$ einer Schwefelsäure mit dem Massenanteil $w(H_2SO_4) = 10{,}56\ \%$ und der Dichte ϱ (20 °C) = 1,070 g/cm³.

Lösung: Aus **Bild 157/1** wird folgende Umrechnungsformel abgelesen:

$$c(H_2SO_4) = w(H_2SO_4) \cdot \varrho \cdot \frac{1}{M(X)},\ \text{mit } M(H_2SO_4) = 98{,}079\ g/mol,\ w(H_2SO_4) = 10{,}56\% = 0{,}1056$$

$$\boldsymbol{c(H_2SO_4)} = 0{,}1056 \cdot 1{,}070\ \frac{g}{cm^3} \cdot \frac{1}{98{,}079\ g/mol} = 0{,}00115205\ \frac{mol}{cm^3} \approx \boldsymbol{1{,}152\ mol/L}$$

Aufgaben zu 5.2.2 Umrechnung Massenanteil ⇔ Stoffmengenkonzentration

1. Berechnen Sie die Stoffmengenkonzentration einer Kalilauge mit dem Massenanteil $w(KOH) = 12{,}08\ \%$ und der Dichte ϱ (20 °C) = 1,110 g/cm³.
2. Welchen Massenanteil in Prozent hat Salzsäure der Stoffmengenkonzentration $c(HCl) = 3{,}03\ mol/L$ mit der Dichte ϱ (20 °C) = 1,050 g/cm³ ?
3. Welche Stoffmengenkonzentration $c(K_2SO_4)$ hat eine Kaliumsulfat-Lösung mit dem Massenanteil $w(K_2SO_4) = 10{,}0\ \%$ und der Dichte ϱ (20 °C) = 1,0807 g/cm³ ?
4. Ammoniak-Lösung mit der Dichte ϱ (20 °C) = 0,965 g/cm³ hat eine Stoffmengenkonzentration $c(NH_3) = 4{,}55\ mol/L$. Ermitteln Sie den Massenanteil $w(NH_3)$ der Lösung.

5.2.3 Umrechnung: Massenanteil $w(X)$ ⇔ Massenkonzentration $\beta(X)$

Für die Umrechnung eines Massenanteils $w(X)$ in eine Massenkonzentration $\beta(X)$ ist die Kenntnis der Dichte der Lösung notwendige Voraussetzung.

1. Umrechnung über Bezugs-Stoffportionen und Quantitäten

Es ist zweckmäßig, die Quantitäten für 1 kg bzw. 1 L Lösung umzurechnen.

Beispiel 1: Wie groß ist die Massenkonzentration $\beta(H_2SO_4)$ einer Schwefelsäure mit dem Massenanteil $w(H_2SO_4) = 20{,}08\ \%$ und der Dichte $\varrho(20\ °C) = 1{,}140\ g/cm^3$?

Lösung: Volumen von 1 kg Lösung:

$$\varrho = \frac{m(Lsg)}{V(Lsg)} \Rightarrow V(Lsg) = \frac{m(Lsg)}{\varrho} = \frac{1000\ g}{1{,}140\ g/cm^3} = 877{,}2\ cm^3 = 0{,}8772\ L$$

100 g Säure enthalten 20,08 g H_2SO_4, 1000 g Säure enthalten 200,8 g H_2SO_4

$$\boldsymbol{\beta(H_2SO_4)} = \frac{m(H_2SO_4)}{V(Lsg)} = \frac{200{,}8\ g}{0{,}8772\ L} = 228{,}96\ g \approx \mathbf{229{,}0\ g/L}$$

Beispiel 2: Welchen Massenanteil $w(KOH)$ in Prozent hat eine Kalilauge der Dichte $\varrho(20\ °C) = 1{,}095\ g/cm^3$ mit der Massenkonzentration $\beta(KOH) = 115\ g/L$?

Lösung: Masse von 1 L Lösung:

$$\varrho = \frac{m(Lsg)}{V(Lsg)} \Rightarrow m(Lsg) = \varrho \cdot V(Lsg) = 1{,}095\ g/cm^3 \cdot 1000\ cm^3 = 1095\ g$$

$$\boldsymbol{w(KOH)} = \frac{m(KOH)}{m(Lsg)} = \frac{115\ g}{1095\ g} = 0{,}1050 \approx \mathbf{10{,}5\,\%}$$

2. Umrechnung mit Berechnungsformel

Beispiel 1: Wie groß ist die Massenkonzentration $\beta(H_2SO_4)$ einer Schwefelsäure mit dem Massenanteil $w(H_2SO_4) = 20{,}08\ \%$ und der Dichte $\varrho(20\ °C) = 1{,}140\ g/cm^3$?

Lösung: Aus Bild 157/1 wird folgende Umrechnungsformel abgelesen:

$\beta(H_2SO_4) = w(H_2SO_4) \cdot \varrho(H_2SO_4)$ mit $w(H_2SO_4) = 20{,}08\,\% = 0{,}2008$ folgt:

$$\boldsymbol{\beta(H_2SO_4)} = 0{,}2008 \cdot 1{,}140\ \frac{g}{cm^3} \cdot 1000\ \frac{cm^3}{L} \approx \mathbf{229{,}0\ g/L}$$

Beispiel 2: Welchen Massenanteil $w(KOH)$ in Prozent hat eine Kalilauge mit der Dichte $\varrho(20\ °C) = 1{,}095\ g/cm^3$ und der Massenkonzentration $\beta(KOH) = 115\ g/L$?

Lösung: Aus Bild 157/1 wird folgende Umrechnungsformel abgelesen:

$$w(KOH) = \beta(KOH) \cdot \frac{1}{\varrho(KOH)}$$

$$\boldsymbol{w(KOH)} = 115\ \frac{g}{L} \cdot \frac{1}{1{,}095\ g/cm^3} = 105{,}0\ \frac{cm^3}{L} = 105{,}0\ \frac{cm^3}{1000\ cm^3} = 0{,}1050 \approx \mathbf{10{,}5\,\%}$$

Aufgaben zu 5.2.3 Umrechnung Massenanteil ⇔ Massenkonzentration

1. Ermitteln Sie die Massenkonzentration $\beta(X)$ folgender Lösungen:
   a) $w(NaCl) = 6{,}0\,\%$, $\varrho(20\,°C) = 1{,}041\ g/cm^3$
   b) $w(KNO_3) = 10{,}0\,\%$, $\varrho(20\,°C) = 1{,}063\ g/cm^3$
   c) $w(KBr) = 12{,}0\,\%$, $\varrho(20\,°C) = 1{,}090\ g/cm^3$
   d) $w(NaOH) = 13{,}73\,\%$, $\varrho(20\,°C) = 1{,}150\ g/cm^3$
2. Welchen Massenanteil $w(X)$ in Prozent haben die folgenden Lösungen?
   a) $\beta(HNO_3) = 800\ g/L$, $\varrho(20\ °C) = 1{,}360\ g/cm^3$
   b) $\beta(NH_3) = 145{,}1\ g/L$, $\varrho(20\ °C) = 0{,}938\ g/cm^3$
   c) $\beta(HCl) = 55{,}5\ g/L$, $\varrho(20\ °C) = 1{,}025\ g/cm^3$
   d) $\beta(NH_4Cl) = 200\ g/L$, $\varrho(20\ °C) = 1{,}053\ g/cm^3$
3. Eine Lösung der Dichte $\varrho(20\ °C) = 1{,}054\ g/cm^3$ hat einen Massenanteil $w(Ca(OH)_2) = 8{,}80\,\%$. Wie groß ist die Massenkonzentration $\beta(OH^-)$ dieser Lösung?
4. Zur Herstellung von Natronlauge ($\beta(NaOH) = 180\ g/L$, $\varrho(20\ °C) = 1{,}171\ g/cm^3$) stehen 2,25 kg Natriumhydroxid mit einem Massenanteil von $w(NaOH) = 98{,}7\ \%$ zur Verfügung.
   a) Wie viel Liter Lauge können damit angesetzt werden?
   b) Welche Masse hat die hergestellte Lösung?

5.2.4 Umrechnung:
Massenanteil w (X) ⇔ Volumenkonzentration σ (X)

Für die Umrechnung eines Massenanteils w(X) in eine Volumenkonzentration σ(X) müssen die Dichten des gelösten Stoffes und der Lösung bekannt sein.

Zu beachten ist die häufig auftretende **Volumenkontraktion**. Die Summe der Einzelvolumina V(Lm) + V(X) entspricht dann nicht dem tatsächlichen Gesamtvolumen der Lösung V(Lsg).

1. Umrechnung über Bezugs-Stoffportionen und Quantitäten

Beispiel 1: Welche Volumenkonzentration σ(Methanol) hat eine wässrige Lösung von Methanol mit einem Massenanteil w(Methanol) = 50,0 %?
Dichten bei 20 °C: ϱ(Methanol, 100 %) = 0,792 g/cm³, ϱ(Lösung) = 0,915 g/cm³

Lösung: 100 g Lösung enthalten 50,0 g Methanol

Volumen von 100 g Lösung:

$$V\,(\text{Lsg}) = \frac{m\,(\text{Lsg})}{\varrho\,(\text{Lsg})} = \frac{100\ \text{g}}{0{,}915\ \text{g/cm}^3} = 109{,}2896\ \text{cm}^3$$

Volumen von 50,0 g Methanol:

$$V\,(\text{Meth.}) = \frac{m\,(\text{M})}{\varrho\,(\text{M})} = \frac{50{,}0\ \text{g}}{0{,}792\ \text{g/cm}^3} = 63{,}1313\ \text{cm}^3$$

$$\boldsymbol{\sigma\,(\text{Methanol})} = \frac{V\,(\text{Meth.})}{V\,(\text{Lsg})} = \frac{63{,}1313\ \text{cm}^3}{109{,}2896\ \text{cm}^3} = 0{,}57765 \approx \mathbf{57{,}8\,\%}$$

Beispiel 2: Berechnen Sie den Massenanteil w(HCOOH) einer Lösung von Ameisensäure (Methansäure) HCOOH in Wasser mit einer Volumenkonzentration σ(HCOOH) = 12,00 %.
Dichten bei 20 °C: ϱ(HCOOH, 100 %) = 1,2213 g/cm³, ϱ(Lösung) = 1,0297 g/cm³

Lösung: 100 mL Lösung enthalten 12,00 mL Ameisensäure

Masse von 100 mL Lösung:
m (Lsg) = ϱ (Lsg) · V (Lsg) = 1,0297 g/cm³ · 100 mL = 102,97 g

Masse von 12,00 mL Säure:
m (Säure) = ϱ (Säure) · V (Säure) = 1,2213 g/cm³ · 12,00 mL = 14,6556 g

$$\boldsymbol{w\,(\text{Ameisensäure})} = \frac{m(\text{Säure})}{m(\text{Lsg})} = \frac{14{,}6556\ \text{g}}{102{,}97\ \text{g}} = 0{,}14232 \approx \mathbf{14{,}23\,\%}$$

2. Umrechnung mit Berechnungsformel

Beispiel 1: Welche Volumenkonzentration σ(Methanol) hat eine wässrige Lösung von Methanol mit einem Massenanteil w(Methanol) = 50,0 %?
Dichten bei 20 °C: ϱ(Methanol) = 0,792 g/cm³, ϱ(Lösung) = 0,915 g/cm³

Lösung: Aus Bild 157/1 wird folgende Umrechnungsformel abgelesen:

$$\sigma\,(\text{Methanol}) = \beta\,(\text{X}) \cdot \frac{1}{\varrho(\text{X})} = w(\text{X}) \cdot \varrho(\text{Lsg}) \cdot \frac{1}{\varrho(\text{X})} = w(\text{X}) \cdot \frac{\varrho(\text{Lsg})}{\varrho(\text{X})}$$

$$\boldsymbol{\sigma\,(\text{Methanol})} = 0{,}500 \cdot \frac{0{,}915\ \text{g/cm}^3}{0{,}792\ \text{g/cm}^3} = 0{,}57765 \approx \mathbf{57{,}8\,\%}$$

Beispiel 2: Berechnen Sie den Massenanteil w(HCOOH) in einer Lösung von Ameisensäure (Methansäure) HCOOH in Wasser mit einer Volumenkonzentration σ(HCOOH) = 12,00 %.
Dichten bei 20 °C: ϱ(HCOOH) = 1,2213 g/cm³, ϱ(Lösung) = 1,0297 g/cm³

Lösung: Aus Bild 157/1 wird folgende Umrechnungsformel abgelesen:

$$w\,(\text{X}) = \sigma\,(\text{X}) \cdot \varrho\,(\text{X}) \cdot \frac{1}{\varrho\,(\text{Lsg})}$$

$$\boldsymbol{w\,(\text{Ameisensäure})} = 0{,}1200 \cdot 1{,}2213\ \text{g/cm}^3 \cdot \frac{1}{1{,}0297\ \text{g/cm}^3} = 0{,}14232 \approx \mathbf{14{,}23\,\%}$$

Aufgaben zu 5.2.4 Umrechnung Massenanteil ⇔ Volumenkonzentration

1. Welche Volumenkonzentration σ(Ameisensäure) hat eine wässrige Ameisensäure mit einem Massenanteil w(Säure) = 30,0 %?
   Dichten bei 20 °C: ϱ(Ameisensäure) = 1,221 g/cm³, ϱ(Lösung) = 1,073 g/cm³
2. Berechnen Sie den Massenanteil w(Ethanol) einer wässrigen Ethanol-Lösung mit einer Volumenkonzentration σ(Ethanol) = 94,0 %.
   Dichten bei 20 °C: ϱ(Ethanol) = 0,792 g/cm³, ϱ(Lösung) = 0,809 g/cm³.

5.2.5 Umrechnung: Massenanteil $w(X)$ ⇔ Löslichkeit $L(X)$

Sowohl der Massenanteil $w(X) = \frac{m(X)}{m(Lsg)}$ als auch die Löslichkeit $L(X) = \frac{m_{max}(X)}{m(Lm)}$ sind Massenverhältnisse.

> Der Massenanteil ***w*** gibt die Masse des **gelösten Stoffes in 100 g *Lösung*** an.
> Die Löslichkeit ***L*** nennt die **maximal lösbare Masse des Stoffes in 100 g *Lösemittel***.

1. Umrechnung über Bezugs-Stoffportionen und Quantitäten

Beispiel 1: Welchen Massenanteil $w(K_2CO_3)$ in Prozent hat eine bei 20 °C gesättigte Kaliumcarbonat-Lösung? $L(K_2CO_3, 20\ °C) = 110{,}5\ g/100\ g$ Wasser.

Lösung: Masse Lösung: $m(Lsg) = m(Lm) + m(K_2CO_3) = 100\ g\ \text{Wasser} + 110{,}5\ g\ K_2CO_3 = 210{,}5\ g$

$$\boldsymbol{w(K_2CO_3)} = \frac{m(K_2CO_3)}{m(Lsg)} = \frac{110{,}5\ g}{210{,}5\ g} = 0{,}52494 \approx \mathbf{52{,}49\,\%}$$

Beispiel 2: Welche Löslichkeit hat Kaliumnitrat KNO_3 in Wasser von 50 °C, wenn der Massenanteil einer gesättigten Lösung $w(KNO_3) = 46{,}15\ \%$ beträgt?

Lösung: 100 g Lösung enthalten 46,15 g KNO_3 und 100 g – 46,15 g = 53,85 g Wasser

$$\boldsymbol{L(KNO_3)} = \frac{m(KNO_3) \cdot 100\ g}{m(Lm)} = \frac{46{,}15\ g \cdot 100\ g}{53{,}85\ g} \approx \mathbf{87{,}70\ g/100\ g\ Wasser}$$

2. Umrechnung mit Berechnungsformel

Eine Berechnungsformel für $L(X)$ ⇔ $w(X)$ erhält man durch Einsetzen bekannter Beziehungen in die Definitionsgleichung der Löslichkeit $L(X)$:

$$L(X) = \frac{m_{max}(X)}{m(Lm)} \quad \text{mit} \quad w(X) = \frac{m_{max}(X)}{m(Lsg)} \Rightarrow m_{max}(X) = w(X) \cdot m(Lsg)$$

$$\text{und} \quad m(Lm) = m(Lsg) - m_{max}(X) = m(Lsg) - w(X) \cdot m(Lsg)$$

$$\text{folgt} \quad m(Lm) = m(Lsg) \cdot [1 - w(X)]$$

$$\boldsymbol{L(X)} = \frac{w(X) \cdot m(Lsg)}{m(Lsg) \cdot [1 - w(X)]} = \frac{\boldsymbol{w(X)}}{\boldsymbol{1 - w(X)}}$$

> $$L(X) = \frac{w(X)}{1 - w(X)} \quad ; \quad w(X) = \frac{L(X)}{L(X) + 1}$$

Beispiel 1: Welchen Massenanteil $w(K_2CO_3)$ in Prozent hat eine bei 20 °C gesättigte Kaliumcarbonat-Lösung? $L(K_2CO_3, 20\ °C) = 110{,}5\ g/100\ g$ Wasser.

Lösung:
$$\boldsymbol{w(K_2CO_3)} = \frac{L(K_2CO_3)}{L(K_2CO_3) + 1} = \frac{\frac{110{,}5\ g}{100\ g}}{\frac{110{,}5\ g}{100\ g} + 1} = \frac{1{,}105}{1{,}105 + 1} = 0{,}52494 \approx \mathbf{52{,}49\,\%}$$

Aufgaben zu 5.2.5 Umrechnung: Massenanteil ⇔ Löslichkeit

1. Welchen Massenanteil $w(X)$ in Prozent haben folgende bei 40 °C gesättigte Lösungen? (Löslichkeiten aus Tabelle 156/1)
   a) $AgNO_3$ b) $Ba(OH)_2$ c) $NaCl$ d) KCl e) $NaHCO_3$ f) $CuSO_4$
2. Ermitteln Sie die Löslichkeit $L(X, \vartheta)$ in g/100 g Wasser der gesättigten Lösungen mit den folgenden Massenanteilen:
   a) $w(NaCl) = 27{,}0\ \%$, $\vartheta = 50\ °C$ b) $w(NaHCO_3) = 8{,}60\ \%$, $\vartheta = 20\ °C$
   c) $w(NaHCO_3) = 13{,}80\ \%$, $\vartheta = 60\ °C$ d) $w(KNO_3) = 39{,}3\ \%$, $\vartheta = 40\ °C$
3. Um eine bei 20 °C gesättigte Lösung von Kaliumchlorat herzustellen, müssen 7,3 g $KClO_3$ in 100 g Wasser gelöst werden. Die Dichte der Lösung bei dieser Temperatur beträgt 1,042 g/cm³. Welchen Massenanteil $w(KClO_3)$ in Prozent und welche Stoffmengenkonzentration $c(KClO_3)$ hat diese Lösung?

Tabelle: Umrechnungsformeln für Gehaltsgrößen

von \ zu	Massenanteil w(X) $w(X) = \frac{m(X)}{m(Lsg)}$	Massenkonzentration β(X) $\beta(X) = \frac{m(X)}{V(Lsg)}$	Stoffmengenanteil χ(X) $\chi(X) = \frac{n(X)}{n(X) + n(Lm)}$	Stoffmengenkonzentration c(X) $c(X) = \frac{n(X)}{V(Lsg)}$	Volumenkonzentration σ(X) $\sigma(X) = \frac{V(X)}{V(Lsg)}$
Massenanteil **w(X)** z. B. g/100 g Lsg = % g/1000 g Lsg = ‰		$\beta(X) = \frac{m(X) \cdot \varrho(Lsg)}{m(Lsg)}$ $\beta(X) = w(X) \cdot \varrho(Lsg)$ ϱ = Dichte in g/L	$\chi(X) = \frac{w(X)}{M(X) \cdot \frac{1}{M(Lsg)}}$ $\frac{1}{M(Lsg)} = \frac{w(X)}{M(X)} + \frac{w(Lm)}{M(Lm)}$	$c(X) = \frac{m(X) \cdot \varrho(Lsg)}{M(X) \cdot m(Lsg)}$ $c(X) = w(X) \cdot \frac{\varrho(Lsg)}{M(X)}$ M = molare Masse in g/mol	$\sigma(X) = \frac{m(X) \cdot \varrho(Lsg)}{m(Lsg) \cdot \varrho(X)}$ $\sigma(X) = \frac{w(X) \cdot \varrho(Lsg)}{\varrho(X)}$
Massenkonzentration **β(X)** z. B. in g/L, mg/m³	$w(X) = \frac{\beta(X)}{\varrho(Lsg)}$		$\chi(X) = \frac{\beta(X) \cdot M(Lsg)}{M(X) \cdot \varrho(Lsg)}$ $M(Lsg) = \frac{m(X) + m(Lm)}{\frac{m(X)}{M(X)} + \frac{m(Lm)}{M(Lm)}}$	$c(X) = \frac{\beta(X)}{M(X)}$	$\sigma(X) = \frac{\beta(X)}{\varrho(X)}$
Stoffmengenanteil **χ(X)** z. B. in mol/mol, mol/100 mol Lsg = %	$w(X) = \frac{\chi(X) \cdot M(X)}{M(Lsg)}$ $M(Lsg) = \chi(X) \cdot M(X) + \chi(Lm) \cdot M(Lm)$	$\beta(X) = \frac{\chi(X) \cdot M(X) \cdot \varrho(Lsg)}{M(Lsg)}$		$c(X) = \frac{\chi(X) \cdot \varrho(Lsg)}{M(Lsg)}$	$\sigma(X) = \frac{\chi(X) \cdot M(X) \cdot \varrho(Lsg)}{M(Lsg) \cdot \varrho(X)}$
Stoffmengenkonzentration **c(X)** z. B. in mol/L, mmol/L	$w(X) = \frac{c(X) \cdot M(X)}{\varrho(Lsg)}$	$\beta(X) = c(X) \cdot M(X)$	$\chi(X) = \frac{c(X) \cdot M(Lsg)}{\varrho(Lsg)}$ $M(Lsg) = \frac{m(X) + m(Lm)}{n(X) + n(Lm)}$		$\sigma(X) = \frac{c(X) \cdot M(X)}{\varrho(X)}$
Volumenkonzentration **σ(X)** z. B. in L/L, L/100 L Lsg = %, ppm	$w(X) = \frac{V(X) \cdot \varrho(X)}{V(Lsg) \cdot \varrho(Lsg)}$ $w(X) = \sigma(X) \cdot \frac{\varrho(X)}{\varrho(Lsg)}$	$\beta(X) = \sigma(X) \cdot \varrho(X)$	$\chi(X) = \frac{\sigma(X) \cdot \varrho(X) \cdot M(Lsg)}{M(X) \cdot \varrho(Lsg)}$ $M(Lsg) = \frac{V(X) \cdot \varrho(X) + V(Lm) + \varrho(Lm)}{\frac{V(X) \cdot \varrho(X)}{M(X)} + \frac{V(Lm) + \varrho(Lm)}{M(Lm)}}$	$c(X) = \frac{\sigma(X) \cdot \varrho(X)}{M(X)}$	

Gemischte Aufgaben zu 5.1 und 5.2 Rechnen mit Gehaltsgrößen

1. Wie viel kg technisches Kaliumhydroxid (w(KOH) = 95,4 %) sind einzuwiegen, wenn 800 kg Kalilauge (w(KOH) = 20,0 %, ϱ = 1,188 g/cm³) entstehen sollen? Wie groß sind c(KOH) und β(KOH)?

2. Für die Rauchgasentschwefelung nach dem Wellmann-Lord-(WL)-Verfahren werden zur Absorption des SO_2 75,0 m³ einer gesättigten Natriumsulfit-Lösung ($w(Na_2SO_3)$ = 21,2 %, ϱ = 1,200 g/cm³) benötigt. Wie viel technisches Natriumsulfit mit $w(Na_2SO_3 \cdot 7\ H_2O)$ = 85,2 % muss gelöst werden?

3. 5000 kg Natriumhydroxid NaOH sollen aus Natronlauge mit w(NaOH) = 15,1% und ϱ = 1,165 g/cm³ durch Eindampfen gewonnen werden. Welches Laugevolumen ist einzusetzen?

4. 500 L Salzsäure der Dichte ϱ = 1,125 g/cm³ enthalten 142,0 kg Chlorwasserstoffgas HCl. Berechnen Sie w(HCl), β(HCl) und c(HCl) der Lösung.

5. 385 kg technische Kristallsoda ($w(Na_2CO_3 \cdot 10\ H_2O)$ = 97,5 %) werden in 2,40 t Wasser gelöst. Wie groß sind $w(Na_2CO_3)$ und $c(CO_3^{2-})$ der entstehenden Sodalösung (ϱ = 1,050 g/cm³)?

6. Wie viel Kilogramm technisches Natriumchlorid (w(NaCl) = 96,5%) und Wasser sind erforderlich, um 500 m³ Kühlsole (ϱ = 1,197 kg/dm³, w(NaCl) = 26,0 %) herzustellen? Wie groß ist β(NaCl)?

7. Ein Testgemisch mit den Volumenanteilen 95,0 % Isooctan und 5,0 % n-Heptan hat eine Oktanzahl 95. Es sind 25 L Testgemisch herzustellen. Welche Flüssigkeitsvolumina sind zu mischen?

8. Welchen Volumenanteil φ(Benzol) enthält ein Aromatengemisch, das in 1500 L Gemisch 600 dm³ Benzol C_6H_6 (ϱ = 0,879 g/cm³) enthält? Berechnen Sie die Stoffmengenkonzentration $c(C_6H_6)$.

9. Eine Ammoniak-Lösung der Dichte 0,883 g/cm³ weist eine Stoffmengenkonzentration $c(NH_3)$ = 17,4 mol/L auf. Wie groß sind $w(NH_3)$ und $\beta(NH_3)$?

10. Für eine Reaktion werden 180,5 kg Natriumcarbonat Na_2CO_3 benötigt. In wie viel Liter Sodalösung ($c(Na_2CO_3)$ = 0,60 mol/L, ϱ = 1,061 g/cm³) ist diese Stoffportion enthalten? Wie groß sind $w(Na_2CO_3)$ und $\beta(Na_2CO_3)$?

11. Die Dichte einer Schwefelsäure-Lösung mit $w(H_2SO_4)$ = 50,0 % beträgt 1,390 g/cm³. Die reine Säure hat eine Dichte von 1,840 g/cm³, das Lösemittel Wasser eine Dichte von 0,998 g/cm³. Berechnen Sie $c(H_2SO_4)$, $\beta(H_2SO_4)$, $\chi(H_2SO_4)$ und $\sigma(H_2SO_4)$.

12. 7,50 m³ HCl-Gas unter 1,20 bar und 15 °C wurden in einer Absorptionskolonne in 540 kg Wasser absorbiert. Welche c(HCl), β(HCl) und w(HCl) hat die entstehende Salzsäure (ϱ = 1,011 g/cm³)?

13. Berechnen Sie σ(2-Propanol), β(2-Propanol) und c(2-Propanol) einer wässrigen 2-Propanol-Lösung der Dichte ϱ = 0,970 g/cm³, deren Massenanteil w(2-Propanol) = 20,0% beträgt (ϱ(2-Propanol) = 0,785 g/cm³).

14. Eine Schwefelsäure-Lösung (ϱ = 1,300 g/cm³) hat eine Konzentration $c(SO_4^{2-})$ = 5,26 mol/L. Wie groß sind $w(H_2SO_4)$, $c(H_2SO_4)$ und $\beta(H_2SO_4)$?

15. Wie viel Gramm Natronlauge (w(NaOH) = 45,2 %) müssen auf 800 L verdünnt werden, wenn die Lauge eine Massenkonzentration von β(NaOH) = 28 mg/L haben soll? Wie groß ist $c(OH^-)$?

16. Welches Volumen an Salzsäure mit w(HCl) = 10,5 % und ϱ = 1,050 g/cm³ benötigt man zur Herstellung von 150 L Säurelösung mit β(HCl) = 75 mg/L? Wie groß ist $c(H^+)$?

17. Helium wird durch Herunterkühlen von vorgereinigtem Erdgas auf –205 °C gewonnen, wobei Helium unkondensiert zurückbleibt. Wie viel Kubikmeter Helium können aus $2{,}5 \cdot 10^6$ m³ Erdgas mit einer Volumenkonzentration von σ(Helium) = 7,2 ‰ gewonnen werden?

18. Wie viel KNO_3 kristallisiert aus 150 kg gesättigter Kaliumnitrat-Lösung von 80 °C bei Abkühlung auf 20 °C aus? Welchen Massenanteil $w(KNO_3)$ haben jeweils die gesättigten Lösungen?

19. Bei der Sodaherstellung nach dem Solvay-Verfahren wird durch Einleiten von CO_2 in eine NaCl-Sole Natriumhydrogencarbonat ausgefällt. Wie viel $NaHCO_3$ bleibt nach der Fällung und Filtration in 1000 kg Lösung von 20 °C noch gelöst?

5.3 Mischen, Verdünnen und Konzentrieren von Lösungen

Sowohl in der Produktion als auch im Labor werden häufig Lösungen benötigt, die nicht mit dem geforderten Gehalt zur Verfügung stehen.

Der Gehalt vorhandener Lösungen lässt sich auf verschiedene Weise verändern:

Verdünnen der Lösung
- durch Zusatz einer gleichartigen Lösung mit geringerem Gehalt
- durch Zusatz von reinem Lösemittel
- durch Entzug von gelöstem Stoff

Konzentrieren der Lösung
- durch Zusatz von gleichartiger Lösung mit höherem Gehalt
- durch Zusatz von Reinsubstanz
- durch Entzug von reinem Lösemittel

5.3.1 Mischen von Lösungen

Wie **Bild 164/1** zeigt, werden die Lösungen 1 und 2 gemischt. Sie enthalten beide die Komponente X. Es sind m_1 und m_2 die Massen der Lösungen 1 und 2, m_M die Masse der Mischung, w_1 und w_2 die Massenanteile der Komponente X in Lösung 1 und 2, w_M der Massenanteil der Komponente X in der Mischung.

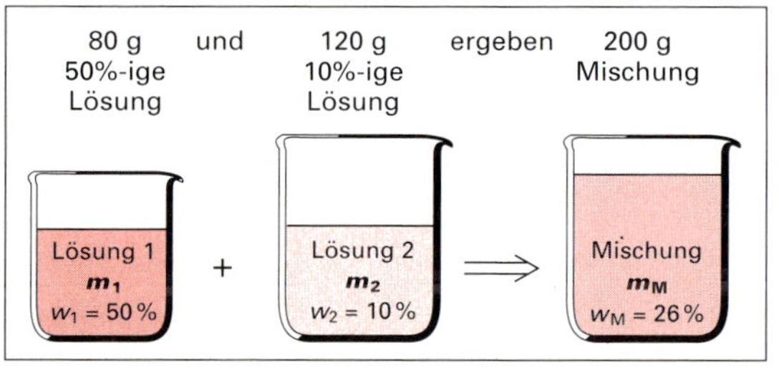

Bild 164/1: Mischen von zwei Lösungen (Beispiel)

Nach dem Mischen von Einzellösungen ist die Gesamtmasse der Mischung m_M gleich der Summe der Einzelmassen der Mischungskomponenten: $m_M = m_1 + m_2$.

Die Masse an gelöster Substanz X in der Mischung ist gleich der Summe der Einzelmassen an gelöster Substanz in den Mischungskomponenten: $m(X)_M = m(X)_1 + m(X)_2$. Alle mit dem Verdünnen und Konzentrieren von Lösungen zusammenhängenden Ansätze lassen sich durch Schlussrechnung oder mit der **Mischungsgleichung** lösen.

Grundlage der Mischungsgleichung ist die Definitionsgleichung für den Massenanteil $w(X)$:

$$w(X) = \frac{m(X)}{m(M)} \Rightarrow m(X) = w(X) \cdot m(M)$$

Die Massen der Komponente X in den Lösungen 1 und 2 sowie in der Mischung berechnen sich

in Lösung 1: $m(X)_1 = m_1 \cdot w_1$

in Lösung 2: $m(X)_2 = m_2 \cdot w_2$

in der Mischung: $m(X)_M = m_M \cdot w_M$

Aus $m(X)_M = m(X)_1 + m(X)_2$ ergibt sich die **Mischungsgleichung** für zwei Lösungen.

Sollen n Komponenten gemischt werden, wird die Gleichung entsprechend erweitert.

Mischungsgleichung für 2 Lösungen
$m_1 \cdot w_1 + m_2 \cdot w_2 = m_M \cdot w_M$

Mischungsgleichung für n Lösungen
$m_1 \cdot w_1 + m_2 \cdot w_2 + m_n \cdot w_n = m_M \cdot w_M$

Beispiel: 80,0 g Natronlauge, $w(NaOH)$ = 50,0 % und 120 g Natronlauge, $w(NaOH)$ = 10,0 %, werden gemischt (Bild 164/1).

a) Welche Masse an Mischung entsteht?

b) Welchen Massenanteil $w(NaOH)$ in Prozent hat die Mischung?

Lösung: m_1 = 80,0 g, w_1 = 50,0 % = 0,500, m_2 = 120 g, w_2 = 10,0 % = 0,100

a) $\mathbf{m_M} = m_1 + m_2$ = 80,0 g + 120 g = **200 g**

b) Lösung mit der Mischungsgleichung:

80,0 g · 0,500 + 120 g · 0,100 = 200 g · w_M

$$\mathbf{w_M} = \frac{80{,}0\ \text{g} \cdot 0{,}500 + 120\ \text{g} \cdot 0{,}100}{200\ \text{g}} = 0{,}260 \approx \mathbf{26{,}0\,\%}$$

Bei Berechnungen dieser Art können die Massenanteile sowohl in Prozent (z. B. w_1 = 30 %) als auch als Dezimalzahl (z. B. w_1 = 0,30) eingesetzt werden.

Lösung durch Schlussrechnung:

Lauge 1: 100 g Lauge enthalten 50,0 g NaOH	**Lauge 2**: 100 g Lauge enthalten 10,0 g NaOH
80 g Lauge enthalten 40 g NaOH	120 g Lauge enthalten 12 g NaOH

Lauge 1:	80 g Lauge enthalten 40 g NaOH
+ Lauge 2:	120 g Lauge enthalten 12 g NaOH
Mischung:	200 g Lauge enthalten 52 g NaOH

Massenanteil: $\mathbf{w(NaOH)} = \frac{m(NaOH)}{m(Lsg)} = \frac{52\ g}{200\ g} = 0{,}260 \approx \mathbf{26{,}0\,\%}$

Mischungskreuz

In der Praxis sind meistens jeweils nur zwei Lösungen zu mischen. Sind deren Massenanteile w_1 und w_2 und der Massenanteil w_M der Mischung bekannt, können die Massen der zu mischenden Teillösungen m_1 und m_2 mit dem **Mischungskreuz** berechnet werden.

Das Mischungskreuz ist eine aus der Mischungsgleichung (Seite 164) abgeleitete Rechenhilfe. Dazu formt man die Mischungsgleichung nach dem Massenverhältnis m_1/m_2 um:

$$m_1 \cdot w_1 + m_2 \cdot w_2 = (m_1 + m_2) \cdot w_M = m_1 \cdot w_M + m_2 \cdot w_M$$
$$m_1 \cdot w_1 - m_1 \cdot w_M = m_2 \cdot w_M - m_2 \cdot w_2$$
$$m_1 \cdot (w_1 - w_M) = m_2 \cdot (w_M - w_2)$$

Man erhält: $$\frac{m_1}{m_2} = \frac{w_M - w_2}{w_1 - w_M}$$

Das Massenverhältnis $m_1 : m_2$, in welchem zwei Lösungen 1 und 2 gemischt werden müssen, ist gleich dem umgekehrten Verhältnis aus der Differenz ihrer Massenanteile zu den Massenanteilen der Mischung. Die daraus abgeleitete grafische Schreibweise (siehe rechts) wird als **Mischungskreuz** bezeichnet. Es wird auch Andreaskreuz oder Mischungsregel genannt:

Mischungskreuz

w_1	↘ ↗	$w_M - w_2 \Rightarrow m_1$
	w_M	
w_2	↗ ↘	$w_1 - w_M \Rightarrow m_2$
Summe:		$m_1 + m_2 \Rightarrow m_M$

Beispiel: Es sollen 150 kg Salpetersäure mit einem Massenanteil $w(HNO_3)$ = 15,0 % hergestellt werden. Zur Verfügung stehen eine 10,0%ige und eine 65,0%ige Salpetersäure. Welche Massen der Ausgangslösungen sind zu mischen?

Lösung:

Mischungskreuz

w_1	↘ ↗	m_1
	w_M	
w_2	↗ ↘	m_2
Summe:		m_M

1) Einsetzen der gegebenen Größen: w_1 = 65,0 %, w_2 = 10,0 %, w_M = 15,0 %,

65,0 %	↘ ↗	5,0 (kg) ≙ m_1
	15,0 %	
10,0 %	↗ ↘	50,0 (kg) ≙ m_2
Summe:		55,0 (kg) ≙ m_M

2) Ermitteln der zu mischenden Verhältnismassen m_1 und m_2 durch Differenzbildung der Zahlen im Mischungskreuz:

65,0 – 15,0 = 50,0 ⇒ m_2 = **50,0 kg**

15,0 – 10,0 = 5,0 ⇒ m_1 = **5,0 kg**

Es müssen 5,0 kg der 65,0%igen und 50,0 kg der 10,0%igen HNO_3 gemischt werden, um 55,0 kg der 15,0%igen Säure zu erhalten.

3) Berechnen der erforderlichen Massen mit dem Dreisatz:

Zur Herstellung von 150 kg 15,0%iger Salpetersäure ergeben sich folgende Ansätze:

55,0 kg 15,0%ige HNO_3 erfordern 5,0 kg 65,0%ige
150 kg 15,0%ige HNO_3 erfordern x kg 65,0%ige

$x = \frac{5{,}0\ kg \cdot 150\ kg}{55{,}0\ kg} \approx$ **13,6 kg 65%-ige Säure**

55,0 kg 15,0%ige HNO_3 erfordern 50,0 kg 10,0%ige
150 kg 15,0%ige HNO_3 erfordern y kg 10,0%ige

$y = \frac{50{,}0\ kg \cdot 150\ kg}{55{,}0\ kg} \approx$ **136,4 kg 10%-ige Säure**

Speziell für Aufgabenstellungen, bei denen die *Massen* der zu mischenden Lösungen berechnet werden sollen, ist das Mischungskreuz eine einfache Rechenhilfe. Es kann nicht zur Anwendung kommen, wenn die Massenanteile der Mischung oder der zu mischenden Lösungen zu ermitteln sind.

5.3.2 Verdünnen von Lösungen

Wird eine Lösung nicht mit einer Lösung des gleichen Stoffes, sondern mit reinem Lösemittel, z. B. mit Wasser, gemischt, dann ergibt sich der Massenanteil der Komponente X mit $w(\text{X}) = 0$. Das Lösemittel ist als nullprozentige Lösung anzusehen.

In der Mischungsgleichung $m_1 \cdot w_1 + m_2 \cdot w_2 = m_\text{M} \cdot w_\text{M}$ wird der Term $m_2 \cdot w_2 = 0$, da $w_2 = 0$

Damit vereinfacht sich die Mischungsgleichung zu:

$$m_1 \cdot w_1 = m_\text{M} \cdot w_\text{M} = (m_1 + m_2) \cdot w_\text{M}$$

Beispiel (Bild 166/1):

400 g Kalilauge mit einem Massenanteil $w(\text{KOH}) = 35{,}0\,\%$ sollen mit Wasser so verdünnt werden, dass eine Kalilauge mit einem Massenanteil $w(\text{KOH}) = 25{,}0\,\%$ entsteht. Welche Masse an Lösung wird erhalten, wie viel Wasser muss zugesetzt werden?

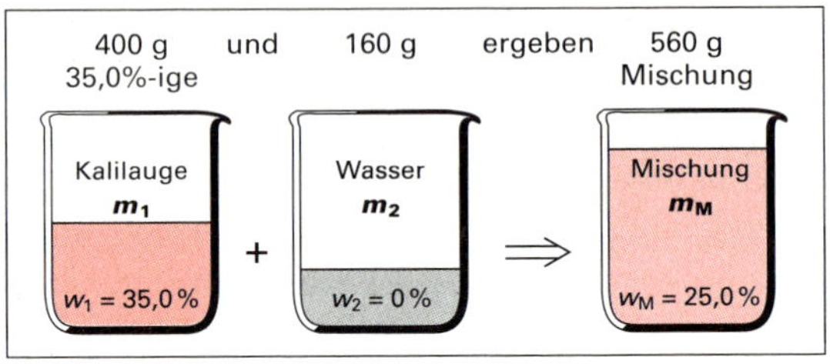

Bild 166/1: Verdünnen einer Lösung

Lösung: $m_1 = 400$ g, $w_1 = 35{,}0\,\%$, $w_\text{M} = 25{,}0\,\%$
gesucht: $m_\text{M} = ?$, $m_2 = ?$
$m_1 \cdot w_1 = m_\text{M} \cdot w_\text{M} \Rightarrow$

$$\boldsymbol{m_\text{M}} = \frac{m_1 \cdot w_1}{w_\text{M}} = \frac{400\ \text{g} \cdot 0{,}350}{0{,}250} = \textbf{560 g Mischung}, \quad \boldsymbol{m_2} = m_\text{M} - m_1 = 560\ \text{g} - 400\ \text{g} = \textbf{160 g Wasser}$$

Lösung mit Schlussrechnung:

100 g Kalilauge enthalten 35,0 g KOH

400 g Kalilauge enthalten $\dfrac{35{,}0\ \text{g} \cdot 400\ \text{g}}{100\ \text{g}} = \textbf{140 g KOH}$

25,0 g KOH sind in 100 g Mischung

140 g KOH sind in $\dfrac{100\ \text{g} \cdot 140\ \text{g}}{25{,}0\ \text{g}} = \textbf{560 g Mischung}$

Erforderliche Portion Wasser: $\boldsymbol{m_\text{Wasser}} = m_\text{Mischung} - m_\text{Lauge} = 560\ \text{g} - 400\ \text{g} = \textbf{160 g}$

Aufgaben zu 5.3.1 und 5.3.2 Mischen und Verdünnen von Lösungen

1. 1,45 t Lacklösung mit einem Massenanteil $w(\text{Lack}) = 70{,}0\,\%$ und 325 kg einer Lacklösung mit $w(\text{Lack}) = 16{,}5\,\%$ werden gemischt. Welchen Massenanteil $w(\text{Lack})$ hat die Mischung?
2. Es sind 580 kg einer Salzlösung mit einem Salz-Massenanteil von 28,7 % herzustellen. Zur Verfügung stehen Lösungen mit $w(\text{Salz}) = 14{,}5\,\%$ und $w(\text{Salz}) = 32{,}3\,\%$. Welche Massen der Salzlösungen sind zu mischen?
3. Welche Masse an Salzsäure mit $w(\text{HCl}) = 30{,}0\,\%$ lässt sich durch Mischen von 800 kg Säure mit $w(\text{HCl}) = 7{,}50\,\%$ und einer zweiten Säure mit $w(\text{HCl}) = 36{,}0\,\%$ herstellen?
4. 185,5 kg Schwefelsäure ($w(H_2SO_4) = 80{,}0\,\%$) werden mit 150 kg einer zweiten Schwefelsäure-Lösung gemischt. Die entstehende Lösung hat einen Massenanteil $w(H_2SO_4) = 62{,}5\,\%$. Wie groß war der Massenanteil $w(H_2SO_4)$ der zweiten Säure?
5. 85,0 kg Salpetersäure-Lösung ($w(HNO_3) = 50{,}8\,\%$) werden mit zwei weiteren Salpetersäure-Lösungen aus Produktionsrückständen gemischt: Zugefügt werden 250 kg mit $w(HNO_3) = 12{,}5\,\%$ und 110 kg mit $w(HNO_3) = 22{,}5\,\%$. Welchen Massenanteil $w(HNO_3)$ hat die Mischung?
6. 2,50 t Natronlauge ($w(\text{NaOH}) = 35{,}0\,\%$) sollen aus einer 50,0%igen Natronlauge und Wasser hergestellt werden. Welche Massen der Ausgangsstoffe müssen gemischt werden?
7. 250 kg Salzlösung ($w(\text{KCl}) = 32{,}5\,\%$) werden mit Wasser zu 650 kg Kaliumchlorid-Lösung verdünnt. Welchen Massenanteil $w(\text{KCl})$ hat die Mischung?
8. Wie viel Tonnen Phosphorsäure ($w(H_3PO_4) = 55{,}0\,\%$) sind mit Wasser zu verdünnen, damit 3,05 t Säure mit $w(H_3PO_4) = 12{,}5\,\%$ entstehen?
9. Welche Masse Wasser muss 450 L Kalilauge ($w(\text{KOH}) = 45{,}2\,\%$, $\varrho = 1{,}455\ \text{g/cm}^3$) zugesetzt werden, damit eine Lauge mit $w(\text{KOH}) = 32{,}5\,\%$ entsteht?

5.3.3 Mischen von Lösungs-Volumina

Mit der Mischungsgleichung und dem Mischungskreuz können nur die zu mischenden **Massen** der beteiligten Lösungen berechnet werden. Die zugehörigen **Volumina** sind in einem weiteren Rechenschritt über die bekannten Dichtewerte der Lösungen mit der Gleichung $V = m/\varrho$ zu bestimmen. Dabei ist die häufig auftretende Volumenkontraktion (Volumenverminderung) beim Mischen zu berücksichtigen (Seite 151).

Beispiel: Es sollen 150 L Salpetersäure ($w(HNO_3) = 15{,}0\ \%$, $\varrho = 1{,}084\ g/cm^3$) hergestellt werden. Als Ausgangslösungen stehen Säuren mit $w(HNO_3) = 68{,}0\ \%$, $\varrho = 1{,}405\ g/cm^3$, und $w(HNO_3) = 10{,}0\ \%$, $\varrho = 1{,}054\ g/cm^3$, zur Verfügung. Welche Volumina der beiden Säuren sind zu mischen?

Lösung: $w_1 = 68{,}0\ \%$, $\varrho_1 = 1{,}405\ g/cm^3$, $w_2 = 10{,}0\ \%$, $\varrho_2 = 1{,}054\ g/cm^3$, $V_M = 150\ L$, $w_M = 15{,}0\ \%$, $\varrho_M = 1{,}084\ g/cm^3 = 1{,}084\ kg/L$, $V_1 = ?$, $V_2 = ?$

Lösung mit der ***Mischungsgleichung:***

Hier ist es zweckmäßig, zunächst die Massen der Lösungen zu berechnen:

$m_M = V_M \cdot \varrho_M = 150\ L \cdot 1{,}084\ kg/L = 162{,}6\ kg$

In der Mischungsgleichung wird die Masse m_1 ersetzt durch: $m_1 = m_M - m_2$

$$(m_M - m_2) \cdot w_1 + m_2 \cdot w_2 = m_M \cdot w_M$$
$$(162{,}6\ kg - m_2) \cdot 0{,}68 + m_2 \cdot 0{,}10 = 162{,}6\ kg \cdot 0{,}15$$
$$110{,}568\ kg - m_2 \cdot 0{,}68 + m_2 \cdot 0{,}10 = 24\ 390\ g$$
$$0{,}58 \cdot m_2 = 86{,}178\ kg$$
$$m_2 = 148{,}583\ kg \text{ 10\%ige Säure}$$

$$\boldsymbol{V_2} = \frac{m_2}{\varrho_2} = \frac{148{,}583\,kg}{1{,}054\,kg/L} = 140{,}970\ L \approx \textbf{141 L 10\%-ige Säure}$$

$$m_1 = m_M - m_2 = 162{,}6\ kg - 148{,}583\ kg = 14{,}017\ kg \text{ 68\%ige Säure}$$

$$\boldsymbol{V_1} = \frac{m_1}{\varrho_1} = \frac{14{,}017\ kg}{1{,}405\ kg/L} = 9{,}977\ L \approx \textbf{9,98 L 68\%-ige Säure}$$

Lösung mit dem ***Mischungskreuz:***

		$m \Rightarrow$	m_n	:	ϱ_n	=	V_n		
68,0 %		5,0 (g)	5,0 g	:	1,405 g/cm³	=	3,559 mL	⇒	V_1
↘		↗							
	15,0 %								
↗		↘							
10,0 %		53,0 (g)	53,0 g	:	1,054 g/cm³	=	50,285 mL	⇒	V_2
		58,0 (g)	58,0 g	:	1,084 g/cm³	=	53,506 mL	⇒	V_M

Es müssen 3,559 mL 68%ige Säure mit 50,285 mL 10%iger Säure gemischt werden, damit 53,506 mL 15%ige Säure entstehen (Summe der Volumina: 3,559 mL + 50,285 mL = 53,844 mL).

Mit $V_M = 150\ L$ ergibt sich:

53,506 mL Mischung erfordern 3,559 mL 68%ige Säure

$$150\ L \text{ Mischung erfordern } \frac{3{,}559\ mL \cdot 150\ L}{53{,}506\ mL} = 9{,}9774\ L \approx \textbf{9,98 L 68\%ige Säure}$$

53,506 mL Mischung erfordern 50,285 mL 10%ige Säure

$$150\ L \text{ Mischung erfordern } \frac{50{,}285\ mL \cdot 150\ L}{53{,}506\ L} = 140{,}970\ L \approx \textbf{141 L 10\%ige Säure}$$

Aufgaben zu 5.3.3 Mischen von Volumina

1. 250 L Schwefelsäure-Lösung ($w(H_2SO_4) = 22{,}0\ \%$, $\varrho = 1{,}155\ g/mL$) sind anzusetzen. Wie viel Liter der Ausgangslösungen mit $w(H_2SO_4) = 60{,}6\%$, $\varrho = 1{,}505\ g/mL$ und $w(H_2SO_4) = 14{,}0\ \%$, $\varrho = 1{,}095\ g/mL$ sind erforderlich?
2. 500 L Salpetersäure-Lösung ($w(HNO_3) = 59{,}7\%$, $\varrho = 1{,}365\ g/mL$) werden mit Wasser zu einer Lösung mit $w(HNO_3) = 50{,}0\%$, $\varrho = 1{,}310\ g/mL$, verdünnt. Welches Volumen der neuen Lösung entsteht, welches Volumen Wasser ($\varrho = 1{,}00\ g/mL$) ist einzusetzen?
3. Aus einer Natronlauge ($w(NaOH) = 50{,}0\%$, $\varrho = 1{,}526\ g/mL$) sollen durch Verdünnen mit Wasser 5,0 m³ Natronlauge ($w(NaOH) = 35{,}0\%$, $\varrho = 1{,}380\ g/mL$) hergestellt werden. Welches Volumen der Ausgangslösung und welches Volumen Wasser sind erforderlich?

5.3.4 Konzentrieren von Lösungen

Konzentrieren durch Zusatz von Reinstoff

Beim Erhöhen des Massenanteils durch Zusatz von Reinstoff in festem, flüssigem oder gasförmigem Zustand gilt für diese Komponente $w(X) = 100\ \% = 1$. Für technisch reine oder kristallwasserhaltige Stoffe ist in der Mischungsgleichung der definierte Massenanteil an Reinsubstanz einzusetzen.

Beispiel: In 300 g Kaliumchlorid-Lösung mit einem Massenanteil $w(\text{KCl}) = 15{,}0\ \%$ werden 20,0 g Kaliumchlorid gelöst **(Bild 168/1)**. Welchen Massenanteil $w(\text{KCl})$ hat die neue Lösung?

Lösung: $m_1 = 300$ g, $w_1 = 0{,}150$, $m_2 = 20{,}0$ g, $w_M = ?$
$w_2 = 100\ \% = 1$, $m_M = 320$ g,

$$m_1 \cdot w_1 + m_2 \cdot w_2 = m_M \cdot w_M$$

$$300\ \text{g} \cdot 0{,}150 + 20{,}0\ \text{g} \cdot 1 = 320\ \text{g} \cdot w_M$$

$$\boldsymbol{w_M} = \frac{65\ \text{g}}{320\ \text{g}} = 0{,}203125 \approx \mathbf{20{,}3\ \%}$$

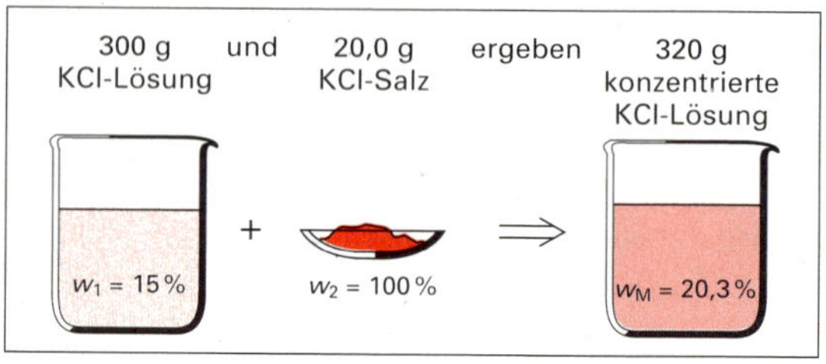

Bild 168/1: Konzentrieren durch Reinstoffzusatz

Konzentrieren durch Abdampfen von Lösemittel

Beim Erhöhen des Massenanteils durch Abdampfen von Lösemittel (Einengen der Lösung) ist die Masse der entstehenden konzentrierteren Lösung m_M um die Masse des abgedampften Lösemittels m_{Lm} geringer als die Masse der Ausgangslösung: $m_M = m_1 - m_{Lm}$. Im abgedampften reinen Lösemittel ist der Massenanteil $w(X) = 0$. In der Mischungsgleichung ist damit der Term $m_{Lm} \cdot w_{Lm} = 0$.

Damit vereinfachen sich die Mischungsgleichung und das Mischungskreuz (siehe rechts).

Mischungsgleichung	$m_1 \cdot w_1 = m_M \cdot w_M = (m_1 - m_{Lm}) \cdot w_M$
und	
Mischungskreuz zum Konzentrieren durch Abdampfen	w_1 ↘ … ↗ w_M ⇒ m_1 w_M 0 ↗ … ↘ $w_M - w_1$ ⇒ m_{Lm} Differenz: $m_1 - m_{Lm}$ ⇒ m_M

Beispiel 1: Aus 200 g Natronlauge ($w(\text{NaOH}) = 12{,}5\ \%$) werden 150 g Wasser abgedampft **(Bild 168/2)**. Welchen Massenanteil $w(\text{NaOH})$ hat die entstehende Natronlauge?

Lösung: $m_1 = 200$ g, $w_1 = 0{,}125$, $m_{Lm} = 150$ g, $w_M = ?$

$m_M = 200\ \text{g} - 150\ \text{g} = 50\ \text{g}$

Mit der Mischungsgleichung folgt:

$$m_1 \cdot w_1 = m_M \cdot w_M$$

$$\boldsymbol{w_M} = \frac{m_1 \cdot w_1}{m_M} = \frac{200\ \text{g} \cdot 0{,}125}{50\ \text{g}} = \mathbf{50{,}0\ \%}$$

Beispiel 2: Aus 1,50 t Säurelösung mit $w(\text{Säure}) = 25{,}0\ \%$ soll durch Abdampfen des Lösemittels ein Produkt mit $w(\text{Säure}) = 80{,}0\ \%$ gewonnen werden. Wie viel Tonnen Lösemittel sind abzudampfen, wie viel Produkt entsteht?

Lösung: $m_1 = 1{,}50$ t, $w_1 = 25{,}0\ \%$, $w_M = 80{,}0\ \%$, $m_{Lm} = ?$, $m_M = ?$

Mit dem Mischungskreuz folgt:

25,0 % ↘ … ↗ 80,0 (g) ⇒ m_1
80,0 %
0 % ↗ … ↘ 55,0 (g) ⇒ m_{Lm}
Differenz: 25,0 (g) ⇒ m_M

Aus 80,0 g Lösung sind 55,0 g Lösemittel abzudampfen; aus 1,50 t Lösung sind

$$\boldsymbol{m_{Lm}} = \frac{55{,}0\ \text{g} \cdot 1{,}50\ \text{t}}{80{,}0\ \text{g}} \approx \mathbf{1{,}03\ t\ Lösemittel}\ \text{abzudampfen.}$$

Es entstehen $\boldsymbol{m_M} = m_1 - m_{Lm} = 1{,}50\ \text{t} - 1{,}03\ \text{t} = \mathbf{0{,}47\ t\ Produkt}$

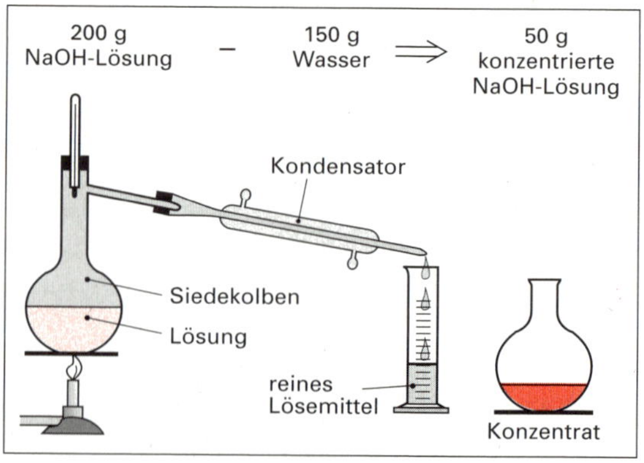

Bild 168/2: Konzentrieren durch Abdampfen von Lösemitteln

Aufgaben zu 5.3.4 Konzentrieren von Lösungen

1. In 2000 kg Salzlösung mit w(Salz) = 12,5 % werden noch 8 Säcke zu je 25,0 kg Salz gelöst. Welchen Massenanteil w(Salz) hat die entstehende Lösung?
2. In 250 L Kalilauge (w(KOH) = 10,5 %, ϱ = 1,095 g/cm^3) werden 40,0 kg festes Kaliumhydroxid mit w(KOH) = 98,0 % gelöst. Wie groß ist der Massenanteil w(KOH) der Lösung?
3. Wie viel Gramm Chlorwasserstoffgas HCl müssen in 800 L Salzsäure (w(HCl) = 10,5 %, ϱ = 1,050 g/cm^3) gelöst werden, wenn der Massenanteil w(HCl) auf 36,5 % steigen soll?
4. In 500 kg Ammoniakwasser werden 136 kg Ammoniakgas NH_3 gelöst. Der Massenanteil $w(NH_3)$ steigt dabei auf 25,0 %. Welchen Massenanteil $w(NH_3)$ hatte die Ausgangslösung?
5. Wie viel Kilogramm Calciumchlorid-Lösung mit $w(CaCl_2)$ = 8,0 % und wie viel Kilogramm reines Calciumchlorid $CaCl_2$ werden zur Herstellung von 1,20 m^3 Calciumchlorid-Lösung mit $w(CaCl_2)$ = 9,5 % und ϱ = 1,079 g/cm^3 benötigt?
6. Aus technischem Natriumnitrat ($w(NaNO_3)$ = 98,7 %) und einer Natriumnitrat-Lösung, ($w(NaNO_3)$ = 5,7 %) sollen 250 kg Lösung mit $w(NaNO_3)$ = 20,5 % hergestellt werden. Welche Massen der Ausgangsstoffe sind erforderlich?
7. Welche Masse technisches Natriumhydroxid mit w(NaOH) = 98,5 % ist in 300 L Natronlauge (w(NaOH) = 11,0 %, ϱ = 1,120 g/mL) zu lösen, damit der Massenanteil w(NaOH) auf 30,0 % steigt?
8. 550 L Sodalösung ($w(Na_2CO_3)$ = 6,90 %, ϱ = 1,070 g/cm^3) sollen durch Zusatz von Kristallsoda $Na_2CO_3 \cdot 10\ H_2O$ auf $w(Na_2CO_3)$ = 12,0 % konzentriert werden. Welche Masse Lösung entsteht?
9. In 250 L Ammoniak-Lösung ($w(NH_3)$ = 15,5 %, ϱ = 0,938 g/cm^3) werden 6200 L Ammoniakgas im Normzustand gelöst. Welchen Massenanteil $w(NH_3)$ hat die entstehende Lösung?
10. 15,0 m^3 Chlorwasserstoff HCl bei 1032 mbar und 17 °C werden in 450 L Salzsäure (w(HCl) = 12,5 %, ϱ = 1,060 g/cm^3) vollständig absorbiert. Welchen Massenanteil w(HCl) hat die entstehende Säure?
11. Bei der Alkalichlorid-Elektrolyse verlässt Dünnsole die Membranzellen mit einem Massenanteil w(NaCl) = 19,5%. Durch Zusatz von festem Steinsalz (w(NaCl) = 98,2 %) soll sie aufkonzentriert werden. In welcher Masse an Dünnsole müssen 150 kg Steinsalz gelöst werden, um eine Sole mit w(NaCl) = 26,5 % herzustellen? Wie viel Kilogramm Sole entstehen?
12. 5500 kg Lauge aus Diaphragma-Zellen mit einem Massenanteil w(NaOH) = 11,2 % sollen durch Abdampfen von Wasser auf einen Massenanteil w(NaOH) = 50,0 % konzentriert werden. Wie viel Wasser ist abzudampfen und wie viel Kubikmeter Lauge der Dichte ϱ = 1.525 g/cm^3 entstehen?
13. Aus 12,0 t Säurelösung (w(Säure) = 22,5 %) soll durch Abdampfen von Lösemittel ein Produkt mit w(Säure) = 82,5 % entstehen.
    a) Wie viel Tonnen Lösemittel müssen abgedampft werden?
    b) Wie viele Kanister zu je 30 kg können mit dem Produkt vollständig gefüllt werden?
14. 150 m^3 Dünnsäure ($w(H_2SO_4)$ = 12,5 %, ϱ = 1,080 g/cm^3) sollen durch Eindampfen zu einem Produkt mit $w(H_2SO_4)$ = 80,0 % und ϱ = 1,727 g/cm^3 recycelt werden.
    a) Wie viel Tonnen Wasser sind abzudampfen?
    b) Wie viele Fässer zu je 100 L werden zum Abfüllen der aufkonzentrierten Säure benötigt?
15. Aus 650 kg Farbpaste mit einem Feuchtigkeitsgehalt $w(H_2O)$ = 22,5 % werden in einem Vakuumtrockner 145 kg Wasser verdampft. Welche Restfeuchte hat der Farbstoff nach dem Trocknen?
16. Aus 500 kg Natronlauge werden durch Abdampfen von Wasser 425 kg Lauge mit w(NaOH) = 39,5 % hergestellt. Welchen Massenanteil w(NaOH) hatte die Ausgangslösung?
17. Eine Paste mit einem Massenanteil w(Feststoff) = 75,5 % soll auf einen Massenanteil von 92,0 % konzentriert werden. Welche Masse Wasser muss aus 365 kg Paste abgedampft werden und wie viel Produkt entsteht?

Gemischte Aufgaben zu 5 Rechnen mit Lösungen

1. Durch Lösen von Eisen(II)-sulfat-7-Hydrat in Wasser sollen 500 L Lösung mit $w(FeSO_4)$ = 2,0 % und ϱ = 1,018 g/cm³ angesetzt werden. Welche Massen an Wasser und Salz sind einzuwiegen?
2. 5,0 m³ Chlorwasserstoffgas von 20 °C und 1050 mbar werden in einer Absorptionskolonne in 50,0 kg Wasser vollständig absorbiert. Welchen Massenanteil w(HCl) hat die entstehende Säure?
3. 400 kg Salpetersäure-Lösung (ϱ = 1,305 g/cm³) enthalten 152 kg Salpetersäure HNO_3. Wie groß ist die Massenkonzentration $\beta(HNO_3)$?
4. Wie viel Kilogramm technisches Natriumhydroxid mit w(NaOH) = 92,5 % müssen in 1,25 t Wasser gelöst werden, damit eine Natronlauge mit w(NaOH) = 32,5 % entsteht?
5. Welches Volumen an Ammoniakgas NH_3 im Normzustand ist in 20,5 m³ Ammoniak-Lösung gelöst ($w(NH_3)$ = 17,1 %, ϱ = 0,933 g/cm³)?
6. Berechnen Sie den Massenanteil w(HCl) und die Stoffmengenkonzentration c(HCl) einer Salzsäure (ϱ = 1,110 g/cm³) mit der Massenkonzentration β(HCl) = 248 g/L.
7. In welchem Volumen Kupfersulfat-Lösung der Stoffmengenkonzentration $c(CuSO_4)$ = 0,587 mol/L sind 800 mg Kupferionen Cu^{2+} enthalten?
8. Welchen Massenanteil w(KOH) hat eine Kalilauge der Stoffmengenkonzentration c(KOH) = 4,20 mol/L (ϱ = 1,185 g/cm³)?
9. Wie viel Gramm gelöstes Calciumhydroxid $Ca(OH)_2$ enthalten 250 L Kalkwasser der Stoffmengenkonzentration $c(Ca(OH)_2)$ = 0,05 mol/L?
10. 150 m³ Chlorwasserstoffgas von 25 °C und 0,978 bar werden in Wasser absorbiert, es entstehen 2,50 m³ Salzsäure. Welche Stoffmengenkonzentration c(HCl) hat die Säure?
11. 750 L Farbstoff-Suspension werden durch Abdampfen von Wasser auf ein Volumen von 400 L eingeengt. Die entstehende Suspension enthält 70,3 g Farbstoff je Liter. Welche Massenkonzentration β(Farbstoff) lag in der Ausgangssuspension vor?
12. Ein Gemisch mit w(Cyclohexan) = 73,0 % (ϱ = 0,765 g/cm³) enthält 350 L Cyclohexan (ϱ = 0,779 g/cm³). Kann das Gemisch in einem Behälter mit 500 L Füllvolumen gelagert werden?
13. Welche Volumenkonzentration σ(Glycerin) hat eine wässrige Lösung von Glycerin (ϱ = 1,120 g/cm³) mit einem Massenanteil w(Glycerin) = 28,0 %? (ϱ(Glycerin) = 1,260 g/cm³)
14. Wie viel Liter Wasser enthalten 1000 L verunreinigtes Isopropanol (w(Alkohol) = 85,0 %, ϱ = 0,822 g/cm³), wenn die Dichte des reinen Isopropanol ϱ = 0,785 g/cm³ beträgt? ($\varrho(H_2O)$ = 1,0 g/cm³)
15. Aus 750 kg Kristallsoda $Na_2CO_3 \cdot 10\ H_2O$ soll Sodalösung mit einem Massenanteil $w(Na_2CO_3)$ = 12,5 % hergestellt werden. Wie viel kg Wasser sind einzusetzen, wie viel Produkt entsteht?
16. 800 kg einer bei 10 °C gesättigten Kaliumchlorid-Lösung mit Bodenkörper werden auf 50 °C erwärmt. Wie viel Kilogramm KCl gehen zusätzlich in Lösung?
17. 2500 kg bei 80 °C gesättigte Ammoniumchlorid-Lösung werden auf 20 °C abgekühlt. Wie viel Kilogramm NH_4Cl kristallisieren aus?
18. Eine gesättigte Lösung von Kaliumbromat hat bei 40 °C eine Stoffmengenkonzentration $c(KBrO_3)$ = 0,75 mol/L (ϱ = 1,083 g/cm³). Berechnen Sie die Löslichkeit $L(KBrO_3)$.
19. 10,5 m³ Ammoniak-Lösung ($w(NH_3)$ = 24,0 %, ϱ = 0,910 g/cm³) werden mit 6,50 m³ Wasser versetzt. Welchen Massenanteil $w(NH_3)$ hat die Mischung?
20. Ein Kristallisierbecken in einer Anlage zur Gewinnung von Meersalz wird mit 18 000 m³ Meerwasser (w(Salz) = 3,65 %, ϱ = 1,031 g/cm³) gefüllt.

    a) Wie viel Tonnen Wasser müssen verdunsten, damit eine Sole mit w(Salz) = 35,0 % entsteht?

    b) Wie viel Tonnen Salz können theoretisch gewonnen werden?

21. Wie viel Kilogramm Kaliumchlorid-Lösung der Konzentration c(KCl) = 3,0 mol/L (ϱ = 1,133 g/cm^3) sind mit 146 L Wasser zu verdünnen, damit eine Lösung mit w(KCl) = 10,0 % entsteht?

22. Aus technischem Kaliumhydroxid mit w(KOH) = 97,5 % sind 350 L Kalilauge (w(KOH) = 33,0 %, ϱ = 1,320 g/cm^3) herzustellen. Wie viel kg KOH und wie viel kg Wasser sind einzusetzen?

23. Aus 210 kg technischer Kristallsoda mit $w(Na_2CO_3 \cdot 10\ H_2O)$ = 85,5 % ist eine Sodalösung ($w(Na_2CO_3)$ = 12,0 %, ϱ = 1,124 g/cm^3) herzustellen. Welches Volumen an Sodalösung entsteht?

24. Durch Absorption von Chlorwasserstoff in Wasser sollen 300 L Salzsäure mit c(HCl) = 0,655 mol/L und ϱ = 1,010 g/cm^3 hergestellt werden. Welches Volumen Chlorwasserstoff bei 20 °C und 1020 mbar ist einzuleiten, wie viel Kilogramm Wasser sind vorzulegen?

25. In einem Waschturm fallen täglich 7,20 t Harnstoff-Lösung mit w(Harnstoff) = 5,20 % an. Dieser Lösung werden 42,5 t Lösung mit w(Harnstoff) = 70,0 % zugesetzt. Welchen Massenanteil hat die entstehende Lösung?

26. 1,445 t Lacklösung mit w(Lack) = 75,0 % werden mit 950 kg reinem Lösemittel versetzt. Welchen Massenanteil w(Lack) hat die entstehende Lacklösung?

27. 150 t Schwefelsäure-Lösung ($w(H_2SO_4)$ = 8,50 %) sollen durch Zumischen einer Schwefelsäure ($w(H_2SO_4)$ = 98,0 %) auf einen Massenanteil $w(H_2SO_4)$ = 55,0 % gebracht werden. Wie viel Tonnen 98%ige Säure müssen zugesetzt werden?

28. Wie viel Liter Kalilauge (w(KOH) = 36,0 %, ϱ = 1,355 g/mL) werden durch Mischen von 510 L Lauge (w(KOH) = 50,0 %, ϱ = 1,511 g/mL) mit Kalilauge (w(KOH) = 14,5 %, ϱ = 1,135 g/mL) erhalten?

29. Beim Bauxit-Aufschluss nach dem Bayer-Verfahren fällt Dünnlauge mit β (NaOH) = 87,0 g/L und ϱ = 1,087 g/cm^3 an. Sie soll durch Zumischen konzentrierter Lauge (w(NaOH) = 50,0 %, ϱ = 1,525 g/cm^3) auf β (NaOH) = 188 g/L und eine Dichte von ϱ = 1,175 g/cm^3 aufkonzentriert werden. Welches Volumen konzentrierte Lauge muss eingesetzt werden, um 2000 m^3 angereicherte Lauge zu erhalten? Welches Volumen Dünnlauge ist vorzulegen?

30. 2,50 t Dünnsäure ($w(H_2SO_4)$ = 20,2 %) sollen in zwei Destillationsstufen auf $w(H_2SO_4)$ = 98,0 % verstärkt werden. Nach der ersten Destillationsstufe wird $w(H_2SO_4)$ = 65,0 % erzielt.
    a) Wie viel Kilogramm Wasser sind in der ersten, wieviel Kilogramm in der zweiten Destillationsstufe abzudampfen?
    b) Wie viel Kilogramm Endprodukt mit $w(H_2SO_4)$ = 98,0 % entstehen?

31. 12,5 m^3 Essigsäure (w(Säure) = 4,00 %, ϱ = 1,004 kg/dm^3) sollen durch Zusatz von reiner Essigsäure (ϱ = 1,050 kg/dm^3) auf einen Massenanteil w(Säure) = 6,00 % aufkonzentriert werden. Welches Volumen an reiner Säure muss zugesetzt werden?

32. Ein zylindrischer Tank mit einem Innendurchmesser von 3,0 m und einer Höhe von 5,5 m ist zur Hälfte mit Kalilauge (w(KOH) = 32,0 %, ϱ = 1,310 g/cm^3) gefüllt. In den Tank werden weitere 15,0 t Kalilauge mit w(KOH) = 14,2 % gepumpt. Welchen Massenanteil w(KOH) hat die Tankfüllung?

33. Ein Tank mit 45,0 m^3 Füllvolumen soll mit Schwefelsäure ($w(H_2SO_4)$ = 60,0 %, ϱ = 1,499 g/cm^3) gefüllt werden. Verfügbar sind Säuren mit $w(H_2SO_4)$ = 50,0 % (ϱ = 1,395 g/cm^3) und $w(H_2SO_4)$ = 85,0 % (ϱ = 1,779 g/cm^3). Welche Volumen der Ausgangssäuren müssen in den Tank verpumpt werden?

34. Ein zylindrischer Tank mit h = 3,0 m und d_i = 180 cm ist zu einem Drittel seines Füllvolumens mit Ammoniak-Lösung ($w(NH_3)$ = 21,5 %, ϱ = 0,918 g/cm^3) gefüllt. Wie viel Kilogramm Ammoniak-Lösung mit $w(NH_3)$ = 25,0 % müssen zugepumpt werden, damit der Massenanteil auf $w(NH_3)$ = 22,5 % steigt (ϱ = 0,915 g/cm^3)? Welchen Füllgrad in Prozent hat der Tank dann?

35. Fünf Kesselwagen sollen mit jeweils 20,0 m^3 Natronlauge (w(NaOH) = 50,0 %, ϱ = 1,525 kg/dm^3) gefüllt werden. Die Lauge soll durch Abdampfen von Wasser aus Kathodenlauge mit w(NaOH) = 10,5 % hergestellt werden. Wie viel Tonnen Kathodenlauge müssen eingesetzt werden?

36. 5,50 m^3 Dünnsole (ϱ = 1,148 g/cm^3) verlassen die Membranzellen der Alkalichlorid-Elektrolyse mit w(NaCl) = 20,0 %. Sie soll durch Zusatz von festem Steinsalz (w(NaCl) = 96,0 %) auf w(NaCl) = 26,5 % konzentriert werden. Wie viel Kilogramm Steinsalz sind zu lösen, wie viel Kilogramm Produkt entstehen?

6 Analytische Bestimmungen

6.1 Gravimetrie

Die **Gravimetrie** ist ein quantitatives Analyseverfahren und beruht auf bekannten stöchiometrischen Reaktionen chemisch reiner Stoffe. Dabei wird die Masse der Ausgangsstoffe und der entstandenen Stoffportionen durch Wägen bestimmt.

Gravimetrische Bestimmungen lassen sich in folgende Gruppen einteilen:

- **Trockengehaltsbestimmungen**
- **Glührückstandsbestimmungen**
- **Fällungsmethoden**

6.1.1 Trockengehaltsbestimmungen

Quantitative Untersuchungsergebnisse vieler Stoffe sind nur vergleichbar, wenn sie auf die Trockensubstanz bezogen werden. Man erhält somit Werte, die vom **Feuchtigkeitsgehalt** einer Analysenprobe unabhängig sind. Dies ist besonders bei schwankenden Feuchtigkeitsgehalten während der Lagerung von Bedeutung.

Bei **Trockengehaltsbestimmungen** von Feststoff-Analysenproben wird die Feuchtigkeit einer Stoffportion durch Trocknen im Trockenschrank bei 105 °C bis zur Massenkonstanz entfernt **(Bild 172/1)**.

Ausgewogen wird die Probe und der Trockenrückstand. Daraus wird der Feuchtigkeitsgehalt errechnet.

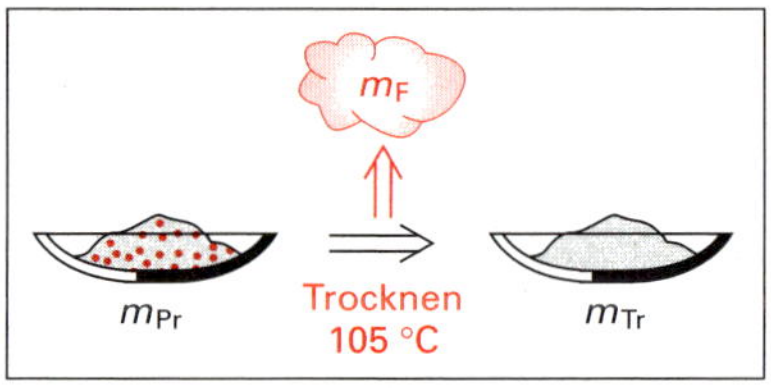

Bild 172/1: Trockengehaltsbestimmung

Die Masse an Feuchtigkeit m_F einer Probe ergibt sich als Differenz aus der Masse feuchter Probe m_{Pr} und der Masse trockener Substanz m_{Tr}:

$$m_F = m_{Pr} - m_{Tr}$$

Der Feuchtigkeitsgehalt w_F und der Trockengehalt w_{Tr} einer Substanz ergeben sich als Verhältnis der entsprechenden Masse zur Probenmasse. Es sind Massenanteile.

$$w_{Tr} = \frac{m_{Tr}}{m_{Pr}} \qquad w_F = \frac{m_F}{m_{Pr}}$$

Beispiel 1: 10,824 g Koksprobe werden bei 105 °C im Trockenschrank bis zur Massenkonstanz getrocknet. Die getrocknete Probe wird mit 10,682 g ausgewogen. Wie groß ist der Trockengehalt des Kokses?

Lösung: $w_{Tr} = \frac{m_{Tr}}{m_{Pr}} = \frac{10{,}682\ g}{10{,}824\ g} = 0{,}98688 \approx \mathbf{98{,}69\ \%}$

Zur Bestimmung des Feuchtigkeitsgehaltes **wasserhaltiger Flüssigkeiten** wird die **Xylol-Methode** eingesetzt **(Bild 172/2)**. Die eingewogene Probe wird mit Xylol versetzt und die Mischung destilliert wobei ein Xylol-Wasserdampf-Gemisch überdestilliert. Das Destillat wird in einem Messzylinder aufgefangen. Dort trennen sich Xylol und Wasser. Das Volumen der unter dem Xylol stehenden Wasserphase kann abgelesen werden.

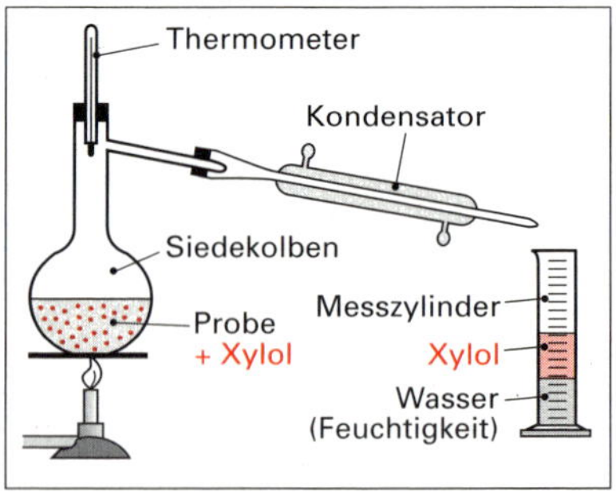

Bild 172/2: Xylolmethode

Beispiel 2: 50,62 g Verdichteröl werden mit Xylol versetzt und abdestilliert. Im Destillat werden 0,280 g Wasser abgelesen. Wie groß ist der Feuchtigkeitsgehalt der Probe?

Lösung: $w_F = \frac{m_F}{m_{Pr}} = \frac{0{,}280\ g}{50{,}62\ g} = 0{,}005531 \approx \mathbf{0{,}553\,\%}$

Aufgaben zu 6.1.1 Trockengehaltsbestimmungen

1. 8,374 g Farbstoffpaste werden bei 105 °C bis zur Massenkonstanz getrocknet. Die Auswaage beträgt 1,523 g. Wie groß ist der Trockengehalt der Paste?
2. Eine Kohleprobe enthält 7,35 % Feuchtigkeit. 8,254 g der Kohle werden bei 105 °C bis zur Massenkonstanz getrocknet. Welche Masse hat der verbleibende, trockene Rückstand?
3. 120,2 g Schmieröl werden mit Xylol versetzt und destilliert. Aufgefangen werden 0,203 mL Wasser der Dichte 0,9982 g/cm³. Welchen Feuchtigkeitsgehalt hat das Schmieröl?

6.1.2 Glührückstandsbestimmungen

Bei der Glührückstandsbestimmung werden die in einem Porzellantiegel eingewogenen Analysenproben in der Gebläseflamme oder im Muffelofen bei Temperaturen zwischen 600 °C – 1100 °C geglüht **(Bild 173/1)**. Sie zerfallen in flüchtige Bestandteile und einen **Glührückstand**, auch Asche genannt. Dies können z. B. bei anorganischen Verbindungen Metalloxide sein. Organische Stoffe bilden beim Glühen Kohlenstoffdioxid, Wasser und andere flüchtige Bestandteile. Die flüchtigen Bestandteile werden Glühverlust genannt.

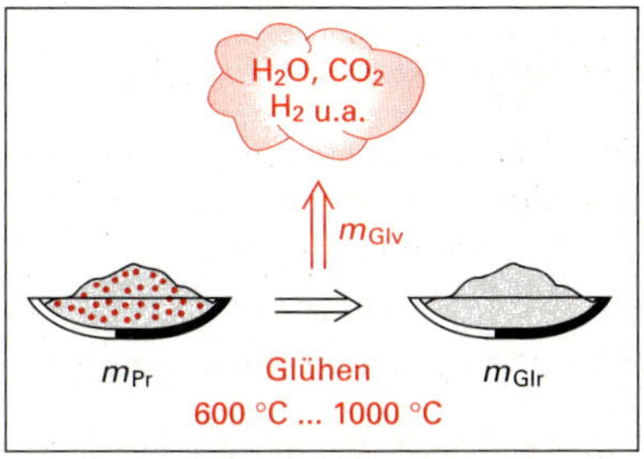

Bild 173/1: Glührückstandsbestimmung

Der Glühverlust m_{Glv} ist die Differenz aus der Masse Probe m_{Pr} und dem Glührückstand m_{Glr}:

$$m_{Glv} = m_{Pr} - m_{Glr}$$

Der Massenanteil Glührückstand w_{Glr} und der Massenanteil Glühverlust w_{Glv} ergeben sich als Verhältnis des Glührückstands bzw. des Glühverlustes zur Probenmasse:

$$w_{Glr} = \frac{m_{Glr}}{m_{Pr}} \qquad w_{Glv} = \frac{m_{Glv}}{m_{Pr}}$$

Beispiel 1: Beim Glühen von 0,2500 g Kalkstein wird ein Rückstand von 0,1708 g erhalten. Wie groß ist der Glühverlust in Prozent?

Lösung: $m_{Glv} = m_{Pr} - m_{Glr} = 0{,}2500\text{ g} - 0{,}1708\text{ g} = 0{,}0792\text{ g}$

$$\boldsymbol{w_{Glv}} = \frac{m_{Glv}}{m_{Pr}} = \frac{0{,}0792\text{ g}}{0{,}2500\text{ g}} = 0{,}3168 = \mathbf{31{,}68\ \%}$$

Beispiel 2: Bei der Glührückstandsbestimmung einer Elastomerprobe ergeben sich folgende Messwerte:

m (Tiegel, leer) = 27,18 g
m (Tiegel + Probe) = 30,75 g
m (Tiegel + Glührückstand) = 28,43 g.

Wie groß ist der prozentuale Glührückstand (Aschegehalt) der Probe?

Lösung: $m_{Pr} = m\text{ (Tiegel + Probe)} - m\text{ (Tiegel, leer)} = 30{,}75\text{ g} - 27{,}18\text{ g} = 3{,}57\text{ g}$

$m_{Glr} = m\text{ (Tiegel + Glührückstand)} - m\text{ (Tiegel, leer)} = 28{,}43\text{ g} - 27{,}18\text{ g} = 1{,}25\text{ g}$

$$\boldsymbol{w_{Glr}} = \frac{m_{Glr}}{m_{Pr}} = \frac{1{,}25\text{ g}}{3{,}57\text{ g}} = 0{,}35014 \approx \mathbf{35{,}01\ \%}$$

Beispiel 3: Welcher Glühverlust in % tritt theoretisch beim Glühen von Natriumhydrogencarbonat $NaHCO_3$ ein?

Lösung: Natriumhydrogencarbonat zerfällt in Natriumcarbonat, Kohlenstoffdioxid und Wasser:

$2\,NaHCO_3 \longrightarrow Na_2CO_3 + CO_2 + H_2O$, mit $M(NaHCO_3) = 84{,}01$ g/mol, $M(Na_2CO_3) = 105{,}99$ g/mol

2 mol $NaHCO_3$ zerfallen zu 1 mol Na_2CO_3 und in flüchtige Bestandteile:

2 · 84,01 g $NaHCO_3$ zerfallen zu 105,99 g Na_2CO_3
100 g $NaHCO_3$ zerfallen zu x g Na_2CO_3

$$x = \frac{105{,}99\text{ g} \cdot 100\text{ g}}{2 \cdot 84{,}01\text{ g}} = 63{,}0818\text{ g Rückstand}$$

$w_{Glr} = 63{,}0818\ \%$; $\boldsymbol{w_{Glv}} = 100\ \% - w_{Glr} = 100\ \% - 63{,}0818\ \% = 36{,}9182\ \% \approx \mathbf{36{,}92\ \%}$

Aufgaben zu 6.1.2 Glührückstandsbestimmungen

1. 2,000 g Kohleprobe werden langsam erhitzt und bei 900 °C geglüht. Der Rückstand beträgt 0,140 g. Welchen Aschegehalt in Prozent hat die Kohle?
2. 60,0 mL Benzin (ϱ = 0,749 g/cm³) werden in einer Porzellanschale (*m* = 28,2174 g) verdampft. Die Schale mit Rückstand wiegt 28,2192 g. Wie viel Verbrennungsrückstand liefern 100 L des Benzins?
3. 4,825 g Braunkohleprobe werden geglüht, dabei bleibt ein Ascherückstand von 0,315 g.
   a) Berechnen Sie den Aschegehalt der Braunkohle in Prozent.
   b) Wie viel Tonnen Asche entstehen bei der Verfeuerung von 250 000 t der untersuchten Braunkohle?
4. Nach der Veraschung einer Gummiprobe liegen folgende Wägeergebnisse vor:
   m (Tiegel, leer) = 32,18 g, *m* (Tiegel + Probe) = 36,75 g, *m* (Tiegel + Glührückstand) = 33,42 g.
   Wie groß ist der Glühverlust der Probe in Prozent?

6.1.3 Gravimetrische Analysen

Das Analyseprinzip der Gravimetrie beruht auf der Massebestimmung einer ausgefällten und abfiltrierten Verbindung bekannter stöchiometrischer Zusammensetzung. Sie kann angewendet werden für die Gehaltsbestimmung von Metallionen wie z. B. Eisen-, Aluminium-, Kupfer- oder Cobalt-Ionen. Es können aber auch Anionen wie z. B. Sulfat-Ionen, Chlorid-Ionen, Phosphat-Ionen quantitativ bestimmt werden.

Da die Durchführung gravimetrischer Bestimmungen sehr zeitaufwendig ist, wird sie in vielen Fällen durch moderne Analysenmethoden ersetzt: bei Kationen durch die Photometrie, die Atomabsorptionsspektrometrie AAS, die Röntgenfluoreszenzanalyse RAF, die Atomspektroskopie ICP, die Ionenchromatographie u.a. Für Anionen stehen neben ionensensitiven Elektroden in erster Linie chromatographische Analysenmethoden, wie die Ionenchromatographie, zur Verfügung.

Der Vorgang der Gravimetrie kann wie folgt beschrieben werden **(Bild 174/1)**:

Die genau eingewogene Analysenprobe wird gelöst und die Lösung tropfenweise unter Rühren mit einem geeigneten Fällungsreagenz im Überschuss versetzt. Die zu bestimmende Substanz reagiert dabei quantitativ zu einem in seiner Zusammensetzung bekannten Niederschlag. Man bezeichnet ihn als *Fällungsform*. Gallertartige Niederschläge werden mit einem Papierfilter, kristalline Niederschläge je nach Trocknungstemperatur mit Glasfiltertiegeln oder Porzellanfiltertiegeln abfiltriert **(Bild 174/2)**. Der Filterkuchen kann nach dem Waschen, Trocknen oder Glühen auf der Analysenwaage ausgewogen werden. Der getrocknete Analysenrückstand wird als *Wägeform* bezeichnet.

Grundlage der Berechnung einer gravimetrischen Bestimmung ist die Reaktionsgleichung, die der Fällung zugrunde liegt. Im einfachsten Fall sind Fällungsform und Wägeform identisch.

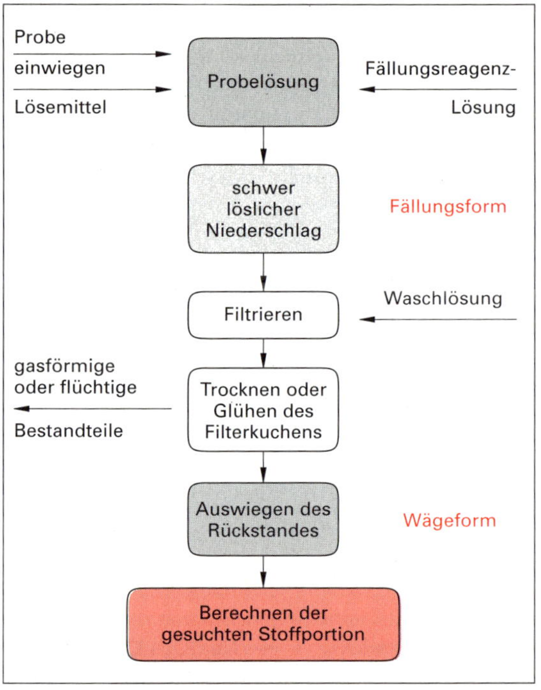

Bild 174/1: Ablaufschema einer gravimetrischen Analyse

Beispiel 1: Zur Bestimmung des Sulfatgehalts in einer Natriumsulfat-Lösung werden 15,5034 g der Lösung mit einem Überschuss an Bariumchlorid-Lösung versetzt. Die Auswaage beträgt 2,1567 g Bariumsulfat $BaSO_4$. Wie viel Gramm Sulfat-Ionen enthält die Probe?

Lösung: $m(\text{Probe}) = 15{,}5034\text{ g}$, $m(BaSO_4) = 2{,}1567\text{ g}$
$M(SO_4^{2-}) = 96{,}064\text{ g/mol}$, $M(Na_2SO_4) = 142{,}043\text{ g/mol}$

Fällungsgleichung:

$$Na_2SO_4 + BaCl_2 \longrightarrow BaSO_4\downarrow + 2\,NaCl$$

1 mol Natriumsulfat reagiert zu 1 mol Bariumsulfat $BaSO_4$.

Es enthält 1 mol Sulfat-Ionen SO_4^{2-}.

Die Stoffmengenrelation beträgt $n(BaSO_4) = n(SO_4^{2-})$.

Ersetzen der Stoffmengen durch $n(X) = \frac{m(X)}{M(X)}$ ergibt:

$$\frac{m(SO_4^{2-})}{M(SO_4^{2-})} = \frac{m(BaSO_4)}{M(BaSO_4)} \Rightarrow m(SO_4^{2-}) = \frac{m(BaSO_4) \cdot M(SO_4^{2-})}{M(BaSO_4)}$$

Das Verhältnis der molaren Massen $M(SO_4^{2-})/M(BaSO_4)$ nennt man **stöchiometrischer Faktor $F(SO_4^{2-})$**.

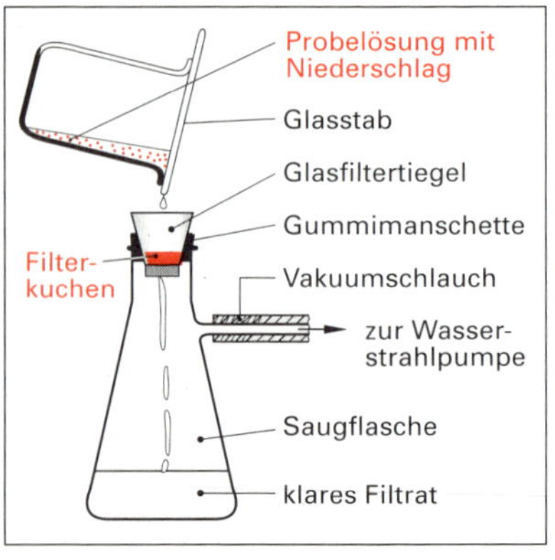

Bild 174/2: Filtrieren mit dem Glasfiltertiegel

Er beträgt: $F(SO_4^{2-}) = \frac{M(SO_4^{2-})}{M(BaSO_4)} = \frac{96{,}064 \text{ g/mol}}{233{,}391 \text{ g/mol}} = 0{,}4116$

Damit vereinfacht sich die Berechnung der Masse an Sulfat-Ionen zu: $\boldsymbol{m(SO_4^{2-})} = m(BaSO_4) \cdot F(SO_4^{2-}) = 2{,}1567 \text{ g} \cdot 0{,}4116 = \mathbf{0{,}8877 \text{ g}}$

Für ausgewählte Stoffe ist der stöchiometrische Faktor bekannt. Er kann aus Tabellen entnommen werden **(Tabelle 175/1)**.

Allgemeine Berechnung eines stöchiometrischen Faktors:

$$F(X) = \frac{a \cdot M(X)}{M(\text{Wägeform})}$$

a = Anzahl Teilchen X in der Wägeform

Beispiel 2: Bei der gravimetrischen Bestimmung von 0,2241 g einer Chromsalz-Probe ergibt die Auswaage 0,1185 g Chrom(III)-oxid Cr_2O_3. Welchen Massenanteil $w(Cr)$ hat das untersuchte Chromsalz?

Lösung: $m(\text{Probe}) = 0{,}2241$ g, $m(Cr_2O_3) = 0{,}1185$ g,
$M(Cr) = 52{,}00$ g/mol, $M(Cr_2O_3) = 152{,}00$ g/mol
$w(Cr) = ?$

1 Formeleinheit der Verbindung Cr_2O_3 enthält 2 Teilchen Cr.

Der stöchiometrische Faktor beträgt:

$$F(Cr) = \frac{2 \cdot M(Cr)}{M(Cr_2O_3)} = \frac{2 \cdot 52{,}00 \text{ g/mol}}{152{,}00 \text{ g/mol}} = 0{,}68421$$

(Vergleiche mit Tabelle 175/1).

Die enthaltene Masse Chrom errechnet sich zu:

$m(Cr) = m(Cr_2O_3) \cdot F(Cr) = 0{,}1185 \text{ g} \cdot 0{,}68421 = 0{,}081078 \text{ g}$

$$\boldsymbol{w(Cr)} = \frac{m(Cr)}{m(\text{Probe})} = \frac{0{,}081078 \text{ g}}{0{,}2241 \text{ g}} = 0{,}36179 \approx \mathbf{36{,}18\,\%}$$

Tabelle 175/1: Stöchiometrische (analytische) Faktoren

gesucht (X)	Wägeform	Faktor F(X)
Ag	AgCl	0,7526
Al	Al_2O_3	0,5293
Ba	$BaCrO_4$	0,5421
	$BaSO_4$	0,5884
Ca	$CaCO_3$	0,4004
Cl	AgCl	0,2474
Cr	Cr_2O_3	0,6842
Fe	Fe_2O_3	0,6994
H_2SO_4	$BaSO_4$	0,4202
Mg	$Mg_2P_2O_7$	0,2184
NaCl	AgCl	0,4078
P	$Mg_2P_2O_7$	0,2783
SO_4^{2-}	$BaSO_4$	0,4116
Sn	SnO_2	0,7876
Zn	ZnO	0,8034

Lösungsweg mit Schlussrechnung:

In 1 mol Cr_2O_3 sind 2 mol Cr chemisch gebunden

In 152,00 g Cr_2O_3 sind 2 · 52,00 g Cr gebunden
In 0,1185 g Cr_2O_3 sind x g Cr gebunden

$$x = \frac{2 \cdot 52{,}00 \text{ g} \cdot 0{,}1185 \text{ g}}{152{,}00 \text{ g}} = 0{,}081078 \text{ g Cr}$$

In 0,2241 g Chromsalz sind 0,081078 g Cr enthalten
In 100 g Chromsalz sind y g Cr enthalten

$$y = \frac{0{,}081078 \text{ g} \cdot 100 \text{ g}}{0{,}2241 \text{ g}} = 36{,}17938 \text{ g} \quad \boldsymbol{w(Cr)} \approx \mathbf{36{,}18\,\%}$$

Aufgaben zu 6.1.3 Gravimetrische Analysen

1. Bei der gravimetrischen Bestimmung von Magnesium in einem Magnesit wird bei einer Einwaage von 0,3268 g eine Auswaage von 0,1609 g $Mg_2P_2O_7$ erhalten. Berechnen Sie den stöchiometrischen Faktor $F(Mg)$. Welchen Massenanteil $w(Mg)$ hat die Probe?

2. 1,3563 g Aluminiumlegierung werden in Salzsäure gelöst. Die Lösung wird verdünnt und mit Ammoniak-Lösung versetzt. Das abfiltrierte Aluminiumhydroxid wird gewaschen, getrocknet und geglüht. Die Auswaage an Aluminiumoxid Al_2O_3 beträgt 2,2413 g.
   a) Geben Sie für die Auflösung des Aluminiums, für die Fällung des Aluminiumhydroxids und für den Glühprozess die Reaktionsgleichungen an.
   b) Wie groß ist der Massenanteil $w(Al)$ der Legierung?

3. 19,734 g Eisen(III)-chlorid-Lösung werden verdünnt und mit Natronlauge versetzt. Das ausgefällte Eisen(III)-hydroxid wird abfiltriert, getrocknet und geglüht. Die Auswaage beträgt 1,240 g Fe_2O_3. Wie groß ist der Massenanteil $w(FeCl_3)$ der untersuchten Lösung?

4. 20 mL Eisensalz-Lösung werden auf 250 mL verdünnt und aus 100 mL der so erhaltenen Lösung (*aliquoter* Teil von 250 mL) das Eisen als Eisen(III)-hydroxid ausgefällt. Nach dem Trocknen und Glühen des abfiltrierten Niederschlags beträgt die Auswaage 0,4767 g Fe_2O_3. Wie viel Gramm Eisen enthält 1,0 L der ursprünglichen Lösung?

Gemischte Aufgaben zu 6.1.1 bis 6.1.3 Gravimetrie

1. Wie groß ist der Feuchtigkeitsanteil einer Kohleprobe in Prozent, wenn die Masse beim Trocknen von 2,1187 g Probe bei 105 °C um 0,4563 g abnimmt?
2. 2,3415 g Kiesabbrand werden bei 105 °C bis zur Massenkonstanz getrocknet. Es verbleiben 2,2584 g trockene Substanz.
   a) Wie groß ist der Trockengehalt der Probe in Prozent?
   b) Welchen Feuchtigkeitsanteil hat die Probe?
3. 1,7650 g Bauxit wird bei 105 °C getrocknet, der Feuchtigkeitsanteil beträgt 7,45 %. Welche Auswaage ist nach dem Trocknen zu erwarten?
4. 10,6532 g Farbstoff-Teig ergeben beim Trocknen einen Trocken-Rückstand von 1,8432 g. Wie viel Prozent Feuchte enthält die Probe?
5. Wie viel Prozent Mangandioxid MnO_2, bezogen auf die Trockensubstanz, enthält ein Braunstein, bei dessen Analyse 0,45 % Feuchtigkeit und ein Massenanteil $w(MnO_2) = 55{,}83\ \%$ gefunden wurden?
6. 20,543 g technisches Ammoniumsulfat ergeben getrocknet eine Auswaage von 20,241 g.
   a) Wie groß ist der Feuchtigkeitsanteil in Prozent?
   b) Wie viel Wasser muss noch aus 5,0 t Ammoniumsulfat verdunsten, damit der zulässige Wasseranteil von 1,0 % erreicht wird?
7. 8,857 g Rohkohle werden nach dem Trocknen mit 5,896 g ausgewogen.
   a) Wie groß ist der Feuchtigkeitsanteil der Rohkohle in Prozent?
   b) Wie viel Tonnen Wasser sind in einer Lieferung von 758 t Rohkohle enthalten?
8. 3,2056 g Elektrodenkoks werden bei 800 °C verascht. Die Auswaage ergibt 0,0234 g Asche. Welchen Aschegehalt in Promille hat der Koks?
9. 30,534 g Quarzsand ergeben nach dem Glühen und Abkühlen eine Auswaage von 28,439 g. Wie groß ist der Glühverlust in Prozent?
10. 1,461 g Torfprobe werden geglüht. Es verbleiben 32,5 mg Asche. Berechnen Sie den Glührückstand der Probe in Prozent.
11. Welchen Massenanteil an metallischen Rückständen enthält verbrauchtes Schmieröl, wenn nach Verbrennung und Glühen von 9,756 g Öl ein Rückstand von 0,967 g Asche erhalten wird?
12. Bei der Aschegehaltsbestimmung von Steinkohle werden folgende Wägeergebnisse erhalten: m(Tiegel leer) = 28,285 g, m(Tiegel + Probe) = 42,739 g, m(Tiegel + Rückstand) = 28,901 g. Welchen Massenanteil an Schlacke enthält die Kohle?
13. Retorten-Grafit enthält 91,25 % Kohlenstoff C. Die Bestimmung des Aschegehalts ergibt w(Asche) = 3,12 %. Welchen Massenanteil w(C) hat der aschefreie Grafit?
14. Der zulässige Wassergehalt in Dieselkraftstoff darf 0,3 % nicht überschreiten. Bei der Wassergehaltsbestimmung nach der Xylol-Methode ergeben 20,00 g Dieselkraftstoff ein überdestilliertes Wasservolumen von 0,05 mL, $\varrho = 0{,}9982\ g/cm^3$. Erfüllt die untersuchte Probe die Anforderungen?
15. In 0,8584 g Mineraldünger soll der Phosphorgehalt bestimmt werden. Phosphor wird als Magnesiumammoniumphosphat $MgNH_4PO_4$ gefällt und zu Magnesiumpyrophosphat $Mg_2P_2O_7$ geglüht. Die Auswaage beträgt 0,1079 g $Mg_2P_2O_7$. Welchen Massenanteil w(P) in Prozent enthält der Dünger?
16. Zur Bestimmung des Schwefelgehalts in einem Dieselkraftstoff werden 0,6387 g Kraftstoff verbrannt, entstehendes Schwefeldioxid SO_2 nach Absorption oxidiert und mit Bariumchlorid $BaCl_2$ als Bariumsulfat $BaSO_4$ gefällt. Auswaage: 0,0245 g $BaSO_4$. Welchen Massenanteil w(S) hat der Kraftstoff?
17. Zur Bestimmung des Aluminiumgehalts einer Legierung werden 1,3475 g eingewogen, in Salzsäure gelöst und zu 500 mL aufgefüllt. Aus 25 mL dieser Verdünnung wird Al^{3+} mit 8-Hydroxichinolin als $Al(C_9H_6ON)_3$ ausgefällt. Die Auswaage beträgt bei zwei Bestimmungen 0,1024 g und 0,1030 g. Berechnen Sie den analytischen Faktor F(Al) und ermitteln Sie damit w(Al).

6.2 Volumetrie (Maßanalyse)

Volumetrischen oder maßanalytischen Bestimmungen liegen chemische Umsetzungen zugrunde.

Die bei einer Maßanalyse ablaufende Reaktion muss ausreichend rasch, quantitativ (ohne Ausbeuteverlust) und stöchiometrisch (in konstanten Stoffmengenverhältnissen) verlaufen.

Durchführung der Maßanalyse (Bild 177/1)

Eine Portion der zu untersuchenden Probe wird genau eingemessen (pipettiert) oder eingewogen und gelöst. Zusätzlich wird ein geeigneter **Indikator** beigegeben.

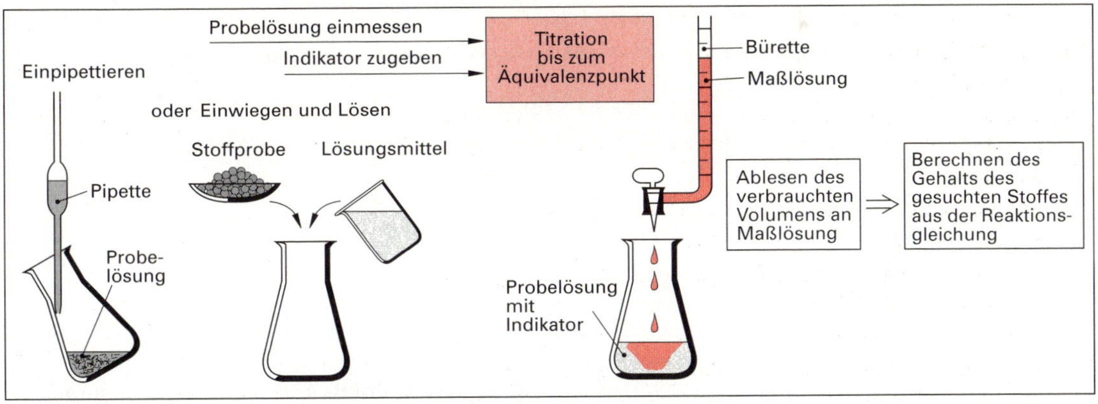

Bild 177/1: Durchführung einer Maßanalyse

Dann wird die **Maßlösung**, es ist eine Lösung mit genau definierten Gehalt, mit einer geeichten Hand- oder Motorkolbenbürette tropfenweise zudosiert. Der Gehalt der Maßlösung wird in der Regel mit der Stoffmengenkonzentration $c(X)$ angegeben.

Der Vorgang der tropfenweisen Zugabe wird **Titration** genannt.

Der Endpunkt der Reaktion zeigt sich durch einen Farbumschlag des Indikators. Er wird **Äquivalenzpunkt** genannt. Das Ende der Reaktion kann auch durch Eigenfärbung oder geeignete physikalische Messmethoden angezeigt werden.

Die verbrauchte Maßlösung wird an der Bürette abgelesen und dann mit Hilfe der Reaktionsgleichung die Quantität des gesuchten Bestandteils der Probe ermittelt.

Bei der Titration können unterschiedliche Reaktionen ablaufen. Danach unterscheidet man:

- **Neutralisationstitrationen**
- **Redoxtitrationen**
- **Fällungstitrationen**
- **Komplexbildungstitrationen**

6.2.1 Maßlösungen

Als **Maßlösungen** werden die bei der Maßanalyse verwendeten Lösungen mit bekanntem Gehalt bezeichnet. Der Gehalt von Maßlösungen wird durch die **Stoffmengenkonzentration $c(X)$** des gelösten Stoffes X angegeben, z. B. $c(NaOH) = 0{,}1$ mol/L oder $c(H_2SO_4) = 0{,}1$ mol/L.

In der Praxis wird häufig als Gehaltsangabe von Maßlösungen die **Äquivalentkonzentration** $c(1/z^*\ X)$ verwendet (s. Seite 152), z. B. $c(\frac{1}{2}\ H_2SO_4) = 0{,}1$ mol/L, $c(\frac{1}{5}\ KMnO_4) = 0{,}01$ mol/L .

Die Verwendung dieser Größe hat den Vorteil, dass die gelöste Äquivalent-Stoffmenge des wirksamen Bestandteils der Maßlösung gleichwertig (äquivalent) mit der Äquivalent-Stoffmenge des zu bestimmenden Stoffes ist.

Die folgenden Natronlauge-Portionen werden durch Säurezugabe neutralisiert:

10 mL Natronlauge, $c(\frac{1}{1}\ NaOH) = 0{,}1$ mol/L von 10 mL Salzsäure, $c(\frac{1}{1}\ HCl) = 0{,}1$ mol/L

10 mL Natronlauge, $c(\frac{1}{1}\ NaOH) = 0{,}1$ mol/L von 10 mL Schwefelsäure, $c(\frac{1}{2}\ H_2SO_4) = 0{,}1$ mol/L

10 mL Natronlauge, $c(\frac{1}{1}\ NaOH) = 0{,}1$ mol/L von 10 mL Phosphorsäure, $c(\frac{1}{3}\ H_3PO_4) = 0{,}1$ mol/L

Ein Vergleich der Lösungen aus den drei vorangehenden Beispielen zeigt, dass die Stoffmengenkonzentration der wirksamen Teilchen (Hydroxid-Ionen OH^- in der Natronlauge, Hydronium-Ionen H_3O^+ in den drei Säuren) jeweils gleich groß (äquivalent) ist. Das erklärt das gleiche Volumen an zugesetzter Säure zur vollständigen Neutralisation der Natronlauge. Man unterscheidet folgende Arten von Äquivalenten:

- **Neutralisations-Äquivalent**: Die Äquivalentzahl z^* entspricht der Anzahl H^+ oder OH^--Ionen, die bei einer Säure-Base-Reaktion abgegeben oder aufgenommen werden.
- **Redox-Äquivalent:** Die Äquivalentzahl z^* entspricht der Anzahl der abgegebenen oder aufgenommenen Elektronen.
- **Ionen-Äquivalent**: Die Äquivalentzahl z^* ist gleich dem Betrag der Ladungszahl des Ions.

Die Stoffmengenkonzentration von Maßlösungen sollte $c(X) = 1{,}0$ mol/L nicht überschreiten. Werden höhere Konzentrationen verwendet, ergeben sich aus Volumenabweichungen bei der verbrauchten Maßlösung zu große Fehler-Differenzen für die Berechnung des Gehalts der Probesubstanz.

6.2.2 Herstellen von Maßlösungen

Maßlösungen mit genauen Konzentrationen sind gebrauchsfertig im Handel erhältlich. Um die eigene Herstellung in der Praxis zu erleichtern, werden außerdem portionierte Konzentrate in Ampullen angeboten, z.B. FIXANAL® oder TITRISOL®. Sie ergeben durch Auffüllen mit demineralisiertem, CO_2-freiem Wasser im Messkolben Maßlösungen exakter Konzentrationen.

Maßlösungen können aber auch durch genaue Einwaage oder Einmessen chemisch reiner Substanzen und anschließendes Auffüllen mit demineralisiertem, CO_2-freiem Wasser hergestellt werden (Bild 178/1 und Bild 179/1). Chemisch reine Substanzen, die aus der Luft keine Feuchtigkeit und kein Kohlenstoffdioxid anziehen, werden als **Urtitersubstanzen** bezeichnet. Werden Maßlösungen aus technisch reinen Stoffen oder durch Verdünnen konzentrierterer Lösungen angesetzt, so ist die genaue Konzentration durch eine **Titerbestimmung** zu ermitteln (siehe Kapitel 6.2.3).

Beispiel 1:

Herzustellen sind 5,0 L einer Natronlauge-Maßlösung, $c(NaOH) = 0{,}50$ mol/L. Wie viel Gramm Natriumhydroxid sind einzuwiegen **(Bild 178/1)**?

Lösung:

$V(Lsg) = 5{,}0\ L$, $c(NaOH) = 0{,}50$ mol/L, $M(NaOH) = 40{,}00$ g/mol

$$c(NaOH) = \frac{n(NaOH)}{V(Lsg)} \Rightarrow n(NaOH) = c(NaOH) \cdot V(Lsg),$$

mit $n(NaOH) = \frac{m(NaOH)}{M(NaOH)}$ folgt:

$$\mathbf{m(NaOH)} = c(NaOH) \cdot V(Lsg) \cdot M(NaOH) = 0{,}50\ mol/L \cdot 5{,}0\ L \cdot 40{,}00\ g/mol = \mathbf{100{,}0\ g}$$

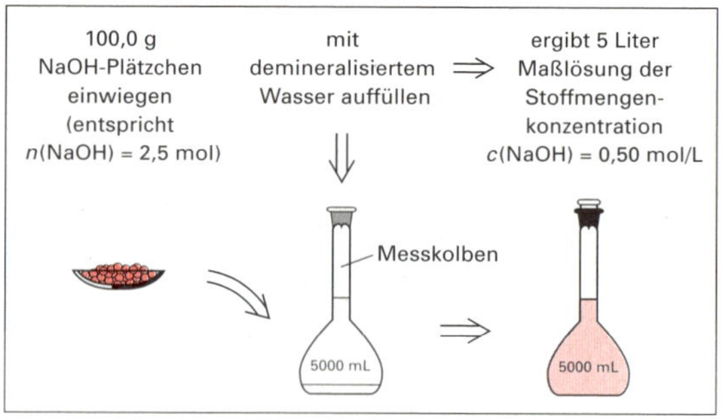

Bild 178/1: Herstellen einer Maßlösung durch Einwiegen und Auffüllen

Lösung mit Schlussrechnung:

1,0 L Maßlösung $c(NaOH) = 0{,}50$ mol/L enthält 0,50 mol NaOH
5,0 L Maßlösung enthalten x mol NaOH

$$x = \frac{5{,}0\ L \cdot 0{,}50\ mol}{1{,}0\ L} = 2{,}50\ mol\ NaOH$$

In 1 mol Natriumhydroxid sind 40,00 g NaOH enthalten
In 2,50 mol Natriumhydroxid sind y g NaOH enthalten

$$y = \frac{40{,}00\ g \cdot 2{,}50\ mol}{1\ mol} = 100{,}0\ g$$

$\mathbf{m(NaOH) = 100{,}0\ g}$

Beispiel 2: Aus Salzsäure ($w(HCl) = 25{,}22\,\%$, $\varrho = 1{,}125$ g/mL) sollen 5,0 L Maßlösung ($c(HCl) = 0{,}50$ mol/L) hergestellt werden. Wie viel Milliliter der konzentrierten Säure sind einzumessen **(Bild 179/1)**?

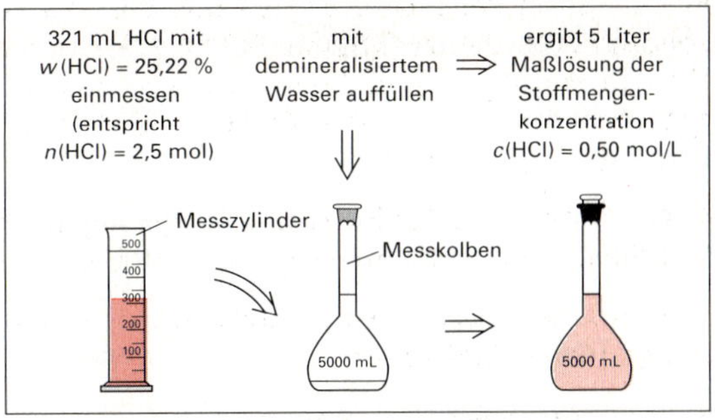

Bild 179/1: Herstellen einer Maßlösung durch Einmessen und Auffüllen

Lösung: $V(Lsg) = 5{,}0$ L, $c(HCl) = 0{,}50$ mol/L, $M(HCl) = 36{,}46$ g/mol, $\varrho(HCl\text{-}Lsg) = 1{,}125\ g/cm^3$

$$c(HCl) = \frac{n(HCl)}{V(Lsg)} \Rightarrow n(HCl) = c(HCl) \cdot V(Lsg),$$

mit $n(X) = \dfrac{m(X)}{M(X)}$ und

$m(Lsg) = \varrho(Lsg) \cdot V(Lsg)$

$$\text{folgt: } V(HCl\text{-}Lsg) = \frac{c(HCl) \cdot V(Lsg) \cdot M(HCl)}{w(HCl) \cdot \varrho(Lsg)} = \frac{0{,}50\ mol/L \cdot 5{,}0\ L \cdot 36{,}46\ g/mol}{0{,}2522 \cdot 1125\ g/L} = 0{,}32126\ L$$

$\boldsymbol{V(HCl\text{-}Lsg) \approx 321\ mL}$

Lösung mit Schlussrechnung:

In 1,0 L Maßlösung sind 0,50 mol HCl enthalten, das sind 0,50 mol · 36,46 g/mol HCl = 18,23 g HCl

1,0 L Maßlösung enthält 18,23 g HCl
5,0 L Maßlösung enthalten x g HCl

$$x = \frac{18{,}23\ g \cdot 5{,}0\ L}{1{,}0\ L} = 91{,}15\ g\ HCl$$

25,22 g HCl sind in 100 g Salzsäure gelöst
91,15 g HCl sind in y g Salzsäure gelöst

$$y = \frac{100\ g \cdot 91{,}15\ g}{25{,}22\ g} = 361{,}42\ g\ HCl\text{-}Lsg$$

Berechnung des Volumens der konzentrierten Säure:

1,125 g HCl-Lösung haben ein Volumen von 1,0 mL
361,42 g HCl-Lösung haben ein Volumen von x mL

$$\boldsymbol{V(HCl)} = \frac{361{,}42\ g \cdot 1{,}0\ mL}{1{,}125\ g} \approx \mathbf{321\ mL}$$

Beispiel 3: Wie viel Gramm wasserfreies Natriumcarbonat Na_2CO_3 sind einzuwiegen, wenn 10,0 L Natriumcarbonat-Maßlösung, $c(\frac{1}{2}\,Na_2CO_3) = 0{,}1$ mol/L, hergestellt werden sollen?

Lösung: $c(Na_2CO_3) = \frac{1}{2} \cdot c(\frac{1}{2}\,Na_2CO_3) = (\frac{1}{2} \cdot 0{,}1\ mol/L = 0{,}05\ mol/L$, $M(Na_2CO_3) = 106$ g/mol

$$c(Na_2CO_3) = \frac{n(Na_2CO_3)}{V(Lsg)} \Rightarrow n(Na_2CO_3) = c(Na_2CO_3) \cdot V(Lsg) \quad \text{mit } n(X) = \frac{m(X)}{M(X)} \text{ folgt:}$$

$\boldsymbol{m(Na_2CO_3)} = c(Na_2CO_3) \cdot V(Lsg) \cdot M(Na_2CO_3) = 0{,}05\ mol/L \cdot 10\ L \cdot 106\ g/mol = \mathbf{53{,}0\ g}$

Aufgaben zu 6.2.2 Herstellen von Maßlösungen

1. Es sollen 5,0 L Natriumchlorid-Maßlösung $c(NaCl) = 0{,}1$ mol/L angesetzt werden. Wie viel Gramm NaCl sind einzuwiegen?
2. 2,0 L Kalilauge ($c(KOH) = 0{,}5$ mol/L) sollen aus Kaliumhydroxid mit $w(KOH) = 96{,}74\,\%$ hergestellt werden. Berechnen Sie die einzuwiegende Masse an Kaliumhydroxid KOH.
3. Welche Masse an Schwefelsäure mit $w(H_2SO_4) = 98{,}3\,\%$ ist erforderlich, um 5,0 L Schwefelsäure-Maßlösung ($c(\frac{1}{2}\,H_2SO_4) = 0{,}5$ mol/L $\Rightarrow$ $c(H_2SO_4) = 0{,}25$ mol/L) anzusetzen?
4. Welches Volumen Salpetersäure ($w(HNO_3) = 50{,}0\,\%$, $\varrho(HNO_3) = 1{,}310\ g/cm^3$) muss eingemessen werden, um 20,0 L Salpetersäure-Maßlösung mit $c(HNO_3) = 0{,}50$ mol/L herzustellen?
5. Es sind 5,0 L Kaliumpermanganat-Maßlösung ($c(\frac{1}{5}\,KMnO_4) = 0{,}1$ mol/L $\Rightarrow$ $c(KMnO_4) = 0{,}02$ mol/L) anzusetzen. Berechnen Sie die einzuwiegende Masse an reiner Substanz.
6. Welches Volumen an Schwefelsäure-Maßlösung ($c(\frac{1}{2}\,H_2SO_4) = 0{,}50$ mol/L) kann aus 725 mL Schwefelsäure ($w(H_2SO_4) = 52{,}0\,\%$, $\varrho(H_2SO_4) = 1{,}415\ g/cm^3$) hergestellt werden?
7. Wie viel Gramm Oxalsäure $C_2H_2O_4$ sind in 2000 mL Maßlösung ($c(\frac{1}{2}\,C_2H_2O_4) = 0{,}1$ mol/L) enthalten?
8. Welche Äquivalentkonzentration $c(\frac{1}{5}\,KMnO_4)$ wird erhalten, wenn 34,25 g Kaliumpermanganat $KMnO_4$ mit demineralisiertem Wasser zu 2000 mL aufgefüllt werden?

6.2.3 Titer von Maßlösungen

Liegt eine Maßlösung vor, deren Stoffmengenkonzentration vom gewünschten, genauen Wert, z.B. $c(X) = 0{,}1$ mol/L, abweicht, kann mit einem Korrekturfaktor, dem **Titer *t***, der *tatsächliche* Gehalt der Maßlösung berechnet werden. Dieser Zahlenwert t beschreibt den Zusammenhang zwischen der *angenommenen* (angenäherten) Stoffmengenkonzentration $\tilde{c}(X)$ und der *tatsächlichen* (genauen) Stoffmengenkonzentration $c(X)$ der Maßlösung:

Titer $t = \frac{c(X)}{\tilde{c}(X)}$ ⇒ **genaue Stoffmengenkonzentration**: $c(X) = \tilde{c}(X) \cdot t$

Hat z.B. eine Maßlösung die annähernde Konzentration $\tilde{c}(HCl) = 1$ mol/L und den Titer $t = 1{,}0128$, dann ist die tatsächliche Konzentration:

$$\mathbf{c(HCl)} = \tilde{c}(HCl) \cdot t = 1 \text{ mol/L} \cdot 1{,}0128 = \mathbf{1{,}0128 \text{ mol/L}}$$

Bei einem Titer ***t* > 1** ist die *tatsächliche* Konzentration **größer** als die *angenommene* Konzentration.

Ist die annähernde Konzentration einer Maßlösung z.B. $\tilde{c}(NaOH) = 0{,}1$ mol/L und der Titer $t = 0{,}9875$, dann ist die tatsächliche Konzentration:

$$\mathbf{c(NaOH)} = \tilde{c}(NaOH) \cdot t = 0{,}1 \text{ mol/L} \cdot 0{,}9875 = \mathbf{0{,}09875 \text{ mol/L}}$$

Bei einem Titer ***t* < 1** ist die *tatsächliche* Konzentration **kleiner** als die *angenommene* Konzentration.

Da bei Titrationen in der Regel die Stoffmengenkonzentration der Maßlösung im Zusammenhang mit ihrem verbrauchten Volumen im Äquivalenzpunkt steht, kann der Titer auch zur Korrektur des Volumens verwendet werden. Für die Berechnung der im verbrauchten Volumen der Maßlösung enthaltenen tatsächlichen Stoffmenge $n(X)$ gilt:

$$n(X) = c(X) \cdot V(\text{Maßlösung}) = \tilde{c}(X) \cdot t \cdot V(\text{Maßlösung})$$

Beispiel 1: Eine Natronlauge-Maßlösung der annähernden Stoffmengenkonzentration $\tilde{c}(NaOH) = 0{,}1$ mol/L hat den Titer $t = 1{,}0154$. Verbraucht wurden bis zum Äquivalenzpunkt 28,5 mL der Lauge.
Welchem Verbrauch einer Maßlösung der Konzentration $c(NaOH) = 0{,}1$ mol/L entspricht das?

Lösung: 28,5 mL der Maßlösung $\tilde{c}(NaOH) = 0{,}1$ mol/L ($t = 1{,}0154$) entsprechen $\mathbf{V} = 28{,}5$ mL · 1,0154 = **28,939 mL Maßlösung** der genauen Konzentration $c(NaOH) = 0{,}1$ mol/L.

Beispiel 2: Eine Salzsäure-Maßlösung der annähernden Stoffmengenkonzentration $\tilde{c}(HCl) = 1$ mol/L hat den Titer $t = 0{,}9962$. Verbraucht wurden bis zum Äquivalenzpunkt 24,3 mL der Säure.

Lösung: 24,3 mL der Maßlösung $\tilde{c}(HCl) = 1$ mol/L ($t = 0{,}9962$) entsprechen $\mathbf{V} = 24{,}3$ mL · 0,9962 = **24,2077 mL Maßlösung** der genauen Konzentration $c(HCl) = 1$ mol/L.

6.2.4 Bestimmung des Titers von Maßlösungen

Die Bestimmung des **Titers *t*** einer Maßlösung, **Titerstellung** genannt, kann mit einer anderen, geeigneten Maßlösung mit genau bekanntem Gehalt oder mit Urtitersubstanzen vorgenommen werden. Die Titerbestimmung gegen eine Bezugsmaßlösung ist rascher durchzuführen, da das Einpipettieren einer genau bemessenen Volumenportion an Bezugsmaßlösung weniger zeitaufwendig ist als das genaue Einwägen der Urtitersubstanz.

Beispiel 1: Titerstellung gegen eine Maßlösung bekannten Gehalts

Der Titer einer Natronlauge-Maßlösung der annähernden Stoffmengenkonzentration $\tilde{c}(NaOH) = 0{,}1$ mol/L ist zu bestimmen. Als Vergleichslösung dient Salzsäure-Maßlösung der genauen Konzentration $\tilde{c}(HCl) = 0{,}1$ mol/L, $t = 1{,}010$. Von dieser Salzsäure werden 25,0 mL vorgelegt.
Verbrauch im Äquivalenzpunkt: $V(NaOH) = 25{,}15$ mL

Lösung: Reaktionsgleichung: $HCl + NaOH \longrightarrow NaCl + H_2O$

1 mol HCl reagiert mit 1 mol NaOH, demnach sind im Äquivalenzpunkt die umgesetzten Stoffmengen von HCl und NaOH gleich:

$n(HCl) = n(NaOH)$, mit $c(X) = \frac{n(X)}{V(Lsg)}$ ⇒ $n(X) = c(X) \cdot V(Lsg)$ gilt daher:

$$\tilde{c}(NaOH) \cdot V(NaOH) \cdot t(NaOH) = \tilde{c}(HCl) \cdot V(HCl) \cdot t(HCl)$$

$$\Rightarrow \mathbf{t(NaOH)} = \frac{\tilde{c}(HCl) \cdot V(HCl) \cdot t(HCl)}{\tilde{c}(NaOH) \cdot V(NaOH)} = \frac{0{,}1 \text{ mol/L} \cdot 25{,}0 \text{ mL} \cdot 1{,}010}{0{,}1 \text{ mol/L} \cdot 25{,}15 \text{ mL}} = \mathbf{1{,}004}$$

Verbindungen, die als **Urtitersubstanzen** geeignet sind, müssen mehrere Anforderungen erfüllen:

- formelrein herstellbar (p.a.-Qualität)
- nicht hygroskopisch (wasseranziehend)
- gut wasserlöslich
- beständige Lösungen ergeben
- gut wägbar und handhabbar sein
- quantitativer Umsatz mit der Maßlösung nach der zugrunde liegenden Reaktionsgleichung.

Beispiele geeigneter **Urtitersubstanzen** sind für:

Neutralisationstitrationen:	Oxalsäure $(COOH)_2$, Natriumcarbonat Na_2CO_3
Fällungstitrationen:	Natriumchlorid NaCl, Silbernitrat $AgNO_3$
Komplexometrische Titrationen:	Na-EDTA · 2 H_2O, Calciumcarbonat $CaCO_3$
Redox-Titrationen:	Natriumoxalat $(COONa)_2$, Kaliumdichromat $K_2Cr_2O_7$

Die Titerbestimmung wird in der Regel mindestens als Dreifach-Bestimmung durchgeführt. Bei Verwendung einer 50-mL-Bürette ist ein Verbrauch im Äquivalenzpunkt um 28 mL anzustreben, bei zu geringen oder zu hohen Verbrauchswerten ist der Volumenfehler dieser Bürette zu groß.

Der Einwaage an Urtitersubstanz entspricht ein theoretischer Verbrauchswert. Der Quotient aus theoretischem und tatsächlich erhaltenem Verbrauch ergibt den **Titer *t***:

$$t = \frac{\text{theoretischer Verbrauch}}{\text{praktischer Verbrauch}} \qquad t = \frac{V_{th}}{V_{pr}}$$

Beispiel 2: Titerstellung gegen eine Urtitersubstanz

Der Titer einer Salzsäure-Maßlösung der annähernden Stoffmengenkonzentration $\tilde{c}$ (HCl) = 0,1 mol/L soll mit wasserfreiem Natriumcarbonat Na_2CO_3 als Urtiter bestimmt werden. Welche Masse an Urtitersubstanz ist für den angestrebten Verbrauchswert als Vorlage einzuwiegen?

Lösung: $M(Na_2CO_3)$ = 105,989 g/mol

Reaktionsgleichung: $Na_2CO_3 + 2\,HCl \longrightarrow 2\,NaCl + H_2O + CO_2$

2 mol HCl reagieren mit 1 mol Na_2CO_3, darin sind 105,989 g Na_2CO_3 enthalten

0,1 mol HCl reagieren mit $\frac{1\,\text{mol}}{20}$ = 0,05 mol Na_2CO_3, das sind 0,05 · 105,989 g = 5,29945 g Na_2CO_3

1 mL Maßlösung enthält 0,1 mmol HCl, die mit 5,29945 mg Na_2CO_3 reagieren (= Äquivalentmasse)

28 mL Maßlösung, *c*(HCl) = 0,1 mol/L reagieren mit 28 · 5,29945 mg ≈ 148 mg Na_2CO_3

Zur Titration sind drei analytisch genaue Einwaagen um 148 mg Na_2CO_3 vorzulegen, zu lösen und zu titrieren. Aus dem arithmetischen Mittel der Werte ist der Titer *t* zu berechnen.

Titrationsergebnisse: *Einwaage:* 149,2 mg Na_2CO_3 *Praktischer Verbrauch:* 28,2 mL HCl

Berechnung des *theoretischen* Verbrauchs an Salzsäure-Maßlösung:

5,29945 mg Na_2CO_3 verbrauchen 1 mL HCl-Maßlösung
149,2 mg Na_2CO_3 verbrauchen *x* mL HCl-Maßlösung

$$x = \frac{1{,}0\,\text{mL} \cdot 149{,}2\,\text{mg}}{5{,}29945\,\text{mg}} = 28{,}1538\,\text{mL}$$

Berechnung des Titers: $\boldsymbol{t} = \frac{V_{th}}{V_{pr}} = \frac{28{,}1538\,\text{mL}}{28{,}2\,\text{mL}} = \mathbf{0{,}99836}$

Die Maßlösung ist etwas *schwächer* konzentriert als angenommen, ihre genaue Konzentration beträgt:

$\boldsymbol{c}\mathbf{(HCl)} = \tilde{c}(\text{HCl}) \cdot t = 0{,}1\,\text{mol/L} \cdot 0{,}99836 \approx \mathbf{0{,}0998\,mol/L}$

Maßanalytische Äquivalentmasse

Die Auswertung einer Titerstellung gegen eine Urtitersubstanz kann bei Kenntnis der **maßanalytischen Äquivalentmasse** aus einer Größengleichung erhalten werden. (Vergleiche mit dem analytischen Faktor der Gravimetrie S. 175.) Die maßanalytische Äquivalentmasse leitet sich aus der Reaktionsgleichung ab, die der Titration zugrunde liegt. Sie entspricht der Masse des gesuchten Stoffes (Titrand), die 1 mL der verwendeten Maßlösung äquivalent ist. Ihre Einheit ist g/L bzw. mg/mL.

In **Beispiel 2** ergab sich: 1 mL Maßlösung *c*(HCl) = 0,1 mol/L reagiert mit 5,29945 mg Na_2CO_3. Die maßanalytische Äquivalentmasse ist demnach hier ***Ä* = 5,29945 mg/mL.**

Die maßanalytischen Äquivalentmassen sind für häufig verwendete Reaktionen in Tabellenwerken zusammengestellt (Seiten 182, 186, 187, 188).

Tabelle 182/1 und **Tabelle 182/2** zeigen einige maßanalytische Äquivalentmassen für Neutralisationstitrationen.

Mit der maßanalytischen Äquivalentmasse *Ä* vereinfacht sich die Titerberechnung.

$$t = \frac{m}{Ä \cdot V}$$

Es sind: *m* Einwaage Urtiter in mg
Ä maßanalytische Äquivalentmasse in mg/mL
V Verbrauch an Maßlösung in mL

Beispiel: Der Titer einer Schwefelsäure-Maßlösung der ungefähren Stoffmengenkonzentration $\tilde{c}(H_2SO_4) = 0{,}05$ mol/L soll mit Natriumcarbonat Na_2CO_3 als Urtiter bestimmt werden.

Bei einer Einwaage von 145,7 mg Na_2CO_3 beträgt der Verbrauch $V = 26{,}3$ mL Maßlösung.

Lösung: Äquivalentmasse: $Ä(Na_2CO_3) = 5{,}29945$ mg/mL

$$t = \frac{m}{Ä \cdot V} = \frac{145{,}7 \text{ mg}}{5{,}29945 \text{ mg/mL} \cdot 26{,}3 \text{ mL}} = \mathbf{1{,}0454}$$

Die genaue Konzentration der Säure ist:

$c(H_2SO_4) = \tilde{c}(H_2SO_4) \cdot t = 0{,}05 \text{ mol/L} \cdot 1{,}0454$

$\mathbf{c(H_2SO_4) \approx 0{,}0523 \text{ mol/L}}$

Tabelle 182/1: Äquivalentmassen bei Neutralisationstitrationen mit Säure-Maßlösungen

Maßlösung: $c(HCl) = 0{,}1$ mol/L oder $c(H_2SO_4) = 0{,}05$ mol/L oder $c(\frac{1}{2} H_2SO_4) = 0{,}1$ mol/L

Zu bestimmen (Titrand)	Äquivalentmasse *Ä* in mg/mL
$CaCO_3$	5,0045
CaO	2,8033
$Ca(OH)_2$	3,7047
K_2CO_3	6,9103
$KHCO_3$	10,0115
KOH	5,6106
MgO	2,0152
NH_3	1,7031
Na_2CO_3	5,29945
$NaHCO_3$	8,4007
NaOH	3,9997

Aufgaben zu 6.2.3 und 6.2.4 Titer von Maßlösungen

1. Welchen Titer hat eine Natronlauge-Maßlösung, $\tilde{c}(NaOH) = 0{,}10$ mol/L, wenn 25,00 mL davon bei der Titration 25,25 mL Salzsäure-Maßlösung, $c(HCl) = 0{,}10$ mol/L, verbrauchen?
2. 25,00 mL Schwefelsäure ($\tilde{c}(\frac{1}{2} H_2SO_4) = 0{,}10$ mol/L) verbrauchen bei der Titerbestimmung 24,35 mL Natronlauge-Maßlösung ($\tilde{c}(\frac{1}{1} NaOH) = 0{,}10$ mol/L, $t = 0{,}992$). Welchen Titer hat die Säure?
3. Welchen Titer hat eine Sodalösung ($\tilde{c}(\frac{1}{2} Na_2CO_3) = 0{,}05$ mol/L), wenn 50,00 mL dieser Lösung bei der Titration 25,75 mL Salzsäure-Maßlösung ($\tilde{c}(\frac{1}{1} HCl) = 0{,}1$ mol/L, $t = 1{,}013$) verbrauchen?
4. Der Titer einer Kalilauge-Maßlösung ($\tilde{c}(\frac{1}{1} KOH) = 0{,}5$ mol/L) ist mit Oxalsäure-2-hydrat $(COOH)_2 \cdot 2\,H_2O$ als Urtiter zu bestimmen. 0,1766 g $(COOH)_2 \cdot 2\,H_2O$ verbrauchen 28,50 mL Kalilauge-Maßlösung. Berechnen Sie den Titer der Lauge.
5. Der Titer einer Schwefelsäure-Maßlösung ($\tilde{c}(\frac{1}{2} H_2SO_4) = 0{,}1$ mol/L) soll mit Natriumcarbonat Na_2CO_3 p.a. als Urtiter bestimmt werden. Zur Titration von 156,9 mg Na_2CO_3 werden 29,35 mL Schwefelsäure verbraucht. Welche genaue Konzentration $c(\frac{1}{2} H_2SO_4)$ hat die Säure?

Tabelle 182/2: Äquivalentmassen bei Neutralisationstitrationen mit Base-Maßlösungen

Maßlösung: $c(NaOH) = 0{,}1$ mol/L oder $c(KOH) = 0{,}1$ mol/L

Zu bestimmen	*Ä* in mg/mL
HCl	3,6461
HF	2,0006
HCOOH	4,6026
CH_3COOH	6,0053
$(COOH)_2$	4,5018
$(COOH)_2 \cdot 2\,H_2O$	6,3033
HNO_3	6,3013
H_3PO_4*	4,8998
H_2SO_3	4,1040
H_2SO_4	4,9040

* gilt für die 2. Dissoziationsstufe mit dem Indikator Thymolphthalein

6.2.5 Neutralisations-Titrationen

Neutralisationstitrationen beruhen auf der Reaktion von Säuren und Basen unter Bildung von Salzen und Wasser.

Neutralisationsgleichung:

$$\text{Säure} + \text{Base} \longrightarrow \text{Salz} + \text{Wasser}$$

$$H^+A^-_{(aq)} + B^+OH^-_{(aq)} \longrightarrow B^+A^-_{(aq)} + H_2O_{(l)}$$

Die Bestimmung von Säuren mit Base-Maßlösungen bezeichnet man als **Alkalimetrie**, die von Basen mit Säure-Maßlösungen als **Acidimetrie**. Der Endpunkt der Titration, der Äquivalenzpunkt, wird durch den Farbumschlag eines zugesetzten Indikators oder mit Hilfe elektrochemischer Messmethoden (pH-Wert, Leitfähigkeit, Potentialdifferenz) festgestellt.

Direkttitrationen

Bei **Direkttitrationen** wird der Gehalt der gesuchten Stoffportion *unmittelbar* durch Titration bestimmt. Aus dem Verbrauch an Maßlösung kann der Gehalt errechnet werden.

Beispiel 1: 50,0 mL Natronlauge-Probe verbrauchen 20,05 mL Salzsäure-Maßlösung, $\tilde{c}(\text{HCl}) = 0{,}1\ \text{mol/L}$, $t = 0{,}995$. Berechnen Sie die Massenkonzentration $\beta(\text{NaOH})$ der Lauge.

Lösung: Maßanalytisches Äquivalent aus Tabelle 182/1: $\ddot{A}(\text{NaOH}) = 3{,}9997\ \text{mg/mL}$

Mit dem Titer folgt: $c(\text{HCl}) = \tilde{c}(\text{HCl}) \cdot t = 0{,}1\ \text{mol/L} \cdot 0{,}995 = 0{,}0995\ \text{mol/L}$

1 mL Maßlösung $c(\text{HCl}) = 0{,}1\ \text{mol/L}$ reagiert mit 3,9997 mg NaOH

20,05 mL Maßlösung $\tilde{c}(\text{HCl}) = 0{,}1\ \text{mol/L}$ ($t = 0{,}995$) reagieren mit

$3{,}9997\ \text{mg} \cdot 20{,}05 \cdot 0{,}995 = 79{,}7930\ \text{mg NaOH}$

$$\boldsymbol{\beta}(\textbf{NaOH}) = \frac{m(\text{NaOH})}{V(\text{Lsg})} = \frac{79{,}7930\ \text{mg}}{50{,}0\ \text{mL}} = 1{,}59586\ \text{mg/mL} \approx \mathbf{1{,}60\ g/L}$$

Titration von aliquoten Teilen

Häufig werden bei maßanalytischen Bestimmungen die zu untersuchenden Substanzen (Feststoffe oder Lösungen) zunächst in einem Messkolben mit demineralisiertem Wasser zu einer Stammlösung verdünnt **(Bild 183/1)**. Von dieser Stammlösung werden gleiche Volumenportionen **(= aliquote Teile)** abpipettiert, mit demineralisiertem Wasser verdünnt und mit der Maßlösung titriert.

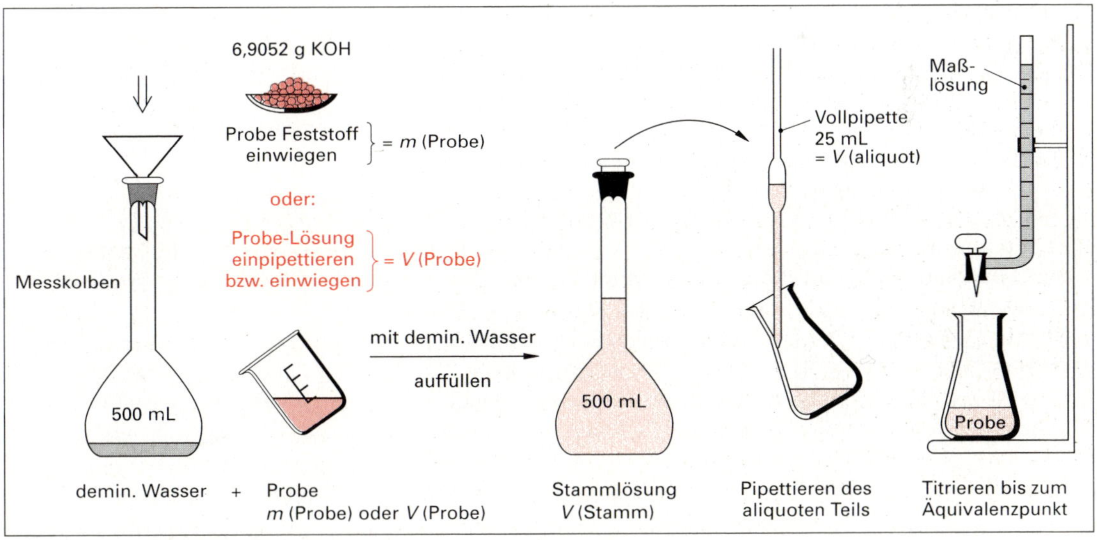

Bild 183/1: Herstellen und Aliquotieren einer Probe-Stammlösung (Beispiel)

Die Vorteile dieser Methode sind unter anderem:

- Kontrollfunktion durch *mehrere* Titrationen (in der Regel mindestens 3 Bestimmungen)
- geringere Fehlerquote durch Maßlösungen *niedrigerer* Stoffmengenkonzentrationen
- Verringerung von Wägefehlern und Pipettierfehlern, da für die Herstellung der Stammlösung *größere* Stoffportionen gelöst werden können.

Bei der Auswertung der Titration ist zu berücksichtigen, dass sich das Ergebnis zunächst nur auf einen *Teil*, den *aliquoten Teil*, der Stammlösung bezieht.

Beispiel 2: 6,9052 g technisches Kaliumhydroxid werden gelöst und mit demin. Wasser auf 500 mL aufgefüllt. 25 mL dieser Lösung (= aliquoter Teil) werden abpipettiert und mit 28,15 mL Salzsäure-Maßlösung $\tilde{c}$ (HCl) = 0,1 mol/L (t = 0,994) titriert. Welchen Massenanteil w(KOH) hat das untersuchte Hydroxid?

Lösung: Neutralisationsgleichung: $HCl + KOH \longrightarrow KCl + H_2O$

1 mol HCl reagiert mit 1 mol KOH, das sind 56,1056 g KOH

0,1 mol HCl reagiert mit 0,1 mol KOH, das sind 5,61056 g KOH

1 L Maßlösung, c(HCl) = 0,1 mol/L, reagiert mit 0,1 mol KOH, das sind 5,61056 g KOH

1 mL Maßlösung, c(HCl) = 0,1 mol/L, reagiert mit 0,1 mmol KOH, das sind 5,61056 mg KOH

1 mL Maßlösung, c(HCl) = 0,1 mol/L, reagiert mit 5,61056 mg KOH (= Äquivalentmasse)

28,15 mL Maßlösung $\tilde{c}$ (HCl) = 0,1 mol/L (t = 0,994) reagieren mit

$$28{,}15 \cdot 0{,}994 \cdot 5{,}61056 \text{ mg} = 156{,}989 \text{ mg KOH}$$

Berücksichtigung der Verdünnung:

25 mL der Verdünnung enthalten 156,989 mg KOH
500 mL der Verdünnung enthalten x mg KOH

$$x = \frac{156{,}989 \text{ mg} \cdot 500 \text{ mL}}{25 \text{ mL}} = 3139{,}78 \text{ mg KOH}$$

Diese Stoffportion ist in 500 mL Stammlösung enthalten, aber auch in 6,9052 g eingewogener Probe.

Berechnung des Massenanteils:

6,9052 g techn. Hydroxid enthalten 3,13978 g KOH
100 g techn. Hydroxid enthalten y g KOH

$$y = \frac{3{,}13978 \text{ g} \cdot 100 \text{ g}}{6{,}9052 \text{ g}} = 45{,}4698 \text{ g KOH}$$

w(KOH) ≈ 45,5 %

Lösungsweg mit maßanalytischer Äquivalentmasse und Größengleichungen:

Maßanalytisches Äquivalent Tabelle 182/1: $\ddot{A}$ (KOH) = 5,6106 mg/mL, Einwaage: m (KOH) = 6,9052 g

$\tilde{c}$ (HCl) = 0,1 mol/L, t = 0,994, V(HCl) = 28,15 mL, V(Probe) = 25,0 mL von V(Stamm) = 500 mL

$$m(\text{KOH}) = \ddot{A}(\text{KOH}) \cdot V(\text{HCl}) \cdot t \cdot \frac{V(\text{Stamm})}{V(\text{Probe})} = 5{,}6106 \frac{\text{mg}}{\text{mL}} \cdot 28{,}15 \text{ mL} \cdot 0{,}994 \cdot \frac{500 \text{ mL}}{25 \text{ mL}} = 3139{,}8 \text{ mg}$$

$$\boldsymbol{w}(\textbf{KOH}) = \frac{m(\text{KOH})}{m(\text{Lsg})} = \frac{3{,}1398 \text{ g}}{6{,}9052 \text{ g}} = 0{,}454703 \approx \mathbf{45{,}5\,\%}$$

Aufgaben zu 6.2.5 Neutralisations-Titrationen

1. 25,0 mL Natronlauge verbrauchen zur Neutralisation 30,7 mL Schwefelsäure-Maßlösung $\tilde{c}$ (H_2SO_4) = 0,05 mol/L, t = 1,012. Wie groß ist die Massenkonzentration der untersuchten Lauge?
2. Die Massenkonzentration β(H_3PO_4) einer technischen Phosphorsäure ist zu bestimmen. 25,0 mL der Säure werden auf 1000 mL verdünnt. 50,0 mL der Verdünnung verbrauchen bei Verwendung von Thymolphthalein als Indikator 29,10 mL Natronlauge-Maßlösung, $\tilde{c}$ (NaOH) = 0,5 mol/L, t = 1,025.
3. 1,350 g technisches Natriumhydroxid werden in Wasser gelöst und mit 31,5 mL Salzsäure-Maßlösung (c(HCl) = 0,1 mol/L) neutralisiert. Welchen Massenanteil w(NaOH) hat die Probe?
4. 13,752 g Sodalösung verbrauchen zur Neutralisation 27,5 mL Schwefelsäure-Maßlösung ($\tilde{c}$ ($\frac{1}{2}$ H_2SO_4) = 1,0 mol/L, t = 1,043). Berechnen Sie den Massenanteil w(Na_2CO_3) der Sodalösung.
5. 150 mg Calciumhydroxid (Löschkalk) werden gelöst und mit 31,2 mL Salzsäure-Maßlösung ($\tilde{c}$ (HCl) = 0,1 mol/L, t = 0,964) neutralisiert. Welchen Massenanteil w($Ca(OH)_2$) hat der Kalk?
6. 1,973 g technisches Kaliumhydroxid werden gelöst und zu 500 mL verdünnt. 50,0 mL dieser Verdünnung verbrauchen bei 3 Bestimmungen 16,45 mL, 16,50 mL und 16,35 mL Schwefelsäure-Maßlösung ($\tilde{c}$ ($\frac{1}{2}$ H_2SO_4) = 0,1 mol/L, t = 1,021). Berechnen Sie den Massenanteil w(KOH) der Probe.
7. Bei der katalytischen Ammoniak-Verbrennung wird nach Aufoxidation und anschließende Absorption des entstandenen Stickstoff(IV)-oxids in Wasser Salpetersäure erhalten. Die Massenkon-zentration β(HNO_3) dieser Säure ist aus den folgenden Messwerten zu bestimmen: 20,0 mL der Säure werden auf 500 mL verdünnt, 25,0 mL der Verdünnung verbrauchen 22,50 mL Natronlauge-Maßlösung, $\tilde{c}$ (NaOH) = 0,5 mol/L, t = 0,988.
8. Dünnsäure wird durch Destillation aufkonzentriert. 7,894 g des Konzentrats werden auf 500 mL verdünnt. 50,0 mL der Verdünnung verbrauchen 16,80 mL Natronlauge-Maßlösung, ($\tilde{c}$ NaOH) = 0,5 mol/L, t = 1,012. Welchen Massenanteil w(H_2SO_4) hat die konzentrierte Säure?
9. 50,0 mL Abfall-Salzsäure verbrauchen zur Neutralisation 16,80 mL Natronlauge-Maßlösung, $\tilde{c}$ (NaOH) = 0,1 mol/L, t = 1,0374. Wie viel Kilogramm HCl sind in 650 m^3 Abfallsäure gelöst?

6.2.6 Redox-Titrationen (Oxidimetrie)

Bei Redox-Titrationen findet zwischen den Reaktionspartnern ein Elektronenaustausch statt (siehe Kapitel 4.9.5, Seite 127 ff.). Redox-Titrationen sind maßanalytische Verfahren, bei denen der zu bestimmende Stoff oxidiert oder reduziert wird. Geeignete Maßlösungen für Redox-Titrationen enthalten starke Oxidations- oder Reduktionsmittel.

- Ein **Oxidationsmittel** ist ein *Elektronennehmer*, es wird selbst *reduziert*.
- Ein **Reduktionsmittel** ist ein *Elektronenspender*, es wird selbst *oxidiert*.

Der Äquivalenzpunkt wird bei einer Redox-Titration durch Redox-Indikatoren oder durch Eigenverfärbung sichtbar. Er kann aber auch durch geeignete physikalische Messmethoden (z. B. Potentialdifferenz) ermittelt werden. Die oxidimetrischen Verfahren werden nach der Art der verwendeten Maßlösung bezeichnet **(Tabelle 185/1)**.

Tabelle 185/1: Übersicht ausgewählter oxidimetrischer Verfahren

Bezeichnung des Verfahrens	Bestandteil der Maßlösung	Redoxpaar der Maßlösung, Oxidationsmittel	Redoxpaar der Probe, Reduktionsmittel
Manganometrie	$KMnO_4$	$MnO_4^- + 8\,H^+ + 5\,e \rightarrow Mn^{2+} + 4\,H_2O$	$Fe^{2+} \rightarrow Fe^{3+} + 1\,e$ $C_2O_4^{2-} \rightarrow 2\,CO_2 + 2\,e$
Iodometrie	$I_2 \cdot KI$	$I_2^0 + 2\,e \rightarrow 2\,I^-$	$Sn^{2+} \rightarrow Sn^{4+} + 2\,e$ $2\,S_2O_3^{2-} \rightarrow S_4O_6^{2-} + 2\,e$
Chromatometrie	$K_2Cr_2O_7$	$Cr_2O_7^{2-} + 14\,H^+ + 6\,e \rightarrow 2\,Cr^{3+} + 4\,H_2O$	$2\,I^- \rightarrow I_2^0 + 2\,e$
Cerimetrie	$Ce(SO_4)_2$	$Ce^{4+} + e \rightarrow Ce^{3+}$	$Fe^{2+} \rightarrow Fe^{3+} + 1\,e$

Grundlage der Berechnung einer Redox-Titration ist die Kenntnis der Reaktionsgleichung der jeweiligen Umsetzung. Die Reaktionsgleichung wird zweckmäßigerweise mit Hilfe der Oxidationszahlen über die Elektronenbilanz (Seite 127) aufgestellt. Aus der Reaktionsgleichung ergibt sich die Stoffmengenrelation, in welcher die Maßlösung und die gesuchte Substanz miteinander reagieren. Die Anzahl der ausgetauschten wirksamen Teilchen z^* ergibt sich bei Redox-Titrationen aus der Anzahl ausgetauschter Elektronen pro Formelumsatz. Wie bei den Neutralisations-Titrationen können auch hier die Äquivalentmassen aus Tabellenwerken entnommen werden.

Manganometrische Titrationen (Manganometrie)

Bei manganometrischen Bestimmungen wird das Oxidationsvermögen des Permanganat-Ions MnO_4^- aus gelöstem Kaliumpermanganat $KMnO_4$ genutzt. Die Titrationen mit Kaliumpermanganat-Maßlösungen werden überwiegend im sauren Milieu durchgeführt, weil hier das Oxidationsvermögen des Permanganat-Ions verstärkt wird. Die violette MnO_4^--Lösung wird dabei zur farblosen Mn^{2+}-Lösung reduziert:

$$MnO_4^- + 8\,H^+ + 5\,e \longrightarrow Mn^{2+} + 4\,H_2O$$

Als Maßlösung wird vorwiegend eine Kaliumpermanganat-Lösung der Äquivalentkonzentration $c(\frac{1}{5}\,KMnO_4) = 0{,}1$ mol/L bzw. der entsprechenden Stoffmengenkonzentration $c(KMnO_4) = 0{,}02$ mol/L verwendet. Man säuert mit Schwefelsäure an, da andere Säuren oxidierbare Bestandteile enthalten.

Beispiel 1: Zur Bestimmung des Gehalts an Eisen(II)-Ionen werden 25 mL Probelösung einpipettiert, mit Schwefelsäure angesäuert und mit $KMnO_4$-Maßlösung, $\tilde{c}(KMnO_4) = 0{,}02$ mol/L, $t = 1{,}065$, titriert. Der mittlere Verbrauch beträgt 12,75 mL. Wie viel g/L Eisen-Ionen Fe^{2+} enthält die Probe?

Lösung: Reaktionsgleichung in Ionenschreibweise: $\overset{+VII}{Mn}O_4^- + 8\,H^+ + 5\,\overset{+II}{Fe}{}^{2+} \longrightarrow \overset{+II}{Mn}{}^{2+} + 5\,\overset{+III}{Fe}{}^{3+} + 4\,H_2O$

1 mol MnO_4^- reagiert mit 5 mol Fe^{2+}. Das bedeutet mit der Stoffmengenkonzentration der Maßlösung:

$\Rightarrow \frac{1\,\text{mol}}{50} = 0{,}02\,\text{mol}\,MnO_4^-$ reagiert mit $\frac{5\,\text{mol}}{50} = 0{,}1\,\text{mol}\,Fe^{2+}$, das sind 5,5847 g Fe.

1 mL Maßlösung $\tilde{c}(KMnO_4) = 0{,}02$ mol/L reagiert mit 5,5847 mg Fe (= Äquivalentmasse)

12,75 mL Maßlösung, $\tilde{c}(KMnO_4) = 0{,}02$ mol/L, $t = 1{,}065$, reagieren mit 5,5847 mg · 12,75 · 1,065 = 75,833 mg Fe^{2+}, die in 25 mL Probelösung enthalten sind.

In 25 mL Probelösung sind 75,833 mg Fe^{2+}
In 1000 mL Probelösung sind x mg Fe^{2+}

$$x = \frac{75{,}833\,\text{mg} \cdot 1000\,\text{mL}}{25\,\text{mL}} = 3033{,}33\,\text{mg/L}$$

$\beta(Fe^{2+}) \approx$ **3,03 g/L**

Lösung: Alternativer Lösungsweg mit der Äquivalentmasse aus **Tabelle 186/1** und mittels Größengleichung.

$\ddot{A}(Fe^{2+}) = 5{,}5847$ mg/mL

$$\beta(Fe^{2+}) = \ddot{A}(Fe^{2+}) \cdot V(KMnO_4) \cdot t \cdot \frac{V(\text{Stamm})}{V(\text{aliquot}) \cdot V(\text{Probe})}$$

$$\beta(Fe^{2+}) = 5{,}5847 \text{ mg/mL} \cdot 12{,}75 \text{ mL} \cdot 1{,}065 \cdot \frac{1000 \text{ mL}}{25 \text{ mL}}$$

$$\boldsymbol{\beta(Fe^{2+})} = 3033{,}33 \text{ mg/L} \approx \mathbf{3{,}03\ g/L}$$

Tabelle 186/1: Äquivalentmassen bei der Manganometrie

Maßlösung: $c(KMnO_4) = 0{,}02$ mol/L oder $c(\frac{1}{5} KMnO_4) = 0{,}1$ mol/L

Zu bestimmen	Ä in mg/mL
$Fe^{2+/3+}$	5,5847
$FeSO_4 \cdot 7\,H_2O$	27,8018
H_2O_2	1,7007
NO_2^-	2,3003
$NaNO_2$	3,4498
HCOOH	2,3013
$(COOH)_2$	4,5018
$(COOH)_2 \cdot 2\,H_2O$	6,3033

Beispiel 2: Zur Bestimmung des Gehalts an Natriumnitrit beträgt die Einwaage an Salz 0,7535 g. Nach Lösen in Wasser und Verdünnung auf 250 mL werden 25 mL der Verdünnung mit Schwefelsäure angesäuert und mit $KMnO_4$-Maßlösung, $\tilde{c}(\frac{1}{5} KMnO_4) = 0{,}1$ mol/L, $t = 0{,}998$, titriert. Der mittlere Verbrauch wird mit 17,4 mL bestimmt. Welchen Massenanteil $w(NaNO_2)$ hat das Salz?

Lösung: $c(KMnO_4) = \frac{1}{5} \cdot 0{,}1$ mol/L $= 0{,}02$ mol/L, $M(NaNO_2) = 68{,}9953$ g/mol

Ionengleichung: $2\,MnO_4^- + 5\,NO_2^- + 6\,H^+ \longrightarrow 2\,Mn^{2+} + 5\,NO_3^- + 3\,H_2O$

2 mol MnO_4^- reagieren mit 5 mol $NaNO_2$, das sind 5 mol · 68,9953 g/mol = 344,98 g $NaNO_2$.

Daraus ergibt sich die Äquivalentmasse (siehe auch Tabelle 186/1): $\ddot{A}(NaNO_2) = 3{,}4498$ mg/mL

$$w(NaNO_2) = \ddot{A}(NaNO_2) \cdot V(KMnO_4) \cdot t \cdot \frac{V(\text{Stamm})}{V(\text{aliquot}) \cdot m(\text{Probe})}$$

$$\mathbf{w(NaNO_2)} = 3{,}4498 \text{ mg/L} \cdot 17{,}4 \text{ mL} \cdot 0{,}998 \cdot \frac{250 \text{ mL}}{25 \text{ mL} \cdot 753{,}5 \text{ mg}} = 0{,}79504 \approx \mathbf{79{,}50\,\%}$$

Iodometrische Titrationen (Iodometrie)

Die iodometrischen Bestimmungen sind durch die Reaktion zwischen Iod und Iodid-Ionen gekennzeichnet:

$$\underset{\text{bräunlich}}{I_2^0} + 2\,e \rightleftharpoons \underset{\text{farblos}}{2\,I^-}$$

Elementares Iod wird reduziert, Iodid-Ionen werden oxidiert. Es sind daher grundsätzlich zwei Bestimmungsmethoden möglich:

- Reaktionen mit *Reduktionsmitteln:* z. B. $Sn^{2+} + I_2^0 \longrightarrow Sn^{4+} + 2\,I^-$
- Reaktionen mit *Oxidationsmitteln:* z. B. $H_2O_2 + 2\,I^- + 2\,H^+ \longrightarrow I_2^0 + 2\,H_2O$

Reduktionsmittel können *direkt* mit einer Iod-Maßlösung titriert werden. Als Indikator dient Stärkelösung, die sich bei Anwesenheit von elementarem Iod *blau* färbt und dadurch den Endpunkt der Titration anzeigt.

Oxidationsmitteln wird angesäuerte Kaliumiodid-Lösung KI im Überschuss zugesetzt. Sie scheiden durch Oxidation von Iodid I^--freies Iod I_2^0 aus: $2\,I^- \longrightarrow I_2^0 + 2\,e$

Das freie Iod wird mit Natriumthiosulfat-Maßlösung $Na_2S_2O_3$ titriert: $2\,S_2O_3^{2-} + I_2^0 \longrightarrow S_4O_6^{2-} + 2\,I^-$

Als Indikator dient Stärke-Lösung, die beim Endpunkt der Titration *entfärbt* wird.

Beispiel 1: 3,700 g H_2O_2-Lösung werden auf 100 mL verdünnt, 25 mL der Verdünnung mit KI-Lösung im Überschuss versetzt. Das ausgeschiedene Iod verbraucht 16,80 mL Natriumthiosulfat-Maßlösung $c(Na_2S_2O_3) = 0{,}1$ mol/L. Welchen Massenanteil $w(H_2O_2)$ hat die Lösung?

Reaktionsgleichung: $H_2O_2 + 2\,I^- + 2\,H^+ \longrightarrow I_2^0 + 2\,H_2O$

Lösung: 2 mol $S_2O_3^{2-}$ reagieren mit 1 mol I_2 zu 2 mol I^-, die mit 1 mol H_2O_2 reagieren.

0,1 mol verbrauchtes $S_2O_3^{2-}$ zeigt demnach 0,05 mol H_2O_2 an, das sind 1,7007 g H_2O_2.

Daraus ergibt sich die Äquivalentmasse (siehe auch **Tabelle 186/1**): $\ddot{A}(H_2O_2) = 1{,}7007$ mg/mL

$$w(H_2O_2) = \ddot{A}(H_2O_2) \cdot V(Na_2S_2O_3) \cdot t \cdot \frac{V(\text{Stamm})}{V(\text{aliquot}) \cdot m(\text{Probe})}$$

$$\mathbf{w(H_2O_2)} = 1{,}7007 \text{ mg/mL} \cdot 16{,}80 \text{ mL} \cdot 1 \cdot \frac{100 \text{ mL}}{25 \text{ mL} \cdot 3700 \text{ mg}} = 0{,}030888 \approx \mathbf{3{,}09\,\%}$$

Beispiel 2: Eine Wasserprobe soll durch iodometrische Titration auf den Gehalt an gelöstem Chlor untersucht werden. 14,250 g chlorhaltiges Wasser werden verdünnt und mit Kaliumiodid-Lösung im Überschuss versetzt. Elementares Iod entsteht durch die Reaktion:

$$Cl_2 + 2\,I^- \longrightarrow 2\,Cl^- + I_2$$

Das ausgeschiedene Iod verbraucht im Mittel 18,45 mL Natriumthiosulfat-Maßlösung mit $\tilde{c}$ ($Na_2S_2O_3$) = 0,1 mol/L, t = 1,004.

Berechnen Sie, ob der erlaubte Grenzwert $w(Cl_2)$ = 0,5 % überschritten wird.

Lösung: 2 mol $S_2O_3^{2-}$ reagieren mit 1 mol I_2 zu 2 mol I^-, die mit 1 mol Cl_2 reagieren. $M(Cl_2)$ = 70,9054 g/mol.

0,1 mol verbrauchtes $S_2O_3^{2-}$ zeigt 0,05 mol Cl_2 an, das sind 0,05 mol · 70,9054 g/mol = 3,5453 g Cl_2. Daraus ergibt sich die Äquivalentmasse (siehe **Tabelle 187/1**):

$\ddot{A}(Cl_2)$ = 3,5453 mg/mL

$$w(Cl_2) = \ddot{A}(Cl_2) \cdot V(Na_2S_2O_3) \cdot t \cdot \frac{V(\text{Stamm})}{V(\text{aliquot}) \cdot m(\text{Probe})}$$

$$\mathbf{w(Cl_2)} = 3{,}5453\ \text{mg/mL} \cdot 18{,}45\ \text{mL} \cdot 1{,}004 \cdot \frac{1}{14\,250\ \text{mg}} = 0{,}0046086 \approx \mathbf{0{,}46\,\%}$$

Der Grenzwert ist nicht erreicht.

Tabelle 187/1: Äquivalentmassen bei der Iodometrie

Maßlösung: $c(Na_2S_2O_3)$ = 0,1 mol/L oder $c(I_2)$ = 0,05 mol/L oder $c(\frac{1}{2}I_2)$ = 0,1 mol/L

Zu bestimmen	$\ddot{A}$ in mg/mL
Cl_2	3,5453
Cr^{3+}	1,7332
$Cr_2O_7^{2-}$	3,5998
$Cu^{2+/1+}$	6,3546
H_2O_2	1,7007
SO_3^{2-}	4,0032
H_2SO_3	4,1040
SO_2	3,2029

Aufgaben zu 6.2.6 Redox-Titrationen

1. Zur Titerbestimmung einer Kaliumpermanganat-Maßlösung, $\tilde{c}$ ($KMnO_4$) = 0,02 mol/L, mit Oxalsäure-2-hydrat werden 132,5 mg $(COOH)_2 \cdot 2\,H_2O$ eingewogen, in 200 mL Wasser gelöst und mit 10,0 mL konzentrierter Schwefelsäure versetzt. Es werden 19,4 mL der Maßlösung verbraucht. Welchen Titer hat die Lösung?

2. 25,0 mL Abwasserprobe verbrauchen bei der manganometrischen Bestimmung von Nitrit-Ionen NO_2^- 30,15 mL Kaliumpermanganat-Maßlösung, $\tilde{c}$ ($KMnO_4$) = 0,02 mol/L, t = 1,029. Welche Massenkonzentration $\beta(NO_2^-)$ hat das Abwasser?

3. 752,4 mg Roheisenprobe werden in Schwefelsäure gelöst und mit demin. Wasser zu 250 mL aufgefüllt. 50,0 mL der Verdünnung werden mit Kaliumpermanganat-Maßlösung $\tilde{c}$ ($KMnO_4$) = 0,02 mol/L (t = 1,025) titriert. Der mittlere Verbrauch beträgt 25,70 mL. Welchen Massenanteil w(Fe) hat die Roheisenprobe?

4. 4,7683 g Ameisensäure-Lösung HCOOH werden zu 500 mL verdünnt. 50,0 mL der Verdünnung verbrauchen bei 3 Bestimmungen 24,50 mL, 24,55 mL und 24,50 mL Kaliumpermanganat-Maßlösung, $\tilde{c}$ ($\frac{1}{5}KMnO_4$) = 0,1 mol/L, t = 1,089. Welchen Massenanteil w(HCOOH) hat die Säure?

5. Von 10,5798 g Wasserstoffperoxid-Lösung ist manganometrisch der Massenanteil $w(H_2O_2)$ zu bestimmen. Die eingewogene Stoffportion wird auf 250 mL verdünnt und 25,0 mL der Verdünnung in schwefelsaurer Lösung mit 23,2 mL Kaliumpermanganat-Maßlösung $\tilde{c}$ ($KMnO_4$) = 0,02 mol/L (t = 0,985) titriert.

6. 5,9473 g wässrige Schwefeldioxid-Lösung SO_2 verbrauchen im Mittel 19,1 mL Maßlösung $\tilde{c}$ ($\frac{1}{2}I_2$) = 0,1 mol/L, t = 1,025. Berechnen Sie den Massenanteil $w(SO_2)$ der Lösung.

7. 50,0 mL Kupfersulfat-Lösung $CuSO_4$ werden im Überschuss mit Kaliumiodid-Lösung versetzt. Das ausgeschiedene Iod verbraucht 28,35 mL Natriumthiosulfat-Maßlösung, $\tilde{c}$ ($Na_2S_2O_3$) = 0,1 mol/L, t = 1,105. Welche Massenkonzentration $\beta(CuSO_4)$ hat die Lösung?

8. 50,0 mL Lösung werden zur iodometrischen Bestimmung des Gehalts an Kaliumdichromat $K_2Cr_2O_7$ auf 250 mL verdünnt. 20,0 mL der Verdünnung wird Kaliumiodid im Überschuss zugesetzt. Das ausgeschiedene Iod verbraucht 18,85 mL Natriumthiosulfat-Maßlösung, $\tilde{c}$ ($Na_2S_2O_3$) = 0,1 mol/L, t = 0,989. Wie viel g/L gelöstes $K_2Cr_2O_7$ enthält die Ausgangslösung?

6.2.7 Fällungs-Titrationen

Tabelle 188/1: Äquivalentmassen bei der Argentometrie	
Maßlösung: $c(AgNO_3)$ = 0,1 mol/L	
Zu bestimmen	**Ä in mg/mL**
Br^-	7,9904
KBr	11,901
Cl^-	3,5453
$CaCl_2$	5,5493
KCl	7,4551
NaCl	5,8443
NH_4Cl	5,3491
I^-	12,6904
KSCN	9,7182

Bei Fällungs-Titrationen wird die zu bestimmende Substanz als schwer löslicher Niederschlag ausgefällt. Es wird so lange Maßlösung zugegeben, bis eine vollständige Fällung erreicht ist. Der Endpunkt ist bei vielen Fällungs-Titrationen nur schwer zu erkennen. Er kann durch Zugabe einiger Tropfen einer charakteristischen Salzlösung sichtbar gemacht werden, die mit einem Überschuss an Maßlösung eine typische Färbung erzeugt. Bei Silbernitrat-Maßlösungen ist dies beispielsweise mit Kaliumchromat K_2CrO_4 möglich, das mit einem Überschuss an Silberionen rotbraunes Silberchromat Ag_2CrO_4 entstehen lässt (Bestimmung nach Mohr). Der Äquivalenzpunkt kann aber auch durch geeignete Messmethoden (z. B. Potentialdifferenz, Leitfähigkeit) bestimmt werden.

Argentometrische Titrationen beruhen auf der Schwerlöslichkeit der Silberhalogenide und des Silberthiocyanats. Sie werden mit Maßlösungen von Silbernitrat durchgeführt:

$$Ag^+ + Hal^- \longrightarrow AgHal_{(s)} \qquad Ag^+ + (SCN)^- \longrightarrow AgSCN_{(s)}$$

Die Äquivalentmassen bei argentometrischen Titrationen zeigt **Tabelle 188/1**.

Beispiel 1: 0,1835 g technisches Natriumchlorid werden in Wasser gelöst und nach Zusatz von K_2CrO_4 als Indikator nach Mohr mit Silbernitrat-Maßlösung $\tilde{c}(AgNO_3)$ = 0,1 mol/L (t = 1,0012) titriert. Der Verbrauch beträgt 31,3 mL. Welchen Massenanteil w(NaCl) hat die Probe? M(NaCl) = 58,443 g/mol

Lösung: Reaktionsgleichung: $AgNO_3 + NaCl \longrightarrow AgCl\downarrow + NaNO_3$

1 mol Ag^+ reagiert mit 1 mol NaCl, darin sind 58,443 g NaCl enthalten

0,1 mol reagiert mit 0,1 mol NaCl, darin sind 5,8443 g NaCl enthalten ⇒ **Ä(NaCl) = 5,8443 mg/mL**

$$w(\text{NaCl}) = \ddot{A}(\text{NaCl}) \cdot V(\text{AgNO}_3) \cdot t \cdot \frac{1}{m(\text{Probe})} = 5{,}8443\ \text{mg/mL} \cdot 31{,}3\ \text{mL} \cdot 1{,}0012 \cdot \frac{1}{183{,}5\ \text{mg}}$$

w(NaCl) = 0,99807 ≈ **99,81 %**

Beispiel 2: Natriumchlorid-Sole wird bei der Alkalichlorid-Elektrolyse zur Gewinnung von Chlor, Natronlauge und Wasserstoff eingesetzt. Die Massenkonzentration an Kochsalz wird in der Einsatzsole und in der Dünnsole argentometrisch bestimmt. Dazu werden jeweils 20,0 mL der Ausgangssolen auf 1000 mL verdünnt und 20,0 mL der Verdünnungen nach Mohr mit Silbernitrat Maßlösung $\tilde{c}(AgNO_3)$ = 0,1 mol/L, t = 1,0015, titriert.

Verbrauchswerte: 21,20 mL Maßlösung bei der Einsatzsole
12,50 mL Maßlösung bei der Dünnsole

Berechnen Sie die Massenkonzentration β(NaCl) beider Solen in Gramm pro Liter.

Lösung: Mit $\ddot{A}(\text{NaCl}) = 5{,}8443 \frac{\text{mg}}{\text{mL}}$ und $\beta(\text{NaCl}) = \ddot{A}(\text{NaCl}) \cdot V(\text{AgNO}_3) \cdot t \cdot \frac{V(\text{Stamm})}{V(\text{aliquot}) \cdot V(\text{Probe})}$ ergibt sich

$$\boldsymbol{\beta}(\textbf{NaCl, Einsatzs.}) = 5{,}8443\text{mg/mL} \cdot 21{,}20\text{mL} \cdot 1{,}0015 \cdot \frac{1000\text{mL}}{20{,}0\text{mL} \cdot 20{,}0\text{mL}} = 310{,}2125\text{mg/mL} \approx \textbf{310 g/L}$$

$$\boldsymbol{\beta}(\textbf{NaCl, Dünns.}) = 5{,}8443\text{mg/mL} \cdot 12{,}50\text{mL} \cdot 1{,}0015 \cdot \frac{1000\text{mL}}{20{,}0\text{mL} \cdot 20{,}0\text{mL}} = 182{,}90833\text{mg/mL} \approx \textbf{183 g/L}$$

Aufgaben zu 6.2.7 Fällungs-Titrationen

1. Zur Titerbestimmung einer Silbernitrat-Maßlösung ($\tilde{c}(AgNO_3)$ = 0,1 mol/L) werden 182,5 mg NaCl p.a. als Urtiter eingewogen und gelöst. Nach Zugabe von 5 Tropfen Kaliumchromatlösung wird mit 31,5 mL Maßlösung bis zum Farbumschlag von Hellgelb bis Rotbraun titriert. Wie groß ist der Titer?
2. 0,8808 g technisches Bromid werden gelöst und zu 250 mL verdünnt. 100,0 mL der Verdünnung verbrauchen 25,8 mL Silbernitrat-Maßlösung, $c(AgNO_3)$ = 0,1 mol/L. Welchen Massenanteil $w(Br^-)$ hat die Ausgangssubstanz?
3. 10,0 mL Kochsalz-Lösung (ϱ = 1,0177 g/cm³) werden auf 500 mL verdünnt. 25,0 mL der Verdünnung verbrauchen bei der Titration 24,45 mL Silbernitrat-Maßlösung $\tilde{c}(AgNO_3)$ = 0,01 mol/L, t = 0,978. Berechnen Sie die Massenkonzentration $\beta(Cl^-)$ und den Massenanteil w(NaCl) der Ausgangslösung.

6.2.8 Komplexometrische Titrationen (Chelatometrie)

Komplexe sind Verbindungen, die durch Zusammenlagern von einfachen, unabhängig voneinander existenzfähigen Molekülen oder Ionen entstehen.

Beispiel: **Tetraammin-Kupfer(II)-Komplex (Bild 189/1)**
Reaktionsgleichung: $Cu^{2+} + 4\ NH_3 \rightleftharpoons [Cu(NH_3)_4]^{2+}$

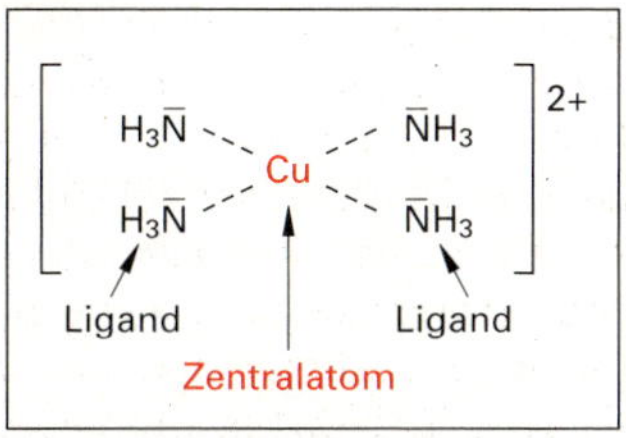

Bild 189/1: Tetraammin-Kupfer(II)-Komplex

In der **Komplexometrie** werden die zu bestimmenden Metallionen mit einem meist organischen Komplexbildner in einen *stabilen* Komplex, ein **Chelat**, überführt. Die Komplexometrie wird deshalb auch **Chelatometrie** genannt.

Zur Bestimmung des Endpunktes einer komplexometrischen Titration werden Indikatoren eingesetzt, die mit den zu bestimmenden Metallionen farbige Komplexe bilden. Der Metall-Indikator-Komplex ist anders gefärbt als der Indikator selbst.

In der Praxis wird bei komplexometrischen Titrationen am häufigsten das Dinatriumsalz der Ethylendiamintetraethansäure, abgekürzt **EDTA**, in Form des Dihydrats als Komplexbildner eingesetzt.

Zusammensetzung und Struktur von Dinatrium-**E**thylen-**d**iamin**t**etra**a**cetat-2-hydrat:

$C_{10}H_{14}N_2Na_2O_8 \cdot 2\ H_2O$

Kurzschreibweise: $Na_2[H_2Y] \cdot 2\ H_2O$
(Y steht für den organischen Teil)

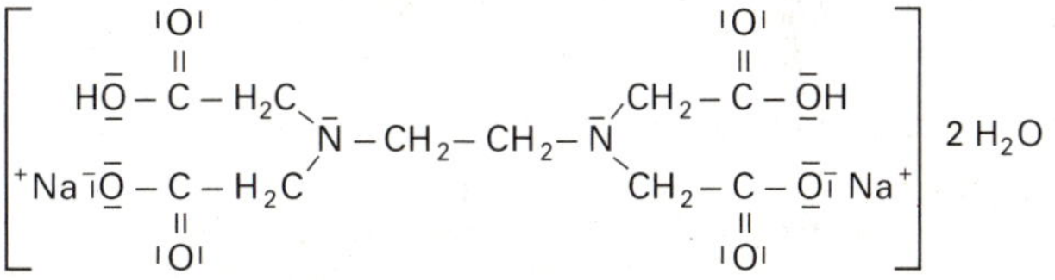

In wässriger Lösung dissoziiert EDTA: $Na_2[H_2Y] \cdot 2\ H_2O \rightleftharpoons 2\ Na^+ + [H_2Y]^{2-} + 2\ H_2O$

In Reaktionsgleichnungen verwendet man für EDTA die Kurzschreibweise H_2Y^{2-}.

EDTA bindet Metall-Kationen stets im Stoffmengenverhältnis 1 : 1, *unabhängig* von deren Ionenladung. Im Handel werden EDTA und ihre Abkömmlinge unter den Namen Komplexon®, Idranal® und Titriplex® geführt.

Die Reaktion eines Metall-Kations mit EDTA (H_2Y^{2-}) in Anwesenheit eines Indikators (Ind) lässt sich am Beispiel des Calcium-Ions in Kurzform wie folgt darstellen:

$$\underbrace{Ca^{2+} \cdot Ind}_{\text{roter Komplex}} + \underbrace{H_2Y^{2-}}_{\text{EDTA}} \longrightarrow [Ca^{2+} \cdot Y]^{2-} + \underbrace{Ind}_{\text{grüner Komplex}} + 2\ H^+$$

Die Stabilität vieler Metall-Ionen-Indikator-Komplexe ist vom pH-Wert der Lösung abhängig. Um einen scharfen Farbumschlag am Äquivalenzpunkt zu erhalten, muss die Lösung während der Titration gepuffert werden. Aus der Reaktionsgleichung ist die Abspaltung von zwei H^+-Ionen ersichtlich, ohne Pufferung würde der pH-Wert mit fortschreitendem Titrationsverlauf sinken.

Komplexometrische Bestimmungen von Kationen und Anionen können als Direkt-Titration durchgeführt werden, wenn geeignete Indikatoren vorliegen. Häufig ist jedoch die Bestimmung durch indirekte Titration, Rück-Titration oder Substitutions-Titration erforderlich. Liegen mehrere Metall-Kationen nebeneinander vor, können diese mittels Verwendung unterschiedlicher Indikatoren, durch pH-Änderung oder durch Maskierung einzelner Ionen bestimmt werden.

Komplexometrische Bestimmung der Wasserhärte

Die **Gesamthärte** von Wasser wird durch gelöste Erdalkalimetall-Salze verursacht. Die eigentlichen Härtebildner sind die Ionen des Calciums und des Magnesiums Ca^{2+} und Mg^{2+}, die bei Apparaten der Wärmeübertragung, Dampferzeugung und Membran-Technologien zu störenden Ablagerungen führen können. Die Summe der Erdalkalimetall-Ionen wird als *Gesamthärte **GH*** bezeichnet. Die Wasserhärte wird als Stoffmengenkonzentration *c*(Erdalkalimetall-Ionen) in der Einheit mmol/L angegeben.

Beispiel 1: Zur Bestimmung der Gesamthärte einer Wasserprobe werden 50,0 mL Wasser einpipettiert, eine Indikator-Puffertablette zugefügt und nach deren Auflösen 1 mL Ammoniaklösung $w(NH_3)$ = 25 % zugesetzt. Mit 16,3 mL EDTA-Maßlösung ($\tilde{c}$(EDTA) = 0,01 mol/L, t = 1,057) wird bis zum Farbumschlag von Rot nach Grün titriert. Berechnen Sie die Gesamthärte der Wasserprobe.

Lösung: 1 mol EDTA zeigt 1 mol Erdalkalimetall-Ionen an ⇒ 0,01 mol EDTA zeigen 0,01 mol an
1 mL Maßlösung *c* (EDTA) = 0,01 mol/L zeigt 0,01 mmol Erdalkali-Ionen an (= Äquivalentkonzentration)
16,3 mL Maßlösung ($\tilde{c}$ EDTA) = 0,01 mol/L, t = 1,057 reagieren mit
0,01 mmol · 16,3 · 1,057 = 0,172291 mmol Erdalkali-Ionen

50,0 mL enthalten 0,172 292 mmol Erdalkali-Ionen,
1000 mL enthalten x mmol Erdalkali-Ionen

$$x = \frac{0{,}172291\,\text{mmol} \cdot 1000\,\text{mL}}{50{,}0\,\text{mL}} = 3{,}44582\,\text{mmol}$$

***GH* ≈ 3,45 mmol/L**

Bei der Bestimmung der **Gesamthärte** wird bei Einsatz einer Maßlösung *c* (EDTA) = 0,01 mol/L häufig ein Wasser-Probevolumen von 100 mL vorgelegt. Bei diesem Probevolumen zeigt 1 mL der Maßlösung eine Gesamthärte von 0,1 mmol/L Erdalkali-Ionen an.

Beispiel 2: In einer Wasserprobe soll der Gehalt an Ca^{2+}- und Mg^{2+}-Ionen nebeneinander bestimmt werden. Die Probelösung wird zu 250 mL Stammlösung verdünnt. 25,0 mL der Verdünnung werden mit Maßlösung, $\tilde{c}$ (EDTA) = 0,01 mol/L, t = 0,989, titriert. Mit dem Indikator Eriochromschwarz T wird die Summe aller Ca^{2+}- und Mg^{2+}-Ionen erfasst, der Verbrauch beträgt 31,6 mL Maßlösung. Bei einer zweiten Titration mit ebenfalls 25,0 mL Probe werden mit dem Indikator Calconcarbonsäure nur Ca^{2+}-Ionen erfasst, der Verbrauch beträgt 11,15 mL Maßlösung.

Berechnen Sie die Massen an Ca^{2+}- und Mg^{2+}-Ionen in der Ausgangslösung.

Lösung: $V(\text{Ca}) = 11{,}15\,\text{mL}$, $M(\text{Ca}) = 40{,}08\,\text{g/mol}$

$V(\text{Mg}) = 31{,}6\,\text{mL} - 11{,}15\,\text{mL} = 20{,}45\,\text{mL}$, $M(\text{Mg}) = 24{,}305\,\text{g/mol}$

Berechnung der Masse an Calcium-Ionen mit Äquivalentmasse und Größengleichung:

$$m(\text{Ca}^{2+}) = \ddot{A}(\text{Ca}^{2+}) \cdot V(\text{Ca}) \cdot t \cdot \frac{V(\text{Stamm})}{V(\text{aliquot})} = 0{,}4008\,\frac{\text{mg}}{\text{mL}} \cdot 11{,}15\,\text{mL} \cdot 0{,}989 \cdot \frac{250\,\text{mL}}{25{,}0\,\text{mL}} = 44{,}1976\,\text{mg}$$

$m(\text{Ca}^{2+}) \approx 44{,}2$ mg

Berechnung der Masse an Magnesium-Ionen mit Äquivalentmasse und Größengleichung:

$$m(\text{Mg}^{2+}) = \ddot{A}(\text{Mg}^{2+}) \cdot V(\text{Mg}) \cdot t \cdot \frac{V(\text{Stamm})}{V(\text{aliquot})} = 0{,}24305\,\frac{\text{mg}}{\text{mL}} \cdot 20{,}45\,\text{mL} \cdot 0{,}989 \cdot \frac{250\,\text{mL}}{25{,}0\,\text{mL}} = 49{,}1569\,\text{mg}$$

$m(\text{Mg}^{2+}) \approx 49{,}2$ mg

Aufgaben zu 6.2.8 Komplexometrische Titrationen

1. Zur Bestimmung der Gesamthärte von Leitungswasser werden 100 mL Probe eingemessen. Der Verbrauch an Maßlösung *c* (EDTA) = 0,01 mol/L beträgt 10,2 mL. Wie groß ist die Gesamthärte der Wasserprobe? Welchem der 4 Härtebereiche in **Tabelle 190/1** ist das Wasser zuzuordnen?
2. Eine Leitungswasser-Probe hat eine Gesamthärte von 2,35 mmol/L. Wie groß ist der Verbrauch an Maßlösung, *c* (EDTA) = 0,01 mol/L, bei 100 mL vorgelegter Wasserprobe?

Tabelle 190/1: Härtebereiche des Wassers

Härtebereich	Beurteilung	*GH* in mmol/L
1	weich	≤ 1,3
2	mittel	= 1,3 – 2,5
3	hart	= 2,5 – 3,8
4	sehr hart	≥ 3,8

3. 50,0 mL Magnesiumsalz-Lösung werden auf 500 mL verdünnt, 25,0 mL davon mit 15,8 mL EDTA-Maßlösung, *c* (EDTA) = 0,02 mol/L, titriert. Wie groß ist die Massenkonzentration $\beta(Mg^{2+})$?
4. 25,0 mL Nickel(II)-salz-Lösung werden auf 500 mL verdünnt. 50,0 mL der Verdünnung verbrauchen im Mittel 25,14 mL EDTA-Maßlösung, $\tilde{c}$ (EDTA) = 0,01 mol/L, t = 0,963. Berechnen Sie $\beta(Ni^{2+})$.
5. 10,0 mL einer Zinksulfat-Lösung werden zu 500 mL aufgefüllt. 25,0 mL der Verdünnung verbrauchen 24,3 mL EDTA-Maßlösung, *c* (EDTA) = 0,02 mol/L. Wie viel g/L $ZnSO_4$ enthält die Ausgangslösung?

6.2.9 Rücktitrationen

Rücktitrationen werden angewendet, wenn eine direkte Titration der gesuchten Substanz nicht möglich ist, z. B. wegen schlechter Löslichkeit in Wasser. Neutralisations-, Fällungs- und komplexometrische Titrationen können als Rücktitrationen durchgeführt werden. Dabei wird der Probe ein *Überschuss* an Maßlösung zugesetzt. Ein äquivalenter Teil hiervon reagiert mit dem zu bestimmenden Stoff. Der *Überschuss* an Maßlösung wird durch Titration mit einer anderen Maßlösung bestimmt. Aus dem bei der Titration *nicht* verbrauchten Volumen an Maßlösung kann die gesuchte Substanz errechnet werden. In Beispiel 1 sind die Vorgänge bei einer Neutralisations-Rücktitration beschrieben **(Bild 191/1)**.

Beispiel 1:

0,2205 g Kalksteinprobe werden zur Gehaltsbestimmung an Calciumcarbonat mit 50,0 mL Salzsäure-Maßlösung, $c(HCl) = 0{,}1$ mol/L, versetzt. Das entstehende Kohlenstoffdioxid wird nach Beendigung der Reaktion durch Aufkochen ausgetrieben. Die überschüssige **(= nicht verbrauchte)** Salzsäure wird mit 18,5 mL Natronlauge-Maßlösung, $c(NaOH) = 0{,}1$ mol/L, zurücktitriert **(Bild 191/1)**.

Welchen Massenanteil $w(CaCO_3)$ hat der untersuchte Kalkstein?

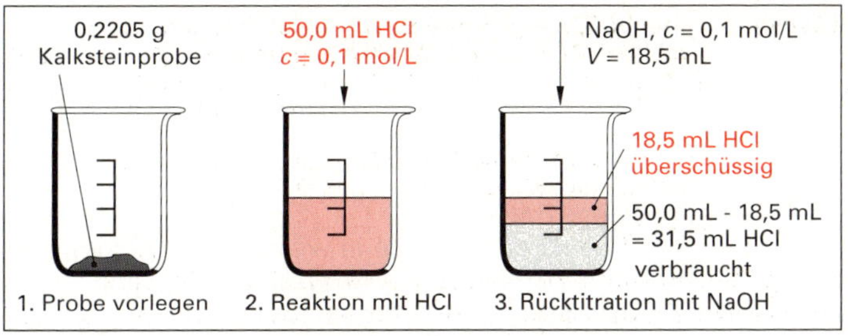

Bild 191/1: Gehaltsbestimmung an Calciumcarbonat durch Rücktitration (Beispiel 1)

Lösung: Reaktionsgleichungen:

$$CaCO_{3(s)} + 2\,HCl_{(aq)} \longrightarrow CaCl_{2(aq)} + CO_{2(g)} + H_2O_{(l)}$$

$$HCl_{(aq)} + NaOH_{(aq)} \longrightarrow NaCl_{(aq)} + H_2O_{(l)}$$

1 mL Maßlösung $c(NaOH) = 0{,}1$ mol/L reagiert mit 1 mL Maßlösung $c(HCl) = 0{,}1$ mol/L

Volumen **verbrauchter** Salzsäure: $V(HCl) = 50{,}0\text{ mL} - 18{,}5\text{ mL} = 31{,}5\text{ mL}$

Maßanalytisches Äquivalent aus Tabelle 182/1: $\ddot{A}(CaCO_3) = 5{,}0045$ mg/mL

$$m(CaCO_3) = \ddot{A}(CaCO_3) \cdot V(HCl) = 5{,}0045\,\frac{\text{mg}}{\text{mL}} \cdot 31{,}5\text{ mL} = 157{,}64175\text{ mg}$$

$$\mathbf{w(CaCO_3)} = \frac{m(CaCO_3)}{m(\text{Kalkstein})} = \frac{0{,}157642\text{ g}}{0{,}2205\text{ g}} = 0{,}71492 \approx \mathbf{71{,}5\,\%}$$

Lösungsweg mit Stoffmengenbilanz und Schlussrechnung:

1 mL Maßlösung $c(NaOH) = 0{,}1$ mol/L reagiert mit 1 mL Maßlösung $c(HCl) = 0{,}1$ mol/L

Volumen **verbrauchter** Salzsäure: $V(HCl) = 50{,}0\text{ mL} - 18{,}5\text{ mL} = 31{,}5\text{ mL}$, $M(CaCO_3) = 100{,}089$ g/mol

2 mol HCl reagieren mit 1 mol $CaCO_3$, das sind 100,089 g $CaCO_3$

1 mL Maßlösung $c(HCl) = 0{,}1$ mol/L reagiert mit 5,0045 mg $CaCO_3$

31,5 mL Maßlösung $c(HCl) = 0{,}1$ mol/L reagieren mit 5,0045 mg · 31,5 = 157,64175 mg $CaCO_3$

0,2205 g Kalkstein enthalten 0,15764 g $CaCO_3$
100 g Kalkstein enthalten x g $CaCO_3$

$$x = \frac{0{,}15764\text{ g} \cdot 100\text{ g}}{0{,}2205\text{ g}} = 71{,}492\text{ g } CaCO_3$$

$\mathbf{w(CaCO_3)} \approx \mathbf{71{,}5\,\%}$

Beispiel 2: Zur Bestimmung des Gehalts an Ni^{2+}-Ionen wird die zu untersuchende Probe mit demin. Wasser zu 250 mL Stammlösung aufgefüllt, 20,0 mL davon mit EDTA-Maßlösung, $c = 0{,}02$ mol/L, versetzt. Die überschüssige EDTA-Maßlösung wird mit 17,2 mL Magnesiumsulfat-Maßlösung, $c(MgSO_4) = 0{,}02$ mol/L, zurücktitriert. Wie viel Milligramm Nickel-Ionen enthält die Ausgangslösung?

Lösung: Volumen an **verbrauchter** EDTA-Maßlösung: $V = 25{,}0\text{ mL} - 17{,}2\text{ mL} = 7{,}8\text{ mL}$, $M(Ni) = 58{,}69$ g/mol

1 mol EDTA reagiert mit 1 mol Nickel, das sind 58,69 g Ni^{2+}

1 mL Maßlösung $c(EDTA) = 0{,}02$ mol/L reagiert mit 0,02 mmol Ni^{2+}, das sind 1,1738 mg Ni^{2+}

7,8 mL Maßlösung $c(EDTA) = 0{,}02$ mol/L reagieren mit 1,1738 mg · 7,8 = 9,15564 mg Ni^{2+}

20,0 mL Verdünnung enthalten 9,15564 mg Ni^{2+}
250 mL Verdünnung enthalten x mg Ni^{2+}

$$x = \frac{9{,}15564\text{ mg} \cdot 250\text{ mL}}{20\text{ mL}} = 114{,}4455\text{ mg } Ni^{2+}$$

$\mathbf{m(Ni^{2+})} \approx \mathbf{114\text{ mg}}$

Aufgaben zu 6.2.9 Rücktitrationen

1. In technischem Natriumfluorid NaF wird der Gehalt an Fluorid-Ionen F^- bestimmt. 124,8 mg Probesubstanz werden dazu in einem PE-Gefäß gelöst und 50 mL Calciumchlorid-Lösung ($c(CaCl_2) = 0{,}05$ mol/L) zupipettiert. Der Calciumfluorid-Niederschlag wird abfiltriert und gewaschen, im Filtrat überschüssige freie Calcium-Ionen mit 24,15 mL EDTA-Maßlösung ($\tilde{c}(EDTA) = 0{,}05$ mol/L, $t = 1{,}015$) titrimetrisch bestimmt. Welcher Massenanteil $w(F^-)$ liegt in der Probe vor?
2. 0,5485 g technische Soda werden in 50 mL Salzsäure ($c(HCl) = 0{,}5$ mol/L) eingetragen, freigesetztes CO_2 durch Erwärmen ausgetrieben. Überschüssige Salzsäure verbraucht bei der Rücktitration 30,3 mL Natronlauge-Maßlösung, $c(NaOH) = 0{,}5$ mol/L. Welchen Massenanteil $w(Na_2CO_3)$ hat die technische Soda?

6.3 Protolyse-Gleichgewichte

Säuren und Basen reagieren durch Wasserstoff-Ionen-Austausch (Protonenaustausch) miteinander (siehe rechts). Dieses Reaktionsprinzip wird als Protolyse-Reaktion bezeichnet.

Viele Säure-Base-Reaktionen finden in wässrigen Lösungen statt und führen zu einem **Protolyse-Gleichgewicht**, dessen Lage je nach Säuren- und Basenstärke sehr unterschiedlich sein kann.

Gleichgewicht einer **Säure** HA in Wasser:

$$\underset{\text{Säure 1}}{HA} + \underset{\text{Base 2}}{H_2O} \rightleftharpoons \underset{\text{Säure 2}}{H_3O^+} + \underset{\text{Base 1}}{A^-}$$

Gleichgewicht einer **Base** B in Wasser:

$$\underset{\text{Base 1}}{B} + \underset{\text{Säure 2}}{H_2O} \rightleftharpoons \underset{\text{Säure 1}}{BH^+} + \underset{\text{Base 2}}{OH^-}$$

Aus diesen Beispielen ist ersichtlich, dass Wasser, je nach Reaktionspartner, als Säure oder als Base reagieren kann. Stoffe, die wie Wasser diese Eigenschaft besitzen, bezeichnet man als **Ampholyte**.

In Wasser und in allen wässrigen Lösungen liegt zwischen Wassermolekülen ein **Eigenprotolyse-Gleichgewicht** vor (auch Autoprotolyse genannt). Dieses Gleichgewicht liegt wegen der geringen Säure- bzw. Basenstärke des Wassers sehr stark auf der Seite der Wassermoleküle: Von 555 000 000 H_2O-Molekülen protolysiert nur *ein* Molekül. In 10 000 t Wasser von 22 °C sind beispielsweise nur je 1 mol H_3O^+-Ionen und OH^--Ionen enthalten.

Vereinfacht ist dieses Gleichgewicht auch als **Dissoziations-Gleichgewicht** darstellbar.

Protolyse-Gleichgewicht des Wassers:

$$\underset{\text{Säure}}{H_2O} + \underset{\text{Base}}{H_2O} \rightleftharpoons \underset{\text{Hydronium-Ion}}{H_3O^+} + \underset{\text{Hydroxid-Ion}}{OH^-}$$

Vereinfachtes **Dissoziations-Gleichgewicht:**

$$H_2O \rightleftharpoons H^+ + OH^-$$

6.3.1 Massenwirkungsgesetz und Ionenprodukt des Wassers

Befindet sich eine chemische Reaktion im Gleichgewichtszustand, so ändern sich die Konzentrationen der Ausgangs- und Endstoffe nicht mehr. Diese Gleichgewichtskonzentrationen stehen in einem rechnerischen Zusammenhang miteinander, dem **Massenwirkungsgesetz** (kurz **MWG**). Es lautet:

> Das Produkt der Konzentrationen der Endstoffe dividiert durch das Produkt der Konzentrationen der Ausgangsstoffe ergibt einen konstanten Faktor, die **Gleichgewichtskonstante K_C**.
> (Temperatur = konstant)

Für eine chemische Reaktion der Form a A + b B $\rightleftharpoons$ c C + d D (a, b, c und d sind die Koeffizienten) lautet das Massenwirkungsgesetz:

$$K_C = \frac{c^c(C) \cdot c^d(D)}{c^a(A) \cdot c^b(B)}$$

Für das Protolyse-Gleichgewicht des Wassers $2\,H_2O \rightleftharpoons H_3O^+ + OH^-$ lautet das Massenwirkungsgesetz:

$$K_C = \frac{c(H_3O^+) \cdot c(OH^-)}{c^2(H_2O)}$$

Die Ionenkonzentrationen des Wassers können z. B. durch Leitfähigkeitsmessungen ermittelt werden: Sie betragen bei 22 °C: $c(H_3O^+) = c(OH^-) = 10^{-7}$ mol/L. Da die Konzentrationen im Vergleich zu der des nicht protolysierten Wassers sehr gering sind, wird die Konzentration des Wassers als nahezu konstant angesehen: $c(H_2O) = 55{,}6$ mol/L. Daher kann $c^2(H_2O)$ mit der Konstanten K_C zu einer neuen Gleichgewichtskonstanten K_W zusammengefasst werden: $K_C \cdot c^2(H_2O) = K_W$.

Das Massenwirkungsgesetz für das Protolyse-Gleichgewicht des Wassers vereinfacht sich damit zum **Ionenprodukt des Wassers K_W**.
Es beträgt bei 22 °C: $K_W\,(22\,°C) = 10^{-7}$ mol/L $\cdot\ 10^{-7}$ mol/L $= 10^{-14}$ (mol/L)^2

$$K_W = c(H_3O^+) \cdot c(OH^-)$$

Das Ionenprodukt des Wassers K_W ist temperaturabhängig. Bei höheren Temperaturen verschiebt sich das Gleichgewicht weiter auf die Seite der Ionen, da die Eigenprotolyse ein endothermer Vorgang ist (z. B. $K_W\,(60\,°C) = 9{,}614 \cdot 10^{-14}$ (mol/L)^2). Bei tieferen Temperaturen verschiebt es sich zur Seite der undissoziierten Wassermoleküle (z. B. $K_W\,(10\,°C) = 0{,}292 \cdot 10^{-14}$ (mol/L)^2). Das Protolyse-Gleichgewicht des Wassers kann auch durch Zugabe von **Säure** oder **Base** verschoben werden. Wird **Säure** zugesetzt, z. B. HCl oder HNO_3, erhöht sich die Konzentration $c(H_3O^+)$. Die Konzentration $c(OH^-)$ muss so stark abnehmen, bis das Produkt beider Konzentrationen wieder den Wert 10^{-14} (mol/L)^2 erreicht. Wird eine **Base** zugesetzt, z. B. NaOH oder NH_3, erhöht sich die Konzentration der Hydroxid-Ionen $c(OH^-)$. Die Konzentration $c(H_3O^+)$ muss so stark abnehmen, bis das Produkt beider Ionen wieder den Wert 10^{-14} (mol/L)^2 erreicht. In beiden Fällen bleibt also das Ionenprodukt des Wassers erhalten, bei 22 °C: $K_W = 10^{-14}$ (mol/L)^2.

6.3.2 pH-Wert

Der **pH-Wert** (lat. **p**otentia **h**ydrogenii = Kraft des Wasserstoffs) ist ein Maß für die Hydronium-Ionen-Konzentration $c(H_3O^+)$ einer wässrigen Lösung. Er kennzeichnet den sauren, den alkalisch/basischen oder den neutralen Charakter einer Lösung.

Der pH-Wert ist definiert als der negative dekadische Logarithmus des Zahlenwertes der Hydronium-Ionen-Konzentration. Seine Einheit ist mol/L.

$$pH = -\lg c(H_3O^+)$$
vereinfacht: $pH = -\lg c(H^+)$

Durch Logarithmieren kann nach der Stoffmengenkonzentration der Hydronium-Ionen $c(H_3O^+)$ umgestellt werden.

$$c(H_3O^+) = 10^{-pH}\ \text{mol/L}$$

Der **pOH-Wert** ist ein Maß für die Hydroxid-Ionen-Konzentration. Er ist definiert als der negative dekadische Logarithmus der Hydroxid-Ionen-Konzentration. Durch Logarithmieren kann nach der Stoffmengenkonzentration der Hydroxid-Ionen $c(OH^-)$ aufgelöst werden.

$$pOH = -\lg c(OH^-)$$
$$c(OH^-) = 10^{-pOH}\ \text{mol/L}$$

Für verdünnte wässrige Lösungen beträgt das Ionenprodukt $K_W = c(H_3O^+) \cdot c(OH^-) = 10^{-14}$. Durch Einsetzen und Logarithmieren wird erhalten:

$$pH + pOH = 14$$

Die pH-Skala ist keine lineare, sondern eine logarithmische Skala: Pro pH-Einheit ändern sich die Konzentrationen $c(H_3O^+)$ und $c(OH^-)$ um den Faktor 10. Saurer Regen mit pH 3,6 ist somit um den Faktor 100 saurer als unbelastetes Regenwasser mit pH 5,6, d. h., die $c(H_3O^+)$ ist in dieser Lösung um den Faktor 100 höher, die $c(OH^-)$ um den Faktor 100 niedriger. Die nachfolgende **pH-Skala** verdeutlicht dies:

bei 22 °C

← **zunehmend sauer** — **neutral** — **zunehmend alkalisch/basisch** →

pH-Wert	0	1	2	3	4	5	6	7	8	9	10	11	12	13	14	
$c(H_3O^+)$:	10^0	10^{-1}	10^{-2}	10^{-3}	10^{-4}	10^{-5}	10^{-6}	10^{-7}	10^{-8}	10^{-9}	10^{-10}	10^{-11}	10^{-12}	10^{-13}	10^{-14}	mol/L
$c(OH^-)$:	10^{-14}	10^{-13}	10^{-12}	10^{-11}	10^{-10}	10^{-9}	10^{-8}	10^{-7}	10^{-6}	10^{-5}	10^{-4}	10^{-3}	10^{-2}	10^{-1}	10^0	mol/L
pOH-Wert	14	13	12	11	10	9	8	7	6	5	4	3	2	1	0	

Beispiel 1: Welchen pH-Wert hat reines Wasser von 22 °C? Welchen chemischen Charakter hat Wasser?

Lösung: $c(H_3O^+) = 10^{-7}$ mol/L, $pH = -\lg c(H_3O^+) = -\lg 10^{-7} = -(-7) = 7$; Wasser hat **pH 7**

Da $c(H_3O^+) = c(OH^-)$, ist Wasser **chemisch neutral**.

Beispiel 2: Welchen pH-Wert hat Salzsäure der Stoffmengenkonzentration $c(HCl) = 0{,}1$ mol/L? Wie groß sind der pOH-Wert und die Konzentration $c(OH^-)$?

Lösung: Da HCl eine starke Säure ist, findet praktisch eine **vollständige** Protolyse der HCl-Moleküle statt:

$c(H_3O^+) = c(HCl) = 0{,}1$ mol/L $= 10^{-1}$ mol/L $\quad pH = -\lg c(H_3O^+) = -\lg 10^{-1} = -(-1) = 1 \quad$ **pH = 1**

pOH = 14 – pH = 14 – 1 = **13** $\Rightarrow$ $\mathbf{c(OH^-)} = 10^{-pOH}$ mol/L = $\mathbf{10^{-13}}$ **mol/L**

Beispiel 3: Welchen pH-Wert hat Natronlauge, $c(NaOH) = 0{,}05$ mol/L? Wie groß ist die Konzentration $c(H_3O^+)$?

Lösung: Da NaOH eine starke Base ist, findet praktisch eine **vollständige** Protolyse statt: NaOH bildet in wässriger Lösung OH^--Ionen. Es ist zweckmäßig, den pH-Wert über den pOH-Wert zu berechnen.

$c(OH^-) = c(NaOH) = 0{,}05$ mol/L $\Rightarrow$ $pOH = -\lg c(OH^-) = -\lg 0{,}05 = -(-1{,}301) = 1{,}301$

pH = 14 – pOH = 14 – 1,30 = 12,70 **pH ≈ 12,7**

$\mathbf{c(H_3O^+)} = 10^{-pH}$ mol/L $= 10^{-12{,}7}$ mol/L $= 1{,}995 \cdot 10^{-13}$ mol/L $\approx$ **2,0 ·** $\mathbf{10^{-13}}$ **mol/L**

Aufgaben zu 6.3.2 pH-Wert (Weitere Aufgaben auf Seite 196)

1. Berechnen Sie den pH-Wert folgender Lösungen (vollständige Protolyse angenommen):
   a) Salpetersäure, $c(HNO_3) = 0{,}25$ mol/L
   b) Natronlauge, $c(NaOH) = 0{,}005$ mol/L
   c) Salzsäure, $c(HCl) = 0{,}002$ mol/L
   d) Kalilauge, $c(KOH) = 0{,}15$ mol/L
2. Welche Konzentrationen $c(H_3O^+)$ und $c(OH^-)$ hat ein Abwasser mit pH 4,85?
3. Berechnen Sie die Konzentrationen $c(H_3O^+)$ und $c(OH^-)$ einer Natronlauge mit pOH 3,5.

6.3.3 Protolysegrad α

Bei den bisher betrachteten Protolysen wurde davon ausgegangen, dass sie vollständig ablaufen. Das Protolysegleichgewicht liegt in diesem Fall ganz auf der Seite der Ionen. Das ist aber nur bei sehr starken Säuren und Basen der Fall. Beim größten Teil der Säuren und Basen liegen protolysierte (dissoziierte) und nichtprotolysierte (undissoziierte) Teilchen nebeneinander vor.

Ein Maß für die Stärke der Protolyse einer Säure oder Base ist der **Protolysegrad** α, auch **Dissoziationsgrad** genannt:

$$\alpha = \frac{\text{Stoffmengenkonzentration protolysierter Ionen}}{\text{Stoffmengenkonzentration der Gesamtteilchen}}$$

$$\boxed{\alpha = \frac{c\,(\text{protolysierte Ionen})}{c_0}}$$

Der Protolysegrad kann Werte zwischen $\alpha = 0$ (keine Protolyse) und $\alpha = 1{,}0$ (vollständige Protolyse) annehmen. Er kann auch als Teile von 100 Teilen in Prozent angegeben werden.

In **Tabelle 194/1** sind die pH-Werte für Salzsäure HCl und Essigsäure CH_3COOH bei unterschiedlichen Konzentrationen gegenübergestellt. Die pH-Werte der Essigsäure und ihr Protolysegrad wurden näherungsweise ermittelt.

Tabelle 194/1: pH-Wert und Protolysegrad

c(Säure) in mol/L:	$0{,}1 = 10^{-1}$	$0{,}01 = 10^{-2}$	$0{,}001 = 10^{-3}$	$0{,}0001 = 10^{-4}$	$0{,}00001 = 10^{-5}$
HCl pH:	1,0	2,0	3,0	4,0	5,0
CH_3COOH pH:	2,88	3,39	3,91	4,47	5,15
Protolysegrad α:	0,0131	0,0408	0,1234	0,339	0,7099

Protolyse von HCl in Wasser:

$$HCl + H_2O \rightleftharpoons H_3O^+ + Cl^-$$

Protolyse von CH_3COOH in Wasser:

$$CH_3COOH + H_2O \rightleftharpoons H_3O^+ + CH_3COO^-$$

Essigsäure c = 0,1 mol/L, 98,7 % undissoziiert — Acetat-Ion, 1,3 % dissoziiert

Bei der *starken* Säure Salzsäure kann von einer vollständigen Protolyse ausgegangen werden: Die Konzentration der Hydronium-Ionen $c(H_3O^+)$ ergibt sich aus der Anfangskonzentration der Säure c(HCl).

Der pH-Wert der *schwachen* Säure Essigsäure ist bei höheren Konzentrationen deutlich größer als das pH der vergleichbaren Salzsäurelösung. Im Gegensatz zur Salzsäure findet zwischen Essigsäure und Wasser nur eine *teilweise* Protolyse statt. Das Gleichgewicht liegt weit auf der Seite der *nichtprotolysierten* Säuremoleküle.

Bei einer Konzentration c(Säure) = 0,1 mol/L sind nur 1,3 % der vorhandenen CH_3COOH-Moleküle an der Protolyse beteiligt. Aus Tabelle 194/1 ist ersichtlich, dass sich bei schwächeren Säurekonzentrationen (stärkerer Verdünnung) die pH-Werte der Salzsäure und der Essigsäure annähern. Ursache ist eine verstärkte Protolyse der Essigsäure bei stärkerer Verdünnung. Das Gleichgewicht verschiebt sich dann weiter zur Seite der Ionen.

Beispiel 1: Welchen pH-Wert hat Essigsäure-Lösung (α = 0,026) der Konzentration $c(CH_3COOH)$ = 0,025 mol/L?

Lösung: $c(H_3O^+) = \alpha \cdot c_0 = 0{,}026 \cdot 0{,}025\ \text{mol/L} = 0{,}00065\ \text{mol/L}$

$\mathbf{pH} = -\lg c(H_3O^+) = -\lg 0{,}00065 = -(-3{,}187) \approx \mathbf{3{,}2}$

Beispiel 2: Eine Ammoniumchlorid-Lösung mit $c(NH_4Cl)$ = 0,1 mol/L hat einen pH 5,12. Welche Konzentration $c(H_3O^+)$ liegt vor, wie groß ist der Protolysegrad α in Prozent?

Lösung: $\mathbf{c(H_3O^+)} = 10^{-pH}\ \text{mol/L} = 10^{-5{,}12}\ \text{mol/L} = 7{,}5858 \cdot 10^{-6}\ \text{mol/L} \approx \mathbf{7{,}6 \cdot 10^{-6}\ mol/L}$

$$\boldsymbol{\alpha} = \frac{c(H_3O^+)}{c_0} = \frac{7{,}5858 \cdot 10^{-6}\ \text{mol/L}}{0{,}1\ \text{mol/L}} = 7{,}5858 \cdot 10^{-5} \approx \mathbf{0{,}0076\,\%}$$

Aufgaben zu 6.3.3 Protolysegrad α (Weitere Aufgaben Seite 196)

1. Berechnen Sie den pH-Wert folgender Lösungen:
   a) Ameisensäure-Lösung, $c(HCOOH)$ = 0,25 mol/L, α = 0,0270
   b) Ammoniak-Lösung, $c(NH_3)$ = 0,5 mol/L, α = 0,0059
2. Eine Essigsäure-Lösung der Konzentration $c(CH_3COOH)$ = 0,05 mol/L hat einen pH-Wert 3,03. Wie groß ist der Protolysegrad der Essigsäure?

6.3.4 Säure- und Basenkonstante

Die Protolysestärke einer Säure oder einer Base wird durch den Protolysegrad α ausgedrückt. Die Lage des Protolysegleichgewichts kann durch die Gleichgewichtskonstante K mit Hilfe des Massenwirkungsgesetzes ermittelt werden.

Gleichgewicht einer **Säure** HA in Wasser:

$$\underset{\text{Säure 1}}{HA} + \underset{\text{Base 2}}{H_2O} \rightleftharpoons \underset{\text{Säure 2}}{H_3O^+} + \underset{\text{Base 1}}{A^-}$$

Gleichgewicht einer **Base** B in Wasser:

$$\underset{\text{Base 1}}{B} + \underset{\text{Säure 2}}{H_2O} \rightleftharpoons \underset{\text{Säure 1}}{BH^+} + \underset{\text{Base 2}}{OH^-}$$

Mit den Gleichgewichtskonzentrationen ergibt sich jeweils die Gleichgewichtskonstante K:

$$K = \frac{c(H_3O^+) \cdot c(A^-)}{c(HA) \cdot c(H_2O)}, \quad c(H_2O) \cdot K = K_S \qquad K = \frac{c(BH^+) \cdot c(OH^-)}{c(B) \cdot c(H_2O)}, \quad c(H_2O) \cdot K = K_B$$

Wie auch beim Ionenprodukt des Wassers, kann die Konzentration des Lösemittels Wasser $c(H_2O)$ gegenüber den Ionenkonzentrationen als konstant angenommen werden und mit der Konstanten K zu einer neuen Konstanten, der Säurekonstanten K_S bzw. der Basenkonstanten K_B zusammengefasst werden:

$$K_S = \frac{c(H_3O^+) \cdot c(A^-)}{c(HA)}$$

$$K_B = \frac{c(HB^+) \cdot c(OH^-)}{c(B)}$$

Eine Säure oder eine Base ist umso *stärker*, je *größer* die Zahlenwerte von K_S und K_B sind. Bei sehr starken Säuren und Basen liegt das Protolysegleichgewicht vollständig auf der Seite der Ionen, K_S und K_B streben gegen ∞.

Üblicherweise wird bei den Säure- und Basenkonstanten der negative dekadische Logarithmus angegeben. Er wird auch als **Säureexponent pK_S**- bzw. **Basenexponent pK_B** bezeichnet:

$$pK_S = -\lg K_S \Rightarrow K_S = 10^{-pK_S}$$

$$pK_B = -\lg K_B \Rightarrow K_B = 10^{-pK_B}$$

Je *kleiner* der pK_S und der pK_B, umso *größer* die Stärke der Säure und Base. In Tabellen zusammengestellte pK_S- und pK_B-Werte charakterisieren die Stärke der Säuren und Basen gegenüber Wasser **(Tabelle 195/1)**.

Wird der Säure- und Basenexponent eines korrespondierenden Säure-Base-Paares addiert, so ergibt sich für die pK_S-und pK_B-Werte:

$$pK_S + pK_B = 14$$

Das Protolysegleichgewicht von Essigsäure und Wasser verdeutlicht diesen Zusammenhang:

$$\underset{pK_{S1} = 4{,}76}{CH_3COOH} + \underset{pK_{B2} = 15{,}74}{H_2O} \rightleftharpoons \underset{pK_{S2} = -1{,}74}{H_3O^+} + \underset{pK_{B1} = 9{,}24}{CH_3COO^-}$$

$$pK_{S1} + pK_{B1} = 4{,}76 + 9{,}24 = 14$$

$$pK_{S2} + pK_{B2} = -1{,}74 + 15{,}74 = 14$$

Mit Hilfe der pK_S- und pK_B-Werte und dem Massenwirkungsgesetz kann für wässrige Lösungen von Säuren und Basen beliebiger Konzentration der pH-Wert errechnet werden. Für schwache Säuren und Basen (pK_S- und pK_B > 4) können die pH-Werte und der Protolysegrad α für die Ausgangskonzentration c_0 durch folgende Näherungsgleichungen mit hinreichender Genauigkeit berechnet werden:

pH-Wert schwacher Säuren:

$$K_S \approx \alpha^2 \cdot c_0 \quad \Rightarrow \quad \alpha \approx \sqrt{\frac{K_S}{c_0}}; \quad pH \approx \frac{pK_S - \lg c\,(\text{Säure})}{2}$$

pH-Wert schwacher Basen:

$$K_B \approx \alpha^2 \cdot c_0 \quad \Rightarrow \quad \alpha \approx \sqrt{\frac{K_B}{c_0}}; \quad pOH \approx \frac{pK_B - \lg c\,(\text{Base})}{2}$$

Beispiel 1: Welchen pH-Wert hat Essigsäure der Konzentration $c(CH_3COOH) = 0{,}05$ mol/L? pK_S = 4,76

Lösung: $pH = \frac{pK_S - \lg c(\text{Säure})}{2} = \frac{4{,}76 - \lg 0{,}05}{2}$

pH = 3,0305 ≈ **3,03**

Tabelle 195/1: pK_S- bzw. pK_B-Werte ausgewählter Säuren und Basen

Säure	Formel	pK_S
Salpetrige Säure	HNO_2	3,34
Ameisensäure	HCOOH	3,74
Essigsäure	CH_3COOH	4,76
Kohlensäure	H_2CO_3	6,52
Schwefelwasserst.	H_2S	6,95
Base	**Formel**	**pK_B**
Phosphat-Ion	PO_4^{3-}	1,68
Carbonat-Ion	CO_3^{2-}	3,6
Ammoniak	NH_3	4,75
Acetat-Ion	CH_3COO^-	9,24

Beispiel 2: Berechnen Sie den pH-Wert einer Natriumacetat-Lösung mit $c(CH_3COONa) = 0{,}1$ mol/L. $pK_B = 9{,}24$.

Lösung: $pOH = \frac{pK_B - \lg c(\text{Base})}{2} = \frac{9{,}24 - \lg 0{,}1}{2} = 5{,}12$; $\mathbf{pH} = 14 - pOH = 14 - 5{,}12 = \mathbf{8{,}88}$

Aufgaben zu 6.3.4 Säure- und Basenkonstante

Berechnen Sie den pH-Wert folgender wässriger Lösungen:

a) Salpetrige Säure, $c(HNO_2) = 0{,}2$ mol/L

b) Essigsäure, $c(CH_3COOH) = 0{,}01$ mol/L

c) Ammoniakwasser, $c(NH_3) = 0{,}5$ mol/L

d) Natriumcarbonat, $c(Na_2CO_3) = 0{,}15$ mol/L

e) Ameisensäure, $c(HCOOH) = 0{,}035$ mol/L

f) Natriumacetat, $c(CH_3COONa) = 0{,}55$ mol/L

Gemischte Aufgaben zu 6.3.2 bis 6.3.4 pH-Wert, Protolysegrad, Säure- und Basenkonstante

1. Berechnen Sie den pH-Wert, den pOH-Wert und die Konzentration an OH^--Ionen folgender starker Säuren (vollständige Protolyse angenommen):

   a) Salzsäure, $c(HCl) = 0{,}015$ mol/L

   b) Salzsäure, $c(HCl) = 1{,}0$ mol/L

   c) Salpetersäure, $c(HNO_3) = 0{,}55$ mol/L

   d) Salpetersäure, $c(HNO_3) = 2{,}5 \cdot 10^{-4}$ mol/L

2. Berechnen Sie den pH-Wert sowie die Konzentration an OH^--Ionen und H_3O^+-Ionen folgender starker Basen (vollständige Protolyse angenommen):

   a) Natronlauge, $c(NaOH) = 0{,}17$ mol/L

   b) Natronlauge, $c(NaOH) = 1{,}0$ mol/L

   c) Kalilauge, $c(KOH) = 0{,}55$ mol/L

   d) Kalilauge, $c(KOH) = 2{,}5 \cdot 10^{-3}$ mol/L

3. Der pH-Wert einer schwach sauren Lösung beträgt 3,7. Welche Konzentrationen an OH^--Ionen und H_3O^+-Ionen liegen vor?

4. Eine Lösung enthält $6{,}7 \cdot 10^{-3}$ mol/L OH^--Ionen. Welchen pOH-Wert und pH-Wert hat die Lösung?

5. Welchen pH-Wert hat Natronlauge, $c(NaOH) = 0{,}112$ mol/L, mit dem Protolysegrad $\alpha = 0{,}840$?

6. Berechnen Sie den pH-Wert einer Kalilauge, $c(KOH) = 0{,}01$ mol/L, die zu 87,0 % dissoziiert vorliegt.

7. Berechnen Sie den pH-Wert einer Monochlorethansäure, $c(CH_2ClCOOH) = 0{,}5$ mol/L, deren Protolysegrad $\alpha = 0{,}052$ beträgt.

8. Welchen Protolysegrad hat eine NaOH-Lösung, $c(NaOH) = 0{,}1$ mol/L, mit pH 12,9?

9. Welche Konzentration $c(CH_3COOH)$ hat eine Essigsäure-Lösung mit pH 3,01 ($\alpha = 0{,}0173$)?

10. Welche Konzentration $c(NH_3)$ besitzt eine Ammoniak-Lösung mit pH 10,97 ($\alpha = 0{,}0188$)?

11. Wie viel kg Essigsäure sind in 5,0 m^3 Essigsäure-Lösung mit pH 3,39 enthalten ($\alpha = 0{,}0408$)?

12. 0,1 mol Natriumacetat CH_3COONa werden im Messkolben mit demin. Wasser auf 1000 mL aufgefüllt. Der pH-Wert der Lösung wird zu pH 8,9 ermittelt. Welchen Protolysegrad hat das Salz?

13. 4500 L Säurelösung enthalten 150 kg salpetrige Säure HNO_2. Welchen pH-Wert hat die Lösung? Der Protolysegrad beträgt $\alpha = 0{,}0264$.

14. 0,9205 g Ameisensäure HCOOH werden im Messkolben mit demin. Wasser auf 2,0 L aufgefüllt. Der Protolysegrad beträgt 0,126. Welchen pH-Wert hat die Lösung?

15. Wie verändert sich der pH-Wert von 5000 L Abwasser mit pH 7,0, wenn darin 250 L verunreinigte Natronlauge, $w(NaOH) = 25{,}1$ %, $\varrho = 1{,}275$ g/cm^3 (vollständige Protolyse), gelöst werden?

16. Es sollen 8,50 m^3 Waschlösung mit pH 4,5 hergestellt werden. Wie viel Milliliter Salzsäure, $w(HCl) = 26{,}2$ %, $\varrho = 1{,}130$ g/cm^3, müssen zugesetzt werden (vollständige Protolyse angenommen)?

17. Welchen pH-Wert und welchen Protolysegrad hat eine Milchsäurelösung, $c(\text{Milchsäure}) = 0{,}10$ mol/L, $pK_S = 3{,}9$?

18. Welchen pH-Wert hat eine Lösung von 10,0 L Ammoniakgas NH_3 von 25 °C und 1025 mbar in 20,0 L Wasser? $pK_B(NH_3) = 4{,}75$ (Volumenänderung unberücksichtigt).

6.4 Potentiometrische Neutralisationstitrationen

Der Endpunkt einer Säure-Base-Titration (Äquivalenzpunkt) kann durch den Farbumschlag von Indikatoren oder durch Messung geeigneter physikalischer Größen ermittelt werden. Dies können die elektrische Leitfähigkeit **(Kapitel 6.5: Konduktometrie)** oder die Potentialdifferenz zwischen zwei Halbelementen (Elektroden) sein **(Potentiometrie)**.

Beide Methoden werden eingesetzt, wenn der Farbumschlag von Indikatoren nicht erkennbar oder die Äquivalenzpunkterkennung erschwert ist. Im Gegensatz zur Indikatormethode, die nur exakt den Äquivalenzpunkt erfasst, erhält man bei der Potentiometrie und der Konduktometrie ein kontinuierliches Bild des Titrationsverlaufes in Form einer grafischen Darstellung. Die elektrochemischen Messmethoden ermöglichen insbesondere die Automatisierung von Titrationsverfahren und tragen dadurch wesentlich zur Überwachung und Steuerung chemischer Prozesse bei.

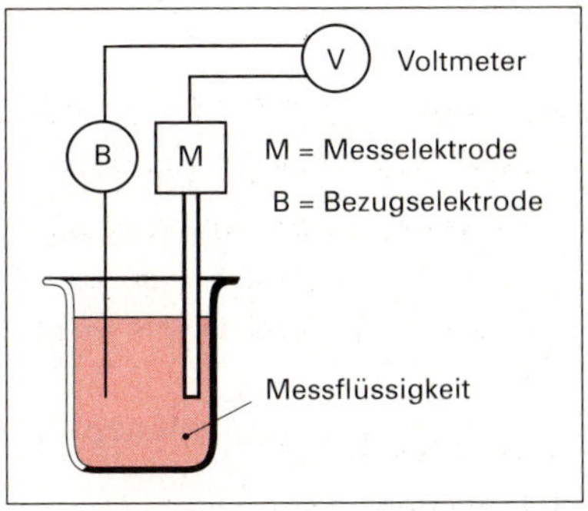

Bild 197/1: Prinzip potentiometrischer Messungen

Die **Potentiometrie** ist eine häufig angewandte elektrochemische Messmethode in der Analytik, dies gilt vor allem für die Messung des pH-Wertes. Die Potentiometrie kann aber unter anderem auch bei Fällungstitrationen und bei Redoxtitrationen eingesetzt werden. Messungen von Potentialdifferenzen werden mit einer Messkette, bestehend aus einer Bezugselektrode (Referenzelektrode) mit festgelegter Spannung und einer Messelektrode (Indikatorelektrode) mit konzentrationsabhängiger Spannung durchgeführt **(Bild 197/1)**.

Messungen von pH-Werten erfolgen üblicherweise mit Einstab-Glaselektroden, die Bezugs- und Messelektrode in einem Messfühler vereinigen **(Bild 197/2)**.

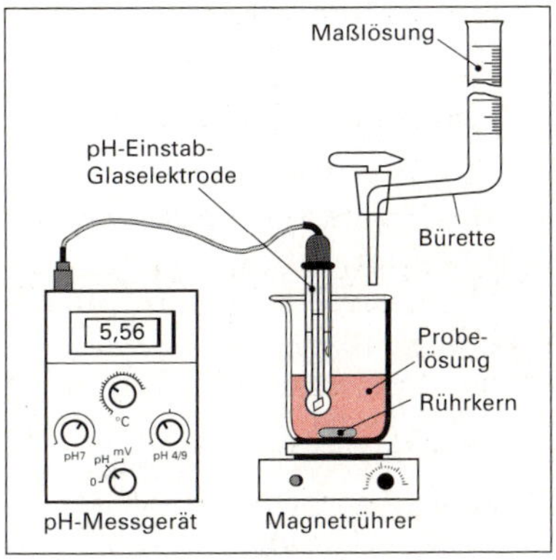

Bild 197/2: pH-Messung bei einer Neutralisations-Titration

Wird bei einer Säure-Base-Titration der Verbrauch der Maßlösung gegen den jeweiligen pH-Wert der Probelösung in ein Koordinatensystem eingetragen, so erhält man eine Titrationskurve. Damit kann der Äquivalenzpunkt ermittelt oder ein geeigneter Indikator ausgewählt werden. Der Äquivalenzpunkt liegt im Wendepunkt der Titrationskurve. Hier hat sie die maximale Steigung.

Die Messreihen der nachfolgenden Titrationsbeispiele wurden mit einem Computerprogramm errechnet und in die abgebildeten Grafiken umgesetzt.

Beispiel 1: Titration einer starken Säure mit starker Base

10 mL Salzsäure der Konzentration *c*(HCl) = 0,1 mol/L werden mit Natronlauge-Maßlösung, *c*(NaOH) = 0,1 mol/L, titriert **(Bild 197/3)**.

Reaktion: $HCl_{(aq)} + NaOH_{(aq)} \longrightarrow NaCl_{(aq)} + H_2O_{(l)}$

Die Titrationskurve beginnt im stark sauren Bereich, da Salzsäure als starke Säure vollständig dissoziiert vorliegt. Der pH-Wert steigt zunächst nur sehr geringfügig, ab pH 3 stärker und in der Nähe des Äquivalenzpunktes sprunghaft an. Nach dem Äquivalenzpunkt ist der pH-Anstieg wieder gering, um schließlich einem Grenzwert entgegenzustreben. Bei der Titration einer starken einprotonigen Säure hat die Lösung im Äquivalenzpunkt einen pH 7, er wird deshalb auch als Neutralpunkt bezeichnet.

Der geringe Anfangs-Anstieg der Titrationskurve erklärt sich aus der logarithmischen Skala des pH-Wertes: Die Konzentration $c(H_3O^+)$ muss auf $^1/_{10}$ der Anfangskonzentration verringert werden, damit das pH vom Anfangswert pH 1 auf pH 2 steigt. Dazu ist ein Zusatz von 9 mL Maßlösung erforderlich (90 % der H_3O^+-Ionen sind neutralisiert).

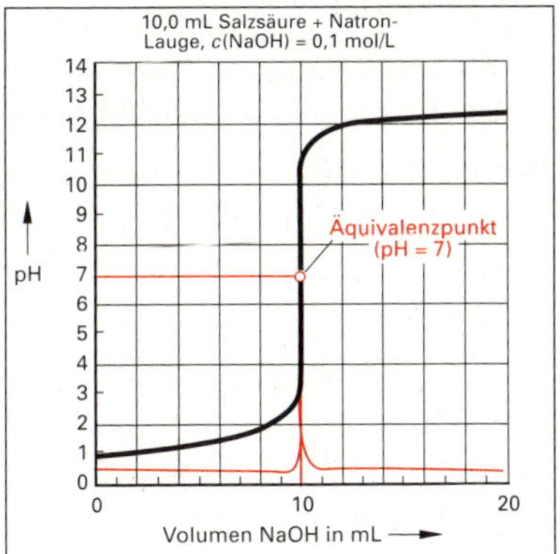

Bild 197/3: Titrationskurve einer starken Säure mit starker Base

Für einen Anstieg auf pH 3 muss die Konzentration $c(H_3O^+)$ wiederum auf $^1/_{10}$ verringert werden: Das bewirkt eine Zugabe von 0,9 mL Maßlösung (99 % der H_3O^+-Ionen sind neutralisiert). Bis pH 4 sind mit weiteren 0,09 mL 99,9 % der H_3O^+-Ionen neutralisiert. Bei pH 7 liegt nur noch der Anteil an H_3O^+-Ionen aus der Eigenprotolyse des Wassers vor.

Bis pH 7 verringert sich das erforderliche Volumen an Maßlösung für den Anstieg um eine pH-Einheit jeweils um den Faktor 10. Das erklärt, warum in der Nähe des Äquivalenzpunktes schon ein geringer Zusatz an Maßlösung eine starke pH-Änderung bewirkt.

Ermittlung des Äquivalenzpunktes

Aus der Titrationskurve kann ersehen werden, welcher Indikator für die Erkennung des Äquivalenzpunktes geeignet ist: Er muss im Bereich der sprunghaften pH-Änderung seine Farbe ändern. Bei dieser Titration muss der Umschlagbereich zwischen pH 4 und pH 10 liegen.

Der Äquivalenzpunkt kann mit Hilfe von Computerprogrammen ermittelt werden, welche das Steigungsmaximum der Kurve errechnen (Bild 197/3).

In Beispiel 2 **(Bild 198/1)** ist eine zeichnerische Lösung angewandt. Dabei werden zwei parallele Tangenten an den Kurvenradius gelegt. Der Äquivalenzpunkt findet sich als Schnittpunkt der Mittelparallelen mit der Titrationskurve.

Beispiel 2: Titration einer schwachen Säure mit einer starken Base

10,0 mL Essigsäure, $c(CH_3COOH)$ = 0,1 mol/L, werden mit Natronlauge-Maßlösung, $c(NaOH)$ = 0,1 mol/L, titriert **(Bild 198/1)**.

Reaktion: $CH_3COOH_{(aq)} + NaOH_{(aq)} \longrightarrow CH_3COONa_{(aq)} + H_2O_{(l)}$

Die Titrationskurve für die Essigsäure beginnt im Vergleich zur Kurve der Salzsäure höher. Essigsäure liegt als schwache Säure nur teilweise protolysiert vor, die Anfangskonzentration $c(H_3O^+)$ ist geringer. Der pH-Wert steigt auch hier zunächst nur relativ langsam, im Bereich des Äquivalenzpunktes dagegen sprunghaft an. Im Äquivalenzpunkt sind alle Wasserstoff-Ionen der Essigsäuremoleküle durch die zugefügten Hydroxid-Ionen der Natronlauge neutralisiert, H_3O^+- und OH^--Ionen liegen im Gleichgewicht vor.

Der Äquivalenzpunkt liegt allerdings, wie bei allen Titrationen *schwacher Säuren* mit *starken Basen*, nicht im Neutralpunkt pH 7, sondern ist in den *basischen* Bereich verschoben. Ursache ist der basische Charakter der entstehenden Säurerest-Ionen, in diesem Fall der Acetat-Ionen CH_3COO^- ($pK_B = 9{,}24$). Ein geeigneter Indikator muss seinen Umschlagbereich zwischen pH 8 und pH 10 haben.

Im Bereich nach dem Äquivalenzpunkt verläuft die Kurve deckungsgleich mit der Kurve der Salzsäure, da die gleiche Maßlösung verwendet wurde.

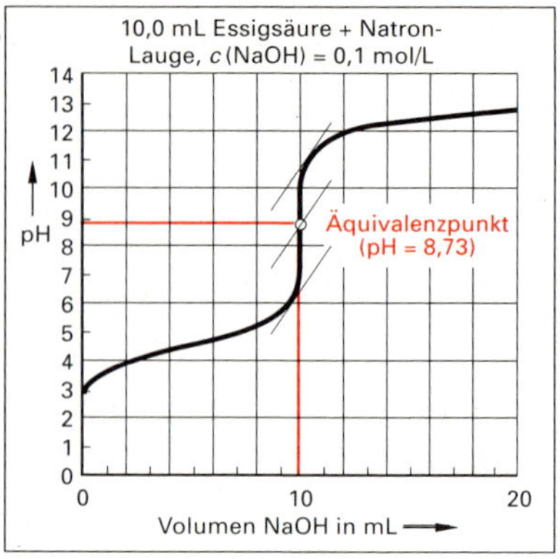

Bild 198/1: Titrationskurve einer schwachen Säure mit starker Base

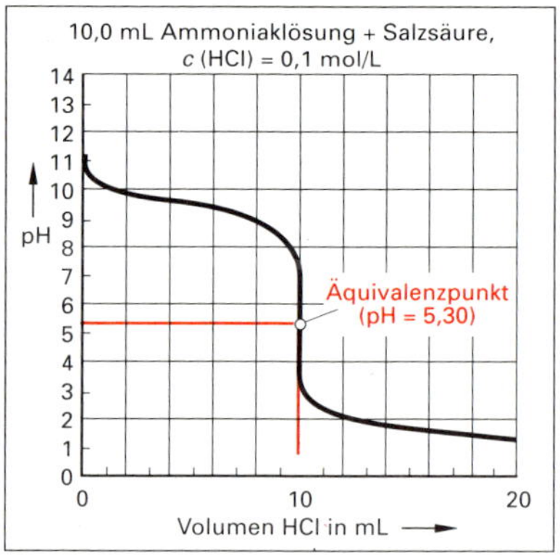

Bild 198/2: Titrationskurve einer schwachen Base mit starker Säure

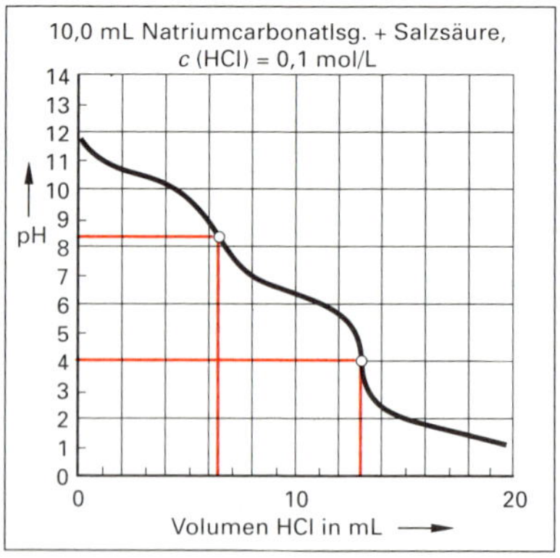

Bild 198/3: Titrationskurve von Natriumcarbonat-Lösung mit Salzsäure

Aufgaben zu 6.4
Potentiometrische Neutralisationstitrationen

1. Beschreiben Sie den Verlauf der Titrationskurve zwischen 10,0 mL Ammoniak-Lösung und Salzsäure-Maßlösung, $c(HCl)$ = 0,1 mol/L **(Bild 198/2)**. Begründen Sie den Unterschied im Vergleich zu den Titrationskurven in Bild 197/3 und Bild 198/1. Formulieren Sie die Reaktionsgleichung. Berechnen Sie die Massenkonzentration $\beta(NH_3)$.
2. Beschreiben Sie den Verlauf der Titrationskurve zwischen 10,0 mL Natriumcarbonat-Lösung Na_2CO_3 und Salzsäure-Maßlösung $c(HCl)$ = 0,1 mol/L **(Bild 198/3)**. Begründen Sie die Lage der Äquivalenzpunkte. Formulieren Sie Gleichungen in Ionenform für die Reaktionen bis zu den Äquivalenzpunkten. Berechnen Sie den Gehalt $\beta(Na_2CO_3)$ in der Ausgangslösung in Gramm pro Liter.

3. 10,0 mL Essigsäureprobe CH_3COOH werden mit Natronlauge-Maßlösung, $c(NaOH)$ = 0,1 mol/L, titriert. Messwerte:

mL Maßlösg.	0	1	2	3	4	5	6	7	8	9	10	11	12	13	14	15	16	17
pH	2,86	3,76	4,10	4,32	4,50	4,65	4,81	4,96	5,13	5,33	5,60	6,15	11,4	11,8	12,0	12,2	12,3	12,3

a) Formulieren Sie die Reaktionsgleichung.

b) Tragen Sie die Messwertpaare in ein Koordinatensystem ein, ermitteln Sie den Äquivalenzpunkt.

c) Berechnen Sie die Massenkonzentration $\beta(CH_3COOH)$.

4. 10,0 mL Phosphorsäure-Lösung H_3PO_4 werden mit Natronlauge-Maßlösung, $c(NaOH)$ = 0,1 mol/L, titriert. Messwerte:

mL Maßlösg.	0	1	2	3	4	5	6	7	8	9	10	11	12	13	14	15	16	17
pH	1,55	1,67	1,79	1,90	2,03	2,16	2,30	2,48	2,70	3,07	5,32	6,32	6,65	6,87	7,06	7,24	7,42	7,62
mL Maßlösg.	18	19	20	21	22	23	24	25	26	27								
pH	7,87	8,29	10,5	11,2	11,5	11,7	11,8	11,9	12,0	12,0								

a) Formulieren Sie die Reaktionsgleichungen.

b) Tragen Sie die Messwertpaare in ein Koordinatensystem ein, ermitteln Sie die Äquivalenzpunkte.

c) Berechnen Sie die Massenkonzentration $\beta(H_3PO_4)$.

5. 10,0 mL Oxalsäure-Lösung HOOC-COOH werden mit Natronlauge-Maßlösung, $c(NaOH)$ = 0,1 mol/L, titriert. Messwerte:

mL Maßlösg.	0	1	2	3	4	5	6	7	8	9	10	11	12	13	14	15	16	17
pH	1,38	1,48	1,58	1,69	1,81	1,94	2,10	2,31	2,61	3,08	3,49	3,77	3,99	4,19	4,39	4,61	4,89	5,42
mL Maßlösg.	18	19	20	21	22	23	24	25										
pH	11,2	11,7	11,9	12,0	12,1	12,2	12,3	12,3										

a) Formulieren Sie die Reaktionsgleichungen.

b) Tragen Sie die Messwertpaare in ein Koordinatensystem ein, ermitteln Sie die Äquivalenzpunkte.

c) Berechnen Sie die Massenkonzentration $\beta(C_2H_2O_4)$.

6.5 Leitfähigkeitstitrationen (Konduktometrie)

Die Messung der **spezifischen elektrischen Leitfähigkeit** von Elektrolytlösungen beruht auf der Messung der Stromstärke I zwischen zwei Elektroden, die in die Elektrolytlösung eintauchen **(Bild 199/1)**. Aus der gemessenen Stromstärke wird die spezifische elektrische Leitfähigkeit berechnet (Seite 200). Die Messungen werden in der Praxis mit Wechselstrom durchgeführt.

Für wässrige Lösungen eines Elektrolyten besteht ein charakteristischer Zusammenhang zwischen spezifischer Leitfähigkeit und der Konzentration. Somit sind Konzentrationsbestimmungen direkt über die Messung der elektrolytischen Leitfähigkeit möglich. Diese Art der Messung wird vor allem zur Betriebsüberwachung chemischer Anlagen (z. B. für entsalztes Wasser und Kesselspeisewasser) angewandt.

In der Maßanalyse ist die Leitfähigkeitsmessung zur Endpunktbestimmung von Neutralisationstitrationen und Fällungstitrationen geeignet (Bild 199/1). Sie wird eingesetzt, wenn der Farbumschlag von Indikatoren bei farbigen oder getrübten Lösungen nicht erkennbar ist.

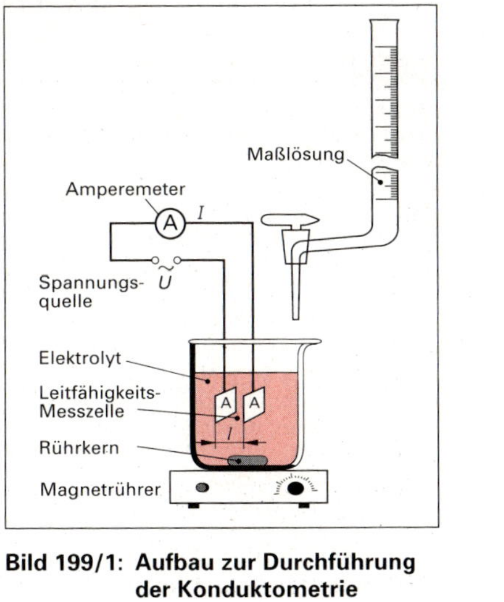

Bild 199/1: Aufbau zur Durchführung der Konduktometrie

In einem Diagramm wird die Änderung der spezifischen elektrischen Leitfähigkeit (oder der Stromstärke) gegen das zugefügte Volumen an Maßlösung aufgetragen **(Bild 200/1)**. Der Endpunkt der Titration (Äquivalenzpunkt) ist im Leitfähigkeitsminimum erreicht.

Die **spezifische elektrische Leitfähigkeit** κ eines Elektrolyten ist abhängig von den durch die Messvorrichtung fest vorgegebenen Größen Spannung *U*, Elektronenabstand *l* und Elektrodenfläche *A* sowie von der gemessenen Stromstärke *I*. (κ: griechischer Buchstabe Kappa)

$$\kappa = \frac{l}{U \cdot A} \cdot I$$

Die Einheit der spezifischen elektrischen Leitfähigkeit ist S/cm (Siemens pro cm). Sie leitet sich aus der Definitionsgleichung ab.

$$\frac{\text{S}}{\text{cm}} = \frac{\text{A} \cdot \text{cm}}{\text{V} \cdot \text{cm}^2} = \frac{1}{\Omega \cdot \text{cm}}$$

In **Tabelle 200/1** ist die spezifische elektrische Leitfähigkeit von Lösungen unterschiedlicher Zusammensetzung und mit unterschiedlichem Gehalt aufgeführt.

Tabelle 200/1: Spezifische elektrische Leitfähigkeit ausgewählter Lösungen bei 25 °C

Elektrolyt	Entsalztes Wasser	Leitungswasser 25 °C	Leitungswasser 60 °C	NaCl-Lösung c = 0,1 mol/L	NaOH-Lösung c = 0,1 mol/L	HCl-Lösung c = 0,1 mol/L	HNO_3-Lösung c = 0,1 mol/L
Leitfähigkeit κ in mS/cm	$0{,}9 \cdot 10^{-3}$	0,42	0,45	9,66	20,4	36,3	36,15

Der Vergleich der Messwerte zeigt, dass die elektrische Leitfähigkeit von der *Konzentration* und der *Art* der Ionen sowie von der *Temperatur* des Elektrolyten abhängig ist. Entsalztes Wasser leitet schwächer als Leitungswasser, da nahezu alle Kationen und Anionen (mit Ausnahme der Ionen aus der Eigenprotolyse des Wassers) entfernt wurden. Warmes Leitungswasser leitet besser als kaltes, da Ionenbeweglichkeit und Dissoziationsgrad mit steigender Temperatur zunehmen. Natronlauge leitet besser als Kochsalzlösung gleicher Konzentration, da die Hydroxid-Ionen OH^- der Lauge beweglicher sind, als die Chlorid-Ionen Cl^- der Kochsalzlösung. Salzsäure leitet besser als Natronlauge gleicher Konzentration, da die Hydronium-Ionen H_3O^+ der Säure erheblich beweglicher sind, als die Natrium-Ionen Na^+ der Lauge. Salzsäure leitet geringfügig besser als Salpetersäure gleicher Konzentration, da Chlorid-Ionen Cl^- etwas beweglicher sind, als Nitrat-Ionen NO_3^-.

Tabelle 200/2 zeigt die Beweglichkeit ausgewählter Ionen bei 18 °C.

Tabelle 200/2: Ionenbeweglichkeit bei 18 °C

Kationen	H_3O^+	K^+	Na^+	Li^+	Ag^+
Geschwindigkeit in m/s	$32{,}7 \cdot 10^{-6}$	$6{,}66 \cdot 10^{-6}$	$4{,}56 \cdot 10^{-6}$	$3{,}46 \cdot 10^{-6}$	$5{,}6 \cdot 10^{-6}$
Anionen	OH^-	SO_4^{2-}	Cl^-	Br^-	NO_3^-
Geschwindigkeit in m/s	$18{,}0 \cdot 10^{-6}$	$7{,}4 \cdot 10^{-6}$	$6{,}76 \cdot 10^{-6}$	$6{,}97 \cdot 10^{-6}$	$6{,}38 \cdot 10^{-6}$

Beispiel 1: Leitfähigkeitstitration einer starken Säure mit starker Base

10,0 mL Salzsäure $\tilde{c}$(HCl) ≈ 0,1 mol/L werden mit Natronlauge-Maßlösung, c(NaOH) = 0,1 mol/L, titriert. Man erhält das in **Bild 200/1** gezeigte Diagramm. Welche Massenkonzentation β(HCl) hat die untersuchte Säure ?

Reaktionsgleichung in Ionenform:

$$H_3O^+_{(aq)} + Cl^-_{(aq)} + Na^+_{(aq)} + OH^-_{(aq)} \longrightarrow Na^+_{(aq)} + Cl^-_{(aq)} + 2\,H_2O_{(aq)}$$

Lösung:

Der Verbrauch an Natronlauge-Maßlösung im Aquivalenzpunkt wird grafisch durch die zwei-Geradenmethoden (Schnittpunkt der Ausgleichsgeraden) ermittelt. Er beträgt 10,2 mL.

1 mL Natronlauge c(NaOH) = 0,1 mol/L reagiert mit 3,6461 mg HCl

10,2 mL Maßlösung c(NaOH) = 0,1 mol/L reagieren mit
3,6461 mg · 10,2 = 37,1902 mg HCl in 10,0 mL Probe

Das sind 37,1902 mg · 100 = 3719,02 mg/L HCl ⇒ β**(HCl) ≈ 3,72 g/L**

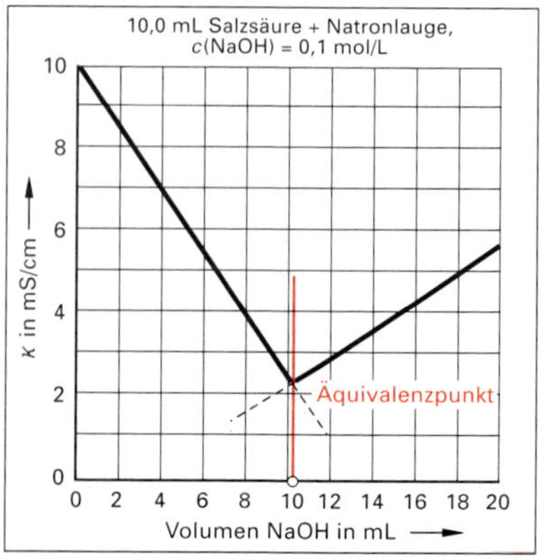

Bild 200/1: Leitfähigkeitsänderung bei einer Neutralisationstitration

Erklärung des Titrationsverlaufes (Bild 200/1):

Zunächst ist die Leitfähigkeit der Säure hoch: Ursache ist die Leitfähigkeit der gelösten Chlorid-Ionen Cl^- und vor allem der sehr gut leitenden Hydronium-Ionen H_3O^+. Während der Titration bleibt die Anzahl der Cl^--Ionen konstant, da sie zu Beginn und während des gesamten Titrationsverlaufes dissoziiert vorliegen. Die sehr gut leitenden H_3O^+-Ionen werden im Verlauf der Titration durch die zugefügten Hydroxid-Ionen OH^- zu ungeladenen Wassermolekülen neutralisiert. An die Stelle der H_3O^+-Ionen treten die trägeren Natrium-Ionen Na^+: Die Leitfähigkeit sinkt bis zum Äquivalenzpunkt, wo alle H_3O^+-Ionen bis auf den Anteil aus der Eigenprotolyse des Wassers neutralisiert sind. Nach Überschreiten des Äquivalenzpunktes führt die Zugabe von Natronlauge-Maßlösung zu einem Anstieg der Ionen-Konzentration: Die Leitfähigkeit nimmt wieder zu.

Beispiel 2: Leitfähigkeitstitration von Natriumchloridlösung mit Silbernitrat-Maßlösung (Bild 201/1)

10,0 mL Natriumchlorid-Lösung $c(\text{NaCl}) \approx 0{,}1$ mol/L werden mit Silbernitrat-Maßlösung, $c(\text{AgNO}_3) = 0{,}1$ mol/L, titriert. Der Verbrauch bis zum Äquivalenzpunkt beträgt 10,2 mL. Berechnen Sie die Massenkonzentration $\beta(\text{Cl}^-)$ der untersuchten Probe in g/L.

Reaktionsgleichung in Ionenschreibweise:

$$Na^+_{(aq)} + Cl^-_{(aq)} + Ag^+_{(aq)} + NO_3^-{}_{(aq)} \longrightarrow AgCl_{(s)} + Na^+_{(aq)} + NO_3^-{}_{(aq)}$$

Lösung:

1 mL Maßlösung $c(\text{AgNO}_3) = 0{,}1$ mol/L reagiert mit 3,5453 mg Cl^-

10,2 mL Maßlösung $c(\text{AgNO}_3) = 0{,}1$ mol/L reagieren mit
3,5453 mg · 10,2 = 36,16206 mg Cl^- in 10,0 mL Probe

Das sind 36,16206 mg · 100 = 3616,206 mg/L Cl^- $\Rightarrow$ $\boldsymbol{\beta(\text{Cl}^-) \approx 3{,}62}$ **g/L**

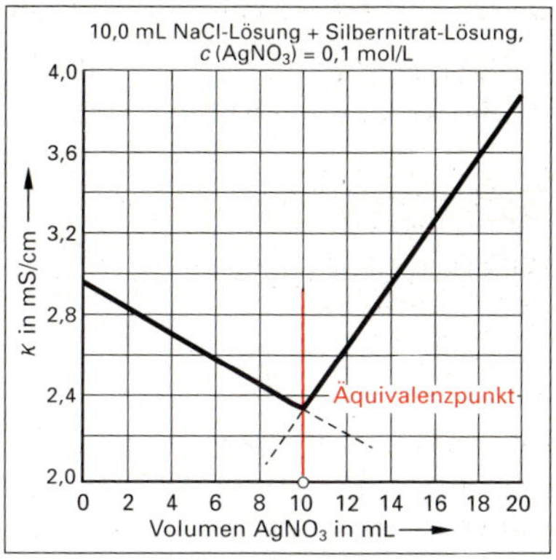

Bild 201/1: Leitfähigkeitsänderung bei einer Fällungstitration

Erklärung des Titrationsverlaufes (Bild 201/1):

Zunächst verursachen freie Natrium-Ionen Na^+ und Chlorid-Ionen Cl^- eine gute Leitfähigkeit. Während der Titration bleibt die Konzentration der Na^+-Ionen konstant, da sie zu Beginn und während des gesamten Titrationsverlaufes dissoziiert vorliegen. Die vorliegenden Cl^--Ionen werden im Verlauf der Titration durch die zugefügten Silber-Ionen Ag^+ zu schwer löslichem Silberchlorid AgCl gebunden, das als weißer Niederschlag ausfällt und die Ionenbeweglichkeit behindert. An die Stelle der Cl^--Ionen treten die trägeren Nitrat-Ionen NO_3^-: Die Leitfähigkeit sinkt bis zum Äquivalenzpunkt, wo alle Cl^--Ionen durch Ag^+-Ionen gebunden sind. Bis zum Äquivalenzpunkt bleibt somit die Gesamtzahl (Gesamtkonzentration) freier Ionen in der Lösung konstant. Nach Überschreiten des Äquivalenzpunktes liegen neben den zugefügten NO_3^--Ionen auch die Ag^+-Ionen frei vor und führen zu einem Anstieg der Ionen-Konzentration: Die Leitfähigkeit nimmt wieder zu.

Aufgaben zu 6.5 Leitfähigkeitstitration (Konduktometrie)

1. 10,0 mL Natriumsulfat-Lösung $c(\text{Na}_2\text{SO}_4) \approx 0{,}1$ mol/L werden verdünnt und mit Bariumchlorid-Maßlösung, $c(\text{BaCl}_2) = 0{,}10$ mol/L, titriert, wobei schwer lösliches Bariumsulfat ausfällt. Messwerte:

mL Maßlösg.	0	1	2	3	4	5	6	7	8	9	10	11	12	13	14	15	16	17
Leitfähigkeit in mS/cm	5,77	5,47	5,40	5,29	5,20	5,13	5,06	5,00	4,94	4,88	4,83	5,07	5,36	5,64	5,89	6,19	6,43	6,70

   a) Formulieren Sie die Reaktionsgleichung in Ionenschreibweise.
   b) Tragen Sie die Messwertpaare in ein Koordinatensystem ein, ermitteln Sie den Äquivalenzpunkt.
   c) Berechnen Sie die Massenkonzentration $\beta(\text{SO}_4^{2-})$.

2. 2,734 g Bariumhydroxid-Lösung $Ba(OH)_2$ werden gelöst und mit Schwefelsäure-Maßlösung, $c(\text{H}_2\text{SO}_4) = 0{,}05$ mol/L, titriert, wobei schwer lösliches Bariumsulfat ausfällt. Messwerte:

mL Maßlösg.	0	1	2	3	4	5	6	7	8	9	10	11	12	13	14	15	16	17
Leitfähigkeit in mS/cm	2,75	2,47	2,06	1,70	1,40	1,08	0,76	0,48	0,17	0,21	0,58	0,99	1,40	1,78	2,16	2,46	2,80	3,11

   a) Formulieren Sie die Reaktionsgleichung in Ionenschreibweise.
   b) Tragen Sie die Messwertpaare in ein Koordinatensystem ein, ermitteln Sie den Äquivalenzpunkt.
   c) Berechnen Sie den Massenanteil $w(\text{Ba(OH)}_2)$.
   d) Begründen Sie, warum bei dieser Titration die Leitfähigkeit am Äquivalenzpunkt ein besonders niedriges Minimum erreicht.

6.6 Maßanalytische Kennzahlen von Fetten

Die maßanalytischen Kennzahlen von Fetten dienen zur Beschreibung der Qualität und der Struktur von Fetten.

6.6.1 Säurezahl

Die **Säurezahl *SZ*** ist eine wichtige **Kennzahl** für die Frische bzw. den Alterszustand von Fetten und Fettölen. Tierische und pflanzliche Fette und Fettöle enthalten im frischen Zustand in der Regel keine freien, unveresterten Säuren. Ältere Fette sind durch Feuchtigkeit unter Einwirkung von Licht und Mikroorganismen teilweise gespalten. Dabei werden Fettsäuren freigesetzt, die Fette werden ranzig. Diese Reaktion bezeichnet man als Verseifung oder Hydrolyse.

***Verseifungs**-Reaktion:*
(teilweise Verseifung durch Alterung)

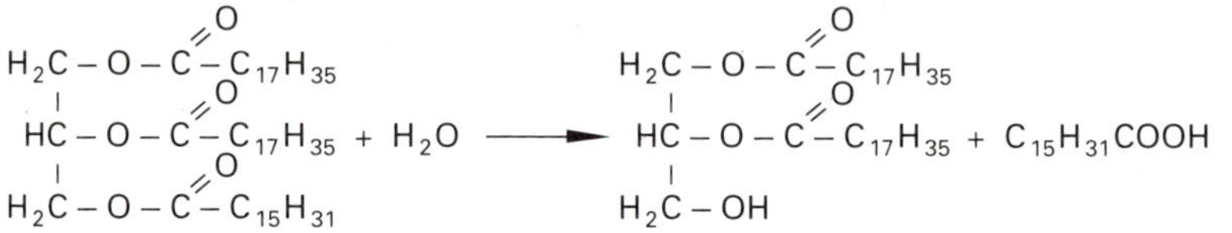

Fett (Triglycerid) **freie Fettsäure**

Die Säurezahl *SZ*, auch Neutralisationszahl *NZ* genannt, gibt an, wie viel Milligramm Kaliumhydroxid KOH zur Neutralisation der freien organischen Säuren für ein Gramm Fett erforderlich sind.

$$\text{Säurezahl } SZ = \frac{m(\text{KOH})}{m(\text{Fett})}$$

Sie wird in mg KOH/g Fett angegeben.

Zur Bestimmung der *SZ* wird die eingewogene Fettprobe in Ethanol gelöst, die freien Fettsäuren werden bei der Titration mit der KOH-Maßlösung neutralisiert.

***Neutralisations**-Reaktion:*

$$\underset{\text{freie Fettsäure}}{C_{15}H_{31}COOH} + \underset{\text{Kalilauge}}{KOH} \longrightarrow \underset{\text{Kaliumpalmitat}}{C_{15}H_{31}COOK} + \underset{\text{Wasser}}{H_2O}$$

Beispiel: 6,157 g ranziges Olivenöl werden in 100 g Ethanol gelöst und mit 18,25 mL ethanolischer Kalilauge, $\tilde{c}$ (KOH) = 0,1 mol/L, t = 1,011, gegen Phenolphthalein als Indikator titriert. Wie groß ist die Säurezahl des untersuchten Öls?

Lösung: 1 mol KOH enthält 56,11 g KOH

1 mL Kalilauge, *c* (KOH) = 0,1 mol/L, enthält 5,611 mg KOH (= maßanalytische Äquivalentmasse)

Lösung mit Schlussrechnung:

1 mL Kalilauge, *c* (KOH) = 0,1 mol/L, enthält 5,611 mg KOH

18,25 mL Kalilauge, $\tilde{c}$ (KOH) = 0,1 mol/L, t = 1,011, enthalten

5,611 mg · 18,25 · 1,011 = 103,527 mg KOH

$$\boldsymbol{SZ} = \frac{m(\text{KOH})}{m(\text{Fett})} = \frac{103{,}527\ \text{mg}}{6{,}157\ \text{g}} = 16{,}8145\ \text{mg KOH/g} \approx \mathbf{16{,}8\ mg\ KOH/g\ Olivenöl}$$

Lösung mit Größengleichung und Äquivalentmasse:

$$SZ = \frac{\tilde{c}(\text{KOH}) \cdot V(\text{KOH}) \cdot t \cdot M(\text{KOH})}{m(\text{Fett})} \Rightarrow SZ = \frac{V(\text{KOH}) \cdot t \cdot \ddot{A}(\text{KOH})}{m(\text{Fett})}$$

$$\boldsymbol{SZ} = \frac{18{,}25\ \text{mL} \cdot 1{,}011 \cdot 5{,}611\ \text{mg/mL}}{6{,}157\ \text{g}} \approx \mathbf{16{,}8\ mg\ KOH/g\ Olivenöl}$$

Aufgaben zu 6.6.1 Säurezahl

1. 4,859 g Palmkernöl-Probe werden in Ethanol gelöst und mit 3,45 mL ethanolischer Kalilauge-Maßlösung, *c* (KOH) = 0,1 mol/L, gegen Phenolphthalein titriert. Welche Säurezahl hat das Öl?
2. 8,177 g Elaidin-Probe verbrauchen zur Neutralisation 4,9 mL ethanolische Kalilauge-Maßlösung ($\tilde{c}$ (KOH) = 0,5 mol/L, t = 1,035). Berechnen Sie die Säurezahl von Elaidin (Fett der trans-Ölsäure).
3. 6,805 g Fett-Probe werden in Ethanol gelöst und mit 4,25 mL ethanolischer Kalilauge-Maßlösung ($\tilde{c}$ (KOH) = 0,5 mol/L, t = 0,978) neutralisiert. Wie groß ist die Säurezahl des Fettes?

6.6.2 Verseifungszahl

Die **Verseifungszahl *VZ*** gibt an, wie viel Milligramm Kaliumhydroxid KOH zur vollständigen Verseifung der Ester und zur Neutralisation der bereits vorhandenen freien organischen Säuren in 1 Gramm Fett erforderlich sind.

$$\text{Verseifungszahl } VZ = \frac{m(\text{KOH})}{m(\text{Fett})}$$

Sie wird in mg KOH/g Fett angegeben.

Die zu untersuchende Probe wird mit einem Überschuss an alkoholischer Kalilauge unter Rückfluss erhitzt. Dabei werden alle Esterbindungen im Fett gespalten (verseift). Die *nicht* verbrauchte Kalilauge wird mit Salzsäure-Maßlösung zurücktitriert.

Die dabei ablaufenden Reaktionen:

***Verseifungs**-Reaktion:*
(vollständige Verseifung)

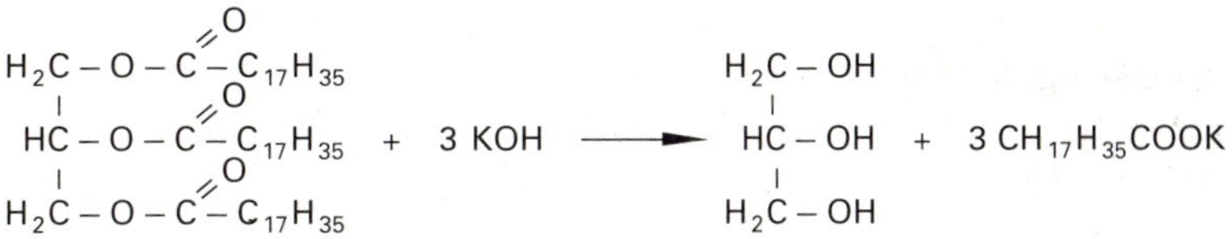

Fett (Triglycerid) **Kalilauge (Überschuss)** Glycerin Kaliumstearat (Seife)

***Neutralisations**-Reaktionen:* $C_{17}H_{33}COOH + KOH \longrightarrow C_{17}H_{33}COOK + H_2O$

freie Ölsäure

$\underbrace{\textbf{KOH}} + HCl \longrightarrow KCl + H_2O$

freie, **nicht** verbrauchte Kalilauge

Da pro mol Esterbindung ein mol KOH benötigt wird, lässt die Verseifungszahl Rückschlüsse auf die Struktur der im Fett veresterten Fettsäuren zu: Mit *abnehmender* Kettenlänge der Fettsäuren nimmt die Verseifungszahl *zu*. Sie ist somit ein Maß für die *mittlere molare Masse* der vorhandenen Fettsäuren. Der Anteil *freier* Fettsäuren ist in frischen Fetten unbedeutend.

Zur Ermittlung der Verseifungszahl muss eine *Blindwert*-Bestimmung durchgeführt werden. Sie ergibt die exakte Stoffmengenrelation zwischen Kalilauge und verwendeter Salzsäure-Maßlösung.

Beispiel: 2,305 g Olivenöl werden mit 30,0 mL Kalilauge ($\tilde{c}$ (KOH) = 0,5 mol/L, t = 1,025) versetzt und verseift. Die überschüssige Kalilauge wird mit 14,5 mL Salzsäure-Maßlösung (c(HCl) = 0,5 mol/L) zurücktitriert. Wie groß ist die Verseifungszahl des Olivenöls?

Lösung: Das zur Verseifung nötige Volumen Kalilauge ergibt die Differenz:

$$30{,}0 \text{ mL} \cdot 1{,}025 - 14{,}5 \text{ mL} = 16{,}25 \text{ mL}$$

1 mol KOH enthält 56,11 g KOH $\Rightarrow$ 0,5 mol KOH enthalten 28,055 g KOH

1 mL Kalilauge *c* (KOH) = 0,5 mol/L, enthält 28,055 mg KOH (= Äquivalentmasse)

16,25 mL Kalilauge, c (KOH) = 0,5 mol/L enthalten 28,055 mg · 16,25 = 455,894 mg KOH

$$\boldsymbol{VZ} = \frac{m(\text{KOH})}{m(\text{Fett})} = \frac{455{,}894 \text{ mg}}{2{,}305 \text{ g}} = 197{,}78 \text{ mg KOH/g} \approx \textbf{198 mg KOH/g Olivenöl}$$

Lösung mit Größengleichung und Äquivalentmasse:

$$VZ = \frac{(V_{\text{Blind}} \cdot t(\text{KOH}) - V_{\text{Probe}}) \cdot c(\text{HCl}) \cdot M(\text{KOH})}{m(\text{Fett})} \Rightarrow \frac{(V_{\text{Blind}} \cdot t(\text{KOH}) - V_{\text{Probe}}) \cdot \ddot{A}(\text{KOH})}{m(\text{Fett})}$$

$$\boldsymbol{VZ} = \frac{(30{,}0 \text{ mL} \cdot 1{,}025 - 14{,}5 \text{ mL}) \cdot 28{,}055 \text{ mg/mL}}{2{,}305 \text{ g}} = 197{,}78 \text{ mg KOH/g} \approx \textbf{198 mg KOH/g Olivenöl}$$

Aufgaben zu 6.6.2 Verseifungszahl

1. 1,8759 g Öl-Probe werden mit 20,0 mL ethanolischer Kalilauge (c(KOH) = 0,5 mol/L) versetzt und verseift. Die überschüssige Kalilauge wird mit 8,55 mL Salzsäure-Maßlösung (c(HCl) = 0,5 mol/L) gegen Phenolphthalein zurücktitriert. Welche Verseifungszahl hat das untersuchte Öl?
2. 2,163 g Kokosfett-Probe werden mit 40,0 mL ethanolischer Kalilauge (c(KOH) = 0,5 mol/L) versetzt und verseift. Die überschüssige Kalilauge wird mit 20,05 mL Salzsäure-Maßlösung, ($\tilde{c}$ (HCl) = 0,5 mol/L, t = 0,981) gegen Phenolphthalein zurücktitriert. Welche Verseifungszahl hat das Öl?

6.6.3 Esterzahl

Die Differenz aus Verseifungszahl *VZ* und Säurezahl *SZ* einer Probe ergibt die **Esterzahl *EZ***.

Sie wird in mg KOH/g Substanz angegeben.

> Esterzahl = Verseifungszahl − Säurezahl
>
> $EZ = VZ - SZ$

Die Esterzahl ist ein Maß für die *mittlere molare Masse* der vorhandenen Fettsäuren. Bei einer hohen Esterzahl ist die Anzahl der zu veresternden Carboxylgruppen in der Probe hoch, die Fettmoleküle enthalten Fettsäuren mit kürzerer Kettenlänge und somit geringerer molarer Masse.

Beispiel: Die in Kapitel 6.6.1 und Kapitel 6.6.2 untersuchte Olivenölprobe ergab folgende Kennzahlen: *SZ* = 16,8 mg KOH/g Öl, *VZ* = 193 mg KOH/g Öl. Wie groß ist die Esterzahl *EZ*?

Lösung: ***EZ*** = *VZ* − *SZ* = 193 mg KOH/g − 16,8 mg KOH/g = **176,2 mg KOH/g Olivenöl**

6.6.4 Iodzahl

Die **Iodzahl *IZ*** gibt an, wie viel Gramm Halogen von 100 g Fett addiert werden.

Sie wird in g Iod/100 g Fett angegeben.

> $\text{Iodzahl } IZ = \frac{m(\text{Iod})}{m(\text{Fett})}$

Die Iodzahl dient als Maß für die Anzahl *ungesättigter* Fettsäuren im untersuchten Fett oder Fettöl. Je größer die Iodzahl, desto höher der Anteil ungesättigter Fettsäuren. Dieser beeinflusst entscheidend die physikalischen Eigenschaften (Erweichungspunkt) und die physiologischen Eigenschaften eines Fettes.

Die Bestimmungsmethode beruht darauf, dass das Halogen Brom nach folgender Gleichung an die ungesättigten Fettsäurereste addiert wird:

$$R_1{-}CH{=}CH{-}R_2 + n\,Br_2 \longrightarrow R_1{-}CHBr{-}CHBr{-}R_2 + (n-x)\,Br_2$$

ungesättigte Fettsäure | Gesamtbrom | gebundenes Brom | **freies** Brom

Die Iodzahlbestimmung kann nach unterschiedlichen Methoden durchgeführt werden.

Bei der **Bestimmung nach Kaufmann** dient eine Lösung von Brom in Methanol als Reagenz **(Bild 204/1)**. Zuerst wird ein Blindversuch ohne Probesubstanz durchgeführt. Dazu versetzt man eine bestimmte Portion der methanolischen Bromlösung mit Kaliumiodidlösung (K^+I^-). Dabei oxidiert das Brom die Iodid-Ionen zu elementarem Iod.

Ausgeschiedenes Iod wird nach Zusatz von Stärkelösung als Indikator mit Natriumthiosulfat-Maßlösung $Na_2S_2O_3$ bis zur Entfärbung mit dem Verbrauchswert V_{Blind} titriert (vergleiche Iodometrie Seite 186).

Anschließend lässt man auf eine eingewogene Fettportion die gleiche Stoffportion Bromlösung einwirken (Brom im Überschuss). Nach Zusatz von Kaliumiodid (K^+I^-) und Stärkelösung ergibt sich bei der Titration mit $Na_2S_2O_3$-Maßlösung ein geringerer Verbrauchswert V_{Probe} als beim Blindversuch. Der Differenzwert an Iod entspricht dem an die C=C-Doppelbindungen des Fettes addierten Brom.

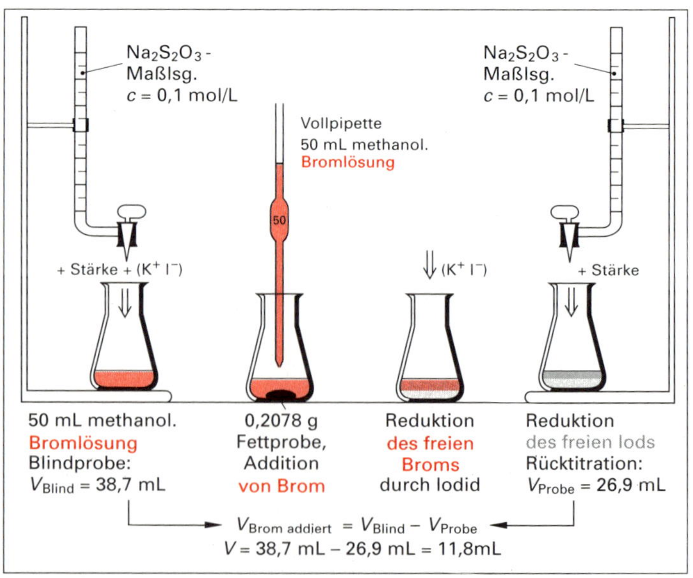

Bild 204/1: Bestimmung der Iodzahl *IZ* nach Kaufmann
(Zahlenwerte Beispiel Seite 205)

Ablaufende Reaktionen:

1. Addition von Brom:

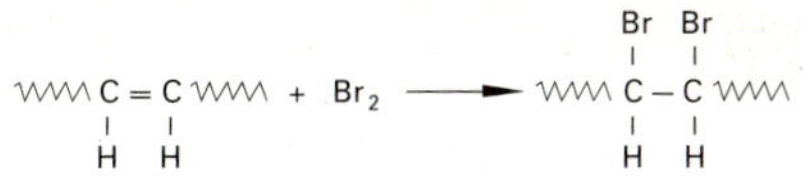

*2. Reduktion des **freien** Br_2 durch Iodid:* $Br_2 + 2\,I^- \longrightarrow 2\,Br^- + \overset{0}{I_2}$

*3. Reduktion des **freien** Iods $(\overset{0}{I_2})$ mit $S_2O_3^{2-}$:* $2\,S_2O_3^{2-} + \overset{0}{I_2} \xrightarrow{\text{Stärke}} S_4O_6^{2-} + 2\,I^-$

1 mol Br_2 oxidiert 2 mol I^- zu 1 mol elementarem I_2, das durch 2 mol $S_2O_3^{2-}$ angezeigt wird.
Somit sind 2 mol $S_2O_3^{2-}$ zu 1 mol Br_2 und 1 mol C=C-Doppelbindungen äquivalent.
Die Anzahl der C=C-Doppelbindungen ergibt sich somit aus der Differenz: $V = V_{Blind} - V_{Probe}$

Beispiel: Zur Iodzahlbestimmung werden 0,1035 g Olivenöl eingewogen und mit methanolischer Bromlösung im Überschuss zur Reaktion gebracht (Bild 204/1). Nach Zugabe von KI-Lösung wird das freie Iod mit 26,9 mL Maßlösung, $\tilde{c}\,(Na_2S_2O_3) = 0{,}1$ mol/L, $t = 0{,}989$, zurücktitriert. Verbrauch beim Blindversuch: $V_{Blind} = 38{,}7$ mL $Na_2S_2O_3$-Maßlösung. Wie groß ist die Iodzahl des untersuchten Leinöls?

Lösung: Verbrauchswert für addiertes Brom: $V = V_{Blind} - V_{Probe} = 38{,}7\text{ mL} - 26{,}9\text{ mL} = 11{,}8$ mL Maßlösung

2 mol $Na_2S_2O_3$ zeigen 1 mol addiertes Brom Br_2 und 1 mol Iod an, das sind 2 · 126,90 g Iod

0,1 mol $Na_2S_2O_3$ zeigt 0,1 mol Iod an, das sind 12,690 g Iod

1 mL Maßlösung $c\,(Na_2S_2O_3) = 0{,}1$ mol/L zeigt 12,690 mg Iod an (= Äquivalentmasse)

11,8 mL Maßlsg. $\tilde{c}\,(Na_2S_2O_3) = 0{,}1$ mol/L, $t = 0{,}989$, zeigen 12,690 mg · 11,8 · 0,989 = 148,09 mg I_2 an

$$IZ = \frac{m\,(\text{Iod})}{m\,(\text{Probe})} = \frac{0{,}14809\text{ g}}{0{,}1035\text{ g}} = 1{,}43087\,\frac{\text{g Iod}}{\text{g Fett}} \approx \mathbf{143\,\frac{g\ Iod}{100\ g\ Fett}}$$

Lösung mit Äquivalentmasse und Größengleichung:

$$IZ = \frac{(V_{Blind} - V_{Probe}) \cdot \tilde{c}(Na_2S_2O_3) \cdot t \cdot M(\text{I})}{m(\text{Fett})}, \text{ mit } \ddot{A}(\text{I}) = c(Na_2S_2O_3) \cdot M(\text{I}) = 12{,}690 \text{ mg/mL folgt:}$$

$$IZ = \frac{(V_{Blind} - V_{Probe}) \cdot t \cdot \ddot{A}(\text{I})}{m(\text{Fett})} = \frac{(38{,}7\text{ mL} - 26{,}9\text{ mL}) \cdot 0{,}989 \cdot 12{,}690\text{ g/mL}}{0{,}1035\text{ g}}$$

$$\mathbf{IZ} = 1{,}43087\,\frac{\text{g Iod}}{\text{g Fett}} \approx \mathbf{143\,\frac{g\ Iod}{100\ g\ Fett}}$$

Aufgaben zu 6.6 Maßanalytische Kennzahlen von Fetten

1. 5,257 g Leinöl verbrauchen zur Neutralisation 11,5 mL Kalilauge-Maßlösung (c(KOH) = 0,1 mol/L). 1,018 g des gleichen Leinöls werden mit 50,0 mL alkoholischer Kalilauge (c(KOH) = 0,1 mol/L) verseift. Der Überschuss an KOH verbraucht zur Neutralisation 14,1 mL Salzsäure-Maßlösung ($\tilde{c}$ (KOH) = 0,1 mol/L, $t = 0{,}986$). Berechnen Sie die Verseifungszahl *VZ*, die Säurezahl *SZ* und die Esterzahl *EZ* der Leinölprobe.

2. 3,974 g einer ranzigen Fettprobe erfordern zur Neutralisation der freien Fettsäuren 6,25 mL Kalilauge-Maßlösung (c(KOH) = 0,1 mol/L). 0,987 g des gleichen Fettes werden anschließend mit 50,0 mL ethanolischer Kalilauge (c(KOH) = 0,1 mol/L) unter Rückfluss erhitzt und verseift. Die überschüssige Kalilauge wird mit 20,65 mL Salzsäure-Maßlösung ($\tilde{c}$ (HCl) = 0,1 mol/L, $t = 0{,}987$) neutralisiert. Berechnen Sie Säurezahl, Verseifungszahl und Esterzahl des Fettes.

3. Zur Iodzahlbestimmung von Sonnenblumenöl verbrauchen 0,1395 g Probe 16,35 mL Natriumthiosulfat-Maßlösung mit $c(Na_2S_2O_3) = 0{,}1$ mol/L. Beim Blindversuch beträgt der Verbrauch 30,7 mL Maßlösung. Welche Iodzahl hat das untersuchte Öl?

4. Von Sojaöl wird die Iodzahl bestimmt. 0,1748 g Probe werden mit 19,1 mL Natriumthiosulfat-Maßlösung ($\tilde{c}\,(Na_2S_2O_3) = 0{,}1$ mol/L, $t = 0{,}986$) titriert. Bei der Blindprobe werden 35,6 mL Maßlösung verbraucht. Berechnen Sie die Iodzahl des Sojaöls.

Gemischte Aufgaben zu 6 Analytische Bestimmungen

1. Wie groß ist der Feuchtigkeitsgehalt einer Kohleprobe, wenn sich beim Trocknen bei 105 °C die Einwaage von 1,299 g um 0,321 g verringert?
2. 3,487 g feuchter Bleiglanz mit $w(Pb) = 36{,}5\,\%$ werden getrocknet. Die Auswaage beträgt 3,116 g. Welchen Massenanteil an Blei enthält der trockene Bleiglanz?
3. 20,543 g Natriumsulfatprobe ergeben getrocknet eine Auswaage von 20,141 g.
   a) Wie groß ist der Feuchtigkeitsanteil?
   b) Wie viel Wasser muss noch aus 5,0 t Natriumsulfat durch Trocknen entfernt werden, damit der zulässige Wassergehalt von 0,50 % erreicht wird?
4. 7,877 g Rohkohle werden nach dem Trocknen mit 4,836 g ausgewogen.
   a) Wie groß ist der Feuchtigkeitsanteil der Rohkohle?
   b) Wie viel trockene Kohle ist in einer Lieferung von 250 t Rohkohle enthalten?
5. 1,522 g Bauxit wurden geglüht, der Glührückstand betrug 1,3054 g.
   a) Berechnen Sie den Glühverlust in Prozent.
   b) Welche Massenabnahme wäre bei einem Glühverlust von 15,8 % eingetreten?
6. Bei der Bestimmung des Glührückstands einer Kohle werden folgende Wägeergebnisse ermittelt: m(Tiegel leer) = 33,086 g, m(Tiegel + Kohle) = 48,824 g, m(Tiegel + Schlacke) = 35,523 g. Wie groß ist der Schlackegehalt der Kohle in Prozent?
7. Bei der Destillation von 105,3 g mit Xylol versetztem Schmieröl wurden 0,33 g Wasser abgeschieden. Welchen Massenanteil an Feuchtigkeit enthält die Ölprobe in Prozent?
8. Welcher theoretische Glühverlust in Prozent ist beim Calcinieren von Natriumhydrogencarbonat $NaHCO_3$ zu Natriumcarbonat Na_2CO_3 zu erwarten?
9. Zur Bestimmung des Gehalts an Bariumchlorid $BaCl_2$ wurden 4,543 g Rohsalz eingewogen, gelöst und zu 500 mL aufgefüllt. 50,0 mL dieser Stammlösung ergaben im Mittel 0,478 g ausgefälltes Bariumsulfat $BaSO_4$. Welchen Massenanteil $w(BaCl_2)$ enthält das untersuchte Salz?
10. Bei der Bestimmung des Aluminiumgehalts wurden 4,698 g einer Legierung in Salzsäure gelöst und auf 250 mL verdünnt. Aus 50,0 mL dieser Stammlösung wurden bei drei Bestimmungen 0,533 g, 0,538 g und 0,531 g Al_2O_3 erhalten. Welchen Massenanteil $w(Al)$ in Prozent hat die Legierung?
11. Wie viel Gramm Natriumcarbonat Na_2CO_3 p.a. müssen zum Ansetzen von 2,0 L Maßlösung der Stoffmengenkonzentration $c(Na_2CO_3) = 0{,}1$ mol/L eingewogen werden?
12. Wie viel Milliliter Salzsäure ($w(HCl) = 35{,}2\,\%$, $\varrho(HCl) = 1{,}175$ g/mL) sind zur Herstellung von 5,0 L Salzsäure-Maßlösung, $c(HCl) = 0{,}50$ mol/L, erforderlich?
13. Wie viel Gramm formelreine Substanz sind jeweils zur Herstellung von 5,0 L Maßlösung vorzulegen?
   a) Natronlauge, $\tilde{c}(NaOH) = 0{,}2$ mol/L
   b) Silbernitrat, $\tilde{c}(AgNO_3) = 0{,}05$ mol/L
   c) Schwefelsäure, $\tilde{c}(\frac{1}{2}H_2SO_4) = 0{,}01$ mol/L
   d) Kaliumpermanganat, $\tilde{c}(\frac{1}{5}KMnO_4) = 0{,}5$ mol/L
14. 25,0 mL Natronlauge ($\tilde{c}(NaOH) = 0{,}1$ mol/L) verbrauchen bei einer Dreifach-Titerbestimmung 24,8 mL, 24,75 mL, 24,75 mL Salzsäure-Maßlösung, $c(HCl) = 0{,}1$ mol/L. Welchen Titer hat die Lauge?
15. Der Titer einer Natronlauge-Maßlösung ($\tilde{c}(NaOH) = 0{,}1$ mol/L) soll mit Oxalsäure-2-hydrat als Urtiter bestimmt werden. Die Einwaage von 132,5 mg $(COOH)_2 \cdot 2\ H_2O$ verbraucht 21,4 mL Natronlauge-Maßlösung. Berechnen Sie den Titer der Lauge.
16. Zur Titerbestimmung einer Salzsäure-Maßlösung ($\tilde{c}(HCl) = 0{,}1$ mol/L) wurden 107,5 mg Natriumcarbonat Na_2CO_3 p.a eingewogen und mit Wasser verdünnt. Der Verbrauch bis zum Äquivalenzpunkt beträgt 20,15 mL. Welchen Titer hat die Salzsäure?
17. Ein Rührkessel wird zur Bestimmung des Fassungsvermögens mit Wasser gefüllt und darin 15,00 kg reines $Na_2CO_3 \cdot 10\ H_2O$ gelöst. 50,0 mL dieser Sodalösung verbrauchen zur Neutralisation 29,5 mL Salzsäure-Maßlösung ($\tilde{c}(HCl) = 0{,}1$ mol/L, $t = 1{,}008$). Welches Fassungsvermögen hat der Kessel?
18. 25,0 m^3 saures Abwasser sollen vor dem Zulauf in ein Klärbecken neutralisiert werden. Wie viel Kilogramm Löschkalk ($w(Ca(OH)_2) = 88{,}5\,\%$) sind zur Neutralisation erforderlich, wenn 100 mL des Abwassers 25,7 mL Natronlauge-Maßlösung ($\tilde{c}(NaOH) = 0{,}1$ mol/L, $t = 1{,}105$) verbrauchen?

19. 1,725 g technisches Kaliumcarbonat werden mit 20,35 mL Schwefelsäure-Maßlösung ($\tilde{c}(H_2SO_4)$ = 0,05 mol/L, t = 0,998) neutralisiert. Welchen Massenanteil $w(K_2CO_3)$ hat die Probe?

20. 241,5 mg einer verunreinigten Natriumhydrogencarbonat-Probe verbrauchen bei der Titration gegen Methylorange als Indikator 27,15 mL Salzsäure-Maßlösung, c(HCl) = 0,1 mol/L. Berechnen Sie den Massenanteil $w(NaHCO_3)$ des untersuchten Salzes.

21. 4,769 g technisches Kaliumhydroxid werden gelöst und auf 500 mL verdünnt. 50 mL dieser Lösung verbrauchen bei 3 Bestimmungen 16,35 mL, 16,40 mL und 16,40 mL Schwefelsäure-Maßlösung ($\tilde{c}(H_2SO_4)$ = 0,25 mol/L, t = 1,021). Berechnen Sie den Massenanteil w(KOH) der Probe.

22. 5,0 mL Wasserstoffperoxid-Lösung H_2O_2 der Dichte 1,018 g/mL werden in einen Messkolben pipettiert und auf 250 mL aufgefüllt. 25,0 mL dieser Stammlösung verbrauchen bei drei Bestimmungen 22,1 mL, 22,25 mL und 22,2 mL Kaliumpermanganat-Maßlösung ($\tilde{c}(KMnO_4)$ = 0,02 mol/L, t = 1,020). Welche Massenkonzentration $\beta(H_2O_2)$ in Gramm pro Liter und welchen Massenanteil $w(H_2O_2)$ in Prozent hat die Probe?

23. 20,0 mL KCl-Lösung verbrauchen bei einer Bestimmung nach Mohr 19,75 mL Silbernitrat-Maßlösung ($\tilde{c}(AgNO_3)$ = 0,1 mol/L, t = 0,989). Wie groß ist die Massenkonzentration β(KCl)?

24. 11,15 g Chlorwasser werden verdünnt und mit Kaliumiodid im Überschuss versetzt. Zur Reduktion der freigesetzten Iodportion werden 22,25 mL Maßlösung ($c(Na_2S_2O_3)$ = 0,1 mol/L) verbraucht. Wie groß ist der Massenanteil $w(Cl_2)$ des Chlorwassers?

25. 1,850 g Kalksteinprobe werden mit 50 mL Schwefelsäure-Maßlösung ($\tilde{c}(H_2SO_4)$ = 0,5 mol/L), t = 1,012) versetzt. Das entstehende CO_2 wird durch Aufkochen ausgetrieben. Die nicht verbrauchte Säureportion wird mit 18,9 mL Natronlauge-Maßlösung ($\tilde{c}$(NaOH) = 1 mol/L, t = 0,9985) neutralisiert (zurücktitriert). Welchen Massenanteil $w(CaCO_3)$ hat der untersuchte Kalkstein?

26. Bei der komplexometrischen Bestimmung von Nickel-Ionen werden 20,0 mL Probelösung zu 250 mL aufgefüllt. 25,0 mL davon werden mit 20,0 mL EDTA-Maßlösung (c(EDTA) = 0,02 mol/L) versetzt. Der EDTA-Überschuss verbraucht 12,90 mL Maßlösung ($c(MgSO_4)$ = 0,02 mol/L). Berechnen Sie die Massenkonzentration an Nickel-Ionen in Gramm pro Liter.

27. Zur Bestimmung des Gehalts an Cadmium-Ionen Cd^{2+} werden 20,0 mL Abwasserprobe zu 250 mL Stammlösung aufgefüllt. 50,0 mL davon verbrauchen 21,05 mL EDTA-Maßlösung ($\tilde{c}$(EDTA) = 0,02 mol/L, t = 0,988). Welche Massenkonzentration $\beta(Cd^{2+})$ hat das Abwasser?

28. 14,050 g Ammoniakwasser werden auf 1000 mL verdünnt und 50,0 mL dieser Stammlösung mit 25,0 mL Schwefelsäure ($c(H_2SO_4)$ = 0,1 mol/L) versetzt. Der Überschuss an Säure wird mit 14,7 mL Natronlauge-Maßlösung ($\tilde{c}$(NaOH) = 0,1 mol/L, t = 1,008) zurücktitriert. Berechnen Sie den Massenanteil $w(NH_3)$ der Lösung in Prozent.

29. 20,0 mL einer mit Kochsalz verunreinigten Abfall-Salzsäure werden im Messkolben auf 500 mL verdünnt. 25,0 mL der Stammlösung werden von 28,15 mL Natronlauge-Maßlösung ($\tilde{c}$(NaOH) = 0,1 mol/L, t = 0,979) neutralisiert. Aus der neutral austitrierten Lösung werden die Chlorid-Ionen mit 32,25 mL Silbernitrat-Maßlösung ($\tilde{c}(AgNO_3)$ = 0,1 mol/L, t = 1,016) ausgefällt. Berechnen Sie die Massenkonzentrationen β(HCl) und β(NaCl) der Abfallsäure.

30. 20,0 mL einer mit Natriumchlorid verunreinigten Zellenlauge werden im Messkolben auf 500 mL aufgefüllt. 20,0 mL der Verdünnung verbrauchen zur Neutralisation 29,5 mL Salzsäure-Maßlösung ($\tilde{c}$(HCl) = 0,1 mol/L, t = 1,008). Für die anschließende argentometrische Bestimmung der Chlorid-Ionen werden 25,80 mL Silbernitrat-Maßlösung ($\tilde{c}(AgNO_3)$ = 0,1 mol/L, t = 0,983) verbraucht. Berechnen Sie die Konzentrationen β(NaOH) und $\beta(Cl^-)$ in der untersuchten Lauge.

31. 1,158 g Fett werden in Ethanol gelöst. Zur Neutralisation der freien Fettsäuren verbraucht die Lösung 12,86 mL Kalilauge-Maßlösung ($\tilde{c}$(KOH) = 0,1 mol/L, t = 1,017). Welche Säurezahl hat das Fett?

32. 5,134 g Leinöl verbrauchen zur Neutralisation 2,45 mL Kalilauge-Maßlösung (c(KOH) = 0,5 mol/L). 1,620 g des Leinöls werden mit 25,0 mL ethanolischer Kalilauge-Maßlösung (c(KOH = 0,5 mol/L) verseift. Überschüssige Lauge wird mit 12,8 mL Salzsäure-Maßlösung (c(HCl) = 0,5 mol/L) zurücktitriert. Bei der Blindwert-Bestimmung verbrauchen 25,0 mL Kalilauge 24,2 mL der gleichen Salzsäure-Maßlösung. Berechnen Sie die Säure-, Verseifungs- und Esterzahl des Leinöls.

7 Berechnungen zur Elektrizitätslehre

7.1 Elektrische Grundbegriffe

Elektrische Ladung

Als Ladung bezeichnet man eine Anzahl von Elementarladungen. Die Elementarladungen können positiv oder negativ sein.

Das Formelzeichen der Ladung ist *Q*, ihre SI-Einheit ist 1 Coulomb (1 C). Die Ladung von 1 C entspricht der Elektrizitätsmenge von $6{,}25 \cdot 10^{18}$ Elementarladungen. Weitere Einheiten der Ladung sind Amperestunde A · h sowie Amperesekunde A · s.

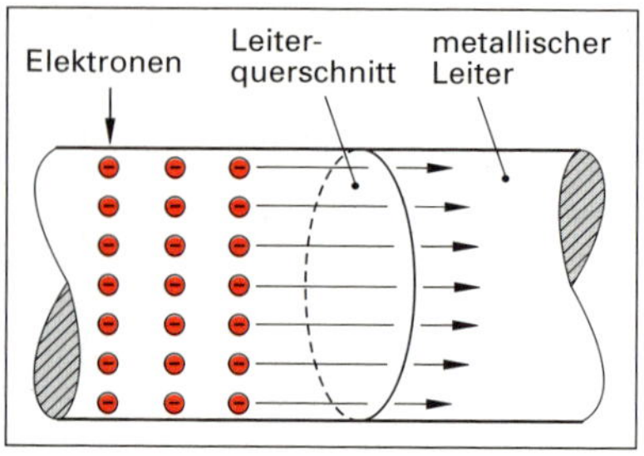

Bild 208/1: Elektronenstrom in einem metallischen Leiter

Elektrischer Strom

Unter elektrischem Strom wird die gerichtete Bewegung von Ladungen verstanden. Die Ladungsträger können sowohl Elektronen (e^-) als auch Ionen (Kationen (+) oder Anionen (–)) sein. Man unterscheidet daher einen Elektronenstrom (Leiter 1. Ordnung) sowie einen Ionenstrom (Leiter 2. Ordnung).

Fließen Elektronen in einem **metallischen Leiter**, z. B. aus Kupfer oder Aluminium, so liegt ein Elektronenstrom vor **(Bild 208/1)**. Durch den Ladungstransport tritt keine stoffliche Veränderung des Leiterwerkstoffes ein.

Der Ionenstrom in einem **Elektrolyten**, z. B. einer Salzlösung, besteht in der gerichteten Bewegung der Ionen in der **leitenden** Flüssigkeit **(Bild 208/2)**. Hierbei ist der Ladungstransport an einen Stofftransport gebunden. Der Elektrolyt verändert dabei seine Zusammensetzung.

In Nichtleitern (z. B. Glas, Kunststoffe) kann kein Strom fließen.

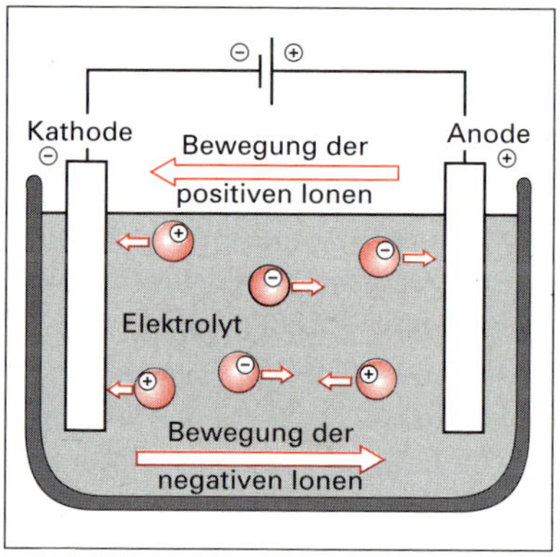

Bild 208/2: Ionenstrom in einem Elektrolyten

Elektrischer Stromkreis

Ein elektrischer Strom kann nur in einem geschlossenen Stromkreis fließen. Ein einfacher elektrischer Stromkreis besteht aus der Spannungsquelle, dem Verbraucher sowie der Hin- und Rückleitung **(Bild 208/3)**. Der Elektronenstrom fließt vom Minuspol der Spannungsquelle über den Verbraucher zum Pluspol. In der Spannungsquelle transportiert eine Elektronen bewegende Kraft die Elektronen wieder zum Minuspol.

Die technische Stromrichtung verläuft aus historischen Gründen entgegengesetzt zur Elektronenstromrichtung.

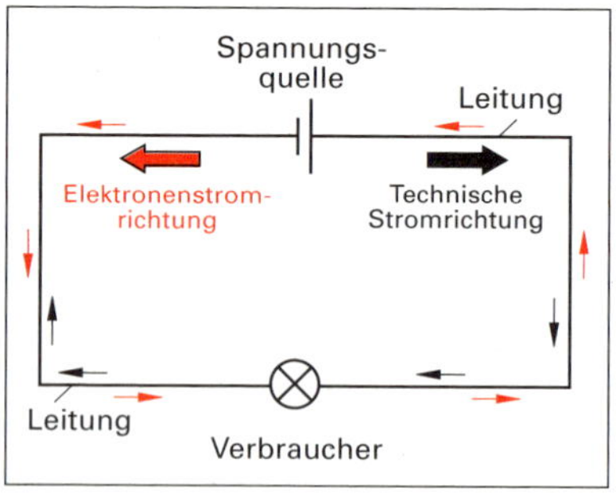

Bild 208/3: Elektrischer Stromkreis

Stromstärke

Die Stromstärke *I* ist ein Maß für die Größe eines Stroms. Sie ist eine Basisgröße, ihre SI-Einheit ist 1 Ampere (1 A).

Die Stromstärke *I* gibt an, welche Ladungsmenge *Q* pro Zeiteinheit durch einen Leiterquerschnitt fließt (Bild 208/1).

Bei einer Stromstärke von 1 Ampere fließt durch den Leiterquerschnitt pro Sekunde eine Elektrizitätsmenge von $1\ \text{C} = 6{,}25 \cdot 10^{18}$ Elektronen.

Stromstärke
$\text{Stromstärke} = \dfrac{\text{Ladungsmenge}}{\text{Zeiteinheit}} \qquad I = \dfrac{Q}{t}$

Beispiel: Bei der Alkali-Chlorid-Elektrolyse nach dem Amalgamverfahren beträgt die Stromstärke in den Kupferzuleitungen 20 kA. Welche Elektrizitätsmenge (in Amperestunden) fließt pro Minute?

Lösung: $I = \dfrac{Q}{t} \Rightarrow \boldsymbol{Q} = I \cdot t = 20 \cdot 10^3\ \text{A} \cdot 1\ \text{min} = 20 \cdot 10^3\ \text{A} \cdot \dfrac{1}{60}\ \text{h} = 333{,}33\ \text{Ah} \approx \mathbf{333\ Ah}$

Elektrische Spannung

Zur Spannungserzeugung müssen Ladungen getrennt werden. Dabei wird Arbeit W ($W = F \cdot s$) gegen die Anziehungskräfte zwischen den positiven und negativen Ladungen verrichtet **(Bild 209/1)**.

Spannung
$U = \frac{W}{Q}$

Die pro Ladungsmenge Q aufgebrachte Trennarbeit W heißt Spannung U. Die daraus abgeleitete Einheit der Spannung ist J/C.

$$[U] = \frac{[W]}{[Q]} = \frac{J}{C}$$

In der Elektrizitätslehre verwendet man überwiegend die SI-Einheit der Spannung das **Volt** (Kurzzeichen V).

$$1\,V = 1\,\frac{J}{C}$$

Beispiel: In einem elektrischen Feld wird eine Kugel mit der Ladung 2 Coulomb um 20 cm verschoben **(Bild 209/2)**. Hierzu ist eine Kraft von zwei Newton erforderlich. Wie groß ist die erzeugte Spannung?

Lösung: $U = \frac{W}{Q} = \frac{F \cdot s}{Q} = \frac{2\,N \cdot 0{,}2\,m}{2\,C} = 0{,}2\,\frac{N \cdot m}{C}$

mit $1\,\frac{J}{C} = \frac{N \cdot m}{C} = 1\,V$ folgt: $\boldsymbol{U = 0{,}2\ V}$

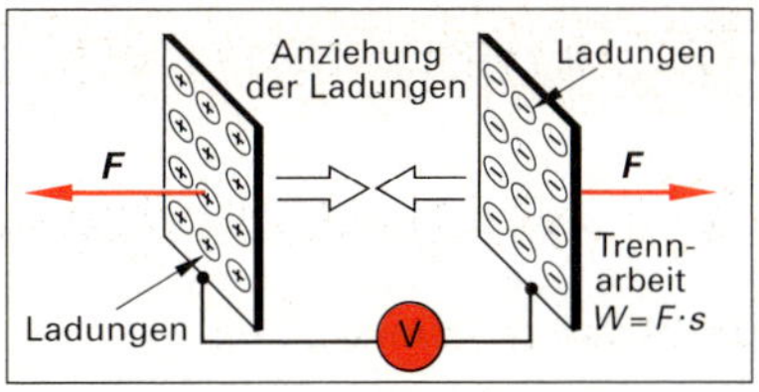

Bild 209/1: Spannungserzeugung

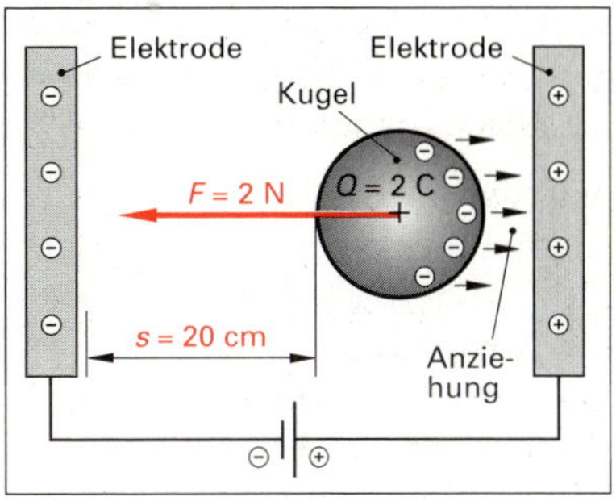

Bild 209/2: Beispiel

Aufgaben zu 7.1 Elektrische Grundbegriffe

1. Beim Füllen eines Rührkessels mit Toluol **(Bild 209/3)** werden, zur Verhinderung der elektrostatischen Aufladung, über das Erdungskabel $3{,}5 \cdot 10^{13}$ Elektronen pro Minute abgeleitet. Wie groß ist die Stromstärke?
2. Durch eine Kontroll-Lampe am Steuerpult einer horizontalen Schälzentrifuge fließt während des fünfzehn Minuten dauernden Füllvorgangs ein Strom von 0,2 A. Welche Ladungsmenge wird in dieser Zeit in der Kontroll-Lampe transportiert?
3. Wie viele Elektronen treffen pro Sekunde den Bildschirm eines Computers in einer Prozessleitwarte, wenn die Stromstärke des Elektronenstrahls 3,0 mA beträgt?
4. Dem Blei-Akkumulator eines Gabelstaplers soll bei einem mittleren Ladestrom von 1,85 A eine Ladung von 88 Ah zugeführt werden. Wie lange dauert die Aufladung?
5. Zur Herstellung von Elektrolyt-Kupfer **(Bild 209/4)** wird über Stromschienen eine Elektrizitätsmenge von $2{,}7 \cdot 10^6$ C pro Quadratmeter Elektrodenfläche in 2,5 Stunden einer Elektrolysezelle zugeführt. Wie groß ist die Stromstärke?
6. Bei der Schmelzflusselektrolyse von Magnesiumchlorid beträgt die Stromstärke 350 A. Nach welcher Zeit ist die Elektrizitätsmenge von 12 kC durch die Kupferzuleitungen geflossen?
7. In einem Kunststoff verarbeitenden Betrieb läuft eine Polyethylen-Folie von einem Meter Breite mit einer Geschwindigkeit von 360 Meter pro Minute durch eine Maschine. Die Folie lädt sich dabei pro Quadratzentimeter um 10^{-7} C auf. Welcher Strom wird durch Sprühentladung abgenommen, um die Folie ladungsfrei zu machen?

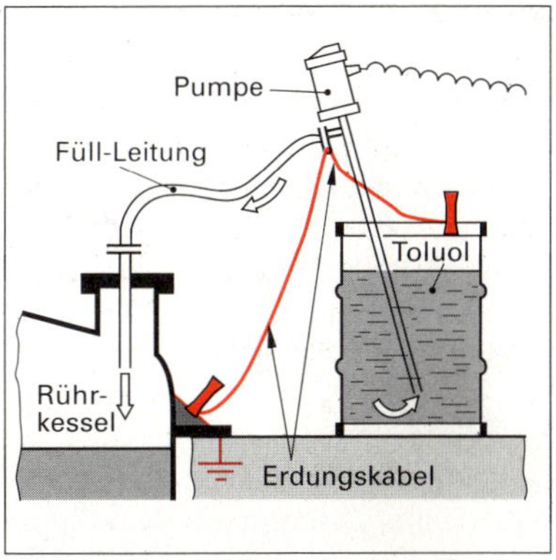

Bild 209/3: Erdung beim Umfüllen einer Flüssigkeit

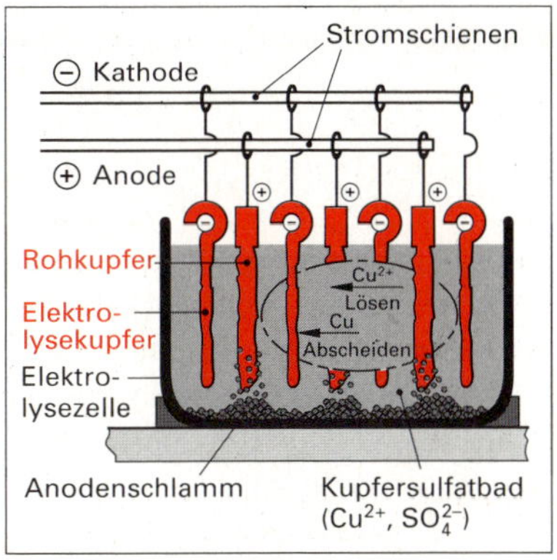

Bild 209/4: Herstellung von Elektrolytkupfer

7.2 Elektrischer Widerstand in einem Leiter

Die gerichtete Bewegung der Elektronen in einem Leiter wird durch die ständigen Zusammenstöße der Elektronen mit den Teilchen des Leitermaterials gehemmt. Jeder Leiter setzt dem elektrischen Strom einen elektrischen **Widerstand *R*** entgegen. Er muss durch eine angelegte Spannung überwunden werden. Der elektrische Widerstand hat die Einheit Ohm, Kurzzeichen Ω.

Der elektrische Widerstand *R* von Leitern ist umso größer,

- je größer die Leiterlänge *l* ist: ($R \sim l$),
- je kleiner der Leiterquerschnitt *A* ist: ($R \sim 1/A$),
- je größer der spezifische elektrische Widerstand ϱ des Leiterwerkstoffs ist: ($R \sim \varrho$):

Diese Abhängigkeiten lassen sich in einer Größengleichung für den **elektrischen Widerstand *R*** eines Leiterstücks zusammenfassen.

Der Kennwert für den elektrischen Widerstand eines Werkstoffs ist der **spezifische elektrische Widerstand** ϱ. Seine Einheit ist $(\Omega \cdot mm^2)/m$. Er gibt an, welchen Widerstand (in Ω) ein 1 Meter langer Leiter mit einer Querschnittsfläche von 1 Quadratmillimeter dem Strom entgegensetzt **(Tabelle 210/1)**..

Beispiel: In einem Platin-Widerstandsthermometer (Pt100) dient eine in Glas eingeschmolzene Platin-Wicklung als Messfühler **(Bild 210/1)**. Der Platindraht des Messwiderstands ist 7,27 cm lang und hat einen Durchmesser von 10,0 µm. Wie groß ist der elektrische Widerstand des Platindrahtes?

Lösung: $R = \frac{\varrho \cdot l}{A}$ mit $A = \frac{\pi}{4 \cdot d^2}$ folgt:

$$\mathbf{R} = \frac{\varrho \cdot l \cdot 4}{\pi \cdot d^2} = \frac{0{,}108\ \frac{\Omega \cdot mm^2}{m} \cdot 0{,}0727\ m \cdot 4}{\pi \cdot 0{,}000\,100\ mm^2} = \mathbf{100\ \Omega}$$

Tabelle 210/1: Spezifischer Widerstand ϱ (in $\frac{\Omega \cdot mm^2}{m}$) bei 20 °C

Leiterwerkstoff	ϱ	Leiterwerkstoff	ϱ
Silber	0,016	Platin	0,108
Kupfer	0,0178	Eisen	0,13
Aluminium	0,0278	Quecksilber	0,95
Wolfram	0,055	Konstantan	0,49

Elektrischer Widerstand eines Leiterstücks	$R = \frac{\varrho \cdot l}{A}$

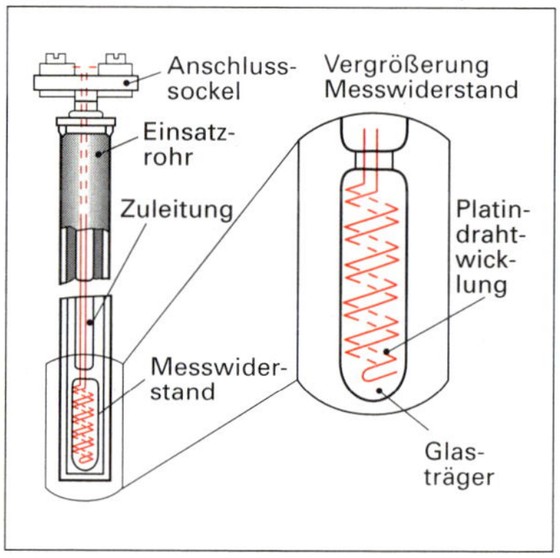

Bild 210/1: Widerstandsthermometer

Leitwert

Der Widerstand *R* eines Leiters ist ein Maß dafür, wie stark ein elektrischer Strom in seinem Fluss gehemmt wird.

Der **Leitwert *G*** ist der Kehrwert des elektrischen Widerstandes. Er ist ein Maß, wie gut der elektrische Strom geleitet wird.

Die Einheit für den Leitwert ist das Siemens, Einheitenzeichen S.

Leitwert

$$G = \frac{1}{R} = \frac{A}{\varrho \cdot l}$$

$$[G] = \frac{1}{[R]} = \frac{1}{\Omega} = 1\,S$$

Beispiel: Wie groß ist der Leitwert einer Messleitung, deren Widerstand 0,5 Ω beträgt?

Lösung: $G = \frac{1}{R} = \frac{1}{0{,}5\ \Omega} = \mathbf{2\ S}$

Aufgaben zu 7.2 Elektrischer Widerstand in einem Leiter

1. Wie verändert sich der Widerstand eines Konstantan-Drahtes, wenn
   a) sein Querschnitt bei konstanter Länge verdoppelt wird,
   b) seine Länge bei konstantem Querschnitt um die Hälfte gekürzt wird,
   c) seine Länge und sein Querschnitt vervierfacht werden,
   d) seine Länge um die Hälfte verringert und sein Querschnitt verdoppelt werden?
2. Wie groß ist der Durchmesser eines 20 cm langen Platindrahtes in einem Kontaktthermometer, wenn sein Widerstand 2,75 Ω beträgt?
3. Wie verändert sich der Widerstand eines Drahtes, wenn dieser bei konstantem Volumen auf die zehnfache Länge gestreckt wird?

4. Eine bei der Alkalichlorid-Elektrolyse verwendete Stromsammelschiene aus Kupfer ist 14,0 m lang, 20,0 cm breit und 20,0 mm dick. Wie groß ist ihr elektrischer Widerstand? Berechnen Sie ferner den Leitwert.
5. Eine Aluminiumleitung mit einem Durchmesser von 2,0 mm soll durch eine Kupferleitung gleicher Länge ersetzt werden. Wie groß muss der Durchmesser der Kupferleitung sein, wenn der Widerstand konstant bleiben soll?

7.3 Temperaturabhängigkeit des Widerstands

Die Atomrümpfe schwingen in einem Leiter mit steigender Temperatur stärker um ihre Ruhelage und behindern dadurch die fließenden Elektronen.

Der elektrische Widerstand im warmen Zustand R_w ist demzufolge in unlegierten Metallen um die Widerstandsänderung ΔR größer als im kalten Zustand R_k: $R_w = R_k + \Delta R$.

Die Größe der Widerstandsänderung pro Grad wird Temperaturbeiwert α genannt und in 1/K angegeben. Der Temperaturbeiwert ist werkstoffspezifisch **(Tabelle 211/1)**.

Tabelle 211/1: Mittlerer Temperaturbeiwert α (in 1/K) zwischen 0 °C und 100 °C

Leiter-werkstoff	α	Leiter-werkstoff	α
Silber	0,0041	Platin	0,0038
Kupfer	0,0043	Eisen	0,0066
Aluminium	0,0047	Quecksilber	0,00092
Wolfram	0,0048	Konstantan	0,00003

Die Widerstandsänderung ΔR wächst beim Erwärmen mit

- dem Kaltwiderstand R_k: $\Delta R \sim R_k$,
- dem Temperaturbeiwert α: $\Delta R \sim \alpha$,
- der Temperaturänderung $\Delta\vartheta$: $\Delta R \sim \Delta\vartheta$.

Thermische Widerstandsänderung

$$\Delta R = R_k \cdot \alpha \cdot \Delta\vartheta$$

Setzt man in die Gleichung für den Warmwiderstand $R_w = R_k + \Delta R$ die Gleichung $\Delta R = R_k \cdot \alpha \cdot \Delta\vartheta$ ein, so ergibt sich für den Warmwiderstand R_w:

Warmwiderstand

$$R_w = R_k \cdot (1 + \alpha \cdot \Delta\vartheta)$$

Eine technische Anwendung der thermischen Widerstandsänderung ist das Platin-Widerstandsthermometer.

Bei Platin steigt der Widerstand R über einen weiten Temperaturbereich von 0 bis 800 °C proportional mit der Temperatur **(Bild 211/1)**.

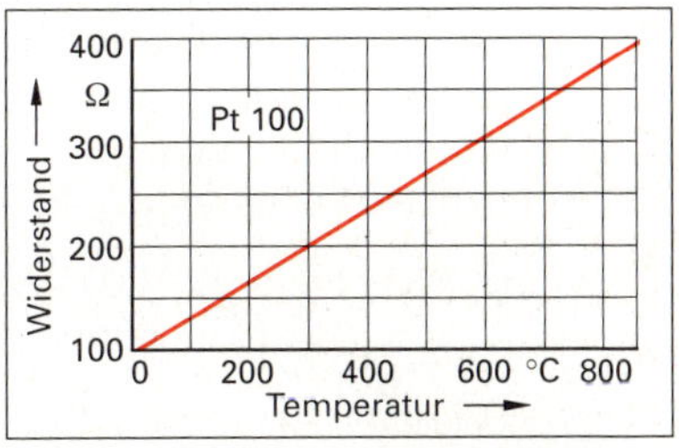

Bild 211/1: Kennlinie eines Platin-Widerstandsthermometers (Pt 100)

Beispiel: Wie verändert sich der Widerstand in einem Platin-Widerstandsthermometer Pt 100 (Bild 210/1), wenn der Messfühler von 0 °C auf 75,0 °C erwärmt wird?

Lösung: Mit R_k(Pt 100) = 100 Ω und α = 0,00380 1/K folgt:

$$\Delta R = R_k \cdot \alpha \cdot \Delta\vartheta = 100\ \Omega \cdot 0{,}00380\ \frac{1}{K} \cdot 75{,}0\ K \approx \mathbf{28{,}5\ \Omega}$$

Aufgaben zu 7.3 Temperaturabhängigkeit des Widerstands

1. Der Wolframdraht einer 60-Watt-Glühlampe erhitzt sich nach dem Einschalten auf eine Temperatur von ca. 2500 °C. Wie groß ist der Betriebswiderstand der Lampe, wenn ihr Kaltwiderstand bei 20 °C 65 Ω beträgt?
2. Die Messwicklung eines Widerstandsthermometers (Pt 100) hat einen Widerstand von 186 Ω. Wie groß ist die Temperatur an der Messstelle?
3. Der Warmwiderstand eines Elektromotors mit Kupferwicklung beträgt nach mehrstündigem Betrieb 1,85 Ω bei 40 °C. Wie groß ist der Kaltwiderstand bei 25 °C?
4. Ein Draht wird in einem Wasserbad von 20 °C auf 100 °C erhitzt. Dabei nimmt sein Widerstand um 37,6 % zu. Um welchen Leiterwerkstoff handelt es sich?

7.4 Ohm'sches Gesetz

Wird an einen Widerstand in einem geschlossenen Stromkreis eine Spannung angelegt, so fließt durch den Widerstand ein Strom. Variiert man den elektrischen Widerstand R und die angelegte Spannung U, so erhält man Abhängigkeiten **(Bild 212/1)**.

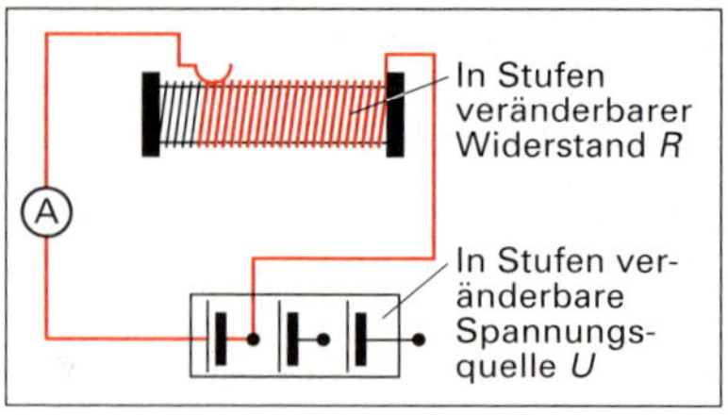

Bild 212/1: Versuchsanordnung

Die Stromstärke I ist umso größer,

- je größer die Spannung U ist: $I \sim U$,
- je kleiner der Widerstand R ist: $I \sim 1/R$.

Diese Abhängigkeiten ergeben das **Ohm'sche Gesetz**:

> In einem Stromkreis ist bei konstanter Temperatur die Stromstärke der Spannung direkt und der Widerstand umgekehrt proportional.

Ohm'sche Gesetz $I = \frac{U}{R}$

Das Ohm'sche Gesetz besagt: Die Spannung von 1 Volt treibt durch den Widerstand von 1 Ohm den Strom von 1 Ampere.

Umgeformt nach dem Widerstand R liefert es eine Definition für die abgeleitete Einheit des elektrischen Widerstands. Die SI-Einheit des elektrischen Widerstands ist **Ohm**, Kurzzeichen Ω.

$$R = \frac{U}{I} \qquad [R] = \frac{[U]}{[I]} = \frac{\text{V}}{\text{A}} = \Omega$$

Beispiel: Wie groß muss die Hilfsspannung an einem Widerstandsthermometer sein, wenn der Messwiderstand 100 Ω beträgt und ein Strom von 3 mA fließt **(Bild 212/2)**?

Lösung: $\mathbf{U} = R \cdot I = 100\ \Omega \cdot 0{,}003\ \text{A} = 100\ \frac{\text{V}}{\text{A}} \cdot 0{,}003\ \text{A} = \mathbf{0{,}3\ V}$

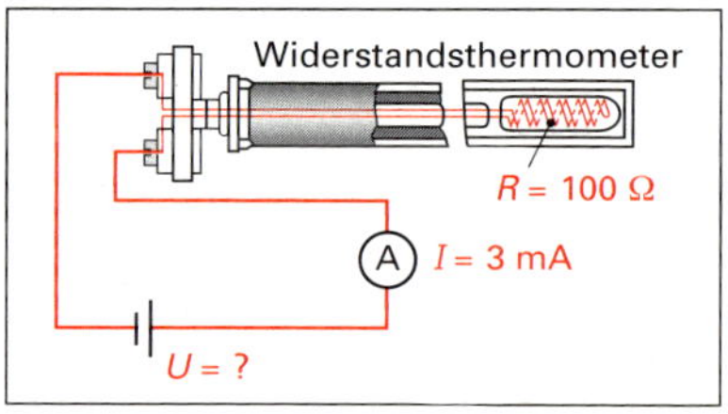

Bild 212/2: Beispiel

Aufgaben zu 7.4 Ohm'sches Gesetz

1. Wie groß ist der Widerstand einer Alkalichlorid-Elektrolysezelle **(Bild 212/3)**, wenn bei einer Spannung von 4,0 V ein Strom von 60 kA fließt?
2. Ein Lastwiderstand von 200 Ω wird an eine Spannung von 230 V angeschlossen. Wie groß ist der im Stromkreis fließende Strom?
3. Der Messwiderstand eines Widerstandsthermometers vergrößert sich beim Erwärmen um 50 °C um 19 Ω. Wie ändert sich die Spannung, wenn ein konstanter Messstrom von 3,0 mA fließt?
4. Wie groß ist die Betriebsstromstärke einer Rohrbegleitheizung, wenn bei einer Spannung von 400 V ihr Widerstand 8,0 Ω beträgt?
5. Die Betriebsstromstärke einer Beleuchtungsanlage in einer Lagerhalle für organische Zwischenprodukte beträgt 8,0 A. An welche Betriebsspannung muss sie angeschlossen werden, wenn ihr Gesamtwiderstand 28 Ω beträgt?
6. Wie groß ist der Widerstand eines Trockenschranks **(Bild 212/4)** bei einer Betriebsstromstärke von 6,0 A und einer Betriebsspannung von 230 V?

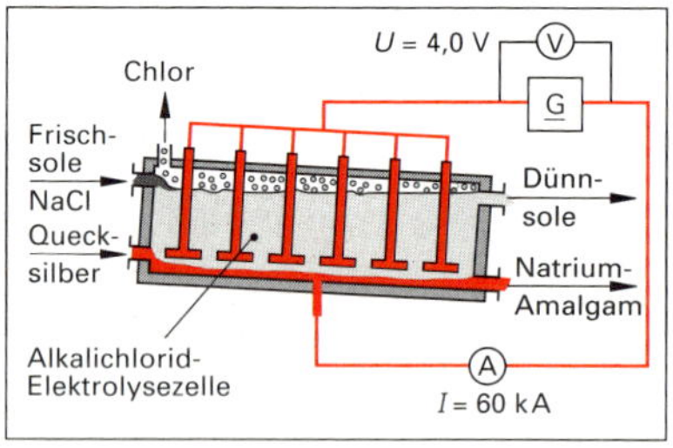

Bild 212/3: Aufgabe 1

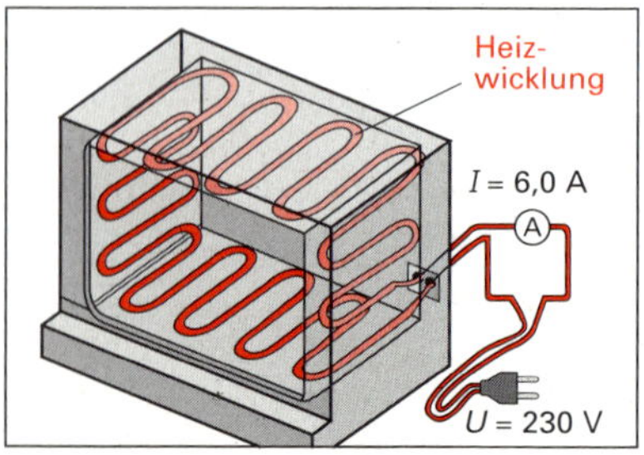

Bild 212/4: Aufgabe 6

7.5 Reihenschaltung von Widerständen

Eine Reihenschaltung von Widerständen liegt vor, wenn die einzelnen Widerstände in einem Stromkreis hintereinander geschaltet sind **(Bild 213/1)**.

(Durch die parallel geschalteten Voltmeter in Bild 213/1 fließt nur ein geringer Strom, der vernachlässigt werden kann.)

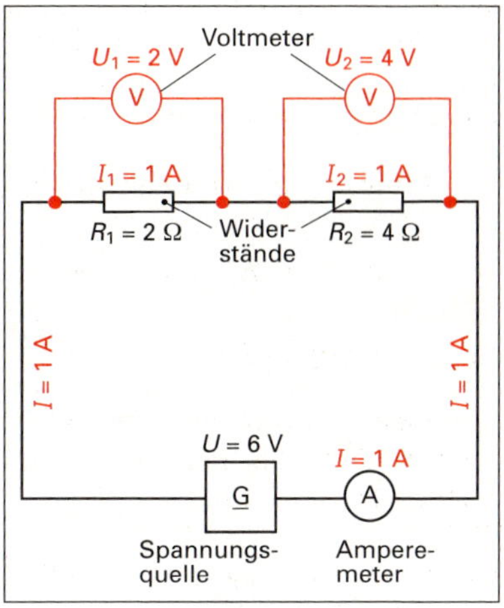

Bild 213/1: Reihenschaltung von Widerständen

Stromstärke bei Reihenschaltung

Da die Elektronen an keiner Stelle aus dem Stromkreis entweichen können und sich der Stromkeis nicht verzweigt, ist die Stromstärke in allen Widerständen und an jeder Stelle in den Leitern gleich groß.

Stromstärke
$I_{ges} = I_1 = I_2 = I_3 = \ldots$

Beispiel: Bei einer Alkalichlorid-Elektrolyse sind in einem Stromkreis 156 Zellen in Reihe geschaltet. Die Stromstärke beträgt insgesamt 120 kA. Wie groß ist die Stromstärke zwischen den Zellen 86 und 87?

Lösung: $\boldsymbol{I_{ges}} = I =$ **120 kA** Die Stromstärke ist im gesamten Stromkreis 120 kA.

Gesamtwiderstand bei Reihenschaltung

Der Widerstand eines Drahtes ist von seiner Länge abhängig (Seite 210). Ein längeres Drahtstück kann man sich aus mehreren kurzen Drahtstücken zusammengesetzt denken. Jedes Teilstück hat einen Teilwiderstand, der seiner Teillänge entspricht. Der Gesamtwiderstand R_{ges} des ganzen Drahtes – er wird auch als Ersatzwiderstand bezeichnet – setzt sich aus der Summe dieser Teilwiderstände zusammen.

Gesamtwiderstand
$R_{ges} = R_1 + R_2 + R_3 + \ldots$

Diese Überlegungen gelten auch für *n* gleiche Widerstände, die in Reihe in einem Stromkreis angeordnet sind.

Für *n* gleiche Widerstände gilt:
$R_{ges} = n \cdot R$

Beispiel: Wie groß ist der Widerstand von 156 reihengeschalteter Alkalichlorid-Elektrolysezellen, wenn der Widerstand einer Zelle 0,05 mΩ beträgt?

Lösung: $\boldsymbol{R_{ges}} = n \cdot R = 156 \cdot 0{,}05\ \text{m}\Omega = 7{,}8\ \text{m}\Omega \approx$ **8 mΩ**

Gesamtspannung bei Reihenschaltung

Misst man die Teilspannungen an den einzelnen Widerständen (Bild 213/1), so stellt man fest, dass die Summe der Teilspannungen so groß ist, wie die Gesamtspannung U_{ges} der Spannungsquelle. Diese Gesetzmäßigkeit wird auch als 2. **Kirchhoff'sche Regel** bezeichnet.

Gesamtspannung
$U_{ges} = U_1 + U_2 + U_3 + \ldots$ 2. Kirchhoff'sche Regel

Eine strömende Flüssigkeit erfährt an Hindernissen in einem Rohrnetz, insbesondere an Armaturen, einen Druckabfall (Seite 245). Analog hierzu wird der Spannungsverlust eines elektrischen Stroms an einem Widerstand auch als Spannungsabfall bezeichnet.

Für *n* gleich große Spannungsabfälle gilt:
$R_{ges} = n \cdot U$

Beispiel: Welche Gesamtspannung muss an 156 in Reihe geschalteten Alkalichlorid-Elektrolysezellen (Bild 212/3) mindestens anliegen, wenn der Spannungsabfall pro Zelle 4 V beträgt?

Lösung: $\boldsymbol{U_{ges}} = n \cdot U = 156 \cdot 4\ \text{V} =$ **624 V**

Teilspannungen und Teilwiderstände bei Reihenschaltung von zwei Widerständen

Der Strom ist bei der Reihenschaltung in den beiden Widerständen gleich groß: $I_1 = I_2$. Nach dem Ohm'schen Gesetz gilt:

$$I_1 = \frac{U_1}{R_1} \text{ und } I_2 = \frac{U_2}{R_2}. \text{ Somit ist } \frac{U_1}{R_1} = \frac{U_2}{R_2}.$$

Die nach Umformen erhaltene Gleichung besagt: Bei der Reihenschaltung von zwei Widerständen verhalten sich die Teilspannungen wie die dazugehörigen Teilwiderstände.

Größenverhältnis der Teilspannungen und Teilwiderstände bei Reihenschaltungen von zwei Widerständen $\frac{U_1}{U_2} = \frac{R_1}{R_2}$

Beispiel: Zwei Widerstände, $R_1 = 5{,}0\,\Omega$ und $R_2 = 8{,}0\,\Omega$, sind in Reihe geschaltet **(Bild 214/1)**.

a) Wie groß ist der Spannungsabfall am Widerstand R_1, wenn er am Widerstand R_2 1,20 V beträgt?

Berechnen Sie ferner: b) den Ersatzwiderstand,
c) die Stromstärke und
d) die Gesamtspannung.

Lösung: a) $\frac{U_1}{U_2} = \frac{R_1}{R_2} \Rightarrow \boldsymbol{U_1} = \frac{R_1 \cdot U_2}{R_2} = \frac{5{,}0\,\Omega \cdot 1{,}2\,\text{V}}{8{,}0\,\Omega} = \mathbf{0{,}75\,V}$

b) $\boldsymbol{R_{ges}} = R_1 + R_2 = 5{,}0\,\Omega + 8{,}0\,\Omega = \mathbf{13{,}0\,\Omega}$

c) $\boldsymbol{I_1} = \frac{U_1}{R_1} = \frac{0{,}75\,\text{V}}{5{,}0\,\Omega} = 0{,}15\,\text{A};\ I_1 = I_{ges} = 0{,}15\,\text{A}$

d) $\boldsymbol{U_{ges}} = U_1 + U_2 = 1{,}20\,\text{V} + 0{,}95\,\text{V} = \mathbf{1{,}95\,V}$

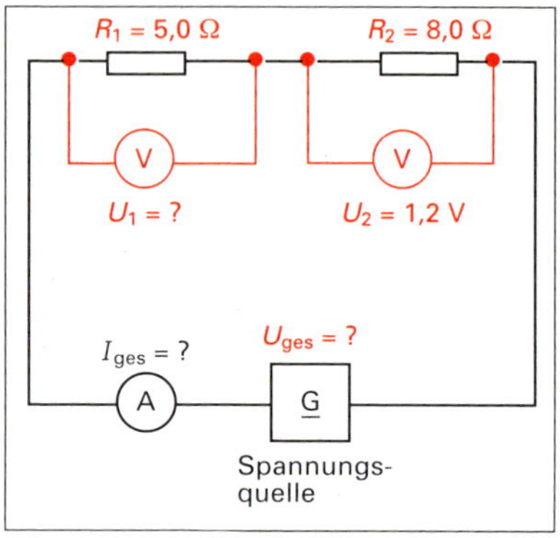

Bild 214/1: Beispiel: Reihenschaltung

Aufgaben zu 7.5 Reihenschaltung von Widerständen

1. Drei Widerstände liegen an 230 V und werden von einem Strom von 5 mA durchflossen **(Bild 214/2)**. Wie groß ist der Widerstand R_1, wenn die Widerstände $R_2 = 2\,\text{k}\Omega$ und $R_3 = 4\,\text{k}\Omega$ betragen?
2. Drei Widerstände $R_1 = 30\,\Omega$, $R_2 = 125\,\Omega$ und $R_3 = 80\,\Omega$ sind in Reihe geschaltet **(Bild 214/3)**. Am Widerstand R_2 wird eine Spannung von 120 V gemessen. Berechnen Sie den Ersatzwiderstand, die Stromstärke, die Klemmenspannung sowie die Teilspannungen an den Widerständen R_1 und R_3.
3. Der Messbereich eines Voltmeters mit einem Innenwiderstand von 5,0 kΩ soll von 12 V auf 100 V erweitert werden **(Bild 214/4)**. Welcher Vorwiderstand wird dazu benötigt?
4. Eine Rohrbegleitheizung ($I = 40$ A) ist mit einem 10 m langen, zweiadrigen Kupferkabel mit 6 mm² Querschnitt an 230 V angeschlossen. Berechnen Sie den Spannungsabfall in der Leitung in Volt und in Prozent der Netzspannung. Wie groß sind die Klemmenspannung am Verbraucher und der Gesamtwiderstand?
5. Drei in Reihe geschaltete Widerstände liegen bei einer Stromstärke von 1,6 A an 230 V. Der Widerstand R_3 beträgt 40 Ω. Am Widerstand R_2 wird ein Spannungsabfall von 70 V gemessen. Berechnen Sie:
   a) den Gesamtwiderstand,
   b) den Spannungsabfall von R_1 und R_3 und
   c) die Widerstände R_1 und R_2.

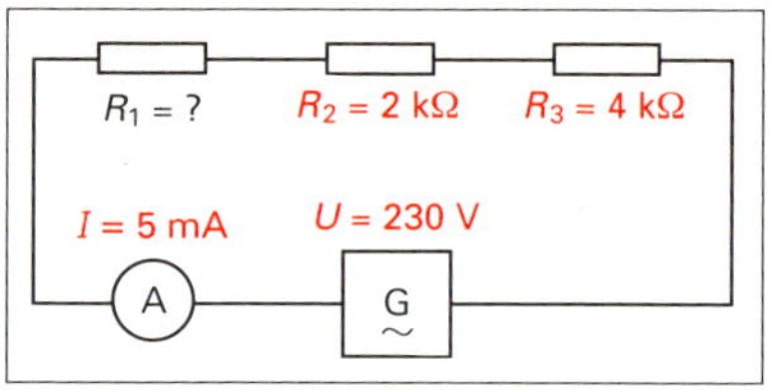

Bild 214/2: Schaltskizze zu Aufgabe 1

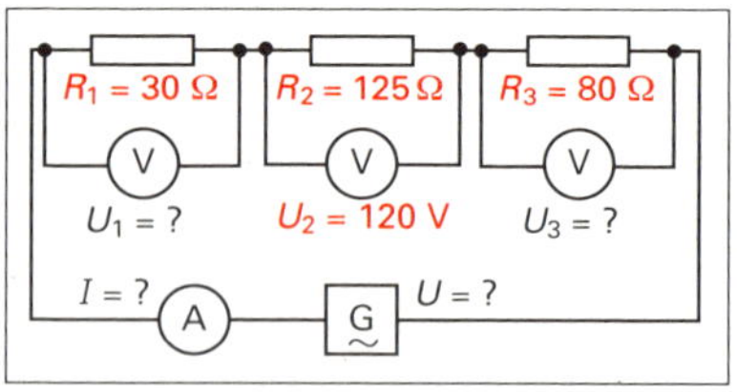

Bild 214/3: Schaltskizze zu Aufgabe 2

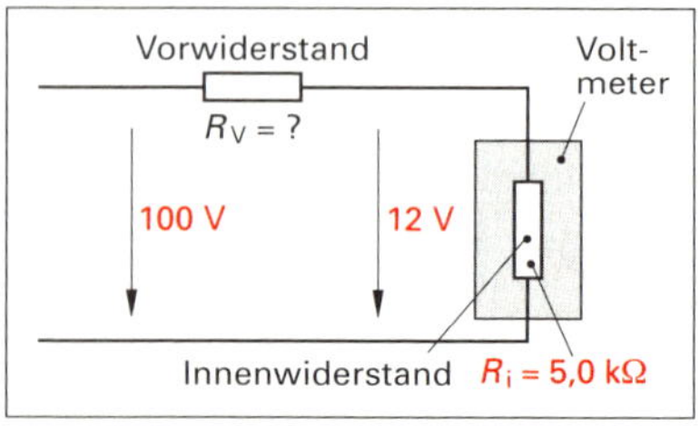

Bild 214/4: Schaltskizze zu Aufgabe 3

7.6 Parallelschaltung von Widerständen

Eine Parallelschaltung von Widerständen liegt vor, wenn sich der Strom in Teilströme aufteilt und gleichzeitig durch alle Widerstände fließt **(Bild 215/1)**. Alle Stromeintrittsklemmen und alle Stromaustrittsklemmen sind mit jeweils einem Pol der Spannungsquelle verbunden.

Wie sich Spannungen, Stromstärken und Widerstände verhalten, lässt sich durch die nachfolgenden Überlegungen erkennen.

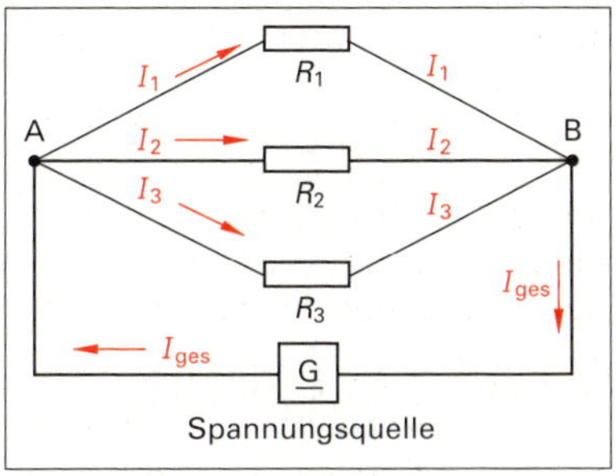

Bild 215/1: Parallelschaltung von Widerständen

Spannungen bei Parallelschaltung

Alle drei Teilwiderstände sind über die Stromverzweigungspunkte A und B gleichzeitig mit der Spannungsquelle verbunden. Aus diesem Grund liegt an allen Widerständen die gleiche Gesamtspannung (Ausgangsspannung) an. Es gilt: $U_{ges} = U_1 = U_2 = U_3 = \dots$

Spannungen
$U_{ges} = U_1 = U_2 = U_3 = \dots$

Stromstärken bei Parallelschaltung

Der Elektronenstrom teilt sich im Stromverzweigungspunkt A in Teilströme auf. Der Gesamtstrom I_{ges} ist gleich der Summe der Teilströme in den parallelen Leitungen.

Dies wird als 1. Kirchhoff'sche Regel bezeichnet.

Die Aufteilung der Teilströme erfolgt dabei so, dass im größten Widerstand der kleinste Strom und im kleinsten Widerstand der größte Strom fließt.

Stromstärken
$I_{ges} = I_1 + I_2 + I_3 + \dots$
1. Kirchhoff'sche Regel

Gesamtwiderstand bei Parallelschaltung

Bei der Parallelschaltung hat der Strom Durchflussmöglichkeiten durch mehrere Widerstände (Bild 215/1). Der Gesamtwiderstand der Schaltung, auch Ersatzwiderstand genannt, ist deshalb kleiner als der kleinste Einzelwiderstand. Die Größe des Ersatzwiderstands lässt sich durch Anwendung des Ohm'schen Gesetzes aus der Spannung U und der Gesamtstromstärke I_{ges} berechnen.

Für den Gesamtstrom gilt $I_{ges} = I_1 + I_2 + I_3 + \dots$

Setzt man für $I_{ges} = \frac{U}{R_{ges}}$, $I_1 = \frac{U}{R_1}$, $I_2 = \frac{U}{R_2}$ usw. ein,

so erhält man $\frac{U}{R_{ges}} = \frac{U}{R_1} + \frac{U}{R_2} + \frac{U}{R_3} + \dots$

Ersatzwiderstand
$\frac{1}{R_{ges}} = \frac{1}{R_1} + \frac{1}{R_2} + \frac{1}{R_3} + \dots$

Durch Division mit der gemeinsamen Spannung U folgt eine Größengleichung für den **Ersatzwiderstand R_{ges}** mehrerer paralleler Widerstände.

Bei zwei parallelen Widerständen gilt: $\frac{1}{R_{ges}} = \frac{1}{R_1} + \frac{1}{R_2}$.

Daraus wird mit dem gemeinsamen Hauptnenner $R_1 \cdot R_2$: $\frac{1}{R_{ges}} = \frac{R_1 + R_2}{R_1 \cdot R_2} \Rightarrow$

Ersatzwiderstand von zwei parallelen Widerständen
$R_{ges} = \frac{R_1 \cdot R_2}{R_1 + R_2}$

Teilströme bei zwei parallelen Widerständen

Die Spannung ist bei der Parallelschaltung an allen Widerständen gleich groß ($U_1 = U_2$). Nach dem Ohm'schen Gesetz gilt: $U_1 = R_1 \cdot I_1$ und $U_2 = R_2 \cdot I_2$. Die nach Gleichsetzen und Umformen erhaltene Gleichung besagt: Die Teilströme verhalten sich umgekehrt wie die Widerstände.

Teilströme bei zwei parallelen Widerständen
$\frac{I_1}{I_2} = \frac{R_2}{R_1}$

Beispiel: Folgende Verbraucher sind in einem Stromkreis mit 230-V-Netzanschluss parallel geschaltet **(Bild 216/1)**:

- ein Rührmotor, Stromaufnahme $I_R = 2{,}0$ A,
- eine Pilzheizhaube, Stromaufnahme $I_P = 4{,}0$ A und
- eine Arbeitsplatzleuchte, Widerstand $R_A = 484\ \Omega$.

Wie groß sind:

a) die Widerstände des Rührmotors R_R und der Pilzheizhaube R_P,

b) die Stromstärke I_A der Arbeitsplatzleuchte,

c) der Ersatzwiderstand R_{ges} und die Gesamtstromstärke I_{ges},

d) die Spannungen U_R, U_P und U_A an den einzelnen Geräten?

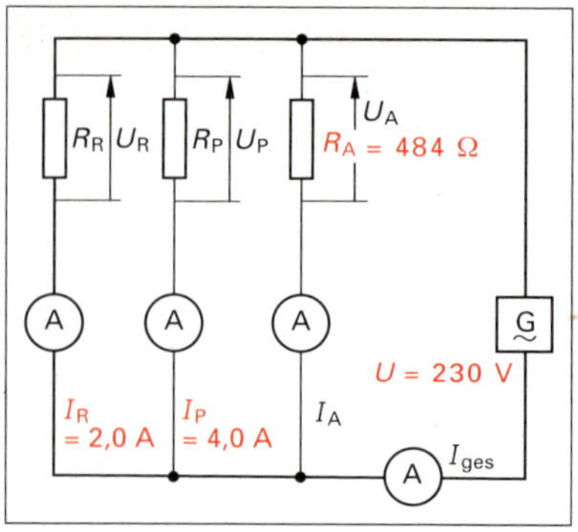

Bild 216/1: Schaltskizze zum Beispiel

Lösung: a) $\boldsymbol{R_R} = \frac{U}{I_R} = \frac{230\ \text{V}}{2{,}0\ \text{A}} = 115\ \Omega$, $\boldsymbol{R_R} = \frac{U}{I_P} = \frac{230\ \text{V}}{4{,}0\ \text{A}} = \mathbf{57{,}5\ \Omega}$

b) $\boldsymbol{I_A} = \frac{U}{R_A} = \frac{230\ \text{V}}{484\ \Omega} = 0{,}4752\ \text{A} \approx \mathbf{0{,}5\ A}$

c) $\frac{1}{R_{ges}} = \frac{1}{R_R} + \frac{1}{R_P} + \frac{1}{R_A} = \frac{1}{115\ \Omega} + \frac{1}{57{,}5\ \Omega} + \frac{1}{484\ \Omega} = 0{,}0282\ \frac{1}{\Omega} \Rightarrow \boldsymbol{R_{ges}} = \frac{1}{0{,}0282}\ \Omega \approx \mathbf{35{,}5\ \Omega}$

$\boldsymbol{I_{ges}} = I_R + I_P + I_A = 2{,}0\ \text{A} + 4{,}0\ \text{A} + 0{,}5\ \text{A} = \mathbf{6{,}5\ A}$

d) $\boldsymbol{U_{ges}} = U_R = U_P = U_A = \mathbf{230\ V}$

Aufgaben zu 7.6 Parallelschaltung von Widerständen

1. Drei Widerstände, $R_1 = 10\ \Omega$, $R_2 = 17\ \Omega$ und $R_3 = 24\ \Omega$, sind parallel geschaltet **(Bild 216/2)**. Die Gesamtstromstärke beträgt 12 A. Berechnen Sie den Gesamtwiderstand, die Klemmenspannung und die Einzelstromstärken.

2. Zwei Kontroll-Lampen am Steuerpult einer Rührwerksdrucknutsche liegen parallel an 12 V. Die Stromstärken in den Kontroll-Lampen betragen 0,3 A und 0,5 A. Berechnen Sie den Gesamtwiderstand und die Einzelwiderstände.

3. Zwei Heizwiderstände $R_1 = 97\ \Omega$, $R_2 = 146\ \Omega$ sind parallel geschaltet. Wie groß ist der Ersatzwiderstand?

4. Der Messbereich eines Amperemeters soll durch Parallelschalten eines Nebenwiderstandes R_N von 100 mA auf 1,0 A erweitert werden **(Bild 216/3)**. Wie groß muss der Nebenwiderstand sein, wenn der Innenwiderstand R_i des Amperemeters 0,1 Ω beträgt?

5. Zwei Widerstände $R_1 = 20\ \Omega$ und $R_2 = 30\ \Omega$ liegen einmal in Reihe und einmal parallel an 110 V. Berechnen Sie jeweils den Gesamtstrom und den Gesamtwiderstand.

6. In einem Thermostaten sind zwei Heizwiderstände $R_1 = 95\ \Omega$ und $R_2 = 45\ \Omega$ parallel geschaltet. Im Widerstand R_2 fließt ein Strom von 5,0 A. Wie groß ist die Stromstärke im Heizwiderstand R_1?

7. Drei parallel geschaltete Elektromotoren liegen an 400 V und treiben die Kreiselradpumpen in einer Mehrkörper-Verdampferanlage an **(Bild 216/4)**. Ihre Scheinwiderstände betragen: $R_2 = 19\ \Omega$ und $R_3 = 24\ \Omega$. Der Gesamtstrom wurde zu $I_{ges} = 80$ A bestimmt. Berechnen Sie den Scheinwiderstand R_1 und die Teilströme.

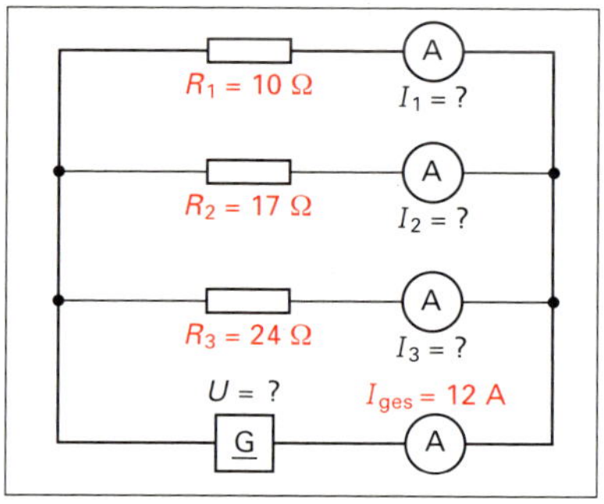

Bild 216/2: Aufgabe 1

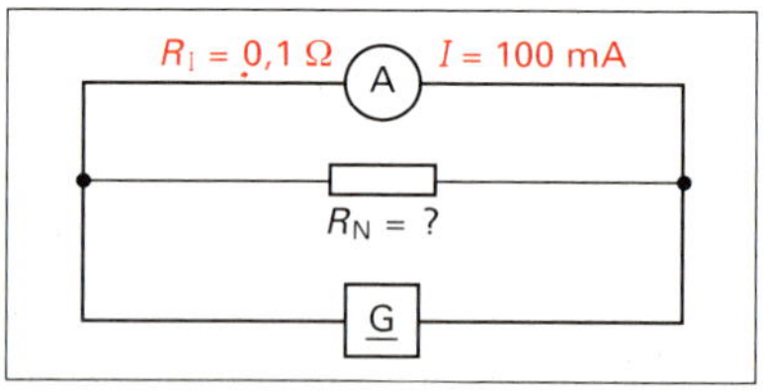

Bild 216/3: Aufgabe 4

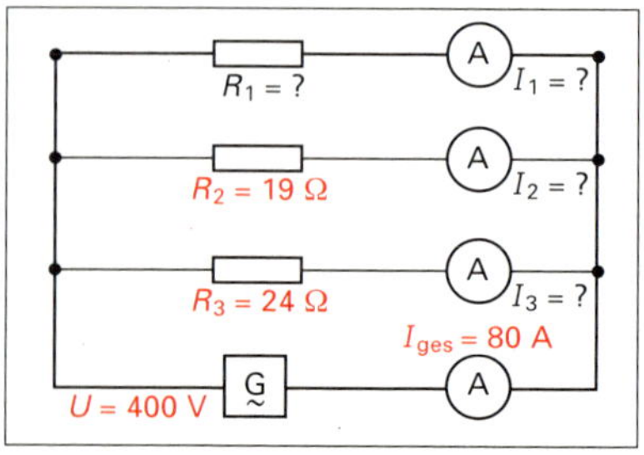

Bild 216/4: Aufgabe 7

7.7 Elektrische Arbeit, Leistung, Wirkungsgrad

Elektrische Arbeit

Stellt man die Definitionsgleichungen für die elektrische Spannung (Seite 209) $U = W/Q$ und für die Stromstärke $I = Q/t$ (Seite 208) jeweils nach Q um und setzt sie gleich $W/U = I \cdot t$, erhält man eine Größengleichung für die **elektrische Arbeit *W***.

Wird in die Größengleichung für die elektrische Arbeit das Ohm'sche Gesetz $U = I \cdot R$ eingeführt, werden zwei weitere Gesetzmäßigkeiten zur Berechnung der elektrischen Arbeit erhalten. Sie sind zur Bestimmung der elektrischen Arbeit in Widerständen besonders geeignet.

Elektrische Arbeit
$W = U \cdot I \cdot t$
$W = I^2 \cdot R \cdot t$
$W = \dfrac{U^2 \cdot t}{R}$

Die SI-Einheit der elektrischen Arbeit ist die **Wattsekunde Ws**. Eine Wattsekunde ist gleich der mechanischen Arbeit von 1 N · m oder 1 J. Als größere Arbeitseinheiten sind eine Wattstunde Wh und eine Kilowattstunde kWh festgelegt.

$1\ \text{Ws} = 1\ \text{V} \cdot \text{A} \cdot \text{s} = 1\ \text{N} \cdot \text{m} = 1\ \text{J}$

$1\ \text{Wh} = 3600\ \text{Ws}$

$1\ \text{kWh} = 3{,}6 \cdot 10^6\ \text{Ws}$

Die Größengleichungen zur Berechnung der elektrischen Arbeit haben nur für Gleichstrom Gültigkeit. Annähernd können sie auch für elektrische Heizgeräte verwendet werden, die mit Wechselstrom betrieben werden.

Die **Stromkosten** werden auf der Basis der verbrauchten elektrischen Arbeit berechnet. Dazu multipliziert man die verbrauchte elektrische Arbeit mit dem Stromtarif.

$$\text{Stromkosten} = \text{elektrische Arbeit} \cdot \text{Stromtarif}$$

Beispiel 1: Ein elektrischer Glühofen hat einen Widerstand von 40 Ω. Er wird mit 230 V betrieben. Nach welcher Zeit hat er die elektrische Energie von 1,0 kWh in Wärmeenergie umgewandelt?

Lösung:

$$W = \frac{U^2 \cdot t}{R} \Rightarrow t = \frac{W \cdot R}{U^2} = \frac{1{,}0 \cdot 10^3\ \text{Wh} \cdot 40\ \Omega}{(230\ \text{V})^2} = \frac{1{,}0 \cdot 10^3 \cdot 40}{230^2} \cdot \frac{\text{Wh} \cdot \Omega}{\text{V}^2} = 0{,}7561 \frac{\text{Wh} \cdot \Omega}{\text{V}^2};$$

$$\text{mit } W = \text{V} \cdot \text{A und } \Omega = \frac{\text{V}}{\text{A}} \text{ folgt } \boldsymbol{W} = 0{,}7561 \frac{\text{V} \cdot \text{A} \cdot \text{h} \cdot \text{V}}{\text{V}^2 \cdot \text{A}} = 0{,}7561\,\text{h} = 45{,}37\ \text{min} \approx \mathbf{45\ min}$$

Beispiel 2: Die Zuleitung eines Rührwerkmotors hat einen Widerstand von 0,10 Ω und wird 8,0 h lang von einem Strom der Stärke 15 A durchflossen. a) Wie groß ist der Verlust an elektrischer Arbeit in der Zuleitung? b) Wie groß sind die Stromkosten für diesen Verlust, wenn 1 kWh 0,15 € kostet?

Lösung:

a) $\boldsymbol{W} = I^2 \cdot R \cdot t = (15\ \text{A})^2 \cdot 0{,}10\ \Omega \cdot 8{,}0\ \text{h} = \mathbf{0{,}18\ kWh}$

b) **Stromkosten** = W · Stromtarif = 0,18 kWh · 0,15 €/kWh = 0,027 € ≈ **0,03 €**

Elektrische Leistung

Die innerhalb einer bestimmten Zeit t verrichtete elektrische Arbeit W wird als **elektrische Leistung *P*** bezeichnet.

Wird in der Gleichung $P = W/t$ die Arbeit W durch $U \cdot I \cdot t$ ersetzt, so ergibt sich eine weitere Beziehung für die Leistung.

Durch Einführen des Ohm'schen Gesetzes ($U = R \cdot I$ oder $I = U/R$) in die Größengleichung $P = U \cdot I$ ergeben sich weitere Formeln für die elektrische Leistung. Sie eignen sich insbesondere für die Leistungsberechnung von Widerständen.

Elektrische Leistung	
$P = \dfrac{W}{t}$	$P = U \cdot I$
$P = R \cdot I^2$	$P = \dfrac{U^2}{R}$

Die abgeleitete SI-Einheit der elektrischen Leistung ist das **Watt** (Einheitenzeichen W) oder Kilowatt (Einheitenzeichen kW).

$$1\ \text{W} = 1\ \text{V} \cdot \text{A} = \frac{1\ \text{N} \cdot \text{m}}{\text{s}} = \frac{1\ \text{J}}{\text{s}}$$

Beispiel: Eine 60-W-Glühlampe ist an 230 V angeschlossen.

a) Wie groß ist die Stromstärke? Bei einem Kurzschluss in der Lampe beträgt der Leitungswiderstand für den gesamten Stromkreis 0,75 Ω.

b) Auf welchen Wert steigt die Stromstärke an, wenn der Stromkreis nicht durch eine Sicherung geschützt ist?

Lösung: a) $P = U \cdot I \Rightarrow \boldsymbol{I} = \dfrac{P}{U} = \dfrac{60\ \text{V} \cdot \text{A}}{230\ \text{V}} = 0{,}2608\ \text{A} \approx \mathbf{0{,}26\ A}$; b) $\boldsymbol{I} = \dfrac{U}{R} = \dfrac{230\ \text{V}}{0{,}75\ \Omega} = 306{,}66\ \text{A} \approx \mathbf{307\ A}$

Leistungsschilder

Leistungsschilder enthalten die wichtigsten Daten des elektrischen Geräts: Betriebsspannung, höchstzulässige Stromstärke, elektrische Leistung usw.

Bei elektrischen Geräten (z. B. Heizkorb, Thermostat) ist auf dem Leistungsschild die **aufgenommene Nennleistung** in Watt W oder Kilowatt kW angegeben **(Bild 218/1)**.

Bei Elektromotoren hingegen wird die **abgegebene mechanische Leistung** auf dem Leistungsschild genannt **(Bild 218/2)**.

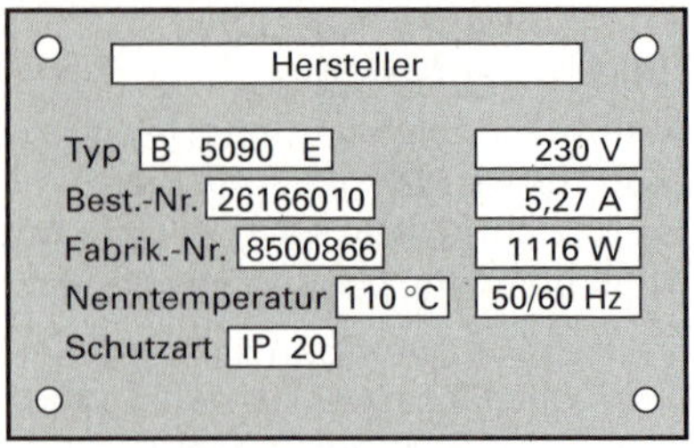

Bild 218/1: Leistungsschild eines Trockenschranks

Beispiel: Welche Leistungen können aus den Leistungsschildern in Bild 218/1 und 218/2 abgelesen werden?

Lösung: Bild 218/1: Aus dem Netz aufgenommene Nennleistung: **1116 W**.

Bild 218/2: An die angetriebene Maschine abgegebene mechanische Nennleistung: **110 kW**.

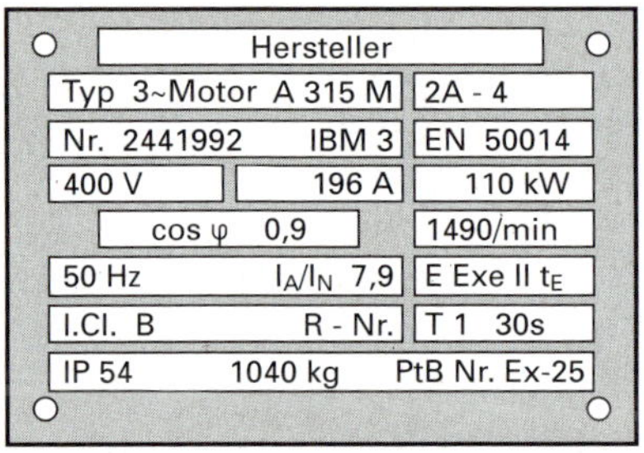

Bild 218/2: Leistungsschild eines Dreiphasenwechselstrommotors

Elektrische Leistung bei verschiedenene Stromarten

Die Größengleichungen zur Berechnung der elektrischen Leistung (Seite 217) gelten insbesondere für Geräte, die mit Gleichstrom betrieben werden.

Bei Wechselstrom haben sie nur für Geräte mit annähernd reinem Ohm'schen Widerstand Gültigkeit: z. B. bei Glühlampen, Heizöfen und anderen Wärmegeräten sowie Elektolysezellen.

Leistungsfaktor φ

Es gibt Verbraucher, bei denen der Wechselstrom eine starke magnetische Wirkung hervorruft. Dies ist z. B. in Wechselstrommotoren und Induktionsöfen der Fall. In diesen Maschinen kann die elektrische Leistung gemäß der Beziehung $P = U \cdot I$ nicht vollständig genutzt werden.

Für Geräte, die mit **Einphasenwechselstrom** betrieben werden, errechnet sich die nutzbare Leistung, sie wird Wirkleistung P_W genannt, wenn die Leistung P mit dem **Leistungsfaktor cos φ** (gesprochen: cosinus phi) multipliziert wird.

Wirkleistung bei Einphasenwechselstrom
$P_W = U \cdot I \cdot \cos\varphi$

Der Leistungsfaktor $\cos\varphi$ kann Werte zwischen 0 und 1 annehmen.

Bei **Drehstrom** (Dreiphasenwechselstrom) fließt in jedem der Leiter ein Einphasenwechselstrom. Die **Gesamtwirkleistung** $P_{W,\,ges}$ einer an Dreiphasenwechselstrom angeschlossenen Maschine ergibt sich durch Multipikation der Einzelwirkleistung P_W mit dem Verkettungsfaktor $\sqrt{3}$.

Gesamtwirkleistung bei Dreiphasenwechselstrom
$P_{W,\,ges} = \sqrt{3} \cdot U \cdot I \cdot \cos\varphi$

Beispiel 1: Ein Einphasen-Wechselstrommotor einer Schlauchpumpe nimmt bei 230 V und einer Stromstärke von 1,4 A eine Leistung von 240 W auf. Welchen Leistungsfaktor hat der Motor?

Lösung: $P = U \cdot I \cdot \cos\varphi \;\Rightarrow\; \boldsymbol{\cos\varphi} = \dfrac{P}{U \cdot I} = \dfrac{240\ \text{V} \cdot \text{A}}{230\ \text{V} \cdot 1{,}4\ \text{A}} = 0{,}7453 \approx \mathbf{0{,}75}$

Beispiel 2: Die Heizung eines induktiv beheizten Hochdruckautoklaven hat eine Heizleistung von 78 kW an 400-V-Dreiphasenwechselstrom. Der Leistungsfaktor beträgt 0,80.
Wie groß ist die Stromstärke in der Induktionsspule?

Lösung: $P = \sqrt{3} \cdot U \cdot I \cdot \cos\varphi \;\Rightarrow\; \boldsymbol{I} = \dfrac{P}{\sqrt{3} \cdot U \cdot \cos\varphi} = \dfrac{78 \cdot 10^3\ \text{V} \cdot \text{A}}{\sqrt{3} \cdot 400\ \text{V} \cdot 0{,}8} = 140{,}72\ \text{A} \approx \mathbf{141\ A}$

Wirkungsgrad

Bei der Energieumwandlung entstehen Energieverluste W_V, z. B. durch die Reibung in den Motorlagern, durch den Antrieb der Motorlüftung, durch Erwärmung der Motorwicklungen usw. Somit geht ein Teil der zugeführten elektrischen Energie W_{zu} als Verlustenergie W_V verloren. Dadurch verringert sich die von der Maschine abgegebene Energie W_{ab}. Analoge Betrachtungen gelten auch für die elektrische Leistung.

Das Verhältnis von abgegebener Energie oder Leistung (W_{ab}, P_{ab}) zur zugeführten Energie oder Leistung (W_{zu}, P_{zu}) bezeichnet man als **Wirkungsgrad** η (eta). Er ist eine dimensionslose Dezimalzahl, die auch in Prozent angegeben werden kann. Der Wirkungsgrad ist stets kleiner als 1 bzw. kleiner als 100 %.

Sind mehrere Maschinen hintereinander geschaltet in einer Anlage an der Energieumwandlung beteiligt, so errechnet sich der Gesamtwirkungsgrad η_{ges} der Anlage durch Multiplikation der Einzelwirkungsgrade.

Energieverluste	Leistungsverluste
$W_V = W_{zu} - W_{ab}$	$P_V = P_{zu} - P_{ab}$

Wirkungsgrad
$\eta = \frac{W_{ab}}{W_{zu}}; \quad \eta = \frac{P_{ab}}{P_{zu}}$

Gesamtwirkungsgrad
$\eta_{ges} = \eta_1 \cdot \eta_2 \cdot \eta_3 \cdot \ldots$

Beispiel: Der Starter eines Hubstaplers nimmt bei einer Klemmenspannung von 10,2 V einen Strom von 30 A auf. Wie groß ist sein Wirkungsgrad, wenn er in 3,0 s eine Arbeit von 400 Ws verrichtet?

Lösung: $W_{zu} = U \cdot I \cdot t = 10{,}2\ \text{V} \cdot 30\ \text{A} \cdot 3{,}0\ \text{s} = 918\ \text{Ws}$, $\boldsymbol{\eta} = \frac{W_{ab}}{W_{zu}} = \frac{400\ \text{Ws}}{918\ \text{Ws}} = 0{,}4357 \approx \mathbf{44\,\%}$

Aufgaben zu 7.7 Elektrische Arbeit, Leistung, Wirkungsgrad

1. Der Drehstrommotor einer Kolbenpumpe gibt eine Leistung von 2,5 kW ab. Welche Hubarbeit (in MJ) verrichtet die Pumpe, wenn sie 2 Stunden und 45 Minuten in Betrieb ist und ihr Wirkungsgrad 0,90 beträgt?
2. Wie groß ist der Heizwiderstand in einem Glühofen zur Emaillierung von Ventilkegeln, wenn er pro Stunde 4,0 kWh elektrische Energie bei einer Stromstärke von 10,5 A in Wärmeenergie umwandelt?
3. Ein Muffelofen nimmt bei einer Spannung von 230 V einen Strom von 9,1 A auf und ist 5,0 Stunden in Betrieb. a) Welche elektrische Energie wurde verbraucht? b) Welche Stromkosten entstehen, wenn eine Kilowattstunde 0,12 € kostet?
4. Das Leistungsschild eines elektrischen Schnellveraschers ist zum Teil unleserlich geworden. Die Leistungsangabe ist noch erkennbar. Sie ist mit 1500 W angegeben. Der elektrische Widerstand des Veraschers wurde zu 32,3 Ω bestimmt. a) Für welche Netzspannung ist das Gerät gebaut? b) Wie groß ist die Stromaufnahme bei dieser Spannung?
5. Wie groß ist die Stromstärke in der Heizwendel eines 2,0-kW-Thermostaten für 230 V Netzspannung? Das Gerät ist mit einer 16-A-Sicherung abgesichert.
   Spricht die Sicherung an, wenn in diesem Stromkreis noch ein Magnetrührer mit einer Heizleistung von 1000 W parallel angeschlossen wird?
6. Ein 5-kW-Drehstrommotor einer Tellerzentrifuge ist an 400 V angeschlossen. Der Leistungsfaktor des Motors ist $\cos \varphi = 0{,}80$, der Wirkungsgrad beträgt $\eta = 0{,}85$. Wie groß ist der vom Motor aufgenommene Strom?
7. Ein Trockenschrank mit einer Heizleistung von 2000 W ist an eine Netzspannung von 230 V angeschlossen. Wie groß ist die Stromstärke und welche Wärmemenge wird pro Stunde abgegeben?
8. Bei einer Kreiselpumpenanlage in Blockbauweise mit einem Gesamtwirkungsgrad von 62 % sind ein Einphasenwechselstrommotor und eine Kreiselpumpe ($\eta = 0{,}69$) hintereinander geschaltet. Wie groß ist der Wirkungsgrad des Elektromotors?
9. Berechnen Sie den Wirkungsgrad des Dreiphasenwechselstrommotors, dessen Leistungsschild in Bild 218/2 wiedergegeben ist.

7.8 Elektrochemische Berechnungen

Fließt ein Strom durch einen Elektrolyten, z.B. eine Kupferchlorid-Lösung, so werden Kupfer-Ionen an der Kathode reduziert und Chlorid-Ionen an der Anode oxidiert **(Bild 220/1)**.

Kathodenvorgang: $Cu^{2+} + 2\,e^- \longrightarrow Cu$

Anodenvorgang: $2\,Cl^- \longrightarrow Cl_2 + 2\,e^-$

Die Reaktionsgleichungen zeigen: Zwei Elektronen ($2e^-$) führen zur Abscheidung von 1 Atom Kupfer (Cu).

Allgemein gilt: Die abgeschiedene Stoffmasse ist zur Anzahl der durch den Elektrolyten transportierten Elektronen, d. h. der Ladungsmenge, direkt proportional.

Die abgeschiedene Stoffmasse m ist umso größer, je größer

- die Ladungsmenge Q: $m \sim Q$,
- das elektrochemische Äquivalent $Ä$: $m \sim Ä$,
- die Stromausbeute η (Wirkungsgrad) ist: $m \sim \eta$.

Die Ladungsmenge Q kann auch zu $Q = I \cdot t$ gesetzt werden.

Ein Elektron mit der Elementarladung von $e^- = 1{,}602 \cdot 10^{-19}$ As kann ein einwertiges Ion abscheiden. Die Ladungsmenge für ein Mol dieser Ionen, das sind $6{,}022 \cdot 10^{23}$ Teilchen, beträgt:

$$F = N_A \cdot e^- = 6{,}0221 \cdot 1023\,\frac{1}{\text{mol}} \cdot 1{,}6022 \cdot 10^{-19}\,\text{As} = 96\,485\,\frac{\text{C}}{\text{mol}}$$

Diese Elektrizitätsmenge wird **Faraday-Konstante** genannt.

Für Ionen mit der Wertigkeit z benötigt man zur Abscheidung pro Mol dieser Ionen $F \cdot z$ Elektronen. Teilt man die molare Masse M des abgeschiedenen Stoffes durch diese Ladungsmenge, so ergibt sich das **elektrochemische Äquivalent** des Stoffes.

Es gibt an, wie viel Gramm eines Stoffes bei einer Stromstärke von 1 Ampere in 1 Sekunde abgeschieden werden.

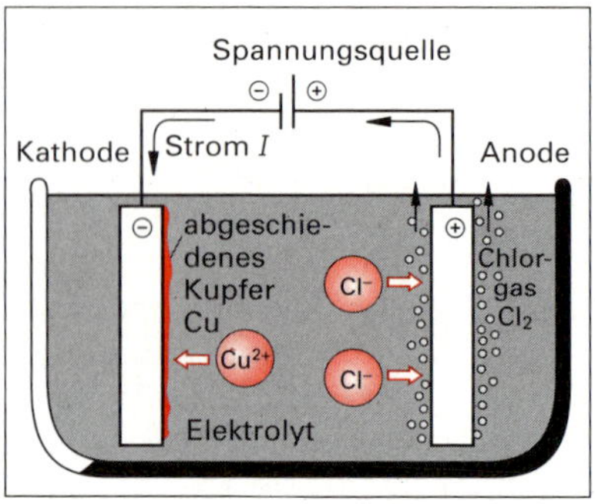

Bild 220/1: Elektrolyse einer Kupferchlorid-Lösung

Abgeschiedene Stoffmasse
$m = Q \cdot Ä \cdot \eta = I \cdot t \cdot Ä \cdot \eta$

Faraday-Konstante
$F = N_A \cdot e^- = 96485\,\frac{\text{C}}{\text{mol}} \approx 26{,}8\,\frac{\text{Ah}}{\text{mol}}$

Elektrochemisches Äquivalent	$Ä = \frac{M}{F \cdot z}$

Beispiel: Welche Elektrizitätsmenge ist zur elektrochemischen Abscheidung von 1,0 kg Elektrolytkupfer erforderlich (Bild 209/4), wenn die Stromausbeute 80 % beträgt?

Lösung: $Ä = \frac{M}{F \cdot z} = \frac{63{,}55\text{ g/mol}}{26{,}8\text{ Ah/mol} \cdot 2} \approx 1{,}19\text{ g/Ah}$; $m = Q \cdot Ä \cdot \eta \Rightarrow \mathbf{Q} = \frac{m}{Ä \cdot \eta} = \frac{1{,}0 \cdot 10^3\text{ g}}{1{,}19\text{ g/Ah} \cdot 0{,}80} \approx \mathbf{1{,}1\,kAh}$

Aufgaben zu 7.8 Elektrochemische Berechnungen

1. Welche Masse an Chlor wird bei der Alkalichlorid-Elektrolyse nach dem Amalgamverfahren (Bild 212/3) bei einer Stromstärke von 120 kA pro Tag abgeschieden, wenn die Stromausbeute 96,0 % beträgt und 156 Zellen hintereinander geschaltet sind?
2. Durch Schmelzflusselektrolyse von Aluminiumoxid werden bei einer durchschnittlichen Stromstärke von 33 kA aus 196 hintereinander geschalteten Zellen täglich 50 Tonnen Aluminium gewonnen. Wie hoch ist die Stromausbeute?
3. Anilin wird technisch durch elektrolytische Reduktion von Nitrobenzol gewonnen:

   $C_6H_5NO_2 + 6\,H^+ + 6\,e^- \longrightarrow C_6H_5NH_2 + 2\,H_2O$

   Wie viel Kilogramm Nitrobenzol können eingesetzt werden, wenn bei einer Zellenspannung von 1,6 V und einer Stromausbeute von 92 % 20 kWh elektrische Energie aufgewendet werden?
4. Magnesium gewinnt man durch Schmelzflusselektrolyse von Magnesiumchlorid. Welche elektrische Energie ist zur Gewinnung von 100 Tonnen Magnesium erforderlich, wenn die Zellenspannung 5,5 V und die Stromausbeute 92 % betragen?

Gemischte Aufgaben zu 7 Berechnungen zur Elektrizitätslehre

1. Welche Arbeit (in kWh) kann der Motor einer Kreiselradpumpe bestenfalls leisten, wenn ihm bei einer Netzspannung von 400 V eine Elektrizitätsmenge von $2{,}5 \cdot 10^4$ C zugeführt wird. Wie viel Kühlwasser kann damit auf eine Höhe von 10 Meter gepumpt werden? (Reibungsverluste sollen unberücksichtigt bleiben.)
2. Einem Kondensator wird in 4 Sekunden eine Ladung von Q = 5 mAs zugeführt. Wie groß ist der Ladestrom?
3. In einer Alkalichlorid-Elektrolysezelle fließt ein Strom von I = 100 kA. Wie groß ist die pro Minute aufgenommene Ladung?
4. Ein Vakuum-Trockenschrank R_V = 24 Ω und ein Heizkorb R_H = 97 Ω sind parallel geschaltet. Wie groß ist der Ersatzwiderstand und der Ersatzleitwert?
5. In einem Lufterhitzer sind zwei Widerstände R_1 = 97 Ω und R_2 = 47 Ω parallel geschaltet. Durch den Widerstand R_1 fließt ein Strom von 2,3 A. Wie groß ist die Stromstärke im Heizwiderstand R_2?
6. Der Ersatzwiderstand von vier in Reihe geschalteten Widerständen beträgt 125 Ω. Wie groß ist der Widerstand R_1, wenn R_2 = 34 Ω, R_3 = 27 Ω und R_4 = 44 Ω betragen?
7. Welche Spannung geht in der Kupferzuleitung eines Widerstandsthermometers verloren, wenn die Stromstärke 3,0 mA und die Entfernung zwischen Messort und Anzeige in der Messwarte 250 m beträgt? Der Leitungsquerschnitt ist A = 0,75 mm².
8. Eine Begleitheizung hat im Betriebszustand einen Widerstand von 24,0 Ω. Sie ist an eine Netzspannung von 230 V angeschlossen. Der Widerstand der Zuleitung beträgt 400 mΩ.
   a) Welche Spannung liegt unter diesen Bedingungen an der Begleitheizung an?
   b) Wie groß ist der Spannungsabfall, der durch die Zuleitung hervorgerufen wird?
   c) Wie groß ist die Heizleistung der Begleitheizung?
9. Im Kupferlackdraht einer Spule wird bei einer konstanten Spannung von 2,0 V ein Strom von 780 mA gemessen. Nach Verkürzung der Drahtlänge um 6,0 Meter ändert sich die Stromstärke um 6,0 mA. Wie groß ist die Ausgangslänge des Drahtes?
10. Die Ankerwicklung eines Elektromotors besteht aus einem 50 Meter langen Kupferlackdraht mit einem Querschnitt von 0,75 mm². Welche Wärmemenge muss stündlich durch Kühlung abgeführt werden, wenn die Stromstärke 5,0 A beträgt?
11. Der Heizwiderstand in einem Thermostaten mit einer Netzspannung von 230 V beträgt 56 Ω. Welche elektrische Energie wird pro Minute in Wärmeenergie umgewandelt?
12. Dem Leistungsschild eines Motors zum Antrieb eines Gurtbandförderers wurden folgende Daten entnommen: U = 400 V, I = 30,5 A, P = 15 kW, cos φ = 0,85. Wie hoch ist der Wirkungsgrad des Motors?
13. Nach welcher Zeit hat eine 100-W-Glühlampe, die an 230 V angeschlossen ist, 1 kWh verbraucht?
14. Der Wechselstrommotor eines Spiralstromsichters nimmt bei einer Netzspannung von 230 V und einer Stromstärke von 5,3 A eine Leistung von 950 W auf. Welchen Leistungsfaktor hat der Motor?
15. Wie viele Lampen von je 60 W dürfen bei einer Netzspannung von 230 V höchstens gleichzeitig brennen, wenn die Leitung mit 6,0 A abgesichert ist?
16. Der 5,5-kW-Motor einer ununterbrochen laufenden Dickstoffpumpe an einem Rundeindicker hat einen Wirkungsgrad von 80 %. Welche Stromkosten entstehen monatlich, wenn 1 kWh 0,24 DM kostet?
17. Der 25-kW-Motor eines Walzenbrechers zum Zerkleinern von Kalkstein liegt an einer Netzspannung von 400 V und wird über eine 150 m lange Kupferzuleitung von 4,0 mm Durchmesser gespeist. Wie viel Prozent der abgegebenen Leistung gehen in der Zuleitung verloren?
18. Ein 400-V-Drehstrommotor einer Stiftmühle verrichtet eine elektrische Arbeit von 22 kWh. Der Wirkungsgrad des Motors beträgt η = 90 %, sein Leistungsfaktor cos φ ist 0,85.
    a) Wie lange dauert der Mahlvorgang bei einer Stromstärke von 25 A?
    b) Welche Leistung gibt der Motor ab?

19. Eine Kreiselradpumpe mit einem Wirkungsgrad von $\eta = 78\ \%$ speist 30 m^3/h Rohbenzin mit einer Dichte von $\varrho = 0{,}80\ g/cm^3$ in 18 Meter Höhe in eine Glockenbodenkolonne ein. Wie groß ist
   a) die von der Pumpe und vom Motor abgegebene Leistung,
   b) die vom Motor aufgenommene Leistung bei einem Wirkungsgrad von $\eta = 0{,}90$,
   c) der Gesamtwirkungsgrad?

20. Eine Schneckentrogpumpe im Einlaufhebewerk einer Kläranlage fördert pro Sekunde 2,0 m^3 Abwasser 10 Meter hoch.
   a) Wie groß muss die vom 400-V-Drehstrommotor abgegebene Leistung (Nennleistung) sein?
   b) Berechnen Sie ferner die zugeführte Leistung und die Verlustleistung (in kW), wenn der Motor einen Wirkungsgrad von $\eta = 93\ \%$ hat. Sein Leistungsfaktor $\cos\varphi$ ist 0,85.
   c) Wie groß ist die Stromstärke in der Stromzuführung des Motors?

21. Ein zweiadriges Signalkabel mit Kupferleitern (d = 0,50 mm) hat einen Kurzschluss. Bei einer Spannung von 6,0 Volt wird ein Strom von 2,0 Ampere gemessen. Wie weit ist die Kurzschlussstelle von der Messstelle entfernt?

22. Wie groß sind die einzelnen Heizleistungen eines Thermostaten mit den Heizwiderständen $R_1 = 54\ \Omega$ und $R_2 = 146\ \Omega$? Der Thermostat wird mit folgenden Schaltstufen an der Netzspannung 230 V betrieben:
   a) beide Heizwiderstände in Reihe,
   b) Heizwiderstand R_1 allein und
   c) beide Heizwiderstände parallel.

23. Die Kupferwicklung einer Statorspule in einem Drehstrom-Kurzschlussläufermotor hat bei 20 °C einen Widerstand von 13,5 Ω. Wie groß ist die Widerstandszunahme, wenn die Temperatur der Wicklung beim Betrieb 60 °C beträgt?

24. Durch die Kupfer-Erregerwicklung eines Gleichstrommotors an einer Schneckenzentrifuge fließt bei einer Spannung von 230 V ein Strom von 14 A. Um wie viel Prozent sinkt die Stromstärke, wenn die Temperatur der Wicklung während des Zentrifugierens um 40 °C ansteigt?

25. Vier Schichtwiderstände sind in einer Versuchsschaltung auf einer Leiterplatte parallel geschaltet. Ihre Widerstände betragen: $R_1 = 1{,}8\ k\Omega$, $R_2 = 2{,}2\ k\Omega$, $R_3 = 5{,}7\ k\Omega$ und $R_4 = 4{,}5\ k\Omega$. Durch den Widerstand R_4 fließt ein Strom von 2,0 mA. Berechnen Sie: a) die Gesamtspannung, b) die restlichen Teilströme, c) den Gesamtstrom, d) den Ersatzwiderstand.

26. Der Rotor einer Exzenterschneckenpumpe hat eine Oberfläche von 1320 cm^2. Er soll einen Chromüberzug der Stärke $d = 0{,}01$ mm erhalten. Als Elektrolyt dient Chrom(VI)-oxid in schwach schwefelsaurer Lösung. Die Stromstärke beträgt 9,0 A, die Stromausbeute $\eta = 18\ \%$.
   a) Wie viel Chrom ($\varrho_{Cr} = 7{,}0\ g/cm^3$) wird benötigt?
   b) Wie lange dauert die Verchromung?

27. Ein Bleiakkumulator enthält als Elektrolyt 1,00 Liter Schwefelsäure mit einer Konzentration von $c(H_2SO_4) = 2{,}25$ mol/L. Bei der Entladung wird ein Teil der Schwefelsäure für die Reaktion:

   $Pb + PbO_2 + 2\,H_2SO_4 \longrightarrow 2\,PbSO_4 + 2\,H_2O$ verbraucht.

   Welche Endkonzentration an Akkumulatorensäure stellt sich nach der Entnahme von 4,0 Amperestunden ein, wenn die Wasserzunahme unberücksichtigt bleibt?

28. Ein Heizdraht in einem Trockenschrank nimmt an 230 V Netzspannung eine Stromstärke von 4,35 A auf.
   a) Wie groß sind seine Heizleistung und sein Widerstand?
   b) Wie verändern sich die Stromstärke und die Leistung, wenn ein zweiter Heizdraht mit 62 Ω in Reihe geschaltet wird?
   c) Welche Einzelleistung hat der zweite Heizdraht alleine und in der Reihenschaltung?
   d) Wie groß sind die Teilspannungen?

29. Der Messbereich eines Amperemeters wurde durch Parallelschalten eines Nebenwiderstands $R_N = 0{,}18\ \Omega$ von 1,0 A auf 10,0 A erweitert. Wie groß ist der Innenwiderstand R_I des Amperemeters?

8 Berechnungen zur Wärmelehre

8.1 Temperaturskalen

Die grundlegende Ursache für die Temperatur ist die atomistische Teilchenbewegung. Je schneller sich die Teilchen eines Stoffes bewegen, desto höher ist die Temperatur.

Es gibt verschiedene Temperaturskalen. Die in Deutschland gebräuchlichsten sind die Kelvin- und die Celsius-Skala **(Bild 223/1)**.

Die **thermodynamische Temperatur** ist eine SI-Basisgröße und wird mit dem Großbuchstaben T abgekürzt. Ihre Einheit ist das Kelvin; das Einheitenzeichen ist K. Sie beginnt beim absoluten Nullpunkt mit null Kelvin (0 K).

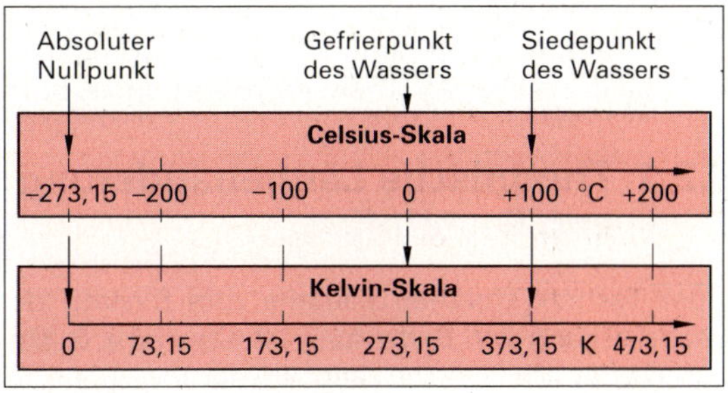

Bild 223/1: Temperaturskalen

Der Schmelzpunkt des Wassers liegt somit bei 273,15 K und der Siedepunkt des Wassers bei 373,15 K.

Bei der **Celsius-Temperatur** sind die Schmelz- und die Siedetemperatur des Wassers Fixpunkte der Temperaturskala bei 0 °C und 100 °C (Bild 223/1). Die Celsius-Temperatur wird mit dem griechischen Buchstaben ϑ (Theta) abgekürzt. Ihre Einheit ist Grad Celsius, das Einheitenzeichen °C.

Der Abstand zwischen den Fixpunkten wird bei der Kelvin- und der Celsius-Temperaturskala in 100 gleiche Teile aufgeteilt und heißt ein Kelvin (1 K) bzw. ein Grad Celsius (1 °C). Temperaturdifferenzen in Kelvin und in Grad Celsius haben deshalb den gleichen Zahlenwert.

Zur Umrechnung von Kelvin-Temperaturen in Celsius-Temperaturen dient die nebenstehende Größengleichung. In technischen Berechnungen wird für den Zahlenwert 273,15 meist der Näherungswert 273 verwendet.

Umrechnung: Kelvin-Temperaturen in Grad Celsius Temperaturen	$\frac{T}{K} = \frac{\vartheta}{°C} + 273{,}15$

Beispiel: In einer Anlage zur Lösemittelrückgewinnung wird Ethylmethylketon $CH_3CH_2{-}CO{-}CH_3$ von ϑ = 80 °C auf T = 293 K abgekühlt.

a) Wie hoch ist die Temperatur des Ketons nach dem Abkühlen in Grad Celsius?

b) Wie groß sind die Temperaturdifferenzen in Grad Celsius und Kelvin?

Lösung: a) $\frac{T}{K} = \frac{\vartheta}{°C} + 273 \Rightarrow \frac{\vartheta}{°C} = \frac{T}{K} - 273 = \frac{293\ \text{K}}{\text{K}} - 273 = 20 \Rightarrow \vartheta = \mathbf{20\ °C}$

b) $\Delta\vartheta$ = 80 °C – 20 °C = **60 °C** ΔT = 353 K – 293 K = **60 K**

Aufgaben zu 8.1 Temperaturskalen

1. Bei der Ammoniaksynthese wird die Temperatur des aus Stickstoff und Wasserstoff bestehenden Synthesegases von T = 293 K auf das 2,5-fache erhöht. Wie groß ist dann die Temperatur in Grad Celsius?
2. Eine Kühlsole wird beim Durchgang durch einen Plattenwärmeaustauscher von ϑ_1 = –35 °C auf T_2 = 268 K erwärmt. Berechnen Sie T_1, ϑ_2, $\Delta\vartheta$ und ΔT.
3. Beim Mischen von Eis mit Calciumchlorid $CaCl_2$ fiel die Temperatur von ϑ_1 = –3 °C um ΔT = 40 K. Berechnen Sie T_1, ϑ_2, T_2 und $\Delta\vartheta$.
4. Bei einem Umgebungsdruck von p_{amb} = 1013 mbar siedet Stickstoff bei 77 K, Sauerstoff hingegen bei – 183 °C. Welche Flüssigkeit hat die höhere Siedetemperatur?
5. Mit welcher Kältemischung kann die größere Temperaturdifferenz erreicht werden?
   a) Wasser/Kaliumchlorid: Absinken der Temperatur von 10 °C auf 261 K.
   b) Wasser/Ammoniumchlorid: Absinken der Temperatur von 283 K auf –15 °C.

8.2 Verhalten der Stoffe bei Erwärmung

Wird einem Körper Wärmeenergie zugeführt, bewirkt dies eine Temperaturerhöhung oder eine Aggregatzustandsänderung. Mit steigender Temperatur nimmt die atomistische Bewegungsenergie der Stoffteilchen zu. In Feststoffen schwingen die Teilchen (Moleküle, Ionen, Atome) stärker um ihren Gitterplatz. In Flüssigkeiten und Gasen bewegen sich die Teilchen frei, wobei ihre Geschwindigkeit mit der Temperatur zunimmt. In allen Aggregatzuständen ist die Zunahme an Bewegungsenergie in der Regel mit einer Volumenvergrößerung verbunden. Falls dies nicht möglich ist, steigt der Druck.

8.2.1 Thermische Längenänderung von Feststoffen

In der Technik kommen Bauteile zum Einsatz, deren Längenabmessung von Bedeutung ist. Dies ist z. B. bei Rohrleitungen oder Metallkonstruktionen der Fall. Beim Erwärmen dehnen sich die Stoffe aus, beim Abkühlen schrumpfen sie **(Bild 224/1)**. Die Längenänderung Δl, die Feststoffe beim Erwärmen erfahren, steigt mit:

- der Ausgangslänge l_0 — $\Delta l \sim l_0$
- dem Längenausdehnungskoeffizienten α — $\Delta l \sim \alpha$
- der Temperaturänderung $\Delta\vartheta$ — $\Delta l \sim \Delta\vartheta$

Daraus folgen die nebenstehenden Größengleichungen.

Die Endlänge l_ϑ berechnet sich durch Addieren der Längenänderung Δl zur Ausgangslänge l_0. Die Temperaturänderung $\Delta\vartheta$ ist die Differenz zwischen der Endtemperatur ϑ_2 und der Anfangstemperatur ϑ_1.

Der thermische Längenausdehnungskoeffizient α ist von der Stoffart und der Temperatur abhängig. Er hat die Einheit 1/K oder K^{-1}.

In **Tabelle 224/1** sind die Längenausdehnungskoeffizienten einiger Stoffe angegeben. Aluminium hat z. B. den Längenausdehnungskoeffizienten $\alpha(\text{Al}) = 24 \cdot 10^{-6}$ 1/K.

Dies bedeutet: Ein 1 m langer Aluminiumstab dehnt sich beim Erwärmen um ein Grad um $24 \cdot 10^{-6}$ m = 24 µm aus.

Beispiel: Das Rohr eines Rippenrohrwärmetauschers aus Stahl erwärmt sich von 15 °C auf 65 °C. Um wie viel Millimeter verlängert sich ein 2,0 Meter langes Teilstück des Rohres bei dieser Temperaturschwankung?

Lösung: $\Delta l = l_0 \cdot \alpha \cdot \Delta\vartheta = 2{,}0\ \text{m} \cdot 12 \cdot 10^{-6} \cdot 1/\text{K} \cdot 50\ \text{K}$

$\Delta l = 12 \cdot 10^{-4}\ \text{m} = \mathbf{1{,}2\ mm}$

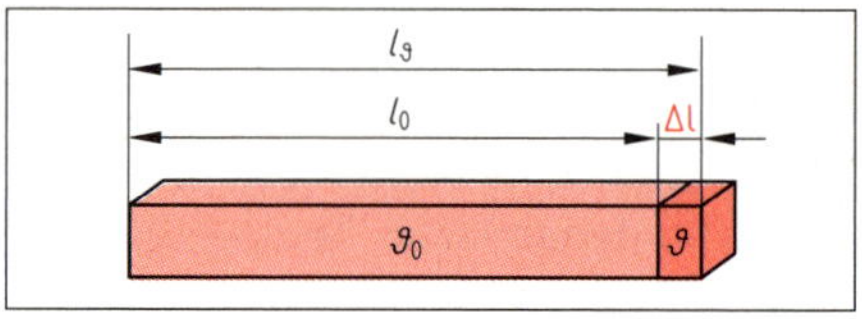

Bild 224/1: Thermische Längenausdehnung

Thermische Längenänderung	$\Delta l = l_0 \cdot \alpha \cdot \Delta\vartheta$
Länge bei der Temperatur ϑ	$l_\vartheta = l_0 + \Delta l$
	$l_\vartheta = l_0(1 + \alpha \cdot \Delta\vartheta)$
Temperaturänderung	$\Delta\vartheta = \vartheta_2 - \vartheta_1$

Tabelle 224/1: Längenausdehnungskoeffizient α in $10^{-6} \cdot \frac{1}{K}$ (bei 20 °C)

Werkstoffe	Längenausdehnungskoeffizient
Aluminium	24
Kupfer	17
Messing	18
Platin	9
Unlegierter Stahl	12
Nicht rostender Stahl X 5 CrNi 18-10	16
Invar-Stahl	2
Quarz	0,5
Jenaer Glas	8,1
Polyethylen (PE)	200

Aufgaben zu 8.2.1 Thermische Längenänderung von Feststoffen

1. Ein bei 20 °C 6,000 m langes Kupferrohr in einem Rohrbündel-Wärmeaustauscher wird von einer Kühlsole (ϑ = –15 °C) durchflossen. Wie groß ist die Längenänderung?
2. Ein Aluminium- und ein Messingprofil dehnen sich um den gleichen Betrag aus. In welchem Verhältnis stehen ihre Ausgangslängen, wenn beide Metalle die gleiche Temperaturänderung erfahren haben?
3. Welcher Temperaturschwankung darf eine 80,0 Meter lange Hochdruck-Dampfleitung aus nicht rostendem Stahl (X5 CrNi 18-10) ausgesetzt sein, wenn der eingebaute Lyra-Bogen einen Rohrdehnungsausgleich von 15,0 cm zulässt?

4. Um wie viel Grad Celsius muss ein 14,3 cm langes Messingrohr in einem Bolzensprengapparat erhitzt werden, damit ein eingespannter gusseiserner Bolzen bei einer Längenänderung des Messingrohres von 2,0 mm aufgrund der auftretenden Wärmespannung zerbricht?
5. Ein Rohrstrang aus nicht rostendem Stahl ist bei 22,0 °C 380,0 m lang. Welche Längenänderung müssen die Dehnungskompensatoren aufnehmen, wenn im Betrieb Heißdampf von 185,0 °C die Rohrleitung durchströmt?

8.2.2 Thermische Volumenänderung von Feststoffen

Alle festen Körper dehnen sich beim Erwärmen gleichmäßig in Länge, Breite und Höhe aus **(Bild 225/1)**.

Hohlkörper dehnen sich genauso aus wie Vollkörper gleichen Materials und gleicher Größe.

Wenn sich die Kantenlänge eines Würfels von der Anfangslänge l_0 auf die Endlänge l_ϑ vergrößert, wächst sein Volumen vom Anfangsvolumen V_0 auf das Endvolumen V_ϑ.

Es ergeben sich die folgenden Größengleichungen:

Volumenänderung	$\Delta V \approx V_0 \cdot \gamma \cdot \Delta\vartheta$	$\gamma \approx 3 \cdot \alpha$
Volumen bei der Temperatur ϑ	$V_\vartheta \approx V_0 + \Delta V$	
	$V_\vartheta \approx V_0\,(1 + \gamma \cdot \Delta\vartheta)$	
Temperaturänderung	$\Delta\vartheta = \vartheta_2 - \vartheta_1$	

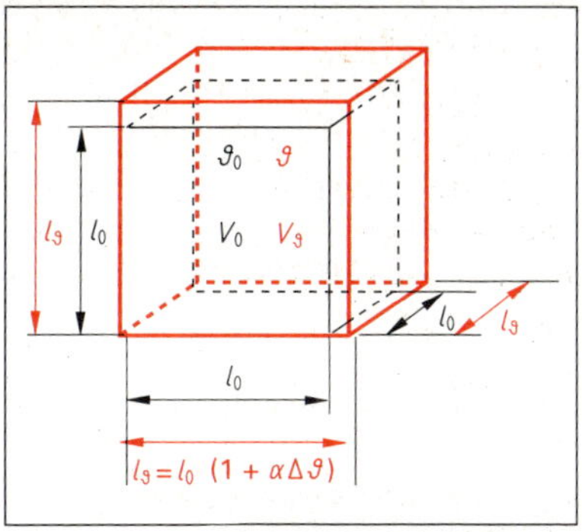

Bild 225/1: Volumenausdehnung eines Würfels beim Erwärmen

Der **Volumenausdehnungskoeffizient** γ beträgt bei Feststoffen näherungsweise das Dreifache des Längenausdehnungskoeffizienten α.

Beispiel: Eine Hohlkugel aus Edelstahl in einem Schwimmer-Kondensatableiter hat einen Außendurchmesser von d = 10,0 cm. Um wie viel Prozent vergrößert sich das Volumen der Schwimmerkugel, wenn sie einer Temperaturschwankung von $\Delta\vartheta$ = 160 °C ausgesetzt ist?

Lösung: $V_\vartheta \approx (1 + \gamma \cdot \Delta\vartheta)$ mit $V_0 = \frac{4}{3}\pi \cdot r^3$ und $\gamma \approx 3 \cdot \alpha$ folgt: $V_\vartheta \approx \frac{4}{3}\pi \cdot r^3\,(1 + 3 \cdot \alpha \cdot \Delta\vartheta)$

$$V_\vartheta \approx \frac{4}{3}\pi\,(5{,}0\ \text{cm})^3 \cdot \left(1 + 3 \cdot 12 \cdot 10^{-6}\,\frac{1}{\text{K}} \cdot 160\ \text{K}\right) \approx 523{,}6\ \text{cm}^3 \cdot 1{,}00576 \approx 526{,}6\ \text{cm}_3$$

$$\Delta V \approx V_\vartheta - V_0 \approx 526{,}6\ \text{cm}^3 - 523{,}6\ \text{cm}^3 \approx 3{,}0\ \text{cm}$$

523,6 cm³ entsprechen einem Volumen von 100 %
3,0 cm³ entsprechen einem Volumen von x %

$$x = \frac{3{,}0\ \text{cm}^3 \cdot 100\,\%}{523{,}6\ \text{cm}^3} = 0{,}573\,\% \qquad \boldsymbol{\Delta V \approx 0{,}57\,\%}$$

Aufgaben zu 8.2.2 Thermische Volumenänderung von Feststoffen

1. Um wie viel Kubikzentimeter ändert sich das Volumen eines 200-L-Rollreifenfasses aus nicht rostendem Stahl, wenn es einer Temperaturschwankung von 10 °C ausgesetzt ist?
2. Ein Hochdruck-Kugelgasbehälter für Erdgas hat einen Außendurchmesser von 26,86 m. Wie groß ist die Volumenänderung des Behälters aus Feinkornbaustahl (α = 11,5 · 10^{-6} · 1/K), wenn als höchste Sommertemperatur bei Sonneneinstrahlung 45 °C und als tiefste Wintertemperatur –30 °C angenommen wird?
3. Welcher Temperaturänderung darf eine 100-mL-Vollpipette aus Jenaer Glas ausgesetzt sein, wenn sich ihr Rauminhalt um 10 µL ändert?
4. Ein Kraftstoffbehälter aus Stahlblech fasst bei 20 °C genau 60 Liter. Wie groß ist sein Fassungsvermögen bei einer Temperatur von 40 °C?
5. Um wie viel Grad muss eine Messingkugel erhitzt werden, damit sich ihr Volumen um 1,00 % vergrößert?
6. Ein Messkolben zum Ansetzten von Maßlösungen hat bei 20 °C ein Volumen von exakt einem Liter. Wie groß ist die Volumenabnahme beim Abkühlen auf 12 °C?

8.2.3 Thermische Volumenänderung von Flüssigkeiten

Bei gleicher Temperaturerhöhung dehnen sich Flüssigkeiten viel stärker aus als Feststoffe. Ein Vergleich der Volumenausdehnungskoeffizienten γ_{Fl} für Flüssigkeiten **(Tabelle 226/1)** mit denen von Feststoffen ($\gamma \approx 3 \cdot \alpha$, Tabelle 224/1) zeigt, dass die γ-Werte für Flüssigkeiten in der Regel um den Faktor 10 größer sind. Die γ_{Fl}-Werte sind von der Stoffart und von der Temperatur abhängig.

Die Eigenschaft der Volumenvergrößerung mit steigender Temperatur zeigen fast alle Flüssigkeiten. Eine Ausnahme bildet das Wasser: Es dehnt sich bei 4 °C sowohl beim Abkühlen als auch beim Erwärmen aus. Dieses Verhalten wird als **Anomalie des Wassers** bezeichnet.

In Analogie zur Längen- und Volumenänderung von Feststoffen berechnet sich die Volumenänderung ΔV von Flüssigkeiten mit den folgenden Größengleichungen.

Volumenänderung	$\Delta V = V_0 \cdot \gamma_{Fl} \cdot \Delta\vartheta$
Volumen bei der Temperatur ϑ	$V_\vartheta = V_0 + \Delta V$
	$V_\vartheta = V_0 (1 + \gamma_{Fl} \cdot \Delta\vartheta)$
Temperaturänderung	$\Delta\vartheta = \vartheta_2 - \vartheta_1$

Tabelle 226/1: Volumenausdehnungskoeffizient von Flüssigkeiten γ_{Fl} **in** $10^{-3}\,\frac{1}{K}$ **(bei 20 °C)**

Flüssigkeit	Volumenausdehnungskoeffizient
Aceton	1,43
Benzin	1,00
Diethylether	1,62
Ethanol	1,10
Glycerin	0,59
Maschinenöl	0,26
Methanol	1,19
Pentan in Jenaer Glas	0,151
Petroleum	0,96
Quecksilber Hg	0,181
Hg in Jenaer Glas 16 III	0,157
Hg in Quarzglas	0,179
Salpetersäure	1,24
Salzsäure	0,30
Schwefelsäure	0,55
Toluol	1,08
Wasser bei 20 °C	0,20
Wasser bei 30 °C	0,30
Wasser bei 70 °C	0,60

Beispiel: Wie groß ist die Dichte des Quecksilbers bei 80 °C, wenn sie bei 20 °C 13,55 g/cm³ beträgt?

Lösung: $V_\vartheta = V_0 (1 + \gamma(\text{Hg}) \cdot \Delta\vartheta) = 1\ \text{cm}^3 \cdot \left(1 + 181 \cdot 10^{-6} \cdot \frac{1}{K} \cdot 60\ \text{K}\right)$

$V_\vartheta = 1{,}011\ \text{cm}^3 \Rightarrow \boldsymbol{\varrho}\textbf{(Hg)} \approx \frac{13{,}55\ \text{g}}{1{,}011\ \text{cm}^3} \approx \mathbf{13{,}40\ g/cm^3}$

Relative Volumenänderung von Flüssigkeiten in Behältern

Flüssigkeiten werden in der Regel in Gefäßen und Behältern aufbewahrt. Da sich die Behälter beim Erwärmen der Flüssigkeit mit erwärmen und damit auch ausdehnen, muss dies bei genauen Berechnungen berücksichtigt werden. Zur Berechnung der **relativen Volumenänderung ΔV_{rel} von Flüssigkeiten unter Berücksichtigung der Gefäßausdehnung** gelten die nebenstehenden Größengleichungen.

$$\Delta V_{rel} = \Delta V_{Fl} - \Delta V_B$$
$$\Delta V_{rel} = V_0 \cdot (\gamma_{Fl} - \gamma_B) \cdot \Delta\vartheta$$
$$V_\vartheta = V_0 + \Delta V_{rel}$$
$$V_\vartheta = V_0 \cdot [1 + (\gamma_{Fl} - \gamma_B) \cdot \Delta\vartheta]$$
$$\Delta\vartheta = \vartheta_2 - \vartheta_1$$

Indices: Fl Flüssigkeiten
B Behälter

Beispiel: Ein Pyknometer fasst bei 20,0 °C exakt ein Volumen von 24,87 cm³ Petroleum. Wie viel Kubikzentimeter Petroleum fließen über, wenn sich das Pyknometer auf 25,0 °C erwärmt?

Lösung: $\Delta V_{rel} = V_0 \cdot [\gamma(\text{Petroleum}) - \gamma(\text{Glas})] \cdot \Delta\vartheta$; mit $\gamma(\text{Glas}) \approx 3 \cdot \alpha(\text{Glas})$ folgt:

$\boldsymbol{\Delta V_{rel}} = V_0 \cdot [\gamma(\text{Petroleum}) - 3 \cdot \alpha(\text{Glas})] \cdot \Delta\vartheta = 24{,}87\ \text{cm}^3 \cdot \left(960 \cdot 10^{-6}\,\frac{1}{K} - 3 \cdot 8{,}1 \cdot 10^{-6}\,\frac{1}{K}\right) \cdot 5{,}0\ \text{K} \approx \mathbf{0{,}12\ cm^3}$

Aufgaben zu 8.2.3 Thermische Volumenänderung von Flüssigkeiten

1. Die Dichte des Wassers beträgt bei 20 °C 0,99821 g/cm³ und bei 100 °C 0,95835 g/cm³. Wie groß ist der mittlere Volumenausdehnungskoeffizient des Wassers?
2. Der Messfühler eines Flüssigkeits-Federthermometers besteht aus Messing. Er enthält 1,70 cm³ Dehnflüssigkeit ($\gamma = 1{,}25 \cdot 10^{-3} \cdot 1/K$). Wie groß ist die relative Volumenänderung der Dehnflüssigkeit, wenn die Temperaturänderung 150 °C beträgt?
3. Im Vorratsgefäß eines Quecksilberthermometers befinden sich bei 20,0 °C 1,20 cm³ Quecksilber. Welches Volumen hat das Quecksilber bei 100,0 °C?

4. Das Vorratsgefäß eines Quecksilber-Thermometers enthält 0,50 cm^3 Dehnflüssigkeit. Wie groß ist der Durchmesser der Kapillare, wenn die Quecksilbersäule bei einer Temperaturänderung von 10,0 °C um 10,0 mm ansteigt?
5. Wie viel Kubikzentimeter Petroleum fließen aus einem Pyknometer aus Jenaer Glas mit einem Volumen von 48,7586 cm^3 bei 20,0 °C, wenn es auf 30,0 °C erwärmt wird?
6. Ein Vorratstank wurde bei 15,2 °C mit 6000 kg Glycerin der Dichte ϱ = 1,261 kg/dm^3 gefüllt. Welches Volumen in Kubikmeter nimmt die Tankfüllung nach Erwärmung auf 62,5 °C ein?
7. Wie groß ist die Dichte des Toluols bei 80 °C, wenn sie bei 20 °C 0,867 g/cm^3 beträgt?
8. Wie groß ist die Volumenverminderung des Acetons in Prozent, wenn es in einem Produktkühler von Siedetemperatur (56 °C) auf 15 °C gekühlt wird?
9. Auf welche Temperatur kann Glycerin von 20 °C höchstens erwärmt werden, wenn die Volumenänderung 1,0 % betragen darf?

8.2.4 Thermische Volumenänderung von Gasen

Wegen der großen Beweglichkeit der Teilchen füllen Gase im Gegensatz zu Flüssigkeiten jeden ihnen zur Verfügung stehenden Raum aus. Beim Erwärmen einer Gasportion steigt die durchschnittliche Teilchengeschwindigkeit an. Die Teilchen prallen häufiger und heftiger gegen die Gefäßwand, wodurch der Druck steigt. Soll der Druck konstant bleiben (isobare Zustandsänderung), muss sich das Volumen vergrößern.

In einem Gasgemisch haben Gasteilchen geringer Masse eine große und Gasteilchen großer Masse eine geringe Durchschnittsgeschwindigkeit. Beide Teilchensorten leisten bei Temperaturerhöhung den gleichen Beitrag zur Volumenvergrößerung. Aus diesem Grund haben alle Gase einen näherungsweise gleich großen Volumenausdehnungskoeffizienten. Er beträgt 1/273 des Volumens, das das Gas bei einer Temperatur von 0 °C besitzt.

Es gilt das **isobare Gasgesetz**: $\Delta V = V_0 \cdot \frac{1}{273\ \text{K}} \cdot \Delta\vartheta$

Unter Berücksichtigung der thermodynamischen Temperatur ergibt sich das isobare Gasgesetz in einer anderen Schreibweise. Es wird auch als **Gesetz von Gay-Lussac** bezeichnet.

Volumenänderung von Gasen bei Erwärmung (p = konstant)

$$\Delta V = V_0 \cdot \frac{1}{273\ \text{K}} \cdot \Delta\vartheta$$

$$V_\vartheta = V_0 + \Delta V$$

$$V_\vartheta = V_0 \cdot \left(1 + \frac{1}{273\ \text{K}} \cdot \Delta\vartheta\right)$$

$$\Delta\vartheta = \vartheta_2 - \vartheta_1$$

Gay-Lussac-Gesetz

$$\frac{V_0}{T_0} = \frac{V_1}{T_1} = \frac{V_2}{T_2} = \text{konst.}$$

Beispiel: Auf wie viel Grad Celsius muss die Temperatur einer Gasportion von ϑ = 0 °C erhöht werden, damit sich ihr Volumen verdoppelt?

Lösung: $\Delta V = V_0 \cdot \frac{1}{273\ \text{K}} \cdot \Delta\vartheta \Rightarrow \Delta\vartheta = \frac{\Delta V \cdot 273\ \text{K}}{V}$

mit $\Delta V = V_0$ folgt: $\boldsymbol{\Delta\vartheta}$ = 273 K = **273 °C** $\Rightarrow$ $\boldsymbol{\vartheta}$ = **273 °C**

Aufgaben zu 8.2.4 Thermische Volumenänderung von Gasen

1. Ein Glockengasbehälter enthält 2000 m^3 Erdgas bei 10 °C. Um wie viel Kubikmeter vergrößert sich das Volumen der Erdgasportion, wenn die Temperatur auf 20 °C ansteigt?
2. Eine 250-mL-Gasmaus wird von 20 °C auf 25 °C erwärmt. Wie viel Kubikzentimeter Luft strömen aus?
3. Luft hat bei 0 °C und p_{amb} = 1013 mbar eine Dichte von 1,2929 g/dm^3. Wie groß ist die Dichte der Luft bei 20 °C, wenn der Druck konstant bleibt?
4. Ein Scheibengasbehälter hat bei einem Inhalt von $150 \cdot 10^3$ m^3 zwischen den Endlagen der Scheibe einen Gesamthub von 67 m. Um wie viel Meter wird die Scheibe abgesenkt, wenn die Gastemperatur bei 50%iger Füllung von 10 °C auf 0 °C sinkt?

8.3 Wärmeinhalt von Stoffportionen

Die Temperatur ϑ einer Stoffportion kann durch Zufuhr von Wärmeenergie erhöht werden. Die zugeführte Wärmemenge Q wird in der Stoffportion als Wärmeinhalt gespeichert.

Der Wärmeinhalt Q einer Stoffportion ist der Masse m, der stoffspezifischen Wärmekapazität c und der Temperaturänderung $\Delta\vartheta$ direkt propotional. Zur Berechnung der Wärmemenge Q gilt die nebenstehende Größengleichung.

Die Wärmemenge Q hat die Einheit Joule. Sie kann auch in Wattsekunden (Ws) oder Kilowattstunden (kWh) angegeben werden.

Das Wärmeaufnahmevermögen eines Stoffes wird durch die spezifische Wärmekapazität c charakterisiert. Sie hat die Einheit kJ/(kg · K) und ist von der Stoffart, der Temperatur und bei Gasen vom Druck abhängig **(Tabelle 228/1)**.

Wasser hat z. B. eine spezifische Wärmekapazität von $c(H_2O_{(l)}) = 4{,}19$ kJ/(kg · K), d.h. um ein Kilogramm Wasser um ein Grad zu erwärmen, ist eine Wärmemenge von 4,19 kJ erforderlich. Wasser hat von allen Flüssigkeiten die größte spezifische Wärmekapazität.

Beispiel: Das Wasserbad eines Rotationsverdampfers soll von 25 °C auf 55 °C erhitzt werden. Welche Wärmeenergie ist dem Wasser durch Umwandlung von elektrischer Energie zuzuführen, wenn die Masse des Wassers 500 g beträgt?

Lösung: $Q = c \cdot m \cdot \Delta\vartheta = 4{,}19 \frac{\text{kJ}}{(\text{kg} \cdot \text{K})} \cdot 0{,}500 \text{ kg} \cdot 30 \text{ K} = 62{,}85 \text{ kJ} \approx \mathbf{63\ kJ}$

Wärmeinhalt einer Stoffportion
$Q = c \cdot m \cdot \Delta\vartheta$

Umwandlung von Energieeinheiten
$1 \text{ J} = 1 \text{ Ws} = 2{,}78 \cdot 10^{-7} \text{ kWh}$

Tabelle 228/1: Spezifische Wärmekapazität c (ϑ = 20 °C, p = 1013 mbar)

Stoff	c kJ/(kg · K)
Beton	0,92
Eis (0 °C)	2,1
Glas (Jena 16 III)	0,78
Holz	2,4
Kupfer	0,38
Nicht rostender Stahl X 5 CrNi 18-10	0,482
Ethanol	2,42
Quecksilber	0,14
Toluol	1,72
Wasser (flüssig)	4,19
Luft	1,01
Wasserdampf (100 °C)	1,94

Aufgaben zu 8.3 Wärmeinhalt von Stoffportionen

1. In einer Absorptionskälteanlage werden pro Stunde 7,5 Tonnen Calciumchloridlösung ($w(CaCl_2)$ = 30 %) von 5 °C auf −35 °C gekühlt. Welche Wärmemenge muss der $CaCl_2$-Lösung entzogen werden, wenn ihre spezifische Wärmekapazität 2,74 kJ/(kg · K) beträgt?
2. Zum Erhitzen von einem Liter Wasser von 20,6 °C bis zur Siedetemperatur gibt ein Tauchsieder eine Wärmemenge von 0,10 kWh ab. Wie groß sind die Wärmeverluste?
3. Beim Hochofenprozess sind pro Tonne reduziertes Eisen durchschnittlich 4200 m³ Verbrennungsluft („Wind") mit einer Temperatur von 750 °C erforderlich. Welche Wärmemenge muss im Winderhitzer im Gegenstrom mit Gichtgas ausgetauscht werden, wenn die Verbrennungsluft mit einer Temperatur von 20 °C angesaugt wird (ϱ (Luft) = 1,29 g/L)?
4. Welche Wärmemenge muss ein Spiralwärmetauscher abführen, um 2,5 m³ Ethanol $CH_3–CH_2–OH$ mit einer Dichte von 0,79 g/cm³ von Siedetemperatur (ϑ = 78 °C) auf 18 °C zu kühlen?
5. Beim Öffnen einer Dampfleitung verlängert sich ein 10,0 m langes Rohr aus nicht rostendem Stahl X5CrNi18-10 mit einer Masse von 82,4 kg um 16,0 mm.
   a) Um wie viel Grad Celsius hat sich die Dampfleitung erwärmt?
   b) Welche Wärmemenge hat die Rohrleitung aufgenommen?
6. Bei der Rückgewinnung von Ethylmethylketon $CH_3–CH_2–CO–CH_3$ durch Destillation werden zur Kühlung 1,50 t Wasser mit einer Anfangstemperatur von 17,5 °C eingesetzt. Mit welcher Temperatur tritt das Wasser aus dem Kühler, wenn eine Wärmemenge von 167 MJ abgeführt wird?
7. 200 L Toluol $C_6H_5CH_3$ (ϱ = 0,867 g/cm³) von 28,7 °C geben durch Wärmeübergang eine Wärmemenge von 3,00 MJ ab. Welche Endtemperatur wird erreicht?
8. In einem Rührkessel befinden sich 1250 L Benzol ($\varrho(C_6H_6)$ = 0,879 g/cm³) von 13,0 °C. Mit einer Kühlsole soll das Benzol auf −8,5 °C heruntergekühlt werden. Welche Wärmemenge ist abzuführen, wenn die spezifische Wärmekapazität des Benzols c = 1,70 kJ/(kg · K) beträgt?
9. Ein Messingring (m = 10,0 g, d = 18,0 mm, c = 0,39 kJ/(kg · K) soll mit 0,10 mm Spiel auf eine Pumpenwelle aufgezogen werden. Welche Wärmemenge ist dem Messingring zuzuführen?

8.4 Aggregatzustandsänderungen

Stoffe können in den drei Aggregatzuständen fest, flüssig oder gasig (gasförmig) vorkommen. Die Aggregatzustände unterscheiden sich unter anderem in der Stärke der Wärmebewegung der Teilchen, und damit in ihrem Energieinhalt, sowie in der Größe der Kohäsionskräfte zwischen den Teilchen.

In **Bild 229/1** sind die drei Aggregatzustände nach steigendem Energieinhalt angeordnet und die Aggregatzustandsänderungen benannt. Die jeweilige Zustandsänderung läuft bei jedem Stoff bei einer konstanten, stoffspezifischen Temperatur ab.

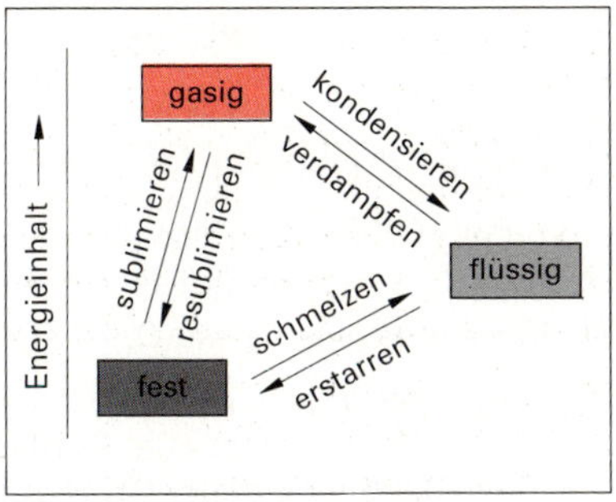

Bild 229/1: Aggregatzustände und Aggregatzustandsänderungen

8.4.1 Schmelzen, Erstarren

Zur Verflüssigung eines Feststoffes müssen die großen Kohäsionskräfte überwunden werden, die den Zusammenhalt der Teilchen im Feststoffgitter bewirken. Hierzu muss der Stoffportion die Schmelzwärme Q_s zugeführt werden.

Die **Schmelzwärme Q_s** ist der Masse und der Stoffart des zu schmelzenden Stoffes proportional. Zur Berechnung dient die nebenstehende Größengleichung.

Schmelzwärme
$Q_s = q \cdot m$

Die spezifische Schmelzwärme q gibt an, welche Wärmemenge erforderlich ist, um ein Kilogramm eines Stoffes zu schmelzen. Sie hat die Einheit kJ/kg **(Tabelle 229/1)**.

Tabelle 229/1: Spezifische Schmelzwärmen q und Schmelztemperaturen ϑ_{Sch} (p = 1013 mbar)

Stoffe	q kJ/kg	ϑ_{Sch} °C
Kupfer	213	1083
Blei	23	327,3
Eisen	270	1535
Quecksilber	11,8	–38,87
Schwefel	50	112,8
Naphthalin	150	80,1
Benzol	126	5,53
Glycerin	200	18
Eis	335	0

Um eine Stoffportion zu schmelzen, muss sie zuvor auf die Schmelztemperatur erwärmt werden. Hierzu ist die Wärmemenge $Q = c \cdot m \cdot \Delta\vartheta$ erforderlich. Die **Gesamtwärmemenge** zum Erwärmen und Schmelzen einer Stoffportion berechnet sich zu:

$$Q_{ges} = c \cdot m \cdot \Delta\vartheta + q \cdot m$$

Beispiel: Welche Gesamtwärmemenge Q_{ges} muss 100 g Eis von – 18,0 °C aus der Umgebung aufnehmen, um flüssig zu werden?

Lösung: $Q_{ges} = c \cdot m \cdot \Delta\vartheta + Q_s = c \cdot m \cdot \Delta\vartheta + q \cdot m = m\,(c \cdot \Delta\vartheta + q)$

$\mathbf{Q_{ges}}$ = 0,100 kg · [2,1 kJ/(kg · K) · 18 K + 335 kJ/kg] ≈ **37 kJ**

Erstarren

Damit eine Flüssigkeit erstarrt, muss ihre Kristallisationswärme Q_{kr} entzogen werden. Sie ist genauso groß, wie die zum Schmelzen derselben Stoffportion notwendige Schmelzwärme Q_s.

Kristallisationswärme
$Q_{kr} = Q_s = q \cdot m$

Beispiel: Ein Rohrkristallisator zum Kaltkonzentrieren eines Arzneimittel-Zwischenprodukts produziert pro Stunde 1,20 Tonnen Eis. Wie groß ist die Kristallisationswärme, die durch die Kühlsole abgeführt werden muss?

Lösung: $\mathbf{Q_{kr}} = Q_s = q \cdot m$ = 335 kJ/kg · 1,20 · 10^3 kg = 402 · 10^3 kJ = **402 MJ**

Aufgaben zu 8.4.1 Schmelzen, Erstarren

1. Ein Eisbereiter produziert pro Stunde 12,0 Kilogramm Eis von –3,0 °C aus Wasser von 17,0 °C. Welche Gesamtwärmemenge muss dem Wasser entzogen werden?
2. Wie viel kg Eis bildet sich, wenn 1,0 kg unterkühltes Wasser von –8,0 °C durch Erschütterung plötzlich gefriert?
3. Welche Wärmemenge wird frei, wenn 750 mL Eisessig (Essigsäure) erstarrt?
   Essigsäure (CH_3COOH): ϑ_{Sch} = 16,6 °C, ϱ = 1,05 g/cm³, q = 192,23 kJ/kg.

8.4.2 Verdampfen, Kondensieren

Beim Verdampfen einer Flüssigkeit werden die Kohäsionskräfte, die den Zusammenhalt der Teilchen bewirken, durch Zufuhr von Verdampfungswärme Q_v praktisch völlig überwunden. Da die Abstände zwischen den Teilchen in der Gasphase wesentlich größer sind als in der flüssigen Phase, ist die Verdampfung mit einer starken Volumenzunahme verbunden.

Ist eine Flüssigkeitsportion in einem Gefäß eingeschlossen (V = konst.), so kommt es beim Verdampfen zu einem starken Druckanstieg in der dann vorliegenden Gasphase.

Die Verdampfungswärme Q_v ist stets größer als die Schmelzwärme Q_s des gleichen Stoffes.

Die **Verdampfungswärme Q_v** ist von der Masse und der Stoffart des zu verdampfenden Stoffes abhängig. Sie berechnet sich nach nebenstehender Größengleichung.

Verdampfungswärme
$Q_v = r \cdot m$

Die spezifische Verdampfungswärme r gibt an, welche Wärmeenergie erforderlich ist, um ein Kilogramm einer Flüssigkeit bei konstanter Temperatur zu verdampfen **(Tabelle 230/1)**. Sie hat die Einheit kJ/kg.

Tabelle 230/1: Spezifische Verdampfungswärmen r und Siedetemperaturen ϑ_s (p = 1013 mbar)

Stoffe	r kJ/kg	ϑ_s °C
Aceton	525	56,2
Benzol	394	80,1
Brom	183	58,7
Chloroform	279	61,1
Diethylether	360	34,6
Ethanol	840	78,4
Quecksilber	285	356,6
Toluol	364	110,7
Wasser	2256	100,0

Um eine Stoffportion zu verdampfen, muss sie vorher auf die Siedetemperatur erhitzt werden. Hierzu ist die Wärmemenge $Q = c \cdot m \cdot \Delta\vartheta$ erforderlich. Die **Gesamtwärmemenge** zum Erwärmen und Verdampfen einer Stoffportion berechnet sich zu:

$$Q_{ges} = c \cdot m \cdot \Delta\vartheta + r \cdot m$$

Beispiel: Welche Wärmemenge muss 100 g Wasser von 18,0 °C zugeführt werden, um es bei p_{amb} = 1013 mbar vollständig zu verdampfen?

Lösung: $Q_{ges} = c \cdot m \cdot \Delta\vartheta + Q_v = c \cdot m \cdot \Delta\vartheta + m \cdot r = m(c \cdot \Delta\vartheta + r)$

$$\boldsymbol{Q_{ges}} = 0{,}100\ \text{kg} \cdot \left(4{,}19\ \frac{\text{kJ}}{\text{kg} \cdot \text{K}} \cdot 82{,}0\ \text{K} + 2256\ \frac{\text{kJ}}{\text{kg}}\right) \approx \mathbf{260\ kJ}$$

Kondensieren. Damit eine Flüssigkeit kondensiert, muss ihr Kondensationswärme Q_k entzogen werden. Sie ist genauso groß, wie die zum Verdampfen derselben Stoffportion notwendige Verdampfungswärme Q_v.

Kondensationswärme
$Q_k = Q_v = r \cdot m$

Beispiel: In einer Sorptionsanlage wird stündlich 6,8 kg Brom durch Desorption aus Aktivkohle zurückgewonnen. Welche Wärmemenge ist erforderlich, um das Brom zu kondensieren und anschließend auf 20,0 °C zu kühlen? ($c(Br_2)$ = 0,46 kJ/(kg · K))

Lösung: $Q_{ges} = c \cdot m \cdot \Delta\vartheta + Q_k = c \cdot m \cdot \Delta\vartheta + Q_v = c \cdot m \cdot \Delta\vartheta + m \cdot r = m \cdot (c \cdot \Delta\vartheta + r)$

Mit $\vartheta_S(Br_2)$ = 58,7 °C, $\Delta\vartheta$ = 58,7 °C – 20,0 °C = 38,7 °C und $r(Br_2)$ = 183 kJ/kg folgt:

$\boldsymbol{Q_{ges}}$ = 6,8 kg · [0,46 kJ/(kg · K) · 38,7 K + 183 kJ/kg] = 1365,5 kJ ≈ **1,4 MJ**

Aufgaben zu 8.4.2 Verdampfen, Kondensieren

1. Wie viel Liter Wasserdampf von 100 °C kann sich bilden, wenn einer Wasserportion (V = 2,0 L, ϑ = 20 °C) eine Wärmemenge von 1,0 kWh zugeführt wird? ($\varrho(H_2O_{(g)})$ = 0,5977 g/L).
2. In einer Anlage zur Rückgewinnung von Lösemitteln wird pro Stunde 2,5 m³ Toluol kondensiert und anschließend in einem Produktkühler auf 15,7 °C gekühlt. Welche Wärmemenge muss dabei abgeführt werden? (Dichte des Toluols ϱ = 0,867 g/cm³)
3. In einem Amalgamzersetzer entstehen pro Stunde 400 kg Natronlauge mit einem Massenanteil w(NaOH) = 50,0 %. Welche Verdampfungswärme ist zur Gewinnung von festem Natriumhydroxid erforderlich? (Die spezifische Verdampfungswärme der Natronlauge beträgt r = 2256 kJ/kg.)

8.5 Temperaturänderung beim Mischen

Beim Mischen von verschiedenen Stoffportionen mit unterschiedlichen Massen m, Wärmekapazitäten c und Temperaturen ϑ erfolgt im Laufe der Zeit ein Temperaturausgleich, bis die Stoffe eine gemeinsame Mischungstemperatur ϑ_m erreicht haben **(Bild 231/1)**.

Beim Mischen von Flüssigkeiten wird die Mischungstemperatur schon nach kurzer Zeit erreicht.

Der wärmere Stoff gibt so lange Wärme ab, bis seine Anfangstemperatur auf die Mischungstemperatur gefallen ist. Der kältere Stoff nimmt die abgegebene Wärmemenge auf und erwärmt sich dabei auf die Mischungstemperatur.

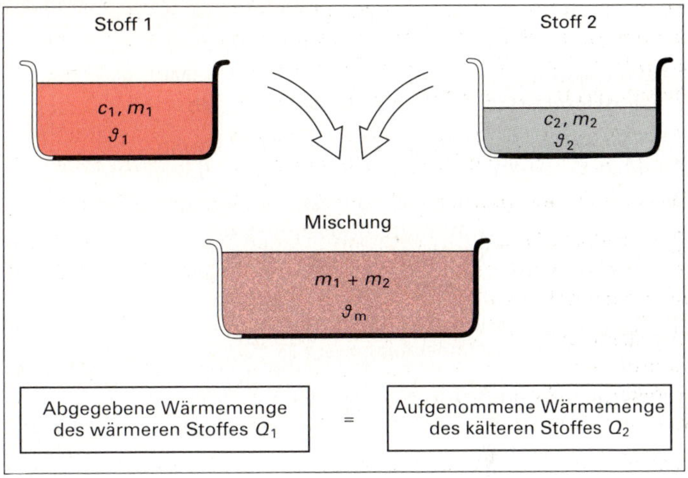

Bild 231/1: Temperaturen beim Mischen von Flüssigkeiten

Mischungstemperatur ohne Wärmeverlust

Wenn bei einem Mischvorgang durch vollständige Isolation keine Wärmeverluste auftreten, sind die zwischen den Stoffen ausgetauschten Wärmemengen gleich groß: $Q_1 = Q_2$.

Mit $Q = c \cdot m \cdot \Delta\vartheta$ wird nach dem Gleichsetzen eine Größengleichung erhalten, aus der sich die **Mischungstemperatur** ϑ_m nach dem Ausmultiplizieren und Umstellen berechnen lässt.

Diese so genannte Mischungsgleichung gilt für Mischungen aus Flüssigkeiten sowie Flüssigkeiten und Feststoffen, wenn keine Änderung des Aggregatzustands und keine Wärmetönung (Seite 238) beim Mischen erfolgt.

Wärmemischungsgleichung

$$Q_1 = Q_2$$

$$c_1 \cdot m_1 \cdot (\vartheta_1 - \vartheta_m) = c_2 \cdot m_2 \cdot (\vartheta_m - \vartheta_2)$$

Wärme abgebender Stoff: Index 1 — Wärme aufnehmender Stoff: Index 2

Mischungstemperatur ohne Wärmeverluste

$$\vartheta_m = \frac{c_1 \cdot m_1 \cdot \vartheta_1 + c_2 \cdot m_2 \cdot \vartheta_2}{c_1 \cdot m_1 + c_2 \cdot m_2}$$

Beispiel 1: Mit wie viel Kilogramm Wasser von 45 °C müssen 5,0 kg Wasser von 15 °C gemischt werden, damit eine Mischungstemperatur von 40 °C erreicht wird?

Lösung: Da Stoffe mit gleicher spezifischer Wärmekapazität gemischt werden, vereinfacht sich die Größengleichung zur Berechnung der Mischungstemperatur nach dem Ausklammern und Kürzen von c:

$$\vartheta_m = \frac{c \cdot m_1 \cdot \vartheta_1 + c \cdot m_2 \cdot \vartheta_2}{c \cdot m_1 + c \cdot m_2} = \frac{m_1 \cdot \vartheta_1 + m_2 \cdot \vartheta_2}{m_1 + m_2} \quad \Rightarrow \quad \vartheta_m \cdot m_1 + \vartheta_m \cdot m_2 = m_1 \cdot \vartheta_1 + m_2 \cdot \vartheta_2$$

$$\Rightarrow m_1 \cdot (\vartheta_m - \vartheta_1) = m_2 \cdot (\vartheta_2 - \vartheta_m) \quad \Rightarrow \quad \boldsymbol{m_2} = \frac{m_1\,(\vartheta_m - \vartheta_1)}{\vartheta_2 - \vartheta_m} = \frac{5{,}0\text{ kg }(40\text{ °C} - 15\text{ °C})}{45\text{ °C} - 40\text{ °C}} = \mathbf{25\ kg}$$

Beispiel 2: Welche Mischungstemperatur ergibt sich, wenn Ethanol von 20 °C mit Wasser von 10 °C im gleichen Volumenverhältnis gemischt wird?

Lösung:

$$\vartheta_m = \frac{c_1 \cdot m_1 \cdot \vartheta_1 + c_2 \cdot m_2 \cdot \vartheta_2}{c_1 \cdot m_1 + c_2 \cdot m_2}$$

mit $m = \varrho \cdot V$ folgt nach dem Ausklammern und Kürzen von V

$$\vartheta_m = \frac{c_1 \cdot \varrho_1 \cdot \vartheta_1 + c_2 \cdot \varrho_2 \cdot \vartheta_2}{c_1 \cdot \varrho_1 + c_2 \cdot \varrho_2}$$

mit c_1 (Ethanol) = 2,42 kJ/(kg · K), ϱ_1 (Ethanol) = 0,79 kg/L
und c_2 (Wasser) = 4,19 kJ/(kg · K), ϱ_2 (Wasser) = 1,0 kg/L

folgt: $$\boldsymbol{\vartheta_m} = \frac{2{,}42\text{ kJ/(kg·K)} \cdot 0{,}79\text{ kg/L} \cdot 20\text{ °C} + 4{,}19\text{ kJ/(kg·K)} \cdot 1{,}0\text{ kg/L} \cdot 10\text{ °C}}{2{,}42\text{ kJ/(kg·K)} \cdot 0{,}79\text{ kg/L} + 4{,}19\text{ kJ/(kg·K)} \cdot 1{,}0\text{ kg/L}} = 13{,}09\text{ °C} \approx \mathbf{13\ °C}$$

Mischungstemperatur bei Wärmeverlust

In der betrieblichen Praxis geht während des Mischungsvorgangs Wärme an die Umgebung verloren. Diese Verlustwärme Q_{Verl} senkt die **Mischungstemperatur ϑ_{mV}** gegenüber der Mischungstemperatur ohne Wärmeverlust ϑ_m ab.

Die bei einem Mischvorgang an die Umgebung abgegebene **Verlustwärme Q_{Verl}** lässt sich durch Messen der Ausgangs- und der Mischungstemperatur für einen bestimmten Mischvorgang aus der Differenz der Wärmemengen der Mischungskomponenten berechnen.

Mischungstemperatur bei Wärmeverlust

$$\vartheta_{mV} = \frac{c_1 \cdot m_1 \cdot \vartheta_1 + c_2 \cdot m_2 \cdot \vartheta_2 - Q_{Verl}}{c_1 \cdot m_1 + c_2 \cdot m_2}$$

Verlustwärme

$$Q_{Verl} = c_1 \cdot m_1 (\vartheta_1 - \vartheta_m) - c_2 \cdot m_2 (\vartheta_m - \vartheta_2)$$

Beispiel: 150 kg Wasser von 75 °C werden in einem Rührkessel mit 220 kg Wasser von 13 °C gemischt. Die Mischungstemperatur beträgt 35 °C. Wie groß sind die Wärmeverluste während des Mischvorgangs?

Lösung: $Q_{Verl} = c_1 \cdot m_1 (\vartheta_1 - \vartheta_m) - c_2 \cdot m_2 (\vartheta_m - \vartheta_2)$

$\boldsymbol{Q_{Verl}} = 4{,}19 \text{ kJ/(kg} \cdot \text{K)} \cdot 150 \text{ kg} \cdot (75\text{ °C} - 35\text{ °C}) - 4{,}19 \text{ kJ/(kg} \cdot \text{K)} \cdot 220 \text{ kg} \cdot (35\text{ °C} - 13\text{ °C}) \approx \mathbf{4{,}9\ MJ}$

Wasserwert eines Kalorimeters

Wird der Mischvorgang in einem Kalorimeter durchgeführt (Bild 234/2), so sind die Wärmeverluste wegen der guten Isolation des Kalorimeters gering. Der Wärmeverlust pro 1 Grad wird bei einem Kalorimeter als Wärmekapazität oder **Wasserwert C_K** des Kalorimeters bezeichnet und in Joule durch Kelvin (J/K) angegeben.

Wasserwert eines Kalorimeters

$$C_K = \frac{c_1 \cdot m_1 \cdot (\vartheta_1 - \vartheta_m)}{\vartheta_m - \vartheta_2} - c_2 \cdot m_2$$

Beispiel: In einem Kalorimeter, in dem eine Wasserportion von 100,0 g mit einer Temperatur von 19,82 °C vorliegt, wird eine gleich große Wasserportion von 35,83 °C gegeben. Die Mischungstemperatur beträgt 27,13 °C. Wie groß ist der Wasserwert des Kalorimeters?

Lösung: $C_K = \frac{c_1 \cdot m_1 \cdot (\vartheta_1 - \vartheta_m)}{\vartheta_m - \vartheta_2} - c_2 \cdot m_2$

$$\boldsymbol{C_K} = \frac{4{,}19 \text{ kJ/(kg} \cdot \text{K)} \cdot 0{,}1000 \text{ kg} \cdot (35{,}83\text{ °C} - 27{,}13\text{ °C})}{27{,}13\text{ °C} - 19{,}82\text{ °C}} - 4{,}19 \text{ kJ/(kg} \cdot \text{K)} \cdot 0{,}1000 \text{ kg} = 0{,}07967 \text{ kJ/k} \approx \mathbf{79{,}7\ J/K}$$

Mischungstemperatur mit Änderung des Aggregatzustandes

Beim **direkten Aufheizen** einer Flüssigkeit durch Einleiten von Wasserdampf in die Flüssigkeit **(direkte Dampfbeheizung)** kondensiert der Wasserdampf. Er gibt seine Kondensationswärme Q_K an die Flüssigkeit ab, wodurch die Temperatur der Flüssigkeit ansteigt. Das entstehende Kondensat mischt sich mit der Flüssigkeit. Es kühlt sich dabei von der Siedetemperatur ϑ_S = 100 °C auf die Mischungstemperatur ab, wodurch die Temperatur der Flüssigkeit weiter ansteigt.

Die **Mischungstemperatur ϑ_{mK}** lässt sich aus der Bilanz der abgegebenen und aufgenommenen Wärmemengen in der Flüssigkeit berechnen.

Da die Kondensationswärme von Wasserdampf ($r(H_2O)$ = 2256 kJ/kg) sehr groß ist, lässt sich mit kleinen Dampfmengen eine große Erwärmung erzielen.

Wärmemenge, die der Dampf durch Kondensieren abgibt Q_K	+	Wärmemenge, die das Kondensat durch Abkühlen abgibt Q_1	=	Wärmemenge, die die Flüssigkeit durch Erwärmen aufnimmt Q_2

$$r \cdot m_1 + c_1 \cdot m_1 \cdot (\vartheta_S - \vartheta_{mK}) = c_2 \cdot m_2 \cdot (\vartheta_{mK} - \vartheta_2)$$

Mischungstemperatur beim Kondensieren einer Mischphase

$$\vartheta_{mK} = \frac{m_1 \cdot (c_1 \cdot \vartheta_S + r) + c_2 \cdot m_2 \cdot \vartheta_2}{c_1 \cdot m_1 + c_2 \cdot m_2}$$

Beispiel: Wie viel Kilogramm Sattdampf werden zur direkten Dampfbeheizung benötigt, um eine Behälterfüllung von 840 kg von 12,0 °C auf 74,0 °C zu erwärmen? c (Behälterfüllung) = 3,165 kJ/(kg · K)

Lösung: $c_1 \cdot m_1 \cdot (\vartheta_S - \vartheta_m) + r \cdot m_1 = c_2 \cdot m_2 \cdot (\vartheta_m - \vartheta_2)$ nach dem Ausklammern und Umstellen folgt für m_1:

$$\boldsymbol{m_1} = \frac{c_2 \cdot m_2 \cdot (\vartheta_m - \vartheta_2)}{c_1 \cdot (\vartheta_S - \vartheta_m) + r} = \frac{3{,}165 \text{ kJ/(kg} \cdot \text{K)} \cdot 840 \text{ kg} \cdot (74{,}0 \text{ °C} - 12{,}0 \text{ °C})}{4{,}19 \text{ kJ/(kg} \cdot \text{K)} \cdot 100 \text{ °C} - 74{,}0 \text{ °C}) + 2256 \text{ kJ/kg}} = \frac{164\,833{,}2 \text{ kJ}}{2\,364{,}94 \text{ kJ/kg}} \approx \mathbf{67{,}7\ kg}$$

Beim **direkten Kühlen** einer Flüssigkeit durch Zugabe von Eis in die Flüssigkeit **(direkte Eiskühlung)** schmilzt das Eis. Es nimmt Schmelzwärme Q_{Sch} aus der Flüssigkeit auf, wodurch die Temperatur der Flüssigkeit absinkt. Das entstehende Schmelzwasser mischt sich mit der Flüssigkeit. Es erwärmt sich dabei von der Schmelztemperatur $\vartheta_{Sch} = 0$ °C auf die Mischungstemperatur, wodurch die Temperatur der Flüssigkeit weiter abfällt.

Wärmemenge, die das Eis durch Schmelzen aufnimmt Q_{Sch}	+	Wärmemenge, die das Schmelzwasser durch Erwärmen aufnimmt Q_1	=	Wärmemenge, die die Flüssigkeit durch Abkühlen abgibt Q_2

$$r \cdot m_1 + c_1 \cdot m_1 \cdot (\vartheta_{mE} - \vartheta_{Sch}) = c_2 \cdot m_2 \cdot (\vartheta_2 - \vartheta_{mE})$$

Die **Mischungstemperatur** ϑ_{mE} bei Eiskühlung lässt sich aus der Bilanz der aufgenommenen und abgegebenen Wärmemengen in der Flüssigkeit berechnen.

Da die Schmelzwärme des Eises mit $q(H_2O)$ = 335 kJ/kg groß ist, lässt sich mit relativ kleinen Eismengen eine gute Abkühlung erzielen.

Mischungstemperatur beim Schmelzen einer Mischphase

$$\vartheta_{mE} = \frac{m_1 \cdot (c_1 \cdot \vartheta_{Sch} - q) + c_2 \cdot m_2 \cdot \vartheta_2}{c_1 \cdot m_1 + c_2 \cdot m_2}$$

Beispiel: Welche Masse an Eis von 0 °C wird zur direkten Eiskühlung benötigt, um eine Behälterfüllung von 840 kg von 74 °C auf 12 °C abzukühlen? c (Behälterfüllung) = 3,165 kJ/(kg · K)

Lösung: $c_1 \cdot m_1 \cdot (\vartheta_{mE} - \vartheta_{Sch}) + q \cdot m_1 = c_2 \cdot m_2 \cdot (\vartheta_2 - \vartheta_{mE})$ Nach dem Ausklammern und Umstellen folgt für m_1:

$$\boldsymbol{m_1} = \frac{c_2 \cdot m_2 \cdot (\vartheta_2 - \vartheta_{mE})}{c_1 \cdot (\vartheta_{mE} - \vartheta_{Sch}) + q} = \frac{3{,}165 \text{ kJ/(kg} \cdot \text{K)} \cdot 840 \text{ kg} \cdot (74 \text{ °C} - 12 \text{ °C})}{4{,}19 \text{ kJ/(kg} \cdot \text{K)} \cdot (12 \text{ °C} - 0 \text{ °C}) + 335 \text{ kJ/kg}} = \frac{164\,833{,}2 \text{ kJ}}{385{,}28 \text{ kJ/kg}} = \mathbf{428\ kg} \approx \mathbf{0{,}43\ t}$$

Aufgaben zu 8.5 Temperaturänderung beim Mischen

1. Beim Mischen von 400 mL Wasser von 20,6 °C mit 500 mL Wasser von 46,0 °C wurde eine Mischungstemperatur von 32,1 °C gemessen.
   a) Um wie viel Grad weicht diese Temperatur von der berechneten Mischungstemperatur ab?
   b) Welche Ursachen hat dies?
2. Eine Stahlkugel (ϱ (Stahl) = 7,90 g/cm³) mit einem Durchmesser von 14,3 mm wird, ausgehend von 20 °C, in einer Bunsenbrennerflamme erhitzt und anschließend in ein mit 200,0 mL Wasser gefülltes Kalorimeter (C_K = 160 J/K) gegeben. Dabei steigt die Temperatur der Wasserfüllung um 3,68 K. Auf welche Temperatur war die Stahlkugel erhitzt worden?
3. 0,50 L Wasser von 75,0 °C wird mit 250 g Eis von –4,0 °C versetzt. Wie groß ist die Mischungstemperatur?
4. 150 L Salzsäure (w = 17 %, ϱ = 1,082 g/cm³, c = 3,14 kJ/(kg · K)) sollen durch direkte Dampfbeheizung von 20 °C auf 80 °C erwärmt werden. Wie viel Kilogramm Dampf von 100 °C sind dazu erforderlich?
5. Ein Metallkörper mit einer Temperatur von 100,0 °C und einer Masse von 10,8547 g wird in ein Kalorimeter mit einem Wasserwert von 87,8 J/K und einer Wasserfüllung von 101,875 g gegeben. Die Temperatur der Wasserfüllung steigt dabei von 20,86 °C auf 21,68 °C. Wie groß ist die spezifische Wärmekapazität des Metalls?
6. In einem Dewar-Gefäß mit einem Wasserwert von 240 J/K befinden sich 300,0 mL Aceton mit einer Dichte von 0,791 g/cm³ und einer spezifischen Wärmekapazität von 2,18 kJ/(kg · K). Wie viel Gramm Trockeneis mit einer Sublimationswärme von $\sigma(CO_2)$ = 565 kJ/kg werden benötigt, um aus dem Aceton im Dewar-Gefäß von 20 °C eine Kältemischung von –77 °C herzustellen?

7. 3,00 kg Eis von –5,0 °C werden mit 1,80 L Wasser von 65,0 °C gemischt. Welche Massen an Eis und Wasser liegen vor, wenn der Wärmeaustausch vollzogen ist?

8. In einem Strömungsmischer **(Bild 234/1)** wird der Vor- und Rücklauf einer Heizungsanlage gemischt. Berechnen Sie die Mischungstemperatur des Wassers.
   Vorlauf: $\dot{V} = 6{,}2\ m^3/h$, $\vartheta = 55\ °C$.
   Rücklauf: $\dot{V} = 4{,}6\ m^3/h$, $\vartheta = 45\ °C$.

9. In einem Behälter mit 7,2 t Chloroform $CHCl_3$ von 17 °C ($c = 0{,}875$ kJ/(kg · K)) werden 6,5 t Chloroform von 30 °C ($c = 0{,}950$ kJ/(kg · K)) gepumpt. Wie groß ist die Mischungstemperatur, wenn die Verlustwärme genauso groß ist wie die ausgetauschte Wärmemenge?

10. Mit welchem Frischluft-Volumenstrom muss ein Abluft-Volumenstrom gemischt werden, um einen Mischluft-Volumenstrom mit Raumtemperatur (20 °C) zu erhalten? Verwenden Sie zur Lösung der Aufgabe die in **Tabelle 234/1** angegebenen Daten. Die spezifische Wärmekapazität der Luft kann in dem angegebenen Temperaturbereich als konstant angesehen werden.

11. Bei der experimentellen Bestimmung der Schmelzwärme von Eis in einem Kalorimeter **(Bild 234/2)** wurden folgende Messwerte erhalten:
    m(Kalorimeter, leer) = 375,25 g
    m(Kalorimeter mit Wasserfüllung) = 468,36 g
    m(Kalorimeter mit Wasser und Eis) = 472,93 g
    ϑ(Anfang) = 21,27 °C, ϑ(Ende) = 17,37 °C
    C_K = 88,4 J/K
    Berechnen Sie die Schmelzwärme von Eis.

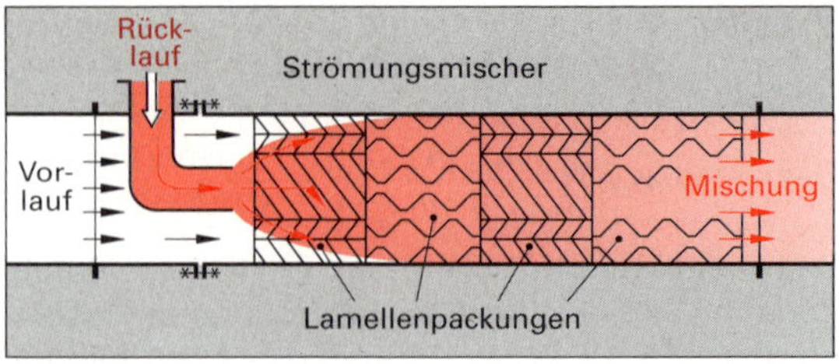

Bild 234/1: Mischen in einem Strömumgsmischer (Aufgabe 8)

Tabelle 234/1: Daten zu Aufgabe 10

Phyikalische Größe	Frischluft	Abluft	Mischluft
Temperatur ϑ in °C	8,0	40,0	20,0
Volumenstrom $\dot{V}$ in m^3/h	?	1250	?
Dichte ϱ in g/L	1,256	1,128	1,205

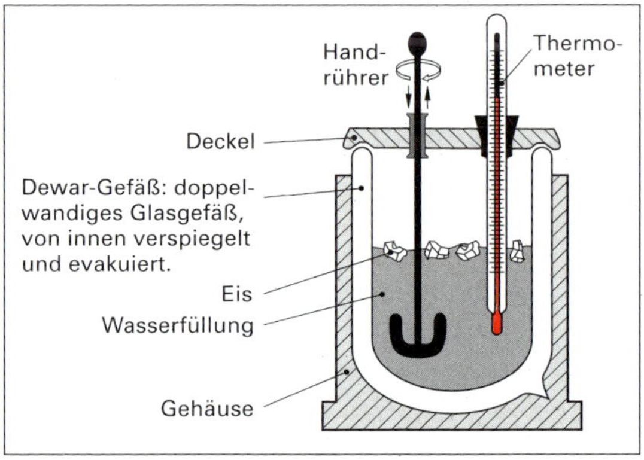

Bild 234/2: Bestimmung der Schmelzwärme im Kalorimeter (Aufgabe 11)

12. a) Mit wie viel Liter Wasser von 15 °C müssen 60 L Wasser von 50 °C gemischt werden, damit Wasser mit einer Mischungstemperatur von 40 °C entsteht?
    b) Wie groß sind die Wärmeverluste, wenn die gemessene Wassertemperatur 3 °C unterhalb der berechneten Mischungstemperatur liegt?

13. Ein Kalorimeter enthält 200 g Wasser von 15,5 °C. Nach dem Einfüllen von 100 g Wasser von 25,3 °C wird eine Mischungstemperatur von 18,0 °C gemessen. Welchen Wasserwert besitzt das Kalorimeter?

14. Ein Kalorimeter hat einen Wasserwert von C_K = 0,280 kJ/K, seine Temperatur beträgt 23,0 °C. Welche Mischungstemperatur stellt sich ein, wenn 180 g Wasser von 45,0 °C eingefüllt werden?

15. In einem Kessel aus nicht rostendem Stahl mit einer Masse von 152 kg befinden sich 212 kg Sodalösung mit c = 3,62 kJ/(kg · K). Kessel und Inhalt haben eine Temperatur von 23 °C. Wie viel Kilogramm Sattdampf sind einzuleiten, damit die Temperatur des Systems auf 63 °C ansteigt? (Wärmeverluste an die Umgebung sollen unberücksichtigt bleiben).

8.6 Reaktionswärmen bei chemischen Reaktionen

Bei einer chemischen Reaktion wird neben der Stoffumbildung auch eine Energieumwandlung beobachtet. Die chemische Energie kann dabei in Wärme-, Licht-, elektrische oder mechanische Energie (Arbeit) umgewandelt werden **(Bild 235/1)**. Dabei wird die innere Energie U des reagierenden Systems geändert.

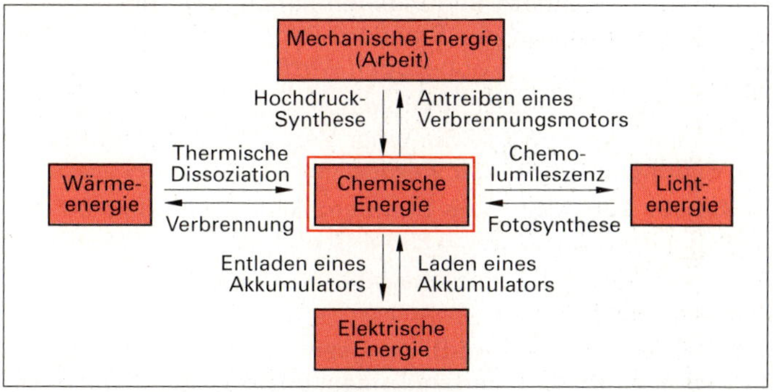

Bild 235/1: Umwandlungsmöglichkeiten von chemischer Energie in andere Energieformen

Die innere Energie U gibt den Gesamtenergieinhalt des reagierenden Systems an. Die Änderung der inneren Energie ΔU ist gleich der Summe der dem reagierenden System zu- oder abgeführten Energien. Sie wird berechnet, indem man von der inneren Energie der Endprodukte U_E die innere Energie der Ausgangsstoffe U_A der chemischen Reaktion abzieht.

Änderung der inneren Energie

$$\Delta U = U_E - U_A$$

8.6.1 Reaktionsenergie, Reaktionsenthalpie

Die Änderung der inneren Energie ΔU bei einer chemischen Reaktion wird auch als Reaktionswärme bei konstantem Volumen oder als **Reaktionsenergie ΔU** bezeichnet.

Reaktionswärme bei konstantem Volumen = Reaktionsenergie ΔU

Die Reaktionswärme, die bei einer Reaktion unter konstantem Druck frei wird oder zugeführt werden muss, bezeichnet man als **Reaktionsenthalpie $\Delta_r H$**.

Reaktionswärme bei konstantem Druck = Reaktionsenthalpie $\Delta_r H$

Da die meisten chemischen Reaktionen bei konstantem Druck ablaufen, hat die Reaktionsenthalpie $\Delta_r H$ eine große Bedeutung.

Die Reaktionsenthalpie $\Delta_r H$ unterscheidet sich von der Reaktionsenergie ΔU durch die **Volumenarbeit** $p \cdot \Delta V$. Sie muss bei Gasreaktionen verrichtet werden, um gegen den Umgebungsdruck Raum für die freigesetzte Gasportion zu schaffen. Der Wert $p \cdot \Delta V$ hängt von der Änderung der Stoffmengen Δn der Gase während der Reaktion ab. Mit der allgemeinen Gasgleichung $p \cdot V = n \cdot R \cdot T$ folgt bei konstanter Temperatur: $p \cdot \Delta V = \Delta n \cdot R \cdot T$.

Reaktionsenthalpie bei Gasreaktionen

$$\Delta_r H = \Delta U + p \cdot \Delta V$$

$$\Delta_r H = \Delta U + R \cdot T \cdot \Delta n$$

Reaktionsenthalpien werden auf die umgesetzten Stoffmengen n bezogen und in kJ/mol Ausgangsstoff oder in kJ/Formelumsatz angegeben (siehe nebenstehende Beispiele).

Hat die Reaktionsenthalpie ein negatives Vorzeichen, so liegt eine exotherme, bei positivem Vorzeichen eine endotherme Reaktion vor.

Beispiel für exotherme Reaktion:

$2\,H_2O_{2(l)} \longrightarrow 2\,H_2O_{(l)} + O_{2(g)}$

$\Delta_r H° = -196$ kJ/Formelumsatz

$\Delta_r H° = -98$ kJ/mol H_2O_2

Beispiel für endotherme Reaktion:

$CO_{2(g)} + H_{2(g)} \longrightarrow CO_{(g)} + H_2O_{(g)}$

$\Delta_r H° = 41{,}2$ kJ/Formelumsatz

$\Delta_r H° = 41{,}2$ kJ/mol CO_2

Die Reaktionsenthalpie bei Standardbedingungen $\Delta_r H°$ einer chemischen Reaktion wird berechnet, indem von der Summe der Standard-Bildungsenthalpien $\Delta_f H°$ der Endprodukte E die Summe der Standard-Bildungsenthalpien $\Delta_f H°$ der Ausgangsstoffe A abgezogen wird.

Die Standard-Bildungsenthalpie $\Delta_f H°$ ist die Energie, die bei der Bildung von einem Mol einer Verbindung frei wird oder zur Bildung aufgewendet werden muss.

Berechnung der Reaktionsenthalpie $\Delta H°_R$ aus den Standard-Bildungsenthalpien $\Delta H°_f$
$\Delta_r H° = \sum_E n \cdot \Delta_f H° - \sum_A n \cdot \Delta_f H°$

In **Tabelle 236/1** sind die Standard-Bildungsenthalpien einiger Stoffe angegeben. Sie sind auf den Standard-Zustand $T = 298$ K ($\vartheta = 25$ °C), $p = 1013$ mbar bezogen (Index: °).

Die Standard-Bildungsenthalpien von Elementen sind definitionsgemäß gleich null, z. B. $\Delta_f H°(O_2) = 0$.

Die Größe der Standard-Bildungsenthalpie eines Stoffes ist ein Maß für seine Stabilität. Verbindungen mit großen negativen Standard-Bildungsenthalpien sind am stabilsten.

Nach dem Gesetz von der Erhaltung der Energie ist die Bildungsenthalpie eines Stoffes gleich dessen Zersetzungsenthalpie mit umgekehrtem Vorzeichen.

Tabelle 236/1: Standard-Bildungsenthalpien $\Delta_f H°$ ($T = 298$ K, $p = 1013$ mbar)

Stoff	$\Delta_f H°$ in kJ/mol
$SO_{2(g)}$	–296,9
$NH_{3(g)}$	– 46,2
$HCl_{(g)}$	– 92,3
$CO_{(g)}$	–110,5
$CO_{2(g)}$	–393,5
$H_2O_{(g)}$	–241,8
$H_2O_{(l)}$	–285,9
$CH_{4(g)}$	– 74,9
$CH_3OH_{(l)}$	–238,6
$CH_3OH_{(g)}$	–201,3
$CH_3COOH_{(l)}$	–487,0
$C_2H_5OH_{(l)}$	–277,6
$NH_4Cl_{(s)}$	–315,4
$NaCl_{(s)}$	–411,0
$OH^-_{(aq)}$	–230,0
$H^+_{(aq)}$	0
$Na^+_{(aq)}$	–239,7
$Cl^-_{(aq)}$	–167,4
$NH^+_{4(aq)}$	–132,8

Beispiel 1: Für die Oxidation von Schwefeldioxid zu Schwefeltrioxid wurde die Änderung der inneren Energie im Bombenkalorimeter (p = konst.) bei $\vartheta = 25$ °C zu $\Delta U = -194{,}1$ kJ bestimmt. Wie groß ist die Reaktionsenthalpie?

Lösung: Die Reaktionsgleichung lautet: $2\ SO_2 + O_2 \longrightarrow 2\ SO_3$

mit $\Delta n = n(SO_3) - (n(SO_2) + n(O_2)) = n(SO_3) - n(SO_2) - n(O_2)$

$\Delta n = 2$ mol – 2 mol – 1 mol = –1 mol

und $R = 8{,}314$ J/(mol · K) sowie $T = 298$ K folgt

mit $\Delta_r H = \Delta U + R \cdot T \cdot \Delta n$

$\mathbf{\Delta_r H°} = -194{,}1\ \text{kJ} + 8{,}314\ \text{J/(mol·K)} \cdot 298\ \text{K} \cdot (-1\ \text{mol}) \approx \mathbf{-196{,}6\ kJ}$

Beispiel 2: Berechnung der Reaktionsenthalpie bei der vollständigen Verbrennung von Methan.

Lösung: Reaktionsgleichung: $CH_4 + 2\ O_2 \longrightarrow CO_2 + 2\ H_2O_{(l)}$

$\Delta_r H° = \sum_E \cdot n \cdot \Delta_f H° - \sum_A n \cdot \Delta_f H°$

$\Delta_r H° = \Delta_f H°(CO_2) + 2 \cdot \Delta_f H°(H_2O_{(l)}) - [\Delta_f H°(CH_4) + 2 \cdot \Delta_f H°(O_2)]$

$\Delta_r H° = -393{,}5\ \text{kJ/mol} + 2 \cdot (-285{,}9\ \text{kJ/mol}) - (-74{,}9\ \text{kJ/mol} + 0\ \text{kJ/mol})$

$\mathbf{\Delta_r H°} = -393{,}5\ \text{kJ/mol} - 571{,}8\ \text{kJ/mol} + 74{,}9\ \text{kJ/mol} = \mathbf{-890{,}4\ kJ/mol}$

Aufgaben zu 8.6.1 Reaktionsenergie, Reaktionsenthalpie

1. Die Verbrennungsenthalpie von Ethanol beträgt bei 25 °C pro Formelumsatz –1367,1 kJ. Wie groß ist die Standard-Bildungsenthalpie von Ethanol?
   $C_2H_5OH_{(l)} + 3\ O_{2(g)} \longrightarrow 2\ CO_{2(g)} + 3\ H_2O_{(l)}$ | $\Delta_r H° = -1367{,}1$ kJ
2. In einer SO_2-Anlage werden stündlich 8,5 t Schwefel verheizt. Welche Wärmemenge steht im Abhitzekessel zur Dampferzeugung zur Verfügung, wenn 90 % der Verbrennungswärme genutzt werden können? $S_{(l)} + O_{2(g)} \longrightarrow SO_{2(g)}$ | $\Delta_r H = -296{,}9$ kJ/mol
3. Essigsäure wird großtechnisch durch CoI_2-katalysierte Flüssigphasen-Hochdruck-Carbonylierung von Methanol hergestellt. Berechnen Sie die Reaktionsenthalpie der Reaktion aus den Standard-Bildungsenthalpien. $CH_3OH_{(l)} + CO_{(g)} \xrightarrow[CoI_2]{250\ °C,\ 680\ bar} CH_3COOH_{(l)}$
4. Berechnen Sie mit Hilfe der in Tabelle 236/1 angegebenen Werte:
   a) Die Verdampfungsenthalpie des Wassers in kJ/mol und kJ/kg.
   b) Die Verbrennungsenthalpie der vollständigen Verbrennung von Ethanol:
   $C_2H_5OH_{(l)} + 3\ O_{2(g)} \longrightarrow 2\ CO_{2(g)} + 3\ H_2O_{(l)}$.

8.6.2 Heiz- und Brennwert

Das wesentliche Merkmal für die Qualität eines Brennstoffes ist die bei seiner Verbrennung maximal nutzbare Verbrennungswärme. Je nachdem, ob das in den Verbrennungsabgasen enthaltene Reaktionswasser als Wasserdampf oder flüssig als Kondensat vorliegt, werden zwei Kennwerte unterschieden.

Der **spezifische Heizwert H_u** gibt die pro kg bzw. m^3 maximal nutzbare Wärmeenergie eines Brennstoffs an, wenn entstandenes Reaktionswasser in den Verbrennungsabgasen als Wasserdampf vorliegt **(Tabelle 237/1)**.

Der **spezifische Brennwert H_o** ist die pro kg bzw. m^3 maximal nutzbare Wärmeenergie, wenn entstandenes Reaktionswasser in den auf 25 °C abgekühlten Verbrennungsgasen als Kondenswasser niedergeschlagen wird. Der spezifische Brennwert H_o setzt sich aus dem spezifischen Heizwert H_u und der Kondensationswärme des Reaktionswassers zusammen.

Die spezifischen Heiz- und Brennwerte sind bei festen und flüssigen Brennstoffen auf 1 kg und bei gasförmigen Brennstoffen auf 1 m^3 bei jeweils 25 °C bezogen (Tabelle 237/1).

Tabelle 237/1: Spezifische Heizwerte H_u und spezifische Brennwerte H_o (Bezugstemperatur 25 °C)

Feste und flüssige Brennstoffe	H_u MJ/kg	H_o MJ/kg
Holz	15	
Braunkohle	20	
Koks	29,3	
Steinkohle	31,8	
Anthrazit	33,5	
Heizöl EL	42,7	45,4
Benzin	42,5	46,7
Ethanol	26,8	29,9
Petroleum	40,8	42,9
Gasförmige Brennstoffe	**H_u MJ/m^3**	**H_o MJ/m^3**
Erdgas Typ H	37,3	41,3
Methan	35,8	39,9
Propan	92,9	100,9

Die **Wärmemenge Q**, die technisch beim Verbrennen einer Brennstoffportion in einer bestimmten Heizanlage gewonnen werden kann, berechnet sich durch Multiplikation des spezifischen Heizwerts bzw. des spezifischen Brennwerts mit der Brennstoffportion und dem Wirkungsgrad η der Heizanlage.

Technisch nutzbare Wärmemenge fester und flüssiger Brennstoffe

$$Q = \eta \cdot m \cdot H_u \quad \text{bzw.} \quad Q = \eta \cdot m \cdot H_o$$

Technisch nutzbare Wärmemenge gasförmiger Brennstoffe

$$Q = \eta \cdot V \cdot H_u \quad \text{bzw.} \quad Q = \eta \cdot V \cdot H_o$$

Konventionelle Heizanlagen nutzen den spezifischen Heizwert H_u der Brennstoffe, da bei ihnen das Reaktionswasser in den Verbrennungsgasen dampfförmig abströmt.

In so genannten Brennwertkesseln wird der höhere spezifische Brennwert H_o genutzt, indem dort das Reaktionswasser der Verbrennungsgase kondensiert wird.

Beispiel: Ein Brennwertkessel soll pro Stunde eine Wärmemenge von 130 MJ liefern. Wie viel Kubikmeter Erdgas sind dazu erforderlich, wenn die Wärmeverluste 15 % betragen?

Lösung: $Q_o = \eta \cdot V \cdot H_o \Rightarrow \boldsymbol{V} = \frac{Q_o}{\eta \cdot H_o} = \frac{130\ \text{MJ}}{0{,}85 \cdot 41{,}3\ \text{MJ/m}^3} = 3{,}703\ \text{m}^3 \approx \mathbf{3{,}7\ m^3}$

Aufgaben zu 8.6.2 Heiz- und Brennwert

1. Eine siedende Wasserportion verbleibt noch 3,0 min auf einer Gasflamme. Der Erdgasverbrauch des Bunsenbrenners beträgt 8,0 L/min. Sein Wirkungsgrad ist 30 %. Wie viel Wasser verdampft in diesem Zeitraum?
2. Ein 750-MW-Kraftwerk hat einen Steinkohlebedarf von 245 t/h.
   a) Wie groß ist die erzeugte Verbrennungswärme?
   b) Welchen Wirkungsgrad hat das Kraftwerk?
3. Im Verlauf einer Heizperiode wurden 2500 L Heizöl (ϱ = 0,83 g/cm^3) verbraucht.
   a) Wie groß war die erzeugte Verbrennungswärme?
   b) Wie viel Wasser kann damit von 30 °C auf 60 °C erwärmt werden, wenn der Wirkungsgrad der Anlage 96 % beträgt?
4. Wie viel Prozent Erdgas können durch einen Brennwertkessel eingespart werden, wenn anstelle des Heizwerts der Brennwert in einer Feuerungsanlage genutzt wird?

8.6.3 Neutralisationsenthalpie

Die Neutralisation ist eine häufig im Labor durchgeführte Ionenreaktion in wässriger Lösung.

Bei der Neutralisation werden äquimolare Mengen an Säure und Base zusammengegeben. Dabei gehen die typischen Eigenschaften dieser Stoffe verloren, weil die Wasserstoff-Ionen der Säure mit den Hydroxid-Ionen der Base unter Bildung von Wasser reagieren.

Beispiel: $K^+ + OH^- + H_3O^+ + NO_3^- \longrightarrow K^+ + 2\,H_2O + NO_3^- \quad | \quad \Delta_r H_N = -57{,}36$ kJ/mol

Die hierbei freigesetzte Wärmemenge wird als Neutralisationsenthalpie $\Delta_r H_N$ bezeichnet. Sie entspricht der Differenz zwischen dem Wärmeinhalt der neutralisierten Lösung und der Summe der Wärmeinhalte der Ausgangslösungen.

Wie die Reaktionsgleichung zeigt, beteiligen sich die Anionen starker Säuren und die Kationen starker Basen nicht an der Neutralisation. Aus diesem Grund ist die Neutralisationsenthalpie bei der Neutralisation von starken Säuren mit starken Basen, unabhängig von der Stoffart, immer gleich. Sie beträgt $\Delta_r H_N = -57{,}36$ kJ/mol und ist mit der Bildungsenthalpie des Wassers aus seinen Ionen identisch: $H_3O^+ + OH^- \longrightarrow 2\,H_2O \quad | \quad \Delta_r H_N = -57{,}36$ kJ/mol

Beispiel: Bei der Neutralisation von 100 mL Kalilauge mit 100 mL Salzsäure mit einer Stoffmengenkonzentration von jeweils 100 mmol/L wurde in einem Kalorimeter eine Temperaturänderung von 0,66 °C gemessen. Wie groß ist die Neutralisationswärme? Weitere Angaben: Wasserwert des Kalorimeters $C_K = 43{,}8$ J/K, c (KCl-Lsg.) = 4,00 kJ/(kg · K), ϱ (KCl-Lsg.) = 1,02 g/mL.

Lösung: Die Neutralisationswärme wird an das Kalorimeter und die darin enthaltene Kaliumchloridlösung abgegeben.

$$Q = \Delta_r H_N = -c \cdot m \cdot \Delta\vartheta - C_K \cdot \Delta\vartheta = -c \cdot \varrho \cdot V \cdot \Delta\vartheta - C_K \cdot \Delta\vartheta$$

$$\Delta_r H_N = -4{,}00\ \text{kJ/(kg}\cdot\text{K)} \cdot 1{,}02\ \text{kg/L} \cdot 0{,}200\ \text{L} \cdot 0{,}66\ \text{K} - 0{,}0438\ \text{kJ/K} \cdot 0{,}66\ \text{K} = -0{,}5386\ \text{kJ} - 0{,}0291\ \text{kJ}$$

$\Delta_r H_N \approx -0{,}568$ kJ pro 100 mmol Formelumsatz, $\Rightarrow$ $\boldsymbol{\Delta_r H_N \approx -57}$ **kJ/mol**

8.6.4 Lösungsenthalpie

In Feststoffen liegen die Teilchen gebunden in einem Kristallgitter vor. Sie werden durch starke Kohäsionskräfte zusammengehalten. Zum Auflösen des Kristallverbands ist Energie erforderlich.

Beim Lösevorgang **(Bild 238/1)** dringen die Lösemittelteilchen insbesondere über die Ecken und Kanten in das Kristallgitter ein, weil dort die Feststoffteilchen nicht so fest im Gitter gebunden sind. Die Ionen werden dissoziert.

Die Zerstörung des Kristallverbands ist ein endothermer Vorgang. Die benötigte Energie ist so groß wie die **Gitterenthalpie** ΔH_G, die bei der Bildung des Kristallgitters frei wird.

Die aus dem Kristallverband herausgelösten Feststoffteilchen werden anschließend aufgrund der gegenseitigen Anziehungskräfte von den Lösemittelteilchen umhüllt. Dies ist ein exothermer Vorgang, da die Lösemittelmoleküle durch den Einbau in die Hydrathülle an Bewegungsenergie verlieren.

Bei der Verwendung von Wasser als Lösemittel wird dieser Vorgang als Hydratation, die abgegebene Wärme als **Hydratationsenthalpie** ΔH_H bezeichnet.

Die bei einem Lösevorgang fühl- und messbare Wärmeerscheinung ist die **Lösungsenthalpie** ΔH_L, die sich mit einer Erwärmung oder Abkühlung der Lösung bemerkbar macht **(Tabelle 238/1)**.

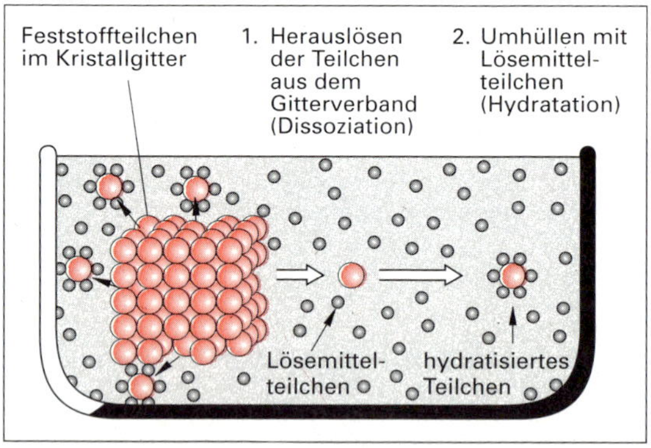

Bild 238/1: Dissoziation und Hydratation beim Lösevorgang (schematisch dargestellt)

Tabelle 238/1: Lösungsenthalpien von Stoffen in Wasser

Stoff	ΔH_L kJ/mol	Stoff	ΔH_L kJ/mol
Natriumhydroxid	– 42	Kaliumnitrat	35
Natriumchlorid	4	Schwefelsäure	–74
Ammoniumchlorid	15	Hydrogenchlorid	–74
Ammoniumnitrat	26	Schwefeldioxid	–31

Die Lösungsenthalpie ΔH_L ist die Differenz aus den Beträgen der Gitterenthalpie ΔH_G und der Hydratationsenthalpie ΔH_H. Ist die Lösungsenthalpie negativ, so erwärmt sich die Lösung. Ist sie positiv, so kühlt sich die Lösung beim Lösevorgang ab.

Der Lösevorgang ist durch eine Reaktionsgleichung, man nennt sie auch Dissoziationsgleichung, darstellbar, z. B. $NaOH_{(s)} \xrightarrow{H_2O} Na^+_{(aq)} + OH^-_{(aq)}$.

Deshalb lässt sich die Lösungsenthalpie ΔH_L wie eine Reaktionsenthalpie aus den Standard-Bildungsenthalpien ΔH°_f berechnen.

Die Wärmeenergie beim Lösen einer Stoffportion, auch **Wärmetönung Q_L** genannt, wird durch Multiplikation der Lösungsenthalpie mit der Stoffmenge n des gelösten Stoffes berechnet.

Lösungsenthalpie
$\Delta H_L = \lvert\Delta H_G\rvert - \lvert\Delta H_H\rvert$
$\Delta H_L = \sum\limits_E n \cdot \Delta_f H^\circ - \sum\limits_A n \cdot \Delta_f H^\circ$

Wärmetönung beim Lösen einer Stoffportion
$Q_L = n \cdot \Delta H_L = \frac{m}{M} \cdot \Delta H_L$

Beispiel 1: Berechnen Sie mit Hilfe der in Tabelle 236/1 angegebenen Werte, ob beim Lösen von Ammoniumchlorid in Wasser eine Abkühlung oder Erwärmung auftritt.

Lösung: $\Delta_r H^\circ = \mathbf{\Delta H_L} = \sum\limits_E n \cdot \Delta_f H^\circ - \sum\limits_A n \cdot \Delta_f H^\circ = -132{,}8\ \text{kJ/mol} - 167{,}4\ \text{kJ/mol} + 315{,}4\ \text{kJ/mol} = \mathbf{15{,}2\ kJ/mol}$
Da die Lösungswärme positiv ist, erfolgt beim Lösen von Ammoniumchlorid eine Abkühlung.

Beispiel 2: Zur Herstellung einer Natriumnitratlösung mit einem Massenanteil von $w(NaNO_3) = 16\,\%$ werden 160 g Natriumnitrat in 840 g Wasser gelöst. Um wie viel Grad kühlt sich die Lösung ab?
($\Delta H_L(NaNO_3) = 20{,}81$ kJ/mol, $c(NaNO_3\text{-Lsg.}) = 3{,}64$ kJ/ (kg · K), $M(NaNO_3) = 84{,}995$ g/mol)

Lösung: $Q(NaNO_3\text{-Lsg.}) = Q_L \Rightarrow c \cdot m \cdot \Delta\vartheta = \frac{m}{M} \cdot \Delta H_L \Rightarrow \Delta\vartheta = \frac{m(NaNO_3) \cdot \Delta H_L(NaNO_3)}{c(NaNO_3\text{-Lsg.}) \cdot m(NaNO_3\text{-Lsg.}) \cdot M(NaNO_3)}$

$$\Delta\vartheta = \frac{160\ \text{g} \cdot 20{,}81\ \text{kJ/mol}}{3{,}64\ \text{kJ/(kg·K)} \cdot 1000\ \text{g} \cdot 0{,}085\ \text{kg/mol}} = 10{,}76\ \text{K} \approx \mathbf{10{,}8\ °C}$$

Aufgaben zu 8.6.3 und 8.6.4 Neutralisations- und Lösungsenthalpie

1. In einem Polystyrolbecher mit 150 mL Wasser werden 3,0 g Natriumhydroxid gelöst. Die Temperatur steigt dabei von 18 °C auf 23 °C. Wie groß ist die Lösungsenthalpie des Natriumhydroxids?
2. In 200,0 g Wasser von 20,31 °C werden im Becherglaskalorimeter 58,115 g Natriumsulfat Na_2SO_4 gelöst. Es stellt sich eine Endtemperatur von 21,48 °C ein. Der Wasserwert des Kalorimeters beträgt $C_K = 75$ J/K. Die Wärmekapazität der Natriumsulfat-Lösung ist $c = 3{,}05$ kJ/(kg · K). Berechnen Sie aus den Versuchsdaten die Lösungsenthalpie des Natriumsulfats in kJ/mol.
3. Die Neutralisationswärme der Reaktion von Ammoniaklösung mit Salzsäure beträgt –51,4 kJ/mol. Mit welcher Temperaturänderung ist bei der Neutralisation ungefähr zu rechnen, wenn jeweils 100 mL der Lösungen mit Stoffmengenkonzentrationen von $c = 200$ mmol/L neutralisiert werden?
4. Berechnen Sie mit Hilfe der in der Tabelle 236/1 angegebenen Werte:
   a) Die Lösungsenthalpie von Natriumchlorid.
   b) Die Neutralisationsenthalpie von Salzsäure mit Natronlauge.
5. Bei der Reaktion von 50,0 mL Schwefelsäure ($c(\frac{1}{2}\,H_2SO_4) = 1{,}00$ mol/L, $\varrho = 1{,}02$ g/mL) mit 50,0 mL Kalilauge ($c(KOH) = 1{,}00$ mol/L, $\varrho = 1{,}04$ g/mL) wird in einem Kalorimeter mit einem Wasserwert von $C_K = 44{,}2$ J/K eine Temperaturänderung von 7,70 °C gemessen. Formulieren Sie die Stoff- und Ionengleichung der Neutralisationsreaktion und berechnen Sie die spezifische Wärmekapazität der entstehenden Lösung.
6. Welche Temperaturänderung ist zu erwarten, wenn aus Kaliumnitrat eine wässrige Lösung mit einem Massenanteil von $w(KNO_3) = 18{,}3\,\%$ hergestellt wird und die Wärmeverluste 10,0 % betragen? ($c(KNO_3\text{-Lsg.}) = 3{,}49$ kJ/(kg · K))

Gemischte Aufgaben zu 8 Berechnungen zur Wärmelehre

1. Rechnen Sie um: a) 367,4 K in °C b) –72 °C in K c) 788,5 °C in K d) 182,5 K in °C
2. Ein Stahlreifen mit einem Innendurchmesser von $d = 49{,}9$ mm und einer Temperatur von $\vartheta_1 = 20$ °C soll auf eine Welle aufgeschrumpft werden. Welchen Durchmesser hat die Welle, wenn der Stahlreifen bei $\vartheta_2 = 200$ °C gerade über die Welle passt.
3. Im Stabausdehnungsthermometer **(Bild 240/1)** wird die unterschiedliche Längenänderung von zwei verschiedenen Stoffen zur Temperaturmessung oder Temperaturregelung genutzt. Um wie viel Mikrometer wird der Stab durch die größere Längenänderung des Außenrohrs nach unten gezogen, wenn die aktive Länge 55,000 mm und die Temperaturänderung 60,0 °C betragen?

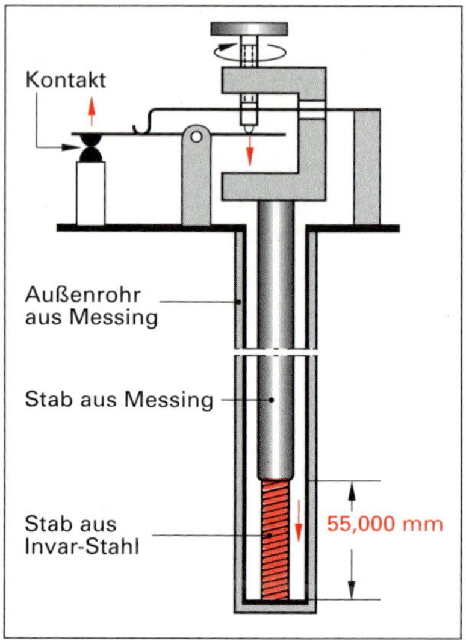

Bild 240/1: Stabausdehnungsthermometer

4. Bei der experimentellen Bestimmung des Längenausdehnungskoeffizienten wurden in einem Dilatometer an einem 600 mm langem Aluminiumrohr die Messwerte von **Tabelle 240/1** erhalten.
   a) Stellen Sie die Messwerte grafisch dar: $\Delta l = f(\Delta\vartheta)$
   b) Bestimmen Sie aus der Steigung des Graphen den Längenausdehnungskoeffizienten α (Al).
   c) Zeichnen Sie den Graph für den Längenausdehnungskoeffizienten von Polyethylen und Invarstahl in das Diagramm ein.

Tabelle 240/1: Längenänderung von Aluminium

$\Delta\vartheta$ / °C	10,0	20,0	30,0	40,0	50,0
Δl / mm	0,14	0,29	0,43	0,58	0,72

5. Ein Messkolben aus Jenaer Glas fasst bei 20 °C exakt ein Volumen von 1000 mL. Er wird zur Bereitung einer Schwefelsäure-Maßlösung mit voll entsalztem Wasser bis zur Eichmarke aufgefüllt. Wie groß ist der Messfehler in Milliliter, wenn die Temperatur der Säurelösung aufgrund der entstandenen Lösungswärme um 6,5 °C von der angegebenen Temperatur abweicht?
6. Zur Demonstration der Volumenänderung von Metallen beim Erwärmen dient folgender Versuch: Eine Kugel aus nicht rostendem Stahl, die bei 20 °C mit einem allseitigen Spiel von 0,01 mm durch eine Bohrung von 25,00 mm passt, bleibt nach dem Erhitzen in der Bohrung stecken **(Bild 240/2)**.
   a) Ab welcher Temperatur passt die Kugel nicht mehr durch die Bohrung?
   b) Welche Wärmemenge ist der Kugel dann zugeführt worden? (ϱ (Stahl) = 7,9 g/cm³)

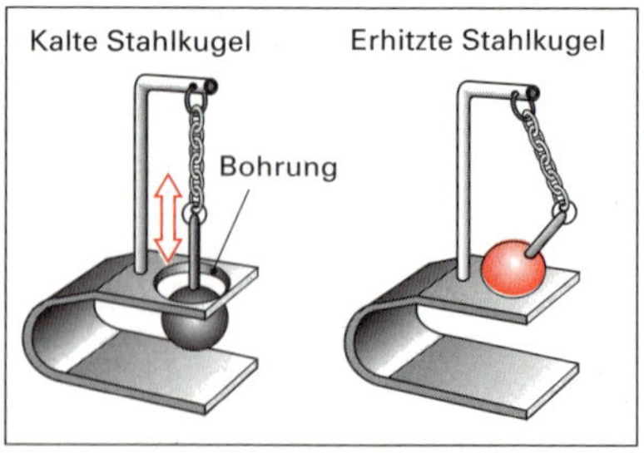

Bild 240/2: Aufgabe 6

7. In einer Luftverflüssigungsanlage werden stündlich 75 m³ Luft komprimiert, wobei die Temperatur der Luft von 20 °C auf 417 °C ansteigt. In einem Doppelrohrwärmeaustauscher wird die Luft anschließend mit Wasser auf 18 °C abgekühlt.
   a) Welche Wärmemenge gibt die Luft an das Kühlwasser ab, wenn bei 20 °C die Dichte der Luft $\varrho = 1{,}2047$ g/L beträgt?
   b) Wie viel Kühlwasser von 10 °C ist erforderlich, wenn die Kühlwasser-Austrittstemperatur 16 °C beträgt?
8. In einem Spiralwärmetauscher werden pro Stunde 10,5 m³ Essigsäuremethylester ($\varrho = 0{,}933$ g/mL, $c = 2{,}14$ kJ/(kg · K)) von der Kondensationstemperatur 57 °C im Gegenstrom auf 25 °C abgekühlt. Wie viel Kubikmeter Kühlwasser von 25 °C sind erforderlich, wenn es sich um 9 °C erwärmt?

9. Ein Kontaktthermometer aus Jenaer Glas **(Bild 241/1)** zur Zweipunktregelung in einem Thermostaten hat einen Messbereich von 0 bis 80 °C bei einer Teilungslänge von 80 mm. Der Innendurchmesser der Kapillare beträgt 0,38 mm.
   a) Welches Volumen hat die Kapillare der Teilungslänge?
   b) Wieviel Kubikzentimeter Quecksilber befinden sich im Vorratsgefäß?

10. Bei der Bestimmung der spezifischen Wärmekapazität von Kaliumchlorid-Lösungen wurden die Messwerte von **Tabelle 241/1** erhalten.
    a) Stellen Sie die Messwerte grafisch dar: $c = f(w)$.
    b) Interpolieren Sie die spezifische Wärmekapazität von KCl-Lösungen mit einem Massenanteil von 5 und 10 Prozent.
    c) Extrapolieren Sie die spezifische Wärmekapazität bei einem Massenanteil von $w(\text{KCl}) = 15\,\%$.

11. 1,00 L tertiäres Butanol mit einer Temperatur von 20,0 °C sollen in einem Wasserbad verflüssigt werden. Welche Wärmemenge ist dazu erforderlich?
    Tertiäres Butanol: $\vartheta_{Sch} = 25{,}4\ °C$, $\varrho = 0{,}79\ g/cm^3$, $q = 91{,}61\ kJ/kg$, $c = 3{,}01\ kJ/(kg \cdot K)$

12. Zum indirekten Aufheizen eines mit einer Ammoniumchlorid-Lösung gefüllten Rührwerksbehälters wird eine Wärmemenge von 1800 MJ benötigt. Wie viel Kilogramm Sattdampf (r = 2200 kJ/kg) sind zu kondensieren, um diese Wärmemenge bereitzustellen?

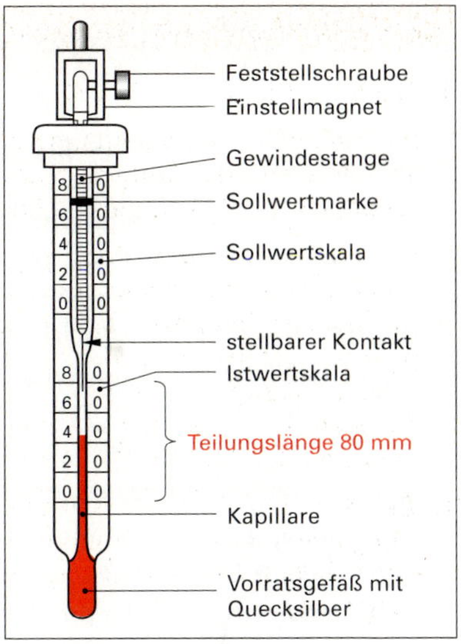

Bild 241/1: Kontaktthermometer

Tabelle 241/1: Spezifische Wärmekapazitäten von KCl-Lösungen

w (KCl) %	14,20	7,64	3,97	2,03
c (KCl) $\frac{kJ}{kg \cdot K}$	3,483	3,785	3,970	4,061

13. Eine Eisportion (m = 1,00 kg, ϑ = 0 °C) soll bei p_{amb} = 1013 mbar in eine Wasserdampfportion gleicher Masse überführt werden. Stellen Sie die dafür benötigten Wärmemengen in einem Kreisdiagramm dar.

14. Ein Rohrbündelwärmetauscher kondensiert pro Stunde 1,8 m³ Aceton ($\varrho(CH_3COCH_3)$ = 0,791 g/cm³) im Gegenstrom mit 17,8 m³ Kühlwasser von 14 °C. Mit welcher Temperatur fließt das Kühlwasser ab?

15. Wie groß ist die Mischungstemperatur, wenn eine Wasserportion von 15 °C mit der gleichen Masse an Wasser von 45 °C gemischt wird?

16. Bei der Reaktion von 0,2256 g Zink mit Salzsäure wurde bei einem Druck von 1025 mbar 80,0 mL trockener Wasserstoff entwickelt. Berechnen Sie die Änderung der Reaktionsenergie der Reaktion.

$$Zn_{(s)} + 2\,HCl_{(aq)} \longrightarrow ZnCl_{2(aq)} + H_{2(g)} \quad | \quad \Delta_r H = -152{,}53\ kJ/mol$$

17. Berechnen Sie mit Hilfe der Werte in Tabelle 236/1 die Reaktionsenthalpie der Reaktion von Ammoniak mit Hydrogenchlorid: $NH_{3(g)} + HCl_{(g)} \longrightarrow NH_4Cl_{(s)}$.

18. Berechnen Sie den spezifischen Heizwert sowie den spezifischen Brennwert von Propan bei 25 °C und p_{amb} = 1013 mbar mittels folgender Angaben:

$$C_3H_{8(g)} + 5\,O_{2(g)} \longrightarrow 3\,CO_{2(g)} + 4\,H_2O_{(l)} \quad | \quad \Delta_r H = -2221{,}2\ kJ/mol$$

$$V_m\,(CH_3 - CH_2 - CH_3) = 22{,}0\ L/mol,\ r(H_2O,\ 25\ °C) = 44{,}17\ kJ/mol$$

19. Beim Lösen von 6,3436 g Calciumchlorid $CaCl_2$ steigt die Temperatur von 200 g Wasser im Kalorimeter von 23,0 °C auf 28,0 °C. Der Wasserwert des Kalorimeters beträgt C_K = 77 J/K. Die Wärmekapazität der Calciumchlorid-Lösung ist $c = 4{,}00\ kJ/(kg \cdot K)$.
    Berechnen Sie die Lösungsenthalpie.

9 Berechnungen zur chemischen Technik

9.1 Strömung in Rohrleitungen

Volumenstrom, Massenstrom, Strömungsgeschwindigkeit

Das pro Zeiteinheit durch eine Rohrleitung strömende Fluidvolumen V/t nennt man **Volumenstrom $\dot{V}$, Durchsatz** oder **Durchfluss (Bild 242/1)**.

Es berechnet sich aus der lichten Rohrquerschnittsfläche A und der mittleren Strömungsgeschwindigkeit v des Fluids:

Bei kreisförmigem Rohrquerschnitt folgt:

Übliche Einheiten des Volumenstroms $\dot{V}$ sind L/h, L/s, m^3/h und m^3/s.

$$\dot{V} = \frac{V}{t}$$

$$\dot{V} = A \cdot v$$

$$\dot{V} = \frac{\pi}{4} \cdot d_i^2 \cdot v$$

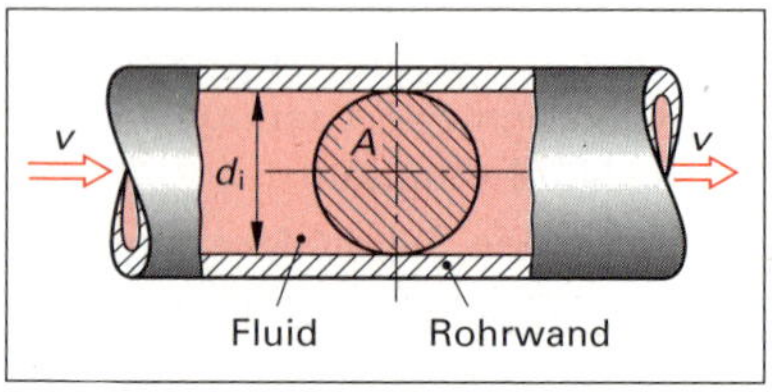

Bild 242/1: Fluidströmung durch eine Rohrleitung

Der **Massenstrom $\dot{m}$** ist die pro Zeiteinheit durch eine Rohrleitung strömende Fluidmasse: $\dot{m} = m/t$.

Er ist über die Dichte ϱ mit dem Volumenstrom $\dot{V}$ verknüpft. Übliche Einheiten für den Massenstrom $\dot{m}$ sind: kg/h, kg/s, t/h und t/s.

$$\dot{m} = \varrho \cdot \dot{V} = \varrho \cdot A \cdot v = \varrho \cdot \frac{\pi}{4} \cdot d_i^2 \cdot v$$

Beispiel: Durch eine Rohrleitung mit einem Innendurchmesser von 159,3 mm strömen pro Minute 0,3827 m^3 Flüssigkeit. Wie groß ist die mittlere Strömungsgeschwindigkeit in der Rohrleitung?

Lösung: $\dot{V} = \frac{\pi}{4} \cdot d_i^2 \cdot v \quad \Rightarrow \quad v = \frac{4 \cdot \dot{V}}{\pi \cdot d_i^2}$ mit d_i = 159,3 mm = 0,1539 m und $\dot{V}$ = 0,3827 m^3/min folgt

$$\boldsymbol{v} = \frac{4 \cdot 0{,}3827\ \text{m}^3/\text{min}}{\pi \cdot (0{,}1593\ \text{m})^2} = 19{,}2016\ \frac{\text{m}}{\text{min}} = 19{,}2016\ \frac{\text{m}}{60\ \text{s}} \approx \mathbf{0{,}3200\ \frac{m}{s}}$$

Rohrinnendurchmesser, Nennweite

Der zum Durchfluss eines Volumenstroms $\dot{V}$ erforderliche Rohrinnendurchmesser d_i errechnet sich mit der Strömungsgeschwindigkeit v zu:

$$d_i = 2 \cdot \sqrt{\frac{\dot{V}}{\pi \cdot v}}$$

Die Leitungsrohre im Chemieanlagenbau sind in Nennweiten gestuft.

Unter der **Nennweite DN** versteht man eine Kenngröße zueinander passender Teile von Rohrleitungen, z. B. für Rohre, Formstücke und Armaturen.

Die Nennweite hat keine Einheit (Beispiel: DN 80) und darf nicht in technischen Zeichnungen als Maßeintragung benutzt werden. Der Zahlenwert der Nennweite entspricht in etwa dem lichten Durchmesser d_i des Rohres in mm. Nur für grobe Überschlagsrechnungen kann d_i der Nennweite gleichgesetzt werden.

Häufige Nennweiten DN und deren Rohrinnendurchmesser d_i bei Nenndrücken bis PN 6 sind:

Nennweite	DN 10	DN 15	DN 20	DN 25	DN 32	DN 40	DN 50	DN 65	DN 80	DN 100	DN 125	DN 150	DN 200	DN 250	DN 300
d_i in mm	13,6	17,3	22,3	28,5	37,2	43,1	54,5	70,3	82,5	107,1	131,7	159,3	207,3	260,4	309,7

Hat man den erforderlichen Rohrinnendurchmesser d_i berechnet, so wählt man die Nennweite, die den nächst größeren, erforderlichen Rohrinnendurchmesser besitzt.

Beispiel 1: Berechneter erforderlicher Rohrinnendurchmesser d_i = 48,4 mm $\Rightarrow$ Gewählte Nennweite: DN 50

Beispiel 2: Ein Reaktionsbehälter soll in 3 min mit 2400 Liter Flüssigkeit gefüllt werden. Im Zulaufrohr soll eine mittlere Strömungsgeschwindigkeit von 1,50 m/s nicht überschritten werden. Welche Nennweite muss die Rohrleitung besitzen?

Lösung: $d_i = 2 \cdot \sqrt{\frac{\dot{V}}{\pi \cdot v}}$ mit $\dot{V} = \frac{V}{t} = \frac{2400\ \text{L}}{3\ \text{min}} = 800\ \frac{\text{L}}{\text{min}} = 0{,}8\ \frac{\text{m}^3}{\text{min}}$ und $v = 1{,}50\ \frac{\text{m}}{\text{s}} = 90{,}0\ \frac{\text{m}}{\text{min}}$

$$\boldsymbol{d_i} = 2 \cdot \sqrt{\frac{0{,}8\ \text{m}^3/\text{min}}{\pi \cdot 90{,}0\ \text{m/min}}} = 0{,}1063846\ \text{m} \approx \mathbf{106\ mm}$$

$\Rightarrow$ Gewählte Nennweite: **DN 100** (d_i = 107,1 mm)

Rohrquerschnittsveränderungen, Kontinuitätsgleichung

In einer Rohrleitung mit verschiedenen Rohrquerschnittsflächen **(Bild 243/1)** besteht zwischen den dort herrschenden Strömungsgeschwindigkeiten v_1 und v_2 eine feste Beziehung, die man **Kontinuitätsgleichung** oder Durchflussgleichung nennt:

$$\dot{V} = A_1 \cdot v_1 = A_2 \cdot v_2$$

Bei kreisförmigem Rohrquerschnitt ist:

$$v_1 \cdot d_{i1}^2 = v_2 \cdot d_{i2}^2$$

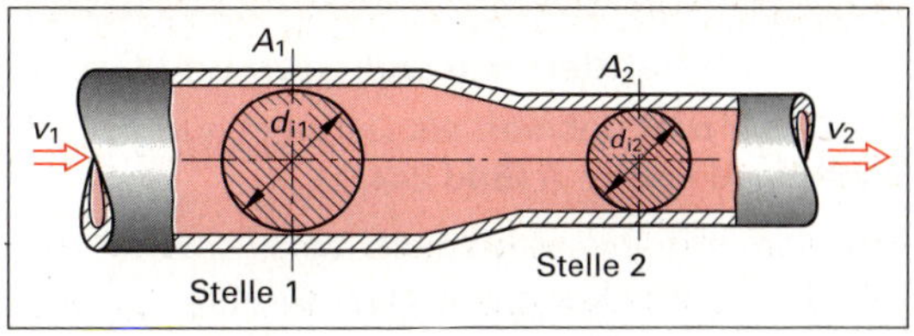

Bild 243/1: Rohrquerschnittsänderung

Beispiel: Eine Rohrleitung wird mit einem Reduzierstück von DN 150 auf DN 100 verjüngt. Wie groß ist die mittlere Strömungsgeschwindigkeit im engen bzw. weiten Rohr, wenn 56,0 m³ Wasser pro Stunde durch die Rohrleitung strömen?

Lösung: Aus der Tabelle von Seite 242: DN 150 $\Rightarrow d_{i1} = 159{,}3$ mm; DN 100 $\Rightarrow d_{i2} = 107{,}1$ mm

$\dot{V} = 56{,}0\ \text{m}^3/\text{h} = 0{,}01556\ \text{m}^3/\text{s}$: $d_{i1} = 0{,}1593$ m $d_{i2} = 0{,}1071$ m

$$\dot{V} = A_1 \cdot v_1 = \frac{\pi}{4} \cdot v_1 \cdot d_{i1}^2 \Rightarrow \mathbf{v_1} = \frac{4 \cdot \dot{V}}{\pi \cdot d_{i1}^2} = \frac{4 \cdot 0{,}01556\ \text{m}^3/\text{s}}{\pi \cdot (0{,}1593\ \text{m})^2} \approx \mathbf{0{,}78\ \frac{m}{s}}$$

$$v_1 \cdot d_{i1}^2 = v_2 \cdot d_{i2}^2 \Rightarrow \mathbf{v_2} = v_1 \cdot \frac{d_{i1}^2}{d_{i2}^2} = v_1 \cdot \left(\frac{d_{i1}}{d_{i2}}\right)^2 \approx 0{,}78\ \frac{\text{m}}{\text{s}} \cdot \left(\frac{0{,}1593\ \text{m}}{0{,}1071\ \text{m}}\right)^2 \approx \mathbf{1{,}73\ \frac{m}{s}}$$

Aufgaben zu 9.1 Strömung in Rohrleitungen

1. Ein rundes Klärbecken mit einem Durchmesser von 14,20 m und einer maximalen Füllhöhe von 2,45 m wird über einen Zulaufkanal mit einer Breite von 80 cm und einer Füllhöhe von 54 cm gefüllt **(Bild 243/2)**. Die mittlere Strömungsgeschwindigkeit im Kanal beträgt 0,25 m/s.
   a) Berechnen Sie den zulaufenden Volumenstrom.
   b) Wie lange dauert es, bis das Klärbecken gefüllt ist?

Bild 243/2: Aufgabe 1

2. Ein Rührbehälter mit einem Innendurchmesser von 160 cm im zylindrischen Teil hat bei maximalem Füllstand ein Füllvolumen von 4,20 m³. Er wird über eine Rohrleitung mit Nennweite DN 125 gefüllt.
   a) Welchen Volumenstrom muss die Speisepumpe erzeugen, damit der Rührbehälter in 2,8 Minuten gefüllt wird?
   b) Welche mittlere Strömungsgeschwindigkeit herrscht im Zulaufrohr?
   c) Wie hoch steigt die Flüssigkeit während einer Minute?

3. Am Einlaufstutzen (DN 65) einer Rahmenfilterpresse wird ein Volumenstrom von 6,20 L/s gemessen. Die zulaufende Suspension (Dichte ϱ_s = 1,240 g/cm³) verteilt sich auf 25 Filtrationsräume mit einer Filterfläche von jeweils zwei Mal 0,80 m² **(Bild 243/3)**. Wie groß ist
   a) Der einströmende Massenstrom?
   b) Die Strömungsgeschwindigkeit im Einlaufstutzen?
   c) Die Anströmgeschwindigkeit auf das Filtertuch?

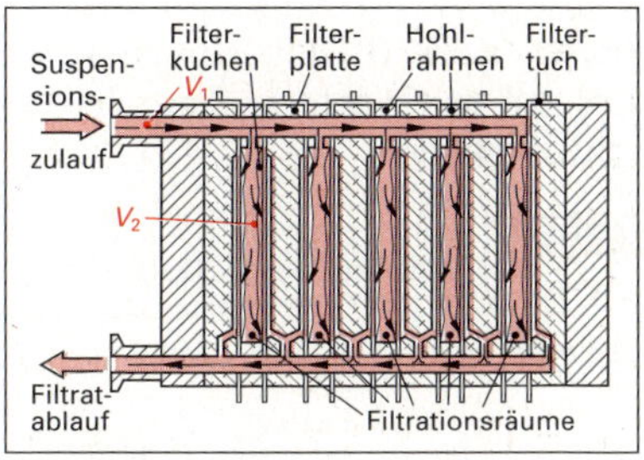

Bild 243/3: Aufgabe 3

4. In einen Rohrbündel-Wärmetauscher strömen über eine Rohrleitung mit Nennweite DN 80 pro Stunde 8400 L Kühlwasser **(Bild 243/4)**. Es verteilt sich auf 44 Innenrohre mit Nennweite DN 15. Welche Strömungsgeschwindigkeit herrscht im Zulaufrohr bzw. in den Innenrohren des Wärmetauschers?

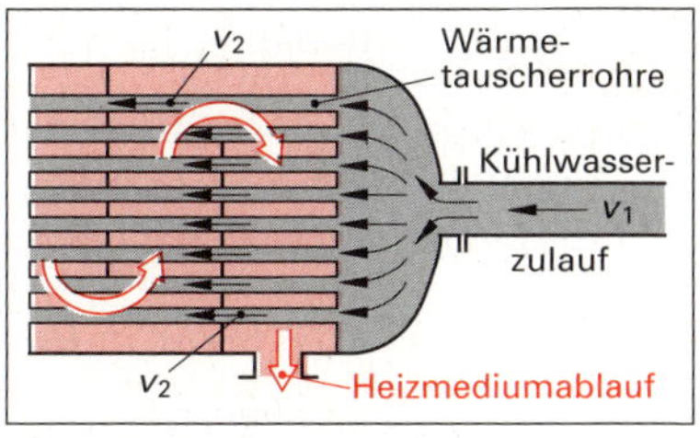

Bild 243/4: Aufgabe 4

9.2 Druck und Druckverlust in Rohrleitungen

Druck in ruhenden Flüssigkeiten und Gasen

Der **Druck p** ist definiert als Quotient aus Kraft F und Fläche A **(Bild 244/1)**.

$$p = \frac{F}{A}$$

In einem ruhenden Medium setzt sich der Gesamtdruck p_{ges} aus zwei Druckarten zusammen: $p_{ges} = p_{stat} + p_h$.

$$p_{ges} = p_{stat} + p_h$$

Der **statische Druck p_{stat}** entsteht durch eine Presskraft F_p auf eine Pressfläche A_p:

$$p_{stat} = \frac{F_p}{A_p}$$

Der **hydrostatische Druck p_h** wird durch die Gewichtskraft des Fluids hervorgerufen:

$$p_h = \varrho \cdot g \cdot h$$

Die SI-Einheit des Drucks ist das **Pascal**. Einheitenkurzzeichen: **Pa**.

$$1\ \text{Pa} = 1 \frac{\text{N}}{\text{m}^2}$$

In der Technik sind auch die Druckeinheiten (Hektopascal) hPa, (Bar) bar und (Millibar) mbar gebräuchlich.

1 Pa = 10^{-2} hPa; 1 bar = 1000 mbar = 10^5 Pa = 10^3 hPa

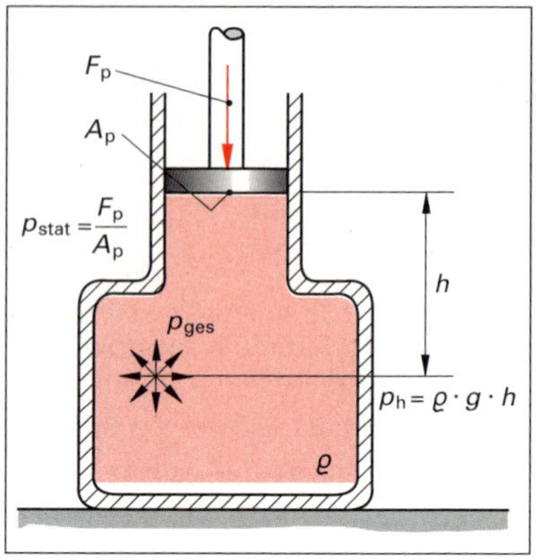

Bild 244/1: Druck in ruhenden Medien

Druck in strömenden Medien

In einem strömenden Medium in einer Rohrleitung setzt sich der Gesamtdruck p_{ges} aus drei Teildrücken zusammen: dem statischen Druck p_{stat}, dem hydrostatischen Druck p_h und dem dynamischen Druck p_{dyn}:

$$p_{ges} = p_{stat} + p_h + p_{dyn}$$

Bei horizontalen Rohrleitungen bzw. geringen Höhenunterschieden ist der hydrostatische Druck p_h zu vernachlässigen **(Bild 244/2)**.

Der Gesamtdruck $\boldsymbol{p_{ges}}$ ist dann:

$$p_{ges} = p_{stat} + p_{dyn}$$

Der **dynamische Druck p_{dyn}** wird durch die Anströmungskraft des Fluids bewirkt. Er berechnet sich mit der Dichte und der Geschwindigkeit.

$$p_{dyn} = \frac{\varrho}{2} \cdot v^2$$

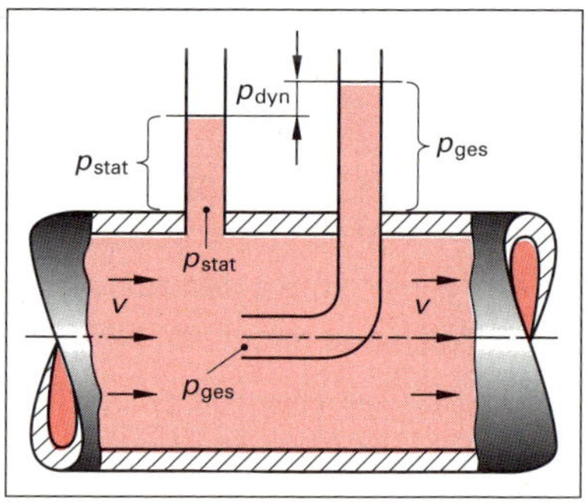

Bild 244/2: Druckarten in strömenden Medien

Beispiel: Welcher dynamische Druck herrscht in einer Rohrleitung, durch die Natronlauge der Dichte ϱ = 1,430 g/cm³ mit einer Geschwindigkeit von v = 2,80 m/s fließt?

Lösung: $p_{dyn} = \frac{\varrho}{2} \cdot v^2$; Mit $\varrho_{Natronlauge}$ = 1,430 g/cm³ = 1430 kg/m³; 1 kg = $1 \frac{\text{N} \cdot \text{s}^2}{\text{m}}$ folgt:

$$\boldsymbol{p_{dyn}} = \frac{1430\ \text{kg}}{2\ \text{m}^3} \cdot (2{,}80\ \text{m/s})^2 = 5605{,}6 \frac{\text{kg}}{\text{m} \cdot \text{s}^2} = 5605{,}6 \frac{\text{N} \cdot \text{s}^2}{\text{m} \cdot \text{m} \cdot \text{s}^2} = 5605{,}6 \frac{\text{N}}{\text{m}^2} = \mathbf{5605{,}6\ Pa \approx 56{,}1\ hPa}$$

Unter der Voraussetzung reibungsfreier Strömung ist der Gesamtdruck aufgrund des Energieerhaltungssatzes an allen Stellen einer Rohrleitung konstant:

$$p_{ges} = \text{konst.}$$

Dieser Sachverhalt ist als **Bernoullische Gleichung** bekannt.

Für einen Rohrleitungsabschnitt mit Querschnittsänderung **(Bild 244/3)** gilt durch Anwendung der Bernoulli-Gleichung:

$$p_{ges} = p_{stat1} + p_{dyn1} = p_{stat2} + p_{dyn2} = \text{konst.}$$

$$p_{ges} = p_{stat1} + \frac{\varrho}{2} v_1^2 = p_{stat2} + \frac{\varrho}{2} v_2^2 = \text{konst.}$$

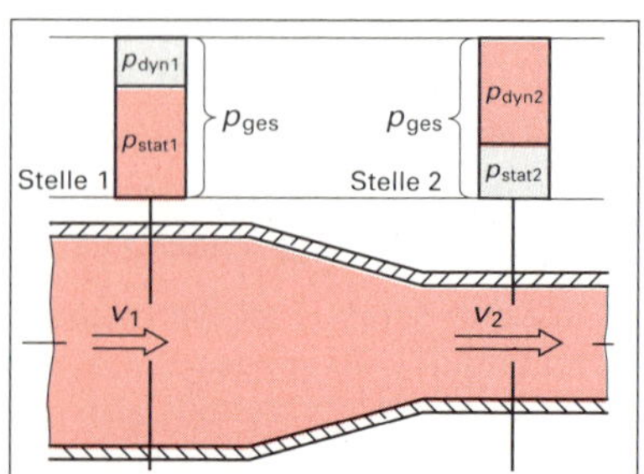

Bild 244/3: Druckverteilung

Beispiel: Im weiten Rohr einer Rohrleitung mit Rohrverengung herrscht ein Gesamtdruck von 2,50 bar. Wie groß ist der dynamische Druck im engen Rohr, wenn der statische Druck dort 2,25 bar beträgt?

Lösung: $p_{ges} = p_{stat2} + p_{dyn2} \quad \Rightarrow \quad p_{dyn2} = p_{ges} - p_{stat2}$

$\boldsymbol{p_{dyn2}} = 2{,}50 \text{ bar} - 2{,}25 \text{ bar} = \mathbf{0{,}25\ bar}$

Strömungszustände, Reynolds-Kennzahl *Re*

Man unterscheidet zwei Strömungszustände: Die langsam und ruhig in Stromfäden fließende **laminare Strömung** sowie die mit Vermischung und Verwirbelung ablaufende **turbulente Strömung**.

Den Zustand einer Strömung charakterisiert die dimensionslose **Reynoldszahl *Re***: Es sind: v die Strömungsgeschwindigkeit, ν die kinematische Viskosität des Fluids und bei einer Rohrströmung d_i der Rohrinnendurchmesser.

$$Re = \frac{v \cdot d_i}{\nu}$$

Ist die dynamische Viskosität η des Fluids bekannt, so kann die kinematische Viskosität ν mit der Dichte ϱ daraus berechnet werden.

$$\nu = \frac{\eta}{\varrho}$$

Bei einer strömenden Flüssigkeit in einer Rohrleitung liegt laminare Strömung vor, wenn $Re < 2\,300$. Turbulente Strömung herrscht in Rohrleitungen, wenn $Re > 10\,000$. Der Bereich $2\,300 < Re < 10\,000$ ist ein Übergangsbereich zwischen laminarem und turbulentem Strömungszustand.

Beispiel: Welcher Strömungszustand herrscht in einer Rohrleitung mit Nennweite DN 80, wenn dort Naphtha-Benzin mit einer Fließgeschwindigkeit von 0,62 m/s strömt? (ν(Naphtha) = 0,84 mm²/s)

Lösung: $Re = \frac{v \cdot d_i}{\nu} = \frac{0{,}63 \text{ m/s} \cdot 82{,}5 \text{ mm}}{0{,}84 \text{ mm}^2\text{/s}} = 61875 \Rightarrow Re > 2300 \Rightarrow$ **Turbulente Strömung**

Druckverlust in Rohrleitungen

Der **Druckverlust Δp** in einem Rohrstück der Länge l beträgt:

$$\Delta p = \lambda \cdot \frac{l}{d_i} \cdot \frac{\varrho}{2} \cdot v^2$$

Die Größe λ heißt **Rohrwiderstandsbeiwert** oder Rohrreibungszahl und ist von der Rohrinnenrauigkeit und dem Strömungszustand (laminar oder turbulent) abhängig. λ ist experimentell für technische Rohre ermittelt worden und kann aus Diagrammen abgelesen werden **(Bild 245/1)**.

Beispiel: Welchen Rohrwiderstandsbeiwert hat ein raues Rohr bei turbulenter Strömung mit Re = 45000?

Lösung: Aus Bild 245/1: $\lambda = 0{,}034$.

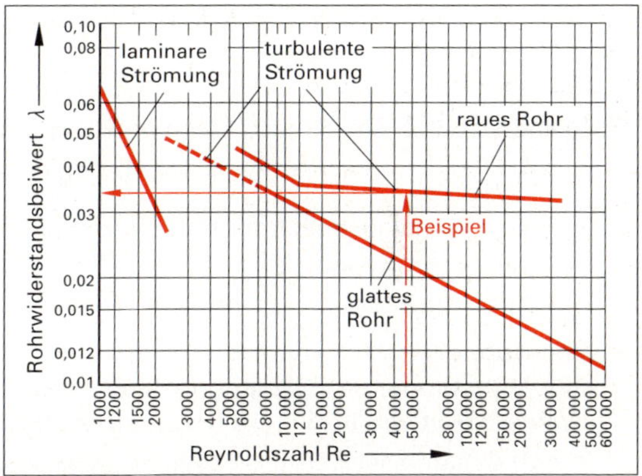

Bild 245/1: Rohrwiderstandsbeiwerte-Diagramm

Der **Druckverlust Z** in einer Armatur oder einer Rohrveränderung ist:

$$Z = \zeta \cdot \frac{\varrho}{2} \cdot v^2$$

ζ ist der **Widerstandsbeiwert** der Rohreinbauten.

Der **Gesamtdruckverlust Δp_{ges}** in einer Rohrleitung setzt sich aus den Druckverlusten in den geraden Rohrstücken und den Druckverlusten in den Armaturen und Rohrveränderungen zusammen:

$$\Delta p_{ges} = \Delta p + \sum Z = (\lambda \cdot \frac{l}{d_i} + \zeta_{ges}) \cdot \frac{\varrho}{2} v^2$$

Rohrleitungskennlinie

Die Rohrleitungskennlinie zeigt den gemessenen Druckverlust Δp_{ges} einer Rohrleitung einschließlich Armaturen in Abhängigkeit vom Durchfluss $\dot{V}$ **(Bild 245/2)**. Daraus kann der Druckverlust ermittelt werden.

Beispiel (Kennlinie II): $\dot{V} = 2{,}5$ m³/h $\Rightarrow$ $\Delta p_{ges} = 200$ Pa

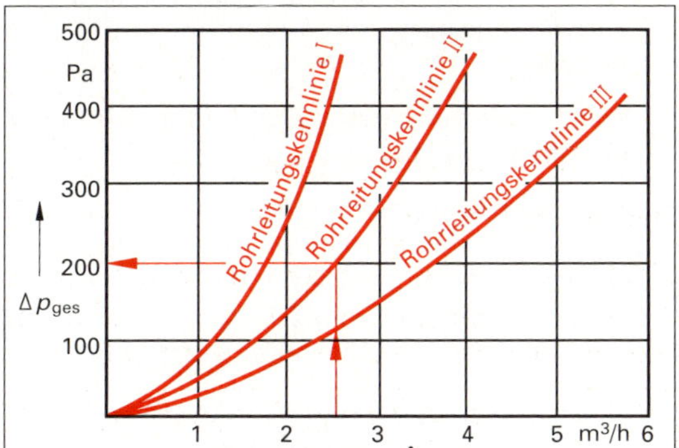

Bild 245/2: Rohrleitungskennlinien

Nenndruck, zulässiger Betriebsüberdruck

Der **Nenndruck PN** ist eine Kenngröße für eine Druckstufe, in der Rohrleitungsteile und Armaturen mit gleicher Druckbelastbarkeit zusammengefasst sind. Er wird ohne Einheit angegeben, z. B. PN 25.

Der Nenndruck gibt den maximal zulässigen Betriebsüberdruck in bar bei einer Betriebstemperatur von 20 °C an.

Folgende Nenndruckstufen sind genormt:

Nenndruckstufen: PN	1	1,6	2,5	4	6	10	16	25	40	63	100	160	250

Bei einem vorgegebenen Betriebsüberdruck in der Anlage wählt man die Rohrleitungsanteile gemäß der jeweils nächst höheren Nenndruckstufe aus.

Beispiel: Beträgt der Betriebsüberdruck in einer Anlage z. B. 34 bar, so legt man als Nenndruck PN 40 fest.

Der **zulässige Betriebsüberdruck $p_{e,zul}$** gibt den maximal zulässigen Druck an, der bei erhöhten Betriebstemperaturen in der Rohrleitung herrschen darf **(Bild 246/1)**.

Beispiel: Welcher zulässige Betriebsüberdruck darf in einer für den Nenndruck PN 25 ausgelegten Rohrleitung bei einer Betriebstemperatur von 350 °C herrschen?

Lösung: Aus Bild 246/1 wird zu 350 °C ein zulässiger Betriebsüberdruck $p_{e,zul}$ = 15 bar abgelesen.

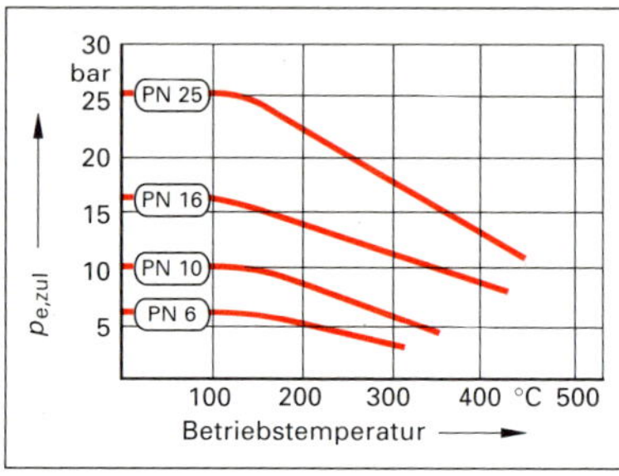

Bild 246/1: Betriebsüberdrücke

Aufgaben zu 9.2 Druck und Druckverlust in Rohrleitungen

1. Rechnen Sie um: a) 3,5 bar in hPa b) 1013 mbar in Pa c) 580 hPa in bar d) 485 000 Pa in bar
2. In einem Reaktionsbehälter steht Natronlauge mit einer Dichte von 1,109 g/cm³ 3,75 m hoch. Im Raum über der Behälterfüllung liegt ein Überdruck von 0,632 bar an.
   Welcher Gesamtdruck herrscht an der Oberfläche bzw. am Boden der Behälterfüllung?
3. Eine Rohrleitung für Ethanol wird mit einem Reduzierstück von Nennweite DN125 auf DN80 verengt. In der weiten Rohrleitung fließt das Ethanol (ϱ = 0,792 g/cm³) mit einer Strömungsgeschwindigkeit von 0,750 m/s bei einem statischen Druck von 3,20 bar. Berechnen Sie:
   a) den dynamischen Druck (in Pa) in der weiten Rohrleitung sowie den Gesamtdruck
   b) die Strömungsgeschwindigkeit in der engen Rohrleitung
   c) den statischen und den dynamischen Druck in der engen Rohrleitung.
4. Welche Strömungsgeschwindigkeit herrscht in einer Wasserrohrleitung (ϱ = 1,00 g/cm³), wenn mit einem Prandtl'schen Staurohr in der Rohrleitung ein dynamischer Druck von 745 Pa gemessen wird?
5. Welcher Strömungszustand herrscht in einer Rohrleitung, wenn die Strömung dort durch eine *Re*-Zahl von 1845 charakterisiert ist?
6. Eine Rohrleitung von einer Pumpe zu einem Reaktionsbehälter besteht aus: 43,50 m Rohr DN125 (rau), 7 Krümmern mit einem Widerstandsbeiwert ζ von jeweils 0,250 und einem Regelventil mit einem Widerstandsbeiwert ζ = 4,80. Wie groß ist der Gesamtdruckverlust in der Rohrleitung, wenn Methanol (ϱ = 0,7917 g/cm³, $\nu = 0{,}7465 \cdot 10^{-6}$ m²/s) mit einer Strömungsgeschwindigkeit von 1,80 m/s durch die Leitung strömt?
7. In einer Rohrleitung herrscht bei 20 °C ein Gesamtdruck von 12,4 bar.
   a) Welche Nenndruckstufe müssen die Rohrleitungsteile besitzen?
   b) Welcher Betriebsüberdruck ist für die Rohrleitung bei 300 °C gerade noch zulässig?

9.3 Pumpen

Förderstrom, Förderhöhe und Wirkungsgrad von Pumpen (Bild 247/1)

Der **Förderstrom** $\dot{V}$, auch F oder Q genannt, ist der von einer Pumpe geförderte Volumenstrom (Flüssigkeitsvolumen pro Zeiteinheit): $\dot{V} = V/t$

Die **Förderhöhe** H einer Pumpe ist die auf die Förderflüssigkeit übertragene, mechanische Energie W_Q, bezogen auf die Gewichtskraft F_G der geförderten Flüssigkeit: $H = \frac{W_Q}{F_G}$; mit $F_G = \varrho \cdot g \cdot V$

Durch Division im Nenner und Zähler durch die Zeiteinheit t erhält man für die Förderhöhe H eine Beziehung, die die auf den geförderten Volumenstrom $\dot{V}$ übertragene Leistung P_Q enthält.

Die aus der Größengleichung abgeleitete Einheit der Förderhöhe H ist Meter (m).

Der **Wirkungsgrad einer Pumpe** η ist das Verhältnis der auf den Förderstrom übertragenen Leistung P_Q zur von der Pumpenwelle eingebrachten Leistung P_W (Bild 247/1).

Die **Antriebsleistung des E-Motors** P_M sollte das 1,1- bis 1,5-fache der von der Pumpenwelle bereitzustellenden Leistung P_W sein (Leistungszuschlag LZ).

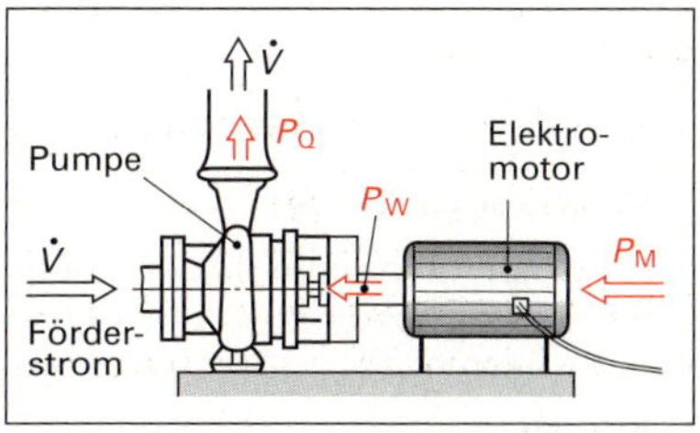

Bild 247/1: Pumpenanlage

$$H = \frac{W_Q}{F_G} = \frac{W_Q}{\varrho \cdot g \cdot V}$$

$$H = \frac{W_Q/t}{\varrho \cdot g \cdot V/t} = \frac{P_Q}{\varrho \cdot g \cdot \dot{V}}$$

$$\eta = \frac{P_Q}{P_W}$$

$$P_M = (1{,}1 \ldots 1{,}5) \cdot P_W$$

Beispiel: Wie groß ist die Förderhöhe einer Pumpe, bei der auf einen geförderten Volumenstrom von 32 m³/h eine Leistung von 4,2 kW übertragen wird? Die Dichte der Flüssigkeit beträgt $\varrho = 1{,}145$ g/cm³.

Lösung: $$H = \frac{P_Q}{\varrho \cdot g \cdot \dot{V}} = \frac{4{,}2\ \text{kW}}{1{,}145\ \text{g/cm}^3 \cdot 9{,}81\ \text{N/kg} \cdot 32\ \text{m}^3\text{/h}} = \frac{4{,}2 \cdot 10^3 \cdot \text{N} \cdot \text{m/s}}{1145\ \text{kg/m}^3 \cdot 9{,}81\ \text{N/kg} \cdot 32\ \text{m}^3\text{/h}}$$

$$\mathbf{H} = \frac{4{,}2 \cdot 10^3 \cdot \text{N} \cdot \text{m/s} \cdot 3600\text{s}}{1145\ \text{kg/m}^3 \cdot 9{,}81\ \text{N/kg} \cdot 32\ \text{m}^3} = 42{,}066\ \text{m} \approx \mathbf{42\ m}$$

Förderhöhe einer Anlage (Bild 247/2)

Die Gesamtförderhöhe einer Anlage H_A setzt sich aus drei Anteilen zusammen:

$$H_A = H_{geo} + \Sigma H_Z + \Delta H_p$$

H_{geo} ist die geodätische Förderhöhe, d. h. die Höhe, um die die Flüssigkeit angehoben wird.

ΣH_Z sind die Druckhöhenverluste durch den Strömungswiderstand in den Rohrleitungen, Armaturen und Apparaten der Anlage.

ΔH_p ist die Druckhöhendifferenz zwischen saugseitigem (E) und druckseitigem (A) Behälter. Sie berechnet sich zu:

$$\Delta H_P = \frac{p_A - p_E}{\varrho \cdot g}$$

Die Förderhöhe der Pumpe H muss größer als die Förderhöhe der Anlage H_A sein.

$$H > H_A$$

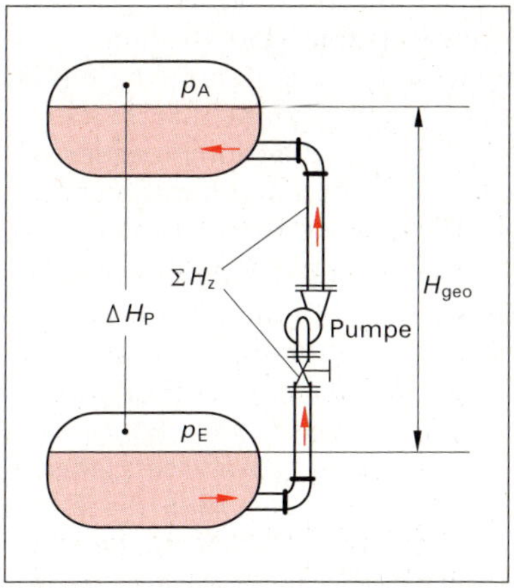

Bild 247/2: Förderhöhe einer Anlage

Beispiel: Natronlauge mit der Dichte 1,219 kg/dm³ wird von einem tief liegenden Druckbehälter (p_E = 2,20 bar) in einen 7,42 m höheren Druckbehälter (p_A = 4,85 bar) gefördert. Die Druckhöhenverluste der Rohrleitung betragen insgesamt 8,28 m. Wie groß ist die Gesamtförderhöhe der Anlage?

Lösung: $\mathbf{H_A} = H_{geo} + \sum H_Z + \frac{p_A - p_E}{\varrho \cdot g} = 7{,}42\ \text{m} + 8{,}28\ \text{m} + \frac{4{,}85\ \text{bar} - 2{,}20\ \text{bar}}{1{,}219\ \text{kg/dm}^3 \cdot 9{,}81\ \text{N/kg}}$

$= 7{,}42\ \text{m} + 8{,}28\ \text{m} + 22{,}16\ \text{m} \approx \mathbf{37{,}9\ m}$

Betriebspunkt einer Kreiselradpumpe (Bild 248/1)

Als **Pumpenkennlinie** bezeichnet man den Zusammenhang zwischen der Förderhöhe H und dem Förderstrom $\dot{V}$ der Pumpe (rote Kurven).

Die **Anlagenkennlinie** beschreibt die Abhängigkeit der Förderhöhe der Anlage H_A vom Förderstrom $\dot{V}$ (schwarze Kurven).

Der **Betriebspunkt** einer Pumpe stellt sich dort ein, wo sich die Pumpenkennlinie und die Anlagenkennlinie schneiden.

Eine Änderung des Betriebspunktes ist entweder durch Änderung der Anlagenkennlinie (Drosselung: ② → ①) oder durch Änderung der Pumpenkennlinie (z. B. durch Drehzahländerung: I → II → III) möglich.

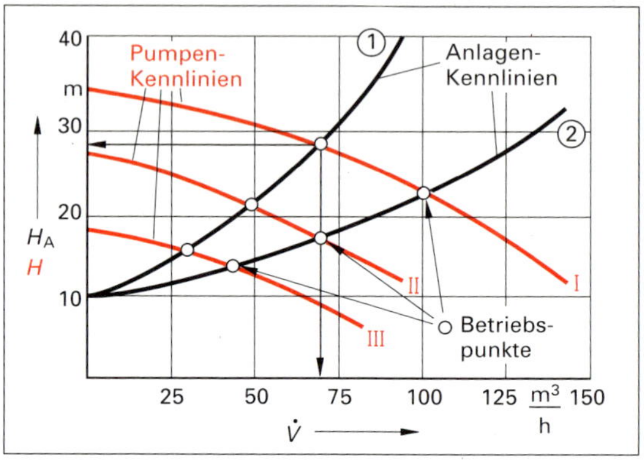

Bild 248/1: Kennlinien und Betriebspunkte

Beispiel 1: In einer Chemieanlage (Bild 248/1) mit der Anlagenkennlinie ① wird Benzol mittels einer Kreiselradpumpe mit der Pumpenkennlinie I gefördert. Bei welchem Betriebspunkt arbeitet die Pumpe?

Lösung: In Bild 248/1 kann beim Schnittpunkt der Anlagenkennlinie ① mit der Pumpenkennlinie I der Betriebspunkt ermittel werden: $H \approx 28$ m: $\dot{V} \approx 70$ m³/h.

Beispiel 2: Der Förderstrom der Chemieanlage von Beispiel 1 soll von 70 m³/h auf 50 m³/h vermindert werden. Die Drosselung wird durch Zustellen eines Ventils vorgenommen. Welche Förderhöhe hat die Pumpe?

Lösung: Aus Bild 248/1: Die Anlagenkennlinie verschiebt sich durch Zustellen des Ventils zu einem steileren Verlauf, bis sie die Pumpenkennlinie I bei $\dot{V}$ = 50 m³/h schneidet. Die Förderhöhe beträgt dann $H \approx 31$ m.

Kennfeldraster von Kreiselradpumpen-Baureihen

Das Kennfeld einer Pumpe ist eine umrissene Fläche im $H/\dot{V}$-Diagramm, innerhalb derer die Pumpe jeden Betriebspunkt annehmen kann **(Bild 248/2)**. Das Kennfeld einer Pumpe wird erhalten, indem die Kennlinien der Pumpe mit verändertem Laufraddurchmesser bei bestimmten, konstanten Pumpendrehzahlen in das Diagramm eingetragen werden.

Da eine Pumpenbaugröße nur einen begrenzten Bereich von Betriebspunkten einnehmen kann, gibt es bei Chemie-Normpumpen Pumpenbaureihen mit abgestuften Baugrößen. Die Kennfelder der Pumpen einer Baureihe sind in einem Kennfeldraster zusammengefasst (Bild 248/2). Aus diesem Raster kann die für eine Förderaufgabe geeignete Pumpe ausgewählt werden.

Beispiel: Förderaufgabe $\dot{V}$ = 80 m³/h, H = 45 m

Lösung: Bild 248/2 ⇒ geeigneter Pumpentyp: 125-400

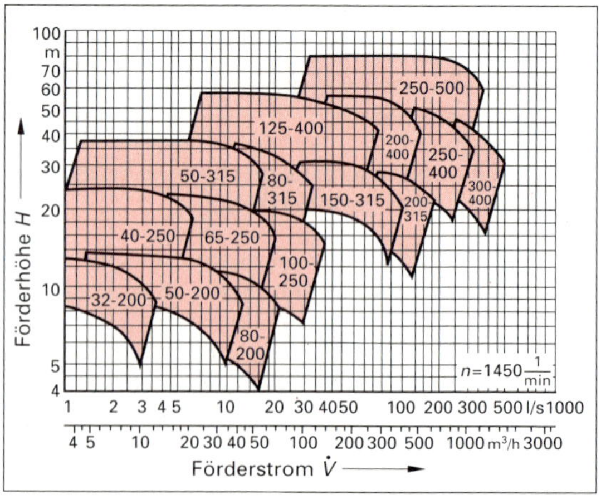

Bild 248/2: Kennfeldraster einer Chemiepumpen-Baureihe (Beispiel)

Aufgaben zu 9.3 Pumpen

1. Eine Pumpe in einer Schwefelsäureanlage mit einer Förderhöhe $H = 64$ m erzeugt einen Förderstrom von 48 m^3/h. Das geförderte Absorberwasser hat eine Dichte von 0,98 kg/dm^3.
   Wie groß ist die auf den Förderstrom übertragene Leistung in Kilowatt?
2. Zum Umpumpen einer Sodalösung in einen Sammelbehälter wird eine Pumpe mit einem Förderstrom von $\dot{V} = 250$ m^3/h und einer Förderhöhe von 85 m eingesetzt.
   Welche Leistung muss der Antriebsmotor (E-Motor) der Pumpe haben, wenn der Pumpenwirkungsgrad 74 % beträgt und ein Leistungszuschlag für den Antriebsmotor von 35 % gefordert wird? (Dichte der Sodalösung: $\varrho = 1{,}12$ kg/dm^3)
3. In einem Kalibergwerk werden stündlich 250 m^3 Sole mit einer Dichte von 1201 kg/m^3 von der Bergwerkssole in 465 m Tiefe in ein Sammelbecken über Tage gepumpt. Der Elektromotor der Pumpe nimmt 26,4 kW Leistung auf, sein Leistungszuschlag beträgt 28 %, der Wirkungsgrad der Pumpe ist 0,82.
   a) Welche Leistung wird auf die Sole übertragen?
   b) Wie groß ist die Förderhöhe der Pumpe?
4. Von einem tief liegenden Sammelbehälter einer Destillationsanlage soll eine Benzinfraktion mit einer Dichte von 0,932 kg/dm^3 in einen hoch liegenden Behälter gepumpt werden **(Bild 249/1)**. Dabei durchströmt sie einen Wärmetauscher und ein Rohrleitungsnetz mit einem Druckhöhenverlust von insgesamt 32,57 m. Im hoch liegenden Behälter herrscht ein Druck von 2,5 bar, im tief liegenden Behälter wird 1 bar gemessen.
   a) Wie groß ist die Förderhöhe der Anlage?
   b) Mit welchem Pumpentyp der Baureihe aus Bild 248/2 könnte die Förderaufgabe gelöst werden?

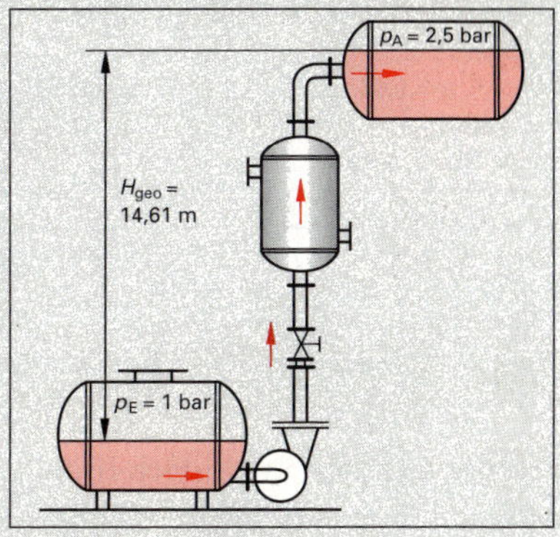

Bild 249/1: Aufgabe 4

5. Im geschlossenen Kühlkreislauf einer Chemieanlage beträgt der Druckhöhenverlust durch den Strömungswiderstand des Kühlkreislaufs 23,75 m.
   Wie groß ist die Förderhöhe der Anlage?
6. Es ist der Betriebspunkt der Kreiselradpumpe zu bestimmen, die die nebenstehende Pumpenkennlinie besitzt. Sie arbeitet in einer Anlage mit der nebenstehend beschriebenen Anlagenkennlinie.

Pumpenkennlinie									
H in m	60	59	58	56,5	54,5	52,5	49,5	45,5	40,5
$\dot{V}$ in m^3/h	0	40	80	100	120	140	160	180	200
Anlagenkennlinie									
H_A in m	35	37	39,5	42	43,5	47	50	55	59,5
$\dot{V}$ in m^3/h	0	40	80	100	120	140	160	180	200

7. Mit der in Bild 248/1 durch ihre Kennlinien beschriebenen Pumpe I soll in der Anlage ② eine Dünnsäure gefördert werden.
   a) Welche Förderhöhe besitzt die Pumpe im ungedrosselten Betriebspunkt?
   b) Welche Förderhöhe hat die Pumpe, wenn sie durch Ventilzustellung auf einen Förderstrom von $\dot{V} = 75$ m^3/h gedrosselt wird?
8. In einer Anlage zur Salpetersäureherstellung wird Brauchwasser von einer Pumpe in den Absorber gepumpt. Die Pumpe hat die in Bild 248/1 gezeigte Pumpenkennlinie II, die Anlage die Anlagenkennlinie ②.
   a) Bei welchem Betriebspunkt arbeitet die Pumpe?
   b) Durch Auswechseln des Pumpenlaufrades erhält die Pumpe die Pumpenkennlinie III. Bei welchem Betriebspunkt arbeitet die Pumpe dann?
9. Es soll der geeignete Pumpentyp aus der in Bild 248/2 gezeigten Chemiepumpenbaureihe für die geforderten Leistungsdaten $\dot{V} = 180$ m^3/h und $H = 25$ m ausgewählt werden.

9.4 Ausfluss aus Behältern

Ausfluss bei gleichbleibendem Flüssigkeitsspiegel

Ausfluss aus dem Bodenloch (Bild 250/1)

Der aus einem Behälter mit gleichbleibendem Flüssigkeitsspiegel unter der Wirkung der Schwerkraft aus dem Bodenloch ausfließende Volumenstrom $\dot{V}$ berechnet sich zu:

$$\dot{V} = \mu \cdot A \cdot \sqrt{2 g \cdot h}$$

Es sind: A die Ausströmfläche; h die Höhe des Flüssigkeitsstandes; g die Fallbeschleunigung 9,81 m/s²; μ die Ausflusszahl

Die Ausflusszahl μ hängt von der Form der Ausflussöffnung und ihrer Ausgestaltung ab **(Bild 250/2)**.

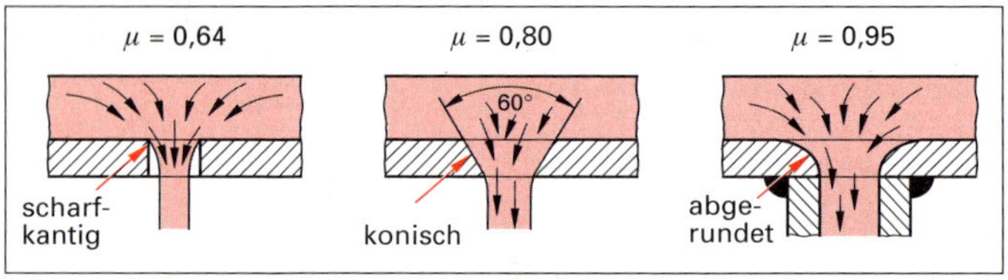

Bild 250/2: Ausflusszahlen μ kreisrunder Ausflussöffnungen

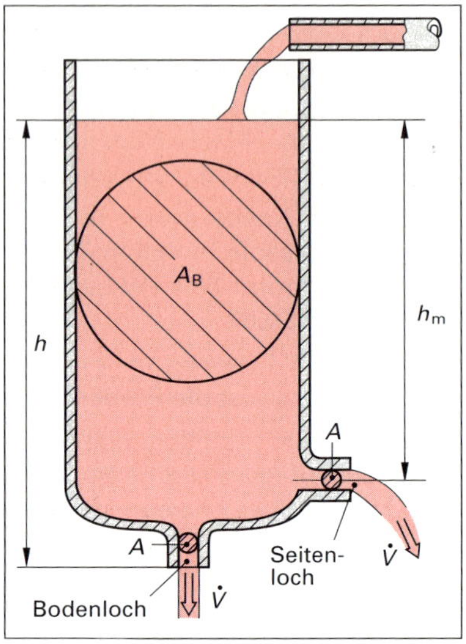

Bild 250/1: Ausfluss bei gleichbleibendem Flüssigkeitsspiegel

Ausfluss aus dem Seitenloch (Bild 250/1)

Beim Ausfluss aus einem Seitenloch ermittelt man den austretenden Volumenstrom $\dot{V}$ mit einer analogen Beziehung wie beim Bodenloch.

$$\dot{V} = \mu \cdot A \cdot \sqrt{2 g \cdot h_m}$$

Beispiel: Aus einem Abwasser-Sammelbehälter, der durch Zulauf auf konstantem Füllstand h = 2,85 m gehalten wird, fließt durch einen Bodenstutzen mit d_i = 82,5 mm die Flüssigkeit ab. Der Bodenstutzen hat die Ausflusszahl 0,85. Wie groß ist der aus dem Bodenstutzen ablaufende Volumenstrom?

Lösung: $\dot{V} = \mu \cdot A \cdot \sqrt{2 \cdot g \cdot h} = \mu \cdot \frac{\pi}{4} \cdot d_i^2 \cdot \sqrt{2 \cdot g \cdot h} = 0{,}85 \cdot \frac{\pi}{4} \cdot (0{,}0825\ \text{m})^2 \cdot \sqrt{2 \cdot 9{,}81 \frac{\text{m}}{\text{s}^2} \cdot 2{,}85\ \text{m}} \approx \mathbf{0{,}034\ \frac{m^3}{s}}$

Ausfluss mit sinkendem Flüssigkeitsspiegel

Fließt aus einem Behälter Flüssigkeit durch eine Seiten- oder Bodenöffnung aus, ohne dass zum Ausgleich Flüssigkeit oben nachströmt, so sinkt der Flüssigkeitsspiegel stetig ab, bis der Behälter bis zur Ausfließöffnung geleert ist.

Die Zeit $t_{1/2}$ für das teilweise Leerlaufen eines senkrecht stehenden, prismatischen Behälters von h_1 nach h_2 berechnet sich mit der Gleichung:

Die Entleerungszeit t_{ges} für das gesamte Flüssigkeitsvolumen V_F eines senkrecht stehenden, prismatischen Behälters ermittelt man mit der Beziehung:

$$t_{1/2} = \frac{2 \cdot A_B}{\mu \cdot A \cdot \sqrt{g}} \cdot \left(\sqrt{h_1} - \sqrt{h_2}\right)$$

$$t_{ges} = \frac{2 \cdot V_F}{\mu \cdot A \cdot \sqrt{2 \cdot g \cdot h}}$$

In den Gleichungen bedeutet:

h der Gesamtfüllstand; h_1 der Füllstand am Anfang; h_2 der Füllstand am Ende
A_B der Behälterquerschnitt; A die Ausströmfläche; V_F das gesamte Flüssigkeitsvolumen

Hinweis: Die Entleerungszeiten $t_{1/2}$ bzw. t_{ges} ergeben sich in der Einheit Sekunde (s), wenn alle Größen in den Basiseinheiten eingesetzt werden.

Beispiel: Wie lange dauert es, bis aus dem Behälter des Beispiels von Seite 250 Mitte der gesamte Flüssigkeitsinhalt aus dem Bodenloch abgelaufen ist, wenn im Behälter 3,040 m³ Flüssigkeit waren?

Lösung: $$t_{ges} = \frac{2 \cdot V_F}{\mu \cdot A \cdot \sqrt{2 \cdot g \cdot h}} = \frac{2 \cdot 3{,}040\ \text{m}^3}{0{,}85 \cdot \frac{\pi}{4} \cdot (0{,}0825\ \text{m})^2 \cdot \sqrt{2 \cdot 9{,}81\ \text{m/s}^2 \cdot 2{,}85\ \text{m}}} \approx 178{,}94\ \text{s} \approx \mathbf{2\ min\ 59\ s}$$

Ausfluss aus Behältern mit Überdruck

Steht die Flüssigkeit in einem Behälter unter dem Überdruck p_e **(Bild 251/1)**, so setzt sich die Gesamtwirkhöhe h_{ges} aus der Füllstandshöhe h und der statischen Druckhöhe $h_{stat} = \frac{p_e}{\varrho \cdot g}$ zusammen:

$$h_{ges} = h + \frac{p_e}{\varrho \cdot g}$$

Der augenblicklich austretende Flüssigkeitsstrom $\dot{V}$ aus dem unter Druck stehenden Behälter ist:

$$\dot{V} = \mu \cdot A \cdot \sqrt{2 \cdot g \cdot \left(h + \frac{p_e}{\varrho \cdot g}\right)}$$

Auch in die Gleichungen für die Entleerungszeiten (siehe Seite 250 unten) wird h_{ges} eingesetzt und ergibt für t_{ges}:

$$t_{ges} = \frac{2 \cdot V_F}{\mu \cdot A \cdot \sqrt{2 \cdot g \cdot \left(h + \frac{p_e}{\varrho \cdot g}\right)}}$$

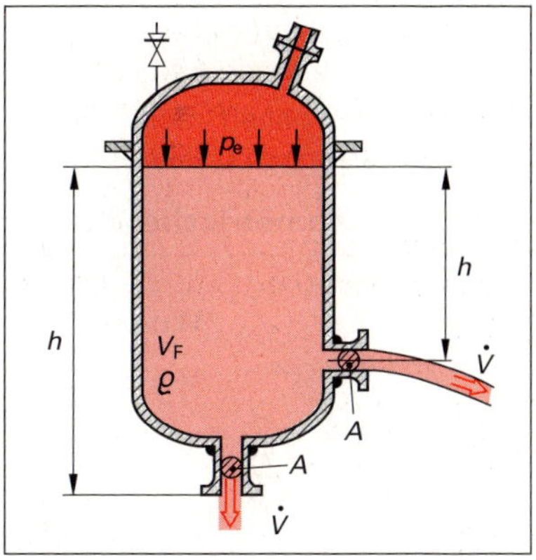

Bild 251/1: Druckbehälter

Beispiel: Im Absetzturm eines Turm-Bioreaktors steht das vorgeklärte Abwasser 24,37 m hoch über dem Bodenablauf; es hat eine Dichte von 1056 kg/m³. Über dem Abwasser herrscht ein Überdruck von 0,85 bar. Welche Gesamtwirkhöhe herrscht am Bodenablauf?

Lösung: Mit $p_e = 0{,}85\ \text{bar} = 0{,}85 \cdot 10^5\ \text{Pa} = 85000\ \text{N/m}^2$ und $g = 9{,}81 \frac{\text{m}}{\text{s}^2} = 9{,}81\ \text{N/kg}$ folgt:

$$h_{ges} = h + \frac{p_e}{\varrho \cdot g} = 24{,}37\ \text{m} + \frac{85000\ \text{N/m}^2}{1056\ \text{kg/m}^3 \cdot 9{,}81\ \text{N/kg}} \approx 24{,}37\ \text{m} + 8{,}21\ \text{m} \approx 32{,}58\ \text{m} \approx \mathbf{32{,}6\ m}$$

Aufgaben zu 9.4 Ausfluss aus Behältern

1. Einem Klärbecken läuft ein Abwasserstrom von durchschnittlich 80,50 L/s zu. Der Ablauf erfolgt durch freien Ausfluss aus einem Bodenstutzen mit Nennweite DN125. Der konisch ausgeformte Ausfluss hat eine Ausflusszahl von $\mu = 0{,}85$.
   Welche Füllstandshöhe stellt sich im Klärbecken ein?

2. Wie lange dauert es, bis aus einem senkrecht stehenden, zylindrischen Behälter mit dem Anfangsfüllstand $h_1 = 4{,}36$ m die Hälfte des Inhalts ausgeflossen ist? Behälterdurchmesser $d_B = 1420$ mm, Auslaufstutzendurchmesser $d_i = 125$ mm, Auslaufstutzen mit Ausrundung.

3. In einem zylindrischen Druckreaktor mit einem Durchmesser von $d_B = 1{,}242$ m steht eine Reaktionsflüssigkeit ($\varrho = 0{,}921$ g/cm³) 2,730 m hoch. Der Druck beträgt $p_e = 3{,}50$ bar. Der Reaktor hat einen Bodenstutzen mit Nennweite DN 100 und einer Ausflusszahl von 0,82. (Es wird angenommen, dass der Druck p_e im Behälter konstant gehalten wird.)
   a) Wie groß ist der Volumenstrom, der direkt nach dem Öffnen des Bodenstutzens aus dem Reaktor abströmt?
   b) Wie lange dauert es, bis der Behälter vollständig geleert ist?

4. In einem Gärtank befinden sich 27,36 m³ Maische unter einem Überdruck von 1,45 bar. Die Maische steht 2,78 m hoch und hat eine Dichte von 0,964 kg/L. Aus einem Bodenlochabfluss mit Nennweite DN 125 und einer Ausflusszahl von $\mu = 0{,}90$ wird der Tank mittels seines Eigendrucks entleert.
   Wie lange dauert es, bis der Gärtank vollständig entleert ist?

9.5 Lagereinrichtungen

Die Art und Form einer Lagereinrichtung richtet sich im Wesentlichen nach dem Aggregatzustand und der Aufbereitungsform des zu lagernden Stoffes.

Große bis kleinstückige witterungsunempfindliche Schüttgüter, wie z. B. Erze oder Kohle, werden als Halde in aufgeschütteten Schüttkegeln oder in Bunkern bzw. Silos gelagert.

Witterungsempfindliche, kleinkörnige und pulverförmige Stoffe, wie z. B. Düngemittel oder Getreide, werden in Silos oder Säcken gelagert. Die geeigneten Behälter zur Lagerung von Flüssigkeiten und Gasen sind stehende und liegende, zylinderförmige Behälter sowie kugelförmige Tanks.

Lagerbehälter haben meist die Form einfacher oder zusammengesetzter geometrischer Körper. Ihr Fassungsvermögen lässt sich mit geometrischen Formeln aus dem Volumen dieser Körper berechnen.

Volumen geometrischer Körper

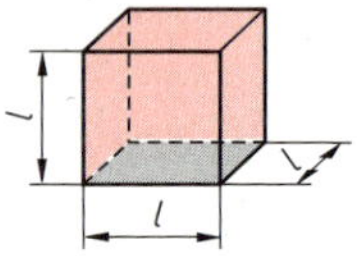	**Würfel** $V = l^3$	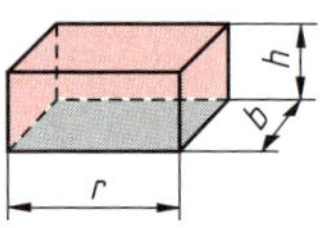	**Quader** **Vierkantprisma** $V = l \cdot b \cdot h$
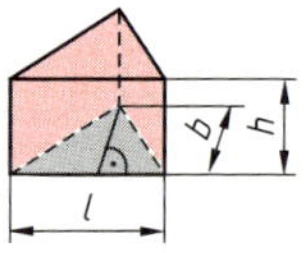	**Dreiecksprisma** $V = \frac{l \cdot b}{2} \cdot h$	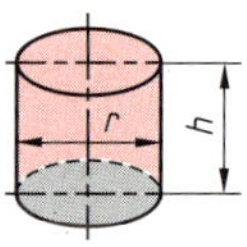	**Zylinder** $V = \frac{\pi \cdot d^2}{4} \cdot h$
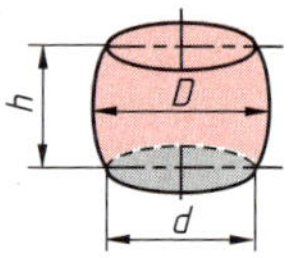	**Fass** $V \approx \frac{\pi}{12} \cdot h \cdot (2\,D^2 + d^2)$	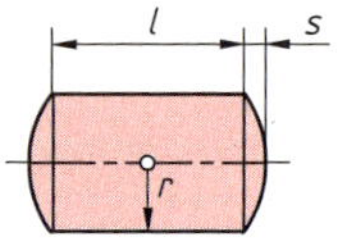	**Zylinder mit kreisförmig ausgerundeten Böden, vollständig gefüllt** $V = \frac{\pi \cdot d^2}{4} \cdot l + 2\left[\frac{\pi \cdot s}{6}(3\,r^2 + s^2)\right]$
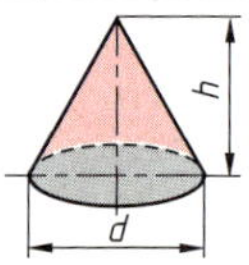	**Kegel** $V = \frac{\pi \cdot d^2}{4} \cdot \frac{h}{3} = \frac{\pi}{3} \cdot r^2 \cdot h$	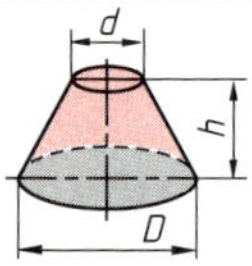	**Kegelstumpf** $V = \frac{\pi \cdot h}{12} \cdot (D^2 + d^2 + D \cdot d)$
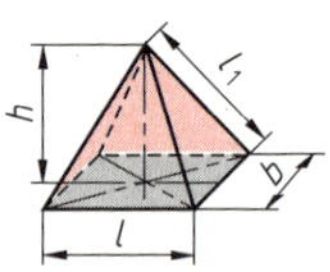	**Pyramide** $V = \frac{l \cdot b \cdot h}{3}$	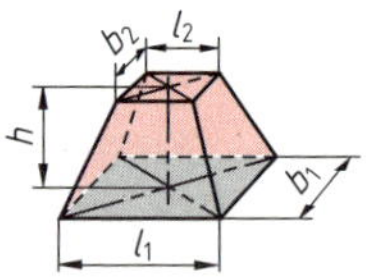	**Pyramidenstumpf** $V = \frac{h}{3} \cdot \left(A_1 + A_2 + \sqrt{A_1 \cdot A_2}\right)$ $A_1 = l_1 \cdot b_1 \qquad A_2 = l_2 \cdot b_2$
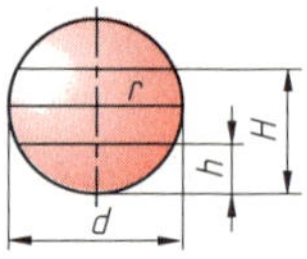	**Kugel** Gesamtvolumen $V = \frac{4}{3}\pi \cdot r^3$	Teilvolumen $h < r$ (weniger als 50 % gefüllt) $V_h = \pi \cdot h^2 \cdot \left(r - \frac{h}{3}\right)$	Teilvolumen $H > r$ (mehr als 50 % gefüllt) $V_H = \frac{\pi}{3} \cdot \left[4\,r^3 - (2\,r - H)^2 \cdot (r + H)\right]$

Volumen zusammengesetzter Körper

Das Volumen zusammengesetzter Körper setzt sich aus der Summe der Volumen der Teilkörper zusammen: $V_{ges} = V_1 + V_2 + V_3 + \ldots$

Beispiel: Das nebenstehend gezeigte Silo **(Bild 252/1)** kann in einen Zylinder V_1, einen Kegelstumpf V_2 und einen Zylinder V_3 zerlegt werden.

$$V_{ges} = V_1 + V_2 + V_3 = \frac{\pi \cdot D^2}{4} \cdot h_1 + \frac{\pi \cdot h_2}{12} \cdot (D^2 + d^2 + D \cdot d) + \frac{\pi \cdot d^2}{4} \cdot h_3$$

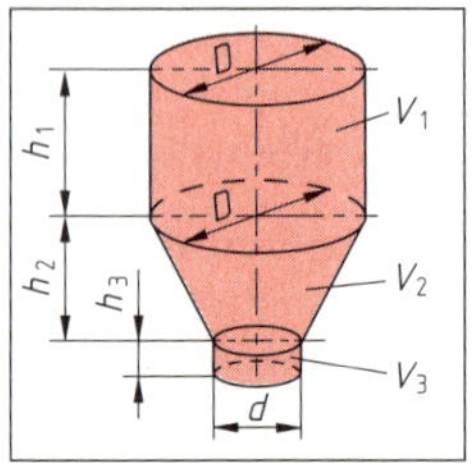

Bild 252/1: Silo

Berechnung der Masse eingelagerter Stoffe

Zur Berechnung der Masse einer eingelagerten Stoffportion werden ihr Volumen V und ihre reale Dichte ϱ_{real} benötigt: $m = \varrho_{real} \cdot V$

Die **reale Dichte ϱ_{real}** eines Stoffes unterscheidet sich zum Teil erheblich von der üblicherweise verwendeten stoffspezifischen Dichte ϱ, bei der eine 100%ige Raumerfüllung vorausgesetzt ist.

In der Realität besitzt ein Feststoff z. B. durch kleine Lufteinschlüsse in den Feststoffpartikeln eine bestimmte Porosität, die seine Dichte vermindert.

Schüttgut hat zudem zwischen den Feststoffpartikeln Hohlräume, die durch die Schichtung der Körner verursacht werden.

Zur Berechnung der Masse von Feststoffschüttungen verwendet man deshalb die **Schüttdichte $\varrho_{Schütt}$ (Tabelle 253/1)**.

Die Berechnungsgleichung für m lautet:

$$m = \varrho_{Schütt} \cdot V$$

Tabelle 253/1: Dichten

Stoff	Stoffspezifische Dichte kg/dm³	Schüttdichte kg/dm³
Kalkstein	2,65	1,8
Koks	1,30	0,5
Sand	1,50	1,2
Steinkohle	1,35	0,8
Steinsalz	2,35	1,02

Auch bei **Flüssigkeiten** weicht die reale Dichte zum Teil von der stoffspezifischen Dichte ab. Ursachen hierfür sind z. B. Luftblasen bei schäumenden Flüssigkeiten oder z. B. fein verteilte Feststoffpartikel in Suspensionen.

Bei **Gasen** ist die Dichte vom Druck und der Temperatur abhängig. In Tabellenwerken angegeben ist die Gasdichte ϱ_0 bei Normbedingungen: $T_0 = 273$ K; $p_0 = 1{,}013$ bar.

Die Umrechnung auf die Dichte bei anderen Zustandsbedingungen erfolgt mit einer Umrechnungsformel, die aus der allgemeinen Gasgleichung (Seite 114) abgeleitet ist.

$$\varrho = \frac{p}{T} \cdot \frac{\varrho_0 \cdot T_0}{p_0}$$

Aufgaben zu 9.5 Lagereinrichtungen

1. 120 m³ einer angelieferten Schwefelsäure sollen in einem Vorratstank eingelagert werden. Der Tank hat die Form eines stehenden Zylinders mit einem Innendurchmesser von 6,20 m und einer inneren Höhe von 5,80 m. Er ist bereits bis zu einer Höhe von 1,45 m mit Schwefelsäure gefüllt. Hat die angelieferte Säure im Tank noch Platz?

2. Es sollen 86,0 m³ Kunststoffgranulat mit einer Schüttdichte von 0,713 kg/dm³ in Säcke zu 40 kg abgefüllt werden. Wie viele Säcke können gefüllt werden?

3. In einem Hallenlager ist Mineraldünger mit einer Schüttdichte von $\varrho_{Schütt} = 1{,}435$ kg/dm³ eingelagert **(Bild 253/1)**. Welche Masse an Mineraldünger befinden sich in dem Lager?

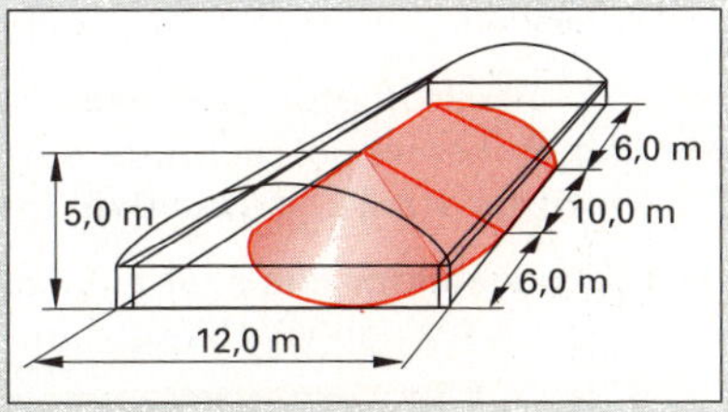

Bild 253/1: Aufgabe 3

4. Das für einen Prozess erforderliche Sauerstoffgas wird in einem Druckgasbehälter auf Vorrat gehalten. Der Behälter hat die Form eines Zylinders mit kreisförmig ausgerundeten Böden: Zylinderlänge $l = 3{,}62$ m, Zylinderinnenradius $r = 0{,}85$ m, Ausrundung der Böden: $s = 0{,}32$ m.
   Wie viel kg Sauerstoffgas befinden sich bei 25 bar Überdruck und 20 °C Umgebungstemperatur im Druckbehälter? Die Dichte von Sauerstoff beträgt bei Normbedingungen $\varrho_0(O_2) = 1{,}429$ kg/m³.

5. In einem Kugelbehälter mit einem Innendurchmesser von 18,40 m wird Propan-Flüssiggas mit einer Dichte von $\varrho = 0{,}5077$ kg/dm³ gelagert.
   a) Wie groß ist das Lagervolumen des Kugelbehälters, wenn er maximal zu 90,0 % gefüllt werden darf?
   b) Welche Masse an Flüssiggas kann maximal eingelagert werden?
   c) Welchem Propan-Gasvolumen entspricht das bei Normbedingungen ($M_{Propan} = 44{,}096$ kg/kmol)?
   d) Wie groß ist der Propanvorrat in Tonnen bei einer Füllhöhe des Kugelbehälters von 7,38 m?

9.6 Elektromotore

Die am häufigsten eingesetzten Arbeitsmaschinen in Chemieanlagen sind Elektromotoren; insbesondere asynchrone Drehstrommotoren mit Kurzschlussläufer **(Bild 254/1)**.

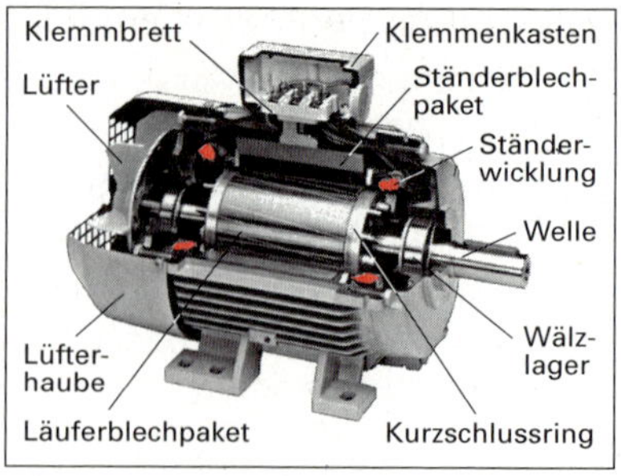

Bild 254/1: Drehstromasynchronmotor

Drehstromasynchronmotoren werden von einem magnetischen Drehfeld angetrieben, das von Spulen (Polen) im Stator der Maschine erzeugt wird.

Die **Drehfeldfrequenz n_s** hängt von der Stromnetzfrequenz f und der Anzahl der Polpaare p des Motors ab.

$$n_s = \frac{f}{p}$$

Die tatsächliche Drehzahl n eines Drehstromasynchronmotors liegt um den Betrag der Schlupfdrehzahl Δn unter der Drehfeldfrequenz n_s.

$$\Delta n = n_s - n$$

Bezieht man die Schlupfdrehzahl auf die Drehzahlfrequenz, so erhält man den **Schlupf *s***.

$$s = \frac{n_s - n}{n_s} \cdot 100\%$$

Er wird als Maß für die Abweichung der Motordrehzahl von der Drehfeldfrequenz benutzt und beträgt zwischen 3 % ... 8 %.

Durch Umstellung der Gleichung für den Schlupf s erhält man eine Gleichung für die Motordrehzahl n.

$$n = n_s \cdot \left(1 - \frac{s}{100\%}\right)$$

Die Durchzugskraft eines Elektromotors wird mit dem **Drehmoment** $M = F \cdot r$ beschrieben, wobei F die am Hebelarm r angreifende Kraft ist. Einheit des Drehmoments ist N · m.

Die **Motorleistung P_2** berechnet sich aus dem Drehmoment M und der Motordrehzahl.

$$P_2 = 2\pi \cdot n \cdot M$$

Die Einheit der Leistung ist kW oder PS. 1 kW = 1,3596 PS

Die **Motorleistung P_2** wird an der Motorwelle an die Arbeitsmaschine abgegeben. Die **Nennleistung P_N** ist die Motorleistung bei Nenndrehzahl. Sie wird vom Hersteller auf dem Leistungsschild des Motors angegeben **(Bild 254/2)**.

Die vom Elektromotor **aus dem Stromnetz aufgenommene Leistung P_1** berechnet sich aus der elektrischen Spannung U und der Stromstärke I sowie dem Leistungsfaktor $\cos\varphi$.

$$P_1 = \sqrt{3} \cdot U \cdot I \cdot \cos\varphi$$

Der **Leistungsfaktor $\cos\varphi$** ist ein Ausnutzungsfaktor des Drehstrommotors für den Wechselstrom.

Der **Motorwirkungsgrad η** gibt das Verhältnis der an der Motorwelle abgegebenen mechanischen Leistung P_2 zur aus dem Netz aufgenommenen elektrischen Leistung P_1 an.

$$\eta = \frac{P_2}{P_1}$$

Er berücksichtigt die elektromagnetische Umsetzung der elektrischen Energie in mechanische Energie.

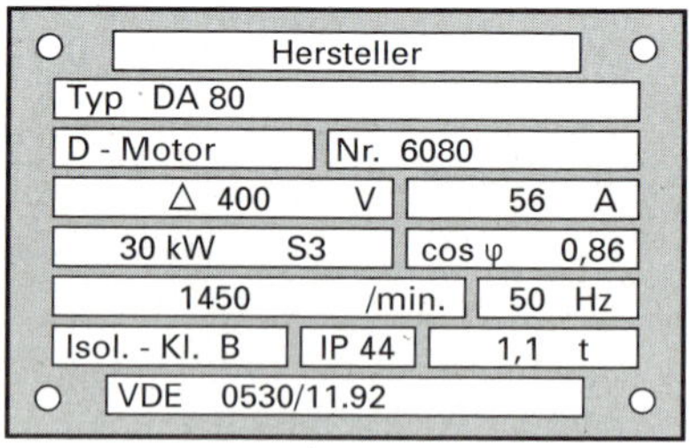

Bild 254/2: Leistungsschild eines Elektromotors

Beispiel: Aus dem Leistungsschild eines Elektromotors (Bild 254/2) können folgende Nenndaten entnommen werden: $U = 400$ V, $I = 56$ A, $P_N = 30$ kW, $\cos\varphi = 0{,}86$, $n_N = 1450$ 1/min, $n_s = 50$ Hz = 1500 1/min.

Es soll berechnet werden: a) der Schlupf bei Nenndrehzahl, b) die vom Motor aufgenommene Leistung, c) der Wirkungsgrad.

Lösung:

a) $\boldsymbol{s} = \frac{n_s - n}{n_s} \cdot 100\% = \frac{1500\ 1/\text{min} - 1450\ 1/\text{min}}{1500\ 1/\text{min}} \cdot 100\% = \mathbf{3{,}3\%}$

b) $\boldsymbol{P_1} = \sqrt{3} \cdot U \cdot I \cdot \cos\varphi = \sqrt{3} \cdot 400\ \text{V} \cdot 56\ \text{A} \cdot 0{,}86 = 33366{,}23\ \text{V} \cdot \text{A} = 33366{,}23\ \text{W} = \mathbf{33{,}37\ kW}$

c) $\boldsymbol{\eta} = \frac{P_2}{P_1} = \frac{30\ \text{kW}}{33{,}37\ \text{kW}} = 0{,}8991 = \mathbf{89{,}91\%} \approx 90\%$

Das **Betriebsverhalten** eines Drehstromasynchronmotors wird durch seine Drehmoment-Drehzahl-Kennlinie beschrieben **(Bild 255/1)**. Er hat aus dem Stillstand ein hohes Anzugsmoment M_A. Beim Hochlaufen sinkt das Drehmoment zuerst leicht ab, um bei steigender Drehzahl bis auf das Kippmoment anzusteigen. Danach folgt der Betriebsbereich des Motors. Hier fällt das Drehmoment ab, bis es mit dem Lastmoment der Arbeitsmaschine (z. B. einer Pumpe oder einem Rührer) im Gleichgewicht steht. Am Betriebspunkt des Motors gibt er das Nennmoment M_N ab und läuft bei der Nenndrehzahl n_N. Bei Erhöhung des Lastmoments steigt das Motordrehmoment steil an, die Motordrehzahl geht leicht zurück. Bei Verminderung des Lastmoments fällt das Motordrehmoment steil ab, die Drehzahl erhöht sich leicht. Der Motor passt sich der Belastung an (Selbstregelverhalten).

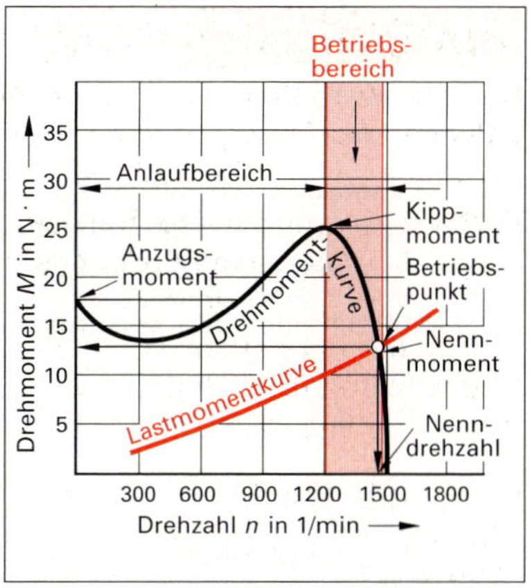

Bild 255/1: Drehmoment-Drehzahl-Kennlinie eines Drehstromasynchronmotors

Die **Drehzahlregelung** eines Drehstromasynchronmotors ist möglich:

- Durch Anbau eines mechanischen Getriebes (Seite 256 und Seite 257) an den Motor.
- Durch Polumschaltung: Hierdurch ist eine stufenweise Änderung der Drehzahl in Bruchteilen der Drehfeldfrequenz möglich, z. B. 3000, 1500, 1000, 750, 500 1/min **(Bild 255/2)**
- Durch Frequenzumformung: Hierbei kann die Drehzahl stufenlos in einem weiten Bereich (3000 1/min bis 150 1/min) eingestellt werden.

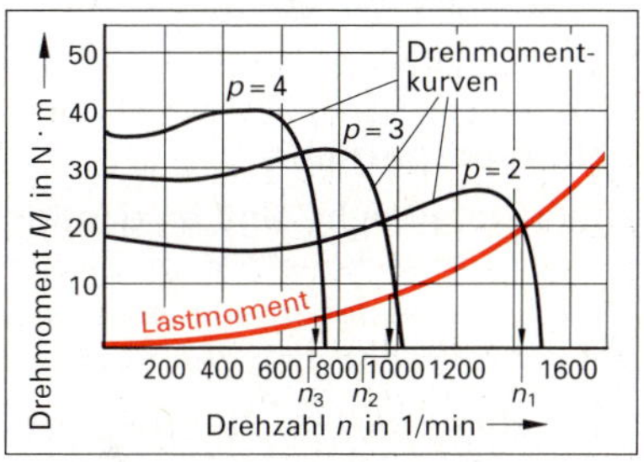

Bild 255/2: Drehzahländerung

Die **Auswahl eines Elektromotors** für eine Antriebsaufgabe wird durch die Anforderungen der angetriebenen Arbeitsmaschine festgelegt: das Nennmoment, die Nennleistung, die Nenndrehzahl.

Aufgaben zu 9.6 Elektromotore

1. Ein 8-poliger Drehstromasynchronmotor (für Netzfrequenz 50 Hz) hat eine Nenndrehzahl von 715 1/min. Wie groß ist die Drehfeldfrequenz in der Ständerwicklung und der Schlupf des Motors?
2. Ein Drehstromasynchronmotor hat eine Nennleistung von 18,5 kW bei einer Nenndrehzahl von 1450 1/min. Wie groß ist sein Nennmoment?
3. Ein Drehstromasynchronmotor trägt das nebenstehend gezeigte Leistungsschild **(Bild 255/3)**.
   a) Welche Polzahl hat die Maschine?
   b) Wie groß ist der Schlupf bei Nenndrehzahl?
   c) Wie groß ist die vom Motor aufgenommene elektrische Leistung?
   d) Wie groß ist die Nennleistung des Motors und welchen Wirkungsgrad hat er bei Nennleistung?
   e) Welche Energiekosten fallen bei kontinuierlichem Betrieb des Motors pro Tag an (Stromtarif: 0,18 DM/kWh)?

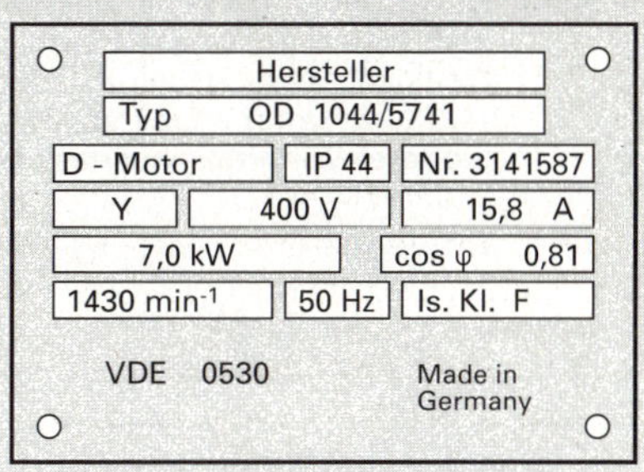

Bild 255/3: Aufgabe 3

4. Ein Drehstromasynchronmotor mit der Drehmoment-Drehzahl-Kennlinie von Bild 255/1 treibt einen Rührer mit einer durch die unten stehenden Wertepaare gegebenen Lastmomentkurve an.
   a) Zeichnen Sie die Drehmomentkurve und die Lastmomentkurve in ein Diagramm und bestimmen Sie den Betriebspunkt des Motors.
   b) Bei welcher Drehzahl läuft der Motor und welches Drehmoment gibt er ab?

M_L in N · m	2,0	4,0	7,0	10,5	17,0	30,0
n in 1/min	300	600	900	1200	1500	1800

9.7 Getriebe

Getriebe werden eingesetzt, um Drehzahlen und Drehmomente zu übersetzen und um Drehrichtungen zu ändern. Die Getriebe sind meist direkt an die antreibenden Elektromotore angebaut.

Als **Übersetzungsverhältnis *i*** bezeichnet man das Verhältnis der Drehzahl der antreibenden Welle n_1 zur Drehzahl der angetriebenen Welle n_2 (Bild 256/1).

$$i = \frac{n_1}{n_2} \qquad i = \frac{M_2}{M_1}$$

Man unterscheidet Übersetzungen ins Schnelle ($i < 1$) und Übersetzungen ins Langsame ($i > 1$).

Durch die Drehzahländerung ($n_1 \rightarrow n_2$) wandeln sich die Drehmomente in umgekehrtem Sinn ($M_1 \rightarrow M_2$), d.h. bei Erhöhung der Drehzahl vermindert sich das Drehmoment und umgekehrt.

Keilriemengetriebe

Ein Keilriemengetriebe besteht aus einer großen und einer kleinen Keilriemenscheibe, über die Keilriemen laufen **(Bild 256/1)**. Die Übersetzung des Keilriemengetriebes berechnet sich aus dem Verhältnis der wirksamen Riemendurchmesser d_{w1} und d_{w2}. Die kleinere Scheibe hat stets die größere Drehzahl.

$$i = \frac{n_1}{n_2} = \frac{d_{w2}}{d_{w1}}$$

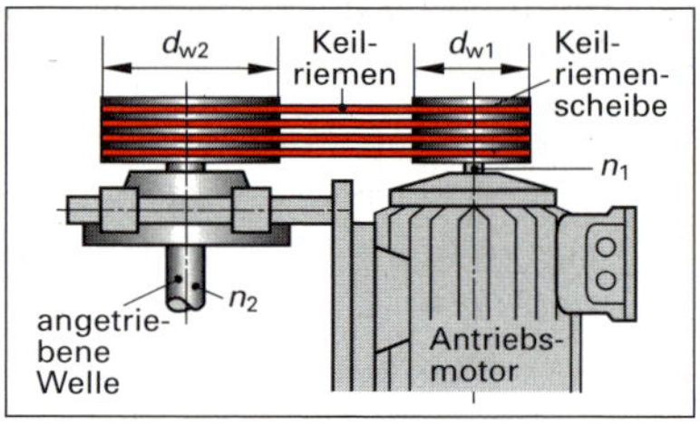

Bild 256/1: Keilriemengetriebe

Zahnrädergetriebe

Zahnrädergetriebe sind an den Motor angeflanscht und bilden mit ihm eine konstruktive Einheit, den **Getriebemotor (Bild 256/2)**. Sie bestehen aus einem oder mehreren Zahnradpaaren mit unterschiedlichen Zähnezahlen und Durchmessern.

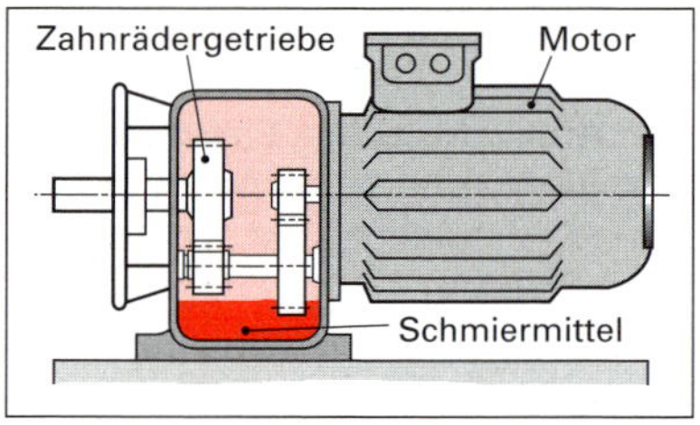

Bild 256/2: Getriebemotor

Man unterscheidet Stirnrädergetriebe, Innenzahnrädergetriebe, Kegelrädergetriebe und Schneckenradgetriebe.

Beim **Stirnrädergetriebe** berechnet sich das Übersetzungsverhältnis aus dem Verhältnis der Zähnezahlen (z) bzw. dem Verhältnis der Teilkreisdurchmesser (d) der Zahnräder **(Bild 256/3)**. Das kleinere Zahnrad hat stets die größere Drehzahl.

$$i = \frac{n_1}{n_2} = \frac{z_2}{z_1} = \frac{d_2}{d_1}$$

Beispiel: Ein Stirnrädergetriebe, dessen kleineres Zahnrad 16 Zähne und dessen größeres Zahnrad 56 Zähne besitzt, wird an der Welle mit dem kleineren Zahnrad mit einer Nenndrehzahl von 1440 1/min angetrieben. Wie groß ist die Drehzahl des größeren Zahnrads und das Übersetzungsverhältnis?

Lösung: $i = \frac{n_1}{n_2} = \frac{z_2}{z_1} \Rightarrow i = \frac{z_2}{z_1} = \frac{56}{16} = 3{,}5$

$\Rightarrow n_2 = \frac{n_1}{i} = \frac{1440\ 1/\text{min}}{3{,}5} = 411{,}43\ 1/\text{min} \approx 411\ 1/\text{min}$

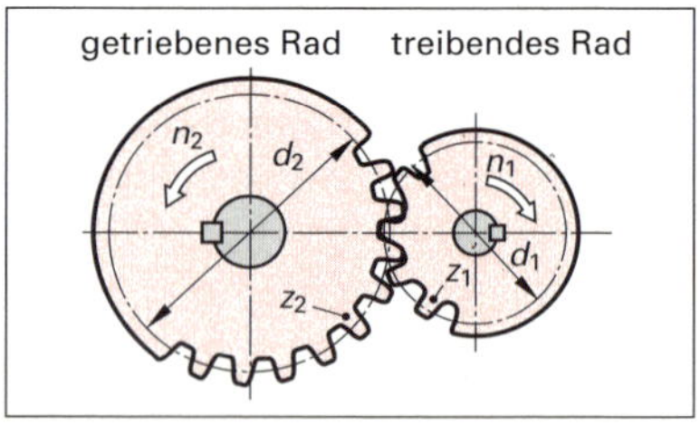

Bild 256/3: Stirnrädergetriebe

Das **Innenzahnrädergetriebe** und das **Kegelrädergetriebe (Bild 256/4)** berechnen sich nach denselben Gleichungen wie das Stirnrädergetriebe (siehe oben).

Beim **Schneckenradgetriebe (Bild 256/5)** bewegt sich das Schneckenrad um einen Zahn weiter, wenn sich die eingängige Schnecke ($z = 1$) einmal dreht.

$$i = \frac{n_1}{n_2} = \frac{z_2}{z_1}$$

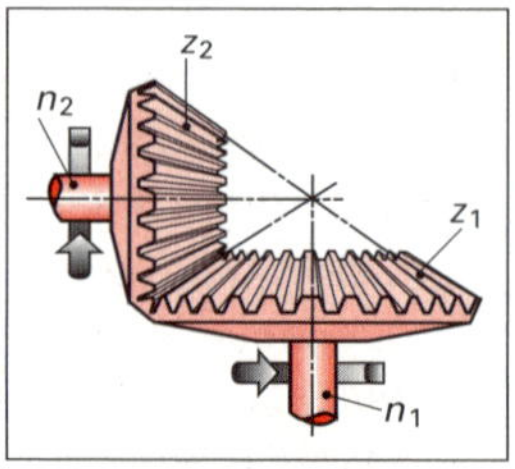

Bild 256/4: Kegelrädergetriebe

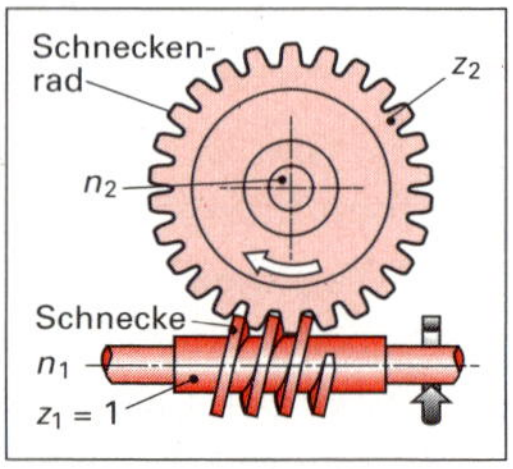

Bild 256/5: Schneckenrädergetriebe

Mehrfachübersetzungen

Zahnrädergetriebe mit großen Übersetzungen besitzen mehrere Zahnradpaare auf mehreren Wellen **(Bild 257/1)**. Das Gesamtübersetzungsverhältnis i_{ges} eines solchen Getriebes lässt sich aus den Wellendrehzahlen oder aus den Zähnezahlen der verschiedenen Zahnradpaare berechnen. Dabei ist $n_2 = n_3$, da beide Zahnräder auf derselben Welle sitzen.

$$i_{ges} = \frac{n_1}{n_4} = i_1 \cdot i_2 = \frac{n_1}{n_2} \cdot \frac{n_3}{n_4} = \frac{z_2}{z_1} \cdot \frac{z_4}{z_3}$$

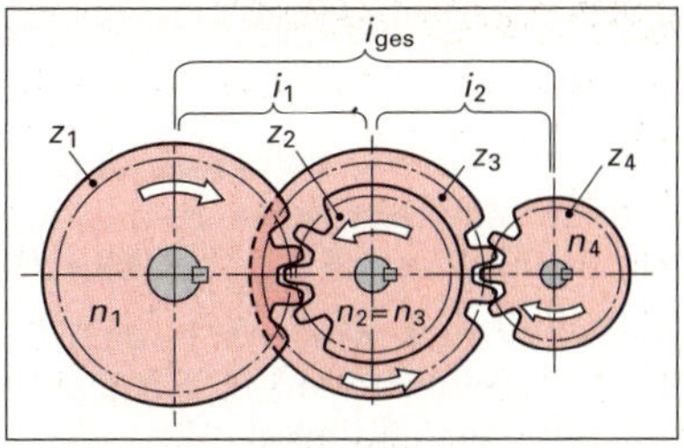

Bild 257/1: Mehrfachübersetzung

Getriebe mit veränderbaren Übersetzungen

Mit dem **Stufenscheibengetriebe (Bild 257/2)** ist eine stufenweise Änderung der Drehzahl möglich. Die Übersetzung berechnet sich jeweils aus den wirksamen Durchmessern der Keilriemenscheiben des Motors d_M und der Arbeitsmaschine d_A.

$$i = \frac{n_M}{n_A} = \frac{d_A}{d_M}$$

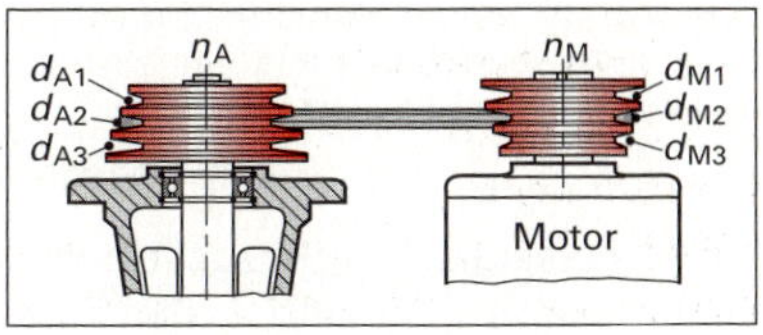

Bild 257/2: Stufenscheibengetriebe

Beim **Umschlingungsgetriebe (Bild 257/3)** kann die Drehzahl durch Verändern der Laufraddurchmesser stufenlos verstellt werden. Der Verstellbereich B (Drehzahlbereich) berechnet sich aus der größten Drehzahl der Arbeitsmaschine n_{Ag} und der kleinsten Drehzahl der Arbeitsmaschine n_{Ak}.

$$i = \frac{n_M}{n_A} = \frac{d_A}{d_M}$$

$$B = \frac{n_{Ag}}{n_{Ak}}$$

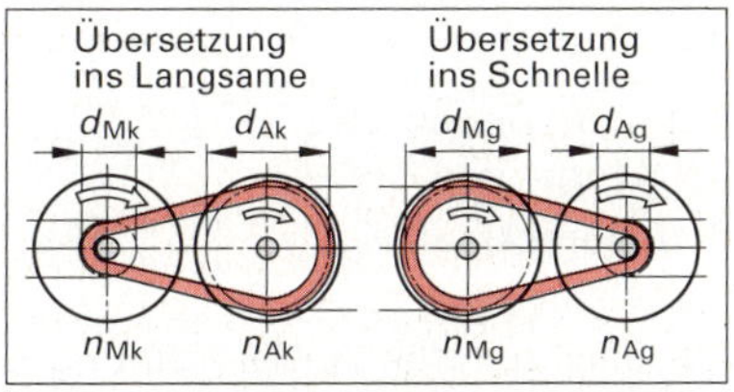

Bild 257/3: Umschlingungsgetriebe

Aufgaben zu 9.7 Getriebe

1. Ein Elektromotor mit nachgeschaltetem Keilriemengetriebe (Bild 256/1) hat eine Nenndrehzahl von 1450 1/min. Er treibt einen Impellerrührer an, der mit einer Drehzahl von 580 1/min rotieren soll. Der wirksame Durchmesser der Keilriemenscheibe am Elektromotor beträgt 22,8 cm.
   a) Wie groß ist das Übersetzungsverhältnis?
   b) Welchen wirksamen Durchmesser muss die Keilriemenscheibe am Rührwerk besitzen?
2. Eine Siebzentrifuge, die von einem Drehstromasynchronmotor mit einer Nenndrehzahl von 1440 1/min angetrieben wird, soll mit einer Drehzahl von ca. 6000 1/min rotieren **(Bild 257/4)**. Auf welche Riemenscheiben-Kombination muss der Keilriemen aufgelegt werden?

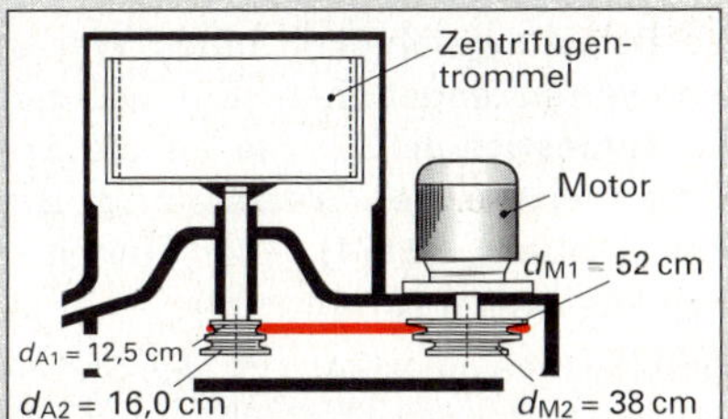

Bild 257/4: Aufgabe 2

3. Ein Kegelrädergetriebe besitzt ein Kegelrad mit 24 Zähnen und ein Kegelrad mit 36 Zähnen. Das antreibende Zahnrad mit 24 Zähnen rotiert mit einer Drehzahl von 970 1/min.
   a) Mit welcher Drehzahl rotiert das zweite Kegelrad?
   b) Welche Übersetzung hat das Getriebe?
4. Ein Zahnrädergetriebe mit doppelter Übersetzung (Bild 257/1) hat Zahnräder mit folgenden Zähnezahlen: z_1 = 16, z_2 = 58, z_3 = 16, z_4 = 54. Die Welle mit dem Zahnrad z_1 wird von einem Elektromotor mit der Nenndrehzahl 1450 1/min angetrieben.
   a) Wie groß ist das Gesamtübersetzungsverhältnis des Getriebes?
   b) Welche Drehzahl hat die Abtriebswelle des Getriebes (z_4)?
5. Ein eingängiges Schneckenradgetriebe reduziert die Motordrehzahl von 1440 1/min auf die Abtriebsdrehzahl von 60 1/min. Wie groß ist sein Übersetzungsverhältnis und wie viel Zähne hat das Schneckenrad?

9.8 Druckkräfte, Spannung, Festigkeit

Druckkräfte

In vielen Rohren, Behältern und Apparaten in Chemieanlagen herrscht ein Überdruck p, d.h. ein Druck, der größer als der Atmosphärendruck p_{amb} ist **(Bild 258/1)**.

Der Überdruck wirkt nach allen Seiten in gleicher Größe und führt zu Druckkräften F_p auf die Wandungen des Behälters:

$$F_p = p \cdot A$$

Die Druckkraft F_p ist pro Flächeneinheit A gleich groß.

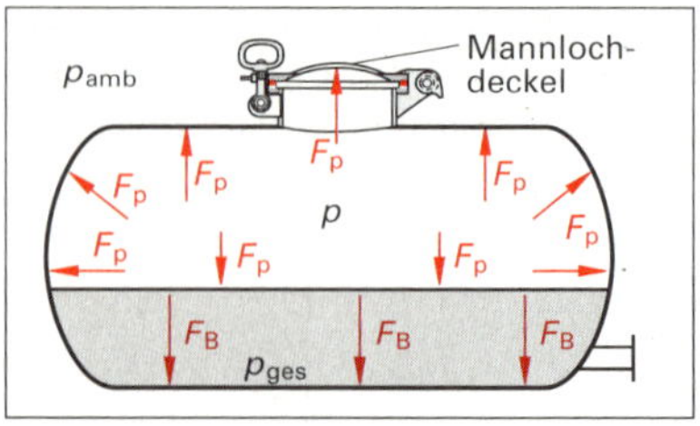

Bild 258/1: Druckkräfte

Beispiel: In einem Behälter mit einem Mannlochdeckel von 0,15 m² Deckelinnenfläche herrscht ein Überdruck von 5 bar. Die Druckkraft auf den Mannlochdeckel beträgt:

$F_p = p \cdot A = 5 \text{ bar} \cdot 0{,}15 \text{ m}^2 = 5 \cdot 100000 \text{ N/m}^2 \cdot 0{,}15 \text{ m}^2 = 75000 \text{ N}$

In der Flüssigkeit wirkt zusätzlich der hydrostatische Druck p_h, der mit dem Füllstand h der Flüssigkeit zunimmt **(Bild 258/2)**.

$$p_h = \varrho \cdot g \cdot h$$

Insgesamt herrscht in der Flüssigkeit der Gesamtdruck p_{ges}.

$$p_{ges} = p + p_h$$

Auf den Boden des Behälters wirkt die Bodendruckkraft F_B.

$$F_B = p_{ges} \cdot A = (p + \varrho \cdot g \cdot h) \cdot A$$

$$F_s = p_{s,ges} \cdot A = (p + \varrho \cdot g \cdot h_s) \cdot A$$

Auf eine seitliche Auslassöffnung des Behälters wirkt eine von der Füllstandhöhe h_s abhängige Seitendruckkraft F_s.

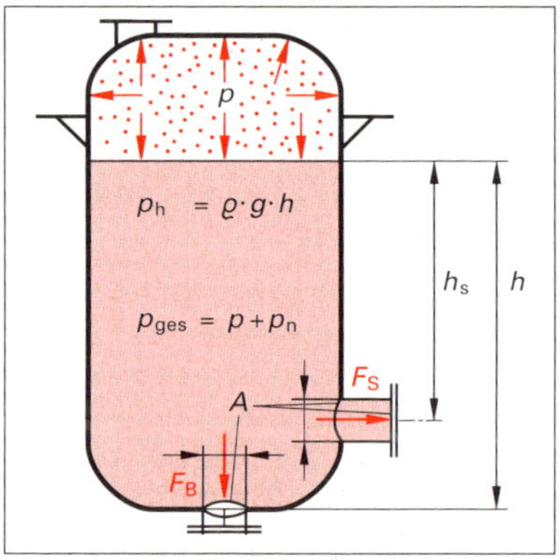

Bild 258/2: Boden- und Seitenkräfte

Spannung, Festigkeit, Sicherheitszahl

Die Größe der Belastung in einem Bauteil, z.B. in einer Behälterwand oder Schraube, wird mit der **Spannung** σ beschrieben. Darunter versteht man den Quotienten aus der Kraft F und dem Bauteilquerschnitt A_s **(Bild 258/3)**.

$$\sigma = \frac{F}{A_s}$$

Die Einheit der Spannung ist N/mm².

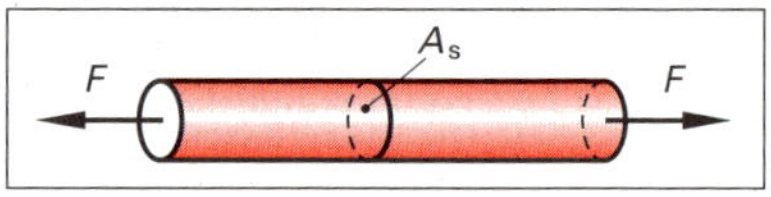

Bild 258/3: Stange unter Zugbelastung

Die Belastungsfähigkeit eines Werkstoffs wird mit Werkstoffkennwerten angegeben. Ein wichtiger Werkstoffkennwert ist die **Zugfestigkeit R_m**. Sie ist die Spannung, bei der der Werkstoff zu Bruch geht **(Tabelle 258/1)**. Die Einheit der Zugfestigkeit ist N/mm².

$$R_m = \frac{F_m}{A_s}$$

Tabelle 258/1: Zugfestigkeit von Werkstoffen

Werkstoffsorte	Zugfestigkeit R_m in N/mm²
S 235 JR (St 37-2)	360 bis 470
S 355 J2G3 (St 52-3)	490 bis 630
42 CrMo 4	1000 bis 1200
X5CrNi18-10	500 bis 700
Al-Legierungen	150 bis 300

Beispiel: Die Zugfestigkeit R_m des Stahls S 235 JR (St 37-2) beträgt je nach Werkstoffdicke 360 N/mm² bis 470 N/mm².

Ein Bauteil kann nicht mit der Zugfestigkeit R_m belastet werden, da es dadurch zerstört würde. Die höchste Spannung, die in einem Bauteil auftreten darf, ist die **zulässige Spannung σ_{zul}**.

Sie berechnet sich aus der Zugfestigkeit R_m des Werkstoffs, dividiert durch eine **Sicherheitszahl** ν. Die Sicherheitszahl ν beträgt je nach Werkstoff und Belastungsart 3 bis 10 **(Tabelle 258/2)**.

$$\sigma_{zul} = \frac{R_m}{\nu}$$

Tabelle 258/2: Sicherheitszahlen

Werkstoffart, Belastungsart	Sicherheitszahl ν
Zähe Werkstoffe, ruhende Last	3 bis 4
Zähe Werkstoffe, wechselnde Last	5 bis 10

Beispiel: Ein Werkstoff mit einer Zugfestigkeit R_m = 620 N/mm² hat bei einer geforderten Sicherheitszahl ν = 4 eine zulässige Spannung von $\sigma_{zul} = R_m/\nu = 620 \text{ N/mm}^2/4 = 155 \text{ N/mm}^2$.

Spannung in Bauteilen

Die Spannung in einem Bauteil hängt neben der Größe und Richtung der einwirkenden Kräfte von der Form des Bauteils ab. Die größte Spannung tritt meist dort auf, wo das Bauteil seinen geringsten Querschnitt hat.

Schrauben z. B. besitzen durch das Gewinde schraubenförmige Einschnitte, die ihren tragenden Querschnitt vom Gesamtquerschnitt A auf den Spannungsquerschnitt A_s vermindern **(Bild 259/1)**.

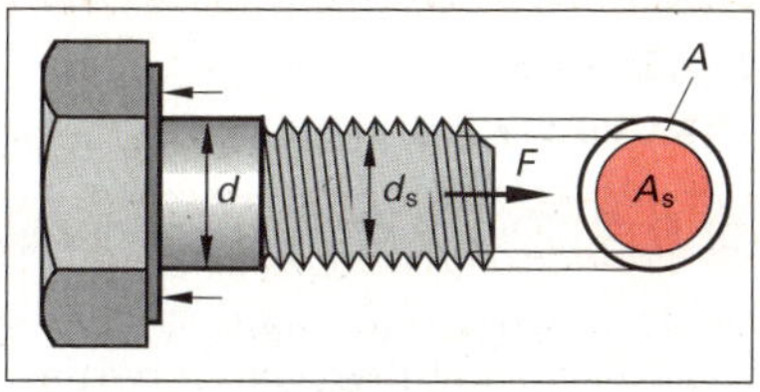

Bild 259/1: Spannungsquerschnitt einer Schraube

Die Spannung in einer Schraube berechnet sich deshalb zu:

$$\sigma_{\text{Schraube}} = \frac{F}{A_s}$$

Bei **zylindrischen Behältern** und bei **Rohrleitungen** wirken die vom Überdruck p herrührenden Kräfte F senkrecht auf die Wandung und dehnen den Behälter auf **(Bild 259/2)**.

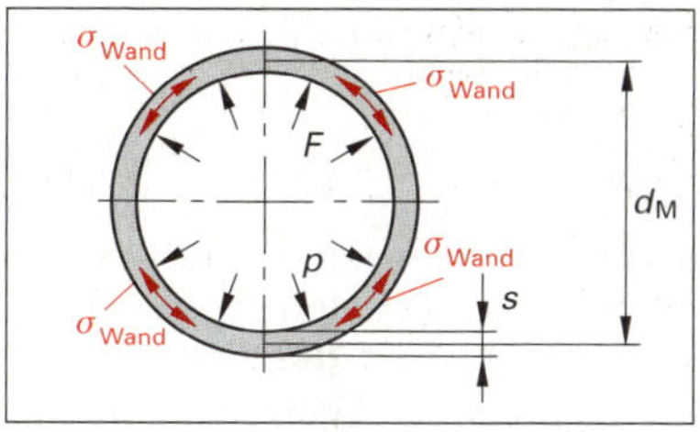

Bild 259/2: Spannung in der Behälterwand

Sie erzeugen in der Behälterwand eine Spannung σ_{Wand}, die in Richtung der Behälterwand wirkt.

$$\sigma_{\text{Wand}} = p \cdot \frac{d_M}{2 \cdot s}$$

Diese Berechnungsgleichung ist eine Näherungsformel und gilt nur für dünnwandige Behälter und Rohre. Für dickwandige Behälter und Rohre gelten andere Berechnungsgleichungen.

Aufgaben zu 9.8 Druckkräfte, Spannung, Festigkeit

1. In einer Druckgasflasche herrscht ein Überdruck von 150 bar. Welche Druckkraft wirkt durch den Gasdruck auf den eingeschweißten Boden der Druckgasflasche **(Bild 259/3)**? Der Innendurchmesser der Druckgasflasche beträgt 240 mm.

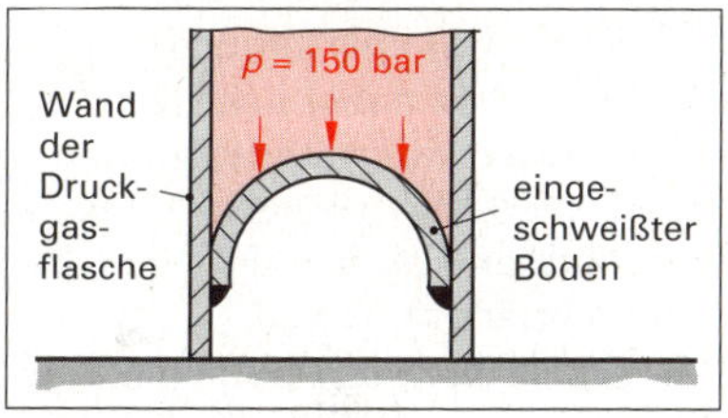

Bild 259/3: Aufgabe 1

2. Welchen Druck muss die Zahnradpumpe im Hydraulikzylinder einer Hebebühne **(Bild 259/4)** erzeugen, damit Lasten mit einer Masse von 4,50 t hochgehoben werden können? Die Eigenmasse des Hydraulikkolbens mit Hebebühne beträgt 1,25 t.

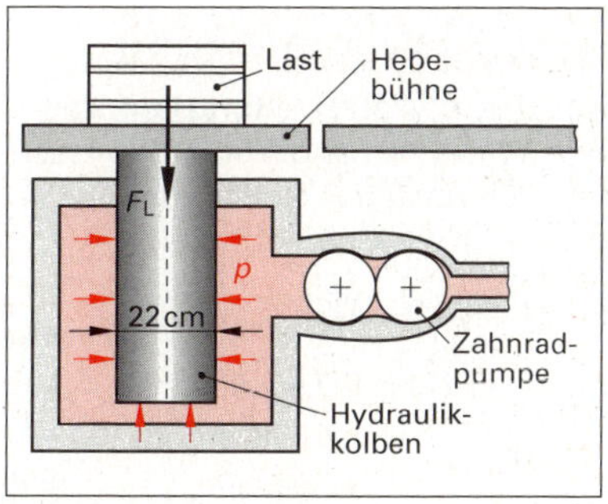

Bild 259/4: Aufgabe 2

3. In einem geschlossenen Turmreaktor steht eine zu klärende Flüssigkeit 18,42 m hoch über dem Bodenauslass-Stutzen. Ihre Dichte beträgt 1,023 kg/dm³. Über der Flüssigkeit herrscht ein Überdruck von 1,427 bar.
   a) Welche Druckkraft wirkt auf den Bodenverschlussdeckel, der einen Durchmesser von 222 mm hat?
   b) Welche Druckkraft wirkt auf einen seitlichen Stutzendeckel desselben Durchmessers, dessen Mitte sich 0,82 m über dem Bodenverschlussdeckel befindet?
4. Eine runde Zugstange mit 32 mm Durchmesser wird mit einer Kraft von 84 kN belastet. Wie groß ist die dadurch hervorgerufene Zugspannung in der Stange?
5. Mit einem Tragseil an einem Laufkran soll eine Zentrifuge mit einer Masse von 5,28 t angehoben werden. Das Tragseil besteht aus Stahldraht mit einer Zugfestigkeit von 820 N/mm² und hat einen tragenden Querschnitt von 168 mm². Kann die Zentrifuge mit dem Tragseil angehoben werden, wenn eine Sicherheitszahl von $v = 8$ vorgeschrieben ist?
6. Ein Mannlochdeckel eines Rührbehälters mit einer Deckelinnenfläche von 0,28 m² ist mit 6 Schrauben M 16 befestigt. Der Spannungsquerschnitt einer Schraube beträgt A_s = 157 mm², ihre Zugfestigkeit R_m = 800 N/mm², die Sicherheitszahl $v = 5$. Im Behälter herrscht ein Überdruck von 5,8 bar. Können die 6 Schrauben den vom Innendruck erzeugten Kräften standhalten?

9.9 Wärmeübertragung in der Chemietechnik

Das Erwärmen oder Abkühlen von Feststoffen, Flüssigkeiten und Gasen, in der Fachsprache **Wärmeübertragung** genannt, gehört zu den alltäglichen Aufgaben im Chemiebetrieb.

9.9.1 Grundlagen der Wärmeübertragung

Wärme wird übertragen, wenn sich zwei Stoffe mit unterschiedlichen Temperaturen berühren oder wenn sich zwei Körper gegenüberstehen. Dabei wird Wärme vom wärmeren Stoff auf den kälteren übertragen **(Bild 260/1)**.

Die pro Zeiteinheit übertragene Wärmemenge Q heißt Wärmestrom $\dot{Q}$.

$$\dot{Q} = Q/t$$

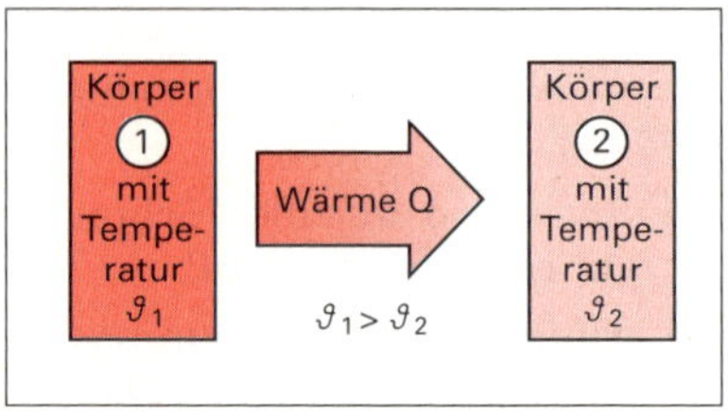

Bild 260/1: Wärmeübertragung

Wärmeübertragung kann durch drei physikalische Grundmechanismen erfolgen: durch **Wärmeleitung**, durch **Konvektion** (Wärmeströmung) und durch **Wärmestrahlung**.

In der Chemietechnik wird die Wärme in den meisten Fällen durch eine Wand hindurch von einem Fluid auf ein anderes Fluid übertragen **(Bild 260/2)**. Diese Art der Wärmeübertragung nennt man **Wärmedurchgang**.

Hierbei wird die Wärme nacheinander vom Fluid ① auf die Trennwand übertragen (Wärmeübergang), dann durch die Wand geleitet (Wärmeleitung) und schließlich von der Wand an das Fluid ② übertragen (Wärmeübergang).

Die Größe des dabei übertragenen Wärmestroms $\dot{Q}$ ist abhängig von der wärmetauschenden Fläche A, vom Temperaturunterschied $\Delta\vartheta$ zwischen den wärmetauschenden Stoffen und von der Wärmedurchgangszahl k.

$$\dot{Q} = k \cdot A \cdot \Delta\vartheta$$

Die Zahl k berücksichtigt die Apparatebauart, die Stoffe und die Strömungsverhältnisse im wärmetauschenden Apparat.

Übliche Einheiten des Wärmestroms $\dot{Q}$ sind kJ/h, J/s, kW und W.

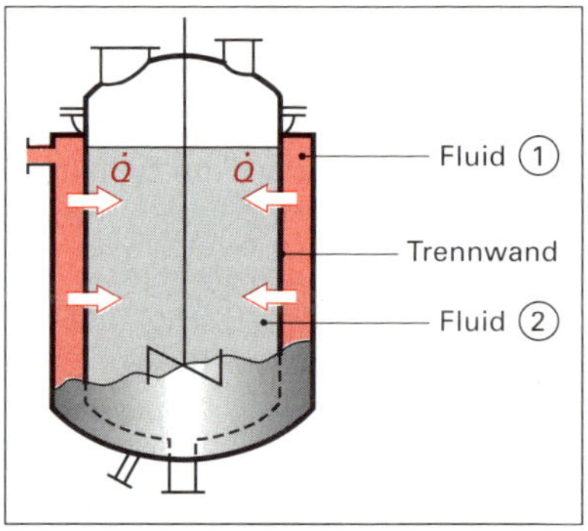

Bild 260/2: Wärmeübertragung im Chemiereaktor

9.9.2 Wärmeleitung

Der durch Wärmeleitung pro Zeit durch eine ebene, einschichtige Wand transportierte Wärmestrom $\dot{Q}_L$ **(Bild 260/3)** berechnet sich nach der Gleichung:

$$\dot{Q}_L = \frac{\lambda}{s} \cdot A \cdot (\vartheta_{W1} - \vartheta_{W2})$$

Hierbei ist:

λ die Wärmeleitzahl, z. B. in kJ/mhK

A die Austauschfläche, z. B. in m²

s die Wanddicke, z. B. in m

$(\vartheta_{W1} - \vartheta_{W2})$ die Temperaturdifferenz zwischen den Wandoberflächen.

Voraussetzung für die Gültigkeit der Gleichung ist eine überall gleiche Temperatur auf den beiden Seiten der Wärmeaustauschflächen.

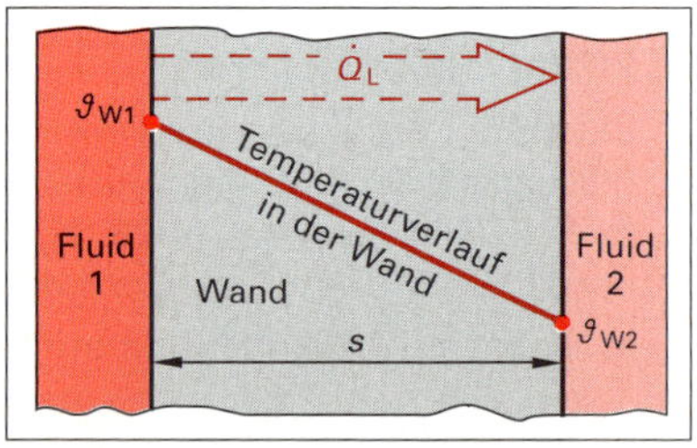

Bild 260/3: Wärmeleitung durch eine ebene, einschichtige Wand

Die **Wärmeleitzahl** λ ist eine stoffspezifische Größe. Sie gibt an, welche Wärmemenge pro Stunde durch einen Würfel der Kantenlänge 1 m zwischen zwei gegenüberliegenden Flächen bei einer Temperaturdifferenz von 1 K transportiert wird.

Die wärmeaustauschenden Apparate sind überwiegend aus Metallen gefertigt. Sie haben hohe Wärmeleitzahlen, wobei Kupfer den höchsten Wert aufweist **(Tabelle 260/1)**.

Tabelle 260/1: Wärmeleitzahlen λ (bei ~20 °C)

Apparatewerkstoffe	λ in kJ/mhK	Isolier- bzw. Dämmstoffe	λ in kJ/mhK
Kesselblech (Baustahl)	~190	Apparateglas	~ 3,5
Apparatebau-Kupfer (SW-Cu)	~1350	Mineralwolle	~ 0,2
Apparate-Al-Legierung	~ 600	Luft	~ 0,1
		Styropor	~ 0,1
Nichtrost. Stahl X 5CrNi18-10	~ 55	Kesselstein	0,5 … 4

Stoffe, die den Wärmeaustausch möglichst verhindern sollen, nennt man **Wärmedämmstoffe** (Tabelle 260/1). Sie haben Wärmeleitzahlen, die um den Faktor 100 bis 1000 geringer sind als bei den Metallen. Wie eine Wärmedämmschicht wirken abgelagerter Kesselstein, Luftpolster oder Dampfblasen.

Beispiel 1: Welcher Wärmestrom wird durch eine 2,5 m² große und 6,0 mm dicke Keselblechwand transportiert, wenn die Temperaturdifferenz der Blechoberflächen 40 K beträgt?

Lösung: Mit λ (Kesselblech) = 190 kJ/mhK folgt $\dot{Q}_L = \frac{\lambda}{s} \cdot A \cdot \Delta\vartheta = \frac{190\ \text{kJ/mhK}}{0{,}0060\ \text{m}} \cdot 2{,}5\ \text{m}^2 \cdot 40\ \text{K} \approx \mathbf{3{,}2 \cdot 10^6\ kJ/h}$

Wärmeleitung durch eine mehrschichtige Wand

Manche Apparate haben Wände aus einem mehrschichtigen Werkstoff, z. B. aus plattiertem Blech **(Bild 261/1)**. Durch Ablagerung von Kesselstein können sie noch eine zusätzliche Lage erhalten. Den durch Wärmeleitung transportierten Wärmestrom $\dot{Q}_L$ durch eine mehrschichtige Wand kann man mit einer erweiterten Gleichung berechnen:

$$\dot{Q}_L = \frac{1}{\frac{s_1}{\lambda_1} + \frac{s_2}{\lambda_2} + \frac{s_3}{\lambda_3} + \ldots} \cdot A \cdot (\vartheta_{W1} - \vartheta_{W2})$$

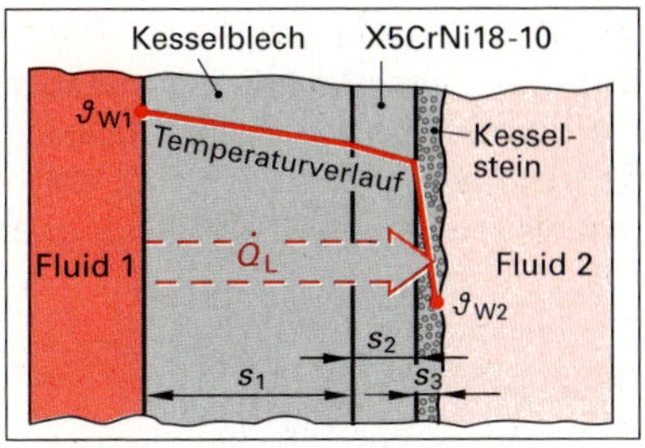

Bild 261/1: Wärmeleitung durch eine mehrschichtige ebene Wand

Es sind: $s_1, s_2, s_3, \ldots$ die Dicken der einzelnen Wandschichten

$\lambda_1, \lambda_2, \lambda_3 \ldots$ die Wärmeleitzahlen der Schichten

Angenommen ist eine überall gleiche Temperatur auf den beiden Seiten der Wärmeaustauschfläche.

Beispiel 2: Welcher Wärmestrom geht durch eine 2,5 m² große Kesselblechwand, wenn sie mit einer 4,0 mm dicken Kesselsteinschicht überzogen ist? Die Wandstärke des Kesselblechs beträgt s = 6,0 mm, die Temperaturdifferenz 40 K und die Wärmeleitzahl des Kesselsteins 4,0 kJ/mhK.

Lösung:

$$\dot{Q}_L = \frac{1}{\frac{s_1}{\lambda_1} + \frac{s_2}{\lambda_2}} \cdot A \cdot \Delta\vartheta = \frac{1}{\frac{0{,}0060\ \text{m}}{190\ \text{kJ/mhK}} + \frac{0{,}0040\ \text{m}}{4{,}0\ \text{kJ/mhK}}} \cdot 2{,}5\ \text{m}^2 \cdot 40\ \text{K} \approx \mathbf{9{,}7 \cdot 10^4\ kJ/h}$$

Beispiel 3: Welchen Einfluss hat die Kesselsteinschicht auf den Wärmetransport? Vergleichen Sie die Ergebnisse von Beispiel 1 und Beispiel 2.

Lösung: Der Wärmestrom nimmt von $3{,}2 \cdot 10^6$ kJ/h bei der Kesselwand ohne Kesselstein (Beispiel 1) auf etwa $^1/_{32}$ dieses Wertes bei der mit Kesselstein überzogenen Wand auf $9{,}7 \cdot 10^4$ kJ/h ab (Beispiel 2).

Wärmeleitung durch Rohrwände

Die Wärmeleitung durch eine Rohrwand **(Bild 261/2)** berechnet sich mit der Gleichung:

$$\dot{Q}_L = \frac{\lambda}{s} \cdot 2\,\pi \cdot r_m \cdot l \cdot (\vartheta_{W1} - \vartheta_{W2})$$

wobei l die Rohrlänge und r_m der mittlere Rohrradius ist.

Für dünn- und mittelwandige Rohre ist r_m der arithmetische Mittelwert aus Außen- und Innenradius:

$$r_m = \frac{r_a + r_i}{2}$$

Beispiel: Wie groß ist der Wärmestrom durch ein 5,0 m langes Kupfer-Wärmetauscherrohr mit einem Innendurchmesser von 49,8 mm, einer Wandstärke von 2,9 mm und einer Temperaturdifferenz von 36 K an den Rohrwandoberflächen?

Lösung: $r_m = \frac{r_a + r_i}{2} = \frac{(27{,}8 + 24{,}9)\ \text{mm}}{2} = 26{,}35\ \text{mm}$

λ (Cu) = 1350 kJ/mhK; $\dot{Q}_L = \frac{\lambda}{s} \cdot 2\,\pi \cdot r_m \cdot l \cdot \Delta\vartheta$

$$\dot{Q}_L = \frac{1350\ \text{kJ/mhK}}{0{,}0029\ \text{m}} \cdot 2\,\pi \cdot 0{,}02635\ \text{m} \cdot 5{,}0\ \text{m} \cdot 36\ \text{K} \approx \mathbf{14 \cdot 10^6\ kJ/h}$$

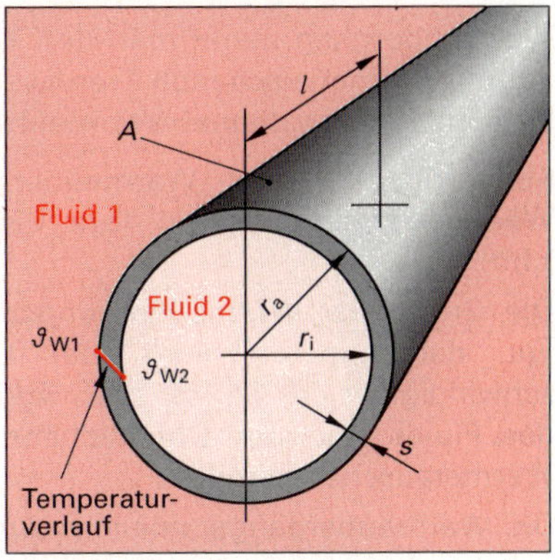

Bild 261/2: Wärmeleitung durch eine Rohrwand

9.9.3 Wärmedurchgang

Der Wärmedurchgang umfasst die Teilvorgänge bei der Wärmeübertragung von einem Fluid durch eine Wand auf ein anderes Fluid **(Bild 262/1)**:

1. den Wärmeübergang von Fluid ① auf die Wand
2. die Wärmeleitung durch die Wand
3. den Wärmeübergang von der Wand auf Fluid ②

Der dabei übertragene Wärmestrom $\dot{Q}_D$ umfasst die Einzelvorgänge und berücksichtigt sie in der Berechnungsgleichung mit der Wärmedurchgangszahl k:

$$\dot{Q}_D = k \cdot A \cdot (\vartheta_1 - \vartheta_2)$$

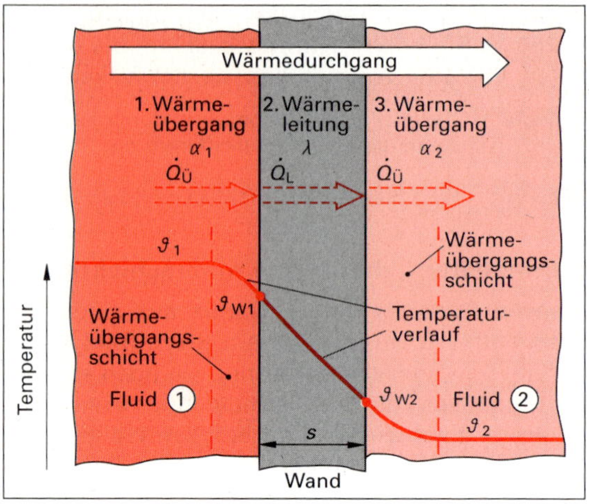

Bild 262/1: Wärmedurchgang

Dabei ist:

k die Wärmedurchgangszahl in kJ/m²hK oder kW/m²K

Umrechnung: $1 \frac{\text{kJ}}{\text{m}^2\,\text{hK}} = \frac{1}{3600} \frac{\text{kW}}{\text{m}^2\,\text{K}}$

A die Wärmetauschfläche, z. B. in m²

$(\vartheta_1 - \vartheta_2)$ die Temperaturdifferenz der Fluide, in K oder °C

Wärmedurchgangszahl *k*

Die Wärmedurchgangszahl k gibt an, welche Wärmemenge pro m² Wärmeaustauschfläche und Stunde bei einer Temperaturdifferenz von 1 K (≙ 1 °C) übertragen wird.

Die Wärmedurchgangszahl k fasst die Teil-Übertragungsvorgänge (Wärmeübergang – Wärmeleitung – Wärmeübergang) in einer Kennzahl zusammen. Sie kann aus den Kennzahlen der Teilübertragungsvorgänge (α_1, s/λ, α_2) mit nebenstehender Größengleichung berechnet werden.

Hierin ist s die Dicke der Trennwand, λ ihre Wärmeleitzahl und α_1 sowie α_2 die Wärmeübergangszahlen von Fluid 1 auf die Trennwand bzw. von der Wand auf Fluid 2 (Bild 262/1).

Wärmedurchgangszahl

$$k = \frac{1}{\frac{1}{\alpha_1} + \frac{s}{\lambda} + \frac{1}{\alpha_2}}$$

Wärmeübergang

Wärmeübergang nennt man den Teilschritt des Wärmetransports vom Fluid (Flüssigkeit oder Gas) auf die wärmetauschende Trennwand und umgekehrt von der Trennwand auf das Fluid (Bild 262/1). Er findet in einer dünnen Wärmeübergangsschicht der Fluide statt.

Kenngröße für den Wärmeübergang ist die **Wärmeübergangszahl** α. Ihre Einheit ist z. B. kJ/m²hK.

Die Größe der Wärmeübergangszahl hängt ab von der Apparatebauart, der Strömungsgeschwindigkeit des Fluids, dem Aggregatzustand des Fluids und der Oberflächenrauhigkeit der Wärmetauscherwände.

Die Wärmeübergangszahlen α_1 und α_2 können entweder aufwendig berechnet oder für die technisch häufig auftretenden Fälle näherungsweise Tabellen entnommen werden **(Tabelle 262/1)**.

Beispiel: Kondensierender Wasserdampf, der in Tropfen als Kondensat an der Wärmetauscherwand abperlt, hat eine Wärmeübergangszahl von ca. 80000 kJ/m²hK.

Tabelle 262/1: Wärmeübergangszahlen α

Wärmeübergangsbedingungen	α in kJ/m²hK
Strömende Luft oder Gas an ebener Wand	30…300
Laminar strömendes Wasser an ebener Wand	350…3500
Turbulent strömendes bzw. siedendes Wasser an ebener Wand oder in Rohren	3500…55 000
Turbulent strömendes Wasser außen am Rohrbündel	3500…18 000
Kondensierender Wasserdampf an Wänden	22 000…90 000

Berechnung von Wärmedurchgangszahlen

Die Wärmedurchgangszahl k eines wärmetauschenden Apparates kann aus den Kennzahlen der Teil-Übertragungsvorgänge (α_1, s/λ, α_2) berechnet werden.

$$k = \frac{1}{\frac{1}{\alpha_1} + \frac{s}{\lambda} + \frac{1}{\alpha_2}}$$

Beispiel 1: Bei einer Wärmeübertragung in einem Wärmetauscher wird mit kondensierendem Wasserdampf (α_1 = 28 000 kJ/m²hK) Wasser erwärmt (α_2 = 7500 kJ/m²hK). Die Wand des kupfernen Wärmetauschers ist 6,00 mm dick, λ (Cu) = 1350 kJ/mhK.

Wie groß ist die Wärmedurchgangszahl?

Lösung:

$$k = \frac{1}{\frac{1}{\alpha_1} + \frac{s}{\lambda} + \frac{1}{\alpha_2}} = \frac{1}{\frac{1}{28000\ \text{kJ/m}^2\text{hK}} + \frac{0{,}0060\ \text{m}}{1350\ \text{kJ/mhK}} + \frac{1}{7500\ \text{kJ/m}^2\text{hK}}}$$

$$\mathbf{k} = \frac{1}{3{,}57 \cdot 10^{-5}\ \frac{\text{m}^2\text{hK}}{\text{kJ}} + 4{,}44 \cdot 10^{-6}\ \frac{\text{m}^2\text{hK}}{\text{kJ}} + 1{,}33 \cdot 10^{-4}\ \frac{\text{m}^2\text{hK}}{\text{kJ}}} \approx \frac{1}{1{,}7347 \cdot 10^{-4}\ \frac{\text{m}^2\text{hK}}{\text{kJ}}} \approx \mathbf{5760\ \frac{kJ}{m^2hK}}$$

Wärmedurchgangszahlen aus Tabellen

Anstelle der konkreten Berechnung der Wärmedurchgangszahl nach obiger Gleichung werden in der Technik oftmals ungefähre Werte aus Tabellen entnommen **(Tabelle 263/1)**.

Beispiel 2: In einem Rohrbündelwärmetauscher wird Luft mit einer Flüssigkeit erwärmt. Welche Wärmemenge wird mindestens pro Stunde übertragen, wenn die Wärmetauschfläche 12,4 m² und die Temperaturdifferenz der Fluide 43 K beträgt?

Lösung: Aus Tabelle 263/1: k_{min} = 30 kJ/m²hK

$$\dot{Q}_D = k \cdot A \cdot (\vartheta_1 - \vartheta_2)$$

$$\dot{\mathbf{Q}}_\mathbf{D} = 30\ \frac{\text{kJ}}{\text{m}^2\text{hK}} \cdot 12{,}4\ \text{m2} \cdot 43\ \text{K} = 16\,000\ \frac{\text{kJ}}{\text{h}} \approx \mathbf{16\ \frac{MJ}{h}}$$

Tabelle 263/1: Wärmedurchgangszahlen k (grobe Richtwerte)

Apparat	Fluide	k in kJ/m²hK
Rohrbündel-Wärmetauscher	Gas – Gas	20...100
	Gas – Flüssigkeit	30...300
	Flüssigkeit – Flüssigkeit	500...4000
Rohrbündel-Verdampfer	Heißdampf – zähe Flüssigkeit	1000...3000
	Heißdampf – dünnflüssige Flüssigkeit	2000...6000
Dampferzeuger	Heiße Rauchgase – siedendes Wasser	60...200
Rührbehälter	Kondensierender Dampf – Flüssigkeit	1500...5000

Beispiel 3: Der Wärmedurchgang eines Wärmeaustauschprozesses soll verbessert werden. Gedacht ist an einen Ersatz des vorhandenen Wärmeaustauschers aus Cr-Ni-Stahl gegen einen Wärmeaustauscher aus Material mit besserer Wärmeleitzahl. Die Wandstärke von 8 mm soll gleich bleiben. Der Wärmeübergang auf beiden Seiten der Wärmetauschfläche beträgt jeweils $\alpha_1 = \alpha_2$ = 2000 kJ/m²hK.

Welche k-Wert-Änderung bringt ein Wechsel des Wärmetauschermaterials? Stellen Sie das Ergebnis in einem k-λ-Diagramm grafisch dar.

Lösung: Mit der Gleichung $k = \frac{1}{\frac{1}{\alpha_1} + \frac{s}{\lambda} + \frac{1}{\alpha_2}}$ und den λ-Werten der Werkstoffe (Tabelle 260/1) berechnet man die k-Werte und trägt sie in ein Diagramm ein **(Bild 263/1)**.

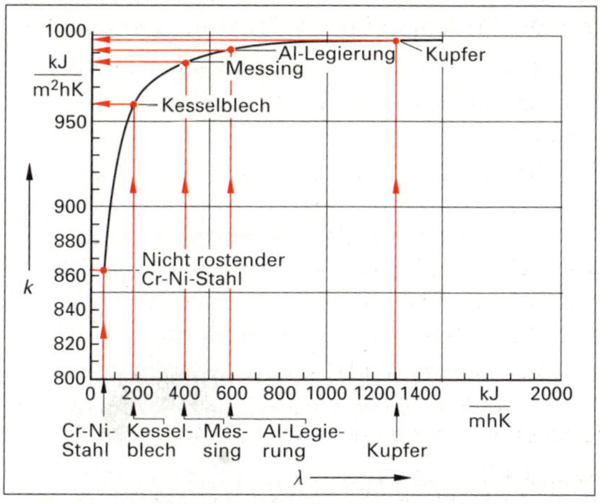

Bild 263/1: Beispiel 3, Abhängigkeit der Wärmedurchgangszahl k vom Wärmetauscher-Material

Mittlere Temperaturdifferenz $\Delta\vartheta_m$

Zur Berechnung des Wärmestromes $\dot{Q}$ wird die mittlere Temperaturdifferenz $\Delta\vartheta_m$ zwischen den Fluiden benötigt.

Sonderfall: ortsgleiche Temperaturdifferenz

Nur für den besonderen Fall, dass die Temperaturen beider Fluide über die gesamte Austauschfläche konstant sind, wird sie als reine Differenz berechnet:

$$\Delta\vartheta_m = \Delta\vartheta = \vartheta_1 - \vartheta_2$$

Dieser Sonderfall liegt z. B. bei kondensierendem Wasserdampf vor, der seine Wärme auf eine siedende Flüssigkeit überträgt **(Bild 264/1)**.

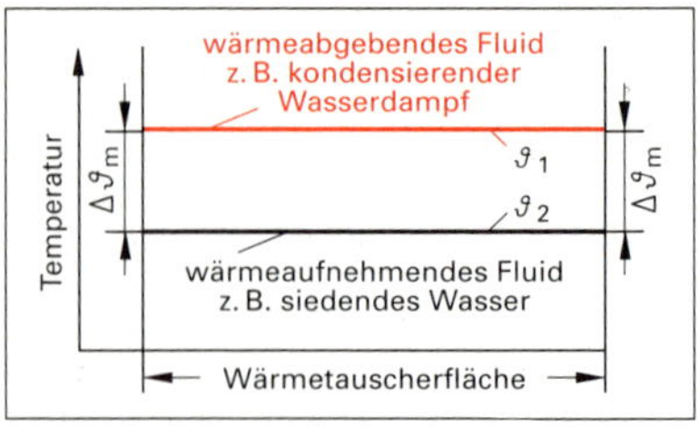

Bild 264/1: Wärmeaustausch mit ortsgleicher Temperaturdifferenz

Ortsunterschiedliche Temperaturdifferenz

Strömende Fluide, die entlang einer Wärmetauscherfläche fließen, haben am Ende eine andere Temperatur als beim Eintritt in den Wärmetauscher **(Bild 264/2** und **Bild 264/3)**. Die Temperaturdifferenz $\Delta\vartheta_m$ ändert sich entlang der Wärmetauscherfläche.

In diesen Fällen muss die **mittlere logarithmische Temperaturdifferenz** berechnet werden:

$$\Delta\vartheta_m = \frac{\Delta\vartheta_{groß} - \Delta\vartheta_{klein}}{\ln(\Delta\vartheta_{groß}/\Delta\vartheta_{klein})}$$

Mit der mittleren logarithmischen Temperaturdifferenz kann der ausgetauschte **Wärmestrom $\dot{Q}_D$** ermittelt werden.

$$\dot{Q}_D = k \cdot A \cdot \Delta\vartheta_m$$

Die beiden oben stehenden Größengleichungen gelten für Gleichstrom-, Gegenstrom- und Kreuzstromführung in Wärmetauschern (Bild 264/2 und Bild 264/3).

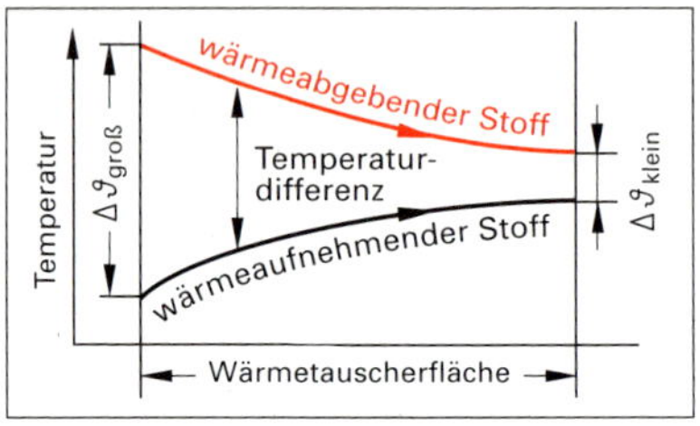

Bild 264/2: Temperaturverlauf bei Gleichstrom

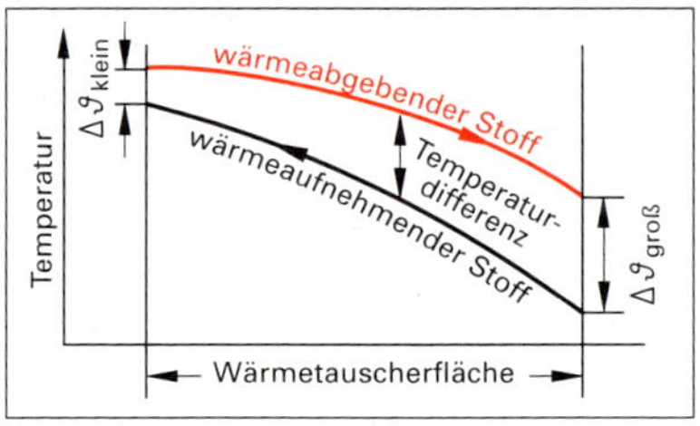

Bild 264/3: Temperaturverlauf bei Gegenstrom

Beispiel: Wie groß ist die mittlere Temperaturdifferenz in einem Gegenstrom-Wärmeaustauscher, wenn der wärmere Stoff von 82 °C auf 26 °C gekühlt und das Kühlmittel von 8 °C auf 74 °C erwärmt wird **(Bild 264/4)**?

Lösung: Aus Bild 264/4:

$\Delta\vartheta_{groß} = 26\,°C - 8\,°C = 18\,°C$; $\Delta\vartheta_{klein} = 82\,°C - 74\,°C = 8\,°C$

Die mittlere logarithmische Temperaturdifferenz beträgt:

$$\Delta\vartheta_m = \frac{18\,°C - 8\,°C}{\ln(18\,°C/8\,°C)} = \frac{10\,°C}{\ln 2{,}25} \approx \mathbf{12\,°C}$$

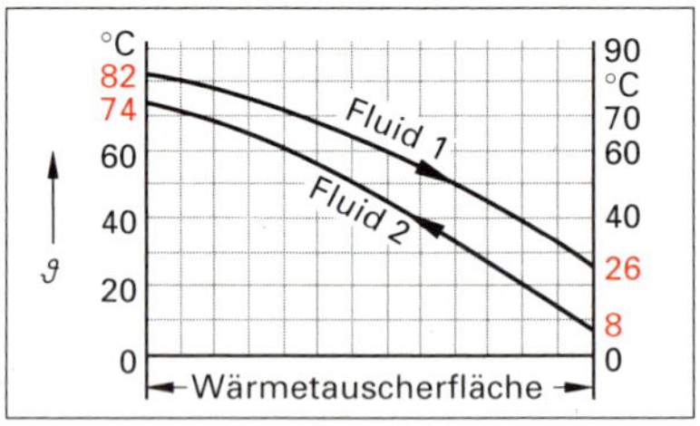

Bild 264/4: Beispiel

Aufgaben zu 9.9.1 bis 9.9.3 Wärmeübertragung

1. Welche Wandstärke in Millimeter muss die 1,80 m² große Wand eines Wärmetauschers aus nicht rostendem Stahl haben, wenn bei einer Temperaturdifferenz der Wandoberflächen von 28,5 °C stündlich 1010 MJ übertragen werden?
2. Welche Wärmemenge kann maximal pro Sekunde durch eine 4,75 m² große Kesselblechwand übertragen werden, wenn die Oberflächentemperatur der Wand auf der einen Seite 84 °C und auf der anderen Seite 71 °C beträgt? Die Kesselblechdicke beträgt 6,0 mm.
3. Um wie viel Prozent nimmt der Wärmestrom der Aufgabe 2 ab, wenn das Kesselblech mit einer 1,5 mm starken Emailleschicht überzogen ist? λ (Emaille) = 4,1 kJ/mhK.

4. Die Wärmedurchgangszahl eines Rohrbündelwärmetauschers soll aus folgenden Daten berechnet werden: $\alpha_1 = 4800 \frac{kJ}{m^2hK}$; $s = 3{,}20$ mm; $\lambda = 50 \frac{W}{mK}$ (nicht rostender Stahl); $\alpha_2 = 280 \frac{kJ}{m^2hK}$

5. Wie groß ist die Wärmedurchgangszahl, wenn $\alpha_1 = 220\,000$ W/m²K, $\alpha_2 = 12250$ W/m²K, die Wanddicke $s = 0{,}0028$ m und die Wärmeleitzahl des Rohrmaterials (Kupfer) $\lambda = 384$ W/mK sind? Welcher der Werte beeinflusst den Wärmedurchgang am meisten?

6. Zu einem Wärmetauschvorgang in einem Rohrbündelwärmetauscher gehört nebenstehendes Diagramm der Fluidtemperaturen **(Bild 265/1)**.
   a) Welche Strömungsführung liegt im Wärmetauscher vor?
   b) Berechnen Sie die mittlere Temperaturdifferenz.

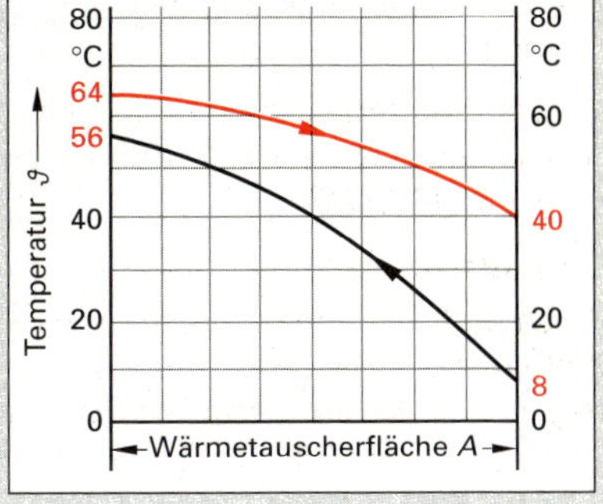

Bild 265/1: Aufgabe 6

7. Ein Wärmetauscher wird abwechselnd im Gleichstrom sowie im Gegenstrom betrieben.
   a) Welche mittlere Temperaturdifferenz wird erhalten, wenn im Gleichstrombetrieb der wärmere Stoff von 134 °C auf 42 °C abgekühlt und das Kühlwasser von 12 °C auf 32 °C erwärmt wird?
   b) Mit welcher mittleren Temperaturdifferenz muss im Gegenstrombetrieb gerechnet werden, wenn das Kühlwasser im Wärmetauscher auf 84 °C erwärmt wird?

8. In einem Rohrbündelwärmetauscher gehen 620 kJ Wärme pro Minute bei einer mittleren Temperaturdifferenz von 24 K durch die 4,80 m² große Übertragungsfläche. Berechnen Sie die Wärmedurchgangszahl in kJ/m²hK und in kW/m²K.

9.9.4 Wärmeübertragung mit Rohrbündelwärmetauschern

Der in einem Rohrbündelwärmetauscher **(Bild 265/2)** übertragene Wärmestrom $\dot{Q}$ berechnet sich mit der Gleichung:

$$\dot{Q} = k \cdot A \cdot \Delta\vartheta_m$$

Die Wärmedurchgangszahl k wird berechnet oder Tabellen entnommen (Seite 263).

Die Wärmeaustauschfläche A wird aus der Anzahl n der Rohre, der Rohrlänge l und dem mittleren Rohrdurchmesser d_m berechnet.

$$A = n \cdot d_m \cdot \pi \cdot l \qquad d_m = \frac{d_a + d_i}{2}$$

Die mittl. Temperaturdifferenz $\Delta\vartheta_m$ bestimmt man mit der Gleichung:

$$\Delta\vartheta_m = \frac{\Delta\vartheta_{groß} - \Delta\vartheta_{klein}}{\ln(\Delta\vartheta_{groß}/\Delta\vartheta_{klein})}$$

Der pro Zeiteinheit zwischen den Fluiden übertragene Wärmeinhalt beträgt:

$$\dot{Q} = \dot{m} \cdot c \cdot \Delta\vartheta$$

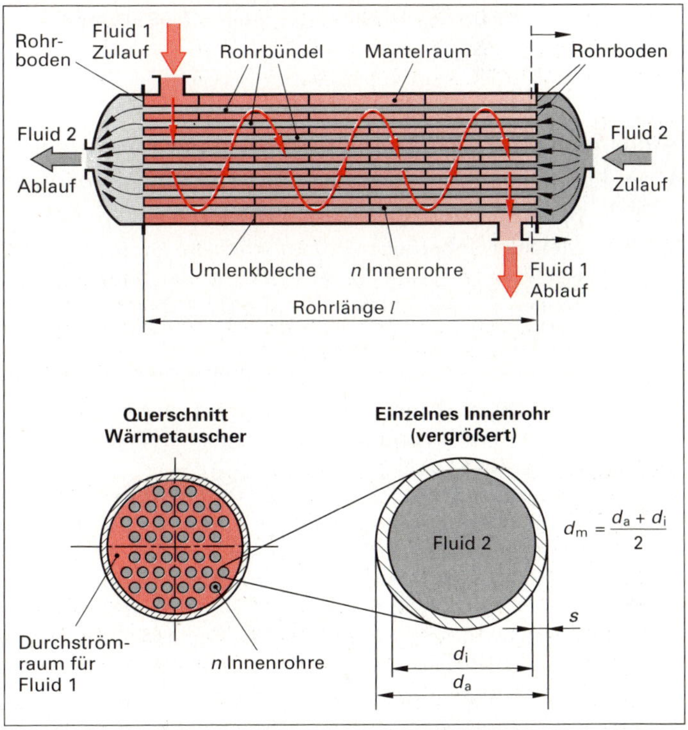

Bild 265/2: Aufbau eines Rohrbündelwärmetauschers

Beispiel: Ein Rohrbündelwärmetauscher **(Bild 265/2)** hat 185 Rohre von je 2,00 m Länge. Die Rohre haben einen Innendurchmesser von 22,3 mm und eine Wandstärke von 2,00 mm.

a) Welche Wärmeübertragungsfläche hat der Rohrbündelwärmetauscher?

b) Wie groß ist die Wärmeaustauschleistung des im Kreuzgleichstrom betriebenen Wärmetauschers, wenn 30,0 t/h einer Flüssigkeit, mit einer spezifischen Wärmekapazität von c = 2,12 kJ/kgK, von 96 °C auf 46 °C abgekühlt werden?

c) Welche Wärmedurchgangszahl in kJ/m²hK hat der im Kreuzgegenstrom betriebene Wärmetauscher bei einer Kühlwassereintrittstemperatur von 8 °C und einer Austrittstemperatur von 41 °C?
Hinweis: Erstellen Sie zuerst ein Temperaturverlaufs-Diagramm (vergleichsweise wie Bild 264/3).

d) Rechnen Sie die Wärmedurchgangszahl in die Einheit kW/m²K um.

Lösung: a) $\boldsymbol{A} = n \cdot d_m \cdot \pi \cdot l = 185 \cdot \frac{d_a + d_i}{2} \cdot \pi \cdot l = 185 \cdot \frac{26{,}3\ \text{mm} + 22{,}3\ \text{mm}}{2} \cdot \pi \cdot 2{,}00\ \text{m}$

$= 185 \cdot 0{,}0243\ \text{m} \cdot \pi \cdot 2{,}00\ \text{m} \approx \mathbf{28{,}2\ m^2}$

b) $\dot{\boldsymbol{Q}} = \dot{m} \cdot c \cdot \Delta\vartheta = 30{,}0\ \frac{\text{t}}{\text{h}} \cdot 2{,}12\ \frac{\text{kJ}}{\text{kg} \cdot \text{K}} \cdot 50\ \text{K} = \mathbf{3{,}18 \cdot 10^6\ kJ/h}$

c) Mit den gegebenen Ein- und Austrittstemperaturen lässt sich das Temperaturverlaufs-Diagramm zeichnen **(Bild 266/1)**.

Daraus kann abgelesen werden:

$\Delta\vartheta_{groß}$ = 96 °C – 8 °C = 88 °C; $\Delta\vartheta_{klein}$ = 46 °C – 41 °C = 5 °C

$$\Rightarrow \boldsymbol{\Delta\vartheta_m} = \frac{\Delta\vartheta_{groß} - \Delta\vartheta_{klein}}{\ln\,(\Delta\vartheta_{groß} / \Delta\vartheta_{klein})} = \frac{88\ °\text{C} - 5\ °\text{C}}{\ln\,(88\ °\text{C} / 5\ °\text{C})} \approx \mathbf{28{,}9\ °C}$$

$$\boldsymbol{k} = \frac{\dot{Q}}{A \cdot \Delta\vartheta_m} = \frac{3{,}18 \cdot 10^6\ \text{kJ/h}}{28{,}2\ \text{m}^2 \cdot 28{,}9\ \text{K}} \approx \mathbf{3902\ \frac{kJ}{m^2hK}}$$

d) mit $1\ \frac{\text{kJ}}{\text{m}^2\text{hK}} = \frac{1}{3600}\ \frac{\text{kW}}{\text{m}^2\text{K}}$ folgt

$$\boldsymbol{k} = 3900\ \frac{\text{kJ}}{\text{m}^2\text{hK}} = 3900 \cdot \frac{1}{3600}\ \frac{\text{kW}}{\text{m}^2\text{K}} \approx \mathbf{1{,}08\ kW/m^2K}$$

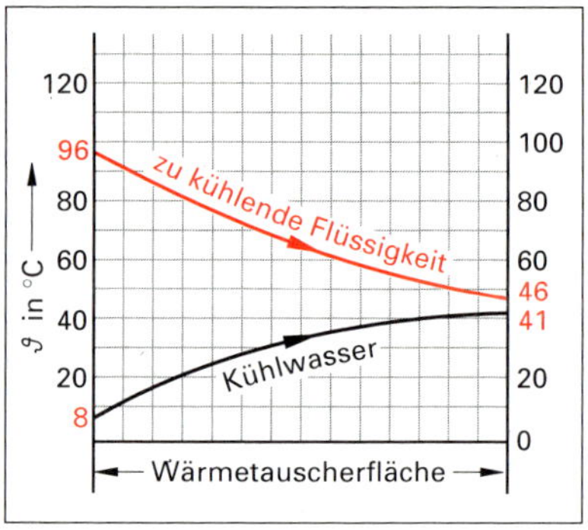

Bild 266/1: Beispiel c)

Aufgaben zu 9.9.4 Wärmeübertragung mit Rohrbündelwärmetauschern

1. Ein Rohrbündelwärmetauscher wird abwechselnd im Gleichstrom sowie im Gegenstrom betrieben.

   a) Im Gleichstrombetrieb wird der wärmere Stoff von 134 °C auf 42 °C abgekühlt und das Kühlwasser von 12 °C auf 32 °C erwärmt. Zeichnen Sie das Temperaturverlaufs-Diagramm und berechnen Sie die mittlere Temperaturdifferenz.

   b) Mit welcher mittleren Temperaturdifferenz muss im Gegenstrombetrieb gerechnet werden, wenn das mit 12 °C zuströmende Kühlwasser im Wärmetauscher auf 84 °C erwärmt wird?

   c) Welcher Wärmestrom wird im Gegenstrombetrieb übertragen, wenn die Wärmedurchgangszahl 1850 kJ/m²hK und die Wärmetauscherfläche 22,5 m² betragen?

2. Wie viele Rohre hat ein Rohrbündelwärmetauscher, wenn der Wärmestrom 1420 kJ pro Sekunde beträgt? Der Wärmedurchgangswert wurde zu 2240 W/m²K und die mittlere Temperaturdifferenz zu 38,3 K ermittelt. Die 1,85 m langen Rohre des Wärmetauschers haben einen Außendurchmesser von 28,0 mm und einen Innendurchmesser von 23,0 mm.

3. Ein Haarnadelwärmetauscher wird im Gegenstrom betrieben. Die Temperaturdifferenz zwischen dem Ein- und Ausgang der beiden Fluide beträgt in einem Anwendungsfall 27 K und 39 K, im anderen Anwendungsfall 42 K und 13 K.
   Wie groß ist jeweils die mittlere Temperaturdifferenz?

9.9.5 Wärmeübertragung bei Rührbehältern

Indirektes Heizen und Kühlen

Rührbehälter werden mit einem Außenmantel, mit aufgeschweißten Rohren oder mit einer innen liegenden Rohrschlange beheizt **(Bild 267/1)**.

Der zu übertragende Wärmestrom $\dot{Q}$ wird nach der folgenden Gleichung berechnet:

$$\dot{Q} = k \cdot A \cdot \Delta\vartheta_m$$

Anhaltswerte für die Wärmedurchgangszahl k können **Tabelle 267/1** entnommen werden. Die Heizfläche A ist aus den Apparateabmessungen zu berechnen, $\Delta\vartheta_m$ ist die mittlere Temperaturdifferenz zwischen Heizmedium und Behälterfüllung.

Der Wärmeinhalt der Behälterfüllung beträgt:

$$Q_B = m_B \cdot c_B \cdot \Delta\vartheta_B$$

Zum **Heizen** wird überwiegend Sattdampf eingesetzt. Die in ihm enthaltene Wärmemenge Q kann mit der Kondensationswärme des Wassers $r(H_2O) = 2256$ kJ/kg berechnet werden:

$$Q_H = m_D \cdot r$$

Beispiel: Zum Erhitzen eines Behälterinhaltes werden 1200 MJ benötigt. Wie viel Kilogramm Sattdampf müssen eingesetzt werden?

Lösung: $Q_H = m_D \cdot r \quad \Rightarrow \quad m_D = \frac{Q_H}{r}$

$$\boldsymbol{m_D} = \frac{1200000 \text{ kJ}}{2256 \text{ kJ/kg}} \approx \mathbf{532\ kg}$$

Zum **Kühlen** werden meistens Wasser oder Kühlsolen eingesetzt. Die abgeführte Wärme des Kühlmittels berechnet sich zu:

$$Q_K = m_K \cdot c_K \cdot \Delta\vartheta_K$$

c_K ist die spezifische Wärmekapazität der Kühlsole **(Tabelle 266/2)**.

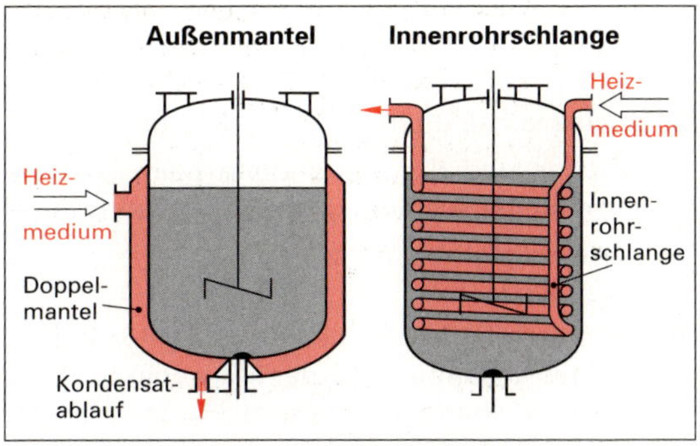

Bild 267/1: Beheizung von Rührbehältern

Tabelle 267/1: Wärmeübergangszahlen k für flüssigkeitsgefüllte Rührbehälter (grobe Richtwerte)

Rührbehälter mit	Wärmeträger	k kJ/(m²hK)
Außenmantel	Kondensierender Dampf	1600...6000
	Kühlwasser oder Sole	600...1200
Rohrschlange innen	Kondensierender Dampf in der Rohrschlange	2500...12 500
	Kühlwasser oder Sole in der Rohrschlange	1600...4000

Tabelle 267/2: Kühlwasser und Kühlsolen

Kühlmittel	tiefster Gefrierpunkt in °C	spez. Wärmekapazität c in kJ/(kg · K)
Wasser	0	4,19
NaCl-Sole	−21,1	3,31
$MgCl_2$-Sole	−33,6	2,93
$CaCl_2$-Sole	−55,0	2,64

Direkte Heizung und direkte Kühlung

Zum **direkten Heizen** wird Wasserdampf in die Behälterflüssigkeit eingeblasen. Die freiwerdende Kondensationswärme $Q = m_D \cdot r\,(H_2O)$ wird unmittelbar an das erwärmende Fluid abgegeben und als Wärmeinhalt der Behälterfüllung $Q_B = m_B \cdot c_B \cdot \Delta\vartheta_B$ gespeichert.

Das **direkte Abkühlen** eines Behälterinhaltes wird durch Zugabe von Eis erreicht. Das Eis schmilzt und entzieht dem Behälterinhalt die Schmelzwärme $Q_{Schm} = m \cdot q$. $\quad (q\,(H_2O) = 335$ kJ/kg)

Aufgaben zu 9.9.5 Wärmeübertragung bei Rührbehältern

1. In einem Außenmantel-Rührbehälter sollen 2480 kg Behälterfüllung (c_B = 2,94 kJ/(kg · K)) von 16 °C auf 75 °C erwärmt werden. Der Rührbehälter wird mit Sattdampf beheizt. Wie viel Kilogramm Sattdampf sind hierzu erforderlich, wenn 15% Wärmeverlust auftreten?
2. In einem Rührbehälter mit Rohrschlangen befinden sich 805 L Benzol von 12 °C. Mit einer Kühlsole soll das Benzol auf −15 °C heruntergekühlt werden. Welche Wärmemenge ist abzuführen, wenn die spezifische Wärmekapazität des Benzols 1,70 kJ/(kg · K) und die Dichte 0,879 kg/L beträgt?
3. Wie viel Kilogramm Sattdampf müssen in eine Rührbehälterfüllung eingeleitet und kondensiert werden, wenn im Rührbehälter 8200 L Wasser von 12 °C auf 100 °C erhitzt werden sollen?

9.10 Einengen von Lösungen

Lösungen bestehen aus einem Lösemittel und einem gelösten Feststoff. Beim Einengen wird aus der Lösung durch Verdampfen ein Teil des Lösemittels ausgetrieben **(Bild 268/1)**. Zurück bleibt eine konzentrierte Lösung (Konzentrat).

Die Massen und Konzentrationen beim Einengen können mit der Mischungsgleichung (Seite 164) bestimmt werden.

Die Mischungsgleichung für das Einengen lautet:

$$m_A \cdot w_A = (m_A - m_{Lm}) \cdot w_K$$

Hierin ist m_A die Masse der Ausgangslösung, m_{Lm} die Masse entzogenes Lösemittel, w_A der Massenanteil des gelösten Stoffes in der Ausgangslösung und w_K der Massenanteil des gelösten Stoffes im Konzentrat.

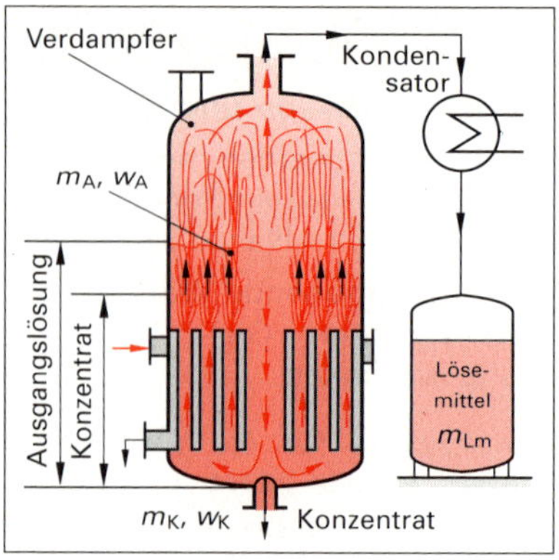

Bild 268/1: Einengen durch Verdampfen

Beispiel: 563 Kilogramm 20%ige Schwefelsäure sollen auf 35% aufkonzentriert werden.
a) Wieviel kg Wasser sind zu entziehen? b) Welche Wärmemenge ist für die Verdampfung erforderlich?

Lösung: a) $m_A \cdot w_A = (m_A - m_{Lm}) \cdot w_K \Rightarrow \boldsymbol{m_{Lm}} = \frac{m_A\,(w_K - w_A)}{w_K} = \frac{563\text{ kg}\,(0{,}35 - 0{,}20)}{0{,}35} \approx \mathbf{241\,kg}$

b) $\boldsymbol{Q} = m \cdot r = 241\text{ kg} \cdot 2256\text{ kJ/kg} \approx \mathbf{5{,}44 \cdot 10^5\,kJ}$

Aufgaben zu 9.10 Einengen von Lösungen

1. 360 kg einer 2,0%igen Salzlösung sollen aufkonzentriert werden. Wie viel Konzentrat bleibt zurück, wenn es auf einen Salzgehalt von 42,0 % aufkonzentriert wird?
2. Meerwasser mit einem Massenanteil von w(NaCl) = 0,032 soll durch Sonneneinstrahlung soweit aufkonzentriert werden, dass Kochsalz ausfällt (der Massenanteil, bei dem das Kochsalz ausfällt, beträgt: w(NaCl) = 0,265).
   a) Wie viel Kubikmeter Wasser müssen aus einem Becken mit 4000 t Meerwasser bis zum Einsetzen der Kristallisierung verdunsten?
   b) Welche Wärmemenge war hierzu erforderlich (r = 2256 kJ/kg)?
3. 802 kg einer 3,0%igen Calciumnitratlösung werden 512 kg Wasser entzogen. Welche Salzkonzentration hat die Lösung dann?
4. 305 kg NaOH-Lösung mit w(NaOH) = 0,12 und 430 kg NaOH-Lösung mit w(NaOH) = 0,080 werden vermischt. Anschließend wird durch Erhitzen Wasser abgedampft, bis die Lösung auf 142 kg eingeengt ist. Wie groß ist der Massenanteil an NaOH in der verbliebenen Lösung?

9.11 Auswertung von Siebanalysen

Durch eine Siebanalyse wird die Partikelgröße (Korngröße) und der Mengenanteil der Teilchen eines Haufwerks bestimmt.

Bei der Durchführung der Siebanalyse wird eine Probe des zu analysierenden Haufwerks oben auf einen Siebsatz gegeben und in einer Siebmaschine gerüttelt **(Bild 268/2)**. Der Siebsatz besteht aus mehreren Sieben mit nach unten kleiner werdender Siebmaschenweite.

Auf jedem Sieb findet eine Trennung des Haufwerks statt. Die Teilchen des Siebguts, die größer als die Maschenweite des Siebs sind, bleiben als **Rückstand** ***R*** auf dem Sieb liegen. Sie bilden eine **Kornklasse** Δd mit Korngrößen zwischen der Maschenweite des oberen und

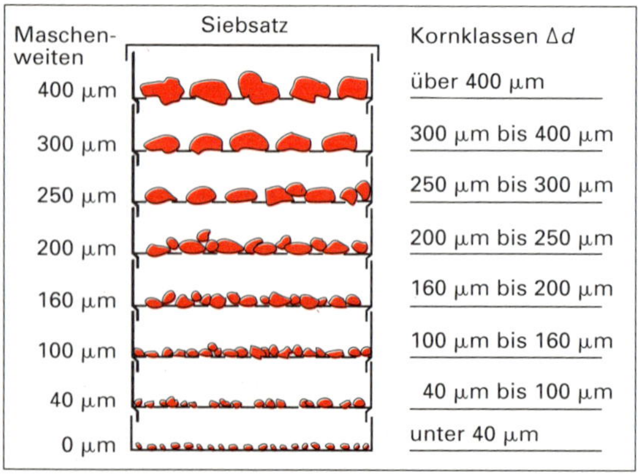

Bild 268/2: Siebanalyse (Beispiel)

des Siebes, auf dem sie liegen. Die Teilchen, die durch das Sieb auf das nächst tiefere fallen, werden als **Durchgang *D*** bezeichnet.

Für die Auswertung einer Siebanalyse muss die Gesamtmasse der Probe des Haufwerks R_{ges} und die Massen der einzelnen Rückstände (R_1, R_2, ...) auf den Sieben gewogen werden.

An einem **Beispiel** soll die Auswertung einer Siebanalyse erläutert werden **(Bild 269/1)**.

Material: *Kalksteinmehl* Analysenproben Nr.: *93* Probenmasse: *103,7 g*

		1	2	3	4	5	6
Maschenweite in µm	Prüfsiebsatz	Kornklassenbreite in µm	Rückstand Nr.	Masse Rückstand R in g	Massenanteil Rückstand w_R in %	Rückstandssumme R_S in %	Durchgangssumme D_S in %
400	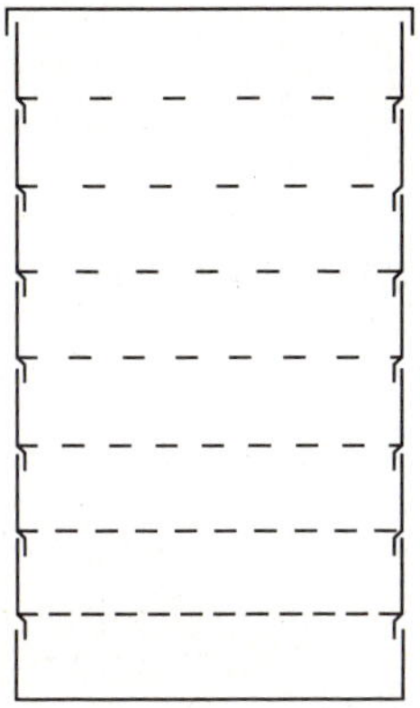	400... ∞	R_8	*0*	*0*	*0*	*100*
300		300...400	R_7	*7,6*	*7,3*	*7,3*	*92,7*
250		250...300	R_6	*14,3*	*13,8*	*21,1*	*78,9*
200		200...250	R_5	*16,2*	*15,6*	*36,7*	*63,3*
160		160...200	R_4	*18,9*	*18,2*	*55,0*	*45,0*
100		100...160	R_3	*22,4*	*21,6*	*76,6*	*23,4*
40		40...100	R_2	*20,2*	*19,5*	*96,0*	*4,0*
0		0... 40	R_1	*4,1*	*4,0*	*100*	*0*
			R_{ges}:	*103,7 g*	*100*		

Bild 269/1: Beispiel einer Siebanalyse und deren Auswertung

In Spalte 1 werden die Kornklassen des Siebsatzes eingetragen. Die Nummer der Rückstände wird vom Auffangteller (unten) nach oben durchgezählt (Spalte 2). Die Massen der einzelnen Rückstände werden in Spalte 3 notiert. Daraus werden die Massenanteile w_R der einzelnen Rückstände berechnet und in Spalte 4 eingetragen.

$$w_R = \frac{R}{R_{ges}} \cdot 100\%$$

Beispiel: Für w_{R7}: $\mathbf{w_{R7}} = \frac{R_7}{R_{ges}} \cdot 100\% = \frac{7{,}6\ \text{g}}{103{,}7\ \text{g}} \cdot 100\% \approx \mathbf{7{,}3\%}$

Die Massenanteile der Rückstände werden vom gröbsten Sieb (R_8) ausgehend fortlaufend aufaddiert und in Spalte 5 als Rückstandssumme R_S eingetragen.

Die Rückstandssumme R_S und die Durchgangssumme D_S (in %) auf einem Sieb ergeben zusammen jeweils 100%.

$$R_S + D_S = 100\ \%$$

Entsprechend wird die **Durchgangssumme D_S** für ein Sieb über die Beziehung $D_S = 100\% - R_S$ errechnet und in Spalte 6 eingetragen.

Beispiel: $D_{S7} = 100\ \% - R_{S7} = 100\ \% - 7{,}3\ \% = 92{,}7\ \%$

Kornverteilungsdiagramm

Ein anschauliches Bild über die Massenanteile der Rückstände erhält man im **Kornverteilungsdiagramm (Bild 269/2)**. Hierin sind die Massenanteile der einzelnen Rückstände über den jeweiligen Kornklassen aufgetragen. Aus dem Kornverteilungsdiagramm kann abgelesen werden, mit welchem Massenanteil eine Kornklasse vorliegt.

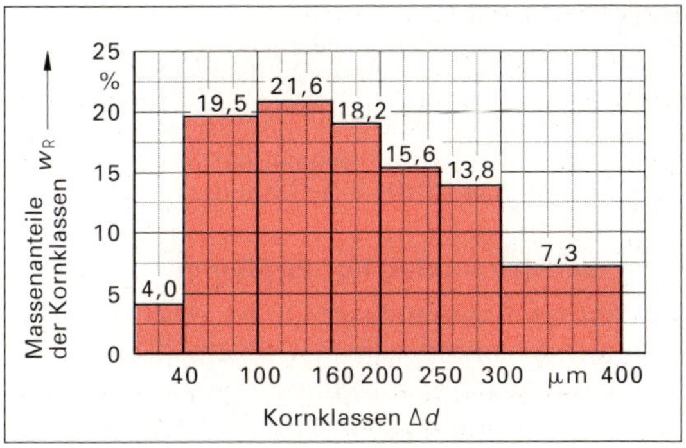

Bild 269/2: Kornverteilungsdiagramm

Beispiel: Für das Haufwerk von Bild 269/1 kann aus dem Kornverteilungsdiagramm **(Bild 269/2)** abgelesen werden: Am häufigsten sind die Kornklassen 100 µm bis 160 µm mit 21,6 % Massenanteil vorhanden. Das Haufwerk besteht zu 19,5% + 21,6% + 18,2% = 59,3% aus der Kornklasse 40 µm bis 200 µm.

Rückstandssummendiagramm

Wird die Rückstandssumme R_S (Spalte 5 von Bild 269/1) über den jeweiligen Kornklassen aufgetragen, erhält man das **Rückstandssummendiagramm (Bild 270/1)**. Aus ihm kann abgelesen werden, welcher Massenanteil des Haufwerkes größer als eine bestimmte Korngröße ist.

Beispiel: Für das Haufwerk kann aus dem Rückstandssummendiagramm (Bild 270/1) abgelesen werden: 36,7% der Masse des vorliegenden Haufwerks haben eine Korngröße größer als 200 µm.

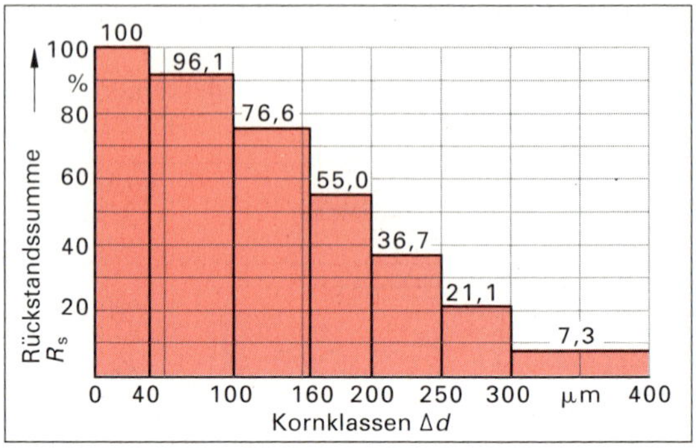

Bild 270/1: Rückstandssummendiagramm

Durchgangssummendiagramm

Die Durchgangssumme D_S auf einem bestimmten Sieb erhält man mit der Beziehung $D_S = 100\% - R_S$.

Beispiel: Sieb 200 µm: $R_S = 55{,}0\%$
$\Rightarrow D_S = 100\% - 55\% = 45{,}0\%$

Das Durchgangssummendiagramm wird erhalten, wenn die jeweilige Durchgangssumme über der Kornklasse aufgetragen wird **(Bild 270/2)**.

Aus dem Durchgangssummendiagramm kann abgelesen werden, welcher Massenanteil des Haufwerks kleiner als eine bestimmte Korngröße ist.

Beispiel: 63,3 % des Haufwerks von Bild 270/2 sind kleiner als 200 µm.

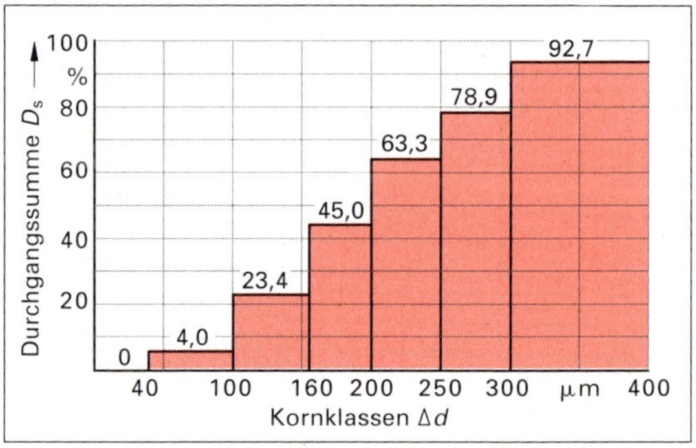

Bild 270/2: Durchgangssummendiagramm

RRSB-Körnungsnetz

Je nach Entstehung weisen Haufwerke fester Stoffe charakteristische Arten der Kornverteilung auf. Diese Kornverteilung kann nach den Wissenschaftlern ***R**osin*, ***R**ammler*, ***S**perling* und ***B**ennett* durch eine mathematische Verteilungsfunktion beschrieben und grafisch in einem Koordinatenpapier, dem **RRSB-Körnungsnetz**, dargestellt werden **(Bild 271/1)**. In diesem RRSB-Netz ist die Ordinate doppeltlogarithmisch und die Abszisse einfachlogarithmisch geteilt. Aufgetragen werden die Durchgangssummen D_S (Spalte 6 von Bild 269/1) über dem Teilchendurchmesser *d*.

Die Kurve der Durchgangssummen ist bei Zerkleinerungshaufwerken im RRSB-Netz eine Gerade.

Beispiel: Aus Spalte 6 der Tabelle in Bild 269/1 wird für die Korngröße 160 µm eine Durchgangssumme von 45,0% (= 0,450) abgelesen. Dieses Wertepaar wird im RRSB-Netz als Punkt eingetragen. Ebenso wird mit den anderen Wertepaaren verfahren. Die Punkte lassen sich annähernd zu einer Geraden verbinden, der so genannten RRSB-Geraden. Die Lage und Neigung der **RRSB-Geraden** kennzeichnet die Kornverteilung des Haufwerks.

Aus dem RRSB-Körnungsnetz können anschließend Kennwerte des Haufwerks bestimmt werden. Dazu enthält das RRSB-Körnungsnetz Randmaßstäbe am oberen und rechten Rand.

1. Feinheitsparameter: Korngrößenmittelwert *d'*

Der Korngrößenmittelwert *d'* ist eine statistische Kenngröße und wird erhalten, indem für eine Durchgangssumme von $D = 63{,}2\%$ (0,632) mit der RRSB-Geraden des Haufwerks der zugehörige Teilchendurchmesser bestimmt wird. Dazu liest man am Schnittpunkt der RRSB-Geraden mit der $D_S = 0{,}632$-Linie am Abszissenmaßstab den Teilchendurchmesser ab.

Beispiel: Bild 271/1, RRSB-Gerade 6: $d' = 200$ µm

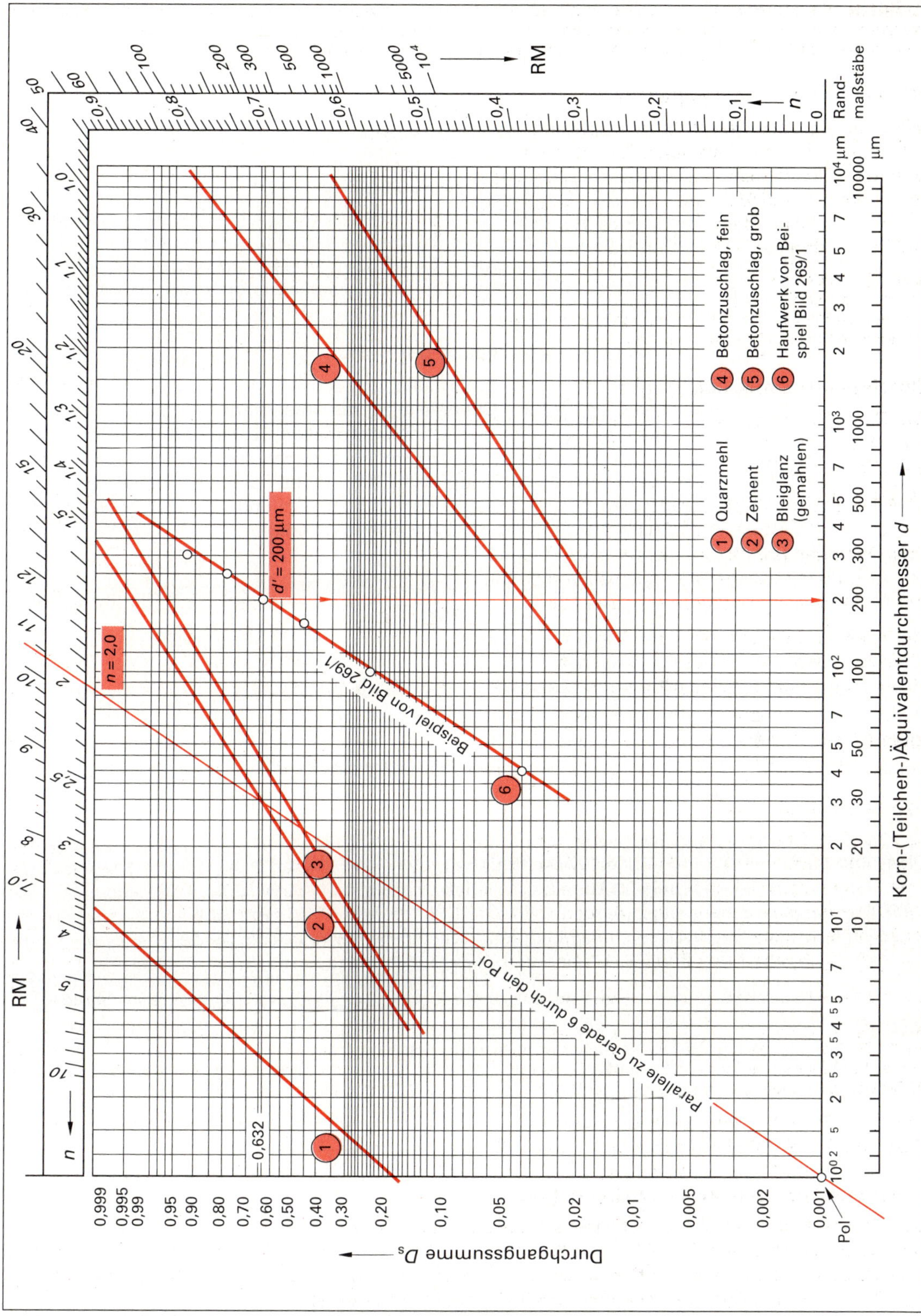

Bild 271/1: RRSB-Körnungsnetz mit RRSB-Geraden verschiedener Haufwerke

2. Feinheitsparameter: Gleichmäßigkeitszahl *n*

Ein Haufwerk ist umso gleichkörniger, je größer die Gleichmäßigkeitszahl *n* bei gleichem Korngrößenmittelwert *d'* ist. Die Gleichmäßigkeitszahl wird erhalten, wenn zur RRSB-Geraden eine Parallele durch den mit Pol bezeichneten Punkt in der linken unteren Ecke des RRSB-Körnungsnetzes gezeichnet wird. Der Schnittpunkt der verlängerten Parallele mit dem ersten oberen Randmaßstab ergibt die Gleichmäßigkeitszahl *n*. Bei den meisten Haufwerken liegt die Gleichmäßigkeitszahl *n* zwischen 0,8 und 2,0.

Beispiel: Für das Haufwerk 6 in Bild 271/1 beträgt die Gleichmäßigkeitszahl $n = 2{,}0$.

Mit den beiden Feinheitsparametern *d'* und *n* ist ein Haufwerk bezüglich seiner Korngrößen und ihrer Verteilung charakterisiert. Sind *d'* und *n* eines Haufwerks bekannt, so kann daraus im RRSB-Körnungsnetz die RRSB-Gerade gezeichnet werden. Daraus können die D_S-d-Wertepaare abgelesen und das Durchgangssummendiagramm, das Rückstandssummendiagramm sowie das Kornverteilungsdiagramm gezeichnet werden.

Bestimmung der spezifischen Oberfläche (Bild 271/1)

Mit dem 2. Randmaßstab RM = $S_v \cdot d'/f$ im RRSB-Körnungsnetz (am oberen und rechten Diagrammrand) kann die **volumenbezogene spezifische Oberfläche S_v** des analysierten Haufwerks bestimmt werden. Darunter versteht man die Summe der Oberflächen aller Partikel pro Volumeneinheit ($[S_v]$ = cm²/cm³ oder m²/cm³). Zur Bestimmung der volumenbezogenen spezifischen Oberfläche S_v wird auf dem 2. Randmaßstab der Wert des Schnittpunktes RM mit der Parallelen zur RRSB-Geraden abgelesen (Bild 271/1). Daraus wird mit nebenstehender Größengleichung S_v bestimmt. *f* ist ein stoffspezifischer Formfaktor. Für annähernd kugelförmige Teilchen ist $f = 1$.

$$S_v = \frac{RM \cdot f}{d'}$$

Beispiel 1: Für das Haufwerk 6 in Bild 271/1 wird auf dem 2. Randmaßstab RM = 10,3 abgelesen. (Für das Haufwerk 6 gilt zudem: $d' = 200\ \mu m = 0{,}02$ cm sowie $f = 1$)

$$S_v = \frac{RM \cdot f}{d'} = \frac{10{,}3 \cdot f}{d'} = \frac{10{,}3 \cdot 1}{0{,}02\ \text{cm}} = \mathbf{515\ \frac{cm^2}{cm^3}}$$

Die **massenbezogene, spezifische Oberfläche S_m** (in cm²/g) erhält man durch Dividieren der volumenbezogenen Oberfläche S_v mit der Dichte ϱ des Haufwerks:

$$S_m = \frac{S_v}{\varrho}$$

Beispiel 2: Die Dichte des Haufwerkmaterials von Beispiel 1 beträgt 2,34 g/cm³.

Damit ist $S_m = \frac{S_v}{\varrho} = 515\ \frac{cm^2}{cm^3} / 234\ \frac{g}{cm^3} = \mathbf{220\ cm^2/g}$

Aufgabe zu 9.11 Auswertung von Siebanalysen

Bei einer Siebanalyse werden die in nebenstehender Tabelle aufgetragenen Rückstände gemessen.

a) Berechnen Sie die fehlenden Werte der **Tabelle 272/1** und zeichnen Sie das Kornverteilungsdiagramm, das Rückstandssummendiagramm und das Durchgangssummendiagramm.

b) Zeichnen Sie im RRSB-Körnungsnetz die RRSB-Gerade ein.

c) Bestimmen Sie die Feinheitsparameter (*d'*, *n*) sowie die volumenbezogene spezifische Oberfläche des Haufwerks aus dem RRSB-Körnungsnetz ($f = 1$).

Tabelle 272/1: Auswertung einer Siebanalyse

Probe 272/1		Einwaage: 75,7 g		
Kornklassenbreite in µm	Rückstand in g	Rückstand in %	Rückstandssumme in %	Durchgangssumme in %
> 500	0,0			
400 bis 500	8,5			
315 bis 400	12,2			
200 bis 315	16,5			
160 bis 200	18,4			
100 bis 160	9,0			
63 bis 100	8,5			
0 bis 63	2,6			

d) Führen Sie die Auswertung der Siebanalyse (a) mit einem Tabellenkalkulationsprogramm aus (Seite 91).

9.12 Trocknen

Beim Trocknen wird aus einem Feuchtgut (fest, flüssig oder gasig) ein Teil oder die gesamte Feuchtigkeit durch Verdunsten oder Verdampfen abgetrennt **(Bild 273/1)**. Es entsteht das Trockengut. Die Feuchtigkeit, meist Wasser, wird vom Trocknungsmittel aufgenommen und weggeführt. Als Trocknungsmittel wird bei Feststoffen überwiegend Luft eingesetzt.

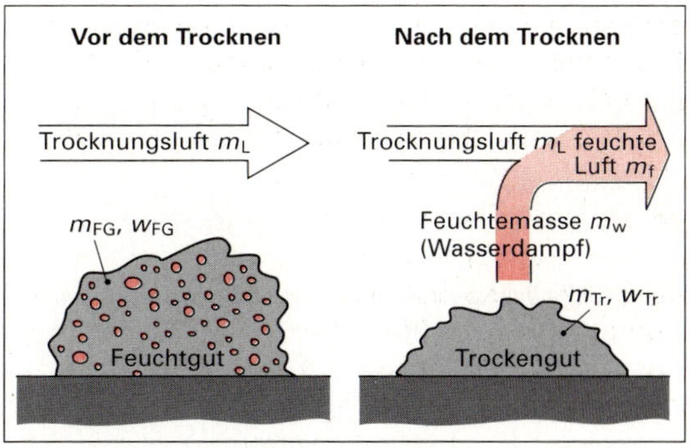

Bild 273/1: Trocknungsvorgang

Feuchtgut, Trockengut

Während des Trocknens verliert die Feuchtgutmasse m_{FG} die Feuchtemasse m_W in Form von Wasserdampf. Zurück bleibt die Trockengutmasse m_{Tr}.

Die Feuchtgutmasse ist: $$m_{FG} = m_{Tr} + m_W$$

Das Trockengut enthält im Allgemeinen immer noch etwas Feuchtigkeit, die so genannte **Restfeuchte**. Sie ist oftmals bei bestimmten Stoffen zur Formerhaltung notwendig. Der feuchtigkeitsfreie Stoff wird als Trockensubstanz bezeichnet.

Für die Wasseranteile in den Gütern lautet die Bilanzgleichung: $$m_{FG} \cdot w_{FG} = m_{Tr} \cdot w_{Tr} + m_W \cdot w_W$$

Da der Massenanteil von Wasser in Wasser $w_W = 1\ \text{kg/kg} = 1$ ist, vereinfacht sich die Größengleichung zu: $$m_{FG} \cdot w_{FG} = m_{Tr} \cdot w_{Tr} + m_W$$

Der **Feuchtigkeitsgehalt** eines Feuchtgutes w_{FG} oder des Trockengutes w_{Tr} ist das Verhältnis der Masse Wasser m_W im Gut zur Gesamtmasse m_{FG} bzw. m_{Tr}:

$$w_{FG} = \frac{m_W}{m_{FG}} = \frac{m_W}{m_W + m_{Tr}} \quad \text{und} \quad w_{Tr} = \frac{m_W}{m_{Tr}}$$

Beispiel: Der Feuchtigkeitsgehalt eines Düngers soll berechnet werden. Ermittelt wurden in einer Probe von 162,400 g Dünger 0,322 g Wasser.

a) Wie groß ist die Trockenmasse des Düngers? b) Wie groß ist der Feuchtigkeitsgehalt im Dünger?

Lösung: a) $\boldsymbol{m_{Tr}} = m_{FG} - m_W = 162{,}400\ \text{g} - 0{,}322\ \text{g} = \mathbf{162{,}078\ g}$

b) $\boldsymbol{w_{FG}} = \frac{m_W}{m_{FG}} = \frac{0{,}322\ \text{g}}{162{,}400\ \text{g}} \approx 0{,}00198 \approx \mathbf{0{,}198\,\%}$

Trocknungsmittel

Das feuchte Gut wird von einem Trocknungsmittel umspült, das eine hohe Aufnahmefähigkeit für Feuchtigkeit haben muss. Bei Feststoffen wird meistens warme Luft eingesetzt, daneben auch Rauchgase oder überhitzter Dampf.

Wird trockene Luft mit feuchtem Gut in Berührung gebracht, verdunstet die Flüssigkeit des Feuchtgutes und wird von der Luft aufgenommen. Die von Luft maximal aufnehmbare Dampfmenge ist temperaturabhängig und heißt **Sättigungsdampfmenge m_{Dmax} (Tabelle 273/1)**. Je wärmer Luft ist, umso größer ist die Sättigungsdampfmenge. Trocknungsluft ist deshalb möglichst heiß.

Tabelle 273/1: Sättigungsdampfmenge m_{Dmax} von Wasser pro 1 m³ Luft

ϑ in °C	m_{Dmax} in g/m³ Luft	ϑ in °C	m_{Dmax} in g/m³ Luft
–40	0,177	45	65,31
–30	0,455	50	82,77
–20	1,075	55	104,0
–10	2,360	60	129,6
0	4,848	65	160,3
5	6,796	70	196,9
10	9,397	75	240,0
15	12,82	80	290,7
20	17,28	85	349,8
25	23,03	90	418,4
30	30,34	95	497,5
35	39,56	100	588,4
40	51,07		

Beispiel: Wie viel Gramm Wasser kann 1 Kubikmeter Luft bis zur Sättigung zusätzlich aufnehmen, wenn sie von 20 °C auf 80 °C erwärmt wird?

Lösung: Die Sättigungsdampfmenge bei 80 °C beträgt 290,7 g Wasser; die Sättigungsdampfmenge bei 20 °C beträgt 17,3 g Wasser. Die Luft kann zusätzlich 290,7 g – 17,3 g = **273,4 g** Wasser aufnehmen.

Relative Luftfeuchtigkeit φ_r

Die relative Luftfeuchtigkeit φ_r ist der Quotient aus der in 1 m^3 Luft bei einer bestimmten Temperatur enthaltenen Wasserdampfmenge m_D zur Sättigungsdampfmenge m_{Dmax}.

Da die Wasserdampfpartialdrücke in der feuchten Luft den Wasserdampfmengen proportional sind, kann φ_r auch als p_D/p_{Dmax} bestimmt werden. φ_r hat Werte zwischen 0 und 1 oder 0 % und 100 %.

$$\varphi_r = \frac{m_D}{m_{Dmax}} = \frac{p_D}{p_{Dmax}}$$

Die Sättigungsdampfdrücke p_{Dmax} von Wasserdampf in Abhängigkeit von der Temperatur können Wasserdampftafeln oder Dampfdruckkurven **(Bild 274/1)** entnommen werden.

Beispiel 1: Welche relative Luftfeuchtigkeit hat warme Luft von 28 °C, wenn ihr Wasserdampfpartialdruck zu 12,0 mbar gemessen wurde?

Aus Dampftafel: p_{Dmax} (28 °C) = 37,78 mbar

Lösung: $\boldsymbol{\varphi_r} = \frac{p_D}{p_{Dmax}} = \frac{12{,}0\ \text{mbar}}{37{,}78\ \text{mbar}} \approx 0{,}318 \approx \mathbf{31{,}8\ \%}$

Beispiel 2: Wie viel Wasser kann feuchte Luft von 65 °C mit einer relativen Luftfeuchte von 63,0 % noch bis zur Sättigung pro m^3 Luft aufnehmen?

Lösung: Aus Tabelle 273/1: m_{Dmax} (65 °C) = 160,3 g/m^3

$$\varphi_r = \frac{m_D}{m_{Dmax}} \Rightarrow m_D = \varphi_r \cdot m_{Dmax} = 0{,}630 \cdot 160{,}3\ \text{g/m}^3 \approx 101{,}0\ \text{g/m}^3$$

$$\boldsymbol{m_{Dmax} - m_D} \approx 160{,}3\ \frac{\text{g}}{\text{m}^3} - 101{,}0\ \frac{\text{g}}{\text{m}^3} \approx \mathbf{59{,}3\ g/m^3}$$

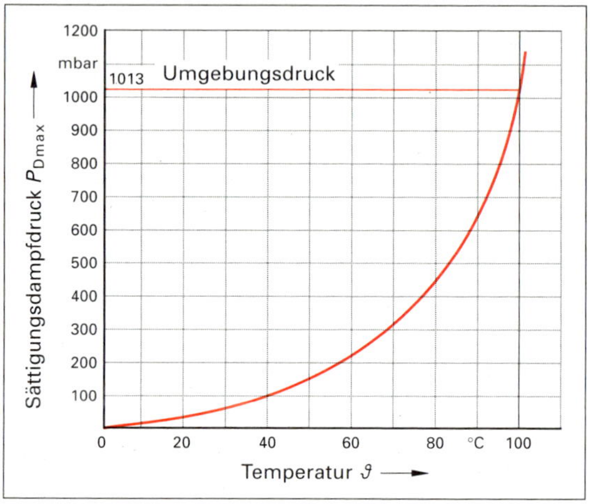

Bild 274/1: Dampfdruckkurve von Wasser

Dampfgehalt x

Eine Kenngröße zur Beschreibung des Gehaltes an Wasserdampf in der Trocknungsluft ist der Dampfgehalt x. Er gibt das Verhältnis der Masse des Wasserdampfes m_D zur Masse der trockenen Luft m_L an:

Dampfgehalt $x = \frac{m_D}{m_L}$

Die Einheit des Dampfgehaltes x ist g Wasserdampf pro 1 kg trockene Luft (g/kg).

Beispiel: Wie groß ist der Dampfgehalt x von 8,50 t feuchter Trocknungsluft, wenn darin 260 kg Wasser enthalten sind?

Lösung: $x = \frac{m_D}{m_L} = \frac{m_D}{m_f - m_D} = \frac{260\ \text{kg}}{8500\ \text{kg} - 260\ \text{kg}}$

$\boldsymbol{x} \approx 0{,}0315\ \text{kg/kg} \approx \mathbf{31{,}5\ g/kg}$

Trocknungsluft

Die Gesamtmasse der feuchten Trocknungsluft m_f setzt sich aus der Masse der trockenen Luft m_L und der darin enthaltenen Masse Wasserdampf m_D zusammen:

$$m_f = m_L + m_D = m_L + x \cdot m_L = m_L(1 + x)$$

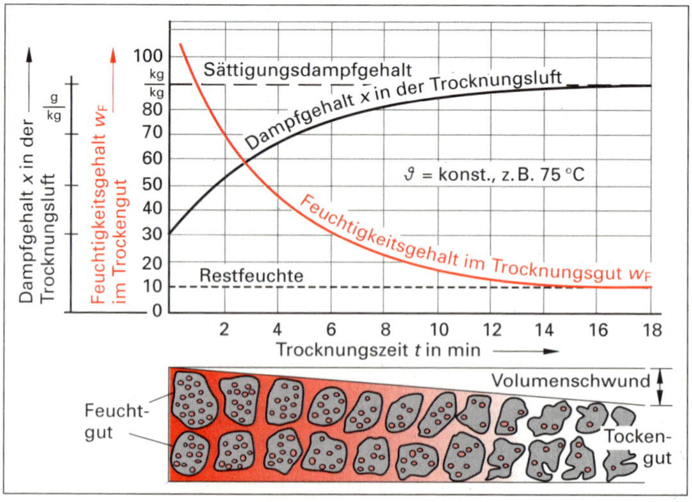

Bild 274/2: Veränderungen während des Trocknens

Steht eine Portion Trocknungsluft mit einer Portion zu trocknendem Gut (Feuchtgut) im stoffaustauschenden Trocknungsvorgang, so nimmt der Feuchtigkeitsgehalt w_F im Feuchtgut im Laufe des Trocknens ab, während der Dampfgehalt x in der Trocknungsluft allmählich steigt **(Bild 274/2)**.

Luftbedarf beim Trocknen

Für das Trocknen von Feststoffen muss eine genügend große Menge Frischluft zur Verfügung gestellt werden. Sie muss die Masse Feuchtigkeit aufnehmen können, die dem Feuchtgut entzogen werden soll.

Ist die Masse des aus dem Feuchtgut auszutrocknenden Wassers m_W bekannt, kann die für das Trocknen erforderliche Masse Frischluft m_L berechnet werden. Für den Idealfall absolut trockener Frischluft (m_L) und maximal mit Wasserdampf gesättigter, feuchter Trocknungsabluft wird die geringste Masse Frischluft benötigt. Das Verhältnis von trockener Frischluft m_L zur Masse auszutrocknenden Wassers m_W wird **minimaler spezifischer Luftbedarf** l genannt.

$$l = \frac{m_L}{m_W} = \frac{1}{x}$$

Daraus kann durch Umstellen die benötigte Masse an Trocknungsluft m_L ermittelt werden. Die Masse m_L der trockenen Frischluft wird auch als **absoluter Luftbedarf** bezeichnet.

$$m_L = l \cdot m_W$$

Steht keine trockene Luft zur Verfügung oder ist die Abluft nicht maximal mit Feuchtigkeit gesättigt, erhöht sich der spezifische Luftbedarf auf den **praktischen spezifischen Luftbedarf** l^*.

$$l^* = \frac{m_L}{m_W{}^*}$$

Beispiel: Für die Aufnahme von 326 kg Wasser aus einem Feuchtgut steht trockene Frischluft zur Verfügung. Der Dampfgehalt der auf 65 °C erwärmten Trocknungsabluft ist mit 95,0% des maximal möglichen Wassergehaltes beinahe gesättigt. (Der maximale Dampfgehalt x_{max} bei 65 °C beträgt 212,9 g Wasser/kg Luft.)

Wie groß ist: a) der minimale spezifische Luftbedarf?

b) der praktische spezifische Luftbedarf?

Lösung: a) Maximale Wasseraufnahme der Luft: $m_w = 0{,}2129$ kg

⇒ Minimaler spezifischer Luftbedarf: $l = m_L/m_w = 1\text{ kg}/0{,}2129\text{ kg} \approx$ **4,70 kg Luft/kg Wasser**

b) Tatsächliche Wasseraufnahme der Luft: $m_w{}^* = 0{,}95 \cdot 212{,}9\text{ g} \approx 202{,}3$ g

⇒ Praktischer spezifischer Luftbedarf: $l^* = m_L/m_w{}^* = 1\text{ kg}/0{,}2023\text{ kg} \approx$ **4,94 kg Luft/kg Wasser**

Aufgaben zu 9.12 Trocknen

1. 2,460 g Magnetit wurden im Trockenschrank bis zur Massenkonstanz getrocknet. Welchen Feuchtigkeitsgehalt hatte das Magnetit bei einer Auswaage von 2,389 g?
2. Nach dem Trocknen einer Charge im Vakuumtrockenschrank wurden 263 kg Trockengut erhalten. Wie viel Feuchtigkeit in % enthielt das Feuchtgut, wenn insgesamt 82 kg Wasser entzogen wurden?
3. Die feuchte Abluft eines Bandtrockners wird abgekühlt. Welche Masse Wasser wird dabei pro m^3 Luft kondensiert, wenn die Abluft bei 70 °C gesättigt war und sie auf 25 °C abgekühlt wird?
4. Ein Feuchtgut wird statt mit Trocknungsluft von 65 °C versuchsweise mit 90 °C heißer Trocknungsluft getrocknet. Wie viel Prozent Trocknungsluft lässt sich durch die Temperaturerhöhung einsparen, Sättigung jeweils vorausgesetzt?
5. Welche Masse Wasser wurde einem Feuchtgut entzogen, wenn die dazu benötigten 2630 kg feuchte Trocknungsabluft einem Dampfgehalt von 42,5 g Wasser/kg trockene Luft haben?
6. 3000 m^3 Luft von 60 °C und einer relativen Luftfeuchtigkeit von 62% werden im Wärmetauscher auf 15 °C heruntergekühlt. Wie viel Kilogramm Wasser kondensieren und welche Kondensationswärme muss dabei abgeführt werden (r_W = 2425 kJ/kg)?
7. Wie groß ist die relative Luftfeuchtigkeit, wenn Luft von 10 °C pro Kubikmeter 8,402 g Wasser enthält? Welche Luftfeuchtigkeit liegt vor, nachdem die Luft durch Sonneneinstrahlung auf 27 °C erwärmt wurde?
8. In einem dampfbeheizten Tellertrockner sind stündlich 550 kg Wasser aus einem feuchten Gut zu verdampfen.
   a) Welcher Volumenstrom Frischluft von 15 °C und einer relativen Luftfeuchtigkeit von 40% ist einzusetzen, wenn die warme Abluft von 35 °C den Trockner mit einer Luftfeuchtigkeit von 72% verlässt?
   b) Welcher absolute Luftbedarf liegt täglich vor, wenn trockene Luft auf 35 °C erwärmt wird und der Dampfgehalt der Trocknungsabluft zu 35,6 g Wasser/kg trockene Luft ermittelt wurde?

9.13 Gemischtrennung durch Destillation

Das Destillieren ist ein thermisches Trennverfahren für homogene, d.h. vollständig ineinander lösliche Flüssigkeitsgemische. Im einfachsten Fall, bei einem Zweistoffgemisch, heißt die Komponente mit dem höheren Dampfdruck **Leichtersiedendes** (Index A). Sie hat die niedrigere Siedetemperatur. Die andere Komponente mit der höheren Siedetemperatur heißt **Schwerersiedendes** (Index B).

Die Gehalte der Komponenten werden als Stoffmengenanteil x_A und x_B in der Flüssigphase und als Stoffmengenanteil y_A und y_B in der Gasphase angegeben **(Bild 276/1)**. Die Werte der Stoffmengenanteile, auch Molanteile genannt, liegen zwischen 0 und 1. Die Summe der Anteile einer Phase ist 1.

$$x_A + x_B = 1$$
$$y_A + y_B = 1$$

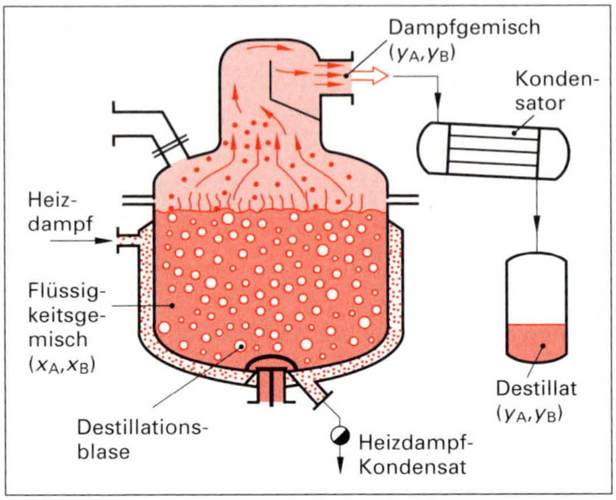

Bild 276/1: Siedendes Zweistoffgemisch AB in einer Destillationsblase

Wird ein Flüssigkeitsgemisch mit den zwei Komponenten A und B zum Sieden erhitzt, unterscheidet sich die Zusammensetzung des aufsteigenden Dampfes (y_A, y_B) von der Flüssigkeit (x_A, x_B): Die Konzentration an Leichtersiedendem A ist im Dampf größer als in der Flüssigkeit.

Der im Kondensator niedergeschlagene Dampf ergibt das **leichter siedende Destillat**. In der Destillationsblase bleibt der **schwerer siedende Rückstand** zurück.

Für die grafische Darstellung des Phasengleichgewichts Dampf-Flüssigkeit von Zweistoffgemischen sind drei Diagramme von besonderer praktischer Bedeutung: das **Dampfdruckdiagramm**, das **Siedediagramm** und das **Gleichgewichtsdiagramm**.

Dampfdruckdiagramm

Im Dampfdruckdiagramm sind die Partialdampfdrücke p_A und p_B der beiden Gemischkomponenten A und B bei konstanter Temperatur dargestellt **(Bild 276/2)**.

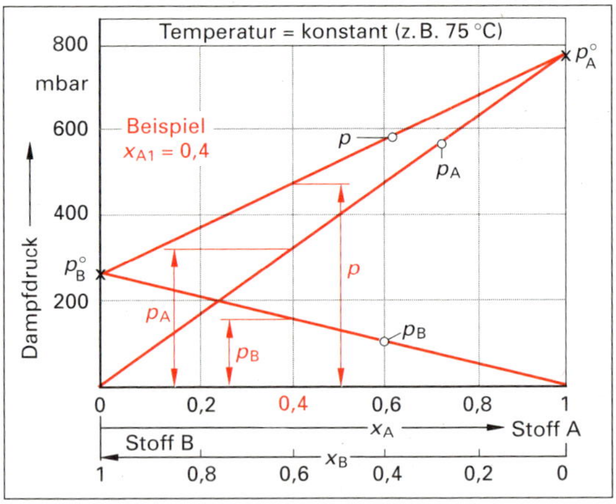

Bild 276/2: Dampfdruckdiagramm eines idealen Flüssigkeitsgemisches

Bei einem **idealen Flüssigkeitsgemisch** sind die Partialdampfdrücke der einzelnen Komponenten im Dampfgemisch dem Stoffmengenanteil der Flüssigkeit direkt proportional:

(Raoult'sches Gesetz).

$$p_A = x_A \cdot p_A^\circ; \quad p_B = x_B \cdot p_B^\circ$$

p_A° und p_B° sind die Dampfdrücke der reinen Komponenten A und B. Bei idealen Flüssigkeitsgemischen sind p_A und p_B im Dampfdruckdiagramm Geraden (Bild 276/2).

Die Summe der Partialdampfdrücke ergibt den Gesamtdruck p **(Dalton'sches Gesetz)**:

$$p = p_A + p_B = x_A \cdot p_A^\circ + x_B \cdot p_B^\circ$$

Die Partialdampfdrücke p_A bzw. p_B sind außerdem den Stoffmengenanteilen in der Gasphase y_A bzw. y_B proportional.

$$p_A = y_A \cdot p; \quad p_B = y_B \cdot p$$

Beispiel: Die Flüssigkeit A hat bei einer Temperatur von 75 °C einen Dampfdruck von 786 mbar, die Flüssigkeit B einen Dampfdruck von 253 mbar. Welche Partialdrücke und welcher Gesamtdruck stellen sich für ein Gemisch von A und B mit den Stoffmengenanteilen $x_A = 0{,}40$ und $x_B = 0{,}60$ bei 75 °C ein?

Lösung: $\boldsymbol{p_A} = x_A \cdot p_A^\circ = 0{,}40 \cdot 786$ mbar $\approx$ **314 mbar**; $\boldsymbol{p_B} = x_B \cdot p_B^\circ = 0{,}60 \cdot 252$ mbar $\approx$ **151 mbar**

$\boldsymbol{p} = p_A + p_B = 314$ mbar $+ 151$ mbar $\approx$ **465 mbar**

Siedediagramm

Im Siedediagramm sind für einen konstanten Druck **Siedelinie** und **Taulinie** eines Zweistoffgemisches dargestellt **(Bild 277/1**, oben**)**.

Die Siedelinie verbindet die Siedetemperaturen von unterschiedlich zusammengesetzten Flüssigkeitsgemischen.

Die Kondensationstemperaturen von Sattdampfgemischen in Abhängigkeit von deren Zusammensetzungen ergeben die Taulinie.

Aus dem Siedediagramm kann die Siedetemperatur eines Flüssigkeitsgemisches mit einer bestimmten Zusammensetzung entnommen werden, ferner die Zusammensetzung der entstehenden Dampfphase.

Beispiel: Welche Zusammensetzung hat das siedende Zweistoffgemisch und der mit ihm im Gleichgewicht stehende Gemischdampf von Bild 277/1 bei einer Siedetemperatur von 137 °C?

Lösung: Aus dem Siedediagramm kann bei 137 °C abgelesen werden:

$\boldsymbol{x_A} = 0{,}20 = \mathbf{20\,\%}$; $\boldsymbol{x_B} = 1 - x_A = 0{,}80 = \mathbf{80\,\%}$

$\boldsymbol{y_A} = 0{,}50 = \mathbf{50\,\%}$; $\boldsymbol{y_B} = 1 - y_A = 0{,}50 = \mathbf{50\,\%}$

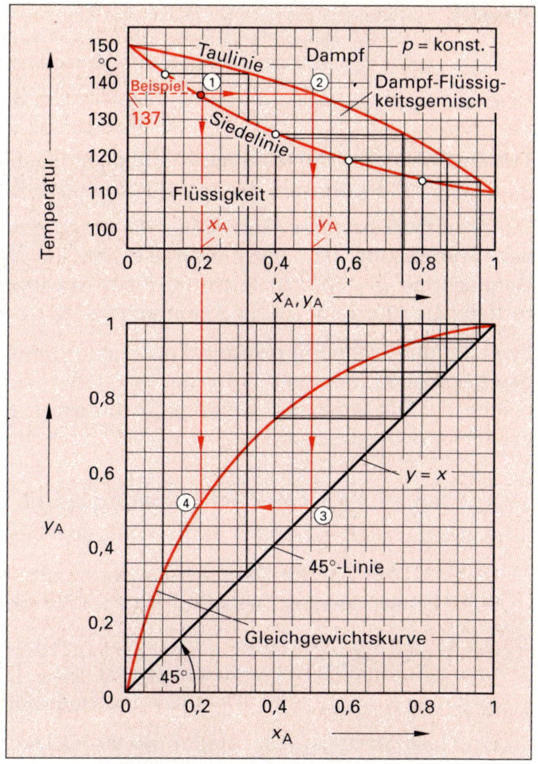

Bild 277/1: Konstruktion der Gleichgewichtskurve aus der Siede- und Taulinie
oben: Siede- und Tau-Diagramm
unten: Gleichgewichtsdiagramm

Gleichgewichtsdiagramm

Siedet ein Flüssigkeitsgemisch, so hat der daraus aufsteigende Dampf eine andere Zusammensetzung als die Flüssigkeit. Im Gleichgewichtsdiagramm ist für einen konstanten Druck diese Gleichgewichtszusammensetzung der Dampfphase in Abhängigkeit von der Flüssigphase dargestellt. Es ist die **Gleichgewichtskurve**. Sie kann punktweise aus dem Siedediagramm grafisch entwickelt werden.

Beispiel: Aus der Flüssigkeit mit der Konzentration $x_A = 0{,}20$ (Punkt ① auf der Siedelinie) steigt ein Dampf der Konzentration $y_A = 0{,}50$ (Punkt ②) auf. Man erhält ihn durch den Schnitt der Waagrechten mit der Taulinie. Lotet man von Punkt ② herunter bis zur 45°-Linie im Gleichgewichtsdiagramm ③ und von dort waagrecht nach links, so erhält man am Schnittpunkt mit der Flüssigkeitskonzentration $x = 0{,}20$ einen Punkt der Gleichgewichtskurve (Punkt ④).

Aus der Gleichgewichtskurve kann abgelesen werden, welche Zusammensetzung der Dampf hat, der beim Sieden (Destillieren) aus einem Flüssigkeitsgemisch aufsteigt. Dazu liest man den zu einem Flüssigkeitsgehalt x_A gehörenden Dampfgehalt y_A ab.

Beispiel (Bild 277/1): z. B. $x_A = 0{,}40$; man geht bei $x_A = 0{,}40$ senkrecht hoch und erhält beim Schnittpunkt mit der Gleichgewichtskurve $\Rightarrow y_A = 0{,}74$.

Relative Flüchtigkeit

Ein Maß für die Trennbarkeit eines Zweistoffgemisches ist die **relative Flüchtigkeit** α, auch **Trennfaktor** genannt. Sie ist definiert als der Quotient der Dampfdrücke der reinen Komponenten p_A° und p_B°.

Mit den Beziehungen für ideale Flüssigkeitsgemische (Seite 276, unten) erhält man für α eine Gleichung mit den Stoffmengenanteilen.

Die Formel kann nach y_A umgeformt werden und ergibt eine **Gleichung für die Gleichgewichtskurve**. Mit ihr kann für ideale oder annähernd ideale Zweistoffgemische die Gleichgewichtskurve punktweise errechnet werden.

$$\alpha = \frac{p_A^\circ}{p_B^\circ} \quad \text{mit} \quad p_A^\circ = \frac{p_A}{x_A};\; p_B^\circ = \frac{p_B}{x_B} \quad \text{und} \quad p_A = y_A \cdot p;\; p_B = y_B \cdot p$$

$$\alpha = \frac{y_A : x_A}{y_B : x_B}$$

Gleichung der Gleichgewichtskurve $$y_A = \frac{\alpha \cdot x_A}{1 + x_A \cdot (\alpha - 1)}$$

Beispiel: Ein ideales Zweistoffgemisch hat die relative Flüchtigkeit α = 2,84. Berechnen Sie für den Flüssigkeits-Stoffmengenanteil x_A = 0,30 den Dampf-Stoffmengenanteil.

Lösung: $y_A = \frac{\alpha \cdot x_A}{1 + x_A \cdot (\alpha - 1)} = \frac{2,84 \cdot 0,30}{1 + 0,30\,(2,84 - 1)} \approx \mathbf{0,59}$

Tabelle 278/1 zeigt die relativen Flüchtigkeiten einiger Zweistoffgemische am Siedepunkt der leichter flüchtigen Komponente.

Die Trennbarkeit eines Gemisches ist umso besser, je größer der Trennfaktor ist. Beispielsweise ist ein Methan-Ethan-Gemisch mit α = 80 sehr leicht trennbar, während ein p-Xylol-m-Xylol-Gemisch mit α = 1,02 sehr schwer zu trennen ist.

Zweistoffgemische mit großem Trennfaktor haben eine Gleichgewichtskurve, die weit von der 45°-Linie weggewölbt ist, während Gemische mit kleinem Trennfaktor eine Gleichgewichtskurve besitzen, die eng an der 45°-Linie anliegt.

Tabelle 278/1: Relative Flüchtigkeit α ausgewählter Zweistoffgemische

Leichtersiedendes – Schwerersiedendes	$\alpha = p^\circ_A / p^\circ_B$
Methan – Ethan	80
Ethan – Propan	13,8
Propan – n-Butan	5,8
n-Butan – n-Pentan	4,2
n-Pentan – n-Hexan	3,2
n-Hexan – n-Heptan	2,6
Benzol – Toluol	2,4
Propen – Propan	1,10
Ethylbenzol – p-Xylol	1,06
p-Xylol – m-Xylol	1,02

Aufgaben zu 9.13 Gemischtrennung durch Destillation

(Bei allen Aufgaben handelt es sich um ideale Zweistoff-Flüssigkeitsgemische.)

1. Bei 92 °C beträgt der Dampfdruck der Flüssigkeit A 860 mbar und der Dampfdruck der Flüssigkeit B 168 mbar. Welcher Gesamtdruck liegt für ein Gemisch mit x_A = 0,35 vor?

2. Die reinen Komponenten eines Flüssigkeitsgemisches haben einen Dampfdruck von 1002 mbar bzw. 278 mbar. Welcher Gesamtdruck stellt sich für das Flüssigkeitsgemisch ein, wenn die leichter siedende Komponente mit einem Stoffmengenanteil von 43 % im Gemisch vorliegt?

3. Ein Flüssigkeitsgemisch siedet bei 90 °C. Die Dampfdrücke der reinen Komponente betragen bei Siedetemperatur 1364 mbar und 692 mbar. a) Welchen Trennfaktor (relative Flüchtigkeit) hat das Gemisch? b) Erstellen Sie das Gleichgewichtsdiagramm für das Gemisch.

4. Stellen Sie in einem Gleichgewichtsdiagramm die Gleichgewichtskurven der Gemische mit den Trennfaktoren α = 1, α = 2, α = 3, α = 5, α = 10 und α = 100 dar. Welche Auswirkungen haben die unterschiedlichen Gleichgewichtskurven auf die Trennbarkeit eines Zweistoffgemisches?

   Hinweis: Lösen Sie die Aufgaben 3b) und 4 zusätzlich mit einem Tabellenkalkulationsprogramm.

5. Der Trennfaktor eines Flüssigkeitsgemisches beträgt 42,4.

   a) Welcher Stoffmengenanteil Leichtersiedendes liegt in der Dampfphase vor, die mit einem Flüssigkeitsgemisch mit x_A = 0,060 im Gleichgewicht steht?

   b) Es soll ein Erzeugnis mit einem Stoffmengenanteil x (Leichtersiedendes) = 0,99 abdestilliert werden. Welche Stoffmengenanteile müssen in der siedenden Flüssigkeit vorliegen, damit der aus ihr aufsteigende Dampf den erwünschten Erzeugnis-Stoffmengenanteil besitzt?

6. Für ein Zweistoffgemisch wurden folgende Werte gemessen:

ϑ in °C	136	135	130	125	120	115	110	105	100	95	90	85	80
x_A	0,0	0,011	0,054	0,103	0,158	0,220	0,290	0,371	0,463	0,570	0,694	0,839	1,0
y_A	0,0	0,043	0,198	0,335	0,456	0,562	0,655	0,737	0,807	0,868	0,920	0,964	1,0

   a) Erstellen Sie das zugehörige Siedediagramm.

   b) Welche Siedetemperatur hat das Gemisch bei einem Stoffmengenanteil x_B = 0,41?

7. Das Gleichgewichtsdiagramm für das Zweistoffgemisch aus Aufgabe 6 ist unter Benutzung des Siedediagramms grafisch zu entwickeln.

8. Durch eine einfache, absatzweise Destillation soll ein Benzol-Toluol-Gemisch mit einem Stoffmengenanteil x (Benzol) = 0,60 getrennt werden. Bei einer Siedetemperatur von ϑ = 94,4 °C ist der Dampfdruck der reinen Komponente p° (Benzol) = 1,560 bar und p° (Toluol) = 0,6266 bar. Welche Erzeugniskonzentration wird zu Beginn der Destillation erhalten?

9.14 Wasserdampfdestillation

Die Wasserdampfdestillation, auch Trägerdampfdestillation oder Strippen genannt, wird eingesetzt, um temperaturempfindliche und hochsiedende Stoffgemische unter schonenden Bedingungen zu trennen oder zu reinigen. Anwendbar ist die Wasserdampfdestillation nur bei Flüssigkeitsgemischen, deren Bestandteile nicht mit Wasser mischbar sind.

Anlage und Durchführung. Eine Anlage zur Wasserdampfdestillation (Trennung) von Fettsäuregemischen zeigt **Bild 279/1**.

In das Fettsäuregemisch wird Wasserdampf direkt eingeblasen. Das Gemisch siedet, das aufsteigende Dampfgemisch aus Wasserdampf und leicht siedenden Fettsäuren wird anschließend kondensiert und abgekühlt. In einem Absetzgefäß entmischen sich die beiden nicht mischbaren Flüssigkeiten Wasser und Fettsäuren. In der Destillationsblase bleiben als Rückstand hoch siedende Fettsäuren zurück.

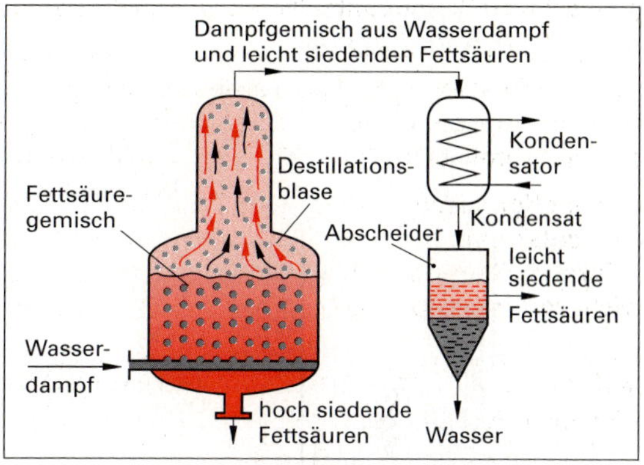

Bild 279/1: Anlage zur Wasserdampfdestillation von Fettsäure-Gemischen

Prinzip der Wasserdampfdestillation. Durch den eingeblasenen Wasserdampf wird die Siedetemperatur des Gemisches herabgesetzt. Ursache hierfür ist, dass der Partialdampfdruck der Komponenten eines Gemisches aus ineinander unlösbaren Stoffen von der Konzentration unabhängig ist und gleich dem Dampfdruck der reinen Komponenten $p_X°$ bzw. $p_W°$ ist.

(Indizes: X = abzutrennender Stoff, W = Wasserdampf)

Der Gesamtdruck p_{ges} ist die Summe der Partialdampfdrücke:

$$p_{ges} = p_X° + p_W°$$

Da der Sattdampf selbst alleine einen Dampfdruck in Höhe des Umgebungsdruckes p_{amb} hat, ergibt die Mischung für jede Komponente einen niedrigeren Partialdruck und damit eine Absenkung der Siedetemperaturen:

$$p_{ges} = p_{amb} = p_X° + p_W° \Rightarrow \quad p_X° = p_{amb} - p_W°$$

Beispiel: Die Siedetemperatur von 1,4-Nitrotoluol beträgt bei p_{amb} = 1013 mbar 239 °C. Wird Wasserdampf bei diesem Druck eingeleitet, sinkt die Siedetemperatur des Gemisches auf 99,7 °C. Im Gemischdampf ist $p_W°$ = 1003 mbar und damit $p°$ (1,4-Nitrotoluol) = $p_{amb} - p_W°$ = 1013 mbar – 1003 mbar = 10 mbar.

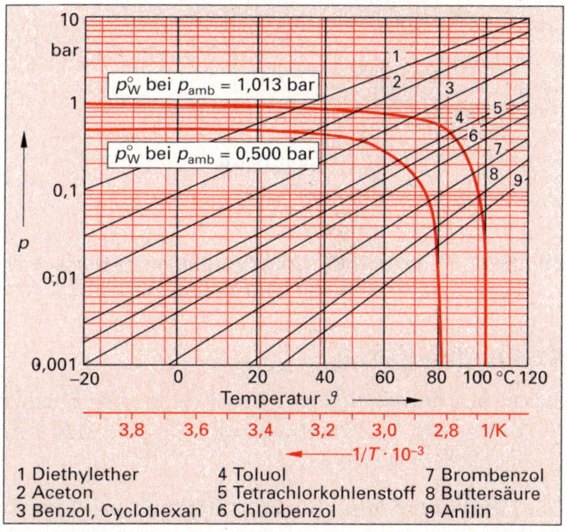

Bild 279/2: lg *p*-1/*T*-Diagramm der Dampfdruckkurven organischer Flüssigkeiten für die Wasserdampfdestillation bei 1,013 bar und 0,500 bar Gesamtdruck

Siedetemperatur der Mischung. Sie ergibt sich aus dem Schnittpunkt der Dampfdruckkurve des organischen Stoffes mit der Dampfdruckkurve des Wassers bei einem vorgegebenem Gesamtdruck. Zur Bestimmung der Gemischtemperatur dient ein Dampfdruckdiagramm, in dem lg p über $1/T$ aufgetragen ist **(Bild 279/2)**. Dort sind die Dampfdruckkurven der organischen Flüssigkeiten Geraden.

Beispiel: Welche Siedetemperaturen stellen sich für eine Wasserdampfdestillation von Chlorbenzol bei einem Druck von 1013 mbar bzw. von 500 mbar ein?

Lösung: Aus Bild 279/2: Die Dampfdruckkurve von Chlorbenzol (Gerade 6) wird bei ϑ = 95 °C (1013 mbar) bzw. ϑ = 70 °C (500 mbar) von der Dampfdruckkurve des Wassers geschnitten.

Aufgabe: Bestimmen Sie die Siedepunkterniedrigung der Stoffe in Bild 279/2, wenn mit ihnen eine Wasserdampfdestillation bei 1,013 bar bzw. bei 0,500 bar durchgeführt wird. Stellen Sie die Ergebnisse in einer Tabelle dar, die auch die Siedetemperaturen der reinen Stoffe bei 1013 mbar enthält.

9.15 Rektifikation

Wird ein Flüssigkeitsgemisch einer Rektifikation unterworfen, können die Komponenten mit großer Reinheit erhalten werden. Die in einer Rektifikationssäule ablaufenden Vorgänge können im Gleichgewichtsdiagramm gezeigt werden **(Bild 280/1)**.

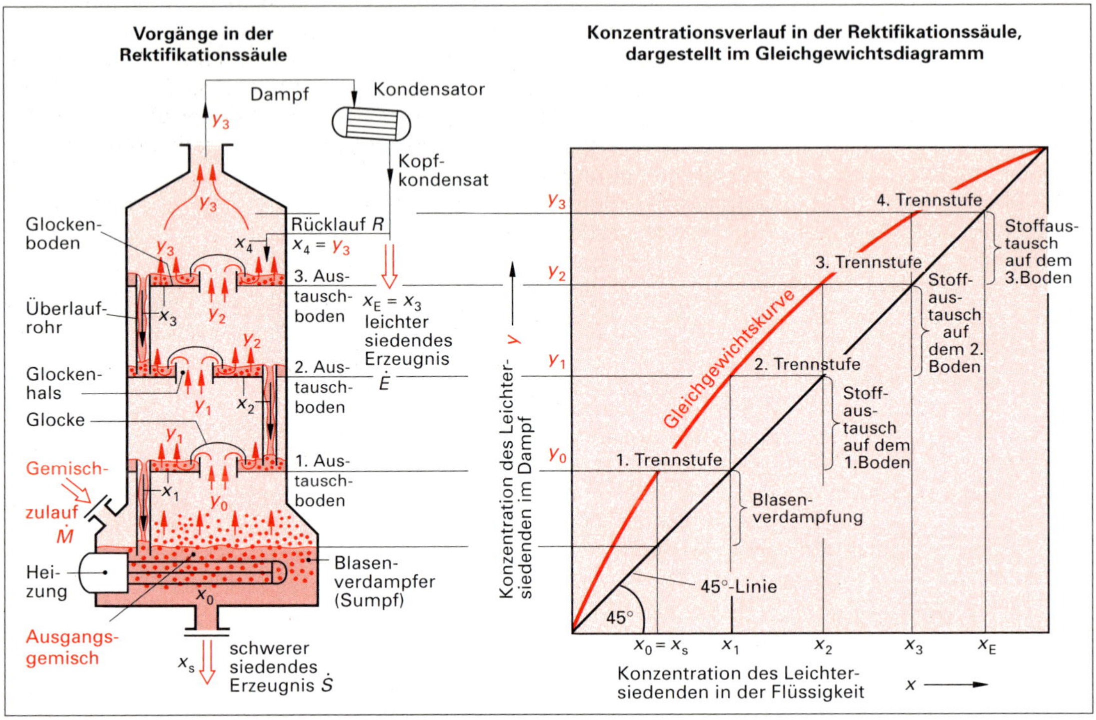

Bild 280/1: Konzentrationsverlauf beim Rektifizieren am Beispiel einer (theoretisch arbeitenden) Glockenbodenkolonne bei totalem Rücklauf; 1. Trennstufe: Sumpf, 2.–4. Trennstufe: Glockenböden

Rücklaufverhältnis

Damit auf den Böden der Kolonne immer Flüssigkeit steht und damit der Stoffaustausch stattfindet, muss bei der Rektifikation stets ein Teil des Kondensats wieder als Rücklauf in den Kolonnenkopf zurückgeführt werden.

Das Verhältnis des Rücklaufstromes $\dot{R}$ zum Erzeugnisstrom $\dot{E}$ nennt man **Rücklaufverhältnis *r*.**

$$r = \frac{\dot{R}}{\dot{E}}$$

Das in der Praxis gewählte Rücklaufverhältnis liegt zwischen dem **Mindestrücklaufverhältnis r_{min}** und totalem Rücklauf mit $r = \infty$: $r_{min} < r < \infty$.

Das Mindestrücklaufverhältnis gibt das Rücklaufverhältnis an, um eine Trennaufgabe in einer Rektifikationsapparatur mit unendlich großer Trennstufenzahl zu bewältigen.

Das **Mindestrücklaufverhältnis r_{min}** ist festgelegt durch die Stoffmengenanteile im gewünschten Erzeugnis x_E und der Ausgangsmischung x_M.

Index E: Erzeugnis
Index M: Ausgangsmischung

$$r_{min} = \frac{x_E - y_M}{y_M - x_M}$$

In der Praxis wird mit einem Rücklaufverhältnis $r = (1{,}3 \text{ bis } 5) \cdot r_{min}$ gearbeitet.

Beispiel: Eine Kolonne soll mit dem 2,5-fachen Mindestrücklaufverhältnis betrieben werden. Welches Rücklaufverhältnis muss eingestellt werden, wenn $x_E = 0{,}94$, $x_M = 0{,}40$ und $y_M = 0{,}57$ ist?

Lösung: $r_{min} = \frac{x_E - y_M}{y_M - x_M} = \frac{0{,}94 - 0{,}57}{0{,}57 - 0{,}40} \approx 2{,}176$; $\mathbf{r} = 2{,}5 \cdot r_{min} \approx 2{,}5 \cdot 2{,}176 \approx \mathbf{5{,}44}$

Anzahl der Trennstufen

Bei **totalem Rücklauf** ($r = \infty$) hat die Säule die geringste Anzahl an Trennstufen, die Mindesttrennstufenzahl. Sie wird auch Anzahl der theoretischen Trennstufen ***NTS*** genannt (von englisch: **n**umber of **t**heoretical **s**tages).

Anzahl der theoretischen Trennstufen	*NTS*

Grafisch wird die Mindesttrennstufenzahl einer Rektifikationsanlage durch das Einzeichnen eines Treppenstufenzuges in das Gleichgewichtsdiagramm bestimmt (Bild 280/1 rechts). Der Treppenstufenzug wird von der Sumpfkonzentration aus in das Gleichgewichtsdiagramm zwischen der Diagonalen und der Gleichgewichtskurve eingezeichnet. Der Treppenstufenzug endet mindestens in Höhe der Kopfkonzentration x_E. Die erhaltene Anzahl der Treppenstufen entspricht der erforderlichen Anzahl der theoretischen Trennstufen, die für die Rektifikation des Zweistoffgemisches notwendig ist. Die erste Trennstufe wird dabei immer dem Sumpf zugeordnet.

Beispiel: Für die in Bild 280/1 dargestellte Trennaufgabe wird ein 4-stufiger Treppenstufenzug erhalten. Die erforderliche Mindesttrennstufenzahl ist 4.

Verstärkungsverhältnis und praktische Anzahl der Austauschböden

Auf den Austauschböden der Kolonne findet keine Trennung des Zweistoffgemisches gemäß der theoretischen Trennwirkung statt. Die geringere Trennwirkung eines realen Austauschbodens wird durch das **Verstärkungsverhältnis *s***, auch **Bodenwirkungsgrad** genannt, berücksichtigt.

Die **praktische Anzahl der Austauschböden *N*** ist meist deutlich größer als die Mindesttrennstufenzahl *NTS*.

N errechnet sich mit nebenstehender Gleichung.

Das Verstärkungsverhältnis beträgt $s = 0{,}5$ bis $0{,}9$.

Praktische Anzahl der Austauschböden	$N = \frac{NTS}{s}$

Beispiel: Wie groß ist die Anzahl der praktischen Austauschböden eines Rektifizierapparates bei einem Bodenwirkungsgrad von 65%? Die theoretische Trennstufenzahl wurde zu $NTS = 6$ ermittelt.

Lösung: $\boldsymbol{N} = NTS/s = 6/0{,}65 = 9{,}2$ $\Rightarrow$ Es sind 10 praktisch arbeitende Trennstufen erforderlich.

Rektifikation mit Sumpfzulauf

Wenn als Erzeugnis am Kolonnenkopf eine möglichst reine leichter siedende Komponente erhalten werden soll, erfolgt die Zuführung des zu trennenden Gemisches im Sumpf der Kolonne. Die Kolonne besteht dann nur aus einem **Verstärkerteil**.

Bei dieser Gemischzuführung wird die theoretische Trennstufenzahl mit einem Treppenstufenzug zwischen einer **Verstärkungsgeraden** und der Gleichgewichtskurve bestimmt **(Bild 281/1)**.

Die Verstärkungsgerade schneidet im Gleichgewichtsdiagramm die Diagonale bei x_E und die y-Achse bei y_0. Der Schnittpunkt der Verstärkungsgeraden mit der y-Achse wird mit dem tatsächlichen Rücklaufverhältnis berechnet:

$$y_0 = \frac{x_E}{r+1}$$

Mit den beiden Punkten (Schnittpunkt der Diagonalen bei x_E und y_0 auf der y-Achse) kann die Verstärkungsgerade eingezeichnet werden.

Die Anzahl der theoretischen Trennstufen entspricht der Anzahl der eingezeichneten Treppenstufen, beginnend von x_M und endend bei x_E (Bild 281/1).

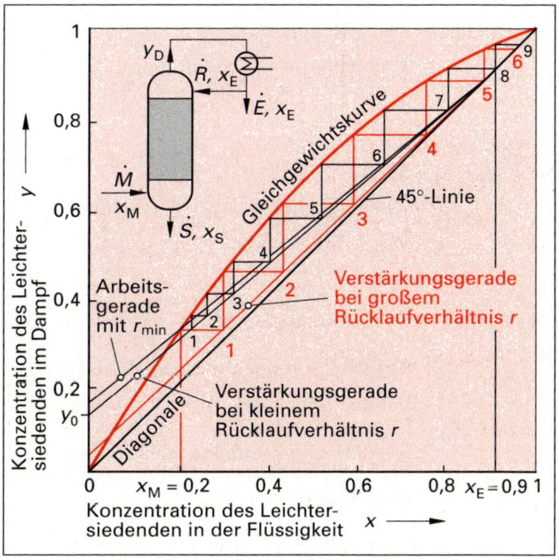

Bild 281/1: Trennstufenzahl bei Gemischzulauf im Sumpf und mit verschiedenen Verstärkungsgeraden

Beispiel: Berechnen Sie den Ordinatenabschnitt y_0, wenn der Erzeugnisstrom 0,50 mol/s, der Rücklaufstrom 5,2 mol/s und die Kopfproduktzusammensetzung $x_E = 0{,}92$ beträgt.

Lösung: Mit $r = \frac{\dot{R}}{\dot{E}} = \frac{5{,}2 \text{ mol/s}}{0{,}50 \text{ mol/s}} = 10{,}4$ folgt: $\boldsymbol{y_0} = \frac{x_E}{r+1} = \frac{0{,}92}{10{,}4+1} \approx \boldsymbol{0{,}081}$

Rektifikation mit mittigem Gemischzulauf

Wird zusätzlich zur Kopfproduktzusammensetzung auch eine bestimmte Sumpfzusammensetzung gefordert, erfolgt der Gemischzulauf meist im mittleren Bereich der Säule auf einen der Trennböden **(Bild 282/1,** links oben**)**. Die Kolonne besteht aus **Verstärkerteil** und **Abtriebsteil**.

Zur Bestimmung der theoretischen Trennstufenzahl dieser Rektifikationsführung muss neben der **Verstärkungsgeraden** noch eine **Abtriebsgerade** in das Gleichgewichtsdiagramm eingezeichnet werden.

Der Gemischzulauf teilt die Säule in den oberen Verstärkerteil mit der Verstärkungsgeraden und den unterhalb des Gemischzulaufs liegenden Abtriebsteil mit der Abtriebsgeraden (Bild 282/1).

In das Gleichgewichtsdiagramm wird zuerst mit Hilfe von y_0 und x_E die Verstärkungsgerade eingezeichnet. Die Abtriebsgerade schneidet im Punkt S bei der Gemischkonzentration x_M die Verstärkungsgerade und die Diagonale bei der Sumpfzusammensetzung x_S.

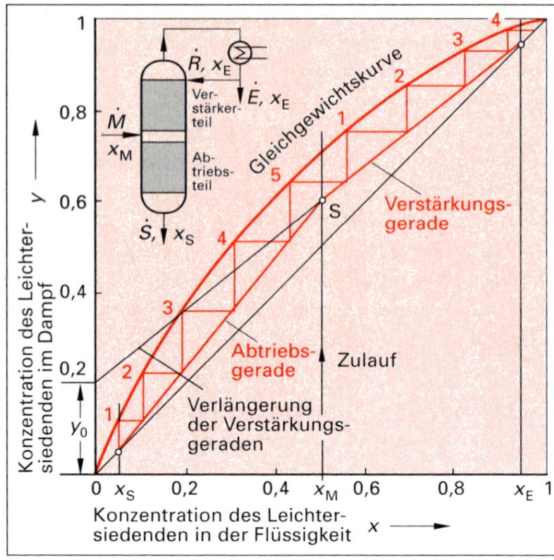

Bild 282/1: Theoretische Trennstufenzahl einer Rektifikationssäule mit mittigem Gemischzulauf

Zur Bestimmung der theoretischen Trennstufenzahl wird dann beginnend bei x_S der Treppenstufenzug zwischen Abtriebsgerade bzw. Verstärkungsgerade und der Gleichgewichtskurve gezeichnet.

Beispiel 1: Trennaufgabe von Bild 282/1: Wie groß ist die erforderliche Trennstufenzahl?

Lösung: Der bei x_S beginnende Treppenstufenzug ergibt 5 Stufen im Abtriebsteil und weitere 4 Stufen im Verstärkungsteil. Insgesamt sind 9 theoretische Trennstufen zur Trennung des Gemisches erforderlich.

Beispiel 2: Für eine Rektifiziersäule zur Trennung eines Benzol-Toluol-Gemisches ist die Anzahl der praktischen Austauschböden zu bestimmen. Folgende Daten, bezogen auf das leichtersiedende Benzol, liegen vor: $x_M = 0{,}35$; $x_E = 0{,}98$; $x_S = 0{,}02$; $\alpha = 2{,}4$; $s = 0{,}7$; $r = 3 \cdot r_{min}$

Lösung: a) Berechnung von y_M: $y_M = \dfrac{\alpha \cdot x_M}{1 + x_M(\alpha - 1)} = \dfrac{2{,}4 \cdot 0{,}35}{1 + 0{,}35\,(2{,}4 - 1)} \approx 0{,}564$

b) Bestimmung des Rücklaufverhältnisses:

$$r = 3 \cdot r_{min} = 3 \cdot \frac{x_E - y_M}{y_M - x_M}$$

$$r = 3 \cdot \frac{0{,}98 - 0{,}564}{0{,}564 - 0{,}35} \approx 5{,}83$$

c) Konstruktion der Gleichgewichtskurve:

Mit der Gleichung $y = \dfrac{\alpha \cdot x}{1 + x\,(\alpha - 1)}$ werden die Wertepaare berechnet und die Gleichgewichtskurve gezeichnet **(Bild 282/2)**.

x	0	0,05	0,10	0,15	0,20	0,40
y	0	0,11	0,21	0,30	0,38	0,62

x	0,50	0,65	0,80	0,95	1,00
y	0,71	0,82	0,91	0,98	1,00

d) Konstruktion der Verstärkungsgeraden: Der Ordinatenabschnitt y_0 der Verstärkungsgeraden errechnet sich zu:

$$y_0 = \frac{x_E}{r + 1} = \frac{0{,}98}{6{,}83} \approx 0{,}14$$

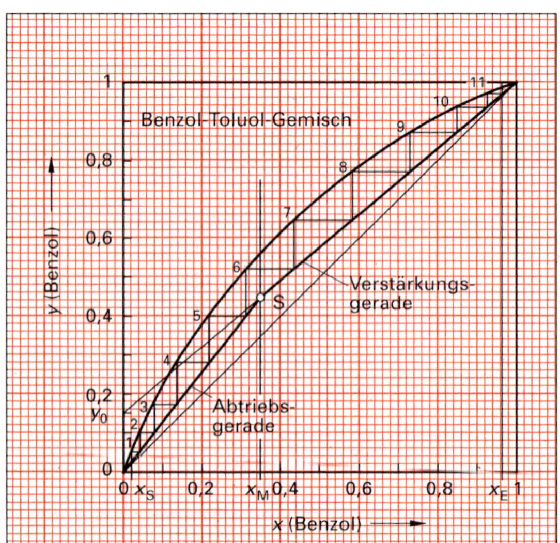

Bild 282/2: Lösung für Beispiel 2

e) Theoretische Stufenzahl: Nach Einzeichnen der Verstärkungs- und Abtriebsgeraden und des Treppenstufenzuges in das Gleichgewichtsdiagramm entfallen auf den Sumpf eine theoretische Trennstufe, auf die Abtriebssäule fünf theoretische Stufen und auf die Verstärkungssäule fünf Stufen. Insgesamt sind 11 theoretische Stufen zur Trennung des Gemisches erforderlich (Bild 282/2).

Dem Diagramm ist weiterhin zu entnehmen, dass der Punkt S oberhalb der sechsten theoretisch arbeitenden Trennstufe liegt. Entsprechend muss der Gemischzulauf auf die fünfte theoretische Trennstufe der Säule zugeführt werden.

f) Praktische Anzahl der Austauschböden: $N = NTS/s = 10/0{,}7 \approx 14{,}3 \quad \Rightarrow \quad \boldsymbol{N = 15}$

Rektifikation mit Kopfzulauf. Wird ein sehr reines schwersiedendes Sumpfprodukt gefordert, erfolgt der Gemischzulauf am Kopf der Kolonne. Sie besteht dann nur aus einem Abtriebsteil.

Rektifikation mit Füllkörper- und Packungskolonnen

Bei Füllkörperschüttungen und Kolonnenpackungen wird die **Höhe der Füllkörperschüttung** bzw. die **Packungshöhe**, die einer theoretischen Trennstufe entspricht, ***HETP*** genannt (von englisch: **h**eight **e**quivalent to one **t**heoretical **p**late).

Die verschiedenen Füllkörperschüttungen und Kolonnenpackungen haben unterschiedliche *HETP*-Werte **(Tabelle 283/1)**.

In der Praxis wird außerdem der Kennwert ***n* = Anzahl der Trennstufen pro 1 m Füllkörperschütthöhe** verwendet:

$$n = \frac{1}{HETP}$$

Die insgesamt für eine Rektifikation erforderliche **Füllkörperschütthöhe** bzw. **Packungshöhe h_F** errechnet sich zu:

$$h_F = \frac{NTS \cdot HETP}{\eta}$$

η ist der Wirkungsgrad der Schüttung.

Tabelle 283/1: *HETP*-Werte

Füllkörperschüttungen Kolonnenpackungen	*HETP* in m
Grid	1,3...1,4
Karo-Grid	0,78
Pallringe 80x80x15	0,68
Pallringe 50x50x10	0,45
Pallringe 35x35x0,8	0,37
Pallringe 25x25x0,6	0,33
Pallringe 15x15x0,4	0,27
Interpack 20x20x0,4	0,48

Beispiel: Für eine Trennaufgabe wurden 11 theoretische Trennstufen ermittelt. Bei Verwendung einer Pallringschüttung mit $HETP = 0{,}45$ m und einem Wirkungsgrad von 0,85 ist eine Füllkörperschütthöhe von

$$\boldsymbol{h_F} = \frac{NTS \cdot HETP}{\eta} = \frac{11 \cdot 0{,}45\ \text{m}}{0{,}85} \approx \mathbf{5{,}82\ m} \quad \text{erforderlich.}$$

Aufgaben zu 9.15 Rektifikation

1. Welches Rücklaufverhältnis liegt vor, wenn der Rücklaufteiler am Kolonnenkopf alle 10 s für 2 s auf Erzeugnisabnahme gestellt ist?

2. a) Für ein ideales Flüssigkeitsgemisch mit einer relativen Flüchtigkeit $\alpha = 9{,}3$ ist die Gleichgewichtskurve zu berechnen und zu zeichnen.

   b) In einer Rektifikationsanlage mit Sumpfzulauf soll ein Ausgangsgemisch dieses Gemisches mit $x_M = 0{,}20$ auf eine Erzeugniskonzentration $x_E = 0{,}98$ angereichert werden. Wie groß ist das Mindestrücklaufverhältnis zu wählen?

3. Ein ideales Zweistoffgemisch wird rektifiziert. Der Gemischkonzentration $x_M = 0{,}355$ steht im Gleichgewicht die Dampfkonzentration $y_M = 0{,}52$ gegenüber. Welche Erzeugniskonzentration wird erhalten, wenn das Mindestrücklaufverhältnis $r_{min} = 2{,}8$ zugrunde gelegt wird?

4. Welche Mindesttrennstufenzahl ist erforderlich, wenn bei einer Rektifikation mit Sumpfzulauf der Stoffmengenanteil Leichtersiedendes im Ausgangsgemisch 0,23 ist und im Erzeugnis mindestens 0,96 betragen soll? Die relative Flüchtigkeit des Gemisches ist $\alpha = 1{,}8$; $r = 2{,}5 \cdot r_{min}$.

5. Eine Rektifikation wird mit vierfachem Mindestrücklaufverhältnis und folgenden Daten gefahren: $x_E = 0{,}96$; $r_{min} = 2{,}9$. Gesucht wird der Ordinatenabschnitt der Verstärkungsgeraden.

6. Zur Trennung eines Flüssigkeitsgemisches soll die Mindesttrennstufenzahl ermittelt werden. Das Gemisch läuft mit $x_M = 0{,}35$ zu. Gefordert wird eine Sumpfkonzentration von 0,15 und eine Erzeugniskonzentration von 0,95. Die relative Flüchtigkeit beträgt $\alpha = 3{,}0$.

7. Ein Zweistoffgemisch wird bei 3,5-fachem Mindestrücklaufverhältnis rektifiziert. Folgende Daten sind bekannt: $\alpha = 3{,}0$; $x_S = 0{,}15$; $x_M = 0{,}35$; $x_E = 0{,}95$. a) Welches Rücklaufverhältnis liegt vor? b) Wie viele theoretisch arbeitende Trennstufen sind erforderlich? c) Bestimmen Sie die Zahl der Austauschböden bei einem Bodenwirkungsgrad von durchschnittlich 62%.

9.16 Flüssig-Flüssig-Extraktion

Bei der Flüssig-Flüssig-Extraktion wird aus einem Flüssigkeitsgemisch (Extraktionsgut) mit Hilfe eines selektiv wirkenden Lösemittels (Extraktionsmittel) eine Einzelkomponente des Gemisches, der Extrakt, herausgelöst.

Die Trägerflüssigkeit des Extraktionsgutes und das Lösemittel dürfen nicht ineinander mischbar sein und müssen unterschiedliche Dichten besitzen.

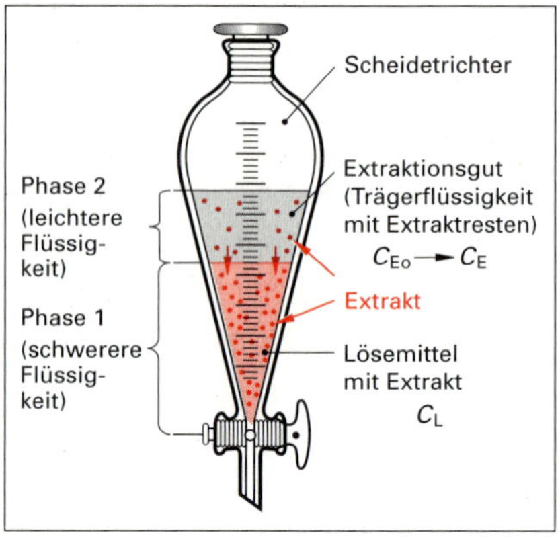

Bild 284/1: Ausschütteln im Scheidetrichter

Extraktion im Labor

Im Labor wird die Flüssig-Flüssig-Extraktion durch Ausschütteln des Extraktionsgutes mit dem Lösemittel in einem **Scheidetrichter** durchgeführt **(Bild 284/1)**.

Der ursprünglich im Extraktionsgut enthaltene Extrakt erhält durch das intensive Vermischen die Gelegenheit sich im Lösemittel zu lösen. Er verteilt sich entsprechend der Löslichkeit im Lösemittel (Phase 1) und in der Trägerflüssigkeit des Extraktionsgutes (Phase 2).

Für die Verteilung des gelösten Stoffes in den beiden Phasen gilt im Gleichgewicht das **Nernst'sche Verteilungsgesetz**.

Nernst'sches Verteilungsgesetz $$k = \frac{c_L}{c_E}$$

Das Verhältnis der Stoffmengenkonzentration des Extrakts im Lösemittel c_L zur Konzentration des Extrakts im ausgelaugten Extraktionsgut c_E ist eine Konstante k.

Die Konstante $\boldsymbol{k}$ ist der **Nernst'sche Verteilungskoeffizient (Tabelle 284/1)**. Er ist abhängig vom Extraktionssystem (Extraktionsgut mit Lösemittel) und von der Temperatur, aber annähernd unabhängig von den Ausgangskonzentrationen des Extrakts im Extraktionsgut.

Tabelle 284/1: Verteilungskoeffizienten *k*

Extraktionsgut Extrakt – Träger	Lösungsmittel	k (20 °C)
Propanon – Wasser	Methylbenzen	2,05
Benzoesäure – Wasser	Diethylether	5,3
Ethanol – Wasser	Tetrachlormethan	41

Während des Extrahierens nimmt die Ausgangs-Extraktkonzentration im Extraktionsgut c_{E0} um die Konzentration des Extrakts im Lösemittel c_L auf die Gleichgewichtskonzentration c_E ab: $c_L = c_{E0} - c_E$.

Das **Nernst'sche Verteilungsgesetz** lautet damit:

$$k = \frac{c_{E0} - c_E}{c_E}$$

Beispiel: In 1 Liter Ether sind 0,40 mol des Stoffes A gelöst. Wie viel mol des Stoffes A enthält der Ether noch, nachdem mit 1 Liter Wasser extrahiert wurde ($k = 2{,}1$)?

Lösung: Anfangskonzentration $c_{E0} = 0{,}4$ mol/L; unbekannt: Gleichgewichtskonzentration c_L im Wasser (Lösemittel); gesucht: Gleichgewichtskonzentration c_E im Ether (Extraktionsgut).

$$k = \frac{c_{E0} - c_E}{c_E} \Rightarrow k \cdot c_E = c_{E0} - c_E \Rightarrow k \cdot c_E + c_E = c_{E0} \Rightarrow c_E\,(k+1) = c_{E0} \Rightarrow$$

$$\boldsymbol{c_E} = \frac{c_{E0}}{k+1} = \frac{0{,}4 \text{ mol/L}}{2{,}1+1} \approx \mathbf{0{,}13\ mol/L}$$

Das Nernst'sche Verteilungsgesetz kann auch mit anderen Gehaltsangaben ausgedrückt werden.

Sind Massen m oder Massenkonzentrationen angegeben, so lautet es mit $\beta = m/V$ (Lsg):

$$k = \frac{\beta_L}{\beta_E} = \frac{m_L / V_L \text{ (Lsg)}}{m_E / V_E \text{ (Lsg)}}$$

Bei Stoffmengen n ergibt sich mit $c = n/V$ (Lsg):

$$k = \frac{c_L}{c_E} = \frac{n_L / V_L \text{ (Lsg)}}{n_E / V_E \text{ (Lsg)}}$$

(Die Volumenänderung der Lösung während der Extraktion sind für verdünnte Lösungen vernachlässigbar.)

Aufgabe: Wie groß ist der Verteilungskoeffizient bei der Flüssig-Flüssig-Extraktion von Ethanol/Tetrachlorkohlenstoff mit Wasser? Im Gleichgewicht stehen 0,792 mol Ethanol in 1 L Wasser sowie 0,0201 mol Ethanol in 1 L Tetrachlorkohlenstoff.

Mehrfache Extraktion

Ist der Verteilungskoeffizient k nicht wesentlich größer als 1 und soll der Extrakt zum großen Teil herausgelöst werden, dann muss die Extraktion mehrfach hintereinander mit jeweils frischem Lösemittel durchgeführt werden.

Beispiel: In 100 mL Wasser ist die Ausgangsstoffmenge n_{Eo} eines Stoffes gelöst. Zur Extraktion stehen 100 mL Ether zur Verfügung, in dem sich der Stoff dreimal so gut wie in Wasser löst. Wie viel Prozent des Extrakts werden

a) bei einmaligem Einsatz des Extraktionsmittels ausgelaugt?

b) bei Aufteilung des Extraktionsmittels in zwei gleiche Portionen zu 50 mL Ether und zweimaliger, nacheinander durchgeführter Extraktion ausgelaugt?

Lösung: a) Einmalige Extraktion mit 100 mL Ether

$$k = \frac{c_L}{c_E}; \quad \text{mit } c = n/V \Rightarrow k = \frac{n_L/V_L}{n_E/V_E}; \quad \text{mit } n_E = n_{Eo} - n_L \Rightarrow k = \frac{n_L}{n_{Eo} - n_L} \cdot \frac{V_E}{V_L}$$

$$\Rightarrow k \cdot n_{Eo} - k \cdot n_L = \frac{V_E}{V_L} \cdot n_L \Rightarrow n_L \left(\frac{V_E}{V_L} + k\right) = k \cdot n_{Eo} \Rightarrow$$

$$\boxed{n_L = \frac{k}{V_E/V_L + k} \cdot n_{Eo}}$$

$$\text{mit } V_E = V_L \Rightarrow \boldsymbol{n_L} = \frac{k}{1+k} \cdot n_{Eo} = \frac{3}{1+3} \cdot n_{Eo} = \frac{3}{4} n_{Eo} = \mathbf{75\%}\ \boldsymbol{n_{Eo}};$$

Im Ether sind 75 % der Ausgangsstoffmenge gelöst.

Lösung: b) Zweimalige Extraktion mit jeweils 50 mL Ether

$$\text{1. Extraktion: } \boldsymbol{n_L} = \frac{k}{V_E/V_L + k} \cdot n_{Eo} = \frac{3}{100\ \text{mL}/50\ \text{mL} + 3} \cdot n_{Eo} = \frac{3}{2+3} \cdot n_{Eo} = \frac{3}{5} n_{Eo} = \mathbf{60\%}\ \boldsymbol{n_{Eo}}$$

Nach der 1. Extraktion sind 60% der Ausgangsextraktmenge im Lösemittel, 40% noch im Wasser.

$$\text{2. Extraktion: } n'_{Eo} = 40\%\ n_{Eo} = \frac{2}{5} n_{Eo};\ n'_L = \frac{k}{V_E/V_L + k} \cdot n_{Eo} = \frac{3}{100\ \text{mL}/50\ \text{mL} + 3} \cdot \frac{2}{5} \cdot n_{Eo}$$

$$\boldsymbol{n'_L} = \frac{3}{2+3} \cdot \frac{2}{5} \cdot n_{Eo} = \frac{3}{5} \cdot \frac{2}{5} \cdot n_{Eo} = \frac{6}{25} \cdot n_{Eo} = \mathbf{24\%}\ \boldsymbol{n_{Eo}}$$

Insgesamt werden durch die 2-stufige Extraktion 60% + 24% = **84%** extrahiert.

Absatzweise Extraktion im Chemiebetrieb

Die einfachste absatzweise Flüssig-Flüssig-Extraktion im industriellen Maßstab wird im Rührkessel durchgeführt **(Bild 285/1)**.

Das zu extrahierende Flüssigkeitsgemisch wird im Rührkessel mit dem Lösemittel intensiv vermischt, dekantiert und abgetrennt.

Es gelten die gleichen Gesetzmäßigkeiten wie für die Extraktion im Scheidetrichter.

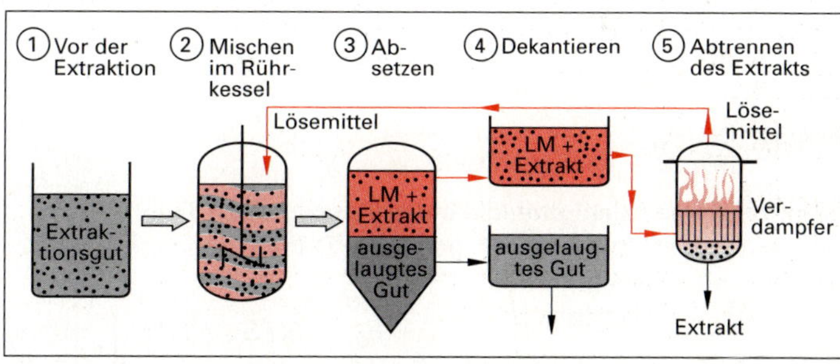

Bild 285/1: Absatzweise Flüssig-Flüssig-Extraktion

Aufgaben zur absatzweisen Extraktion im Labor und Chemiebetrieb

1. In einem Ether-Gemisch sind 0,40 mol/L Stoff A gelöst. Die Lösung wird mit 5,0 L Wasser extrahiert ($k = 2{,}6$). Wie viel Mol des Stoffes A können durch die Extraktion gewonnen werden?

2. 200 L wässrige Lösung mit 63 kg gelöstem Stoff A wurden mit 300 L Ether extrahiert. 41 kg Extrakt konnten durch einen Extraktionsvorgang gewonnen werden.
   a) Welcher Nernst'sche Verteilungskoeffizient liegt bei dieser Stoffkombination vor?
   b) Bei einer 2. Charge von 200 L derselben Lösung wird das Extraktionsmittel in drei Portionen à 100 L aufgeteilt. Wie viel Extrakt kann auf diese Weise gewonnen werden?

3. In einer Extraktionsanlage werden 600 L einer wässrigen Lösung von 1,4-Dioxan mit Benzol extrahiert. Welche Masse Extrakt kann gewonnen werden, wenn dreimal mit je 50 L Benzol extrahiert wird und die 600 L wässrige Lösung zu Beginn 25 g/L Dioxan enthielten ($k = 2{,}8$)?

Kontinuierliche Flüssig-Flüssig-Extraktion

Eine weitgehende Extraktion des Extrakts aus dem Extraktionsgut erreicht man in Gegenstrom-Extraktionskolonnen **(Bild 286/1)**. Oben wird die spezifisch schwerere Flüssigkeit, z. B. das Extraktionsgut (Abgeber), zugeführt, während unten das spezifisch leichtere Lösemittel (Aufnehmer) zufließt. Vorrichtungen in der Kolonne durchmischen und trennen die beiden im Gegenstrom fließenden Komponenten mehrmals nacheinander. Dadurch wird in einer Kolonne eine mehrfache Extraktion erzielt.

Bei technischen Extraktionen rechnet man bei den Stoffgehalten mit der **Beladung**, einem Massenverhältnis.

Die Beladung des Extraktionsgutes beträgt:

$$x = \frac{m_{EE}}{m_E} = \frac{\text{Masse Extrakt im Extraktionsgut}}{\text{Masse des Extraktionsgutes}}$$

Die Beladung des Lösemittels ist:

$$y = \frac{m_{EL}}{m_L} = \frac{\text{Masse Extrakt im Lösemittel}}{\text{Masse des Lösemittels}}$$

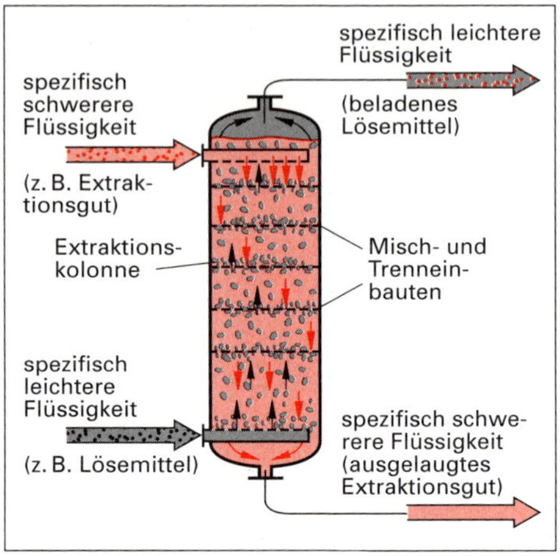

Bild 286/1: Extraktionskolonne

Trägt man die x- und y-Werte eines bestimmten Extraktionssystems grafisch in einem Diagramm auf, so erhält man die **Extraktions-Gleichgewichtskurve (Bild 286/2)**. Sie gibt zu jeder Beladung des Extraktionsgutes x die Beladung des Lösemittels y an.

Zur Berechnung der theoretischen Extraktionsstufenzahl, die erforderlich ist, um ein Extraktionsgut von der Anfangsbeladung x_A auf die Endbeladung x_E zu extrahieren, benötigt man die **Betriebsgerade**. Ihre Steigung ergibt sich aus den Massenströmen in der Kolonne, ihre Endpunkte aus der Anfangs- bzw. der Endkonzentration.

Die theoretische **Extraktionsstufenzahl *NTS*** bestimmt man durch Einzeichnen eines **Treppenstufenzugs** (Mac-Cabe-Thiele-Stufenzug) zwischen Gleichgewichtskurve und Betriebsgeraden ähnlich wie bei der Rektifikation (Seite 281).

Beispiel: Die Anzahl der theoretischen Extraktionsstufen in Bild 286/2 beträgt $NTS = 2$.

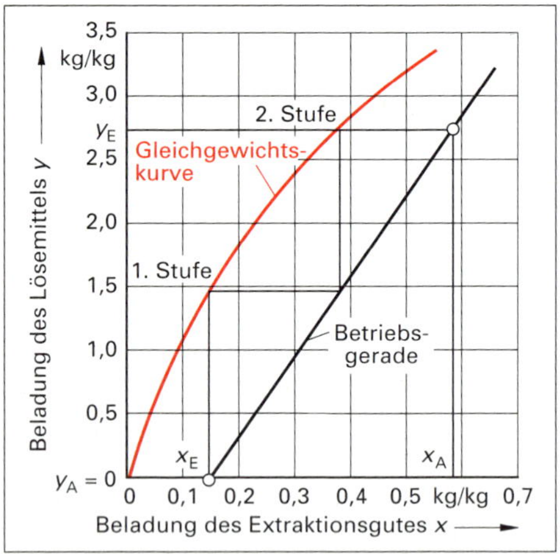

Bild 286/2: Bestimmung der theoretischen Extraktionsstufenzahl im Extraktions-Gleichgewichtsdiagramm

Die **Extraktionssäulenhöhe**, die einer theoretischen Trennstufe entspricht, wird ***HETP*** genannt. Damit errechnet sich die für eine Extraktionsaufgabe erforderliche Säulenhöhe h_F.

$$h_F = NTS \cdot HETP$$

Beispiel: Der *HETP*-Wert einer Extraktionssäule beträt 0,65 m. Es sind 9 theoretische Extraktionsstufen erforderlich. Wie hoch muss die Extraktionssäule mindestens sein?

Lösung: $h_F = NTS \cdot HETP = 9 \cdot 0{,}65\ \text{m} = \mathbf{5{,}88\ m}$

Aufgabe zur kontinierlichen Flüssig-Flüssig-Extraktion

Das durch die Gleichgewichtskurve in Bild 286/2 charakterisierte Extraktionssystem soll von einer Anfangsbeladung des Extraktionsgutes $x_A = 0{,}50$ auf eine Endbeladung $x_E = 0{,}05$ extrahiert werden. Die Betriebsgerade ist durch die Punkte $(x = 0{,}05/y = 0)$ und $(x = 0{,}55/y = 3{,}0)$ festgelegt. Die Extraktionssäule hat einen $HETP = 1{,}24$ m.

a) Zeichnen Sie in einem Diagramm die Gleichgewichtskurve und die Betriebsgerade.

b) Bestimmen Sie die theoretische Extraktionsstufenzahl der Extraktionsaufgabe.

c) Wie hoch muss die Extraktionssäule mindestens sein?

Gemischte Aufgaben zu 9 Berechnungen zur chemischen Technik

1. In einen Absetzbehälter strömen über eine Rohrleitung mit der Nennweite DN 100 während 35 Minuten Abwässer zu. Die mittlere Strömungsgeschwindigkeit beträgt 0,70 m/s.
   a) Welches Abwasservolumen ist in dieser Zeit in den Absetzbehälter geflossen?
   b) Wie hoch steigt der Abwasserspiegel durch diesen Zufluss, wenn der Durchmesser des zylindrischen Absetzbehälters 2,45 m beträgt?
   c) Welchen Durchmesser muss ein Bodenloch im Absetzbehälter haben, wenn bei einer Flüssigkeitsstandhöhe von 3,50 m gerade so viel Abwasser unten auslaufen soll, wie oben einfließt? (Ausflusszahl des Bodenlochs: $\mu = 0{,}90$.)

2. Durch eine Rohrleitung mit Nennweite DN 150 strömt staubbeladenes Gas mit einer mittleren Strömungsgeschwindigkeit von 0,25 m/s in einen Absetzgaszug **(Bild 287/1)**.
   a) Welche Querschnittsfläche muss der Gaszug haben, wenn die Strömungsgeschwindigkeit in ihm auf 0,1 cm/s fallen soll?
   b) Welcher dynamische Druck herrscht im Zuströmrohr bzw. im Absetzgaszug ($\varrho = 1{,}293$ g/L)?

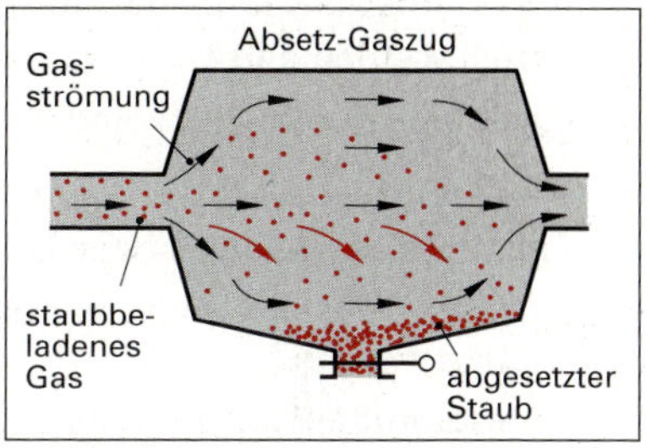

Bild 287/1: Aufgabe 2

3. In einer Rohrleitung der Nennwert DN 100 strömt Butanol mit einer mittleren Strömungsgeschwindigkeit von 0,12 m/s.
   a) Welcher Volumenstrom liegt vor?
   b) Welches Volumen durchströmt die Leitung in 2,5 Sekunden?
   c) Welcher Strömungszustand herrscht in der Rohrleitung? (Dynamische Viskosität $\eta = 2{,}947 \cdot 10^{-3}$ Pa · s, Dichte $\varrho = 810{,}9$ kg/m^3.)

4. In einem Silobatterielager mit fünf zylindrischen Silos **(Bild 287/2)** wird Zement mit einer Schüttdichte von $\varrho_{\text{Schütt}} = 2150$ kg/m^3 gelagert.
   a) Wie groß ist das maximale Lagervolumen des Silolagers? (In Bild 287/2 ist die maximale Füllung gezeigt.)
   b) Wie viel Lastzüge mit einer Transportkapazität von jeweils 25 t können aus einem Silo gefüllt werden?

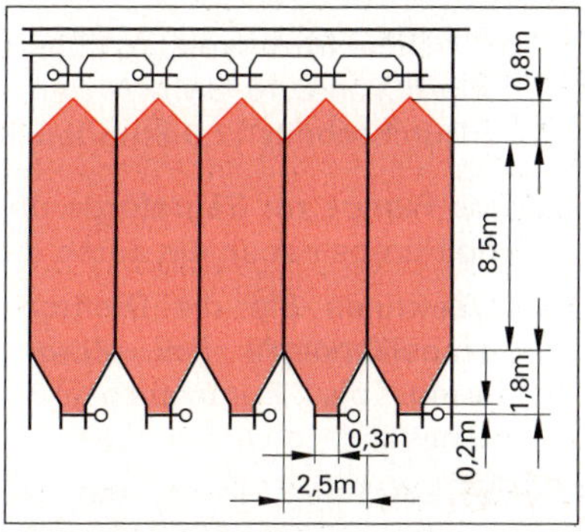

Bild 287/2: Aufgabe 4

5. Eine Rohrleitung ist für den Nenndruck PN 25 ausgelegt.
   a) Welcher zulässige Betriebsüberdruck darf bei Raumtemperatur maximal in der Rohrleitung auftreten?
   b) Wie hoch darf der zulässige Betriebsüberdruck noch sein, wenn Gas mit 250 °C durch die Rohrleitung strömt?

6. Natronlauge ($\varrho = 1{,}28$ g/cm^3) soll von einer Pumpe (Pumpenkennwerte: Förderstrom $\dot{V} = 125$ m^3/h, Förderhöhe $H = 14$ m) in eine Elektrolysezelle umgepumpt werden. Welche Leistung muss der Antriebsmotor der Pumpe besitzen? (Pumpenwirkungsgrad 82 %, Leistungszuschlag 30 %.)

7. Eine Kreiselradpumpe fördert in einer Salpetersäure-Anlage Prozesswasser durch ein Rohrleitungssystem. Die Pumpenkennlinie und die Rohrleitungskennlinie sind durch nebenstehende Wertetabellen gegeben. Bestimmen Sie den Betriebspunkt der Pumpe.

Pumpenkennlinie								
H in m	48	46	44,5	42	39,5	36,5	33	30
$\dot{V}$ in m^3/h	0	40	60	80	100	120	140	160

Rohrleitungskennlinie								
H_A in m	10	13	18	23,5	26	31	38	43
$\dot{V}$ in m^3/h	22	44	61	85	102	119	142	158

8. a) Aus dem Kennfeldraster der Chemiepumpen-Baureihe von Bild 248/2 soll der mögliche Förderstrom des Pumpentyps 250-500 ermittelt werden.

   b) Kann die Pumpe 250-500 eine Förderhöhe von 90 m leisten?

9. In einem Klärbecken ist durch eine Bodenabsenkung ein Riss im Beckenboden enstanden. Der Riss ist 8,30 m lang und im Durchschnitt 0,50 cm breit, seine Ausflusszahl beträgt 0,045. Das Abwasser steht im Klärbecken konstant 2,45 m hoch.

   Welches Abwasservolumen versickert pro Tag in den Boden?

10. Wie groß ist das maximale Fassungsvermögen des in **Bild 288/1** gezeigten Biohoch-Reaktors zur Abwasserreinigung, wenn er maximal bis 0,8 m unterhalb des oberen Rands gefüllt werden darf?

    (Die Maße in Bild 288/1 sind Innenmaße.)

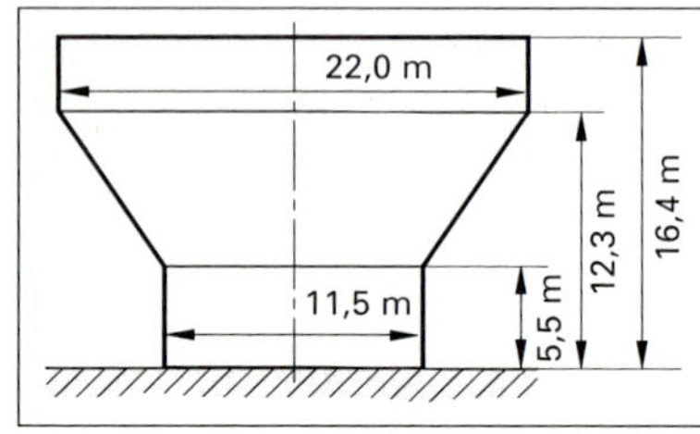

Bild 288/1: Aufgabe 10

11. Ein Getriebemotor (Elektromotor mit angeflanschtem Getriebe) trägt das nebenstehende Leistungsschild **(Bild 288/2)**.

    a) Welche Daten können aus dem Leistungsschild entnommen werden?

    b) Wie groß ist die vom Motor bei Nennbetrieb aufgenommene elektrische Leistung?

    c) Wie groß ist der Wirkungsgrad des Motors bei Nennleistung?

    d) Welche Stromkosten fallen pro Monat bei einem Stromtarif von 0,16 DM/kWh an, wenn der Motor täglich im Durchschnitt 12,3 Stunden läuft?

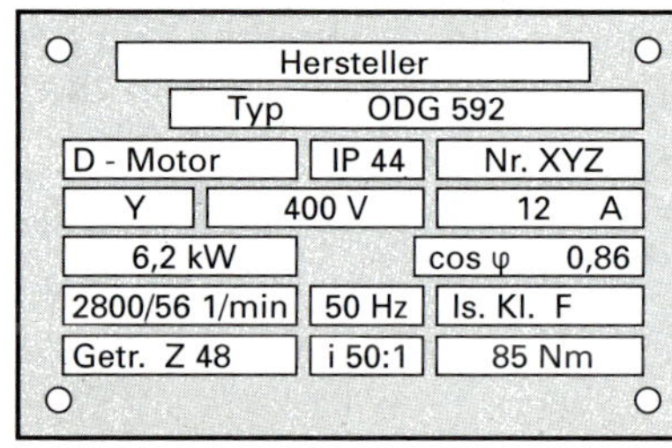

Bild 288/2: Aufgabe 11

12. Eine Pumpe zur Säureförderung wird von einem Drehstromasynchronmotor angetrieben. Motor und Pumpe haben die durch die nebenstehenden Wertetabellen definierten Kennlinien.

    a) Zeichnen Sie die Drehmomentkennlinie des Motors und die Pumpen-Lastmomentlinie in ein Schaubild.

    b) Bestimmen Sie das Anzugsmoment, das Kippmoment und den Betriebspunkt des Motors.

Drehmomentkennlinie des Motors									
M_M in N · m	180	165	235	450	535	570	530	400	745
n in 1/min	0	50	200	400	500	600	650	700	0

Pumpen-Lastmomentlinie									
M_P in N · m	0	20	50	95	150	210	290	365	450
n in 1/min	0	100	200	300	400	500	600	700	800

13. An den Getriebemotor von Aufgabe 11 ist zusätzlich ein Keilriemengetriebe angeflanscht.

    a) Welche Gesamtübersetzung liegt dann vor, wenn die Übersetzung des Keilriemengetriebes $i = 2{,}5$ beträgt?

    b) Welche Drehzahl hat ein vom Getriebemotor mit Keilriemengetriebe angetriebener Kreuzbalkenrührer?

14. In einer Gasblasenkolonne **(Bild 288/3)** steht die Flüssigkeit 7,4 m hoch über dem Einblasstutzen des Reaktionsgases. Die Realdichte der mit Gasblasen durchsetzten Flüssigkeit beträgt 628 kg/m^3, im Gasraum über der Flüssigkeit herrscht ein Überdruck von 0,42 bar.

    a) Welcher hydrostatische Druck herrscht in der Flüssigkeit auf Höhe des Einblasstutzens?

    b) Mit welchem Druck muss das Reaktionsgas in die Verteilerschlange eingepresst werden, wenn zur Reserve ein Auspress-Überdruck von 0,20 bar vorliegen soll?

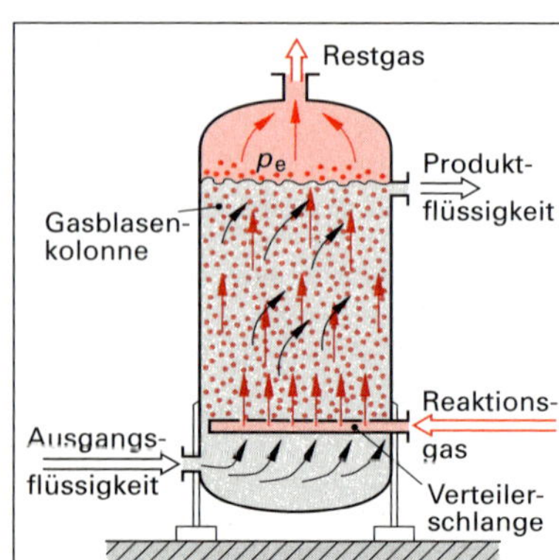

Bild 288/3: Aufgabe 14

15. In einem zylindrischen Autoklaven beträgt der Überdruck 63 bar **(Bild 289/1)**.

a) Welche Spannung herrscht in der Autoklavenwand?

b) Ist die zulässige Spannung überschritten, wenn der aus X5 CrNiMo 18-10 bestehende Autoklav (R_m = 580 N/mm²) eine Sicherheitszahl von 5 haben soll?

c) Welche Kraft wirkt auf den Autoklavendeckel?

d) Mit wie vielen Schrauben muss der Deckel verschraubt sein, wenn eine Schraube maximal 90 000 N tragen darf?

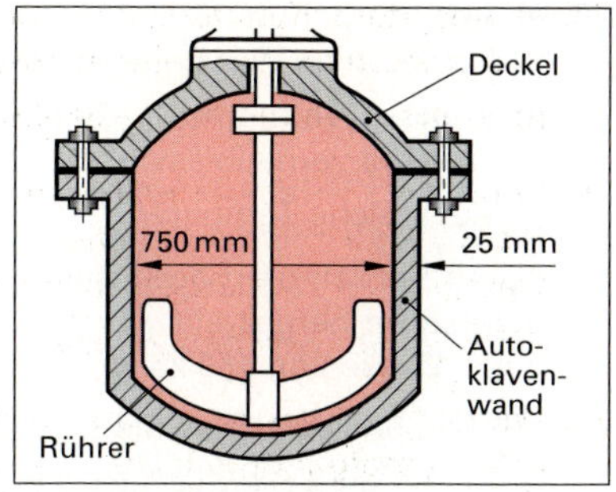

Bild 289/1: Aufgabe 15

16. Welcher Wärmestrom kann pro Sekunde durch eine 6,00 m² große Kesselblechwand transportiert werden, wenn auf der einen Kesselblechoberfläche eine Temperatur von 172 °C und auf der anderen Seite eine Temperatur von 124 °C herrscht? Die Wanddicke des Wärmetauschers beträgt 3,00 mm.

17. Um wie viel Prozent ändert sich der Wärmestrom, wenn der Kesselblechwärmetauscher aus Aufgabe 16 durch einen kupfernen Wärmetauscher mit einer Wanddicke von 3,00 mm ersetzt wird?

18. In einem Industriegebäude befinden sich insgesamt 24 Fenster mit einer Glasfläche von jeweils 3,0 m x 2,0 m und einer 6,0 mm dicken Glasscheibe. Im Gebäude soll die Raumtemperatur 20 °C nicht unterschreiten, die Außentemperatur wird zu konstant –15 °C angenommen.

Die Wärmeleitzahl des Fensterglases beträgt 0,81 W/mK, die Wärmeübergangszahl beträgt auf der Fensterinnenseite 5,0 kJ/m²hK, auf der Außenseite 30 kJ/m²hK.

a) Wie groß ist die Wärmedurchgangszahl des Fensters?

b) Welche Wärmemenge geht pro Tag durch die Fenster?

19. Alle Fenster von Aufgabe 18 werden durch Isolierglasfenster ersetzt **(Bild 289/2)**.

a) Um wie viel Prozent verbessert sich die Wärmedurchgangszahl gegenüber der Einfachverglasung?

(Die Luftschicht zwischen den zwei Scheiben ist wie eine Wand zu betrachten. λ_{Luft} = 0,10 kJ/m h K.)

b) Welche Wärmemenge kann dadurch pro Tag eingespart werden?

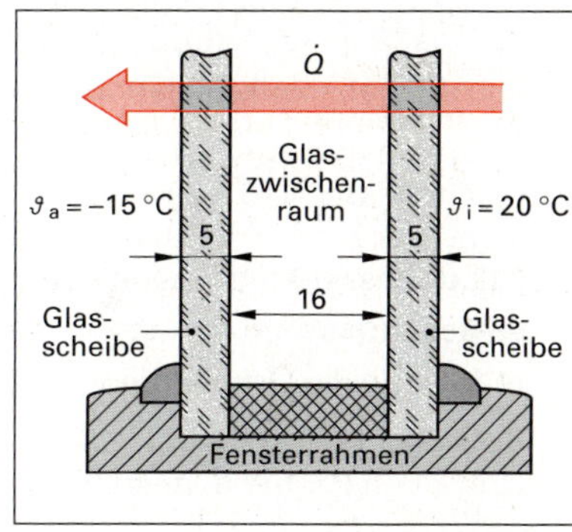

Bild 289/2: Aufbau eines Isolierglasfensters (Aufgabe 19)

20. Wie groß ist die mittlere Temperaturdifferenz, wenn in einem bei Gegenstrom betriebenen Wärmeaustauscher das Heizmedium von 114 °C auf 62 °C abgekühlt und das zu erwärmende Medium von 48 °C auf 92 °C erwärmt wird?

21. Welche Wärmeübertragungsfläche hat ein Rohrbündelwärmetauscher, der 92 Rohre von je 1,80 m Länge mit einem Außendurchmesser von 30,0 mm bei einer Wandstärke von 2,00 mm enthält?

22. In einem Rohrbündelwärmetauscher gehen 620 kJ Wärme pro Minute bei einer konstanten Temperaturdifferenz von 24,0 K durch die 4,80 m² große Übertragungsfläche. Berechnen Sie die Wärmedurchgangszahl in kJ/m²hK und in kW/m²K.

23. Die Wärmedurchgangszahl eines Rohrbündeltauschers soll aus folgenden Daten berechnet werden:

$$\alpha_1 = 4800\,\frac{\text{kJ}}{\text{m}^2\text{hK}};\quad s = 3{,}20\text{ mm};\quad \lambda = 50\,\frac{\text{W}}{\text{mK}}\ \text{(Stahl)};\quad \alpha_2 = 280\,\frac{\text{kJ}}{\text{m}^2\text{hK}}$$

24. Zum Kühlen eines Kesselinhaltes stehen 3000 kg/h Solelösung zur Verfügung. Welche Wärmemenge kann stündlich abgeführt werden, wenn die Sole von –28 °C auf –14 °C erwärmt wird?

Spezifische Wärmekapazität der Sole c_S = 2,93 kJ/(kg · K).

25. 364 kg Sattdampf von 100 °C werden in eine Behälterfüllung eingeleitet und kondensieren dort. Die spezifische Wärmekapazität der Füllung beträgt $c_B = 2{,}82$ kJ/(kg · K), ihre Masse 4412 kg.

a) Welche Wärmemenge geht dabei auf die Behälterfüllung über? (Die Abkühlung des Kondensats soll vernachlässigt werden.)

b) Auf welche Temperatur erwärmt sich dadurch die mit 12 °C vorgelegte Behälterfüllung?

26. Durch Verdampfen des Wasseranteils soll eine 50,0%ige Salpetersäure aus einer 12,0%igen Salpetersäure hergestellt werden. Wie viel Kilogramm Wasser sind der ursprünglichen Lösung mit einer Masse von 460 kg zu entziehen?

27. Die Siebanalyse eines Mahlgutes ergibt nebenstehendes Ergebnis.

a) Bestimmen Sie die Rückstände, die Rückstandssummen und die Durchgangssummen jeweils in Prozent.

b) Zeichnen Sie das Kornverteilungsdiagramm, das Rückstandssummendiagramm und das Durchgangssummendiagramm.

c) Zeichnen Sie im RRSB-Körnungsnetz die Durchgangssummengerade ein und bestimmen Sie die Feinheitsparameter (d', n) sowie die volumenbezogene spezifische Oberfläche des Mahlguts ($f = 1$).

Tabelle 290/1: Aufgabe 27

Kornklassenbreite in mm	Rückstand in g
> 8	0,0
4,0 bis 8,0	16,7
2,0 bis 4,0	21,8
1,0 bis 2,0	33,4
0,5 bis 1,0	52,9
< 0,5	46,2

28. Werten Sie die Siebanalyse von **Tabelle 290/2** gemäß der Aufgabenstellung von Aufgabe 27a, b und c aus.

(Verwenden Sie alternativ für den Aufgabenteil 28a und 28b ein Tabellenkalkulationsprogramm.)

Tabelle 290/2: Aufgabe 28

Kornklassenbreite in mm	Rückstand in g
> 31,5	0
16 bis 31,5	16,1
8 bis 16	62,9
4 bis 8	64,5
2 bis 4	31,3
1 bis 2	15,9
< 1	8,0

29. In einem Etagentrockner werden pro Stunde aus einem feuchten Gut 416 kg Wasser ausgetrieben. Zur Verfügung steht trockene Frischluft. Die feuchte Abluft verlässt mit 312 g Wasser/kg trockene Luft gesättigt den Trockner.

a) Berechnen Sie den absoluten Luftbedarf.

b) Wie viel kg Luft werden pro Tag benötigt, wenn die Abluft nur zu 90,0% gesättigt ist?

30. Bei welcher Temperatur siedet Brombenzol, wenn es durch Wasserdampfdestillation bei einem Druck von 0,5 bar abdestilliert wird? (lg $p - \frac{1}{T}$-Diagramm von Brombenzol: Bild 279/2)

31. Ein ideales Zweistoffgemisch wird durch Rektifikation in seine Komponenten getrennt. Folgende Daten des Zweistoffgemisches sind bekannt: $x_M = 0{,}32$; $x_S = 0{,}05$; $\alpha = 5{,}2$. Rektifiziert werden soll mit dem 3,2-fachen Mindestrücklaufverhältnis.

a) Berechnen und zeichnen Sie die Gleichgewichtskurve des Gemisches mit Hilfe eines Taschenrechners oder mit einem Tabellenkalkulationsprogramm.

b) Wie viele theoretisch arbeitende Trennstufen sind erforderlich, wenn eine Erzeugniskonzentration von mindestens 98% gefordert wird?

c) Wie hoch muss die für diese Trennaufgabe erforderliche Füllkörperkolonne sein, wenn die Füllkörperschüttung aus 80x80x15 Pallringen einen *HETP*-Wert von 0,68 m hat und ihr Wirkungsgrad 72% beträgt?

d) In welche theoretische Trennstufe muss die Einspeisung des Gemisches erfolgen?

32. Welche Verteilung von Ethanol zwischen Wasser und Diethylether liegt bei einer Extraktion vor, wenn der Verteilungskoeffizient 0,61 beträgt? Die Gesamtmasse Ethanol beträgt 32,9 kg. 720 L Wasser und 280 L Diethylether wurden eingesetzt.

33. Eine Charge von 540 kg wässriger Lösung enthält 10,5% Phenol, das durch Flüssig-Flüssig-Extraktion ausgelaugt werden soll. Zur Extraktion werden zweimal je 200 kg Diethylether eingesetzt. Die Dichte der wässrigen Lösung ist annähernd 1,0 g/cm³, die des Ethers (und der etherischen Lösung) ungefähr 0,72 g/cm³. Der Verteilungskoeffizient beträgt $k = 54$.

a) Welche Masse Phenol verbleibt im Wasser?

b) Beurteilen Sie die Wahl des Extraktionsmittels anhand der Ergebnisse.

10 Mathematische Grundlagen der Informatik und Steuerungstechnik

10.1 Zahlensysteme

Die Bildung von Zahlvorstellungen ist schon aus der Jungsteinzeit überliefert und vermutlich praktischen Ursprungs. Das einfachste Zahlensystem, das Zweiersystem oder Dualsystem, wurde schon von den Urvölkern verwendet. Als Ziffern dienten überall vorhandene und leicht zählbare Gegenstände wie kleine Steine. Die Benutzung der 10 Finger führte zum heute in allen Hochkulturen üblichen Zehnersystem.

Dezimalsystem (Zehnersystem)

Das Dezimalsystem, auch Zehnersystem oder dekadisches System genannt, ist ein Zahlensystem mit der Grundzahl (Basis) 10. Elemente des Dezimalsystems sind die Ziffern 0, 1, 2, ... 9.

> **Dezimalsystem (Zehnersystem)**
> Basis: 10
> Kennzeichen: Index 10, z.B. 275_{10}
> Elemente: 0, 1, 2, 3, 4, 5, 6, 7, 8, 9

Jede natürliche Zahl (vergl. Kapitel 1.1 Zahlenarten) lässt sich im Dezimalsystem in der Form: $a_0 \cdot 1 + a_1 \cdot 10 + a_2 \cdot 100 + \ldots a_n \cdot 10^n$ darstellen, wobei die Koeffizienten a_0, a_1, a_2 ... die Elemente 0, 1, 2, ... 9 sein können.

Für die abgekürzte Schreibweise einer Zahl aus dem Dezimalsystem verwendet man die Folge der Koeffizienten in umgekehrter Reihenfolge. Die Anwendung wird am Beispiel der Zahl 8356_{10} erläutert.

Beispiel 1: 8356_{10}

$8 \cdot 10^3 + 3 \cdot 10^2 + 5 \cdot 10^1 + 6 \cdot 10^0 =$

$8 \cdot 1000 + 3 \cdot 100 + 5 \cdot 10 + 6 \cdot 1 =$

$8000 + 300 + 50 + 6 = \mathbf{8356_{10}}$

Stelle	8.	7.	6.	5.	4.	3.	2.	1.
Potenz von 10	10^7	10^6	10^5	10^4	10^3	10^2	10^1	10^0
Beispiel					**8**	**3**	**5**	**6**

Zur Darstellung von Dezimalzahlen fügt man, getrennt durch Kommazeichen, die Potenz von 10 mit negativen Exponenten hinzu. Die erste Nachkommastelle wird mit 10^{-1} multipliziert, die zweite mit 10^{-2} usw.

Beispiel 2: $21{,}578_{10}$

$2 \cdot 10 + 1 \cdot 1 + 5 \cdot 0{,}1 + 7 \cdot 0{,}01 + 8 \cdot 0{,}001 =$

$2 \cdot 10^1 + 1 \cdot 10^0 + 5 \cdot 10^{-1} + 7 \cdot 10^{-2} + 8 \cdot 10^{-3} =$

$20 + 1 + 0{,}5 + 0{,}07 + 0{,}008 = \mathbf{21{,}578_{10}}$

Vor-/Nachkommastelle	2.	1.	1.	2.	3.
Potenz von 10	10^1	10^0	10^{-1}	10^{-2}	10^{-3}
Beispiel	**2**	**1**	**5**	**7**	**8**

Eine besondere Bedeutung kommt der Ziffer Null zu, ohne die eine Stellendarstellung nicht möglich ist. Tritt die Ziffer 0 in einer Zahl auf, so wird die entsprechende Potenz dieser Basis nicht benutzt.

Beispiel 3: $0{,}024_{10}$

$0 \cdot 10^0 + 0 \cdot 10^{-1} + 2 \cdot 10^{-2} + 4 \cdot 10^{-3} =$

$0 \cdot 1 + 0 \cdot 0{,}1 + 2 \cdot 0{,}01 + 4 \cdot 0{,}001 =$

$0 + 0 + 0{,}02 + 0{,}004 = \mathbf{0{,}024_{10}}$

Vor-/Nachkommastelle	2.	1.	1.	2.	3.
Potenz von 10	10^1	10^0	10^{-1}	10^{-2}	10^{-3}
Beispiel		**0**	**0**	**2**	**4**

Dualsystem (Zweiersystem)

Das Dualsystem, auch Zweiersystem oder Binärsystem genannt, ist ein Zahlensystem mit der Basis 2. Das Dualsystem baut mit Hilfe von nur 2 Elementen, den Ziffern 1 und 0, alle Zahlen aus Potenzen von 2 auf.

> **Dualsystem (Zweiersystem)**
> Basis: 2
> Kennzeichen: Index 2, z.B. 1010_2
> Elemente: 0, 1

Von besonderer Bedeutung ist das Dualsystem für die Mikroelektronik. Da elektronische Bauelemente wie Relais, Dioden und Schalttransistoren nur zwei Schaltzustände unterscheiden können (Spannung liegt an = 1, Spannung liegt nicht an = 0), lässt sich das binäre System technisch besonders einfach realisieren. Es wurde deshalb zusammen mit der Boole'schen Algebra (Kapitel 10.4) zur mathematischen Basis der Informatik.

Elektronische Steuerungen sind meist binäre oder digitale Steuerungen. Bei binären Steuerungen werden zweiwertige Steuersignale (z. B. EIN/AUS von Relais, AUF/ZU von Ventilen, Grenzsignale HIGH/LOW von Behältern), also Schaltsignale, miteinander verknüpft, gespeichert und als Schaltsignale wieder ausgegeben, z. B. zur Steuerung komplexer chemischer Anlagen. Die Art der Signalverknüpfung wird durch die Schaltalgebra beschrieben (Kapitel 10.4).

Mit den Binärzeichen, z. B. 0 und 1, können auch andere Zeichen wie Buchstaben, Ziffern und Sonderzeichen verschlüsselt (codiert) werden. Binärzeichen wie 1 und 0 werden als **Bit** bezeichnet.

Der Ausdruck Bit ist ein Kunstwort und leitet sich von engl. **bi**nary **d**igit = Binärzeichen ab.

Bei den Dualzahlen können wie bei den Dezimalzahlen durch die Stellenbewertung beliebig große und kleine Zahlen dargestellt werden. Die Stellenbewertung für die Ziffern ist:

links vom Komma $2^0 = 1$; $2^1 = 2$; $2^2 = 4$ ... und rechts vom Komma $2^{-1} = 0{,}5$; $2^{-2} = 0{,}25$; $2^{-3} = 0{,}125$; ...

Beispiel 1: 1111_2

$1 \cdot 2^3 + 1 \cdot 2^2 + 1 \cdot 2^1 + 1 \cdot 2^0 =$

$1 \cdot 8 + 1 \cdot 4 + 1 \cdot 2 + 1 \cdot 1 =$

$8 + 4 + 2 + 1 = \mathbf{15_{10}}$

Stelle	11.	10.	9.	8.	7.	6.	5.	4.	3.	2.	1.
Potenz von 2 = dezimal	2^{10} = 1024	2^9 = 512	2^8 = 256	2^7 = 128	2^6 = 64	2^5 = 32	2^4 = 16	2^3 = 8	2^2 = 4	2^1 = 2	2^0 = 1
Beispiel								**1**	**1**	**1**	**1**

Beispiel 2: Welche Dezimalzahl ist gleichwertig zur Dualzahl $101{,}011_2$?

$1 \cdot 2^2 + 0 \cdot 2^1 + 1 \cdot 2^0 + 0 \cdot 2^{-1} + 1 \cdot 2^{-2} + 1 \cdot 2^{-3} =$

$1 \cdot 4 + 0 \cdot 2 + 1 \cdot 1 + 0 \cdot 0{,}5 + 1 \cdot 0{,}25 + 1 \cdot 0{,}125 =$

$4 + 0 + 1 + 0 + 0{,}25 + 0{,}125 = \mathbf{5{,}375_{10}}$

Vor-/Nachkommastelle	3.	2.	1.	1.	2.	3.
Potenz von 2	2^2	2^1	2^0	2^{-1}	2^{-2}	2^{-3}
Beispiel	**1**	**0**	**1**	**0**	**1**	**1**

ASCII-Code

Zur Darstellung (Codierung) der Ziffern 0...15 des Dezimalsystems durch Binärzeichen sind 4 Bit nötig. Mit 5 Binärstellen lassen sich doppelt so viel Zahlen, nämlich $2^5 = 32$, darstellen. Hat man *n* Binärstellen, so können damit 2^n Zahlen dargestellt werden. Für den Informationsaustausch hat weltweit die Codierung nach dem ASCII-Code Bedeutung. (ASCII ist eine Abkürzung für **A**merican **S**tandard **C**ode for **I**nformation **I**nterchange.) Dies ist ein 7-Bit-Code, bei dem 7 Bits zur Codierung von $2^7 = 128$ Zeichen dienen. Mit dem 8. Bit werden Grafikzeichen codiert. Diese Wortlänge von 8 Bit nennt man **1 Byte**.

Tabelle 292/1 zeigt einen Ausschnitt aus der ASCII-Tabelle.

Tabelle 292/1: Ausschnitt aus dem ASCII-Code

Binär-Code	Dezimal-Code	Zeichen
00110101	53	5
00111100	61	=
01000001	65	A
01100001	97	a
01011010	90	Z
00100101	37	%

Beispiel 3: Welche Informationsmengen in Kilobyte (KB) und in Bit sind auf einer Festplatte mit der Speicherkapazität 1 GigaByte (GByte) speicherbar? (1 KByte = 1024 Byte = 2^{10} Byte)

Lösung: 1 GByte = $1 \cdot 2^{10}$ Megabyte = $1 \cdot 2^{20}$ Kilobyte = **1 048 576 KB**

$1 \cdot 2^{20}$ Kilobyte = $1 \cdot 2^{30}$ Byte = $8 \cdot 1 \cdot 2^{30}$ bit ≈ $\mathbf{8{,}59 \cdot 10^9}$ **bit**

Die Umwandlung einer Ziffer aus dem Dezimalsystem in eine Dualzahl kann nach dem Divisionsverfahren erfolgen. Dabei wird die Dezimalzahl so lange durch 2 geteilt, bis der Rest nicht mehr teilbar ist. Bei gerader Zahl ergibt sich eine 0 als Rest, bei ungerader Zahl eine 1. Die Restziffern ergeben von *unten nach oben* gelesen die gesuchte Dualzahl.

Beispiel 4: Welche Dualzahlen sind den Dezimalzahlen 55_{10} und 42_{10} gleichwertig?

Lösung:

55 : 2 = 27	Rest 1
27 : 2 = 13	Rest 1
13 : 2 = 6	Rest 1
6 : 2 = 3	Rest 0
3 : 2 = 1	Rest 1
1 : 2 = 0	Rest 1

Leserichtung ↑ (von unten nach oben)

$\mathbf{55_{10} = 110111_2}$

42 : 2 = 21	Rest 0
21 : 2 = 10	Rest 1
10 : 2 = 5	Rest 0
5 : 2 = 2	Rest 1
2 : 2 = 1	Rest 0
1 : 2 = 0	Rest 1

Leserichtung ↑ (von unten nach oben)

$\mathbf{42_{10} = 101010_2}$

10.2 Rechnen mit Dualzahlen

Addition und Subtraktion

Das Rechnen mit Dualzahlen ist dem Rechnen im Dezimalsystem ähnlich. Dualzahlen werden wie Dezimalzahlen stellenweise addiert oder subtrahiert. Bei 1 + 1 entsteht 0 und ein Übertrag 1 in die nächst höhere Stelle, so wie im Dezimalsystem 9 + 1 die Ziffer 0 ergibt und einen Übertrag in die nächste Stelle liefert. Bei 0 – 1 leiht man eine 1 aus der nächsthöheren Stelle.

Rechenregeln für Addition/Subtraktion:

Addition:	0 + 0 = 0	1 + 0 = 1	0 + 1 = 1	1 + 1 = 0 (Übertrag 1)
Subtraktion:	0 – 0 = 0	1 – 0 = 1	1 – 1 = 0	0 – 1 = 1 (Übertrag 1)

Beispiel 1: a) Berechnen Sie 14 + 6 mit Dualzahlen.

Lösung:

14	1 1 1 0	
+ 06	+ 0 1 1 0	
1	1 1 1	Übertrag
20_{10}	**1 0 1 0 0** = 20_{10}	

b) Berechnen Sie 12 – 6 mit Dualzahlen.

12	1 1 0 0	
– 06	– 0 1 1 0	
1	1 1	Übertrag
06_{10}	**0 1 1 0** = 6_{10}	

Multiplikation und Division

Bei der Multiplikation und Division von Dualzahlen ist so vorzugehen, wie bei der Multiplikation und Division von Dezimalzahlen. Bei der anschließenden Addition bzw. Subtraktion sind die Regeln der Dualaddition bzw. Dualsubtraktion zu beachten. **Rechenregeln** für die Multiplikation/Division:

Multiplikation:	0 · 0 = 0	1 · 0 = 0	0 · 1 = 0	1 · 1 = 1
Division:	0 : 0 = nicht definiert	1 : 0 = nicht definiert	0 : 1 = 0	1 : 1 = 1

Beispiel 2: a) Berechnen Sie 13 · 5 mit Dualzahlen.

Lösung:

13 · 5	1 1 0 1 · 1 0 1	
15	1 1 0 1	
+ 5	0 0 0 0	
65_{10}	+ 1 1 0 1	
	1 1 1 1	Übertrag
	1 0 0 0 0 0 1$_2$ = 65_{10}	

b) Berechnen Sie 65 : 5 mit Dualzahlen.

65 : 5 = 13_{10}	1 0 0 0 0 0 1 : 1 0 1 = **1 1 0 1**$_2$ = 13_{10}
5	– 1 0 1
15	1 1 0
15	– 1 0 1
0	0 1 0
	– 0 0 0
	1 0 1

Aufgaben zu 10.1 und 10.2 Rechnen mit dem Dualsystem

1. Welche Dualzahlen ergeben sich für die Dezimalwerte?
   a) 5 b) 18 c) 56 d) 83 e) 116 f) 173 g) 222 h) 301 i) 4322
2. Welche Dezimalwerte haben die aufgeführten Dualzahlen?
   a) 110 b) 0110 c) 10001 d) 110011 e) 01001100 f) 11001010 g) 110101011
3. Wie lauten die Dual- und Dezimalwerte der folgenden Aufgaben?
   a) 110 + 11 b) 0110 + 1101 c) 1111 + 1001 d) 10001 + 01101 e) 110011 + 1001100
   f) 110 – 11 g) 1110 – 1001 h) 110011 – 110 i) 101111 – 1011 j) 11001110 – 100111
4. Wie lauten die Dual- und Dezimalwerte der folgenden Aufgaben?
   a) 110 · 11 b) 0111 · 1100 c) 10000 · 01101 d) 101110 · 100111 e) 110011 · 0100110
   f) 110 : 11 g) 1110 : 1001 h) 10111 : 11011 i) 110110 : 100110 j) 100110111 : 100110
5. Größere Informationsmengen lassen sich in Kilobyte, Megabyte und Gigabyte ausdrücken.
   a) Berechnen Sie die Anzahl der Speicherplätze (Bit) auf einem 64-KByte-Speicher.
   b) Für ein CD-Rom-Laufwerk wird eine Datentransferrate von 800 KByte/s ermittelt. Wie viel Bit werden beim Laden einer Datei von der CD in 7,5 Sekunden in den Rechner eingelesen?

10.3 Sedezimalsystem

Das **Sedezimalsystem**, auch **Hexadezimalsystem** genannt, ist ein Zahlensystem mit der Basis 16. Zu seiner Darstellung sind 16 Ziffern erforderlich. Da aus dem Dezimalsystem nur 10 Ziffern (0...9) verfügbar sind, benutzt man zusätzlich die Buchstaben A, B, C, D, E, F als Ziffern.

Sedezimalsystem
Basis: 16
Kennzeichen: Index 16, z.B. 75_{16}
Elemente: 0, 1, 2, 3, 4, 5, 6, 7, 8, 9
A, B, C, D, E, F

Die Stellenbewertung der Ziffern ergibt sich aus Potenzen von 16:
links vom Komma $16^0 = 1$; $16^1 = 16$; $16^2 = 256$; $16^3 = 4096$ usw.
rechts vom Komma $16^{-1} = 0{,}625$; $16^{-2} \approx 0{,}0039$; $16^{-3} \approx 0{,}0002441$

Beispiel 1: $7B1D_{16}$

$7 \cdot 16^3 + 11 \cdot 16^2 + 1 \cdot 16^1 + 13 \cdot 16^0 =$
$7 \cdot 4096 + 11 \cdot 256 + 1 \cdot 16 + 13 \cdot 1 =$
$28672 + 2816 + 16 + 13 = \mathbf{31517_{10}}$

Stelle	6.	5.	4.	3.	2.	1.
Potenz von 16 = dezimal	16^5 = 1048576	16^4 = 65536	16^3 = 4096	16^2 = 256	16^1 = 16	16^0 = 1
Beispiel			**7**	**B**	**1**	**D**

Eine Gegenüberstellung der Sedimalzahlen mit den Dezimal- und Dualzahlen zeigt **Tabelle 295/1**.

Computer können intern nur binäre Signale (0 oder 1) verarbeiten. Alle Buchstaben, Ziffern und Sonderzeichen müssen deshalb im Binärcode dargestellt werden. Die binäre Codierung in 8-Bit-Blöcken (z. B. 1010 1001) ist sehr aufwendig, unübersichtlich und birgt bei der Programmierung auch viele Fehlermöglichkeiten. Mit Hilfe des Sedezimalsystems lässt sich der Programmieraufwand erheblich erleichtern. Dabei wird ein Byte aus 8 Bit – von rechts ausgehend – in zwei Viererblöcke (Tetraden) zerlegt. Jeder der einzelnen Tetraden wird anschließend die zugehörige Hexadezimalzahl zugeordnet. Mit dieser Codierung können auf der Maschinenebene des Computers Adressen, Daten und Befehle dargestellt werden.

Beispiel 2: Die Binärcodes der ASCII-Zeichen M, k und > (aus einer ASCII-Code-Tabelle) sind als Hexadezimalzahlen darzustellen.

Aus Tabelle: **M** = $\underbrace{0100}_{4}\ \underbrace{1101}_{13} = \mathbf{4\,D_{16}}$ **k** = $\underbrace{0110}_{6}\ \underbrace{1011}_{11} = \mathbf{6\,B_{16}}$ > = $\underbrace{0011}_{3}\ \underbrace{1110}_{14} = \mathbf{3\,E_{16}}$

Lösung: (siehe Klammern oben)

Die Umwandlung von Ziffern des Dezimalsystems in Hexadezimalzahlen kann wie bei der Umwandlung in Dualzahlen mit der Divisionsmethode durchgeführt werden. Der Dezimalwert und die Teiler werden jeweils durch 16 dividiert, bis der Rest nicht mehr teilbar ist.

Beispiel 3: Geben Sie den Dezimalwert 45996 als *Hexadezimalzahl* und als *Dualzahl* in Tetraden an.

Lösung:

45996 : 16 = 2874,75	Rest 0,75 · 16 = 12	= **C**
2874 : 16 = 179,625	Rest 0,625 · 16 = 10	= **A**
179 : 16 = 11,1875	Rest 0,1875 · 16	= **3**
11 : 16 = 0	Rest 11	= **B**

Leserichtung ↑

$\mathbf{45996_{10}} = \mathbf{B3AC_{16}}$

$\mathbf{45996_{10}} = \underbrace{\mathbf{1011}}_{B}\ \underbrace{\mathbf{0011}}_{3}\ \underbrace{\mathbf{1010}}_{A}\ \underbrace{\mathbf{1100}}_{C}$

Aufgaben zu 10.3 Rechnen mit dem Sedezimalsystem

1. Welche Sedezimalwerte ergeben sich für die Dezimalwerte?
   a) 10 b) 22 c) 39 d) 96 e) 125 f) 356 g) 405 h) 578
2. Welche Sedezimalwerte ergeben sich für die Dualzahlen?
   a) 1001 b) 101100 c) 11110111 d) 100000110 e) 100100111 f) 1010010011
3. Welche Dezimalwerte haben die folgenden Sedezimalwerte?
   a) 10 b) 22 c) 3B d) A6 e) 1F5 f) EC6 g) BCD h) A3B5
4. Rechnen Sie die folgenden Sedezimalwerte in Dualzahlen um, füllen Sie die fehlenden Ziffern zu Tetraden auf.
   a) 11 b) 28 c) 4B d) A9 e) 2FD f) ECE g) 305 h) CDA

Aufgaben zu 10.1 bis 10.3: Rechnen mit Zahlensystemen

1. Welche Dualzahlen ergeben sich für die Dezimalwerte?

   a) 7 c) 32 e) 79 g) 186 i) 480 k) 1755

   b) 19 d) 58 f) 91 h) 256 j) 556 l) 2486

2. Welche Dezimalwerte haben die aufgeführten Dualzahlen?

   a) 011 c) 01011 e) 10100101 g) 11011011

   b) 1000 d) 101100 f) 1011101 h) 1011110111

3. Welche Sedezimalwerte ergeben sich für die Dezimalwerte?

   a) 7 c) 32 e) 79 g) 186 i) 480

   b) 19 d) 58 f) 122 h) 256 j) 1024

4. Welche Sedezimalwerte ergeben sich für die Dualzahlen?

   a) 011 c) 01011 e) 10100101 g) 11011011

   b) 1000 d) 101100 f) 1011101 h) 1011110111

5. Welche Dezimalwerte haben die folgenden Sedezimalwerte?

   a) 19 c) 4A e) 1D3 g) 3D6E i) AAAA

   b) 21 d) D7 f) B1F h) 91AC j) 5EC7

Tabelle 295/1: Zahlensysteme

dezimal $10^1\ 10^0$	dual (binär) $2^4\ 2^3\ 2^2\ 2^1\ 2^0$	sedezimal $16^1\ 16^0$
0	0 0 0 0	0
1	0 0 0 1	1
2	0 0 1 0	2
3	0 0 1 1	3
4	0 1 0 0	4
5	0 1 0 1	5
6	0 1 1 0	6
7	0 1 1 1	7
8	1 0 0 0	8
9	1 0 0 1	9
1 0	1 0 1 0	A
1 1	1 0 1 1	B
1 2	1 1 0 0	C
1 3	1 1 0 1	D
1 4	1 1 1 0	E
1 5	1 1 1 1	F
1 6	1 0 0 0 0	1 0
⋮	⋮	⋮
2 0	1 0 1 0 0	1 4

6. Rechnen Sie folgende Sedezimalzahlen in Dualzahlen um, füllen Sie fehlende Ziffern zu vollständigen Tetraden auf.

   a) 2B c) 45 e) 1D3 g) 8D2E i) C47F k) 79 m) 123 o) 1024

   b) 21 d) D3 f) B1F h) 91AC j) 5EC7 l) D4F n) 9E9A p) ADAC

7. Wie lauten die Dual- und Dezimalwerte der folgenden Aufgaben?

   a) 101 + 11 c) 1001 + 1101 e) 10011010 + 1001011 g) 10111 + 11010

   b) 1010 + 1101 d) 111 + 10010 f) 11001101 + 110111 h) 101001 + 1101110

8. Wie lauten die Dual- und Dezimalwerte der folgenden Aufgaben?

   a) 101 – 11 c) 1001 – 100 e) 110110 – 10010 g) 1111 – 1101

   b) 1010 – 110 d) 111111 – 1010 f) 11001101 – 11011 h) 101100101 – 10010

9. Wie lauten die Dual- und Dezimalwerte der folgenden Aufgaben?

   a) 101 · 11 c) 1001 · 100 e) 11011010 · 100101 g) 11111 · 11010

   b) 1010 · 110 d) 111111 · 10010 f) 11001101 · 110111 h) 101100101 · 100110

10. Wie lauten die Dual- und Dezimalwerte der folgenden Aufgaben?

    a) 1110 : 111 c) 101101 : 1111 e) 10101000 : 1110 g) 1000001 : 1101

    b) 11000 : 11 d) 111110 : 11111 f) 11011100 : 1011 h) 1010000 : 10100

11. Der in den achtziger Jahren weit verbreitete Homecomputer C 64 basiert auf einem 8-Bit-Mikroprozessor, d.h., die Adressierung des Speichers erfolgt über einen Adressbus aus 8 parallelen Leitungen. Damit sind $2^8 = 256$ verschiedene Speicherplätze adressierbar. Wie viele Speicherplätze sind mit 16, 32 und 64 bit breiten Adressbussen adressierbar?

12. Eine vollständige mit Text beschriebene DIN-A4-Seite ergibt digitalisiert eine Datenmenge von 3000 byte. Wie viel dieser Textseiten können mit einem CD-Schreiber auf einem CD-Rohling mit einer Speicherkapazität von 650 MB gespeichert werden?

10.4 Mathematische Grundlagen der Schaltalgebra

Bei Steuerungen werden zweiwertige (binäre) Steuersignale, also Schaltsignale **(Tabelle 296/1)**, miteinander verknüpft, gespeichert und als Schaltsignale wieder ausgegeben. Die Art der Signalverknüpfung wird durch die **Schaltalgebra** beschrieben, sie wird nach dem englischen Mathematiker George Boole (1815 bis 1864) als **Boole'sche Algebra** benannt.

Tabelle 296/1: Binäre Schaltelemente		
Schaltelement	Wert 0	Wert 1
Ventil	gesperrt	geöffnet
Schalter	geöffnet	geschlossen
Transistor	gesperrt	leitend

Unabhängig, ob die Signale mechanisch, pneumatisch oder elektrisch sind, lassen sich grundsätzlich alle Schaltungsverknüpfungen mit den Grundfunktionen **UND**, **ODER** und **NICHT** realisieren. Sie werden mit einem **Logiksymbol**, auch **Schaltzeichen** genannt, dargestellt **(Tabelle 296/2)**. Die Zusammenschaltung mehrerer logischer Elemente ergibt den **Funktionsplan**.

Die **Wahrheitstabelle** (Funktionstabelle) gibt Aufschluss über die logischen Beziehungen zwischen dem Ausgangssignal A und allen möglichen Kombinationen der Werte der Eingangssignale E0, E1, E2 ... **(Tabelle 296/3)**.

Die Schaltalgebra beschreibt den Funktionszusammenhang durch eine **Funktionsgleichung**. Dabei sind nach DIN 66000 den Schaltfunktionen Logiksymbole und mathematische Zeichen zugeordnet. Tabelle 296/2 zeigt diese mathematischen Zeichen sowie die zugehörigen Logiksymbole der drei Grundfunktionen.

Tabelle 296/2: Logische Grundfunktionen			
Operation	UND	ODER	NICHT
Logiksymbol (Schaltzeichen)	E0, E1 – [&] – A	E0, E1 – [≥1] – A	E0 – [1]o – A
Mathematisches Zeichen	$\wedge$ oder $\cdot$	$\vee$ oder $+$	$\neg$ oder $\overline{}$

Die technische Realisierung einer Signalverknüpfung mit elektrischen Kontakten und Relais ergibt den **Stromlaufplan** (Tabelle 296/3).

Neben den logischen Grundfunktionen UND, ODER, NICHT gibt es einfache Verbindungen dieser Grundfunktionen zu NAND-, NOR- oder EXOR-Verknüpfungen (Tabelle 296/3).

Tabelle 296/3: Übersicht logischer Verknüpfungen						
Operation	**UND** (AND)	**ODER** (OR)	**NICHT** (Negation)	**NAND** (NICHT-UND)	**NOR** (NICHT-ODER)	**EXOR** (Exklusiv-ODER)
Logiksymbol (Schaltzeichen)	E0, E1 – [&] – A	E0, E1 – [≥1] – A	E0 – [1]o – A	E0, E1 – [&]o – A	E0, E1 – [≥1]o – A	E0, E1 – [=1] – A
Wahrheitstabelle (Funktionstabelle)	E0 | E1 | A 0 | 0 | 0 0 | 1 | 0 1 | 0 | 0 1 | 1 | 1	E0 | E1 | A 0 | 0 | 0 0 | 1 | 1 1 | 0 | 1 1 | 1 | 1	E0 | A 0 | 1 1 | 0	E0 | E1 | A 0 | 0 | 1 0 | 1 | 1 1 | 0 | 1 1 | 1 | 0	E0 | E1 | A 0 | 0 | 1 0 | 1 | 0 1 | 0 | 0 1 | 1 | 0	E0 | E1 | A 0 | 0 | 0 0 | 1 | 1 1 | 0 | 1 1 | 1 | 0
Funktionsgleichung	$A = E0 \wedge E1$	$A = E0 \vee E1$	$A = \overline{E0}$ oder $E0 = \overline{A}$	$A = \overline{E0 \wedge E1}$ $\overline{E0 \wedge E1} =$ $\overline{E0} \vee \overline{E1}$	$A = \overline{E0 \vee E1}$ $\overline{E0 \vee E1} =$ $\overline{E0} \wedge \overline{E1}$	$A = (E0 \wedge \overline{E1})$ $\vee (\overline{E0} \wedge E1)$
Stromlaufplan	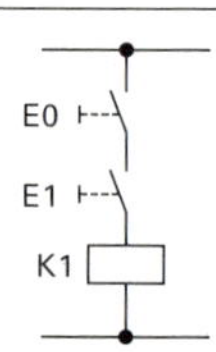	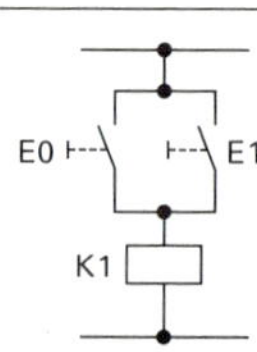	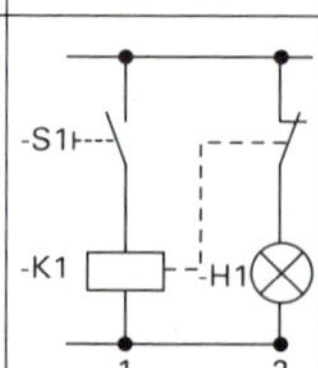	entspricht einem ODER-Element mit negierten Eingängen: 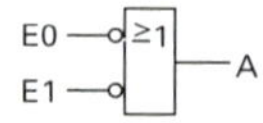	entspricht einem UND-Element mit negierten Eingängen: 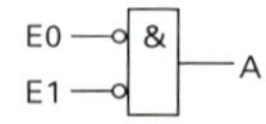	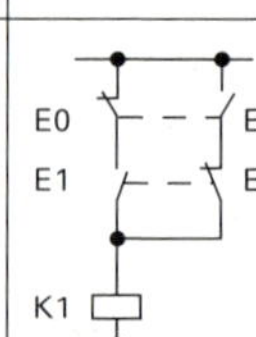
Beschreibung der Signalverknüpfung	Der Ausgang hat 1-Signal (Relais K1 angezogen), wenn beide Eingänge 1 sind (beide Schalter zu sind)	Der Ausgang hat 1-Signal (Relais K1 angezogen), wenn einer oder beide Eingänge 1 sind (beide oder ein Schalter zu)	Der Ausgang hat den Wert 1 (Relais K1 angezogen), wenn der Eingang 0 ist (Öffnungsschalter offen)	Der Ausgang nimmt nur dann das Signal 0 ein, wenn beide Eingänge den 1 sind.	Der Ausgang nimmt nur dann das Signal 1 ein, wenn beide Eingänge 0 sind.	Der Ausgang nimmt nur das Signal 1 ein, wenn einer der beiden Eingänge, aber nicht beide 1 sind.

10.5 Rechenregeln der Schaltalgebra

Wie in der Algebra (Seite 17ff.) gibt es auch für die Schaltalgebra Rechenregeln. Mit Hilfe dieser Gesetze ist es möglich, Vereinfachungen und Umformungen von Schaltfunktionen vorzunehmen.

Das **Kommutativgesetz (Vertauschungsgesetz)** sagt aus, dass die Glieder einer UND-Funktion beliebig vertauscht werden dürfen. Dasselbe gilt für die Glieder einer ODER-Funktion. Die Reihenfolge der Anordnung der Schaltkontakte hat auf den Schaltzustand keinen Einfluss.

Das **Assoziativgesetz (Verbindungsgesetz)** sagt aus, dass die Variablen, welche über eine UND-Funktion miteinander verknüpft sind, in Gruppen durch Klammerbildung zusammengefasst werden dürfen. Das gilt auch für die Variablen einer ODER-Funktion. Vertauschungsgesetz und Verbindungsgesetz können wie in der allgemeinen Algebra miteinander verknüpft werden, dabei gelten dieselben Rechenregeln.

Das **1. Distributivgesetz (1. Verteilungsgesetz)** gestattet das Ausklammern von Variablen.

Das **2. Distributivgesetz (2. Verteilungsgesetz)** wird durch Ausmultiplizieren zweier Klammern gewonnen, wobei man die Regeln der Schaltalgebra zur Vereinfachung der Ausdrücke benutzt.

Die beiden wichtigsten Gesetze der Schaltalgebra stammen von dem Mathematiker *de Morgan*. Mit Hilfe dieser Gesetze kann man z. B. gegebene Schaltungen so umformen, dass man ausschließlich mit NAND- oder NOR-Elementen auskommt. Durch den Einsatz gleichartiger Bauteile ergeben sich einfachere Schaltungen und eine kostengünstigere Fertigung.

Die **de Morgan'schen**[1] **Gesetze (Umkehrgesetze)** sagen aus, dass bei der Umkehrung einer Schaltfunktion (z.B. NAND) die einzelnen Variablen negiert und die Rechenzeichen umgekehrt werden ($\wedge$ wird zu $\vee$).

[1] De Morgan, engl. Mathematiker, 1806 bis 1871

Kommutativgesetz
(Vertauschungsgesetz):

$E0 \wedge E1 = E1 \wedge E0$

$E0 \vee E1 = E1 \vee E0$

Assoziativgesetz
(Verbindungsgesetz):

$E0 \wedge E1 \wedge E2 = (E0 \wedge E1) \wedge E2$

$= E0 \wedge (E1 \wedge E2)$

$= (E0 \wedge E2) \wedge E1$

entsprechend mit $\vee$

1. *Distributivgesetz*
(1. Verteilungsgesetz):

$(E0 \wedge E1) \vee (E0 \wedge E2) = E0 \wedge (E1 \vee E2)$

2. *Distributivgesetz*
(2. Verteilungsgesetz):

$(E0 \vee E1) \wedge (E0 \vee E2) = E0 \vee (E1 \wedge E2)$

De Morgan'sche Gesetze

1. Umkehrgesetz:

$\overline{(E0 \wedge E1)} = \overline{E0} \vee \overline{E1}$

2. Umkehrgesetz:

$\overline{(E0 \vee E1)} = \overline{E0} \wedge \overline{E1}$

10.6 Anwendung der Schaltalgebra in der Chemietechnik

Die Grundfunktionen der Schaltalgebra werden in Steuerungen und Datenverarbeitungsanlagen verwendet und als binäre Schaltkreise ausgeführt. Diese Bausteine sind meist integrierte Schaltungen. **Bild 297/1** zeigt eine integrierte Schaltung (IC) mit 4 UND-Gattern. An den Pins 3, 6, 8 und 11 liegen die Ausgänge, an Pin 1, 2, 4, 5, 9, 10, 12 und 13 die Eingänge. Auf Pin 14 erfolgt die Spannungsversorgung, an Pin 7 liegt die Masse an (pin = engl. Anschluss). Die Schaltungen der IC werden aus den Grundelementen UND, ODER und NICHT bzw. NAND und NOR verwirklicht.

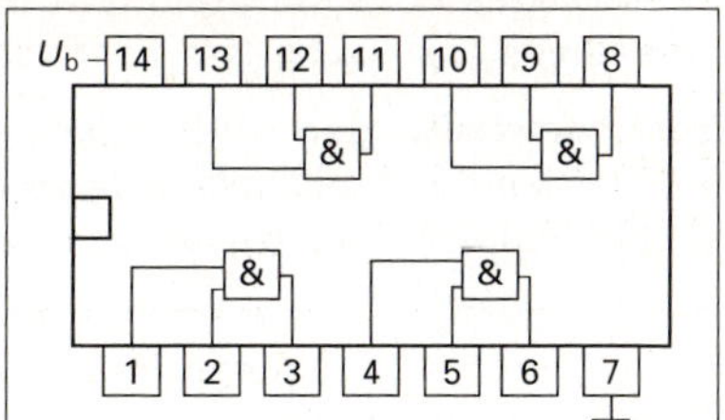

Bild 297/1: IC mit vier UND-Gattern

Beispiel 1:

Stellen Sie für ein UND-Element mit drei Eingängen
a) das Schaltzeichen mit Funktionsgleichung dar,
b) die Wahrheitstabelle (Funktionstabelle) auf.

Lösung:

a) Schaltzeichen (Logiksymbol):

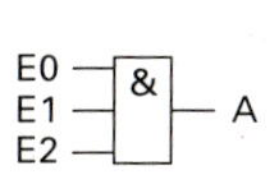

Funktionsgleichung:

$\mathbf{A = E0 \wedge E1 \wedge E2}$

b) Wahrheitstabelle:

E0	E1	E2	A
0	0	0	0
0	0	1	0
0	1	0	0
0	1	1	0
1	0	0	0
1	0	1	0
1	1	0	0
1	1	1	1

Beispiel 2: Ein Rührwerksmotor soll eingeschaltet werden (A = 1), wenn die Signaltaste betätigt (E0 = 1), das Kühlwasserzulaufventil geöffnet (E1 = 1) und der Katalysatorzulauf geschlossen ist (E2 = 0).

a) Geben Sie das Schaltsymbol und die Funktionsgleichung an.

b) Überprüfen Sie mit Hilfe der Wahrheitstabelle die Richtigkeit der Schaltung.

Lösung: a)

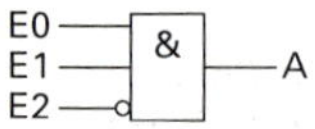

Funktionsgleichung:

$\mathbf{A = E0 \wedge E1 \wedge \overline{E2}}$

b) Wahrheitstabelle:

E0	E1	E2	A
0	0	0	0
0	0	1	0
0	1	0	0
0	1	1	0
1	0	0	0
1	0	1	0
1	1	0	1
1	1	1	0

Beispiel 3: Ein Warnsignal einer Werkzeugmaschine soll aufleuchten (A = 1), wenn ein Öldruckschalter schaltet (E0 = 1) **oder** der Drehzahlwächter des Spindelmotors schaltet (E1 = 1) **oder** der Werkzeugspannmotor eingeschaltet ist (E2 = 1) **und** dabei gleichzeitig die Bremskupplung **nicht** geschaltet ist (E3 = 0).

a) Geben Sie den Funktionsplan mit Logikzeichen an.

b) Geben Sie die Funktionsgleichung an.

Lösung: a)

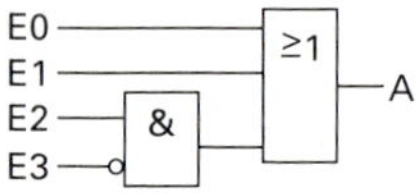

vereinfacht:

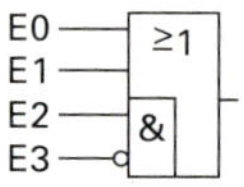

b) Funktionsgleichung:

$\mathbf{A = E0 \vee E1 \vee (E2 \wedge \overline{E3})}$

Beispiel 4: Ermitteln Sie die Umkehrfunktion einer Alarmschaltung mit der Schaltfunktion $A = E0 \wedge E1 \wedge \overline{E2}$

Lösung: $\overline{A} = \overline{E0 \wedge E1 \wedge \overline{E2}} = \overline{E0} \vee \overline{E1} \vee \overline{\overline{E2}} = \mathbf{\overline{E0} \vee \overline{E1} \vee E2}$

Beispiel 5: Eine Pumpe kann in der Messwarte oder vor Ort gestartet werden. Die ODER-Funktion A = E0 v E1 soll durch NAND-Glieder realisiert werden. Geben Sie die Funktionsgleichung und den Funktionsplan an.

Lösung: Doppelte Negation ändert nichts an der Ausgangsaussage, ermöglicht aber die Anwendung der Gesetze von de Morgan: $E0 \vee E1 = \overline{\overline{E0 \vee E1}}$

Die Operation (das Rechenzeichen) kehrt sich um, dabei wird **ein** Negationsstrich durch Einzelnegierung der Variablen aufgehoben: $\overline{\overline{E0 \vee E1}} = \overline{\overline{E0} \wedge \overline{E1}}$

In der Schaltung erfüllen zwei NAND-Elemente durch Zusammenfassen der Eingänge die Funktion von NICHT-Elementen. Beide skizzierten Schaltungen sind nach der Umrechnung wirkungsgleich in ihrer Funktion.

Kontrolle: $\overline{\overline{E0} \wedge \overline{E1}} = \overline{\overline{E0 \vee E1}} = E0 \vee E1$

ODER-Element:

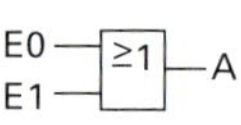

Wirkungsgleiche ODER-Verknüpfung mit NAND:

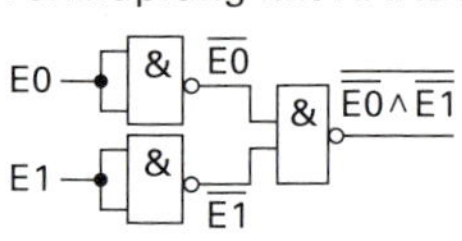

10.7 Speicher-Funktionsglieder

Häufig ist es notwendig Signalzustände aufzunehmen und zu speichern, z.B. die kurzzeitige Betätigung eines Tasterschalters oder das erstmalige Erreichen eines Grenzwertes in einem Prozess.

Speicherschaltungen sind in der Technik von großer Bedeutung und finden vielfältige Anwendung. Sie werden durch bistabile **Kippstufen** realisiert, auch **Flipflops** genannt. Flipflops „kippen" immer in die eindeutigen Schaltzustände EIN oder AUS bzw. 1 oder 0.

Das Umschalten von einem in den anderen Speicherzustand erfolgt durch die Eingangssignale S und R. Der Ausgang A des Speichergliedes kann auch in negierter Form $\overline{A}$ ausgegeben werden.

Bild 298/1 zeigt das Schaltzeichen eines RS-Flipflops sowie die technische Realisierung durch NOR-Glieder. Darunter ist die Wahrheitstabelle aufgeführt.

Die Kombination S = 1 und R = 1 ist nicht zugelassen, da das Flipflop in eine unbestimmte Lage kippt. Da in der Praxis diese Kombination nicht ausgeschlossen werden kann, wird durch schaltungstechnische Maßnahmen dafür gesorgt, dass bei S = 1 und R = 1 *entweder der Setzbefehl* (S = 1) *oder* der *Rücksetzbefehl* (R = 1) Vorrang hat.

Schaltzeichen:

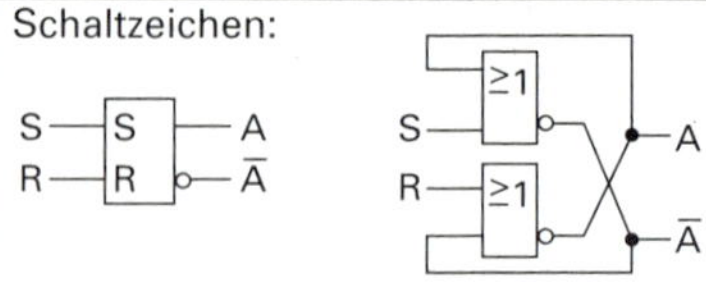

Wahrheitstabelle des RS-Flipflop

S	R	A	$\overline{A}$	Erläuterung
0	0			keine Änderung
1	0	1	0	Setzen
0	0	1	0	Speicherung
0	1	0	1	Rücksetzen
0	0	0	1	Speicherung
1	1	1	1	unbestimmter Zustand

Bild 298/1: RS-Flipflop

Beispiel 1: Ein RS-Flipflop ist mit vorrangigem Setz-Eingang und Rücksetz-Eingang zu beschalten.

Lösung: RS-Flipflop mit vorrangigem *Setzen*:

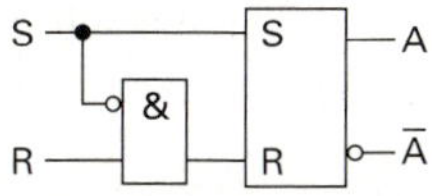

Wenn der **Setz**-Eingang „1"-Signal führt, wird der Rücksetz-Eingang R gesperrt. Wenn S = 0 **und** R = 1, nimmt der Ausgang des UND-Gliedes „1"-Signal an. Damit ist R = 1. Vorrangiges Setzen wird in der Steuerungstechnik aus Sicherheitsgründen relativ selten eingesetzt.

RS-Flipflop mit vorrangigem *Rücksetzen*:

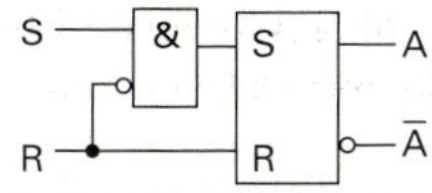

Wenn der **Rücksetz**-Eingang „1"-Signal führt, wird der Setz-Eingang S gesperrt. Wenn R = 0 und S = 1, nimmt der Ausgang des UND-Gliedes „1"-Signal an. Damit ist S = 1.

Beispiel 2: Zwei RS-Flipflops sind über den Setz-Eingang zu verriegeln.

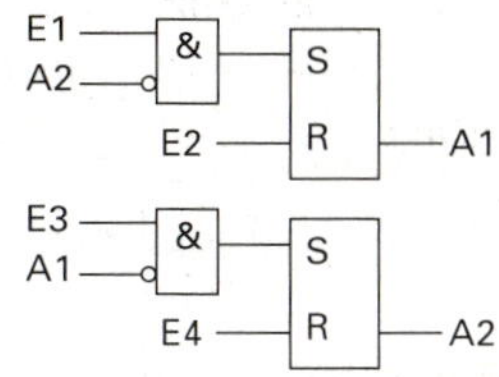

Lösung: Verriegelung bedeutet, dass ein Speicher nicht gesetzt werden kann, wenn bestimmte Bedingungen nicht erfüllt sind.

Speicher 1 wird über E1 gesetzt. Ist Speicher 1 gesetzt (A1 = 1), so kann Speicher 2 nicht gesetzt werden: Über die UND-Verknüpfung E3 $\wedge$ $\overline{\text{A1}}$ liegt A1 als 1-Signal an und wird negiert. Der Ausgang dieses UND-Gliedes führt 0-Signal, so lange Speicher 1 gesetzt ist.

Beispiel 3: Das in **Bild 299/1** abgebildete IC mit 4 NOR-Gliedern ist als RS-Kippglied zu beschalten.

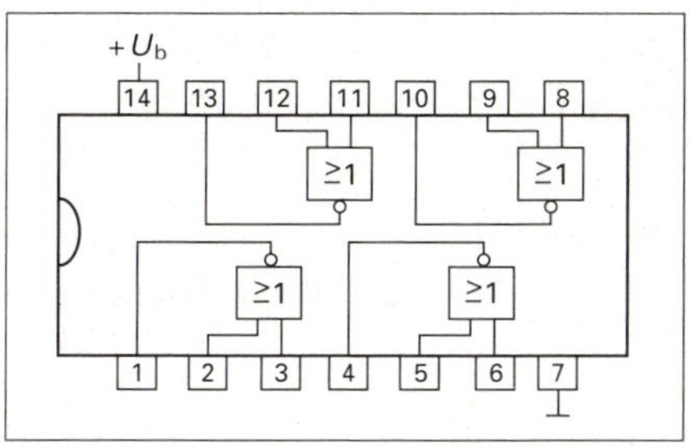

Bild 299/1: Integrierte NOR-Schaltung

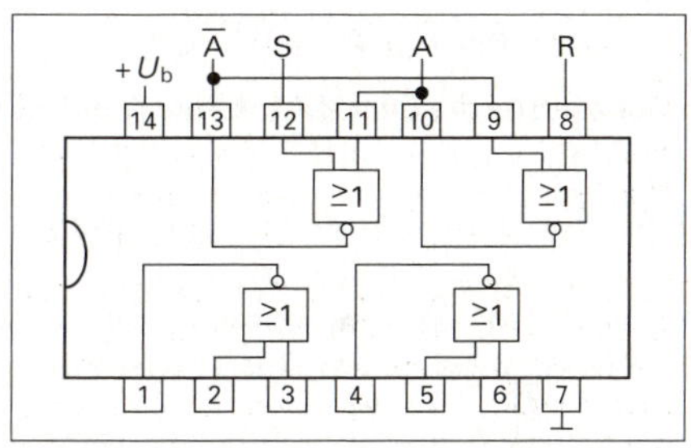

Bild 299/2: *Lösung* Beispiel 3 (vergleiche Bild 298/1)

10.8 Logische Verknüpfung codierter Binärsignale

Die Verknüpfung von Binärinformationen, z. B. von Binärworten (Bytes), in einem Mikroprozessor, erfolgt nach den Rechenregeln für die Dualzahlen. Anstelle der 4 Grundrechenarten werden die Funktionen UND, ODER, NICHT, NAND, NOR und EXOR verwendet.

Beispiel 1: Die Binärinformationen 1101 0011 und 1010 1001 sollen miteinander
a) UND-verknüpft b) ODER-verknüpft werden.

Lösung: Die beiden Binärworte werden stellengleich untereinander geschrieben und stellenweise einzeln:

a) **UND**-verknüpft:

1 1 0 1 0 0 1 1
$\wedge$ 1 0 1 0 1 0 0 1
1 0 0 0 0 0 0 1

b) **ODER**-verknüpft:

1 1 0 1 0 0 1 1
$\vee$ 1 0 1 0 1 0 0 1
1 1 1 1 1 0 1 1

Beispiel 2: Die Binärinformation 1101 0011 ist zu negieren.

Lösung:
1 1 0 1 0 0 1 1
↓ ↓ ↓ ↓ ↓ ↓ ↓ ↓
0 0 1 0 1 1 0 0

Beispiel 3: Die Binärinformationen 1001 1100 und 0110 1110 sollen miteinander Exklusiv-ODER-verknüpft werden. Das Ergebnis dieser Verknüpfung $\veebar$ ist nur 1, wenn der Zustand beider Variablen *ungleich* ist.

Lösung:
1 0 0 1 1 1 0 0
$\veebar$ 0 1 1 0 1 1 1 0
1 1 1 1 0 0 1 0

In der Mikroprozessorelektronik wird die Exklusiv-ODER-Verknüpfung genutzt, um einen Akkumulatorinhalt durch Selbstverknüpfung auf null zu setzen:

1 0 0 1 1 1 0 0
$\veebar$ 1 0 0 1 1 1 0 0
0 0 0 0 0 0 0 0

Gemischte Aufgaben zu 10.4 bis 10.8 Schaltalgebra

1. Die Funktionsgleichnung $E0 \vee E1 \vee \overline{E2} = A$ ist gegeben.
   a) Welches logische Schaltzeichen erfüllt die Funktion?
   b) Geben Sie die Wahrheitstabelle an.

2. Mit welchen logischen Grundfunktionen UND, ODER und NICHT kann ein NAND-Element ersetzt werden? Geben Sie den Funktionsplan an und formulieren Sie die Funktionsgleichung.

3. Entwickeln Sie für die folgenden Schaltfunktionen den Funktionsplan mit Logiksymbolen.
   a) $A = [E0 \vee (E1 \wedge E2)] \wedge \overline{E3}$ b) $A = (E0 \wedge E1) \vee \overline{E2} \wedge E3$

4. Gegeben ist die Funktionsgleichung $E1 \vee E2 = \overline{A}$.
   a) Wie lautet die Gleichung, wenn A nicht negiert sein soll?
   b) Welche logische Verknüpfung gibt die Ausgangsgleichung und die umgeformte Gleichung wieder?

5. Welche logische Grundfunktion hat die abgebildete Schaltung **(Bild 300/1)**? Geben Sie das Logiksymbol und die Funktionsgleichung an.

6. Bestimmen Sie die Umkehrfunktion zu $A = E0 \wedge (E1 \vee \overline{E2})$.

7. Vereinfachen Sie die Schaltfunktion $A = (E0 \vee E1) \wedge (E0 \vee E2)$ durch Anwendung der Verteilungsgesetze der Schaltalgebra.

8. Geben Sie für die im Funktionsplan **(Bild 300/2)** dargestellte logische Schaltung die Funktionsgleichung an. Untersuchen Sie mit Hilfe der Wahrheitstabelle, bei welchen Werten der Variablen E0, E1 und E2 der Ausgang den Wert 1 führt.

9. Geben Sie für die im Funktionsplan **(Bild 300/3)** dargestellte logische Schaltung die Funktionsgleichung und die Wahrheitstabelle an.

10. Geben Sie für die im Funktionsplan dargestellte logische Schaltung **(Bild 300/4)** die Funktionsgleichung an. Untersuchen Sie mit Hilfe der Wahrheitstabelle, bei welchen Werten der Variablen der Ausgang den Wert 0 führt.

11. Geben Sie die Wahrheitstabelle der skizzierten Schaltung **(Bild 300/5)** an und beschreiben Sie ihre Arbeitsweise.

12. Erläutern Sie die Wirkungsweise der Schaltung in Bild 300/6.

13. Das Abpumpen des Sumpfproduktes aus einer Kolonne erfolgt aus Sicherheitsgründen mit 2 parallel arbeitenden Pumpen P1 und P2. Fällt eine der beiden Pumpen aus (E1 = 0, E2 = 0), soll eine Alarmlampe aufleuchten (A1 = 1). Fallen beide Pumpen aus, soll zusätzlich ein akustisches Dauersignal ertönen (A2 = 1). Realisieren Sie diesen Ablauf durch einen Funktionsplan.

14. Stellen Sie die Verriegelung von zwei RS-Flipflops über den *Rücksetzeingang* im Funktionsplan dar.

15. Eine UND-Funktion (zwei Eingänge) soll durch 2 NAND-Elemente mit je zwei Eingängen geschaltet werden. Geben Sie den Funktionsplan und die Funktionsgleichung an.

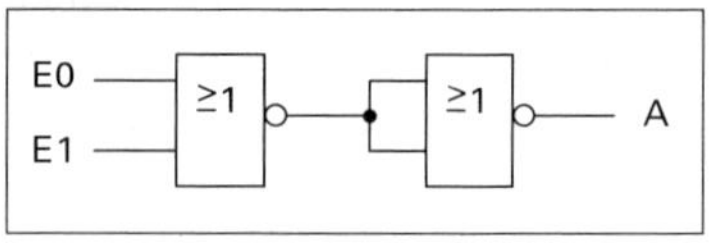

Bild 300/1: Aufgabe 5

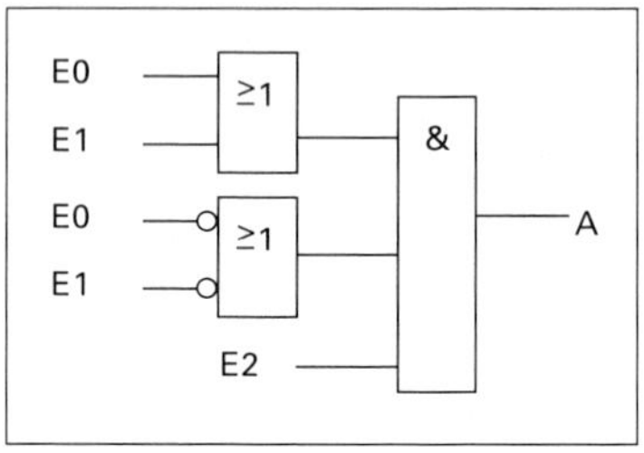

Bild 300/2: Aufgabe 8

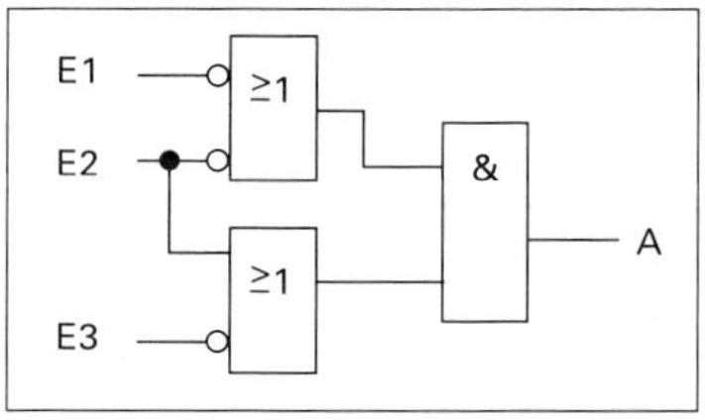

Bild 300/3: Aufgabe 9

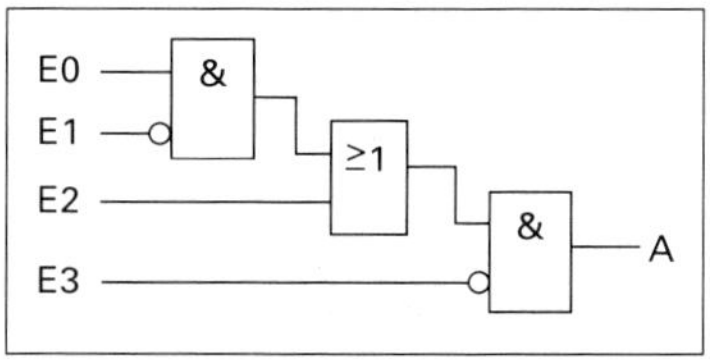

Bild 300/4: Aufgabe 10

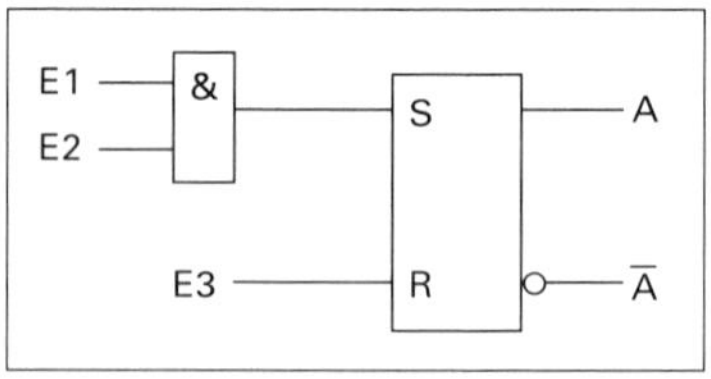

Bild 300/5: Aufgabe 11

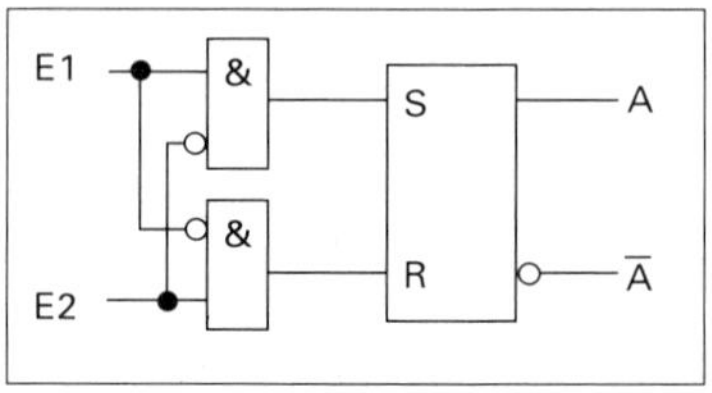

Bild 300/6: Aufgabe 12

16. Der Ölbrenner einer Feuerungsanlage darf nur in Betrieb sein (A = 1), wenn:

- der Hauptschalter eingeschaltet ist (E1 = 1) und
- der Wasserstand der Anlage ausreichend ist (E2 = 1) und
- der Maximalwert der Kesseltemperatur nicht erreicht ist (E3 = 0).

a) Geben Sie Funktionsplan und Funktionsgleichung an.

b) Überprüfen Sie die Funktion ihrer Schaltung mit Hilfe der Wahrheitstabelle.

17. Ein IC (integrierter Baustein) aus 3 NOR-Elementen soll die Funktion eines UND-Elements mit zwei Eingängen haben. Geben Sie den entsprechenden Funktionsplan und die Funktionsgleichung an.

18. Wie müssen eine logische Schaltung und die zugehörige Funktionsgleichung aussehen, die ein ODER-Element mit zwei Eingängen ausschließlich durch NOR-Elemente ersetzt?

19. Zur Überwachung einer Produktionsanlage werden drei Druckwächter eingesetzt. Wenn mindestens zwei der Druckwächter ein Überschreiten eines Maximalwertes signalisieren (E = 1), wird ein Magnetventil geöffnet (A = 1).

a) Geben Sie Funktionsplan und Funktionsgleichung an.

b) Überprüfen Sie die Funktion ihrer Schaltung mit Hilfe der Wahrheitstabelle.

20. Drei elektrische Antriebsmaschinen haben die Leistungen P_1 = 15 kW, P_2 = 20 kW und P_3 = 25 kW. Wenn die Gesamtleistung 35 kW überschreitet, wird die Maschine mit der Leistung P_3 abgeschaltet.

Maschine 1 EIN:	E1 = 1	Maschine 3 EIN:	E3 = 1
Maschine 2 EIN:	E2 = 1	Maschine P3 ausschalten:	A1 = 1

a) Entwickeln Sie den Funktionsplan und die Funktionsgleichung.

b) Überprüfen Sie die Funktion der Schaltung mit der Wahrheitstabelle.

c) Wandeln Sie die Schaltung so um, dass ausschließlich NAND-Glieder zum Einsatz kommen.

21. Ein Stromaggregat wird von zwei Ventilatoren gekühlt. Die Funktionsüberwachung erfolgt durch je einen Luftströmungswächter (E1, E2). Fallen beide Ventilatoren aus, solange das Aggregat eingeschaltet ist (E3), soll ein akustisches Signal ausgegeben werden (A1). Die Meldung hierzu soll so lange ausgegeben werden, bis eine Quittierung der Störmeldung über eine Quittiertaste (E4) erfolgt. Die Quittierung soll jedoch nur wirksam werden, wenn mindestens einer der beiden Ventilatoren wieder in Betrieb oder das Aggregat nicht mehr eingeschaltet ist. Zuordnungen:

Eingangsvariable	Eingang	Logische Zuordnung	
Luftströmungswächter 1	E1	Ventilator 1 in Betrieb	E1 = 1
Luftströmungswächter 2	E2	Ventilator 2 in Betrieb	E2 = 1
Aggregatüberwachung	E3	Aggregat eingeschaltet	E3 = 0
Quittiertaste	E4	betätigt	E4 = 1
Ausgangsvariable	Ausgang		
Störungsmeldung	A1	Meldesignal an	A1 = 1

Formulieren Sie die Funktionsgleichung für das *Setzen* und für das *Rücksetzen* des Meldesignals. Entwickeln Sie daraus den Funktionsplan.

22. Die nachstehenden codierten Binärinformationen sollen miteinander verknüpft werden.

a)	b)	c)	d)	e)
1001 1000	1101 0011	1001 0101	1111 0000	1001 1001
$\wedge$ 0101 1011	$\wedge$ 0001 0100	$\vee$ 0111 0101	$\vee$ 1010 1001	$\forall$ 0101 0101

23. Setzen Sie die nachfolgenden binären Akku-Inhalte auf null.

a) 1001 1001 b) 0101 1001 c) 1111 1110 d) 1001 1111 e) 1101 1101

24. Die nachstehenden codierten Hexadezimalinformationen sind miteinander zu verknüpfen.

a) A7 $\wedge$ 1E b) 27 $\vee$ C4 c) EE $\wedge$ FF d) B8 $\forall$ F2 e) 4D $\wedge$ 11

Kopiervorlage: **Millimeterpapier**

Kopiervorlage: **Einfach-Logarithmen-Papier**

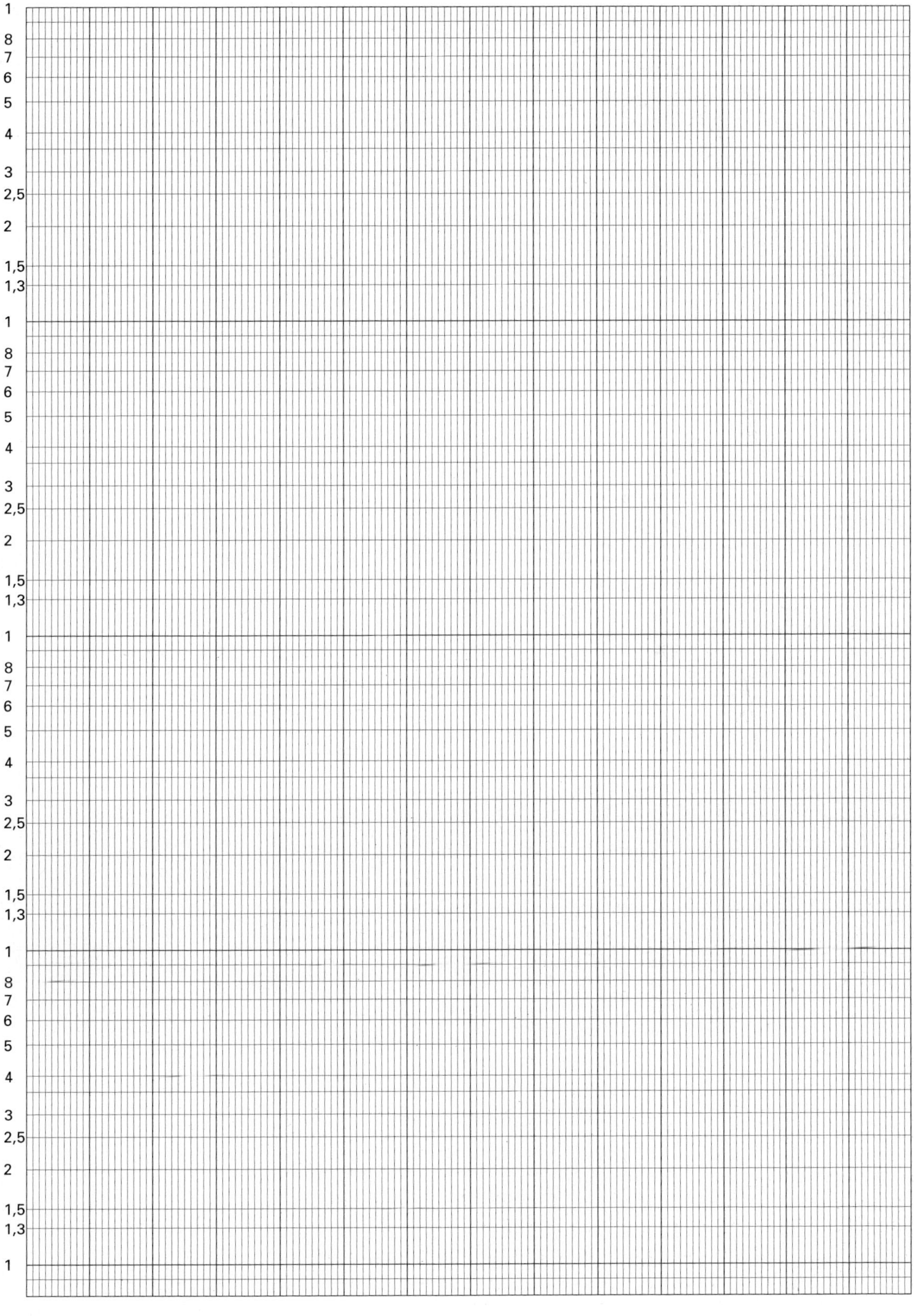

Kopiervorlage: **Doppelt-Logarithmen-Papier**

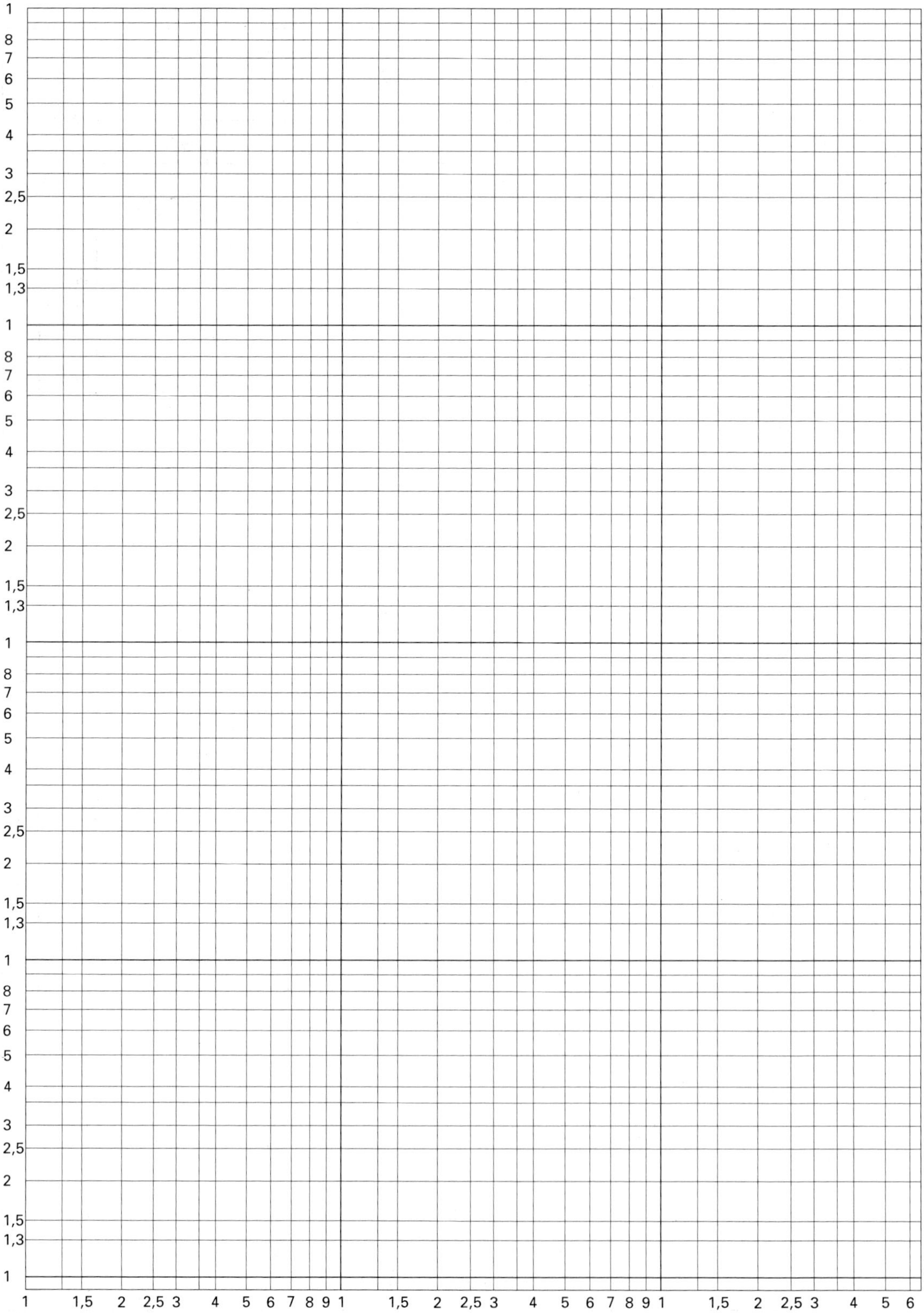

Kopiervorlage: **RRSB-Körnungsnetz**

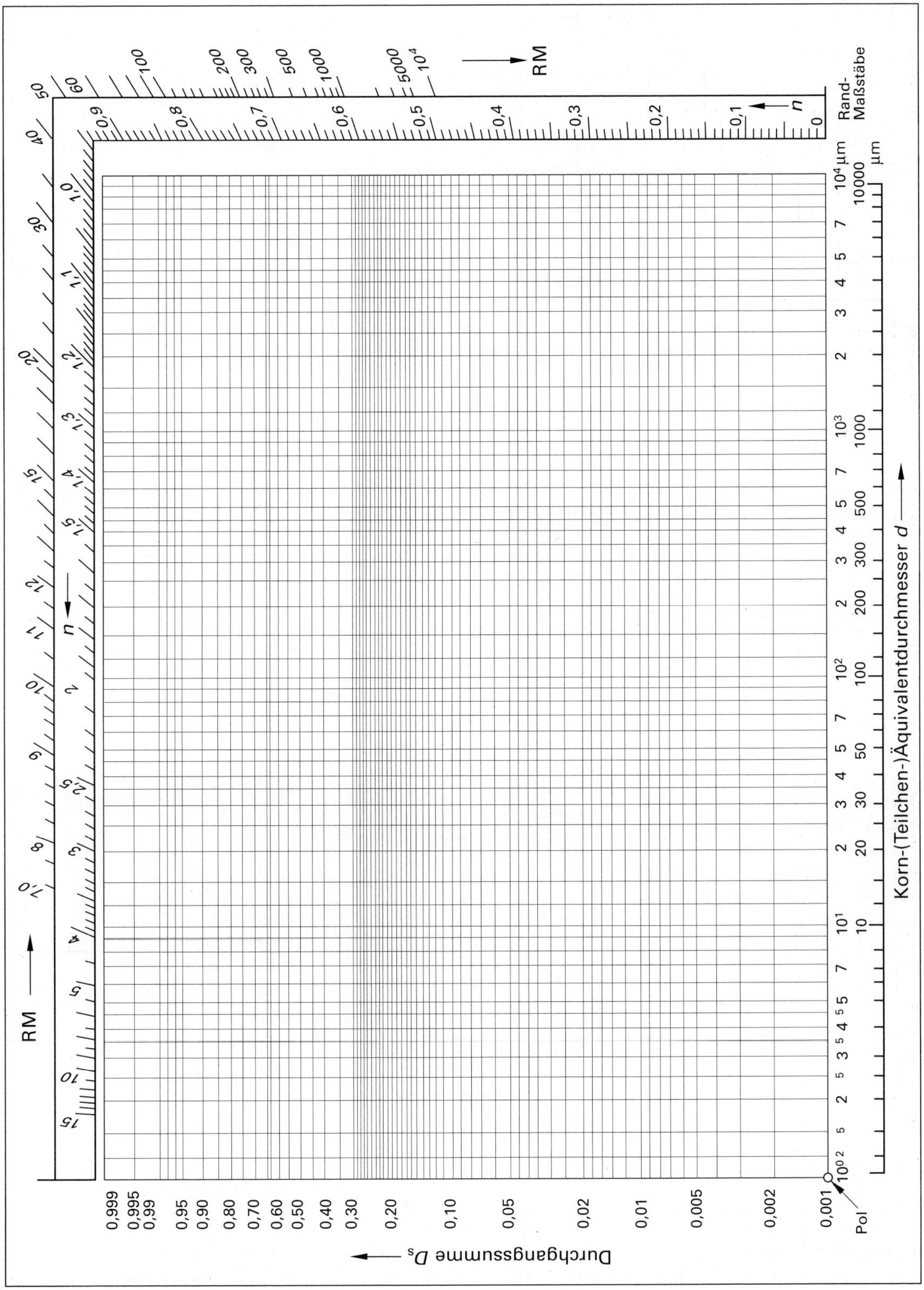

Sachwortverzeichnis

S

T

U

V

W

Z